面向开放实验跨学科综合教材

新编大学基础实验

主编 贺秀良 杨 嘉

中国人民解放军总后勤部
首批"百本精品教材"

北京理工大学出版社
BEIJING INSTITUTE OF TECHNOLOGY PRESS

内 容 简 介

《新编大学基础实验》是在2005年3月国防工业出版社出版的《大学基础实验》的基础上改编的，根据实验教学的不断变化于2010年进行了修订，经过两期校内学员的试用，教材结构和内容又有了一些新的调整，现作为修订版正式出版发行。总体编写思想与原版相比没有大的改变，继续定位为面向开放实验和跨学科综合的实验教材，内容涉及物理学、化学、电学和工程力学等方面的实验，贯穿了构建开放式基础实验平台的编写思路，体现了不同学科实验的理论相通性和技术互补性，为达成同一实验目标提供了多样性的实验方法和测量方法。

本教材按照"讲座+实验"的教学模式进行编写。与原版相比更新了大部分实验内容，增加了一些原创性实验项目；把"综合设计性实验""研究性实验"分别改编为"综合研究性实验"和"自主设计性实验"，突出了对学员研究能力和自主能力的训练；考虑到实验仪器和器材是实验教学的重要组成部分，专门编写了一篇实验仪器与器材；增加了附录内容。全书分七篇，第一篇基础实验理论，第二篇基础实验技术，第三篇实验仪器与器材，第四篇基础性实验，第五篇综合研究性实验，第六篇自主设计性实验，第七篇虚拟仿真实验，最后是总附录。

为了更好地指导学员自主设计实验，另外编写了配套的《自主实验指导书》作为辅助教材另行出版。

本书可作为理工科类院校实验独立设课的本、专科学生的基础实验教材，也可作为高年级本科生和研究生的实验参考书。

版权专有　侵权必究

图书在版编目（CIP）数据

新编大学基础实验/贺秀良，杨嘉主编.—北京：北京理工大学出版社，2013.3（2019.1重印）

ISBN 978－7－5640－7391－6

Ⅰ.①新… Ⅱ.①贺…②杨… Ⅲ.①科学实验-研究方法-高等学校-教材 Ⅳ.①G312

中国版本图书馆 CIP 数据核字（2013）第 022710 号

出版发行 / 北京理工大学出版社
社　　址 / 北京市海淀区中关村南大街5号
邮　　编 / 100081
电　　话 / (010)68914775(办公室)　68944990(批销中心)　68911084(读者服务部)
网　　址 / http:// www.bitpress.com.cn
经　　销 / 全国各地新华书店
印　　刷 / 北京虎彩文化传播有限公司
开　　本 / 880毫米×1230毫米　1/16
印　　张 / 31.5
字　　数 / 962千字
版　　次 / 2013年3月第1版　2019年1月第6次印刷
定　　价 / 78.00元

责任编辑 / 张慧峰
责任校对 / 周瑞红
责任印制 / 王美丽

图书出现印装质量问题，本社负责调换

《新编大学基础实验》编委会

主　　编	贺秀良	杨　嘉			
副 主 编	赵宝虎	刘　洋	张金凤	王旭艳	
参　　编	刘文辉	李文辉	丁　娜	周金球	范海英
	尹　霖	李　霞	邱成峰	邱文艳	赵云飞
	孙广平	柏亚基	陈　晨	丁　然	贾小文

编　　委　贾巨民　军事交通学院基础部主任（主任委员）
　　　　　　贺秀良　军事交通学院基础实验中心教授
　　　　　　杨　嘉　军事交通学院基础实验中心主任
　　　　　　刘　宏　空军工程大学基础实验中心主任
　　　　　　冯长江　军械工程学院电工电子实验中心主任
　　　　　　王明东　装备指挥技术学院物理教研室主任
　　　　　　黄国福　电子工程学院物理教研室主任
　　　　　　季诚响　装甲兵工程学院理化实验中心主任
　　　　　　唐远林　后勤工程学院基础实验中心主任
　　　　　　黄　涛　电子工程学院物理实验中心高工
　　　　　　熊俊义　炮兵学院基础实验中心副教授
　　　　　　张建国　军事经济学院理化教研室讲师

技术主审　郑治国　宋　峰　张　宪　杜金会　施永忠
文字主审　孙　丽

新版前言

军事交通学院牵头，九所军队院校合编的《新编大学基础实验》教材，自2005年3月由国防工业出版社出版发行以来，已经使用了六年多的时间。应该说《新编大学基础实验》教材的编写集中了军队多所兄弟院校的教改成果，在面向开放实验教学和跨学科综合两个方面进行了创新尝试。面向开放实验教学主要体现在"讲座＋实验"的教材编写模式和区别于"实验指导书"的实验内容设计，而跨学科综合主要体现在构建基础实验平台的教材编写思路。

参加第一版编写的都是军内有代表性的兄弟院校，绝大多数参编人员既是全军院校实验室建设与发展学术前沿的专家，又是工作在实验教学和教改第一线的教员，他们是空军工程大学基础实验中心刘宏主任、军械工程学院电工电子实验中心冯长江主任、装备指挥技术学院物理教研室王明东主任、电子工程学院物理实验中心黄国福主任、装甲兵工程学院理化实验中心季诚响主任、后勤工程学院物理实验中心唐远林主任以及电子工程学院物理实验中心黄涛高工、合肥炮兵学院基础实验中心熊俊义副教授、军事经济学院理化教研室张建国讲师。今天我们再一次对他们为原版编写所做出的巨大贡献表示衷心的感谢。

这本书使用了六年，实践证明，它不但是一本内容构思新颖的实验教材，也是一本学员、教员、机关都满意的实验教材。该教材2007年被评为总后勤部首批"百本精品教材"，并列为总后立体化教材建设项目。现在我们重编这本书，一方面是基于实验教材不断适合人才培养方案和实验课程标准发展的实际，另一方面也是为了在前一版教材成功编写经验的基础上充分吸收和凝练最新的教学改革和研究成果。主要变化有：增加了一些原创性的自主实验项目；在综合性、设计性基础上，突出了对学员研究性、自主性实验能力的训练内容；将通用实验仪器与器材作为一个独立篇章编写；增加了附录内容。

军事交通学院基础部贾巨民主任担任本书的编委会主任，军事交通学院基础部郑治国教授担任本书的技术主审，孙丽副教授担任本书的文字主审。南开大学物理科学学院宋峰教授，军事交通学院基础部张宪教授、杜金会教授，西安通信学院基础部施永忠副教授分别审定了本教材的相关章节。兄弟院校相关单位的领导和专家作为本书的编委会成员给予了热情的支持和帮助。军队院校实验室工作协作组秘书长、海军工程大学王卫国教授始终关心和关注着本书的编写工作。军事交通学院训练部教务处、印刷厂的同志们对本书的出版给予了很大的帮助和支持，军事交通学院图学与设计教研室杨甫勤老师为本书绘制了大部分插图，本书还吸收甚至引用了同行和专家近几年在该领域的一些教学、科研成果，在此一并表示感谢。

最后我们还要感谢所有参编人员为本书再版所付出的辛勤劳动，感谢我们的亲朋好友，为了这本书牺牲了许多原本属于我们共有的美好时光，衷心感谢他们的理解和支持。

2010年我们对《新编大学基础实验》教材进行了修订，在校内经过两期学员的试用，教材结构和内容又进行了一些新的调整，现在呈现在我们面前的《新编大学基础实验》作为修订版正式出版发行。由于作者水平有限，新教材的编写内容、版面设计、表格图例仍然不可避免地存在一些不足，甚至缺点和错误，盼望各位专家和同学们继续提出宝贵意见。谢谢！

《新编大学基础实验》主编　贺秀良　杨　嘉

二〇一三年一月

原版序言

实验是工程的基础和科学的源泉，是理论与实践相结合的重要环节，也是人们认识客观世界并对所获取的定性或定量信息加以分析、研究和处理的基本方法。相对于理论教学而言，实验教学更具有直观性、综合性和探索性，对于加强学员的理论基础，培养科学精神和品德，提高综合素质和创新能力具有重要的、不可替代的作用。

推进中国特色军事变革，关键在人才。军队院校要培养大批高素质的新型军事人才，就应在教学内容、方式和手段上积极进行改革和探索，加强基础实验室中心化建设，建立新型实验教学体系，构建先进、开放的综合实验平台，为培养学员创新能力创造有利条件。《大学基础实验》正是基于这一思想的指导下，汇聚作者多年来的理论与实践编写而成的。它体现出以下特点：首先是创意新。仅就书名而言，有别于以往单一的大学物理、化学等基础实验教材，直面基础实验教学大平台的构建，意在促进实验教学改革的深度发展和广度延伸。其次是观念新。本书很好地总结了作者多年来从事实验教学理论、技术及方法研究的成果，充分吸纳国内外高校实验教学改革的宝贵经验，注重突出以研究性、设计性和综合性实验为主体的现代实验教学思想。再就是内容新。本书按照实验理论、实验技术、实验项目三个层次，将整个篇幅分为讲座和实验进行编写。综观全书，理论与实践结合，目标和要求明确，内容与方式适应，方法和手段配套，在探索"讲座+实验"这一开放教学模式方面取得了明显成效。

观念决定思路，思路决定出路。回顾历史，任何重大的变革和发展都首先是观念上的更新和思路上的创新，而"更新"和"创新"又是对实践中获得经验的科学总结、升华和运用。本书的编写和出版在国内尚不多见，从某种意义上说，也是一次大胆、有益的求索，它充分体现了编写人员创新思维，积极投身实验教学改革的开拓进取精神。诚然，本书提出的一些新观念、新方法还有待于通过实践进一步丰富和完善，我们衷心地期望广大教员、学员、实验室工作人员能够结合实际使用提出宝贵意见，使其能够在培养创新性人才中发挥更大的作用。

军队院校实验室工作协作组秘书长　王卫国
二〇〇四年九月

目 录

绪论 1
  0.1 认识实验课的意义 1
  0.2 了解实验课的内容 1
  0.3 掌握实验课的特点 2
  0.4 开放实验的管理 3
  0.5 遵守实验室规则 4

第一篇 基础实验理论

第1讲 物理实验概论 7
  1.1 古代物理学时期的物理实验 7
  1.2 近代经典物理学时期的物理实验 8
  1.3 现代物理学时期的物理实验 9
  1.4 物理实验方法和测量方法 10
第2讲 化学实验概论 14
  2.1 古代实用化学实验 14
  2.2 近代化学实验时期 15
  2.3 现代化学实验时期 19
第3讲 电学实验概论 22
  3.1 静电时代 22
  3.2 电工时代 23
  3.3 电子时代 24
  3.4 微电子时代 26
  3.5 发展和展望 27
第4讲 力学实验概论 28
  4.1 工程力学实验 28
  4.2 工程力学实验的分类 29
  4.3 实验应力分析 30
  4.4 实验固体力学优先发展的技术方向 32
第5讲 实验数据处理 33
  5.1 有效数字及其运算规则 33
  5.2 数据处理的基本方法 35
  小结 40
  研究与讨论 41

第6讲 测量误差与不确定度 ………………………………………………………… 42
6.1 测量与误差 …………………………………………………………………… 42
6.2 系统误差 ……………………………………………………………………… 43
6.3 随机误差 ……………………………………………………………………… 45
6.4 测量不确定度 ………………………………………………………………… 47
研究与讨论 ……………………………………………………………………… 55

第二篇 基础实验技术

第7讲 物质制备及分析技术 ……………………………………………………… 59
7.1 物质的制备技术 ……………………………………………………………… 59
7.2 物质的分析方法 ……………………………………………………………… 64

第8讲 PLC应用技术 ……………………………………………………………… 77
8.1 可编程控制器概论 …………………………………………………………… 77
8.2 CP1E 系列 PLC 及存储器地址分配 ………………………………………… 82
8.3 CP1E PLC 的指令系统概述 ………………………………………………… 84
8.4 编程器软件 CX–Programmer 的使用方法 ………………………………… 99
8.5 EL–PLC–Ⅲ型 PLC 实验箱 ………………………………………………… 104

第9讲 应变电测技术 ……………………………………………………………… 106
9.1 应变电测法 …………………………………………………………………… 106
9.2 电阻应变计的原理及使用 …………………………………………………… 107
9.3 电阻应变仪及其测量电桥原理 ……………………………………………… 115
9.4 应变片在电桥中的接线方法 ………………………………………………… 117
9.5 静态应变测量系统 …………………………………………………………… 119
9.6 动态电阻应变测量系统 ……………………………………………………… 122

第10讲 光测弹性技术 …………………………………………………………… 124
10.1 光弹性法的基本原理 ……………………………………………………… 124
10.2 光弹性模型材料和模型浇铸 ……………………………………………… 132

第三篇 实验仪器与器材

第11讲 通用器材 ………………………………………………………………… 137
11.1 游标卡尺 …………………………………………………………………… 137
11.2 螺旋测微器（千分尺） …………………………………………………… 138
11.3 物理天平 …………………………………………………………………… 139
11.4 电子天平 …………………………………………………………………… 141
11.5 分析天平 …………………………………………………………………… 143
11.6 电烙铁及其使用方法 ……………………………………………………… 149

第12讲 常用电子元器件 ………………………………………………………… 153
12.1 分立元器件 ………………………………………………………………… 153

12.2 集成电路 ··· 162

第13讲 常用电子仪器器材 ··· 163
13.1 示波器 ··· 163
13.2 函数信号发生器/计数器 ··· 168
13.3 交流毫伏表 ··· 170
13.4 数字万用表 ··· 171
13.5 便携式自主实验箱 ··· 172

第14讲 常用化学仪器器材 ··· 176
14.1 酸度计 ··· 176
14.2 DDS-12A型电导率仪 ··· 181
14.3 恒电位仪 ··· 184
14.4 GR3500G型氧弹量热计 ··· 186
14.5 恒温水浴 ··· 189

第15讲 常用力学实验器材 ··· 191
15.1 电阻应变仪 ··· 191
15.2 DNS100微机控制电子万能试验机 ··· 195
15.3 NWS-500C型扭转试验机 ··· 201
15.4 XL3418组合式材料力学多功能实验台 ··· 204
15.5 光弹仪 ··· 205

第四篇 基础性实验

第1章 物理学实验 ··· 213
实验1 基本测量 ··· 213
实验2 CCD法测杨氏模量 ··· 214
实验3 用气垫转盘测转动惯量 ··· 217
实验4 落球法测液体黏滞系数 ··· 218
实验5 导热系数测量 ··· 220
实验6 直流电桥应用 ··· 222
实验7 用密立根油滴仪测基本电荷 ··· 224
实验8 霍尔效应及其应用 ··· 227
实验9 阿贝折射仪应用 ··· 230
实验10 用牛顿环测透镜曲率半径 ··· 233
实验11 用迈克尔逊干涉仪测激光波长 ··· 235
实验12 用分光计测棱镜玻璃折射率 ··· 239
实验13 衍射光栅测量 ··· 242
实验14 光偏振现象 ··· 245
实验15 氢原子光谱 ··· 248
实验16 光电效应及普朗克常数测量 ··· 250
实验17 光速测量 ··· 253

实验 18　核磁共振 ··· 256
第 2 章　化学实验 ··· 260
　　实验 19　物质的精确称量 ·· 260
　　实验 20　醋酸电离常数及电离度的测定 ·· 261
第 3 章　电学实验 ··· 265
　　实验 21　直流电路测量 ·· 265
　　实验 22　交流电路测量 ·· 268
　　实验 23　RC 电路瞬态响应 ··· 270
　　实验 24　单管放大器 ··· 272
　　实验 25　集成运算放大器 ··· 276
　　实验 26　线性直流稳压电源 ·· 281
　　实验 27　逻辑门和竞争冒险 ·· 283
　　实验 28　编码器和译码器 ··· 287
　　实验 29　触发器和计数器 ··· 291
第 4 章　力学实验 ··· 295
　　实验 30　材料拉伸与压缩 ··· 295
　　实验 31　材料扭转 ·· 298
　　实验 32　纯弯曲梁正应力测量 ··· 300
　　实验 33　压杆稳定 ·· 302
　　实验 34　材料冲击 ·· 304

第五篇　综合研究性实验

　　实验 35　振动模式研究 ·· 309
　　实验 36　超声波声速测量 ··· 312
　　实验 37　非平衡电桥应用研究 ··· 315
　　实验 38　传感器应用研究 ··· 318
　　实验 39　地磁场测量 ··· 322
　　实验 40　光纤音频传输特性研究 ·· 324
　　实验 41　用 CCD 测量单缝衍射的光强分布 ·· 328
　　实验 42　薄膜厚度测量 ·· 331
　　实验 43　显微镜、望远镜组装 ··· 332
　　实验 44　全息照相 ·· 335
　　实验 45　太阳能电池特性测量 ··· 340
　　实验 46　液晶电光效应研究 ·· 343
　　实验 47　金属材料腐蚀与防止技术研究 ··· 346
　　实验 48　阳极极化曲线测定研究 ·· 348
　　实验 49　水箱防冻液制备及其凝固点测定 ·· 351
　　实验 50　燃烧热测定 ··· 353
　　实验 51　NE555 电路应用研究 ·· 356

实验 52	波形发生器研究	358
实验 53	ADC 电路研究	362
实验 54	电子温度计研究	366
实验 55	PLC – 与或非自锁控制	368
实验 56	PLC – 定时器与计数器	369
实验 57	PLC – 交通灯控制	371
实验 58	变频器应用研究	372
实验 59	变频器的 PLC 控制研究	378
实验 60	电子工艺基础	379
实验 61	薄壁圆筒弯扭组合变形下主应力测定	380
实验 62	光测弹性研究	382
实验 63	材料动态力学性能研究	383

第六篇 自主设计性实验

实验 64	混沌现象	389
实验 65	图像处理	390
实验 66	PN 结物理特性	391
实验 67	微波分光	393
实验 68	晶体声光效应	394
实验 69	超导材料磁浮力测量	396
实验 70	超声成像	397
实验 71	超声三维声呐定位	397
实验 72	燃料电池	398
实验 73	全息无损检测	399
实验 74	激光音频调制监听	401
实验 75	纯水制备与水质检测	401
实验 76	常用无机颜料制备	403
实验 77	吸烟有害成分检验	403
实验 78	固体酒精制备	404
实验 79	病房呼叫系统	405
实验 80	电声蛐蛐	406
实验 81	航标灯	408
实验 82	集成功率放大器	411
实验 83	三人表决电路	413
实验 84	石英钟	415
实验 85	抢答器	418
实验 86	电子琴	420
实验 87	电阻应变片粘贴与电桥连接	423
实验 88	材料弹性常数 E、μ 测量	424

第七篇 虚拟仿真实验

实验 89　低真空获得与测量 ………………………………………………………………… 429
实验 90　G-M 计数管与核衰变统计规律 …………………………………………………… 431
实验 91　塞曼效应与电子荷质比测量 ……………………………………………………… 434
实验 92　喇曼光谱 …………………………………………………………………………… 437
实验 93　γ 能谱测量 ………………………………………………………………………… 441
实验 94　扫描隧道显微镜（STM） …………………………………………………………… 443
实验 95　水中化学耗氧量（COD）测定 ……………………………………………………… 446
实验 96　分光光度计使用与试样测量 ……………………………………………………… 447
实验 97　气相色谱的基本流程与操作 ……………………………………………………… 450
实验 98　自来水总硬度测定 ………………………………………………………………… 454
实验 99　Multisim-日光灯电路测量 ………………………………………………………… 455
实验 100　Multisim-放大器测量 …………………………………………………………… 458
实验 101　Multisim-三相交流电研究 ……………………………………………………… 460

总　附　录

附录 1　SI 基本单位 …………………………………………………………………………… 464
附录 2　物理常数表 …………………………………………………………………………… 464
附录 3　百年诺贝尔物理学奖 ………………………………………………………………… 469
附录 4　重要化学实验年表 …………………………………………………………………… 472
附录 5　常用酸碱在水中解离常数 …………………………………………………………… 474
附录 6　不同温度下水饱和蒸汽压 …………………………………………………………… 475
附录 7　常用物质溶度积 ……………………………………………………………………… 476
附录 8　标准电极电势 ………………………………………………………………………… 477
附录 9　微电子学实验年表 …………………………………………………………………… 481

参考文献 ……………………………………………………………………………………………… 484

绪　　论

0.1　认识实验课的意义

人类科学一脉相承。16 世纪以后，从哲学中分离出了物理学。从此物理学成为一门独立的学科，它的研究领域不断拓展，逐渐建立了力学、热学、光学、电学等基础学科，每一门基础学科又不断地形成许多新的分支，形成了一些独立的新学科。早期的物理、化学等基础学科，都是建立在实验的基础之上的。以物理学的发展为例，理论物理学曾起过重要作用，如麦克斯韦（Maxwell）的电磁理论、爱因斯坦（Einstein）的相对论、卢瑟福（Rutherford）和玻尔（Bohr）的原子模型、海森堡（Heisenberg）等的量子学说等，都使本世纪的物理学大放异彩。但是我们必须看到，这些无一不是以实验中的新发现为依据，而又都被进一步的实验所验证。实验学家必须谙熟理论，理论学家也必须对实验工作有较深的了解，否则其工作就是无源之水、无本之木。因此学生在校期间，进行实验科学的专门训练是尤其重要的。

不论是国内还是国外，实验教学特别是基础实验教学，在所有大学中都是必不可少的。在美国，基础教学实验室和国家实验中心、校级实验中心、院（系）级实验中心以及专题实验室一起，构成大学教学和研究的实验体系。在英国，学校很重视基础实验教学，实验是独立的教学环节，全校实行大循环安排实验，有一套完整的教材。

在国内，本世纪以前，基础实验隶属于理论课程，是理论课教学的一个环节，实验教学基本上是验证性教学。这一点在一些理论的建立初期，对于一些比较抽象的理论问题的理解，起到过重要的作用。随着自然科学历史的延展和进步，一些原来很抽象的经典理论变得不再抽象，原来很深奥的东西变得不再深奥，因此基础实验教学的任务逐渐由理论验证性教学发展为能力创新性教学，随之而来的必然是实验思想、实验内容、实验方法的变革。20 世纪 90 年代初期，在一些地方大学，物理实验率先被确定为一门独立的课程，然后是化学实验、电子技术实验等，这些改革主要体现为实行独立考核（考试），实验内容由单一验证性逐渐强调综合性、设计性。几年以后实验课开始从编制上进行剥离，实验室脱离理论教研室，组建实验中心，实行校、系两级管理，确立了实验的课程地位，实验课的任务由原先的强调理论验证、为理论教学服务发展到强调综合能力、创新能力的培养，这是一个比较大的变化。

进入 21 世纪，在一些规模比较小的大学（学院）出现了实验打破按学科分类，组建跨学科的基础实验中心的情况。在这次变革中，相对独立性比较强的军队院校走在了前头，例如军事交通学院 1999 年 12 月组建了"基础实验中心"，把物理、化学、电工电子学、工程力学实验进行整合，构建了新的课程体系——"基础实验"；进行了"两项改革"，一是变课程实验为实验课程，二是构建了基础实验平台；实行了"五个独立"，即独立的编制、独立的课程、独立的大纲、独立的教材和独立的课堂运作方式；提出了"一个中心，两个服务"的课程建设思路，即以学习实验理论、实验技术，强化创新能力培养为中心，服务学院学科建设，服务理论课教学。"基础实验"课程的建立在三个方面有一定的创新：一是将多个学科的实验内容整合，构建起了跨学科综合的基础实验平台；二是实行了全面开放基础实验教学，实现了"讲座+实验"的开放教学模式；三是研制了"便携式自主实验箱"并下发到学员宿舍，在强调学员"自主实验"的同时实现了实验由课内向课外的延伸。

0.2　了解实验课的内容

《新编大学基础实验》是在军事交通学院 2001 年出版的《基础实验教程》和 2005 年出版的《大学基

础实验》基础上全面改编的。教材的构思进一步体现构建基础实验平台的思路，教材体系分为实验理论（讲座）、实验技术（讲座）、实验器材（讲座）、实验项目等四大块。哪些东西属于实验理论？实验技术的范畴有多大？这些还是有待于深入研究的问题，所以本书只是以讲座（或者称为选讲）的形式选择了一些本书中直接用到的基础实验理论和实验技术。实验器材以本书中用到的通用器材为主。实验内容涉及物理学、化学、电工电子学、工程力学和跨学科综合等101个实验项目，分为基础性实验、综合研究性实验、自主设计性实验和虚拟仿真实验等不同层次。在这些题目的编排上，我们遵从基础实验区分学科，综合研究、自主设计和虚拟仿真实验淡化学科的原则。概括起来，这些实验既有依托相应理论的基本定理、定律的验证，也有基本测量、基本技能的训练，还有一些新知识、新技术方面的拓展。综合研究实验一般属于专题实验，综合性比较强，实验时间应该充分，给学员留出思考、摸索的时间。自主设计实验以实验任务的形式给出，借助提供的深度阅读资料和辅助教材自主完成，可以在实验室，也可以借助便携式自主实验箱在宿舍完成实验。当然，淡化学科不是不承认学科的存在，相反需要更加认真地研究学科的独立性和交叉性，重视不同学科基本原理、基本定理、基本方法和基本技能在培养能力上的互补性，例如，在《新编大学基础实验》的编写中，我们继续贯彻理、化实验注重实验理论，电、力实验注重实验技术的编写思路。一般来说实验课是理论课的后续课程，先学习理论，后进行实验。但有时受实验条件、时间和空间的局限，部分实验课可能在相应理论课之前进行。还有的时候考虑到综合实验的跨章节、跨知识点的特点，以及实验条件、时间和空间的有效利用，实验课可能会相对理论课滞后一段时间（比如半个学期到一个学期）。这些情况下只要实验预习充分，是完全可以的，有时还会起到预想不到的教学效果，所以，先学习理论还是先进行实验不是原则性问题。

0.3 掌握实验课的特点

本教程是针对开放实验教学编写的。开放实验更加适合学生综合能力、创新能力、自主能力的培养，是一种个性化的教学模式，开放实验的内涵是"任何时间以任何方式做任何实验"。开放实验具体实施上分为两大块，讲座和实验。讲座大部分安排在实验前进行，部分穿插在实验期间；实验以独立完成为主，教师一般不进行具体指导，但是实验时间相对开放前有较大的延长，目的在于给同学们充分摸索、体会的时间。自主实验允许学员在业余时间完成。开放教学总体上应当是一种宽进严出的教学模式，实验内容、实验时间、管理方式都应当体现宽松的教学模式，但是实验过程宽松不代表实验要求宽松。相反，相对开放以前，教学要求应当更高，除了实验的综合性、设计性提高，实验难度也相应增加。完成一个实验，通常需要经过以下三个教学环节。

0.3.1 实验前的预习

要在规定的时间内高质量完成实验，每次实验前同学们一定要进行针对性的预习。

（1）弄懂实验原理

教材中每个实验都有简要的实验原理，同学们应认真阅读。必要时参考附录或其他教材和参考书。

（2）熟悉实验器材

进实验室前就要熟悉所用实验器材，包括实验仪器仪表、实验设备、实验器皿、实验药品以及实验元器件等。这些知识主要靠平时积累，必要时可提前到实验室进行预备实验或观摩其他同学实验以了解情况。

（3）明确实验内容

明确本次实验的内容要求，根据需要提前设计表格、电路（光路）、实验参数、实验步骤，有些涉及计算机编程的实验还要求学生提前编好程序。

（4）想定实验方案

为了有效地利用好宝贵的实验时间，想定实验方案，明确进入实验室后先干什么后干什么，尤其显得重要。

设计性实验除了做好上述预习工作外，还需要做到以下几点：
① 设计实验方案，明确实验原理；
② 确定测量仪器、方法、条件；
③ 确定实验内容和步骤。

0.3.2　课堂实验

学生进入实验室后应遵守实验室规则，像一个科学工作者那样要求自己，井井有条地布置仪器，安全操作。细心观察实验现象，认真钻研和探索实验中遇到的问题。仪器发生故障时，还要在教师指导下学习排除故障的方法。总之，要把重点放在实验能力的培养上，而不是测出几个数据就以为完成了任务。对实验数据要严肃对待，要用钢笔或圆珠笔记录原始数据。如记错，应轻轻划上一道，在旁边写上正确值，使正误数据都能清晰可辨，以供在分析测量结果和误差时参考。实验结束时，将原始数据交教师审阅签字，整理还原器材后经教师同意方可离开实验室。

0.3.3　实验总结

实验后要对实验数据及时进行处理。如果原始记录删改较多，应加以整理，对重要的数据要重新列表。数据处理过程包括计算、作图、误差分析等。计算要有算式，便于别人看懂，也便于自己检查。作图要规范、美观。数据处理后要给出实验结果和必要的测量不确定度。最后要求撰写出一份简洁、明了、工整、有见解的实验报告，这也是每一个大学生必须具备的报告工作成果的能力。

实验报告内容通常包括：实验名称、实验目的、实验器材、实验原理、实验内容、实验要求、实验结果处理、研究与讨论等。设计性、自主性实验报告可以写成论文形式。

0.4　开放实验的管理

如前所述，开放实验可以充分发挥学生的自主性、创造性，有效提高实验室和实验设备的利用率，但是却对实验教师不断更新知识的能力、现场解决问题的能力以及实验室管理上的实验设备完好率、实验耗材的供需矛盾、实验的过程控制等提出了更大的挑战。为此，一些开放实验比较早的院校研制开发了相应的教学与管理软件，我们见到的比较早、比较好的有美国斯坦福大学（Stanford University）的实验预约系统，国内有西安交通大学的实验预约系统、军械工程学院的网络实验教学系统等。2003年军事交通学院基础实验中心研制了《开放实验教学与管理网络系统》，针对开放实验教学的讲座、预习、预约、注册、实验、指导、注销、报告、考试、公告等十个环节，研制开发了这一开放实验教学与管理平台，不但有网上预约、注册注销、实验监控、实验记录、档案查询等管理功能，还实现了网上讲座、网上预习、网上答疑、虚拟实验室等教学功能。2010年我们对该系统进行了升级改造，增加了历史查询、网上提交实验报告、实验论坛、问卷调查等功能，迄今为止该系统不间断地使用了九年，三十余万人次通过该系统完成实验（图0.1，图0.2）。

图0.1　开放实验主页

图0.2　开放实验后台支持系统

0.5 遵守实验室规则

为了保证实验正常进行,培养严肃认真的工作作风和良好的实验室习惯,同学们应当遵守实验室规则。

(1) 学生应在约定的时间内进行约定的实验,不得无故缺席。

(2) 学生每次实验前要对约定要做的实验进行预习,应有预习报告,经教师检查同意方可进行实验。

(3) 保持安静的实验环境,对于实验中遇到的问题,希望能够通过自我摸索和相互讨论解决。

(4) 爱护器材。进入实验室不要擅自搬弄仪器,严格按规程操作,使用电源或化学用品时要格外小心,拿不准的要请教师指导,公用物品用完后立即放归原处。

(5) 做完实验,学生应按要求进行登记,将实验器材整理还原,将桌面和凳子收拾整齐,经教师同意后方可离开实验室。

(6) 如有器材损坏,应主动及时报告教师,说明损坏原因,填写损坏单,属于个人责任的按学院有关规定处理。

(7) 实验报告按教师规定时间统一收交,杜绝数据抄袭和报告抄袭现象。

开放实验的最终目的是提高教学质量,营造一种适合学员自主学习的教学环境,因此我们在开放实验过程中鼓励学员有效利用好实验室这个平台,允许试做、重做、多做、陪做实验,也鼓励学员开发自己感兴趣的实验项目。

第一篇

基础实验理论

本篇选择了物理实验概论、化学实验概论、电学实验概论、力学实验概论、实验数据处理、测量误差与不确定度等六讲内容作为本书的基础实验理论。

第 1 讲

物理实验概论

物理学是一门实验科学。物理学属于基础性学科,是大专院校理工科学生的必修课程。物理学的学习包括物理理论和物理实验两部分。物理实验不仅可以加深理论理解,验证和发展物理理论,更重要的是可以培养学员的科研动手及创新能力。物理实验的学习不仅对物理理论的理解和发展非常重要,对其他学科的学习也大有裨益,如电子科学、计算机技术、光学信息工程、材料科学,甚至化学、生物学、医学,等等,都离不开有关物理学的理论与技术。物理实验是同学们在大学期间学习的第一门实验课程,连同本教材中的化学实验、电学实验、力学实验构成一个统一的基础实验能力培养平台。物理实验所涉及的实验原理、实验方法、测量方法、数据处理方法甚至实验素质养成,是所有实验课程的基础,同学们要把物理实验放在基础实验这个大环境中,并把它当成一个重要的开门篇章来学习。

物理学是一门古老的学科。物理学建立和发展的过程,与人类文明的发展史息息相关。而每一次物理理论的突破与发展都是建立在实验和观察基础上的。

1.1 古代物理学时期的物理实验

通常,人们把16世纪以前作为古代物理学时期。那时,古希腊、中国、阿拉伯等国家和地区,伴随着天文、数学、医学的发展,发现了许多物理现象和规律。如春秋战国时期的《墨经》和《考工记》,就记载了大量有关力学、光学、声学方面的知识。《墨经》由墨子(公元前468—公元前392)(图1.1.1)所著,他对力学和光学的研究都达到了较高的水平,在光学方面对平面镜成像和小孔成像都有描述。

古希腊的阿基米德(图1.1.2)在数学、运动学、浮力定律、杠杆原理等方面均有建树,被称为"力学之父"。阿基米德在物理学方面的贡献,不仅来源于他的细心观察和科学推断,也离不开他为了自己的论断而精心做出的实验。他的关于浮力的传说——"王冠的秘密"也为人所熟知。

图 1.1.1 墨子

图 1.1.2 阿基米德

古代物理学知识大多数是建立在对自然界的直觉观察和主观臆测上,未形成系统规律。那时的物理知识主要来自于对客观世界的直观现象的分析解释,它们之中有些是朴素唯物的,而有些则是片面的、唯心的。比如亚里士多德对于物体下落的解释,认为重的物体下落的快、轻的物体下落的慢,却没有考虑到物体密度、形状以及所受的空气阻力的大小。到了阿基米德时期,物理实验的作用已经显现出来。但那时的物理学还是简单的解释,尚未与数学发生密切联系,还谈不上物理理论。

1.2 近代经典物理学时期的物理实验

经典物理学的建立从16世纪到19世纪经过了300年的时间。16世纪以后，随着社会生产力的发展，物理学伴随着整个科学革命，逐步形成了一门真正系统的实验科学。通过实践—理论—再实践的辩证发展，物理学不断地分化与综合，形成了严密的科学体系，成为现代科学的重要基础之一。

1.2.1 经典力学的建立

经典力学的建立是经典物理学的第一次大综合。

伽利略（1564—1642）（图1.2.1）被称为近代物理学的先驱。他确立了描述运动的基本特征量——速度和加速度，探索出了落体运动的规律，发现了惯性定律，提出了运动相对性原理。

牛顿（1642—1727）（图1.2.2）被誉为世界上前所未有的最伟大的科学家。他在数学、物理、哲学上的贡献都令人瞩目。他在物理方面的成就有很多。在光学方面，他第一个解释了白光的色散现象，完成牛顿环实验，并对光的干涉和衍射现象进行了分析。在天体力学方面，他提出的万有引力定律成为海王星发现的理论依据。他创建了牛顿运动三定律。1687年，牛顿发表了《自然哲学的数学原理》，宣告了经典力学的建立，完成了天上力学和地上力学的统一。

图1.2.1　伽利略　　　　图1.2.2　牛顿

在经典力学的建立过程中，物理实验的地位开始被确立起来并显现出了其重要性。其中最受瞩目的当属伽利略创立的实验科学。他的科学思想和科学方法至今为我们所用，用观察和实验探索定律代替用理性寻究原因，把观察和实验作为科学研究的基础，开创了"理想实验"方法的先河。牛顿作为科学巨匠，不只是他在数学、哲学以及物理理论上的贡献，更在于他通过分析实验结果得出重要物理理论的科学实验方法。

1.2.2 经典热力学与统计物理的建立

经典热力学和统计物理的建立是经典物理学的第二次大综合。

19世纪初，焦耳等人发现了能量守恒和转换定律，为热力学的建立准备了条件。随后，焦耳（图1.2.3）、开尔文（图1.2.4）、克劳修斯等人从能量守恒和转化定律及自然界的变化过程的方向性出发，得出了热力学第一、第二定律。接着，麦克斯韦和玻尔兹曼又将统计规律引入了气体分子的运动，创立了统计物理学。随着恩斯特的热力学第三定律的建立，经典热力学与统计物理的理论基本完善，完成了机械运动、热运动、电磁运动等不同运动形式之间的综合统一。

图1.2.3　焦耳　　　　图1.2.4　开尔文

经典热力学和统计物理的建立，是人类历经数百年，总结力学、热学、电磁学、化学等诸多领域的多种实验结果及观察经验而得出来的。没有物理实验，就没有经典热力学和统计物理的建立。无论任何理论，都应该经得起实践的检验，并在实践和实验中不断发展修正。理论的建立都有其适应的条件，都是某种理想化的结果。如果忽略了理论的前提条件，就可能得出错误的结论。例如，把热力学第二定律绝对化，推广到整个宇宙，就会引出一个错误的结论——宇宙热寂说。

1.2.3　经典电磁学的建立

经典电磁学的建立是经典物理学的第三次大综合。

1777年法国物理学家库仑首先建立了库仑定律，开始了电磁学的定量研究阶段。随后，麦克斯韦花了近20年的时间，完成了麦克斯韦方程组，建立了电磁波理论，并从理论上预言了电磁波的存在。14年后，赫兹用实验找到了电磁波。至此，完成了电、磁、光三种现象的综合统一。

在电磁理论的建立过程中，充分体现了物理理论与物理实验配合紧密、相得益彰的关系。从库仑用扭称实验提出的电磁学的四大基本定律之一——库仑定律；到堪称世界一流的实验物理学大师法拉第（图1.2.5）经过多年的实验和思考发现了电磁感应现象，创立了法拉第电解定律，验证了电荷在导体内的分布规律，分析了电解质电容率特征，证明了电荷守恒定律，发现了磁致旋光效应和抗磁性，并总结于《电学的实验研究》中；再到电磁波之父的麦克斯韦（图1.2.6）总结现有实验结果提出的完美而和谐的麦克斯韦方程组，并预言了电磁波的存在；再到电磁学大厦的装修者赫兹用实验证明了电磁波的存在，处处体现着实验—理论—再实验的科学发展规律。

图1.2.5　法拉第　　　　　图1.2.6　麦克斯韦

1.3　现代物理学时期的物理实验

进入20世纪以后，科学技术的发展，拓宽和增加了人们认识自然和改造自然的广度和深度，新的实验和实践结果不断涌现：X射线、放射性元素、电子、光电效应、迈克耳逊-莫雷实验、黑体辐射实验，等等。它们无法用经典理论圆满解释，成为物理学晴空中的一朵朵乌云，对原有的物理理论提出了挑战，使貌似完美的经典物理学的大厦出现了危机。正是这些与经典理论格格不入的物理实验催生了新的物理理论——相对论和量子力学。

1.3.1　相对论

随着迈克尔逊干涉仪等实验的出现，动摇了经典物理的以太说，为相对论的提出奠定了实验基础。相对论的缔造者爱因斯坦（1879—1955）（图1.3.1），被誉为"物理学革命的旗手"，他扬弃了牛顿的绝对时空观，以两个基本假设为基础建立起了狭义相对论，后来又建立了广义相对论，完成了低速运动与高速运动的综合统一。

1.3.2　量子力学

黑体辐射实验与经典物理理论格格不入，普朗克（图1.3.2）正是由此实验出

图1.3.1　爱因斯坦

发，提出了量子论；随后，爱因斯坦在光量子的基础上成功地解释了光电效应实验；德布罗意根据 X 射线、γ 射线等实验提出了物质波理论，后经电子衍射实验证明了电子衍射波的存在；玻尔、薛定谔、海森伯等人以微观粒子的波粒二象性及测不准关系为基础，逐步建立了量子力学，找到了描述微观粒子运动的理论，完成了连续性和量子性之间的综合统一。

进入 21 世纪，物理学分支进一步细化，并不断和其他学科交叉，更深层次的新理论层出不穷，如高等量子力学、非线性光学等。新的物理实验技术不断涌现。本书中许多实验就用到了现代前沿的技术，比如核磁共振、超声成像、低真空、太阳能、激光、光纤、液晶、传感器、全息照相、信息光学等。通过以上这些前沿技术的学习可以扩大学员的知识面，激发学员的学习兴趣，提高应用知识的技能，有效培养创新能力。

图 1.3.2　普朗克

1.4　物理实验方法和测量方法

每个实验都有一套方法去测量相关的物理量，我们把在各种实验中通用的方法叫做实验方法，把对某个物理量的具体测定方法称为测量方法。实验方法是达到实验目的的途径，测量方法是保证实验方法正确实施的措施，二者相辅相成，互相依存，甚至不能严格区分。对于一个具体实验，有时需要同时用到几种实验方法和多种测量方法。

1.4.1　常用实验方法

这里介绍的常用实验方法不仅在物理实验中经常用到，也经常用于其他科学实验。

1. 换测法

对于一些不易直接测量的量，寻找出与待测量有关的量进行测量，再利用它们之间的函数关系求出待测量的方法称为换测法。包括下列几种情况：

（1）参量换测法

利用各种参量在一定条件下的相互关系来实现待测量的变换测量。例如，伏安法测电阻是根据电阻与通过它的电流及两端电压的关系 $R = U/I$ 求得电阻值；转动惯量的测量是通过测物体质量、砝码下落距离及所用时间等参量，根据相应的函数关系式求得转动惯量。

（2）待测量与改变量换测法

有些量本身不易测量，但可以通过测量与其有关的改变量来实现。例如，用电桥测电阻温度系数实验是通过改变被测电阻的温度，用箱式电桥测定该电阻值的变化情况，达到求出温度系数的目的。

（3）能量换测法

利用换能器（或称传感器）将一种形式的能量转换成另一种形式的能量进行测量。常用于非电量的电测量。常见的方式有以下几种：

① 热电转换：例如，用热电偶将温差转换为温差电势、用热敏电阻和继电器制成的控制仪等。

② 光电转换：利用硅光电池、光敏二极管、光敏三极管等光电元件将光学量变为电学量进行测量。如用 CCD 测量光强、光电效应及普朗克常数测定等。

③ 磁电转换：霍尔效应法测磁场就是磁电转换的例子。

④ 压电转换：利用晶体材料的压电效应和电致伸缩效应制成传感器。如声速测定实验、医用心电图仪及电子血压计的原理等。

2. 模拟法和示踪法

对于一些不便于直接测量的物理量常采用模拟法，模拟法是从模型实验发展起来的。实验中常见的有以下三种：

（1）模拟法

① 物理模拟

被模拟的物理过程与模拟过程的本质是一致的。例如，利用"风洞"实验来设计改进飞机机翼；大气环流实验中利用人工热源和冷源模拟太阳辐射时的海陆温差分布等。

② 数学模拟

被模拟某量与模拟过程中的某量具有相同的数学表达式或遵守相同的数学规律，则这种模拟称为数学模拟。例如，静电场的电位与电流场的电位具有相同的数学表达式，故常用稳恒电流场来模拟静电场；一些模拟实验，如电路的力电模拟、声电模拟也属数学模拟。

③ 计算机模拟

用计算机可以模拟物理过程并在屏幕上显示，如模拟分子扩散过程，物体间的热交换过程，爆炸过程，电磁场分布等。计算机模拟是模拟法和示踪法的结合。目前，这种方法已经发展成为计算机仿真实验技术。

（2）示踪法

示踪法能形象、直观、及时地显示物理过程。它可以是定性的，也可以是定量的；可以是时间过程，也可以显示空间踪迹。示踪法不仅应用于物理实验，在其他学科、生产实践中也被广泛采用。常用的示波器就是各种示踪实验的有力工具。利用卫星地面站为飞机、导弹导航等都属于示踪法。

3. 光学方法

（1）干涉法和衍射法

这是光学中常用的实验方法，也是研究机械波和电磁波的方法之一。通过这种方法将瞬息万变的行波规律变成稳定的静态对象——干涉图样或衍射图样，使测量变得简单易行，测量精度大大提高。例如等厚干涉实验、光栅衍射实验、单缝衍射实验、全息照相实验等。许多光学仪器也是利用衍射或干涉原理制成的，如迈克尔逊干涉仪、无损探伤仪器等。

这类方法常用于测元件的光洁度、微小长度和角度；制造集成电路、全息光学元件；观察地壳构造、观测振动面等。

（2）光谱法

发光体发出的光通过分光元件后，分解为连续的或分立的按波长排列的光谱，通过分析光谱的波长和强度获得物质结构的信息。

1.4.2　常用测量方法

研究测量方法的目的在于根据实验目标的测量要求，选择适当的测量方法和实验仪器，消除和减少测量误差，使测量结果更为精确。

1. 比较法

比较法是测量方法中最基本的方法，可分为直接比较和间接比较两类。直接比较法最简单，例如，用米尺测长度、用量筒测液体的体积、通过天平将待测物与砝码比较等，都是借助作为标准的量具进行比较，其测量精度依赖于量具自身精度。因此，常需制造出各种量具或标准件，如砝码、标准电阻、标准电池等。多数物理量一般不能通过直接比较测出，因而多采用间接比较法。例如，用电位差计测电动势，是把电动势转换成了对电阻丝长度的测量；气压计也是把大气压强转换成对汞柱的高度测量。所有的仪表都是利用了物理量之间的转换关系制成的，例如，电流表是利用电流表指针的偏转与电流大小成正比的关系制成的，测量时将电流大小与指针偏转进行比较。

2. 替代法

当待测量无法与标准件直接比较时，可利用待测量与标准件对某一物理过程的等效作用，用标准件替代待测量进行测量，这就是替代法。替代法常用来消除系统误差，例如，用标准电阻代替电路中的被测电阻，使二者产生的效果（电压、电流）相等，则标准电阻之值即为待测未知电阻。又如用替代法测量表头内阻是一种常用的方法，测量精确度取决于标准电阻箱的精度及电路灵敏度。

3. 零示法

零示法多用于定性地检验物理规律或作为判断的手段，在零点、平衡点或是相互抵偿的状态附近，实验会保持原始条件，免去一些附加的系统误差。常用零示法来完成一些不能与标准件直接进行比较而又采取直接比较法的测量工作。例如，判断天平是否平衡、电桥是否平衡均采用零示法，这种测量方法的测量精度依赖于指零仪表的灵敏度。

4. 补偿法

补偿法常与零示法联系在一起，例如，电位差计就是利用电压补偿原理制成的，电路是否得到完全补偿，由检流计是否指零判断，这样测定的电动势免除了电表接入引起的误差。

5. 交替测量法（交换法）

把测量对象的位置相互交替，是交替测量法的一种，例如，使用等臂天平时，交换砝码和待测物的位置所进行的复称；平衡电桥测电阻时交换比较臂与测量臂电阻的位置等。这种方法也叫平衡位置互易法。将测量正、反向进行也是交替测量的一种，例如，升温、降温测量，逐渐增、减电流测量，增、减外力测量等。测量霍尔电压时，用正、反向电流分别进行测量，可消除或减小某些副效应。使用磁电系仪表时将仪表的放置方向改变180°，再进行测量能消除外磁场的干扰。

6. 对称测量法

对称测量是在对称位置上进行的交替测量。例如，分光计左右窗口读数，消除了偏心差；灵敏电流计等仪器利用换向开关测出光标左右偏转格数然后取平均，可消除电路连接中的系统误差及检流计零点误差。

7. 放大法

当待测量很小，无法直接测量时，常用放大法进行测量。为保证放大后待测量的变化规律不变，一般采取线性放大，常用的放大法有如下几种：

（1）机械放大

利用机械部件之间的几何关系使标准单位在测量过程中得到放大，可以提高测量精密度。例如，螺旋测微计的原理、游标卡尺的原理、读数显微镜和迈克尔逊干涉仪等仪器的读数装置均采用了机械放大原理。在允许的情况下，尽量使仪表表盘做得大一些，增加仪表指针长度，提高分辨率也是采取机械放大的原理。

（2）光学放大

由于光学放大有稳定性好，受环境干扰小的特点，在测量中常采用光学放大，许多光学仪器采用了光学放大原理。例如，一些仪表中采用的光杠杆原理。读数显微镜、望远镜、光电检流计及冲击电流计等均采用了光放大原理。

（3）电磁放大

科学实验中常常需要对电学量进行测量，或将非电量经传感器转变成电学量再进行测量，为了提高测量的精确度，常采用电磁放大的方法。物理实验中所用的微电流测试仪、示波器等仪器均采用了电磁放大原理。

8. 共振法、驻波法和行波法

（1）将一未知振动施加于频率可调的已知振动系统，当两者发生共振时，则调节出的已知频率即为未知系统的固有频率。

（2）利用入射波和反射波适当叠加可产生驻波。通过测定波节或波腹间距，可测定波长。如用驻波法测定声波波长时，通过改变两个压电换能器的间距，用示波器测量声压极大值位置，从而计算出波长。

（3）行波法实际上是相位比较法。直接观测波在传播路径上相位的变化，通过测量相邻同相位点之间的距离而得到波长。如在示波器上观测李萨如图的形状，可测振动相位和频率。

9. 累计测量法（测量宽度展延法）

当待测量的数量级与测量仪器的误差较为接近，而又无更精密的测量仪器时，测量结果是不可信的。为了使用现有仪器提高测量精度，实验中常采用累计测量法，也叫测量宽度展延法。例如，在单摆测重力加速度实验中，采用测50个周期的时间求出平均周期；在迈克尔逊干涉仪实验中，测出干涉条纹每"冒出（缩进）" 50个条纹，M_1镜移动的距离d_1，再求对应每个条纹移动的距离；欲测量一张纸的厚度，在无精密仪器的情况下，可用卡尺甚至米尺测出1 000张纸的厚度，再求每张纸的厚度。这种方法的优点在于将测量宽度展延了若干倍，增加了待测量的有效数字位数，降低了测量值的相对误差。但需注意，采用累计测量法时，待测量必须均匀不变，尽量避免引入新的误差因素。电信号和光信号的累积叠加处理可以改善信噪比、对比度，提高分辨率。

10. 内插法与外推法

由于实验条件的限制，当有些测量数据在实验中无法直接得到时，可以采取内插法和外推法。当一些物理量在实验中无法测量时，可以在该点一侧测出几组数据，然后通过作图用内插法或外推法求之。当然，使用内插法和外推法进行测量应当慎重，特别是在科研工作中，有时可能因此错过重大发现，量子化霍尔效应的发现就说明了这样的问题。

第 2 讲

化学实验概论

钻木取火、用火烧煮食物、烧制陶器、冶炼青铜器和铁器,都是化学技术的应用,这些应用极大地促进了当时社会生产力的发展,成为人类进步的标志,可以说没有化学就没有现代人类文明。化学实验既是化学学科的重要组成部分,同时也是大学基础实验的重要组成部分。与物理实验相比,既有承担能力培养、科学素质养成的共性,又在化学实验方法、分析方法和测量方法上具有鲜明的个性,希望同学们在学习化学实验过程中细心体会。化学实验从其发展过程来看,大致经过了古代实用化学实验、近代化学实验和现代化学实验等三个阶段。

2.1 古代实用化学实验

从远古开始到 17 世纪,化学实验在向科学道路迈进的过程中,经历了一段漫长的发展时期。

2.1.1 化学实验的萌芽

人类最初对火的利用距今大概已有一百多万年。利用火是人类最早使用的化学实验手段(图 2.1.1)。人类最早从事的制陶、冶金、酿酒等化学工艺,都与火的利用有着直接或间接的联系。在熊熊烈火中,烧制成型的黏土可获得陶器;烧炼矿石可得到金属。陶器的发明使人类有了贮水器以及贮藏粮食和液体食物的器皿,从而为酿酒工艺的形成和发展创造了条件。制陶、冶金和酿酒等化学工艺,孕育了化学实验的萌芽。例如,在烧制灰、黑陶的化学工艺中,工匠们在熔烧后期便封闭窑顶和窑门,再从窑顶徐徐喷水,致使陶土中的铁质生成四氧化三铁,又使表面覆上一层炭黑,因此里外都是黑灰色。这表明当时已初步掌握了焙烧气氛的控制和利用。

图 2.1.1 钻木取火

古代化学的特点是以实用为主。古代化学工艺以中国、埃及等国家最为突出。在长期的生活实践中,利用自然界的丰富资源,中国人发明了陶瓷,埃及人发明了玻璃,同时也创造了许多化学工艺。造纸术、火药、指南针和印刷术并称为我国古代科学技术的四大发明,是我国劳动人民对世界科学文化的发展所做出的卓越贡献。劳动人民长期从事制陶、冶金、酿造等化学工艺实践,所积累的生产知识和经验为以后中国的炼丹术和阿拉伯、欧洲的炼金术的产生提供了必要的基础。

2.1.2 原始化学实验

大约从公元前 2 世纪到 16 世纪,世界各国都先后兴起过炼丹(金)术(图 2.1.2),它是近代化学实验的前身,也是早期化学实验的主要和典型的代表。炼丹(金)术士们想用廉价的金属作为原料,经过化学处理而得到贵重的金和银,同时他们也想生产一种能使人长生不老的仙丹。炼丹(金)术在我国最早可追溯到秦始皇统一六国后,秦始皇先后派人去海上寻求不死之药,企图长生不老。到了汉朝时,宫廷中就召集了许多炼丹(金)术士们从事炼丹,当时的炼丹(金)士们认为,水银和硫黄是极不平凡的,是具有灵气的物质。水银是一种金属,却呈现出液体,而且能溶解各种金属;水银从容器中溅出,总是呈球状;水银容易挥发,见火即飞去,无影无踪,这更增加了它的神秘性。但炼丹(金)术士们发现,用硫黄能制服水银，因为水银和硫黄能生成硫化汞，它稳定而且不易挥发。这样一来，炼丹（金）术士们又编造出所谓水银为雌性，硫黄为雄性，宣称雌雄交配可得灵丹妙药。因此硫化汞也就成了炼丹（金）术中一种不可缺少的药剂，硫化汞在那时就称为丹砂，这个名字一直沿用到今天。

除冶炼焙烧之外，炼丹（金）士还经常使用一些液体"试药"来对各种金属进行加工。液体试药通常是一些能在金属表面涂上颜色的物质。例如，硫黄水（多硫化合物的溶液）能把金属黄化成黄金；汞能在其他金属表面留下银色。在制造液体试药的过程中，炼丹（金）士发明了蒸馏器、烧杯、冷凝器和过滤器

图 2.1.2　中国古代炼丹术

等化学实验仪器，以及溶解、过滤、结晶、升华，特别是蒸馏等化学实验操作方法。蒸馏方法的广泛使用，促进了酒精、硝酸、硫酸和盐酸等溶剂和试剂的发现，从而扩大了化学实验的范围，为后来许多物质的制取创造了条件。蒸馏是早期化学实验中最完整的一种重要实验操作方法。到了 16 世纪，出现了大批有关蒸馏方法方面的书籍，如希罗尼姆·布伦契威格（Hieronymus Brunschwygk，1450—1513）的《蒸馏术简明手段》（1500 年出版）及其增订版《蒸馏术大全》（1512 年出版）等。这些著作对蒸馏方法作了较详细的叙述。蒸馏在早期化学实验发展史上占有重要地位，它至今还在基础化学实验中被经常运用。

2.1.3　原始化学实验的特点

炼丹（金）术士在实际操作过程中，确实完成了不少化学转变，积累了某些化学知识以及一些实验方法和手段，使人类了解到一些无机物质的分离和提纯手段，从而进行了大量的混合化学反应，摸清了许多物质的性质，大大地丰富了化学知识，为近代化学的建立和发展奠定了基础。但无论是中国的炼丹术还是阿拉伯传至欧洲的炼金术，都毫无例外的在实践中屡遭失败，所追求的目标不断在破灭。在中国，炼丹术逐渐让位于本草学；在欧洲，炼金术不得不改变方向，转移到实用的冶金化学和医药化学方面。这一时期的冶金化学家和医药化学家们都在自己的岗位上做出过许多化学研究，这些成果汇流，大大丰富了化学的内容，积累了更多的科学材料，化学方法转而在医药和冶金方面得到了充分的发挥。在欧洲文艺复兴时期，出版了一些有关化学的书籍，第一次有了"化学"这个名词。英文单词"chemistry"起源于"alchemy"即炼金术，"chemist"至今还保留着两个相关的含义，即化学家和药剂师。这些也可以说是化学脱胎于炼金术和制药业的文化遗迹。

早期的化学实验还只能算作是化学"试验"，具有很大的盲目性，还没有从生产、生活实践中分化出来成为独立的科学实践。最早的制陶、冶金和酿酒等活动，是低级的、缺乏理论指导的、不自觉的实践活动；作为化学实验原始形式的炼丹（金）术，其实验目的也只是追求长生不老药或点金之术，变贱金属为贵金属。尽管如此，还应该肯定从事早期化学实验的工匠和炼丹（金）术士们是化学实验的先驱和开拓者。他们发明了焙烧、溶解、结晶、蒸馏、过滤和冷凝等化学实验操作方法；制造了风箱、坩埚、铁剪、烧杯、平底蒸发皿、沙浴、熔烧炉等化学实验仪器和装置；发现和制取了铜、金、银、汞、铅等金属，酒精、硝酸、硫酸、盐酸等化学溶剂和试剂，以及许多酸、碱、盐，甚至意识到了一些粗浅的化学反应规律。后人正是从他们的经验教训中，才找到了化学实验的真正历史使命，建立了化学实验科学。

2.2　近代化学实验时期

17 世纪，随着化学知识的增多，炼丹（金）术士对炼丹（金）术进行总结，力图将当时已知的支离破碎的化学知识整合起来，以对各种化学现象进行满意的解释。化学真正被确立成为一门科学大约在 18 世纪后期。工业革命推动社会生产的空前发展，给化学研究提供了必要的实验设备和研究课题。

2.2.1　燃素学说

社会的需求是科学技术发展的根本动力，科学研究的课题离不开社会实践的需要。当时的冶金业特别

是钢铁工业的发展十分迅速，出现了许多与燃烧有关的问题。如：炼钢为什么要鼓风？风速应多大？量为多少？温度多高？所以亟须建立一种正确的燃烧理论来指导生产。

燃烧过程在生产中的普遍应用促使了人们开始研究燃烧反应的实质。在17世纪末18世纪初，德国的化学家施塔尔（图2.2.1）提出了一个当时大家都能接受的理论——燃素说。人们都相信了这种从炼丹（金）术理论蜕变出的"科学理论"，大批的"化学家"为了证明燃素说的正确性做了大量的实验。最终认为，一切与燃烧有关的化学变化都可以归结为物质吸收或释放一种"燃素物质"的过程，因而命名为燃素学说。

图2.2.1　施塔尔

燃素说在当时几乎用来解释所有的化学现象，因而获得了许多化学家的赞同与支持，从而取代了炼丹（金）术理论在化学上的统治地位。燃素说是历史的必然产物，而且在化学的发展史上起过积极的作用。其功绩主要在于把化学现象作了比较统一的解释，因而在化学研究领域的支配地位长达100年。由于燃素说没有确切的科学依据，是从化学现象中臆造出来的学说，因而经不起化学发展的长期检验。随着科学的发展，它的问题也逐渐暴露出来了。对于金属燃烧后质量增加与有机物燃烧后质量减轻这两种矛盾现象，燃素说尽管臆造了一些"正质量"和"负质量"来解释，仍不能自圆其说，更不能找到科学事实证明燃素的存在。由于对化学现象的解释没有科学的真实性，因而逐渐成为了化学发展的障碍。

2.2.2　燃烧氧化学说

18世纪中期，愈来愈多的物质被发现，日益复杂的实验现象相继出现，极大地丰富了人们对物质世界和化学变化的认识，也使原来试图解释一切的"燃素说"变得难以自圆其说。为此，法国的拉瓦锡（图2.2.2）、施塔贝尔和贝岩、荷兰的伯尔哈费、俄国的罗蒙诺索夫等化学家纷纷向"燃素说"发出了质疑和批判。施塔贝尔在他的《教义——实验化学》一书中指出了"燃素说"的自相矛盾；更尖锐批判"燃素说"的是拉瓦锡，他说："化学家从燃素说只能得出模糊的要素，它十分不确定，因此可以用来解释任意事物。有时这一要素是有重量的，有时又没有重量；有时它是自由之火，有时又说它与土素相化合成火；有时说它能穿过容器器壁的微孔，有时又不能；它能同时解释碱性和非碱性、透明性和不透明性、有色和无色。它真是个变色虫，每时每刻都在改变它的面貌。"

图2.2.2　拉瓦锡

要真正认识燃烧的本质，必须首先弄清空气的组成以及氧气在燃烧中的作用。1772年和1774年，瑞典的舍勒和英国的普里斯特列分别用不同方法制取了氧气并研究了其性质，但他俩却笃信"燃素说"，把氧气称为"火空气"和"脱燃素气体"。虽然他们没有真正认识到氧气在燃烧中的作用，但却为拉瓦锡的燃烧氧化学说理论提供了决定性的证据。恩格斯说："在化学中，燃素说经过百年的实验工作提供了这样一些材料，借助于这些材料，拉瓦锡才能在普里斯特列制出的氧气中发现了幻想的燃素的对立物，因而推翻了全部的燃素说。"所以在客观上，"燃素说"论者关于氧气的发现，为埋葬"燃素说"自身奠定了一块最牢固的基石。虽然"燃素说"是一个错误的学说，但正是由于其形成和自身的矛盾性，才吸引了一大批拥护者和反对者去争论、去思索、去不断进行新的实验，从而加速了人们对燃烧现象本质的揭示。

1774年11月，拉瓦锡用加热汞灰的方法制得了一种助燃能力极强、能维持呼吸的"纯粹空气"，将其命名为"氧气"。在反复实验和研究的基础上，拉瓦锡于1777年9月，向法国科学院提交了具有划时代意义的论文《燃烧概论》，提出了燃烧氧化学说。1789年，拉瓦锡又出版了他最重要的著作《化学纲要》，其伟大之处在于：第一，书中以大量的事实、全新的观点，对化学革命进行了全面系统地阐释和总结，彻底推翻了"燃素说"，并以燃烧理论取而代之，进一步明确了化学的任务："化学以自然界的各种物体为实验对象，旨在分解它们，以便对构成这些物体的各种物质进行单独检验。"书中还阐述了当时各学说的原理，介绍了酸、气体的形成、大气和水的成分、新化合物的命名等。这是当时任何教科书中都没有全面介绍过的内容，是化学界的新突破和新变革。第二，《化学纲要》是继波义耳的《怀疑派化学家》

后又一次对化学元素下定义的重要著作。他在书中把元素定义为"凡是简单的不能再分离的物质"。这种对元素含义的表达比波义耳的定义更准确、更明白。为此他还设计了分解与合成的科学实验方法，为日后化学元素的不断发现奠定了基础。第三，拉瓦锡在书中制成了酸和碱的图表、酸和碱作用产物的图表，并将当时已知的 33 种元素根据其性质、化学反应分为四类，从而产生了化学史上第一张元素表，对化学的发展和探寻新元素、新物质具有重大意义。

燃烧氧化学说的建立，在一定程度上还依赖于 18 世纪分析化学的发展及其成就。18 世纪的欧洲出现了许多像德国的马格列夫、瑞典的贝格曼等优秀的分析化学家。他们在广泛地进行定性分析的基础上，将定量分析用于提纯、分离新物质和探索复杂物质的领域中，为揭示燃烧现象的本质提供了大量的实验依据和分析测试手段。

燃烧氧化学说的建立是一种崭新的开拓，它开辟了化学研究的新领域，并变革了研究方法。氧化学说的建立使人们不再只局限于对燃烧现象的探讨和对矿物的分析，而是将研究范围扩大到了整个化学领域，如物质组成、结构、分类、新物质的合成等，并在研究物质变化的基础上积极探寻各种规律。在拉瓦锡质量守恒理论指导下，1791 年，德国化学家里希特提出了酸碱当量定律；1799 年，法国化学家普鲁斯特提出了定组成定律；1803 年，道尔顿发现了倍比定律……在研究方法上，也不只局限于对物质变化的定性观察，而是将数学、物理等知识与化学相融合，开展了定量分析，使化学发展成为一门可以用数字表示的真正的科学。

2.2.3　分子原子论

19 世纪初，随着化学知识的积累和化学实验从定性研究到定量研究的发展，关于化合物的组成也初步得出了一些规律。在实验的基础上，英国科学家道尔顿开始孕育一种关于"原子"的新思想，他的基本观点可以归纳为三点：元素是由非常微小的、不可再分的微粒——原子组成，原子在一切化学变化之中不可再分，并保持自己的独特性质；同一种元素的所有原子的质量、性质都完全相同，不同元素的原子质量、性质也各不相同，原子质量是每一种元素的基本特征之一；不同元素化合时，原子以简单的整数比结合。道尔顿的原子论合理地解释了当时已知的一些化学定律，而且开始了相对原子质量的测定工作，并得到了第一张相对原子质量表，为化学的发展奠立了重要的基础。化学由此进入了以原子论为主线的新时期。道尔顿关于原子的描述和对原子质量的计算是一项意义深远的开创性工作，第一次把纯属臆测的原子概念变成一种具有一定质量的、可以由实验来测定的物质实体。但由于受到当时科学技术发展水平的限制，受机械论、形而上学自然观的影响，原子论仍存在着一些缺点和错误，尤其在揭示了原子内部结构之后，原子不可再分割的论点明显需要进行修正和补充，而且道尔顿也未能区分原子和分子。因此，原子论与有些实验事实之间存在一些矛盾。

1808 年，盖·吕萨克通过气体反应实验提出了气体化合体积定律：在同温同压下，气体反应中各气体体积互成简单的整数比，且利用刚刚诞生的原子论加以解释，很自然地得出这样的结论，即同温同压下的各种气体，相同体积内含有相同的原子数。根据这个观点就会得出"半个原子"的结论，例如，由一体积氯气和一体积氢气生成了两体积的氯化氢，每个氯化氢都只能是由半个原子的氯和半个原子的氢所组成，这与原子不可分割的观点直接对立，此问题成为盖·吕萨克与道尔顿争论的焦点。为了解决这个矛盾，1811 年，意大利科学家阿伏伽德罗提出了分子的概念，认为气体分子可以由几个原子组成，例如，H_2、O_2、Cl_2 都是双原子分子，并且指出同温同压下，同体积气体所含分子数目相等。这样原子学说和气体化合体积定律统一起来了，但是阿伏伽德罗的分子假说直到半个世纪以后才被公认。在 1860 年国际化学会议上关于相对原子质量问题的激烈争论之际，S. Cannizzaro 在他的论文中指出，只要接受 50 年前阿伏伽德罗提出的分子假说，测定相对原子质量、确定化学式的困难就可以迎刃而解，半个世纪来化学领域中的混乱都可以一扫而清。他的论点条理清楚，论据充分，迅速得到各国化学家的赞同。原子分子论从此得以确定，奠立了近代化学总体的理论基础。它指明了不同元素代表不同原子，原子按照一定的方式或结构结合成分子，分子进一步组成物质，分子的结构直接决定其物质的性能。这一理论基础在化学的发展进程中得到不断的深化和扩展。元素、原子、分子和相对原子质量是现代化学学科中最基本的几个概念。随着采矿、冶金、化工等工业的发展，人们对元素的认识也逐渐丰富起来，到了19世纪后半叶，已经发现了60余种元素，为寻找元素间的规律提供了条件，各种元素的物理性质及化学性质的研究成果也越来越丰富。

2.2.4　元素周期表

门捷列夫（图2.2.3）和L. Meyev深入研究了元素的物理性能和化学性能随相对原子质量递变的关系，发现了元素性质按相对原子质量从小到大的顺序周而复始地递变的周期关系，并把它们表达成元素周期表的形式。1869年，俄国化学家门捷列夫在总结前人经验的基础上发现了著名的化学元素周期律，这是自然界中重要的规律之一。

元素周期表的建立距今已经一百多年，为科学的发展做出了重大贡献。元素周期表构建了化学元素的完整体系，结束了长达两百多年关于元素概念与分类的混乱局面。元素周期表是元素周期律的具体表现形式，它揭示了元素核电荷数递增引起元素性质发生周期性变化，从自然科学方面有力地证明了事物变化的量变引起质变的规律性，它把元素纳入一个系统内，反映了元素间的内在联系，打破了曾经认为元素是互相孤立的形而上学观点。

图2.2.3　门捷列夫

18世纪末到19世纪中叶，随着采矿、冶金工业的发展，定性化学分析的系统化、重量分析法、滴定分析法等逐步完善。最享盛誉的分析化学家J. J. Berzelius的名著《化学教程》（1841年）记载着当时所用的实验仪器设备和分离测定方法，已初具今日分析化学的端倪。尤其是滴定分析法（如银量法、碘量法、高锰酸钾法等）至今仍有广泛的实用价值。现代的仪器分析法虽然具有快速灵敏，并有一定的准确度等优点，但测定时需要具备一定的仪器设备进行化学分析，因此在实际分析工作中，应根据各自方法的特点相互补充、相辅相成。

1858年，凯库勒（F. A. Kekule）（图2.2.4）总结出有机化合物分子中碳原子是四价，这样关于有机化合物分子中价键的饱和性已经比较清楚。不久，碳原子的四面体中价键的方向性也被揭示出来。价键的饱和性和方向性的发现，奠定了有机立体化学。从此，有机合成就可以做到按图索骥而不用

图2.2.4　凯库勒

单凭经验摸索，这对有机化学的发展是非常重要的，至今它仍然是有机化学最基本的概念之一。

2.2.5　近代化学实验的特点

随着欧洲资本主义生产方式的建立和发展，近代化学实验作为一种相对独立的科学实践活动从生产实践中分化出来，历经两百多年，取得了突飞猛进的发展。

（1）明确了化学科学实验的性质、目的和作用

化学实验不再是服务于炼丹术等封建迷信和宗教神学的婢女，不再是从属于观察的附带的东西，而是一种独立的化学科学实践、重要的化学科学认识方法。只有通过化学科学实验，才能达到对物质的本质及其变化规律的正确认识。同古代化学实验相比，近代化学实验已不仅仅是获得化学实验事实的重要途径、手段和方法，而且还具有验证化学假说和检验化学理论、发现和合成新的化学物质、推动化学分支学科建立和发展的作用。

（2）建立和发展了化学实验方法论

波义耳和拉瓦锡有关化学实验的思想和主张，对化学实验方法论的建立起到了重要的奠基作用。此后，许多化学家又创立了一系列化学实验方法，丰富和发展了化学实验方法论。正是这些先进的方法论思想，提供了近代化学科学发展的思想条件。

（3）发明和研制了较先进的实验仪器和装置

如精密天平、伏打电堆、光谱分析仪、"弹式"量热计、磨口滴定管等等。这些先进的实验仪器和装置把化学科学研究带入了一个又一个崭新的领域，为近代化学科学的发展奠定了先决的物质基础。

2.3 现代化学实验时期

现代化学是在近代化学进程上发展起来的,并在各个方面都大大超过了近代化学。无论在实验方面、理论方面,还是在应用方面,都频频获得新成果。现代化学在近百年的成就超过了以往任何时代。进入20世纪以来,各种学科与化学相互渗透,新学科大量增加,新领域的开辟有着广阔前途,需要研究的问题也很多。现代化学实验不仅研究宏观方面的问题,而且深入到微观领域开展了广泛的研究,这成为现代化学实验区别于19世纪化学实验的显著特点。

2.3.1 结构测定实验

在19世纪前期,化学研究与物理学、数学的发展有一定的脱离,阻碍了前进的步伐。自19世纪中叶开始,运用物理学的定律研究化学体系,取得了可喜的成效。19世纪末,物理学上出现了三大发现,即X射线、放射性和电子。这些新发现猛烈地冲击了道尔顿关于原子不可分割的观念,从而打开了原子和原子核内部结构的大门,揭露了微观世界中更深层次的奥秘。早在1836年,法拉第就曾研究过低压气体中的放电现象。1869年,德国化学家希托夫(J. W. Hittorf,1824—1914)发现真空放电于阴极,并以直线传播。1876年,戈尔茨坦(E. Coldstein,1850—1930)将这种射线命名为"阴极射线"。1878年,英国化学家克鲁克斯(Sir W. Crookes,1832—1919)发现阴极射线是带电的粒子流,能推动小风车被磁场推斥或牵引。1897年,克鲁克斯的学生英国物理学家J·J·汤姆生(J. J. Thomson,1856—1940)(图2.3.1)对

图2.3.1 J·J·汤姆生

阴极射线做了定性和定量的研究,测定了阴极射线中粒子的荷质比,这种比原子还小的粒子被命名为"电子"。电子的发现,动摇了"原子不可分"的传统化学观。

1895年,德国物理学家伦琴(W. C. Rontgen,1845—1923)在研究阴极射线时发现了X射线。1896年,法国物理学家贝克勒(A. H. Becquerel,1852—1908)发现了"铀射线"。次年,法国著名化学家玛丽·居里(M. Curie,1867—1934)(图2.3.2)又发现了钍也能产生射线,于是她把这种现象称为"放射性",把具有这种性质的元素称为放射性元素。居里夫妇经过艰苦努力,1898年先后发现了具有更强放射性的新元素钋和镭。随后,又花费了几年时间,从两吨铀的废矿渣中分离出0.1克光谱纯的氯化镭,并测定了镭的原子量。镭曾被称为"伟大的革命家",克鲁克斯尖锐地评论说:"十分之几克的镭就破坏了化学中的原子论。"可见这一成果意义的重大。为此,居里夫人获得了1911年的诺贝尔化学奖。

图2.3.2 玛丽·居里

1898年,J·J·汤姆生的学生E·卢瑟福(E. Rutherford,1871—1937)(图2.3.3)发现了铀和铀的化合物发出的射线有两种不同类型,一种是α射线,一种是β射线;两年后,法国化学家维拉尔(P. Villard,1860—1934)又发现了第三种射线γ射线。1901年卢瑟福和英国年轻的化学家索迪(F. Soddy,1877—1956)(图2.3.4)进行了一系列合作实验研究,发现镭和钍等放射性元素都具有蜕变现象。据此,他们提出了著名的元素蜕变假说,认为放射性的产生是由于一种元素蜕变成另一种元素所引

图2.3.3 卢瑟福　　　　图2.3.4 索迪

起的。这一成果具有革命意义,打破了"元素不能变"的传统化学观。卢瑟福也因此荣获1908年诺贝尔化学奖。电子、放射性和元素蜕变理论奠定了化学结构测定实验的理论基础。

1912年,德国物理学家劳埃(M. Von Laue,1879—1960)发现X射线通过硫酸铜、硫化锌、铜、氯化钠、铁和萤石等晶体时可以产生衍射现象。这一发现提供了一种在原子-分子水平上对无机物和有机物结构进行测定的重要实验方法,即X射线衍射法。无机物的结构测定的真正开始是X射线衍射法发现以后。在此之前,像氯化钠这样简单的离子化合物的结构问题,对化学家来说都是一个难题,但运用这种方法之后,化学家才恍然大悟,原来其结构是如此简单。20世纪20—30年代,人们运用X射线衍射法分析测定了数以百计的无机盐、金属混合物和一系列硅酸盐的晶体结构。

2.3.2 化学合成实验

化学合成实验是现代化学实验的一个非常活跃的领域。随着现代化学实验仪器、设备和方法的飞速发展,人们创造了很多过去无法达到的实验条件,合成了大量结构复杂的化学物质。

制备硼的氢化物,一直是久未攻克的化学难题。1912年,德国化学家斯托克(A. Stock,1876—1946)对硼烷进行了开创性的工作,发明了一种专门的真空设备,采取低温方法合成了一系列硼的氢化物(从B_2H_6到$B_{10}H_{14}$),并研究它们的化学式量和化学性质。1940年,斯托克的学生E·威伯格用氨与硼烷作用制成了结构与苯相似的"无机苯"$B_3N_3H_6$。1962年,英国化学家巴特利特(N. Bartlett,1932—)合成了第一种稀有气体化合物六氟铂酸氙,打破了统治化学达80年之久的稀有气体"不能参加化学反应"的传统化学观,开辟了新的化学合成领域。

有机合成在20世纪取得了突飞猛进的发展,合成了许多高分子化合物,如酚醛树脂(1907年)、丁钠橡胶(1910年)、尼龙纤维(1934年)。对有机天然产物合成贡献较大的化学家,应首推美国化学家伍锡沃德(R. B. Woodward,1917—1979)(图2.3.5)。他先后合成了奎宁(1944年)、包括胆甾醇(胆固醇)和皮质酮(可的松)在内的甾族化合物(1951年)、利血平(1956年)、叶绿素(1960年)以及维生素B_{12}(1972年)等。为表彰他的杰出贡献,他获得了1965年的诺贝尔化学奖,被誉为"当代的有机化学大师"。

图2.3.5 伍锡沃德

1965年,我国科学家第一次实现了具有生物活性的结晶牛胰岛素蛋白质的人工合成,这对揭示生命奥秘具有重要意义;1972年美国化学家科勒拉(H. G. Khorana,1922—)等人使用模板技艺合成了具有77个核苷酸片断的DNA,其后又合成了含有207个碱基对的具有生物活性的大肠杆菌DNA;1981年我国科学家又实现了具有生物活性的酵母丙氨酸tRNA的首次全合成,取得了又一突破。

现代化学实验除上述两方面以外,还在溶液理论的发展和化学反应动力学的建立等方面发挥了重要作用。

现代化学的实验水平空前提高,表现为精密化程度高、实验效率高、自动化程度高。现代化学的各种实验手段是探索化学奥秘的犀利武器,特别突出的是大量的多功能、高精密度的新式实验仪器进入实验室,如光谱仪、各种类型的分光光度计、X射线衍射仪、各种类型的电子显微镜、电子探针、穆斯保尔谱、分子束、四圆衍射仪、低能电子衍射仪、中子衍射仪、微微秒激光光谱、核磁共振、顺磁共振、质谱仪以及多种联用仪等,这些新实验仪器标志着科学、生产、理论的进步,远非19世纪可比。

2.3.3 现代化学实验的特点

现代化学(实验)中新的分支学科大量增加,包括分析化学(实验)、无机化学(实验)、有机化学(实验)、物理化学(实验)、生物化学(实验)等,在这些领域深入细致的研究又形成了许多学科相互交叉渗透的新的学科分支。从不同的侧面联系起来向化学领域的纵深方面发展,越来越深刻地揭示出自然界错综复杂的奥秘。

近年来,借助电子计算机的运用和计算化学的发展,有机合成实验正朝着分子设计和材料设计的道路迈进。实际上,我们把有机合成看成是研究有机化学(实验)的最终目的,只有当人类能随心所欲地制造出自己需要的各种化合物时，才算进入了物质世界的真正王国。有机化学（实验）已发展成一个纵横交错、前后相连、四通八达的庞大立体网络体系，充分体现了高度综合又高度分化的特点。

化学实验长久的任务是整理天然产物和研究周期性，不断发现和合成新的化合物，并弄清它们的结构和性能的关系，深入研究化学反应理论和寻找反应的最佳过程。这个化学学科的传统特色肯定还要继续发展下去。另一方面，现代化学（实验）发展的一个特点是积极向一些与国民经济和人们生活关系密切的学科渗透，最突出的是与能源科学、环境科学、生命科学和材料科学相互渗透。化学（实验）正面临着新的需求和挑战，随着结构理论和化学反应理论以及计算机、激光、磁共振和重组 DNA 技术等新技术的发展，化学实验可以在分子水平上来设计结构和进行制备，化学实验的研究对象也不局限于单个化合物，而把重点放在复杂一些的体系上。

第 3 讲

电学实验概论

如果说物理学、化学是实验科学的话,电学的每一个发展阶段也都离不开实验,电子技术的所有发展都起源于实验,而又结束于实验,两百多年的电学发展史,就是一部科学实验史。如果说物理、化学实验侧重实验原理和测量方法的话,电学和后继的力学实验则侧重于工程技术和实际应用。电学实验是一门技术性、应用性很强的课程,进行电学实验同样需要缜密思考、大胆假设、认真操作、细心观察。电学实验的发展大致经历了静电、电工、电子和微电子四个阶段。

3.1 静电时代

公元前650—前550年,古希腊人发现摩擦琥珀能够吸引轻小物体。公元前250年左右,战国末年的《韩非子》一书里,最早出现了指南针"司南"的文字记载。公元1世纪,中国东汉哲学家王充(27—约97)在《论衡》一书中记载了"顿牟掇芥,磁石引针",并且对雷电做出了唯物主义的解释。公元11世纪,中国宋代著名政治家、科学家沈括(1031—1095)在《梦溪笔谈》中详细记载了指南针的制作。公元1600年,英国的一位御医威廉·吉尔伯特(1540—1603)发现,除了琥珀以外,其他许多物质摩擦以后也能吸引轻小物体,他在著作中首次使用了"电"的名称,但是电究竟是什么,他还回答不上来。以后,在17世纪整整100年时间里,电学只有一项发明,那就是奥托1650年用硫黄球制成的摩擦起电机。

进入18世纪,1729年,英国的格雷(1670—1736)发现电可以传输,并首次用铜丝做成了导体。1734年,法国的杜法伊(1689—1739)发现摩擦玻璃棒和摩擦胶木棒产生的电不同,并且发现了"同电相斥,异电相吸",他断定电分为两种。1745年冬天,电学界传出一个激动人心的消息:德国的克莱斯特(1700—1748)和荷兰的马森布罗克(1692—1761)同时发现了"电震"现象。克莱斯特用铁钉插入潮湿的玻璃瓶里,用摩擦起电机使铁钉带电,他的手无意中碰到了铁钉,突然感到全身剧烈颤动。与此同时荷兰莱顿城的马森布罗克也发现了这种现象,马森布罗克的瓶子中装有水,"电震"程度更厉害,"电震"的时候还发出响声,这就是著名的"莱顿瓶"和"电震"现象。"莱顿瓶"就是我们今天使用的电容器,"电震"就是电容器放电现象。"莱顿瓶"和"电震"现象引起了年近四十岁的美国人本杰明·富兰克林(1706—1790)(图3.1.1)对电学的极大兴趣,他放弃了从事多年的印刷业,全心投入到电学研究,做了大量莱顿瓶实验。他发现用尖头的东西接近莱顿瓶,会闪现比较强的电火花,如果换成圆钝的棍,火花就很弱。他还用仪器证明了莱顿瓶内外两层电的极性正好相反,数量相等,提出了著名的电荷守恒原理。1751年,他出版了著名的《电学的实验和研究》论著,从而创立了电学的基本理论,对电学的发展作出了阶段性的总结,这也是近代史上第一部系统的电学理论著作,进一步促进人们对电进行深入探索。1752年盛夏,富兰克林做了著名的风筝实验,他用莱顿瓶收集了闪电,证明了闪电是一种放电现象。风筝实验的成功,启发了富兰克林,他设想可以把天空中的电引到地下,避免发生雷击灾害。正当富兰克林进行这种实验的时候,从俄国传来了利赫曼(1711—1753)在雷电实验中被雷电击毙的消息。利赫曼曾于1745年发明了静电计,为了验证富兰克林的风筝实验,他把一根铁棒竖在房顶,通过一根导线连到屋内,导线末端连着一根小金属棒和测量电荷的棉线,当导线带电时棉线将与小金属棒分开。1753年这一天,利赫曼正在科学院开会,看

图 3.1.1 富兰克林

到天要下雨，急忙赶回家，他还请了一位画家同行，以便当场给画家介绍情况，好给就要付印的出版物绘制插图。当他们走进房间的时候，利赫曼瞥了一下窗子说："雷电还远，没有危险"，然后走近装置，查看静电计。就在这时，画家看到从金属棒发出一团拳头大小、淡蓝色的火球，利赫曼躲闪不及，被击中前额，伴随着一声巨响，利赫曼当场毙命，画家上衣被撕成碎片，并受了伤。利赫曼的遇难引起了整个科学界的震惊，他是第一个被"电"死的人。消息传出，人们真正认识到雷电的威力，许多人对雷电实验产生了戒心。但富兰克林没有退缩，当年终于发明了避雷针。

在此以后，18世纪又出现了两项伟大的实验发明。一项是1785年法国的库仑首先通过实验确定了电荷间的相互作用力，即著名的库仑定律，对电的研究由定性转化为定量。1800年，意大利的电学家伏打（1745—1827）受意大利生物学家伽伐尼（1737—1798）在1786年发现的"蛙腿效应"的启发，发明了世界上第一个化学电源，被人们称为伏打电池，宣告了静电时代的结束，为人类进入电工时代奠定了基础。

3.2 电工时代

如果说，18世纪末库仑和伏打的实验发明宣告了静电时代的结束，为人类应用电从而进入电工时代奠定了基础的话，1820年丹麦的科学家奥斯特（1777—1851）发现了电流的磁效应，第一次揭示了电和磁的关系，刷新了电学史。奥斯特本来是一个化学家兼外科制药专家，也是铝的发现者之一。他对电学很感兴趣，他在实验中意外发现，把通电的导线放在磁针上方，磁针竟会发生偏转！这个发现公布后立即引起了整个物理学界和电学界的轰动，人们本来以为毫不相关的两种现象，竟有这样奇妙的联系。这个发现成了近代电磁学的突破口，为电的利用指明了方向。这个实验甚至触动了当时法国的电学大师安培（1775—1836），他于1821年提出利用电流使磁针偏转传递电信号的方法，在1822年发现"同向平行电流互相吸引，异向平行电流互相排斥"以后，1825年提出了著名的"安培环路定律"。

图 3.2.1　法拉第

与此同时，奥斯特的发现还引起了一个青年人的极大兴趣，这个人就是法拉第。法拉第（1791—1867）（图3.2.1）于1791年9月22日出生在英国纽因敦城一个普通的铁匠家庭，他的童年是在饥饿中度过的，13岁到21岁在伦敦的一家书店当学徒，虽然日子很艰辛，但却成全了他酷爱读书的愿望，同时这个职业还使他有机会接触一些科学界名人。1812年初秋的一天，一位常来买书的皇家学会会员送给法拉第四张皇家学院的听讲卷，主讲人是皇家学院化学教授戴维爵士（1778—1829）。戴维当时不过35岁，却是举世闻名的大化学家，已经是电化学的创始人，法拉第对戴维敬仰已久。这次听课让法拉第激动不已，同时也改变了法拉第的人生。经过自己不懈的努力，一年以后他终于进入皇家学院实验室，给戴维当助理实验员。身为大化学家的戴维同样关注19世纪初的电学发展，这一点也对法拉第形成了影响。

1820年奥斯特的电流磁效应，说明电能产生磁，但是磁能不能产生电。另外，以前发现的各种力如万有引力、静电力、磁力都表现为直线推或者拉，而奥斯特的电流磁效应对磁针却是一种转动作用。这些困扰奥斯特、安培、戴维的难题深深打动了法拉第，在戴维鼓励下，青年化学家法拉第毅然闯进了电磁学这个未知的领地。

"从磁产生电"，这是法拉第1821年秋季在自己日记本上写下的设想。为了实现这个设想，法拉第进行了无数次艰苦卓绝的实验，奋斗了整整十年。

1822年连续从法国传来捷报，先是盖·吕萨克（1778—1850）等发明了电磁铁，然后是安培发现了"同向平行电流互相吸引，异向平行电流互相排斥"的现象。法拉第坚定了"从磁产生电"的信念。不久，法拉第设计了一个完美的实验：他用铜线在几米长的木棍上绕了一个线圈，铜线外边裹着布带以便绝缘（当时还没有漆包线），然后在第一层线圈外用同样的方法绕上第二层、第三层，直到第十二层，每层之间都是绝缘的。他把第一、三、五等奇数层连在一起，把第二、四、六等偶数层连在一起，这样就制成了两个紧密耦合的线圈。他把其中一组线圈接到开关和电瓶上，另一组线圈接在电流计上。就绪后，法拉第怀着激动的心情开始实验，他希望在初级线圈接通电流以后，次级线圈感应出电流来，传递过程应该是"电—磁—电"。这样就证明了"从磁产生电"的设想。

可是事与愿违，法拉第接通初级线圈的电源以后，再去观察电流计，指针停留在原处。原因在哪里呢？他把电瓶数量由一个增加到两个，又增加到四个，最后甚至增加到十个，结果都一样。他反复做了无数次实验，每次都是以失败告终。但是他坚信："如果实验不成功，这只能表明自己还不善于处置它；就是实验不可能成功，那也应当找出原因来"。转眼十年过去了，在这十年中，虽然他在化学上获得了巨大的荣誉，但在"从磁产生电"上却一无所获。为此1829年，他向皇家学院提出申请，主动辞去了自己皇家学会会员的职务（1823年由于化学上取得的成就，当选为皇家学会会员）。

1831年是法拉第永远难忘的一年，他的电学实验进入了关键时期，这时，法拉第已经把电瓶增加到120个，用做实验的线圈也换过无数次。他小心翼翼地合上电闸，不一会导线就发热了，但是他转过头去注视电流计，发现指针还是停在原位。这些努力的失败，促使他开始仔细地审视实验过程，他复查了全部实验记录，对实验方法和设计思路都进行了反思，对所有实验器材进行了检查。当检查到电流计的时候，他猛然注意到：实验时他每次都是先接通电路，然后才转过头来查看电流计。问题会不会出在这里呢？

法拉第的多次实验都忽略了这个细节。这个发现使他心跳加速。他立即重新布置了实验台，把电流计放在了电闸附近，以便合闸同时能看到电流计。他目不转睛地盯着电流计指针，同时用手去合电闸，奇迹出现了，他发现电流计指针猛烈跳动了一下，这个时间非常短促，稍不留意就发现不了。"啊，电流！"法拉第欣喜若狂，不由得喊了起来。这可是整整十年的辛苦啊！他乘胜追击，继续改进实验，他用软铁芯代替木棍，效果更明显，他还发现电闸断开瞬间，电流计指针和电闸合上瞬间一样跳动。他推断这是一个"电—磁—电"的过程，为了进一步证明"从磁产生电"，他又改变了实验方法，用一个永久磁铁来回穿过次级线圈，果然发现电流计指针跳动，且磁铁运动越快，指针跳动幅度越大。

谜底终于被揭开了：通过次级线圈磁通量的变化率导致感应电流。这就是著名的电磁感应定律。法拉第没有停止自己的探索，又设计了一个新实验装置，他找来一块大型马蹄磁铁，使一个铜线圈在磁铁中间旋转，线圈仍然接电流计，他发现线圈中感应出了持续的电流。这就是世界上第一台感应式发电机。

电磁感应定律无疑是法拉第对电磁学的重要贡献，1845年，法拉第在进一步研究电流之间相互作用的时候，第一次提出了"力线"的概念，进而提出了"场"的概念，应该说这一论断对电磁学的意义之深远超过了电磁感应定律。

值得一提的还有，1834年俄国工程师雅可比制造出了世界上第一台电动机；1873年同为俄国工程师的罗德金发明了白炽灯，从而证明了实际应用电能的可能性。

在19世纪的后50年中，法拉第的学生英国的麦克斯韦（1831—1879）在1862年根据法拉第的实验成就创立了电磁理论，并预见了电磁波的存在。1888年，德国31岁的青年物理学家赫兹（1857—1894）（图3.2.2）通过实验证明了电磁波的存在。同年，出现了一个在电学中同样影响深远的发现——交流电，这个发现属于旅美青年电学家塞尔维亚人特斯拉（1856—1943）（图3.2.3），他与当时的大发明家爱迪生进行了著名的交流电与直流电论战。1896年，意大利的马可尼（1874—1937）和俄国的波波夫（1859—1906）在1837年美国画家塞缪尔·莫尔斯（1791—1872）发明有线电报的基础上发明了无线电报，第一次使用赫兹的电磁波进行了无线通信。

图3.2.2　赫兹

图3.2.3　特斯拉

3.3　电子时代

电子二极管和三极管的出现，把电学世界由电工时代带入电子时代。一些重要的实验发现为此奠定了基础：1883 年，爱迪生（1847—1931）（图 3.3.1）发现了"爱迪生效应"，他在研究用高熔点金属材料做灯丝的时候发现，"当灯丝白热以后，给金属板加上正电压，金属板和灯丝虽然没有接触，却有电流通过；给金属板加上负电压，金属板和灯丝之间没有电流通过"，当时爱迪生虽然不能解释这个现象，但却为电子管的发明奠定了实验基础；1890 年，法国的布冉利通过实验发明了金属屑检波器，使无线电通信成为可能；1897 年，英国的约瑟夫·汤姆逊发现了电子，这时人们才明白"爱迪生效应"是热电子发射，利用这个效应研制的电子器件可以代替金属屑检波器起到整流和检波的作用。

图 3.3.1　爱迪生

19 世纪的后几年，无线电通信技术得到了突飞猛进的发展，但是科学家们认识到，要想进一步延长通信距离，必须提高接收机的灵敏度，这个问题的关键是改进接收机的心脏部件，即金属屑检波器。1899 年一个偶然的机会，马可尼把这个想法告诉了一个青年无线电爱好者，这个青年无线电爱好者就是后来被举世公认的电子三极管发明家，美国人福雷斯特。福雷斯特（1873—1961）出生在一个教师家庭，他的父亲在一个黑人学校当校长，当时美国的种族歧视还很严重，他们既看不起黑人，也看不起与黑人接触的白人，因此福雷斯特一家经常遭到周围人的白眼，福雷斯特的童年是在狭窄的田地里度过的。邂逅马可尼这一年他刚刚大学毕业。认识马可尼以后，年轻的福雷斯特节衣缩食，投身到无线电的研究之中。他购买了一些简陋的器材做检测电波的实验。为了维持生计，白天打工，晚上实验。在这条小路上探索了一年，他的各种实验都失败了，但他一点都不灰心，继续做着他实验。1900 年一个寒冬的夜晚，房顶上挂着煤气灯。他的实验装置很粗糙：一个从旧货摊上买来的电键，两个自制的电瓶，再加上一个自制的线圈，就是他的发射机。当他按动电键的时候，线圈接通电源，发出火花，就辐射出电磁波信号。在靠他很近的地方，有一个同电流计相连的金属屑检波器，被他当成接收机。检波器中的金属屑他已经换过很多种，效果都不好。

福雷斯特一边按电键，一边观察检波器的反应，他突然感到头顶上的煤气灯跟着他按键的节奏在闪烁。他进一步发现：按动电键，线圈发出火花，煤气灯火焰变暗；松开电键，火焰立刻变亮。这是一个奇异的现象，凭着发明家的灵感，福雷斯特发明了一种"火焰检波器"，并且于 1903 年在舰船无线电通信实验中获得了成功。"火焰检波器"虽然没能推广，但却给他带来了启示：既然炽热的火焰受电磁波的影响，灯泡中炽热的灯丝是否也受电磁波的影响，于是他想到用"灯泡"来检测电磁波。

正在这个时候，有个朋友带来了意外的消息：英国的弗莱明（1849—1945）博士发明了真空二极管，圆满地解决了无线电通信中的检波问题。弗莱明比福雷斯特大 24 岁，很熟悉当时的无线电发展情况。他早就对爱迪生 1883 年发现的"爱迪生效应"产生了兴趣，一直想发掘它的实用价值，终于发明了电子二极管。福雷斯特急不可待地找来刊登发明真空二极管的杂志，激动得双手颤抖，兴奋和沮丧一起涌上心头，他很羡慕弗莱明的发明，也为自己功亏一篑感到万分遗憾。经过一段时间的彷徨以后，福雷斯特又重新振作起来，他发现，弗莱明的真空二极管虽然能够取代金属屑检波器，但是它不能使电磁波放大，因此对灵敏度的提高是有限的。于是福雷斯特在弗莱明真空二极管中装入了第三个电极。这是一片不大的锡箔，它的位置在灯丝和屏极之间。正是这个不显眼的小电极，改变了无线电世界。福雷斯特惊奇地发现：在第三极上施加一个不大的电信号，可以改变屏极电流的大小，而且改变的规律同第三极上信号一致。他马上意识到第三极对屏极电流具有控制作用。这个发现非同小可，因为只要屏极电流的变化比控制极信号大，就相当于控制极信号被放大了，这正是人们梦寐以求的目标。福雷斯特预感到这一发现的惊人价值，为了进一步提高控制灵敏度，他用编成网状的金属丝代替锡箔，世界上第一个真空三极管就这样诞生了。福雷斯特把第三极命名为"栅极"。

真空三极管比起二极管是一个质的飞跃，它对电子学的产生和发展具有深远的影响。1906 年，福雷斯特的真空三极管获得了美国的专利。福雷斯特首先把它用在无线电接收机的屏极检波电路中，使通信距离大大增加。不久，三极管又被用到电话增音机上，解决了贝尔电话公司当时正在设计的长途电话的关键问题。此后经过不断改进，各种类型的无线电设备和其他电子设备都使用了三极管，如电子振荡器、混频电路、放大器、多谐振荡器、双稳态触发器等。由于真空管的工作原理核心是电子，因此真空管也称为电子管。

电子管的出现奠定了近代电子工业的基础。正是因为有了电子三极管，在短短的20年里，远程无线电通信、收音机、广播、电视、雷达、高频加热炉等不断涌现出来，包括世界上第一台电子计算机。

3.4 微电子时代

科学总是要向前发展的。电子管在电子技术领域统治了40年之久，随着人类对电子技术需求的增加，它的局限性也越来越大。最典型的一个例子是1946年研制的世界上第一台电子管计算机。尽管运算速度只有每秒5 000次加法，但它使用了18 000多个电子管，占地150平方米，重30吨，工作时耗电140千瓦，平均无故障工作时间只有7分钟。显然解决这些问题的关键是找到替换电子管的新器件。这个工作落到了肖克莱等科学家身上。

1946年1月，贝尔（Bell）实验室成立了固体物理研究小组，由肖克莱（W. Schokley）领导，成员有理论物理学家巴丁（J. Bardeen）和实验物理学家布拉顿（W. H. Brattain）等人（图3.4.1）。该小组的目的是"寻找物理和化学方法，控制构成固体的原子和电子的排列和行为，以产生新的有用的性质"。在三人的通力合作下，1947年12月23日，巴丁和布拉顿成功地实现了第一个点接触型晶体管。1950年，肖克莱又发明了单晶锗NPN结型晶体管。同巴丁和布拉顿的点接触型晶体管相比，肖克莱的结型晶体管结构简单、可靠性高、噪声小、工艺上适合批量生产，因此很快得到了广泛的应用。今天，晶体管被认为是本世纪最伟大的发明之一，正是它的出现，宣告了人类真正进入了电子时代。为此，肖克莱、巴丁、布拉顿三人共同分享了1956年的诺贝尔物理学奖。

图3.4.1 从左至右：巴丁、肖克莱、布拉顿

如果说晶体管是电子时代的延续，集成电路（Integrated Circuit，简称IC）则是微电子时代的象征。晶体管发明不到5年，即1952年5月，英国皇家研究所的达默（G. W. A. Dummer）就在一篇论文中提出了集成电路的概念，他设想把电子线路所需要的晶体三极管、晶体二极管和其他元件全部制作在一块半导体晶片上。1958年以基尔比（C. Kilby）（图3.4.2）为首的德克萨斯仪器公司（TI）的研究小组研制出了世界上第一块集成电路，并于1959年公布了该结果。该集成电路是在半导体锗衬底上制作的相移振荡器和触发器，共有12个器件。器件之间的隔离采用介质隔离，即将制作器件的区域用黑蜡保护起来，之后在每个器件周围腐蚀出沟槽，形成多个互不连通的小岛，在每个小岛上制作一个晶体管，器件之间的互连采用的是引线焊接方法。集成电路发明专利的消息传来，在仙童半导体公司任职、当年肖克莱博士的助手、如今Intel公司的创始人诺依斯（Robert Noyce）（图3.4.3）十分震惊，他当即召集会议商议对策。基尔比的技术需要在硅片上进行两次扩散并用导线互相连接，限制了电路的大规模集成。诺依斯提出可以用蒸发沉积金属的方法代替热焊接导线，这是解决元件相互连接的最好途径。仙童半导体公司开始奋起疾追，1959年7月30日，他们也向美国专利局申请了专利。为争夺集成电路的发明权，两家公司开始了旷日持久的争执。1966年，基尔比和诺依斯同时被富兰克林学会授予"巴兰丁"奖章，基尔比被誉为"第一块集成电路的发明家"，而诺依斯被誉为"提出了适合于工业生产的集成电路理论"的人。1969年，法院最后的判决下达，从法律上承认了集成电路是一项同时的发明。

图3.4.2 基尔比　　　　图3.4.3 诺伊斯

3.5 发展和展望

电学技术和电学实验的发展既有纵向的延续，也有横向的拓展。一个阶段过渡到另一个阶段并不是说明前一个阶段已经完美无缺或者是落后时代。实际上，如静电的产生、传递、利用、消除至今还是我们研究探索的课题，电和磁的相同与不同还没有系统结论，"磁荷"和"磁流"的概念还无从建立。在电工应用方面，新能源利用、能量高效转换、大功率器件研究都是人类今天面临的重要课题。微电子技术经过半个多世纪的发展，集成电路从开始的小规模（第一块 IC 上包含 12 个器件）发展到超大规模和巨大规模（每个芯片上包含几亿甚至几十亿个器件）。目前来看，微电子技术朝着三个方向发展。一是改进工艺和技术，继续朝着缩小线宽（目前已达到 30 纳米数量级）、提高集成度、提高速度、减少功耗的方向发展，结果是打破了电子技术中器件与线路分离的传统，实现"System On Chip"，使集成与系统联系在一起。二是由于半导体器件从宏观尺度缩小到微观尺度存在一个质的跳变，靠不断提高半导体器件集成度的方法减小系统体积、提高系统性能是有限度的，随着技术和工艺的发展这个限度不断被抬高，因此出现了生物芯片、有机芯片、光传导芯片的概念和实验尝试。微电子技术的第三个发展方向是微机电系统（Micro Electro Mechanical System，简称 MEMS），MEMS 是一门交叉学科，涉及物理学、电子学、化学、材料学、生物学、系统学等，特点有：①微小与精密，其限度在微米（μm）到毫米（mm）之间；②机电合一，是机械与电子的复合系统；③并非大机器按比例缩小，有自己特别的结构与原理；④与集成电路（IC）的生产方式一样，可大批量生产。

第 4 讲

力学实验概论

工程力学实验既是整个力学学科的一个重要组成部分,也是大学基础实验的一个重要组成部分,它是高等院校理工类和管理类专业大学生,以及工程专业技术人员和管理人员必须具备的基础知识和必须掌握的基本技能之一。同时工程力学实验也是一门工程性、技术性很强的课程,与物理学、化学、电学实验相比,在实验方法、测量方法、数据处理方法等方面既有共性也有个性,希望同学们在学习工程力学实验的过程中细心体会。

4.1 工程力学实验

从局部来看,力学研究的工作方式是多样的:有些是纯数学的推理,甚至着眼于理论体系在逻辑上的完善;有些着重数值方法和近似计算;有些着重实验技术;而更大量的,则是着重在运用现有的力学知识来解决工程技术中或探索自然界奥秘中提出的各种大量、具体、复杂的问题。实际上,力学的理论分析、数值模拟和实验研究已经成为解决工程实际问题的完整体系。

每一项工程都需要具备自身有关的知识和其他学科的配合。现代的力学实验设备诸如大型的材料试验机、风洞、水洞的建立和使用,本身就是一个综合性的科学技术项目,需要多工种、多学科的协作。从力学研究和对力学规律认识的整体来说,实践是检验理论正确与否的唯一标准,而力学实验是其中一个不可缺少的手段。

按研究时所采用的主要手段来区分,力学可分为三个方面:理论分析、数值计算和实验研究。力学的实验研究其实就是应用测试技术及数据处理方法,通过实验进行力学分析,现在已经形成一门学科,叫做实验力学,它与力学的理论分析互相依存、互相补充。着重用数值计算手段的计算力学是广泛使用电脑后才出现的,其中有计算结构力学、计算流体力学等。对一个具体的力学课题或研究项目,往往需要理论、实验和计算这三方面的相互配合。

工程中,力学实验测试(图 4.1.1)是做好工程结构设计、保障工程质量、确保工程安全的重要手段和必要环节,例如,在设计阶段提供优化参数;施工/加工中的质量监测、检验;运行中的监控;事故分析和安全评价等;而且不仅测量,还要对质量改进和正确运行提出意见。学习工程力学实验课的目的:一是从实践上巩固、深化对力学基本概念和基本理论的理解;二是熟悉、了解常用设备和仪器的工作原理和操作方法,掌握工程力学实验的基本测试技能;三是了解实验应力分析方法的基本原理和测试方法、手段;四是培养学生的动脑、动手能力和技巧,以及初步运用理论和实验手段解决实际问题的综合能力。

图 4.1.1 材料力学性能实验

基于本课程的学习目标,在内容的安排上分成了讲座部分和实验部分。讲座部分,旨在扩大学生的知识面,使学生了解工程力学实验的历史、发展、最新前沿动态等信息,了解工程力学实验在科学技术发展和力学学科发展中的重要作用,了解力学实验中基本的测试方法和实验技术(应变电测技术和光测弹性技术),激发学员对工程力学实验的兴趣。实验部分又分为基础力学实验、综合研究力学实验和自主设计力学实验。基础实验主要使学生掌握基本的力学测试方法和技术,验证理论,加深对力学理论的认知和理解；综合研究实验侧重培养学生综合应用力学知识或其他相关知识的能力，或进行带有研究性质问题的探索；自主设计实验要求学生能较灵活应用常用的实验技术，根据给定或自选的实验任务自主设计实验思路、方法、过程等，有益于学生独立思维能力、创新能力的培养。基础实验项目包括材料的拉伸与压缩实验、材料的扭转实验、纯弯曲梁正应力实验、压杆稳定性分析实验、冲击实验；综合研究实验项目包括薄壁圆筒在弯扭组合变形下的主应力测定、光测弹性实验、材料动态力学性能研究；自主设计实验项目包括材料弹性常数 E、μ 的测定，电阻应变片粘贴与电桥连接实验。

4.2 工程力学实验的分类

力学实验的范围包括水动力学实验、空气动力学实验和实验固体力学。这三种类型，都可按实验研究对象分为原型实验和模型实验。若实验是在已建成结构上进行，称为原型实验，对验证设计理论、揭露工程弊病、指导科学运行管理是很重要的。设计阶段需要进行方案比较，原型上无法进行的实验（如研究各种最不利条件的组合对结构的影响），以及大型结构的破坏实验等，需进行模型实验。模型实验是在室内人为控制下进行的比例尺实验，为使模型能正确反映原型的实际情况需要解决两个问题：模型应满足哪些条件才与原型相似以及如何将模型实验结果推广到原型，相似理论为解决这些问题提供了理论指导。实验模型一般比原型小，也有与原型相等或比原型大的。

4.2.1 水动力学实验

水动力学实验（Hydrodynamic Experiment）是流体动力学研究工作的一个组成部分。它用仪器和其他实验设备测定表征水或其他液体流动及其同固体边界相互作用的各种物理参量，并对测定结果进行分析和数据处理，以研究各种参量之间的关系。实验的目的是揭示各种水流运动规律和机理，验证理论分析和数值计算结果，为工程设计和建设提供科学依据以及综合检验工程设计质量和工作状态。

4.2.2 空气动力学实验

空气动力学实验（Aerodynamic Experiment）是进行空气动力学研究的一种主要手段。它通过实验设备，观察气体流动现象，测量气流与物体之间相互作用的物理量，并找出气体流动的规律。空气动力学实物实验（如飞机试飞和导弹实弹发射）不会发生模型和环境模拟失真问题，一直是最后鉴定实物空气动力特性的手段，但实验费用较大，实验条件难以控制。模型实验采用与真实物体几何相似的模型，在人工控制的条件下进行。为使模型实验结果能够应用于实际情况，需使绕模型和绕实物两种流动相似。一般地说，雷诺数和马赫数是模拟的主要相似参数。

风洞实验是空气动力学实验中使用最广泛的一种手段。几乎没有一种飞机和导弹在研制过程中不经过风洞实验的，而且随着航空和航天技术的发展，对风洞实验的要求也越来越高。风洞是空气动力学和飞行器研制的基础设施，是现代航空航天飞行器的摇篮。用可控制的人造气流模拟飞行器的飞行环境和飞行状态，如飞行速度、高度、姿态以及飞行器与气流相互作用、相互影响的情况。飞行器通过在风洞中的模拟试验，为改进和优化设计提供了科学依据。

世界上最早的风洞出现在 1871 年的英国。但是，把风洞用于飞行器研制是 20 世纪初的事。20 世纪 20 年代前后至 40 年代，因为两次世界大战对武器装备研制提出了迫切要求，世界风洞建设也得到突飞猛进的发展。美国、苏联、欧洲在飞行武器研制上的一次又一次突破，几乎都是从风洞试验开始的。目前世界上的风洞有 1 000 多座。但是，由于众所周知的原因，中国直到 20 世纪 60 年代中叶，这种十分重要的国防科技设施才大规模地开始建设。目前，我国已建成由 52 座风洞构成的亚洲最大风洞群（图 4.2.1 和图 4.2.2），建成每秒十万亿次级的计算机系统及数值模拟体系，具备火箭助推、飞艇带飞等飞行模拟试验能力，风洞综合试验能力居亚洲之首，跻身世界先进行列。

图 4.2.1 中国某主力高速风洞　　　　　　图 4.2.2 "运-8"模型进行吹风试验

除了在国防领域的应用,风洞实验还广泛应用于国民经济的许多部门,如用来研究阻力最小的汽车外形、高建筑物的风载、桥梁的风激振动以及环境大气污染等。

4.2.3 实验固体力学

实验固体力学包含实验测试技术与力学实验两个部分,它除了具有力学研究的基础性外还具有技术性与工程应用的特点,其中实验测试技术与光、机、电、声、图像和计算机等领域技术紧密交叉,与工程技术和生产实践密切结合,是一门力学与新技术紧密交叉的学科领域。美国等西方国家长期以来就十分重视实验测试技术的研究,美国实验力学协会每年组织国际性的实验力学年会,欧洲以实验和计算为主题的力学会议近来也十分频繁。近年来,我国的实验力学工作者在开发新技术、完善已有技术和拓展工程应用方面取得了很多突出进展,在光学测量、图像处理、无损检测、传感技术和工程电测等实验力学的测试理论与技术上取得了可喜成果,同时,在促进力学发展与国防建设和工程实践中发挥了重要作用。

力学实验部分主要是材料基本力学性能,如拉压、扭转、冲击、疲劳、振动等性能的测定实验。实验测试技术包括光学测量、图像处理、无损检测、传感技术等等。早在 17 世纪,人们将力学原理应用于工程问题时,就曾用简单的实验手段测定材料的力学性能,并阐明工程结构的某些力学特征。19 世纪后期,虽然出现了较为灵敏的机械式应变测量装置,但在工程实用上,仍受到很大的限制。20 世纪 30 年代,粘贴式电阻应变计的出现、光弹性实验技术的进一步完善以及其他实验技术的发展,使得实验测试技术蓬勃发展起来,并得到广泛应用。鉴于课程的教学对象主要是从事非力学专业的工程技术和指挥管理类人员,工程力学的实验理论和实验技术只是作为技术基础课程的一部分,这里仅对实验应力分析作比较详细的介绍。

4.3 实验应力分析

实验应力分析是用实验分析方法确定物体(例如工程构件)在受力情况下的应力状态的学科。在固体力学的各分支(如弹性力学、塑性力学、断裂力学、复合材料力学等)中,都常用实验应力分析方法研究应力分布的基本规律,为发展新理论提供依据。在工程领域内,它又是提高设计质量和进行失效分析的一种重要手段。有效地应用实验应力分析方法,不仅能提高工程结构的安全度和可靠性,还能减少材料消耗、降低生产成本和节约能源。

实验应力分析方法目前有电学、光学、声学以及其他的方法。

(1)电学方法

有电阻、电容、电感等多种方法,以电阻应变计测量技术的应用较为普遍,实际效果也较好。电阻应变计不仅可用于模型实验,而且可在机器运转的条件下进行应变及其他参量(如扭矩、压力等)的测量。利用无线电遥测技术,还可进行远距离的应变遥测。电容应变计可在高达 650 ℃ 以上的温度环境中,长期进行应变测量。此外,根据各种特殊的用途,还可制成相应的传感器和测力装置。其中电感式传感器多用于位移的测量。电测法具有众多的优点：测量灵敏度和精度高，测量范围广，频率响应好，不会影响构件的应力状态，可在各种复杂环境如高温、低温、高速旋转、强磁场等环境下测量等。但也有只能测量构件的表面应变而不能测构件的内部应变，只能测构件表面一个点沿某个方向的应变而不能进行全域性测量等缺点。

（2）光学方法

这种方法发展较快，方式也较多，逐渐形成一门光测力学。经典的光弹性实验技术（Photoelasticity），是应用光学原理研究弹性力学问题的一种实验应力分析方法。将具有双折射效应的透明塑料制成的结构模型置于偏振光场中，当给模型加上载荷时，即可看到模型上产生的干涉条纹图。测量此干涉条纹，通过计算，就能确定结构模型在受载情况下的应力状态。利用光弹性法，可以研究几何形状和载荷条件都比较复杂的工程构件的应力分布状态，特别是应力集中的区域和三维内部的应力问题。对于断裂力学、岩石力学、生物力学、黏弹性理论、复合材料力学等，也可用光弹性法验证其所提出的新理论、新假设的合理性和有效性，为发展新理论提供科学依据。

为适应实际生产问题的需要，经典的光弹性法中派生了许多其他光学方法，如能用于工业现场测量的光弹性贴片法、用来解决扭转和轴对称问题的光弹性散光法、研究应力波传播和热应力的动态光弹性法和热光弹性法、进行弹—塑性应力分析的光塑性法以及研究复合材料力学的正交异性光弹性法。除了这些经典方法之外，还有下述一些方法。

云纹法：此法已日趋完善，特别是用于大变形测量，效果尤为明显。

全息干涉法和散斑干涉法：20世纪60年代后期，随着激光技术的发展而发展起来的新技术。在分析复杂构件的振型和振幅、测量物体的微小变形、对三维位移场的定量分析以及测定含裂纹构件的应力强度因子等方面，都已取得一定的成效。在全息技术和散斑技术中应用脉冲激光，还可以研究应力波在固体中的传播。

全息光弹性法：用此法可以同时获得等差线及等和线的数据，便于分离主应力，可以解决平面的应力分析问题。

焦散线法：一种测量奇异变形的光学方法，可以测量裂纹尖端的塑性区和应力强度因子，也可以测量角隅区的应力奇异性和两物体间的接触应力等。

激光拉曼光谱法：利用激光与样品分子或原子基团间相互作用后振动的特征吸收谱进行测量。拉曼光谱技术已被成功地应用于宝石学研究和宝石鉴定领域，近年来，国内学者对其在力学测试领域的应用进行了有成效的研究工作。

光学方法与计算机技术结合，发展了数字散斑干涉、数字云纹法、数字全息干涉法等多种新的方法。

（3）声学方法

① 声弹性法：利用超声剪切波的双折射效应测量应力的方法，用来测量焊接构件的残余应力。超声波在有应力的介质中传播时，其剪切波沿两个主应力方向发生偏振，这两种偏振波以不同的速度传播。实验结果和理论分析得到的应力—声学定律是：沿主应力方向的两个超声剪切波的速度差和两个主应力之差成正比，这个比例系数称为声弹性系数，它和材料的弹性常数有关。这种现象和透明材料的光弹性效应相似，可以用来进行应力测量。声弹性方法的主要优点是可以测量非透明材料中的应力，特别是金属内部的应力。

② 声发射技术：材料或构件在受力过程中产生变形或裂纹时，以弹性波形式释放出应变能的现象，称为声发射。利用接收声发射信号，对材料或构件进行动态无损检测的技术，称为声发射技术。声发射技术已成为实验应力分析的一种有力工具，例如在断裂试验中，可用来检测裂纹和研究腐蚀断裂过程，以及监视构件的疲劳断裂扩展等。声发射技术还可以用于评价构件的完整性，判断结构的危险程度。

③ 声全息术：20世纪60年代发展起来的一种成像技术。它的原理和全息照相相同，即利用波的干涉原理记录物波的振幅和相位，并利用衍射原理再现物体的像。它的不同之处是用超声波代替光波。声全息术的成像分辨率高，用于无损检验，可显示试件内部缺陷的形状和大小。

（4）其他方法

① 脆性涂层法是应用较广泛的一种。一般先用它定性地（或粗略定量地）测出试件应力集中的区域

和相应的主应力方向。如需做精确的定量分析,可在已测出的应力集中区域内,沿相应的主应力方向粘贴电阻应变计,做进一步的测量。若用 X 射线应力测定法,可以无损地直接测定试件表层的应力或残余应力。

② 比拟法。如果两种(或两种以上)不同的物理现象,可用形式相同的数学方程来描述,则可采用比拟法,即通过观测其中一种物理现象来研究另一种物理现象。在实验应力分析中这类方法有薄膜比拟、电比拟、电阻网络比拟和沙堆比拟(图 4.3.1)等。

图 4.3.1　沙堆比拟试验

4.4　实验固体力学优先发展的技术方向

随着能源技术、微纳米技术、生物技术、信息技术和先进制造技术等高科技领域的迅速发展,近年来力学的研究对象发生了很大变化,其载荷特点从力扩展到多场至多系统,其尺度空间从宏观分别扩展至巨观与纳观,其状态响应从静态分别扩展到时域与空域。随着研究对象越来越复杂,固体力学对实验提出更多的新需求,但是传统的实验力学测试技术已无法满足这些需求。

因此,推动实验力学新技术与新方法的研究,对于力学学科的可持续发展以及更好地为国民经济发展和国防建设服务具有重要意义。实验力学发展趋势是进一步与物理、化学、电子和信息领域中的新技术结合,使其基础性、交叉性和技术性等学科特点更加突出。

(1) 多场和多系统的实验测量技术

该领域与智能材料、生物材料、生化材料、生命过程相关,建立多场与多系统的加载和实验测量技术是今后极具挑战性的研究领域,主要内容包括:力、电、磁、热多场加载技术与测量技术;力、化、生多系统反应过程中的实验力学测量技术;生命与仿生中的实验光电测量技术。

(2) 微纳尺度实验力学检测技术与装置

随着微纳尺度力学的迅速发展,迫切需要建立与之相应的微纳尺度实验力学检测技术与装置,主要研究内容包括:低维材料及器件力学性能实验;微传感技术与变形场精细测量;非经典微力(表面力、范德华力、卡士米尔力、静电力和本征应力等)测量与表征;微力加载及夹持技术与实验装置。

(3) 特殊环境与极端条件下力学量检测技术

该领域与国防军工、交通设施、航天航空工程等领域的材料及结构性能的损伤破坏研究密切相关,未来主要研究内容包括:高低温、高低压、强辐射等各种特殊环境下力学量与多维运动参数的测量技术;高周与超高周应力循环、高速与超高速等极端条件下的实验检测技术;特殊环境与极端条件下的光学测试技术。

(4) 无损检测新技术(声、光、电、磁等)

属于实验力学新技术领域,与机械、能源等大型工程结构检测以及材料和器件的性能检测密切关联,未来主要研究内容包括:结构或材料的超声无损检测新技术;微波无损检测新技术;三维表面变形及内部变形的无损测量新技术;制造工艺应力与残余应力的无损检测新技术;利用国家大装置的实验力学测量新技术。

(5) 大工程系统中的测量与安全监测技术

该领域直接与国家经济建设和国防建设中的大装置、大系统和重大设施的安全运行相关,未来主要研究内容包括:全局化集成性的传感、数据传输与处理技术;重大装备与大型结构在复杂环境下安全性运营的监测技术与预警方法。

(6) 实验数据的分析识别与力学场可视化技术

该领域主要涉及实验力学分析方法与图像处理技术,主要研究内容包括:数字与光学图像技术;实验数据的分析识别与力学场可视化技术。

第 5 讲

实验数据处理

实验离不开测量，测量离不开数据记录和数据处理。本讲介绍有效数字的概念和有关运算规则，还要介绍测量数据的常见处理方法。

5.1 有效数字及其运算规则

5.1.1 有效数字

1. 有效数字的概念

在表示测量结果的数字中，既包含了准确的、没有误差的可靠数字，又包含了具有一定误差的可疑数字。例如，用最小分度值为 1 mm 的直尺测一个物体的长度，若该物体比 73 mm 长大约半个刻度，则测量结果可记为 73.5 mm。其中，"7" 和 "3" 是准确读得的，称为"可靠数字"，而 "5" 则是"估读"出来的，称为"可疑数字"。我们把测量结果中可靠数字和可疑数字的全体统称为有效数字。上例中，73.5 mm 为三位有效数字。对于非线性刻度盘（如万用表的 Ω 刻度）、不确定性与分度值非常接近的测量工具（如游标卡尺）或示值不稳定的数字式仪表等不进行估读。

这里需要说明的有两点。一是使用某些测量工具测量时不进行估读，不等于测量结果不存在误差，也不是测量结果中不存在可疑数字，例如用最大允差为 ±0.02 mm 的游标卡尺测得一个圆柱体的外径为 30.14 mm，它不存在估读数字，但最后一位 "4" 却是可疑数字，30.14 mm 的最大允差的绝对值为 0.02 mm；二是可疑数字也可能是两位，例如用量程 5 mA、级别为 0.5 级（表盘上每格为 0.05 mA，基本误差限为 $5 \times 0.5\% = 0.025$ mA）的电流表测量一个电流，表针指示在 $86\frac{3}{10}$ 处，由于第 86 格对应 4.3 mA，$\frac{3}{10}$ 格对应 0.015 mA，所以测量结果为 4.315 mA，显然后两位数字 "1" 和 "5" 都是估读的，是可疑数字。

2. 关于有效数字的几点说明

（1）在非零数字之间或之后的 "0" 都是有效数字。例如，在前文中，如果物体的末端恰好与 73 mm 刻度线重合，这时测量结果就应记为 73.0 mm，而不能记为 73 mm。尽管从数字概念上看，73.0 与 73 一样大，小数点后的 "0" 似乎没有保留的价值。但从测量和误差的角度来看，73.0 为三位有效数字，其中的 "3" 是可靠数字，而 73 为两位有效数字，其中 "3" 是可疑数字，二者反映的测量精度不同。

（2）在第一位非零数字之前的 "0" 不是有效数字。例如，把 73.0 mm 换算成 0.073 0 m 仍为三位有效数字。

（3）有效数字的科学表示法。在书写较大或较小的数字时，通常写成 $\times 10^{\pm n}$ 的标准形式（n 为正整数），这种表示方法称为有效数字的科学表示法。用这种方法记数值时，通常在小数点前只写一位非零数字。例如，要把 73.0 mm 换成微米单位，就不应写成 73 000 μm。因为这样就变成了五位有效数字，它歪曲了原来的测量精度，因而是错误的。为了解决数值太大而有效数字位数不多之间的矛盾，应将此测量结果表示为 7.30×10^4 μm。

（4）测量结果和误差的有效数字。在一般情况下，误差的有效数字只取一位，测量结果有效数字的位数应由其误差确定,即测量结果的最后一位应与误差所在的位对齐。例如,根据长度和直径的测量值用计算器算出圆柱体体积 $V = 6\,158.320\,1$ mm^3,若不确定度(见下讲)$U(V) = \pm 4$ mm^3,由误差的大小可以看出,体积 V 的第四位数字"8"已经有误差了,再保留后面的四位数字"3201"就没意义了。因而圆柱体体积的间接测量结果应写作 $V = (6.158 \pm 0.004) \times 10^3$ mm^3。

5.1.2 有效数字的运算规则

当两个或两个以上的有效数字在一起进行数学运算时,如果没有进行误差估算,一般应按以下原则来确定结果的有效数字的位数。

(1)可疑数字无论跟可靠数字还是跟可疑数字一起运算其结果均为可疑数字,只有可靠数字与可靠数字运算其结果才为可靠数字。

(2)结果保留一位可疑数字,多余可疑数字按"四舍六入,逢五凑偶"的原则取舍。

根据上述原则,可以给出以下运算规律:

(1)加减运算后所保留的数值的末位,应当和参与运算的各数值中最先出现的可疑位一致。

例如:(数字下划道的表示可疑数字)

$$
\begin{array}{r}
3\,4.4 \\
+\,2\,1.2\,8\,\underline{3} \\
\hline
5\,5.\underline{6}\,\underline{8}\,\underline{3} \\
\end{array}
\qquad
\begin{array}{r}
3\,2\,\underline{8} \\
-\,2\,4.\underline{7} \\
\hline
3\,0\,\underline{3}.\underline{3} \\
\end{array}
$$

应为 55.7 应为 303

又如:$71.3 - 0.8 + 271 = 342$,因三个数据中"最先出现的可疑位"是"271"中的个位。

(2)乘除(平方、立方)运算有效数字的位数,可以估计为和参加运算各数据中有效数字最少的位数相同。

例如:

$$\frac{36 \times 2.125\,6}{1.21^2} = 52$$

当运算结果的第一位是 1、2、3 时,可以多保留一位有效数字。

例如: $4.1 \times 3.1 = 12.7$

(3)函数运算后的有效数字的位数可根据误差来确定。若函数为 $y = f(x)$,可先对函数取微分,即 $\Delta y = |f'(x)| \Delta x$,再取 x 的最后一位的误差为 1 单位,然后求出 Δy 在哪一位上,把函数运算的结果也保留到那一位。

例如:$x = 50.8$,若 $y = \ln x$,由计算器求出 $y = 3.927\,896\,4$。因 $\Delta y = \Delta x/x$,若取 $\Delta x = 0.1$(这是最少的),则 $\Delta y = 0.1/50.8 \approx 0.002$,于是 $\ln 50.8$ 为 3.928。

(4)π、e、$\sqrt{2}$ 等常数的有效数字位数是无限的,应根据运算需要合理取值。例如,$S = \pi r^2$,$r = 6.042$ cm,π 取 3.141 6。

5.1.3 修约间隔和修约规则

上面提到的"四舍六入,逢五凑偶"实际上就是数值修约(Round off)。数值修约就是去掉数据中多余的位,也称为"舍入"。修约间隔(Rounding Interval)就是修约后所保留的有效数字末位的最小间隔,用 I 表示。一般规定修约间隔是 10 的整数次幂,如 10^K,K 是正、负整数或 0,记作 $I = 1 \times 10^K$,这种修约称为"单位修约"。特殊情况下有 $I = 0.2 \times 10^K$ 或 $I = 0.5 \times 10^K$,分别称为"0.2 单位修约"和"0.5 单位修约"。

对于单位修约,一般规定了下列修约规则:

(1)要舍弃的数字最左边的一位小于 5 时,舍弃;

(2)要舍弃的数字最左边的一位大于 5,或者是 5 但其后有非 0 的数时,则进 1;

(3)要舍弃的数字最左边的一位等于 5,并且 5 后边没有其他数字或数字全是 0 时,所保留的数字的末位为奇数则进 1，为偶数或 0 则舍弃，即"奇进偶不进"。

这种规则大多数情况下被简化为"四舍六入，逢五凑偶"。

例如：重力加速度间接测量的一组计算值为 9.824 9、9.826 1、9.825 1、9.815 0（单位 m·s^{-2}），若要求保留三位有效数字，且修约间隔为 0.01 m·s^{-2}，则修约后的结果为 9.82、9.83、9.83、9.82。

"四舍六入，逢五凑偶"的修约规则是一个一般性规则，在计算测量结果的不确定度或涉及重要工程或涉及有关人身安全的数据修约时，常常只向比较保险的方向修约，而不恪守"四舍六入，逢五凑偶"的修约规则。由于计算机的出现，解决了手工运算效率低的问题，所以运算的中间结果可以不修约，而只对直接测得的原始数据和最后的结果表示进行修约，通称"抓两头，放中间"。

应该强调的是，数值修约不是可有可无的事情，在工业上、工程上有时非常重要。例如对某型号钢材要求含碳量为 0.012% ~ 0.020%，已经含有修约间隔为 0.001% 的要求，此时，只要实际测得值在 0.011 50% ~ 0.020 50% 之间均为合格，因此如果将要求的界限绝对化，可能使产品的检验不合格率显著增加。曾有一些钢厂的统计资料显示，由于不对产品的测得值按规范修约，导致 8% 以上的某型号产品被错误地列为不合格的次、废品，由此可见对测得值按规范修约的重要性。

5.2 数据处理的基本方法

由实验测得的一系列数据，往往是零乱而带有误差的，必须经过科学的分析和处理，才能找到各物理量之间的变化关系及其服从的物理规律，常用的数据处理方法有列表法、作图法、图解法、逐差法和用计算机软件如 Excel、Origin 处理数据等。

5.2.1 列表法

1. 列表的作用

在记录和处理数据时，常把数据列成表格，这样可以简单而清楚地反映出有关物理量之间的对应关系，便于检查测量结果是否合理，及时发现问题，从而减少和避免错误，同时也有助于找出各物理量之间存在的规律性，进而求出经验公式。

2. 列表的要求

（1）必须写出表格的名称，注明表中各符号所代表的物理意义（特别是自定的符号）。

（2）设计表格应简单明了，便于看出有关参量之间的关系，应根据具体情况，决定列出哪些项目，列入表中的数据除原始数据外，计算过程中的一些中间结果或最后结果也可列入表中。

（3）在表内标题栏中，应标明栏目的名称和单位。各物理量的名称和单位应尽量用符号表示，单位写在标题栏中，一般不要重复地写在各数据后。

（4）表中数据要正确地使用有效数字。

例 5.2.1 在测量圆柱体体积的实验中，将测量数据和计算结果列表。

解：表 5.2.1 中，n：测量次数；D：试件直径（单位 mm）；h：试件高（单位 mm）；$\bar{x}$：测量列的平均值；σ：测量列的标准偏差；u_A：A 类标准不确定度。

表 5.2.1 圆柱体体积测量数据列表

n	1	2	3	4	5	6	$\bar{x}$	σ	u_A
D/mm	0.832	0.829	0.830	0.835	0.828	0.828	0.830 3	0.002 7	0.001 1
h/mm	3.24	3.26	3.22	3.20	3.24	3.23	3.238	0.015	0.006

5.2.2 作图法

1. 作图法的优点

（1）能形象直观地反映各物理量之间的关系或变化规律。

(2) 在所作直（曲）线上，可直接读出未进行测量的某些点的数据，在一定条件下还可以从曲线的延伸部分外推读得测量数据范围以外的数值。

(3) 从所作直线的斜率以及直线与坐标轴的截距等，还可求出某些其他待测量。例如，通过电流与电压关系直线的斜率，就可求得电阻的大小。

2. 作图法的步骤和注意事项

(1) 选择合适的坐标纸。实验曲线必须用坐标纸作图，坐标纸的种类较多，常用的有直角坐标纸、对数坐标纸、半对数坐标纸、极坐标纸等，应根据要表示的函数的性质正确选用。

(2) 选取坐标轴，标出各坐标轴所代表的物理量。一般用横轴代表自变量，用纵轴代表因变量，在坐标轴近旁应标明该轴所代表的物理量名称及单位，在轴上每隔合适的间距标明该物理量的数值，这一过程叫确定标度，在确定标度时应尽量使坐标纸上的最小格与有效数字的最后一位准确数对应，并使图线比较匀称地充满整个图纸。如果标度数据特别小或特别大，可以提出乘积因子如 $\times 10^{-3}$、$\times 10^{4}$，放在物理量名称与单位之间。

(3) 根据实验数据的分布范围，确定坐标轴的原点值。原点不一定从零开始。

(4) 描点。实验数据点可用"×""⊙"或"+"等符号中的任何一种标出，用它们的中心点或交叉点表示实验数据本身。若在同一坐标中有两条或多条曲线，不同图线要用不同符号加以区别，并在坐标纸的空白位置注明不同符号所代表的含义。

(5) 作实验曲线。根据不同的情况和要求，用曲线板（或透明直尺）和削尖的硬铅笔，按点的分布趋势连成一条细而光滑的曲线或直线（注意，除校正曲线外，一般都不连成折线）。所连曲线或直线不一定要通过所有数据点，只要求数据点均匀分布在曲线或直线的两侧。个别离曲线特别远的点可以认为是粗大误差所致，不必考虑。所得到的实验曲线称为拟合曲线。

(6) 图注和说明。在图的下方标明图名，并在适当的空白处工整地标注必要的实验条件和说明，以及作者姓名、班级、作图日期等，最后将图纸粘贴在实验报告上。

5.2.3 图解法

所谓图解法就是根据已作好的图线，用解析方法，进一步得出图线所对应的函数关系（经验方程），进而求出其他参数，这种方法只针对直线方程，因此也称为线性回归法。

1. 直线图解的步骤

(1) 在直线两端内侧取两点 $A(x_1, y_1)$ 和 $B(x_2, y_2)$，所取的两点不一定是实验数据点，但最好使其坐标为整数，并用与实验点不同的符号表示出来。注意，为了减小计算斜率的误差，A 与 B 不要相距太近。

(2) 求直线斜率和截距。设经验公式为

$$y = kx + b \tag{5.2.1}$$

其斜率可由 A 与 B 的坐标求得

$$k = \frac{y_2 - y_1}{x_2 - x_1} \tag{5.2.2}$$

至于截距 b 可在直线上任取另一点 $C(x_3, y_3)$ 代入式 (5.2.1)，并利用式 (5.2.2) 求得

$$b = y_3 - kx_3 \tag{5.2.3}$$

2. 曲线改直

在许多实际问题中，物理量之间的关系不是线性的，这时在作图时就要根据经验以曲线进行拟合，然后套用相应的曲线方程。但是求解曲线方程的参数比较困难，所以一般都是先通过适当的变换，把曲线方程转化成线性方程，然后进行参数求解，这就是所谓的曲线改直。

举例如下：

(1) 将函数 $y = ax^b$（其中 a、b 为常量）两边取对数得 $\ln y = \ln a + b\ln x$，把 $\ln x$ 当作自变量，$\ln y$ 当作因变量作图可得一条直线。

（2）将函数 $y = ae^{-bx}$（a、b 为常量）两边取自然对数得 $\ln y = \ln a - bx$，把 x 当作自变量，$\ln y$ 当作因变量，即转化为线性问题。

除此之外，还有许多函数形式，如 $pV = C$（C 为常量）、$y^2 = 2px$（p 为常量）、$i = I_0 e^{-t/RC}$（I_0、R、C 为常量）、$S = v_0 t + \frac{1}{2}at^2$（$v_0$、$a$ 为常量）等经过适当变换，均可得到相应的线性关系，这对于作图并根据所作直线计算某些参量带来了很大的方便。读者应熟练掌握这种方法。

5.2.4 最小二乘法

若变量 x，y 满足直线方程：
$$y = kx + b$$
实验测得一组数据为 x_i，y_i（$i = 1, 2, \cdots, n$）。我们的问题是，如何根据实测的数据找出直线方程中的参数 k 和 b，这称为直线的拟合。

假设在测量的数据中，各 x_i 足够准确，它们的误差可以忽略不计，只有 y_i 有测量误差，并令：
$$\varepsilon_i = y_i - y = y_i - b - kx_i \quad (i = 1, 2, \cdots, n)$$
ε_i 为测量值与直线的纵坐标之差。同时，假设各 ε_i 的方差为常数，即各测量值 y_i 是等精度的。我们拟合的直线应使 $\sum_{i=1}^{n} \varepsilon_i^2$ 最小，这就是最小二乘法原理。令：
$$Q = \sum_{i=1}^{n} \varepsilon_i^2 = \sum_{i=1}^{n} (y_i - b - kx_i)^2$$

Q 最小的条件为：
$$\frac{\partial Q}{\partial b} = 0, \quad \frac{\partial Q}{\partial k} = 0, \quad \frac{\partial^2 Q}{\partial^2 b} > 0, \quad \frac{\partial^2 Q}{\partial^2 k} > 0$$

由：
$$\begin{cases} \frac{\partial Q}{\partial b} = -2\sum_{i=1}^{n}(y_i - b - kx_i) = 0 \\ \frac{\partial Q}{\partial k} = -2\sum_{i=1}^{n}(y_i - b - kx_i)x_i = 0 \end{cases}$$

可解出：
$$\begin{cases} k = \dfrac{\overline{xy} - \overline{x} \cdot \overline{y}}{\overline{x^2} - (\overline{x})^2} \\ b = \overline{y} - k\overline{x} \end{cases} \tag{5.2.4}$$

其中：
$$\overline{x} = \frac{1}{n}\sum_{i=1}^{n} x_i, \quad \overline{y} = \frac{1}{n}\sum_{i=1}^{n} y_i, \quad \overline{xy} = \frac{1}{n}\sum_{i=1}^{n} x_i y_i, \quad \overline{x^2} = \frac{1}{n}\sum_{i=1}^{n} x_i^2$$

再经过计算，当 k，b 取（5.2.4）式的值时，确有
$$\frac{\partial^2 Q}{\partial^2 b} > 0, \quad \frac{\partial^2 Q}{\partial^2 k} > 0$$
说明上式给出的 k，b 确能满足 Q 最小的条件。

再引入一个参数：
$$r = \frac{\overline{xy} - \overline{x} \cdot \overline{y}}{\sqrt{(\overline{x^2} - (\overline{x})^2)(\overline{y^2} - (\overline{y})^2)}} \tag{5.2.5}$$

r 称为相关系数，r 的值总是在 [−1，+1] 范围内。若 $r \geq 0$，拟合直线斜率为正，称正相关；若 $r \leq 0$，拟合直线斜率为负，称负相关；若 r 的绝对值越近于 1，则实验数据越密集于所求得的直线近旁，说明用线性函数拟合是合理的。在实验中，如果 $|r|$ 接近 0.999 就表明线性关系良好，相反，若 $r = 0$ 或趋近于 0，则实验数据对求得直线很分散，这说明 x、y 两物理量根本不存在线性关系，用线性函数拟合不妥，必须采用其他函数重新试探。

显然用最小二乘法不但可以判断直线拟合的好坏，还可以求解直线参数 k 和 b，这种方法由于用到了所有测量量，所以比用上述图解法求得的 k、b 更接近实际。但是用最小二乘法计算 k、b 除了较麻烦以外，粗大误差（即测量中的坏值）也会带来很大的计算误差。比较好的方法是根据测量数据先作图，拟合直线，剔除坏值，然后用最小二乘法求解实验方程的参数。对于非线性函数的最小二乘法拟合，可以先通过变量变换，使之成为线性函数，再进行拟合；也可用计算器进行相应的回归操作，直接求解实验方程，得到有关的参数。现在很多计算器具有函数回归功能，操作很方便。

顺便指出，用最小二乘法计算出来的 k 和 b 是"最佳的"，但并不是没有误差。衡量数据点在拟合直线两侧的离散程度，仍用标准偏差：

$$s_y = \sqrt{\frac{\sum_{i=1}^{n}(y_i - b - kx_i)^2}{n-2}} \tag{5.2.6}$$

要注意，这时分母上是 $n-2$，不是 $n-1$。这是因为由 n 组测量值求两个未知量要用两个方程，多余的方程数为 $(n-2)$。

斜率 k 和截距 b 的标准偏差为：

$$\begin{cases} s_k = \dfrac{s_y}{\sqrt{n[\overline{x^2} - (\bar{x})^2]}} \\ s_b = s_y \sqrt{\dfrac{\overline{x^2}}{n[\overline{x^2} - (\bar{x})^2]}} \end{cases} \tag{5.2.7}$$

如果 y_i 的偶然误差是按正态分布，且数据点不是太少，则按上述偏差公式计算出来的误差限内置信概率也是 68%。

5.2.5 逐差法

解决一元线性拟合问题，图解法简单，但人为拟合的痕迹明显；最小二乘法精确，但过程复杂。逐差法是一种介于两者之间的一种方法。

设自变量与因变量之间的关系为：

$$y = kx + b \tag{5.2.8}$$

并且已经测得了一组相关的数据 $x_1, x_2, \cdots, x_j, x_{j+1}, \cdots, x_{2j}$ 和 $y_1, y_2, \cdots, y_j, y_{j+1}, \cdots, y_{2j}$，测量次数为偶数次。将测量值分别分为两组，$x_1, x_2, \cdots, x_j$ 和 $x_{j+1}, \cdots, x_{2j}$；$y_1, y_2, \cdots, y_j$ 和 $y_{j+1}, \cdots, y_{2j}$，用后一组测量值和前一组测量值相减（即隔 j 项逐差），则求得直线斜率：

$$\begin{aligned} k_1 &= (y_{j+1} - y_1)/(x_{j+1} - x_1) \\ k_2 &= (y_{j+2} - y_2)/(x_{j+2} - x_2) \\ &\vdots \\ k_j &= (y_{2j} - y_j)/(x_{2j} - x_j) \end{aligned}$$

取平均值

$$\bar{k} = \frac{1}{j}\sum_{i=1}^{j} k_i = \frac{1}{j}\sum_{i=1}^{j} \frac{y_{j+i} - y_i}{x_{j+i} - x_i} \tag{5.2.9}$$

对于特殊情况，自变量 x_i 等间隔，则有 $x_{j+i} - x_i = \Delta x$。从而式 (5.2.9) 简化为：

$$\bar{k} = \frac{1}{j}\sum_{i=1}^{j} k_i = \frac{1}{j\Delta x}\sum_{i=1}^{j}(y_{j+i} - y_i) \tag{5.2.10}$$

式 (5.2.9)、式 (5.2.10) 所确定的方法称为逐差法，这样处理保持了多次测量的优越性。必要时可通过公式 $b = \bar{y} - \bar{k} \cdot \bar{x}$，得到直线的截距 b。可用标准偏差公式 (5.2.6) 衡量数据点在拟合直线两侧的离散程度，斜率 k 和截距 b 的标准偏差计算公式与公式 (5.2.7) 相同。

例 5.2.2 用迈克尔逊干涉仪测氦氖激光器的波长,测得的数据如下:

干涉环数量 n	0	50	100	150	200	250
反射镜位置 d/cm	3.800 000	3.801 878	3.803 465	3.805 079	3.806 680	3.808 265

已知波长 $\lambda = 2\dfrac{\overline{\Delta d}}{\Delta n}$,用逐差法求波长。

解: 将实验数据每三个分为一组,则有

$$\lambda = 2\dfrac{\overline{\Delta d}}{\Delta n}$$

$$= 2 \times \dfrac{(3.808\,265 - 3.803\,465) + (3.806\,680 - 3.801\,878) + (3.805\,079 - 3.800\,000)}{150 \times 3}$$

$$= 0.000\,065\,2 (\text{cm}) = 652\text{ nm}$$

5.2.6 用 Excel 软件进行数据处理

Excel 是一个功能较强的电子表格软件,可帮助我们进行数据处理、分析数据、产生图表。其中,Excel 的数据运算及曲线拟合功能可用于大学基础实验数据处理及数据分析,下面对实验中常用的一些功能作一简单介绍。

1. 实验中常用的 Excel 函数及其输入方法

Excel 包含许多预定义的或称内置的公式,称为函数。在常用工具栏中点击"f_x",打开对话框选择函数,可进行简单的计算或将函数组合进行复杂的运算,也可以在单元格里直接输入函数进行计算。在实验中用其进行数据处理非常方便,以下由表 5.2.2 列出一部分大学基础实验中常用的函数以供参考。

表 5.2.2 Excel 中内置的部分函数及功能

函数名称	功　能
SUM	计算单元格区域中所有数值的和
AVERAGE	计算单元格区域中选定数的平均值
MAX	返回一组数值中的最大值
STDEV	该函数用于计算得到数据的标准偏差,反映了测量值相对于平均值的离散程度
INTERCEPT	求线性回归拟合线方程的截距
SLOPE	返回经过给定数据点的线性回归拟合线方程的斜率
CORREL	返回两组数值之间的相关系数
SIN	返回给定角度的正弦值

函数的输入方法:
(1) 单击将要在其中输入公式的单元格。
(2) 单击工具栏中的函数"f_x"或者单击菜单"插入",选择函数"f_x"。
(3) 在弹出的"插入函数"对话框中选择需要的函数。
(4) 单击"确定",在弹出的函数对话框中按要求选择需要计算的数值。
(5) 单击"确定",得到运算结果。

2. Excel 软件中的图表功能

在大学基础实验中,最小二乘法是处理实验数据的一种重要方法,但计算量较大。Excel 软件中除了可以利用现成的函数求出拟合曲线的参数,还可以利用 Excel 的图表功能进行直线拟合、曲线拟合、相关系数的计算等。其操作步骤为:

(1) 选定数据表中包含所需数据的所有单元格。
(2) 单击工具栏中"图表向导"按钮或者单击菜单"插入",选择"图表"便进入图表向导中的对话框,选择希望得到的图表类型如"XY 散点图",再单击"下一步",按要求完成对话框内容的输入,最后单击"完成",便可得到图表。

(3) 选中图表并单击"图表"主菜单,单击"添加趋势线"命令。

(4) 单击"类型"标签,选择"线性"等类型中的一个。

(5) 单击"选项"标签,可选中"显示公式""显示 R 平方值"复选框,单击"确定",便可得到拟合直线或曲线、拟合方程和相关系数平方的数值。

5.2.7 用 Origin 软件进行数据处理

除了前面介绍的 Excel 软件以外,Origin 也是一种重要的实验数据分析和处理软件。它不仅包括计算、统计、直线和曲线拟合等各种完善的数据分析功能,还提供了几十种二维和三维绘图模板。用 Origin 处理实验数据,不用编程,只要输入测量数据,然后再选择相应的菜单命令,点击相应的工具按钮即可。下面以 Origin7.5 为例,对其功能进行简要介绍。

1. 工作界面

Origin 的工作界面类似 Office 的多文档界面。界面的上部有菜单栏和工具栏,大部分的功能都可以在此实现。中部主要包括表格区和绘图区,所有工作表、绘图子窗口都位于此。界面的下部有项目管理器和状态栏,项目管理器可方便切换各个窗口,状态栏可表示当前的工作内容以及各个菜单按钮的功能说明。

2. 计算功能

将需要处理的数据输入或导入 Origin 工作表之后,就可以对相关数据进行计算。具体方法是选中某一列,然后单击右键,在弹出的对话栏中选择"Set Column Values…",弹出"Set Column Values"对话框。在该对话框中可选择已有的函数,或列出自己需要的公式,如 $(\mathrm{col}(A)+\mathrm{col}(D)*\mathrm{col}(E)-\mathrm{col}(B))/2$,单击"OK"即得到运算结果。

3. 制图功能

在 Excel 中能绘制的图形,在 Origin 中也能绘制,其简单的操作步骤如下:

(1) 选择数据。可以选择一个区域,也可以用 Ctrl 键与鼠标结合选择不相邻的数据列。

(2) 绘图。主要是通过菜单栏上的 Plot 菜单来实现,能绘制一维、二维、三维图形,散点图,柱状图,矢量图等。

(3) 绘图的美化工作。可以通过双击绘图窗口中的坐标轴,弹出"X Axis – Layer"或"Y Axis – Layer"对话框,对坐标轴的起始位置、刻度间隔、颜色等进行设置。

(4) 动态更新数据。当对表格中的数据修改后,绘图区中的图形也会自动更新。

4. 曲线拟合

用 Origin 进行曲线拟合,是通过 Analysis 菜单中的拟合工具实现的,包括线性拟合、多项式拟合、指数衰减拟合、指数增长拟合、高斯拟合、洛伦兹拟合等。其操作步骤如下:

(1) 选定数据,点击菜单"Plot",选择"Scatter",出现散点图。

(2) 点击菜单"Analysis"。若是散点图直线,选择"Fit Liner";若是散点图曲线,选择"Fit polynomial",对话框中"Order (1 – 9)"代表是几次曲线,点击"确定"之后,即可出现另一个对话框,框中有曲线公式和精度。对于非曲线拟合,是通过"Advanced Fitting Tools…"和"Fitting Wizard…"引导工具进行曲线拟合。

(3) 拟合结果可以通过界面下方的"Results Log"来观察。如,可从"Results Log"中得到截距值及它的标准误差,用"A"来表示;斜率值及它的标准误差,用"B"来表示;相关系数,用"R"来表示。

小　　结

1. 只要有测量就存在有效数字的问题,有效数字是可靠数字和可疑数字的总称;只要涉及有效数字的运算,就要用到有效数字的有关运算规则;对有效数字运算结果存在着有效数字的修约问题,一般按照"四舍六入,逢五凑偶"的修约规则以及要求的修约间隔进行修约,数据的修约在实际测量中非常重要。

2. 数据的处理方法旨在发现数据(自变量和因变量)间的规律(关系),发现并"剔除"测量中粗大误差导致的"坏值",减少由于数据处理方法的不当给测量结果带来的误差。

3. 列表法是最基本的方法,不管采用哪种处理方法,都要用到列表法;作图法是直线(曲线)拟合的过程,它把测量结果规律化,并很容易发现"坏值";图解法是用数学解析的方法表述作图法,关键是求出有关实验方程的参数;最小二乘法是一种求实验方程参数的更精确的方法;逐差法则是介于图解法和最小二乘法之间的一种方法。

4. 图解法、最小二乘法、逐差法对实验图线的求解只限于直线情况,遇到作图结果是曲线的时候,先套用曲线方程,然后进行"曲线改直"处理,再用以上方法求有关参数。

5. Excel 与 Origin 在数据处理方面的优势主要体现在数据计算和对实验测量点作图并拟合曲线方面,能够给出相应的拟合曲线函数及相关系数。

研究与讨论

1. 指出下列各量各含几位有效数字。按"四舍六入,逢五凑偶"的原则取成三位有效数字,然后用科学表示法表达出来。

(1) 1.080 5 cm　　　(2) 2 375.0 g　　　(3) 3.141 592 654 s

(4) 0.862 49 m　　　(5) 0.030 1 kg　　　(6) 626.524 cm·s^{-2}

2. 根据有效数字的含义、运算规则,改正以下错误。

(1) $3.57 \times 10^3 = 3570$　　(2) $18 \text{ cm} = 180 \text{ mm}$　　(3) $0.133 \times 0.013 = 0.001729$

(4) $R = 15.8 \pm 0.22$　　(5) $\dfrac{28 \times 3.264}{3.2^2} = 8.925$

3. 在温度变化不太大时,物体的长度 L 与温度 t 之间存在线性关系,即 $L = L_0(1 + \alpha t)$,式中 L_0 为物体在温度 $t = 0$ ℃时的长度,α 为该物体的线胀系数。今测量一金属杆在不同温度下的长度如下表:

$t/℃$	30.0	40.0	50.0	60.0	70.0	80.0	90.0	100.0
L/cm	60.124	60.162	60.206	60.242	60.284	60.320	60.366	60.402

(1) 按作图法要求做出金属杆长度 L 随温度 t 变化的曲线;

(2) 用图解法求其线胀系数 α 及在 0 ℃时的长度 L_0。

4. 单摆的摆长 $L = l + d/2$(如图题 4 所示),在不同的 l 下测定单摆摆动 50 个周期的时间如下表。

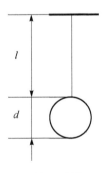

图题 4　单摆

i	1	2	3	4	5	6
l_i/cm	48.70	58.70	68.70	78.70	88.70	98.70
$50T_i/\text{s}$	70.90	77.81	84.02	89.74	95.13	100.44

(1) 用图解法求摆球的直径 d;

(2) 用最小二乘法求重力加速度 g;

(3) 用逐差法求重力加速度 g 和摆球的直径 d。

第 6 讲

测量误差与不确定度

合理地分析和估算误差，正确地表达测量结果是实验的关键所在。本讲从测量与误差、系统误差、随机误差、不确定度、测量结果的表达等方面进行了阐述。这部分内容是对实验者最基本的训练，原则上所有实验都用得上。这一讲的内容也充满新的知识点和难点。

6.1 测量与误差

6.1.1 测量

实验是以测量为基础的。所谓测量就是借助仪器或量具，将待测量与选作计量标准单位的同类量相比较，从而确定待测量是该计量单位的多少倍的过程，其倍数带上单位就是待测物理量的测量值。测量可分为直接测量和间接测量两大类。

（1）直接测量

凡是使用仪器或量具能直接测得结果的测量就是直接测量。

例如，用游标卡尺测物体的长度，用天平称物体的质量，用安培表测电路中的电流等，都是直接测量。

（2）间接测量

先经直接测量，然后根据待测量与直接测量量之间的函数关系，通过计算得到待测量的结果，这类测量称为间接测量。

例如，测量某金属圆柱体密度时，我们可先用游标卡尺或千分尺测出它的高 h 和直径 d，用物理天平称出它的质量 m，然后通过函数关系式 $\rho = 4m/(\pi d^2 h)$ 计算出该圆柱体的密度 ρ。所以说间接测量以直接测量作为基础。

无论是直接测量还是间接测量，按测量次数的多少又可分为单次测量（由于测量条件的限制，有些测量只能进行一次）和多次测量。多次测量还可分为等精度测量和不等精度测量，在测量条件完全相同（即观测者、仪器、方法和环境等均相同）的情况下进行的多次测量是等精度测量，否则就是不等精度测量。处理不等精度测量的数据一般是很复杂的，本讲介绍的多次测量的内容都限于等精度测量。

6.1.2 误差

测量的目的就是为了得到被测物理量所具有的客观真实数值（简称真值，True value）。但由于受测量方法、测量仪器、测量条件以及观测者水平等多种因素的限制，只能获得该物理量的近似值。也就是说，一个被测量的测量值 x 与真值 x_0 之间一般会存在差值。这种差值称为测量误差，又称绝对误差，用 Δx 表示，即

$$\Delta x = x - x_0 \tag{6.1.1}$$

绝对误差与测量值有相同的单位。绝对误差与真值之比称为相对误差，相对误差 E 常用百分数表示，即

$$E = (\Delta x / x_0) \times 100\% \tag{6.1.2}$$

显然，相对误差没有单位。应该指出，被测量的真值 x_0 是一个理想的值，真值虽然客观存在，但是一般来说是无法知道的。在实际测量中，常用理论真值（如平面三角形的内角和等于 180°）和约定真值（Conventional true value of a quantity）来代替。约定真值一般有两类：国际计量大会通过的公认值（如 SI 中的"米"是光在真空中 1/299 792 458 秒时间间隔内所经过路径的长度）和高级别的"标准"仪器的测量值。此外，考虑到使用约定真值的局限性，对可以多次测量的物理量，实验中常用已修正过的算术平均值（$\bar{x}$）代替真值（x_0）来计算绝对误差和相对误差，$\bar{x}$ 也称为测量的估计值（也可称为约定真值）。

6.1.3 误差的种类

为了便于对误差做出估算并研究减小误差的方法，有必要对误差适当分类。根据误差形成的条件和过程，测量误差分为系统误差和随机误差两类。

（1）系统误差。在相同条件下对同一物理量多次测量，误差的大小和符号始终保持恒定或按可预知的方式变化，这种误差称为系统误差。

$$系统误差 = \lim_{n \to \infty} \bar{x} - x_0$$

式中，n 为测量次数，$\bar{x}$ 为 n 次测量结果的算术平均值，x_0 为真值。

（2）随机误差。在相同条件下多次测量同一物理量，误差或大或小，或正或负，完全是随机的、不可预知的，这类误差称为随机误差。

$$随机误差 = x_i - \lim_{n \to \infty} \bar{x}$$

x_i 是第 i 次测量的值。虽然随机误差在测量次数较少时显得毫无规律，但当测量次数足够多时，却服从一定的统计分布规律。

除了上述两种误差以外，测量中由于某些条件的突变或人为的失误得到明显偏离预期值的测量数据，这种误差称为粗大误差（Parasitic error），经过分析后剔除这类误差会使结果更可靠，但是判断是不是粗大误差也要慎重，若不恰当地剔除粗大误差，不但会导致测量结果准确度"虚高"，还有可能错过重要的实验发现，在科研实验中尤其如此。

6.1.4 测量结果的定性评价

定性评价测量结果的好坏常用到精密度、正确度和准确度三个概念，它们的含义不同，使用时应加以区别。

（1）精密度。是指重复测量所得结果相互接近的程度，它反映了随机误差的大小。测量精密度高，是指测量数据比较集中，随机误差小。

（2）正确度。是指测量结果接近真值的程度，它反映了系统误差的大小。测量正确度高，是指测量数据的平均值偏离真值较小，系统误差小。

（3）准确度。是综合反映系统误差与随机误差大小的程度。若测量结果既精密又正确，则随机误差与系统误差都小，即测量结果的准确度高。

6.2 系统误差

系统误差分为已定系统误差和未定系统误差。已定系统误差是指符号和绝对值已经确定的误差分量。例如测量仪器的零点不准确或用欧姆表测量电阻时仪表内阻的影响等等。实验中尽量事先消除已定系统误差，或者用测得值减去已定系统误差，从而得到修正后的测量结果。未定系统误差是指符号和绝对值不确定的误差分量。实验中只能估计出这类误差的分布范围，或者更具体的一般用仪器设备说明书上列出的"仪器误差限"（又称示值误差限，或允许误差限，或基本误差限）来代替。因此，如何发现已定系统误差，并设法消除或修正它的影响，同时通过方案选择、参数设计、仪器校准、条件控制、方法改进等措施减小未定系统误差的限值，是误差分析的一个重要内容。有人认为是否重视对系统误差的分析和处理是衡量大学实验教学水平的重要方面。

6.2.1 系统误差的来源

系统误差主要来自以下几个方面：

（1）仪器误差。这是由于仪器本身的缺陷或没有按条件使用而引起的误差，如仪表刻度不准、仪器零点没调好、仪器该水平放置而没有放水平等。

（2）理论（或方法）误差。这是由于测量原理本身不够严密或测量方法与理论的要求有出入而带来的误差，如用天平称质量时未考虑空气浮力的影响、用单摆周期公式 $T=2\pi\sqrt{l/g}$ 测重力加速度时摆角大于5°等。

（3）环境误差。是指由于外界环境如光照、温度、湿度等因素而产生的误差，如在20 ℃下标定的标准电阻、标准电池用在温度较高或较低的场合所造成的误差。

（4）个人误差。是指由于观测者本身的生理或心理特点而造成的误差，采用手按秒表计时，有人习惯于早按，有人习惯于迟按；又如在使用刻度式仪表时，有人总习惯于偏向一方来读数等。

6.2.2 发现系统误差的方法

要发现系统误差，需要对实验依据的原理、方法、测量步骤、所用仪器等可能引起误差的因素一一进行分析，因此，它要求实验者既要有坚实的理论基础，又要有丰富的实践经验，下面简要介绍几种查找系统误差的常用方法。

（1）对比的方法

① 实验方法的对比。用不同方法测量同一个量，看结果是否一致，如可用多种方法（如单摆法、复摆法、自由落体法、气垫导轨法）测重力加速度，如果测量结果都不一致（在随机误差容许的范围内不重合），就说明这四种测法中至少有三种存在系统误差。

② 仪器的对比。如用两个电流表串联在同一电路中，如果读数不一致，则说明至少有一个存在系统误差。

③ 改变测量方法。如用天平称物时，分别将待测物放在天平的左盘和右盘（即复称法）对比测量结果，可以发现天平是否存在两臂不等长而带来的误差。

④ 改变实验中某参量的数值。如在气垫导轨实验中，有意识地增大和减小滑块的速度，二者对比可发现空气阻力和黏滞阻力对测量结果的影响。

⑤ 改变实验条件。在不同的温度、压力等环境下进行对比实验，观察结果是否一致。

⑥ 改变观测者。两个人对比观察可发现个人误差。

（2）理论分析的方法

分析测量所依据的理论公式要求的条件与实际情况有无差异、能否忽略。如单摆实验要求摆角小于5°，实验时是否满足。

（3）检查实验条件的方法

分析仪器正确使用所要求的条件是否满足。如用天平称质量，要求天平水平放置；用分光计测三棱镜折射率，要求分光计各部分按要求调整好。

（4）数据分析的方法

当测量数据明显不服从统计分布规律时，说明存在系统误差。此时可将测量数据依次排列，若偏差（即测量值与平均值之差）的大小有规则地向一个方向变化，则测量中存在线性系统误差；若偏差的符号有规律地交替变化，则测量中存在周期性系统误差。

6.2.3 系统误差的消除或修正

必须指出：任何"标准"仪器都不可能尽善尽美，任何理论模型也只是实际情况的近似。因此在实际测量中，要完全消除系统误差是不可能的，这里所说的"消除系统误差"，是指将它的影响减小到可以忽略的程度。

消除和修正系统误差一般没有固定不变的方法，要具体问题具体分析。下面介绍几种常用消除系统误差的途径以供参考。

（1）从原理入手消除系统误差。采用更加符合实际的理论公式，如单摆周期公式通常为 $T = 2\pi \sqrt{l/g}$，若考虑摆幅 θ 的影响，则周期公式应为

$$T = 2\pi \sqrt{l/g}\left(1 + \frac{1}{4}\sin^2\frac{\theta}{2} + \frac{9}{64}\sin^2\frac{\theta}{2} + \cdots\right)$$

（2）从实验方法入手消除系统误差。采用合适的测量方法可消除或抵消系统误差，这些方法常用的有置换法、替代法、反方向测量法（异号法）、对称测量法、补偿法等，这些方法将在以后的实验中陆续用到，在此不作详细介绍。

（3）从测量仪器入手消除系统误差

① 消除仪器的零点误差。对游标卡尺、千分尺以及指针式仪表等，在使用前，应先记录下零点误差，以便对测量结果加以修正。

② 校准仪器。用更准确的仪器校准一般仪器，得出修正值或校准曲线。

③ 保证仪器装置在测量时满足规定的条件。

总之，要消除系统误差的影响，首先是设法不让它产生，如果做不到，就应修正它，或者通过采取合适的测量方法，设法抵消它的影响。

6.3 随机误差

随机误差是由于受人的感觉器官（视觉、听觉、触觉）灵敏程度，仪器精密程度的限制，周围环境的干扰（比如温度、湿度的微小起伏，外界产生的杂散电磁场，空气的不规则流动等）以及随测量而来的其他不可预测的随机因素造成的。在实验过程中，随机误差不可避免，也不能消除，但根据随机误差理论可以估计可能出现的大小，并可通过增加测量次数减小随机误差。

6.3.1 随机误差的分布规律

在大多数实验测量中，随机误差服从正态分布，又称高斯（Gauss）分布，如图 6.3.1 所示。图中横坐标 Δx 表示绝对误差，纵坐标 $f(\Delta x)$ 表示误差概率密度分布函数，$f(\Delta x)$ 的意义是单位误差范围内出现的误差概率，曲线下阴影包含的面积元 $f(\Delta x) \cdot d(\Delta x)$ 就是误差出现在 Δx 和 $\Delta x + d(\Delta x)$ 区间内的概率。显然，误差 Δx 出现在 $(-\infty, +\infty)$ 范围内是必然的，可能性为百分之百。由图 6.3.1 可以看出，服从正态分布的随机误差具有如下几个特性。

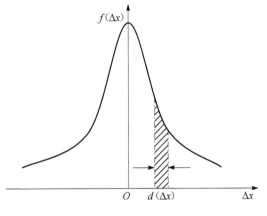

图 6.3.1　随机误差的分布规律

（1）单峰性：绝对值小的误差出现的概率比绝对值大的误差出现的概率大。

（2）对称性：绝对值相等的正负误差出现的概率相同。

（3）有界性：在一定测量条件下，误差的绝对值一般不超过一定限度，即很大的正（或负）误差出现的概率趋于零。

（4）抵偿性：当测量次数非常多时，由于正负误差相互抵消，所有误差代数和为零。

6.3.2 标准偏差

对于图 6.3.1，应用概率论可以得出：

$$f(\Delta x) = \frac{1}{\sqrt{2\pi}\sigma}\exp\left(-\frac{(\Delta x)^2}{2\sigma^2}\right) \quad (6.3.1)$$

式中，σ 为一个取决于具体测量条件的常数，称为标准偏差，它的大小直接体现了随机误差的分布特征。为了更好地理解标准偏差 σ 这个参数，具体有以下几点说明。

（1）σ 的大小

当 $\Delta x = 0$ 时，有

$$f(0) = \frac{1}{\sqrt{2\pi}\sigma}$$

显然标准偏差 σ 越小，则 $f(0)$ 越大，由于曲线与横轴间围成的面积恒等于 1，所以曲线两侧下降较快，相应的测量必然是绝对值小的随机误差出现较多，表明测量的精密度高；σ 越大，则 $f(0)$ 越小，曲线两侧下降较慢，绝对值小的随机误差出现较少，表明测量的精密度低，如图 6.3.2 所示。

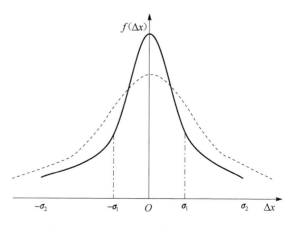

图 6.3.2 σ 的大小对测量精密度的影响

（2）置信概率

由式（6.3.1）容易证明，标准偏差 σ 正好是正态分布曲线拐点的横坐标。从正态函数的积分表可以得到：

$$P(\sigma) = \int_{-\sigma}^{\sigma} f(\Delta x) \mathrm{d}(\Delta x) = 0.683 \tag{6.3.2}$$

$$P(2\sigma) = \int_{-2\sigma}^{2\sigma} f(\Delta x) \mathrm{d}(\Delta x) = 0.954 \tag{6.3.3}$$

$$P(3\sigma) = \int_{-3\sigma}^{3\sigma} f(\Delta x) \mathrm{d}(\Delta x) = 0.997 \tag{6.3.4}$$

式中，$P(\sigma)$、$P(2\sigma)$、$P(3\sigma)$ 分别表示测量值的绝对误差落在 $\pm\sigma$、$\pm 2\sigma$、$\pm 3\sigma$ 区间的概率，称为置信概率。显然对于有限次测量，测量值绝对误差的绝对值大于 3σ 的概率只有 0.3%，因此测量中这类误差一般可以认为是粗大误差，数据处理时予以剔除。这是在多次测量的数据分析时很有用的所谓"3σ 判据"。

（3）σ 的求解

前面说过，对于多次测量，一般用算术平均值取代"真值"。设在相同条件下（等精度测量），对同一被测量进行 n 次测量，其测量列为 $x_1, x_2, \cdots, x_n$，它的算术平均值是：

$$\bar{x} = \frac{x_1 + x_2 + \cdots + x_n}{n} = \frac{1}{n}\sum_{i=1}^{n} x_i \tag{6.3.5}$$

当 $n \to \infty$ 时，平均值无限接近真值，该测量列中任一测量值的标准偏差（也称为测量列的标准偏差）为：

$$\sigma_i = \lim_{n \to \infty} \sqrt{\frac{1}{n-1}\sum_{i=1}^{n}(x_i - \bar{x})^2} \tag{6.3.6}$$

这个公式称为贝塞尔（Bessel）公式。在实际测量中，我们关心的一般不是测量列的标准偏差，而是测量结果即算术平均值（估计值）的标准偏差。由概率论可以证明算术平均值（估计值）的标准偏差为：

$$\sigma = \sigma_i / \sqrt{n} = \lim_{n \to \infty} \sqrt{\frac{1}{n(n-1)}\sum_{i=1}^{n}(x_i - \bar{x})^2} \tag{6.3.7}$$

但是，在实际测量中 $n \to \infty$ 只是一种理想情况，当测量次数为有限次时，标准偏差 σ 近似为 s，s 称为实验标准偏差（Experimental standard deviation），简称标准偏差，以后说到标准偏差一般指 s。简写为：

$$s = \sqrt{\frac{1}{n(n-1)}\sum_{i=1}^{n}(x_i - \bar{x})^2} \tag{6.3.8}$$

式（6.3.8）表明：测量次数 n 越多，实验标准偏差 s 越小。因此，增加测量次数可以减小误差，实际工作中一般取 $n \geq 5$。但 n 的增大仅能减小随机误差，对系统误差不起作用，测量误差是随机误差与系

统误差的综合，所以单纯增加测量次数对减小误差的价值是有限的。

几点说明：

① 在实验中，绝对误差 Δx 和标准偏差 s 一般只取一位有效数字，相对误差 E 一般取两位。而且在对误差截尾时，为了不人为地缩小误差范围，都采用进位的方法。例如，对绝对误差 0.38 与 0.33 都取成 0.4；

② $\overline{x}$ 或 x_i 应保留的位数，应由误差所在的位确定。其原则是：$\overline{x}$ 或 x_i 的末位数必须与误差的末位数对齐。例如绝对误差是 0.04 cm，则将测量值（或平均值）3.562 5 cm 写成 3.56 cm，因误差在小数点后第二位；

③ $\overline{x}$ 或 x_i 的截尾原则，一般按"四舍六入，逢五凑偶"的规则来进行。"逢五凑偶"是指对于该截尾的那个数为 5，而其前一位是奇数时，则进位，如前一位为偶数时，则将 5 舍去。这样做避免了采用"四舍五入"规则时"入"的机会大于"舍"的机会所带来的修约误差。例如若 $s = 0.03$ cm，如果 $\overline{x} = 18.625$ cm，则应取成 18.62 cm；如果 $\overline{x} = 18.635$ cm，则应取成 18.64 cm；

④ 作为中间运算结果的数字应当多保留一位。例如 $\sigma = 0.031$ cm 若为中间结果，可以暂不截尾。

例 6.3.1 用天平称一小球的质量 m，一共称了 $n = 9$ 次，结果列于表 6.3.1 中，请计算测量列的算术平均值和算术平均值（估计值）的标准偏差。

表 6.3.1 用天平称小球质量 m 所得数据

i	1	2	3	4	5	6	7	8	9
m_i/g	18.79	18.72	18.75	18.71	18.74	18.73	18.78	18.76	18.77

解：（1）算术平均值

$$\overline{m} = \frac{1}{n}\sum_{i=1}^{n} m_i = \frac{m_1 + m_2 + \cdots + m_9}{n} = \frac{18.79 + 18.72 + \cdots + 18.77}{9} = 18.750(\text{g})$$

（2）根据公式（6.3.8），平均值的标准偏差为

$$s = \sqrt{\frac{\sum_{i=1}^{n}(m_i - \overline{m})^2}{n(n-1)}} = \sqrt{\frac{\sum_{i=1}^{9}(m_i - \overline{m})^2}{9 \times (9-1)}} = 0.009\ 1(\text{g})$$

因标准偏差只取一位，且采用进位法，故 s 取成 0.01 g。

6.4 测量不确定度

前面介绍的是经典误差理论的主要内容，它把误差分为随机误差和系统误差两类来处理。其实这种分类方法不够严密，表现如下：

（1）这两类误差之间存在一定的联系，往往没有截然的分界线，它们在一定条件下还会相互转化。

（2）随机误差本身就是各种独立的、微小的、大量的系统误差按照某种方式的组合。

（3）从前面的内容可以看出，关于随机误差已经建立起了数学上比较严密、完整的体系，而关于系统误差的计算还只是停留在定性阶段。

（4）传统误差体系中随机误差与未定系统误差各分量的合成方法，长期都没有统一。

实际上，系统误差的分析和处理比随机误差要复杂、困难得多，正因为如此，建立在概率统计理论上的经典误差理论大都回避了对系统误差理论的研究，而把研究对象确定为随机误差分量。但是测量实践中系统误差却是不可避免的，而且其对测量结果的影响有时远远大于随机误差，在这种情况下计算得到的误差，其"误差"是可想而知的。

因此，20 世纪 60 年代国外学术界就提出了用不确定度表示测量准确度的建议。70 年代得到了进一步的发展，不确定度的表示在测量领域有了应用，但表示方法各不相同。1977 年美国国家标准局向国际计量委员会（CIPM）提出了解决测量不确定度表示的国际统一问题，之后国际计量局在征求了 32 个国家的

国家计量研究院以及 5 个国际组织的意见后,发出了推荐采用测量不确定度来评定测量结果的建议书,即 INC‐1(1980)。该建议书向各国推荐了测量不确定度的表示原则。1981 年第 70 届国际计量委员会讨论通过了该建议书并和国际计量局(BIPM)发布了《建议书 1(CI‐1981)实验不确定度的表达》,该建议书所推荐的方法以 INC‐1(1980)为基础,其中的误差不再按随机误差和系统误差分类,"误差"这个名词也由"不确定度"来取代,并要求在所有 CIPM 及其各咨询委员会参与的国际比对及其他工作中,各参加者在给出测量结果时必须同时给出合成不确定度。在此基础上,1993 年,国际标准化组织(ISO)进一步协调制定并出版了具有国际指导性质的《测量不确定度表示指南》(Guide to the Expression of Uncertainty in Measurement,简称"指南")。1999 年我国发布了国家计量技术规范 JJF1059‐1999《测量不确定度评定与表示》,明确指出应采用不确定度作为测量数据结果误差指标的名称。

1995 年,国际标准化组织进一步修订了《测量不确定度表示指南》(GUM),修订后的 GUM 包括正文:前言、引言、概述、定义、基本概念、标准不确定度的评定、合成标准不确定度的确定、扩展不确定度的确定、报告不确定度、评定和表示不确定度的步骤归纳等 10 个部分 3 万余字;以及 CIPM 和工作组的建议书、通用计量学术语、统计学基本术语及其概念、"真"值/误差和不确定度、建议书 INC‐1(1980)的动机和基础、不确定度分量评定实用提示、自由度与置信概率、算例和基本符号汇总等 10 个附录 6 万余字。测量误差与测量不确定度的关系如表 6.4.1 所示。

表 6.4.1 测量误差和测量不确定度的关系

序 号	测量误差	测量不确定度
1	有正负的量值	无正负的参数
2	结果偏离真值的量	结果的分散性
3	客观存在	与人的评定有关
4	不能实际得到	可以定量确定
5	分为随机误差和系统误差	分为 A 类分量和 B 类分量
6	可以用于修正结果	不可以用于修正结果

6.4.1 不确定度及其评定方法

关于不确定度(Uncertainty of measurement),"指南"中定义:"测量不确定度是与测量结果相关联的参数,表征合理赋予的被测量之值的分散性。该参数用标准偏差(或其倍数)表示,或用置信区间的半宽度表示。"它还有一种比较通俗的表述:"测量不确定度是指由于测量误差的存在而对被测量值不能肯定的程度,是表征被测量的真值在某个量值范围的一个评定。"测量不确定度一般用字母"U"表示。

"指南"中给出了产生不确定度的 10 种原因:被测量定义不完整;被测量定义值的复现不完整;取样的代表性不够;对环境条件测量不完善;对模拟仪器读数的偏移;测量仪器分辨力、阈的限制;标准器和标准物质的值不可靠;外部资料的数值、参数、常数不可靠;测量方法和程序中的近似和假设;在相同条件下,重复观测中被测量的变化。

根据表示方式的不同,测量不确定度在使用中有下述三种不同的表述。

1. 标准不确定度 u (Standard Uncertainty)

它是用标准偏差表示的测量结果的不确定度,分为 A 类标准不确定度和 B 类标准不确定度,简称 A 类分量和 B 类分量。其中 A 类分量是对一个测量列通过统计的方法得到的标准偏差;B 类分量是针对测量过程通过非统计的方法得到的标准偏差。

2. 合成标准不确定度 u_c (Combined Standard Uncertainty)

简称合成不确定度,它是各项标准不确定度平方和的正平方根,如果标准不确定度的 A 类分量为 u_A,B 类分量为 u_B,其合成标准不确定度 u_c 表示为:

$$u_c = \sqrt{u_A^2 + u_B^2} \tag{6.4.1}$$

3. 扩展不确定度 U

它是用标准偏差的倍数表示的测量结果的不确定度，它扩大了标准偏差的置信区间。合成标准不确定度对应的置信概率约为 $P=0.683$（即置信区间是 $\pm\sigma$），在大多数工程测量中这个置信概率偏低，有时需要把置信概率提高到 0.95（置信区间约 $\pm 2\sigma$），甚至 0.99（置信区间约 $\pm 3\sigma$），这就需要将合成标准不确定度扩大 k_P 倍，k_P 称为包含因子（Coverage factor）。扩大以后的合成标准不确定度称为扩展不确定度，用 U 表示，即

$$U = k_P u_c \tag{6.4.2}$$

测量结果最终应当用扩展不确定度表示（也有的资料用合成标准不确定度表示），如果不加说明，大多数情况下扩展不确定度一般指置信概率 $P=0.95$（$k_P = 2$）。

下面对标准不确定度、合成不确定度和扩展不确定度分别进行讨论。

6.4.2 标准不确定度的评定

1. 标准不确定度的 A 类评定

标准不确定度的 A 类评定是对一系列观测值用统计分析进行标准不确定度评定的方法。

对于某物理量的一组观测值而言，应当散布在其期望值附近。当取若干组观测值，它们各自的平均值也散布在期望值附近，但从概率角度其比单个观测值的分散性会更小（为 $1/\sqrt{n}$）。也可以说，多次测量的平均值比一次测量值更准确（或更有效），随着测量次数的增多，平均值将收敛于期望值。因此通常以观测值的算术平均值 $\overline{x}$ 作为被测量的估计值，以平均值的实验标准偏差 s 作为测量结果的不确定度，即 A 类标准不确定度 u_A。所以根据式（6.3.8）得出：

$$u_A = s = \sqrt{\frac{1}{n(n-1)} \sum_{i=1}^{n}(x_i - \overline{x})^2} \tag{6.4.3}$$

例 6.4.1 用天平称一小球的质量 m，一共称了 $n=9$ 次，结果列于表 6.4.2 中，求小球质量平均值的 A 类标准不确定度 u_A。

表 6.4.2　用天平称小球质量 m 所得数据

i	1	2	3	4	5	6	7	8	9
m_i/g	18.79	18.72	18.75	18.71	18.74	18.73	18.78	18.76	18.77

解： 算术平均值

$$\overline{m} = \frac{1}{n}\sum_{i=1}^{n} m_i = \frac{18.79 + 18.72 + \cdots + 18.77}{9} = 18.750(\mathrm{g})$$

平均值的标准偏差为

$$u_A = \sqrt{\frac{\sum_{i=1}^{n}(m_i - \overline{m})^2}{n(n-1)}} = \sqrt{\frac{0.04^2 + (-0.03)^2 + \cdots + 0.02^2}{9 \times (9-1)}} = 0.0091(\mathrm{g})$$

说明：

（1）不确定度的数值一般保留一位到两位（教学中统一要求两位）有效数字。

（2）前面提到，实验标准偏差是对标准偏差在测量次数有限时的估计。实际上当测量次数为有限次，且测量次数逐渐减少时，概率密度曲线会变得逐渐平坦，由正态分布过渡到 t 分布，也称为学生（Student）分布

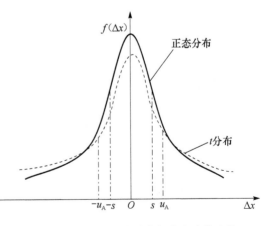

图 6.4.1　t 分布与正态分布概率密度的比较

(图 6.4.1)。在这种情况下,由于曲线的顶点降低,同样置信区间的概率密度变小,因此要保持同样的置信概率,就应当适当扩大置信区间,把 s 乘以一个大于 1 的因子 t_P,称为 t 分布因子(简称 t_P 因子)。在 t 分布下,A 类标准不确定度应为:

$$u_A = t_P s \tag{6.4.4}$$

t_P 是一个与测量次数 n(或自由度 $\nu = n - 1$)相关的量,n 越大,t_P 越接近 1。表 6.4.3 为 t_P 因子与测量次数 n 的关系。

表 6.4.3 t_P 因子与测量次数 n 的关系

n	3	4	5	6	7	8	9	10	15	20	∞
t_P	1.32	1.20	1.14	1.11	1.09	1.08	1.07	1.06	1.04	1.03	1.00

2. 标准不确定度的 B 类评定

标准不确定度的 B 类评定是针对测量过程通过非统计的方法进行标准不确定度评定的方法。

在实际测量中,经常遇到一些不能多次重复测量的情况,比如测量随着时间变化的温度;再比如由于仪器的精密度较低,虽进行了多次测量,但测量数据完全一致。这两个例子都反映不出测量结果的随机性,因此不能用统计的方法计算 A 类标准不确定度,但这不等于标准不确定度等于零。实际上,B 类标准不确定度是始终存在的。B 类标准不确定度一般可根据下述信息来评定:

(1) 有关测量装置(仪器)和测量对象的性能;
(2) 测量装置(仪器)的技术说明书上的有关内容;
(3) 较权威的校准或证书提供的数据;
(4) 以前测量的经验数据;
(5) 测量者的估读数据。

综上所述,B 类标准不确定度的评定一般从以下两个方面考虑。

(1) 测量仪器的最大允差($\Delta_{仪}$)

测量仪器的最大允差也称为该仪器的误差限或公差,它与仪器的最小分度、量程和精密度等有关,用 $\Delta_{仪}$ 表示。例如最小分度为 1 mm 的木尺,最大允差约为 $\pm(1.0 \sim 1.5)$ mm;最小分度为 1 mm 的钢板尺,最大允差约为 $\pm(0.1 \sim 0.2)$ mm;最小分度为 0.02 mm 的游标卡尺,最大允差约为 ± 0.02 mm;最小分度为 0.01 mm 螺旋测微器,最大允差约为 ± 0.004 mm,等等。指针式仪器的精密度一般分成几种级别,如 5.0、2.0、1.5、1.0、0.5、0.2、0.1 七级,每一量程对应的最大允差服从下列公式:$\Delta_{仪}$ = 量程 × 级别 ÷ 100。例如级别为 0.5 级,量程为 10 000 N 的材料拉压实验机,根据上式算出 $\Delta_{仪} = 50$ N。而数字仪表的最大允差,在没有特别给定的情况下为其分辨率的 1/2:$\Delta_{仪} = \delta/2$(δ 为数字仪表的分辨率)。

(2) 测量的最大估计误差($\Delta_{估}$)

估计误差是取决于测量者判断的误差,它与测量仪器、测量条件、测量者的心理素质有关,如用钢板尺测量长度,可以估计到最小分度(1 mm)的几分之一,这个数字即为测量值的估计误差 $\Delta_{估}$,显然 $\Delta_{估}$ 的大小不但与钢板尺的精密度有关,还与读数时的光线、被测物的边缘清晰程度、测量者的读数习惯等有关。大多数情况下 $\Delta_{估} < \Delta_{仪}$(例如游标卡尺的 $\Delta_{估}$ 一般为零)。但是也有例外,用一个"T"型物体判断某杆的质心时,已知"T"型物的棱宽 2.0 mm,显然杆在其上左右移动 1.0 mm 均能保持平衡,因此其最大估计误差为 ± 1.0 mm,远大于钢板尺的最大允差 $\pm(0.1 \sim 0.2)$ mm。再如用电子秒表测时间,由于测量者存在生理上的反应延迟以及心理上的判断失误,一般会有 $\pm(0.1 \sim 0.2)$ s 的估计误差,而电子秒表的仪器最大允差(石英晶体的精密度)只有 $\pm 10^{-5}$ s。

无论是对于 $\Delta_{仪}$ 还是对于 $\Delta_{估}$,可以认为测量误差是 100% 的落入 $\pm \Delta_{仪}$($\Delta_{估}$)内的,因此可以将 $\Delta_{仪}$($\Delta_{估}$)看作是 100% 置信区间的半宽度。根据标准偏差的方和根合成方法,考虑到 $\Delta_{仪}$、$\Delta_{估}$ 的共同影响,以及置信概率和分布类型对 B 类标准不确定度估算的总体影响,有

$$u_B = \frac{\sqrt{\Delta_{仪}^2 + \Delta_{估}^2}}{k} \tag{6.4.5}$$

其中 k 为对应置信概率为100%的包含因子，它反映了误差上限与其标准偏差之间的倍数关系。k 大小与最大允差和最大估计误差所满足的分布类型有关，见表6.4.4。

表6.4.4 分布类型与包含因子 k（置信概率100%）对照表

分布类型	正态分布	均匀分布	三角分布	反正弦分布	两点分布
k	3	$\sqrt{3}$	$\sqrt{6}$	$\sqrt{2}$	1

说明：
(1) 正态分布：重复条件或复现条件下多次测量的算术平均值的分布。
(2) 均匀（矩形）分布：
　① 数据修约导致的不确定度；
　② 数字式测量仪器对示值量化（分辨力）导致的不确定度；
　③ 测量仪器由于滞后、摩擦效应导致的不确定度；
　④ 按级使用的数字式仪表、测量仪器最大允许误差导致的不确定度；
　⑤ 用上、下界给出的线膨胀系数；
　⑥ 测量仪器度盘或齿轮回差引起的不确定度；
　⑦ 平衡指示器调零不准导致的不确定度。
(3) 三角分布：
　① 相同修约间隔给出的两个独立量之和或差，由修约导致的不确定度；
　② 因分辨力引起的两次测量结果之和或之差的不确定度；
　③ 两相同均匀分布的合成。
(4) 反正弦分布（U形分布）：
　① 度盘偏心引起的测角不确定度；
　② 随时间正余弦变化的温度不确定度。
(5) 两点分布：按级使用的量块（零级除外），中心长度偏差导致的概率分布。
(6) $\Delta_{仪}$ 一般从可以仪器的说明书上得到，$\Delta_{估}$ 则一般为经验值。
(7) 在多次测量中，$\Delta_{估}$ 一般已包含在 A 类评定中即：$u_B = \dfrac{\Delta_{仪}}{k}$。
(8) 教学中，在分布类型不太肯定的情况下，常取 $k = \sqrt{3}$（均匀分布）。
(9) A 类——正态；B 类——均匀；合成——正态（误差的中心极限定理——当测量误差是由许多个误差分量联合作用产生时，只要各分量的方差相对于分量方差之和均匀的小，而不管各分量服从何种分布，则这些分量之和的分布——各分量分布函数的卷积——趋于正态分布）。

实际上，从生产厂家的技术说明书、校准证书、手册等得来的关于不确定度的信息有各种各样的表示方法，有的直接给出标准不确定度，有的给出扩展不确定度和包含因子，有的给出被测量的置信区间和置信水平，有的还需要测量者自己对所给信息的置信水平和分布类型做出判断。总而言之，实际工作中关于B 类不确定度的评定有时很困难，往往需要具体问题具体分析以及经验的长期积累。

6.4.3 合成标准不确定度 u_c

合成标准不确定度简称合成不确定度。合成不确定度是各项标准不确定度平方和的正平方根，表示为：

$$u_c = \sqrt{u_A^2 + u_B^2} \tag{6.4.6}$$

u_c 对应置信概率约为 $P = 0.683$ 时的合成标准不确定度，其中

$$u_A = \sqrt{\frac{1}{n(n-1)} \sum_{i=1}^{n}(x_i - \bar{x})^2}, \quad u_B = \frac{\Delta_{仪}}{k}$$

对于单次测量：$u_A = 0$，$u_c = u_B = \dfrac{\sqrt{\Delta_{仪}^2 + \Delta_{估}^2}}{k}$

应该说，标准不确定度分为 A 类和 B 类两种类型，根据的是评定方法的不同，不是两类不确定度的

性质不同，两类不确定度都是基于概率分布，并都用标准偏差作为量化表示。实际上，在理想情况或者测量条件充分满足时，B 类不确定度也可以通过统计的方法得到，也就是说，在理想情况或测量条件充分满足时，B 类不确定度的评定可以用 A 类不确定度的评定代替。例如对于 $\Delta_{仪}$，如果有许多台同类仪器，就可以对同一个标准量进行多次测量，用统计的方法算出 $\Delta_{仪}$；再比如 $\Delta_{估}$ 同样也可以通过频繁的改变测量方法或更换测量者从而用统计的方法得到。以上就进一步说明标准不确定度的 A 类评定和 B 类评定是相对的。在不确定度的合成时，至于哪一类更可信要看具体情况，例如测量次数 n 较小时，A 类评定的不可信度较大。在不确定度合成时，在数值上如果一个分量小于另一个分量的三分之一，就可以忽略较小的分量。不确定度评定时，应注意不要重复计入各分量。

例 6.4.2 一个泳道长 50 m 的游泳池，比赛官员要求检查中间泳道的长度。检查时用高质量殷钢制成的带尺直接测量泳道的长度，共测量 6 次，观测值如下（单位 m）：

$$50.005 \quad 49.999 \quad 50.003 \quad 49.998 \quad 50.004 \quad 50.001$$

查阅带尺的技术说明，得知分划刻度误差不大于 ±3 mm（+3 mm 和 –3 mm 可以看作均匀分布的上限和下限），并且带尺的温度效应和弹性效应很小，可以忽略。试求泳道长度的估计值和合成标准不确定度。

解：泳道长度的估计值即算术平均值：$\bar{x} = \dfrac{x_1 + x_2 + \cdots + x_6}{6} = 50.0017$ （m）

它的实验标准偏差 s 为：$s = \sqrt{\dfrac{1}{6 \times (6-1)} \sum_{i=1}^{6}(x_i - \bar{x})^2} = 0.00115$ （m）= 1.15 （mm）

所以 $u_A = 1.15$ （mm）

考虑置信概率和分布类型（教学中统一为均匀分布）对 B 类标准不确定度估算的总体影响，查表 6.4.4 可知均匀分布的包含因子 $k = \sqrt{3}$。

所以 $u_B = \dfrac{\Delta_{仪}}{k} = \dfrac{3}{\sqrt{3}} = 1.73$ （mm）

根据式（6.4.6）求出合成标准不确定度：

$$u_c = \sqrt{u_A^2 + u_B^2} = \sqrt{1.15^2 + 1.73^2} = 2.1 \text{(mm)}$$

6.4.4 间接测量结果标准不确定度的合成

以上我们讨论了直接测量量的 A 类、B 类以及合成标准不确定度的求解方法，然而在很多情况下我们进行的测量都是间接测量，那么间接测量量的标准不确定度怎么来求解呢？实际上，间接测量的结果是由直接测量的结果根据一定的数学公式计算出来的。这样一来，直接测量结果的不确定度就必然影响到间接测量结果，这种影响的大小也可以由相应的数学式计算出来，实验中一般都采用方和根合成来估计间接测量结果的不确定度。

设间接测量所用的数学公式（或称测量式）可以表示为如下的函数形式：

$$\varphi = F(x, y, z, \cdots)$$

式中的 φ 是间接测量结果，x，y，z，…是直接测量结果，它们都是互相独立的量。设 x，y，z，…的合成标准不确定度分别为 $u_c(x)$，$u_c(y)$，$u_c(z)$，…，它们必然影响间接测量结果，使 φ 值也有相应的合成标准不确定度 $u_c(\varphi)$。由于不确定度都是微小的量，相当于数学中的"增量"，因此在忽略高阶小量的情况下，间接测量的不确定度的计算公式与数学中的全微分公式基本相同。不同之处是：

（1）要用不确定度 $u_c(x)$ 等替代微分 dx 等；

（2）要考虑到不确定度合成的统计性质。

于是，我们在实验中用以下两式来简化地计算不确定度 $u_c(\varphi)$：

$$u_c(\varphi) = \sqrt{\left(\dfrac{\partial F}{\partial x}\right)^2 u_c^2(x) + \left(\dfrac{\partial F}{\partial y}\right)^2 u_c^2(y) + \left(\dfrac{\partial F}{\partial z}\right)^2 u_c^2(z) + \cdots} \tag{6.4.7}$$

$$\dfrac{u_c(\varphi)}{\varphi} = \sqrt{\left(\dfrac{\partial \ln F}{\partial x}\right)^2 u_c^2(x) + \left(\dfrac{\partial \ln F}{\partial y}\right)^2 u_c^2(y) + \left(\dfrac{\partial \ln F}{\partial z}\right)^2 u_c^2(z) + \cdots} \tag{6.4.8}$$

(6.4.7) 式称为（绝对）不确定度表示，适用于和差形式的函数。(6.4.8) 式称为相对不确定度表示，式中的 $u_c(\varphi)/\varphi$ 称为相对不确定度，适用于积商形式的函数（先取对数，后微分）。

例 6.4.3 已知小圆柱体直径 $D = 3.600$ mm 的合成标准不确定度 $u_c(D) = 0.0042$ mm，高度 $h = 2.575$ mm 的合成标准不确定度 $u_c(h) = 0.0022$ mm，求其体积的合成标准不确定度。

解：小圆柱体的体积为：$V = \dfrac{\pi}{4} D^2 h = 26.210$ （mm³）

方法一：由公式（6.4.7）

$$u_c(V) = \sqrt{\left(\frac{\partial V}{\partial D}\right)^2 u_c^2(D) + \left(\frac{\partial V}{\partial h}\right)^2 u_c^2(h)} = \sqrt{\frac{\pi^2}{4} D^2 h^2 u_c^2(D) + \frac{\pi^2}{16} D^4 u_c^2(h)} = 0.066 (\text{mm}^3)$$

方法二：由公式（6.4.8）

$$\frac{u_c(V)}{V} = \sqrt{\left(\frac{\partial \ln V}{\partial D}\right)^2 u_c^2(D) + \left(\frac{\partial \ln V}{\partial h}\right)^2 u_c^2(h)} = \sqrt{4\left[\frac{u_c(D)}{D}\right]^2 + \left[\frac{u_c(h)}{h}\right]^2} = 0.248\%$$

$$u_c(V) = \frac{u_c(V)}{V} \cdot V = 0.248\% \times 26.210 = 0.066 (\text{mm}^3)$$

说明：相对不确定度应用百分数表示，一般保留两位有效数字，但作为中间结果时应多保留几位。

6.4.5 扩展不确定度

扩展不确定度也称为总不确定度。它是根据对测量结果置信概率的要求，用合成标准不确定度的倍数表示的测量结果的不确定度，即

$$U_P = k_P u_c = k_P \sqrt{u_A^2 + u_B^2} \quad (6.4.9)$$

公式中的 k_P 为对应置信概率 P 时的包含因子（k 对应的置信概率为 100%）。在分布类型已知的情况下，k_P 的大小与置信概率 P 相互关联，如表 6.4.5 所示。

表 6.4.5 正态分布中置信概率 P 与包含因子 k_P 对照表

P	0.500	0.683	0.900	0.950	0.955	0.990	0.997
k_P	0.675	1.000	1.650	1.960	2.000	2.580	3.000

国家技术监督局 1994 年建议，通常取置信概率为 0.95，对正态分布，一般近似取整 $k_P = 2$，由式（6.4.9）得：

$$U_{0.95} = 2u_c = 2\sqrt{u_A^2 + u_B^2} \quad (6.4.10)$$

若置信概率为 0.99，近似取整 $k_P = 3$ 则得：

$$U_{0.99} = 3u_c = 3\sqrt{u_A^2 + u_B^2} \quad (6.4.11)$$

说明：
(1) 由中心极限定理，一般多次测量的合成不确定度 u_c 均满足正态分布。
(2) 综合多种因素后，$k_{0.95}$ 一般直接取 2（不取 1.96），$k_{0.99} = 3$（不取 2.58）。
(3) 国家规范中，扩展不确定度还有另一种表示方法——如对多次直接测量量（n 次）：

① $u_A = \sqrt{\dfrac{\sum\limits_{i=1}^{n}(x_i - \bar{x})^2}{n(n-1)}}$，然后给出其自由度 $v_A = n - 1$；

② $u_B = \dfrac{\Delta_{仪}}{k}$，然后也给出其自由度 v_B（由 $\Delta_{仪}$、$\Delta_{估}$ 信息的可靠性决定，越可靠 v_B 越大，取 $1 \sim \infty$ 之间的整数，理想情况下为 ∞）；

③ $u_c = \sqrt{u_A^2 + u_B^2}$，$v_{eff} = \dfrac{u_c^4}{\dfrac{u_A^4}{v_A} + \dfrac{u_B^4}{v_B}}$ （取整）；

④ 查 t 分布表，找到对应的 $t_{0.95}(v_{\text{eff}})$，对 u_c 进行扩展和修正 $U_{0.95}=t_{0.95}(v_{\text{eff}})u_c$。

如对例 6.4.2 有 $\bar{x}=50.0017(\text{m})$；$u_A=1.15(\text{mm})$，$v_A=6-1=5$；$u_B=1.73(\text{mm})$，$v_B=\infty$；$u_c=2.08$，$v_{\text{eff}}=\dfrac{2.08^4}{\dfrac{1.15^4}{5}+\dfrac{1.73^4}{\infty}}$；查表（见附录）得 $t_{0.95}(54)=2.00$，$U_{0.95}=2.00u_c$。

6.4.6 测量结果的表示

根据所采用的置信概率，测量结果最终表示为：
$$x=\bar{x}\pm U_P \tag{6.4.12}$$
$\bar{x}$ 为不含（已定）系统误差的测量列的平均值（也称为最佳估计值）。如不加说明，置信概率一般为 $P=0.95$（个别国家和地区置信概率取 0.99），此时 $U_{0.95}$ 的脚标可以省略（直接写作 U）。

测量结果也可以采用另一种表示方法：
$$x=\bar{x}(1\pm U_r) \tag{6.4.13}$$
$U_r=U/\bar{x}$ 为相对扩展不确定度（置信概率为 0.95），一般取两位有效数字，用百分数表示。

例 6.4.4 德国某型三坐标测量机的单轴测量精度为 $U_{0.95}=(0.5+L/500)$ μm，式中 L 为被测量的长度，以 mm 的值代入，若测量长度约为 250 mm。求该测量的标准不确定度。

解：$U_{0.95}=(0.5+L/500)$ μm 表示的是置信概率为 $P=0.95$ 时的扩展不确定度，其包含因子 $k_P=2$，所以标准不确定度 $u_c(L)=U_{0.95}/k_P=(0.5+250/500)/2=0.50(\text{μm})$。

例 6.4.5 用物理天平、游标卡尺和螺旋测微器测量一根粗金属丝的密度。已知物理天平的不等臂误差为 0.06 g，示数变动性误差 0.02 g，游码质量误差 0.02 g，估计误差 0.01 g，测得金属丝的质量为 5.82 g；游标卡尺和螺旋测微器测量的金属丝长度和直径的数值见下表，请计算金属丝的密度和密度的不确定度，并正确表示测量结果。

表 6.4.6 金属丝长度 l 和直径 d 的测量结果

n	l/mm	d/mm
1	290.82	1.802
2	290.10	1.803
3	290.58	1.807
4	290.64	1.808
5	290.26	1.811
6	290.78	1.809

解：由 $\bar{x}=\dfrac{1}{n}\sum_{i=1}^{n}x_i$，$u_A=\sqrt{\dfrac{1}{n(n-1)}\sum_{i=1}^{n}(x_i-\bar{x})^2}$，$u_B=\dfrac{\Delta_{\text{仪}}}{\sqrt{3}}$（分布类型未标明，均认为是均匀分布），$u_c=\sqrt{u_A^2+u_B^2}$。$l$ 和 d 的计算结果如表 6.4.7：

表 6.4.7 金属丝长度 l 和直径 d 的计算结果

n	l/mm	d/mm
1	290.82	1.802
2	290.10	1.803
3	290.58	1.807
4	290.64	1.808
5	290.26	1.811
6	290.78	1.809
$\bar{x}$	290.530	1.8067
u_A	0.118	0.00143
u_B	0.0115	0.00231
u_c	0.119	0.00272

质量的测量：$m = 5.82$ g，$u_c(m) = u_B(m) = \dfrac{\sqrt{\Delta_{仪}^2 + \Delta_{估}^2}}{\sqrt{3}} = \dfrac{\sqrt{0.06^2 + 0.02^2 + 0.02^2 + 0.01^2}}{\sqrt{3}} = 0.0387$（g）

综合以上结果有：$\rho = \dfrac{m}{V} = \dfrac{4m}{\pi d^2 l} = \dfrac{4 \times 5.82}{\pi \times 0.18067^2 \times 29.0530} = 7.813939243$（g/cm³）

由公式（6.4.8）：
$$\dfrac{u_c(\rho)}{\rho} = \sqrt{\left[\dfrac{u_c(m)}{m}\right]^2 + 4\left[\dfrac{u_c(d)}{d}\right]^2 + \left[\dfrac{u_c(l)}{l}\right]^2}$$

$$= \sqrt{\left(\dfrac{0.0387}{5.82}\right)^2 + 4\left(\dfrac{0.00272}{1.8067}\right)^2 + \left(\dfrac{0.119}{290.530}\right)^2}$$

$$= \sqrt{4.42 \times 10^{-5} + 9.07 \times 10^{-6} + 1.68 \times 10^{-7}} = 0.731\%$$

$$u_c(\rho) = \rho \cdot \dfrac{u_c(\rho)}{\rho} = 7.813939243 \times 0.731\% = 0.0571\,(\text{g/cm}^3)$$

$$U(\rho) = 2u_c(\rho) = 2 \times 0.0571 = 0.1142 = 0.12\,(\text{g/cm}^3)$$

则金属丝的密度为：$\rho = (7.81 \pm 0.12)$ g/cm³

说明：

（1）u_A 可由科学计算器统计功能算出。

（2）对单次测量 $u_B = \dfrac{\sqrt{\Delta_{仪}^2 + \Delta_{估}^2}}{\sqrt{3}}$，对多次测量（$d$ 和 l）$u_B = \dfrac{\Delta_{仪}}{\sqrt{3}}$。

（3）游标卡尺（50 分度）$\Delta_{仪} = 0.02$ mm，螺旋测微器 $\Delta_{仪} = 0.004$ mm。

（4）计算的中间结果及 π 应适当多保留几位有效数字。

（5）要由结果（ρ）的扩展不确定度（$U(\rho)$）来决定结果的有效位数，原则是：最终结果的扩展不确定度保留两位有效数字（只进不舍），最终结果的有效数字要与其扩展不确定度对齐（四舍六入五凑偶）。

（6）注意单位换算。

研究与讨论

1. 分别说明测量误差、系统误差、随机误差的含义。

2. 根据误差的性质，判断下列误差哪些是系统误差，哪些是随机误差。

（1）米尺受热膨胀。

（2）测量时，对最小分度后面的一位估读。

（3）千分尺零点不准。

（4）天平不等臂。

（5）天平的砝码没有校准。

（6）安培计的分流电阻因温度升高而变大。

3. 有甲、乙、丙、丁四人，用同一仪器量度同一钢球直径，各人所得的结果是：

甲：(2.145 ± 0.10) cm　　　　乙：(2.14 ± 0.10)

丙：(2.14 ± 0.10) cm　　　　丁：(2.1 ± 0.10) cm

问哪个人表示得正确？其他人错在哪里？

4. 长方形的长为 8.56 cm，宽为 4.32 cm，用计算器算得其面积为 36.9792 cm，这个数的六位数字是否都是有效数字？如果已算出长方形的面积误差为 2.36814 cm，结果如何表达？

5. 某待测的电压接近 100 V，现有量程 0：300 V、0.5 级和量程 0：200 V、1.0 级两个电压表，选用哪个电压表较好？

6. 已知 $N_i = 11.38$ cm，11.37 cm，11.36 cm，11.38 cm，11.39 cm。

(1) 计算平均值 $\overline{N}$；(2) 求测量列的标准偏差 σ_N 及平均值的标准偏差 $\sigma_{\overline{N}}$；(3) 分别写出置信水平为 95% 和 99% 时算术平均值的扩展不确定度。

7. Ⅰ级钢卷尺的技术说明书标明，在温度为 20 ℃，张紧力为 50 N 时，尺的任意两线纹间的误差可按下式给出：$\Delta = \pm(0.1 + 0.1L)$ mm，式中 L 是以 m 为单位的长度，当长度不是 m 的整数倍时，取最接近的较大的整"m"数。现用钢尺测得长度 $L = 5.842$ m，求该尺的示值允许误差及其标准不确定度。

8. 用量程为 0～500 V 的 0.5 级交流电压表测得电压 380 V，求该表的示值误差及其标准不确定度和相对标准不确定度。

9. 金属丝长度与温度的关系为：$L = L_0(1 + \alpha t)$，α 为线膨胀系数，测量数据如下表。试用线性回归法求出 α 值，并分析其不确定度。

t/℃	10.0	15.0	20.0	25.0	30.0	35.0	40.0	45.0
L/mm	1 003	1 005	1 008	1 010	1 014	1 016	1 018	1 021

10. 计算 $\rho = \dfrac{4M}{\pi D^2 H}$ 的结果及不确定度 $U(\rho)$，并分析直接测量值 M、D、H 的不确定度对间接测量值 ρ 的影响（即合成公式中哪一项的单项不确定度的影响大），其中 $M = (236.124 \pm 0.021)$ g，$D = (2.345 \pm 0.052)$ cm，$H = (8.21 \pm 0.13)$ cm。

第二篇

基础实验技术

本篇介绍物质制备及分析技术、PLC应用技术、应变电测技术和光测弹性技术共四讲内容。

第 7 讲

物质制备及分析技术

物质的制备就是利用化学方法将单质、简单的无机物或有机物合成为较复杂的无机物或有机物的过程，或者将较复杂的物质分解成较简单物质的过程，以及从天然物质中提取出某一组分或对天然物质进行加工处理的过程。物质的分析就是鉴定物质有哪些元素或离子组成、确定有机物质官能团及分子结构、测定物质各组分的含量等。

7.1 物质的制备技术

天然存在的物质数量虽多，种类却有限，而且大多是以复杂形式存在，难以满足现代科学技术、工农业生产以及人们日常生活的需求。于是人们就设法制备所需要的各种物质，如医药、染料、化肥、食品添加剂、农用杀虫剂、生物制剂及各种高分子材料，等等。可以说，当今人类社会的生存和发展，已离不开物质的制备。因此，物质的制备技术在化学实验和实际化工生产中都占有十分重要的地位。

7.1.1 制备物质的步骤和方法

要制备一种物质，首先要确定制备路线与反应装置，再根据产物的性质选择适当的精制方法，同时还应考虑实验过程中是否产生"三废"及如何处理，然后制订出实验计划，做好必要的准备工作并按预定计划完成物质的制备。

1. 制备路线

一种化合物的制备路线可能有多种，比较理想的制备路线应具备下列条件：
（1）原料资源丰富，便宜易得，无毒无害，生产成本低；
（2）副反应少，产物容易纯化，总收率高；
（3）反应步骤少，时间短，能耗低，条件温和，设备简单，操作安全方便；
（4）不产生公害，不污染环境，副产品可综合利用。

2. 反应装置

制备实验的装置是根据制备反应的需要来设计的，若所制备的是气体物质，就需选用气体发生装置。若所制备的是固体或液体物质，则需根据反应条件、反应原料和反应产物性质的不同，设计不同的实验装置。实验室中有机物的制备，由于反应时间较长、溶剂易挥发等特点，多需采用回流装置。回流装置的类型较多，如普通回流装置、带有气体吸收的回流装置、带干燥管的回流装置、带水分离器的回流装置以及带电动搅拌、滴加物料及测温仪的回流装置，等等。

3. 反应条件

只有预先设计出最佳的反应条件，实验过程中又能严格地控制反应条件，才能确保制备实验的成功。反应条件通常包括反应物料的摩尔比、反应温度、反应时间、反应介质和催化剂。

4. 精制方法

精制的实质就是把反应产物与杂质分离开来，这就需要根据反应产物与杂质理化性质的差异，选择适当的分离提纯方法。一般气体产物中的杂质，可通过装有液体或固体吸收剂的洗涤瓶或洗涤塔除去；液体产物可借助萃取或蒸馏的方法进行纯化；固体产物则可利用沉淀分离、重结晶或升华的方法进行精制。有时还可以通过离子交换或色层分离的方法来达到纯化物质的目的。

5. 实验计划

制订实验计划应在深刻理解实验原理和目的要求的基础上，通过查阅有关手册和资料，了解实验原料、产物和相关试剂的物理、化学性质，摘录有关物理量，然后以精炼的文字、简图、表格、化学式、符号及箭头等标明整个制备过程。应留出记录时间和现象的栏目，以便实验过程中随时记录。一般还需画出主要实验装置的示意图。

有些制备实验，若能以流程图的形式表示，将有助于指导粗产物的纯化过程，避免因操作失误而导致实验失败。例如，肉桂酸的制备操作流程图如图 7.1.1 所示。

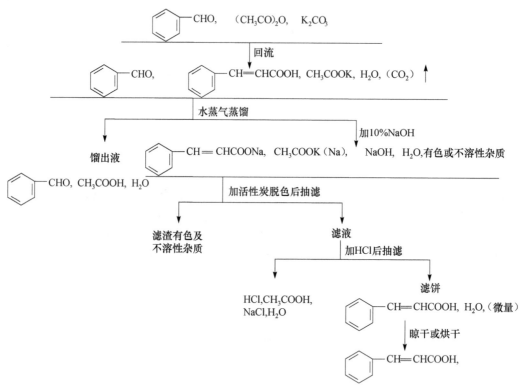

图 7.1.1　肉桂酸的制备操作流程图

6. 实验的准备与实施

在制订了实验计划后，应按计划做好实验所需试剂和仪器的准备工作。

制备实验所用的原料和溶剂除要求价格低廉、来源方便外，还要考虑其毒性、极性、可燃性、挥发性以及对光、热、酸、碱的稳定性等因素。有些试剂久置后会发生变化，使用前需做纯化处理。

有些制备反应要求无水操作，需要干燥的玻璃仪器。仪器的干燥必须提前进行，绝不可用刚刚烘干、尚未完全降温的玻璃仪器盛装药品，以免仪器骤冷炸裂或药品受热挥发、局部过热氧化和分解等事故发生。

进行物质的制备操作时，要根据实验的进程，合理安排时间，应预先考虑好哪一步骤可作为中断实验的阶段。然后在选定的反应容器中，按需要量加入反应原料、溶剂和催化剂等，并参照装置图，组装好仪器。经检查准确稳妥后，再按照计划中制定的操作程序，严格控制反应条件（如加热的温度和方式、反应的时间等），进行物质的制备。

在制备过程中，应细心观察实验现象，并及时将反应进行的情况（如颜色、温度的变化以及变化的时间、有无气体放出、反应的激烈程度等）详尽地记录下来。

制得的粗产物用适当的方法提纯后，写明产品名、质量及制备日期并妥善保存，以便进行分析检验。

7. 产物结构的检测

若制备的是在文献上没有记载的全新的化合物，其结构的测定比较复杂。首先要进行产物的反复分离提纯工作，在确认没有其他杂质存在的前提下，再对产品进行元素定性和定量分析，测定相对分子质量，以及用红外光谱、核磁共振谱、质谱等手段确定化学构造式。

对于已知的化合物,只需通过测定其主要物理参数如熔点、沸点、折射率等,一般即可认定。也可测定红外光谱,若测得结果与相应化合物的标准图谱一致,便可确认其结构。

8. 实验"三废"的处理

制备实验中产生的各种废气、废液和废渣,必须经过无害化处理后才能排放,以免污染环境,危害健康。

对于少量有害气体,可采取吸收或燃烧等方式进行转化。如酸性气体用碱溶液吸收;碱性气体用酸溶液吸收;CO点燃转变为CO_2等。

少量废液和废渣可分类收集,集中处理。如废酸或废碱溶液经过中和,使pH在6~8范围内,再用大量水稀释后排放;含镉废液中加入消石灰等碱性试剂,使金属离子形成氢氧化物沉淀;含汞废液中先加入Na_2S,使其生成难溶的HgS沉淀,再加入$FeSO_4$作为共沉淀剂,清液排放,残渣用焙烧法回收汞,或再制成汞盐;含酚废液加入NaClO或漂白粉使酚氧化为CO_2和H_2O等。

对于处理废液或实验中产生的少量废渣,可在确保其不渗透扩散的情况下,进行深土填埋。有回收价值的废渣应该回收利用。

7.1.2 气体物质的制备

实验室制备气体物质,首先要选择一个发生气体的化学反应,根据反应确定所需药品、反应条件及气体发生装置,并根据气体的性质设计适当的净化和收集方法。

1. 实验室制备气体的典型方法与装置

在实验室用化学方法制备气体,根据参与反应物料的物态和反应条件分为以下四种:

(1) 固体或固体混合物加热反应,如O_2、NH_3、N_2,典型装置如图7.1.2(a)所示。

(2) 不溶于水的块状或粒状固体与液体之间不需加热的反应,如H_2、CO_2、H_2S,其典型装置为启普发生器,如图7.1.2(b)所示。

(3) 固体与液体之间需加热的反应,或粉末状固体与液体之间不需加热的反应,如SO_2、O_2。

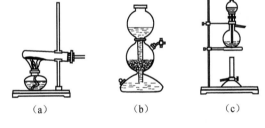

图7.1.2 气体的实验室制备装置

(4) 液体与液体之间的反应,如甲酸与热的浓硫酸作用制备CO;乙醇与浓硫酸共热制备乙烯等。(3)、(4)两种制备方法的典型装置如图7.1.2(c)所示。

2. 气体的收集

实验室常用的气体收集方法有排气(空气)集气法和排水集气法。

(1) 排气集气法:包括向下排气集气法(如图7.1.3(a)所示)和向上排气集气法(如图7.1.3(b)所示)。

(2) 排水集气法:难溶于水且又不与水反应的气体,可用排水集气法收集(如图7.1.3(c)所示)。

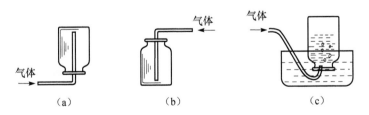

图7.1.3 气体的收集方法
(a) 向下排气;(b) 向上排气;(c) 排水集气

3. 气体净化与干燥技术

实验室制备的气体通常都带有酸雾、水汽和其他气体杂质或固体微粒杂质。为得到纯度较高的气体还需经过净化和干燥。在实验室里通常是将气体通过洗涤、吸收其中杂质的办法而被净化和干燥。

(1) 气体的净化技术

气体的净化常用的方法是洗涤,即选择相应的洗涤液来吸收气体中的杂质。常用的洗气瓶如图 7.1.4 所示。

(2) 气体的干燥技术

经洗涤后的气体一般都带有水汽,可用干燥剂吸收除去。实验室常用的干燥剂一般有三类:第一类为酸性干燥剂,如浓硫酸、五氧化二磷、硅胶等;第二类为碱性干燥剂,如固体烧碱、石灰、碱石灰等;第三类是中性干燥剂,如无水氯化钙等。干燥剂的选用除了要考虑不能与被干燥的气体发生反应外,还要考虑具体的工作条件和经济、易得,表 7.1.1 列出了常见气体可选用的干燥剂。

图 7.1.4 洗气瓶

表 7.1.1 常用气体可选用干燥剂

气体	干燥剂	气体	干燥剂
H_2	$CaCl_2$,P_4O_{10},H_2SO_4(浓)	H_2S	$CaCl_2$,最好用 P_4O_{10}
O_2	$CaCl_2$,P_4O_{10},H_2SO_4(浓)	NH_3	CaO 或 CaO 同 KOH 的混合物
Cl_2	$CaCl_2$	NO	$Ca(NO_3)_2$
N_2	H_2SO_4(浓),$CaCl_2$,P_4O_{10}	HCl	$CaCl_2$
O_3	$CaCl_2$	HBr	$CaBr_2$
CO	H_2SO_4(浓),$CaCl_2$,P_4O_{10}	HI	CaI_2
CO_2	H_2SO_4(浓),$CaCl_2$,P_4O_{10}	SO_2	H_2SO_4(浓),$CaCl_2$,P_4O_{10}

7.1.3 液体和固体物质的制备

制备液体或固体物质,也应先确定制备反应,再根据反应的需要选用不同的仪器或装置。由化学反应装置制得的粗产物,还需采用适当的方法进行精制处理,才能得到纯度较高的产品。

1. 制备反应装置

在实验室中,试管、烧杯和锥形瓶等都可用作制备液体或固体物质的反应容器,可根据物料性能及用量的多少酌情使用,如甲基橙的制备即可用烧杯作反应容器。若反应过程中需要加热蒸发,以除去部分溶剂,通常可以在蒸发皿中进行,如硫酸亚铁铵的制备。

许多物质的制备过程,特别是有机物的制备反应,往往需要在溶剂中进行较长时间的加热,为防止在加热时反应物、产物或溶剂的蒸发逸散,避免易燃、易爆或有毒物造成事故与污染,并确保产物回收率,可用圆底烧瓶作反应容器,在烧瓶上安装一支冷凝管。反应过程中产生的蒸气经过冷凝管时被冷凝,又流回反应容器中,像这样连续不断地沸腾汽化与冷凝流回的过程称为回流。这种装置就是回流装置。实验时,还可根据反应的不同需要,在反应容器上装配其他仪器,构成不同类型的回流装置。有些物质化学稳定性较差,长时间受热容易发生氧化、分解或聚合,这时可采用分馏柱组装成用于制备的分馏装置。

常见的回流装置有:①普通回流装置,如图 7.1.5 所示,这是最简单的回流装置,适用于一般的回流操作,如阿司匹林的制备实验。②带有干燥管的回流装置,如图 7.1.6 所示,与普通回流装置不同的是在回流冷凝管的上端装配有干燥管,以防止空气中的水汽进入反应瓶,这类回流装置适用于水汽的存在会影响反应正常进行的实验,如格氏反应。③带有气体吸收的回流装置,如图 7.1.7 所示,与普通回流装置不

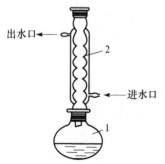

图 7.1.5 普通回流装置
1—圆底烧瓶;2—冷凝管

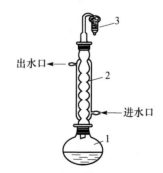

图 7.1.6 带干燥管的回流装置
1—圆底烧瓶;2—冷凝管;3—干燥管

同的是多了一个气体吸收装置，由导管导出的气体通过接近液面的漏斗口（或导管口）进入吸收液中。用此装置要注意：漏斗口（或导管口）不得完全浸入液面下；在停止加热前（包括在反应过程中因故暂停加热）必须将盛有吸收液的容器移去，以防倒吸。此装置适用于反应时有水溶性气体，特别是有害气体（如 HCl、HBr、SO_2 等）产生的情况，如 1-溴丁烷的制备实验。④带有分水器的回流装置，如图 7.1.8 所示，此装置是在反应容器和冷凝管之间安装一个分水器，常用于可逆反应体系，如乙酸异戊酯的制备实验。使用带分水器的回流装置，可在分出水量达到理论出水量后停止回流。⑤除此之外，还有带有搅拌器、测温仪及滴加液体反应物的回流装置，如图 7.1.9 所示，这种回流装置与普通回流装置不同的是增加了搅拌器、测温仪及滴加液体反应物。

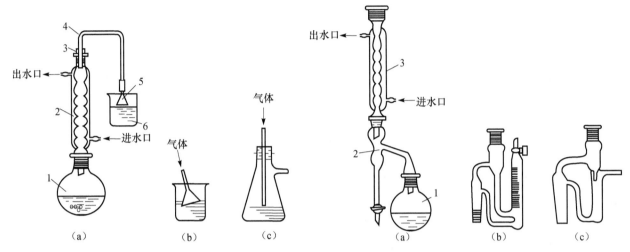

图 7.1.7　带有气体吸收的回流装置
1—圆底烧瓶；2—冷凝管；3—单孔塞；4—导气管；5—漏斗；6.盛有吸收液的烧瓶

图 7.1.8　带有分水器的回流装置
1—圆底烧瓶；2—水分离器；3—冷凝管

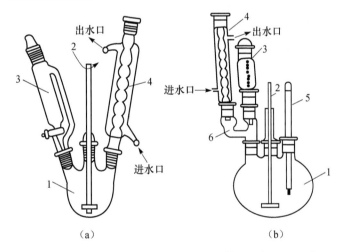

图 7.1.9　带有搅拌器、测温仪及滴加液体反应物的回流装置
（a）不需测温的回流装置：1—三颈瓶；2—搅拌器；3—恒压漏斗；4—冷凝管
（b）需测温的回流装置：1—三颈瓶；2—搅拌器；3—恒压漏斗；4—冷凝管；5—温度计；6—Y 形双口接管

2. 粗产品的精制

（1）液体粗产品的精制

液体粗产品通常用萃取和蒸馏的方法进行精制。

① 萃取　在实验室中，萃取大多在分液漏斗中进行，当需要连续萃取时，可采用索氏提取器。选择合适的有机溶剂可将有机产物从水溶液中提取出来，也可将无机产物中的有机杂质除去；利用水作溶剂可将反应混合物中的酸碱催化剂及无机盐洗去；用稀酸或稀碱可除去反应混合物中的碱性或酸性杂质。

② 蒸馏　利用蒸馏的方法，不仅可以将挥发性与不挥发性物质分离开来，还可以将沸点不同的物质进行分离。当被分离组分的沸点差在 30 ℃以上时，采用普通蒸馏即可；当沸点差小于 30 ℃时，可采用分

馏柱进行简单分馏。蒸馏和简单分馏又是回收溶剂的主要方法。有些沸点较高、加热时未达到沸点温度即容易分解、氧化或聚合的物质，需采用减压蒸馏的方式将其与杂质分离。对于那些反应混合物中含有大量树脂状或不挥发性杂质，或液体产物被反应混合物中较多固体物质所吸附时，可用水蒸气蒸馏的方法将不溶于水的产物从混合物中分离出来。

（2）固体粗产品的精制

固体粗产品可用沉淀分离、重结晶或升华的方法来精制。

① 沉淀分离

沉淀分离法是选用合适的化学试剂将产物中的可溶性杂质转变成难溶性物质，再经过滤分离除去。这是一种化学方法，要求所选试剂能够与杂质生成溶解度很小的沉淀，并且在自身过量时容易除去。

② 重结晶

选用合适的溶剂，根据杂质含量多少的不同，进行一次或多次重结晶，即可得到固体纯品。若粗产品中含有色杂质、树脂状聚合物等难以除去的杂质时，可在结晶过程中加入吸附剂进行吸附。常用吸附剂有活性炭、硅胶、氧化铝、硅藻土及滑石粉等。

当被分离混合物中有关组分性质相近、用简单的结晶方法难以分离时，也可采用分级结晶法。分级结晶法还适用于混合物中不同组分在同一溶剂中的溶解度受温度影响差异较大的情况。

重结晶一般适用于杂质含量约为百分之几的固体混合物。若杂质过多，可在结晶前根据不同情况，分别采用其他方法进行初步提纯，如水蒸气蒸馏、减压蒸馏、萃取等，然后再进行重结晶处理。

③ 升华

利用升华的方法可得到无水物及分析用纯品。升华法纯化固体物质需要具备两个条件：一是固体物质应有相当高的蒸气压；二是杂质的蒸气压与被精制物的蒸气压有显著的差别（一般是杂质的蒸气压低）。若常压下不具有适宜升华的蒸气压，可采用减压的方式升华，以增加固体物质的汽化速度。

升华法特别适用于纯化过程中易潮解或易与溶剂作用的物质。

对于一些产物与杂质结构类似、理化性质相似、用一般方法难以分离的混合物，采用色谱分离有时可以达到有效分离的目的，从而得到纯品。其中液相色谱法适用于固体和具有较高蒸气压的油状物质的分离，气相色谱法适用于易挥发物质的分离。

3. 产品的干燥

无论液体产物还是固体产物，在精制过程中，常需要通过干燥除去其中所含的少量水分或其他溶剂。液体产物中的水分或溶剂，可使用干燥剂或通过选择合适的溶剂形成二元共沸混合物经蒸馏除去；固体产物中的水分或溶剂可根据物质的性质选用自然干燥、加热干燥、红外线干燥、冷冻干燥或干燥器等方法进行干燥。

7.2 物质的分析方法

物质的分析方法对化学学科的发展起着重要的促进作用，没有分析方法就不可能有化学学科的发展和进步。例如，工业中资源的勘探、原料的选择、工艺流程的控制、成品的检验以及"三废"的处理与环境的监测；农业中土壤的普查、作物营养的诊断、化肥及农产品的质量检验；尖端科学和国防建设中，如人造卫星、核武器的研究和生产以及原子能材料、半导体材料、超纯物质中微量杂质的分析等，都要应用分析方法。在国际贸易方面，对进出口的原料、成品的质量分析，不仅具有经济意义，而且具有重大的政治意义。可以说，分析方法的水平已成为衡量一个国家科学技术水平的重要标志之一。

7.2.1 分析方法的分类

分析方法可分为定性分析、定量分析和结构分析。定性分析是鉴定物质由哪些元素、原子团、官能团或化合物所组成，它能够回答所分析的对象（称为试样或样品）中含有什么成分；定量分析是测定试样中有关组分的含量，它能够回答所分析物质中某种成分的含量有多少，是分析化学的重要内容；结构分析是确定物质各组分的结合方式及其对物质化学性质的影响。

从分析对象的化学属性可分为无机分析和有机分析。无机分析的对象是无机化合物,主要是进行组分分析,必要时也进行晶体结构分析;有机分析的对象是有机化合物,组成有机物的元素数目虽然不多,但结构复杂、种类繁多,所以,有机分析不仅做元素或化合物的定性、定量分析,而且也进行官能团的鉴定和分子的结构分析。

按照分析的原理不同可分为化学分析法和仪器分析法。化学分析法,是以物质发生的化学反应为基础所进行的定性和定量分析方法;仪器分析法,是以物质的物理或化学性质为依据的分析方法,由于在这类分析方法中常用到比较特殊的精密仪器,因此称为仪器分析。化学分析法称为经典分析法,仪器分析法是分析化学发展速度最快的一部分,主要有光学分析法、电化学分析法、色谱分析法等。本书介绍化学分析法和仪器分析法。

按完成分析任务时所用试样量的多少,可分为常量、半微量、微量和超微量分析等。常量组分的定量分析多采用化学分析法进行,而微量组分、痕量组分的分析多采用仪器分析法进行。

7.2.2 化学分析方法

化学分析分为化学定性分析和化学定量分析,是以物质的化学反应为基础的分析方法。化学定量分析是利用试样中被测组分与试剂定量进行的化学反应来测定该组分的相对含量。化学定量分析又分为重量分析与滴定分析。例如,某定量分析反应为:

$$mC + nR = C_mR_n$$
$$X \quad V \quad W$$

C 为被测组分,R 为试剂。可根据生成物 C_mR_n 的量 W,与组分 C 反应所需的试剂 R 的量 V,求出组分 C 的量 X。如果用称量的方法求得生成物 C_mR_n 的重量,进而求得组分 C 的含量,这种方法属于重量分析;如果从与组分反应的试剂 R 的浓度和体积求得组分 C 的含量,这种方法称为滴定分析或容量分析。

1. 重量分析法

(1) 概述

重量分析法是通过称量来测定物质含量的分析方法。测定时,通常先用适当的方法使待测组分与其他组分分离,然后称重,根据称得的重量,计算该组分的百分含量。

重量分析法是直接用分析天平称量而获得分析结果,称量误差一般很小,故重量分析比较准确,相对误差一般不超过 ±(0.1% ~0.2%)。重量分析缺点是操作较繁琐,需时较长。

根据分离方法的不同,重量分析一般可分为挥发法、萃取法、沉淀法。以沉淀法应用最为广泛。

沉淀重量法是利用沉淀反应,将被测组分转化为难溶物,以沉淀形式从试样中分离出来,然后经过滤、洗涤、干燥或灼烧,得到可供称量的物质,再根据称量的质量计算被测组分的含量。其基本测定步骤是:

$$\text{试样} \xrightarrow{\text{溶解}} \text{试液} \xrightarrow{\text{沉淀剂}} \text{沉淀式} \xrightarrow{\text{过滤、洗涤、烘干}} \text{称量式} \xrightarrow{\text{恒重}} \text{计算含量}$$

如何获得纯净的沉淀式和理想的称量式是重量分析的成功关键。

(2) 重量分析对沉淀式和称量式的要求

沉淀析出的形式称沉淀式,经过烘干或灼烧后得到用来称量的形式称称量式。沉淀式与称量式可能相同,也可能不同。同一待测元素,使用不同的沉淀剂,可得到不同的沉淀式。同一沉淀式,在不同条件下烘干或灼烧,可能得到不同的称量式。如 SO_4^{2-} 和 Mg^{2+} 的测定,其分析步骤分别为:

$$SO_4^{2-} + BaCl_2 \longrightarrow BaSO_4 \downarrow \xrightarrow{\text{过滤、洗涤}} \xrightarrow{800\ ℃\ \text{灼烧}} BaSO_4$$
试液 沉淀剂 沉淀式 称量式

$$Mg^{2+} + (NH_4)_2HPO_4 \longrightarrow MgNH_4PO_4 \cdot 6H_2O \xrightarrow{\text{过滤、洗涤}} \xrightarrow{1\ 000\ ℃\ \text{灼烧}} Mg_2P_2O_7$$
试液 沉淀剂 沉淀式 称量式

在 SO_4^{2-} 的测定中沉淀式与称量式相同,在 Mg^{2+} 的测定中两者则不同。

2. 滴定分析法

(1) 概述

滴定分析法又称容量分析法,是通过滴定和读取滴定液消耗的体积等简便步骤就可以求得待测物含量的方法。它是将一种已知准确浓度的试剂溶液（称为标准溶液）滴加到被测物质的溶液中，直到化学反应完全时为止，然后根据所用试剂溶液的浓度和体积计算被测组分的含量滴定分析法。滴定分析法以简单、快速、准确的特点被广泛应用于常量分析中。

当滴定液与被测物完全作用时，反应达到了化学计量点，即等当点。在进行滴定分析时，都希望在等当点时停止滴定，因此，如何准确地确定等当点就成了滴定分析的关键问题。在等当点时，常常没有任何外观现象的变化，为此必须借助指示剂的变化来确定滴定终点。滴定终点与等当点不一定恰好符合，二者之间的误差称为滴定误差。这是滴定分析误差的来源之一，为了减少滴定误差，就要选择合适的指示剂，使滴定终点尽可能接近等当点。

（2）理论终点、滴定终点和终点误差

滴定分析是以化学反应为基础的方法。若被滴定物质 A 与滴定剂 B 之间化学反应式为：

$$a\text{A} + b\text{B} = c\text{C} + d\text{D}$$

它表示 A 与 B 是按物质的量 $a:b$ 的关系反应的，这就是它的化学计量关系，是滴定分析定量测定的依据。

进行滴定分析时，将被滴定物（被测溶液）置于锥形瓶中，将已知准确浓度的滴定剂（试剂溶液）通过滴定管逐滴加到锥形瓶中，使试剂与待测组分发生化学反应。当加入的滴定剂的量与被测物的量正好符合化学反应式所表示的化学计量关系时，称化学反应到达了理论终点，也叫化学计量点，此时可根据消耗标准溶液体积和浓度计算待测组分含量。

理论终点在滴定过程中很难直接根据溶液外观进行判断，而是根据在理论终点附近当被测物质的浓度突然减少时，某些与溶液浓度有关的性质，如溶液的颜色、pH 值、电阻、电导的值等也会随之发生突然变化，因此借助仪器或指示剂显示某种信号发生突变时，终止滴定，这一点称滴定终点。理论终点与滴定终点之间的误差称为终点误差。

（3）滴定反应的基本条件

不是任何化学反应都能用滴定分析，适用于滴定分析的化学反应必须具备以下条件。

① 反应按化学计量关系定量进行，即严格按一定的化学方程式进行，不发生副反应。如果有共存物质干扰滴定反应，能够找到适当方法加以排除。

② 反应进行完全，即当滴定达到终点时，被测组分有 99.9% 以上转化为生成物，这样才能保证分析的准确度。

③ 反应速率快，即随着滴定的进行，能迅速完成化学反应。对于速率较慢的反应，可通过加热或加入催化剂等办法来加速反应，以使反应速率与滴定速率基本一致。

④ 有适当的指示剂或其他方法，简便可靠地确定滴定终点。

（4）滴定反应的类型

按照滴定分析所利用的化学反应类型不同，滴定分析方法有以下四种。

① 酸碱滴定法　利用酸碱中和反应。常用强酸溶液作滴定剂测定碱性物质，或用强碱溶液作滴定剂测定酸性物质。

② 配位滴定法　利用配位反应。常用 EDTA（乙二胺四乙酸二钠）溶液做滴定剂测定一些金属离子。

③ 氧化还原滴定法　利用氧化还原反应。常用高锰酸钾、碘溶液或硫代硫酸钠溶液做滴定剂测定具有还原性或氧化性的物质。

④ 沉淀滴定法　利用沉淀反应。常用硝酸银溶液做滴定剂测定卤素离子。

（5）对滴定反应的要求

由于滴定分析法是以物质间的化学反应为基础的，因此，对于不同类型的化学反应，其滴定要求有所不同，适用于滴定分析的化学反应必须满足下列三个条件。

① 反应必须能定量地完成，即被测物质与标准溶液之间的反应按一定的化学方程式进行，且反应的完全程度通常要求达到 99.9% 以上，这是定量计算的基础。

② 反应速度要快，滴定反应要求在瞬间完成，对于速度较慢的反应可通过加热或加入催化剂等方法加快反应速度，以适应滴定反应的需要。

③ 确定滴定终点的可靠方法，要有简便的、适当可靠的方法确定滴定的终点。

(6) 滴定方式

在滴定分析操作过程中，常存在着以下四种滴定方式。

① 直接滴定

凡标准溶液与被测物质间的化学反应能够满足上述滴定反应要求的，都可以用标准溶液直接滴定被测物质，这种滴定方式称为直接滴定法。如，用 NaOH 标准溶液滴定 HCl 溶液，用 $K_2Cr_2O_7$ 标准溶液滴定 Fe^{2+} 等。这些都是最基本、最常用的滴定操作。

若某些物质在滴定时，不完全符合上述要求，则可采用其他的滴定方式。

② 返滴定

当被测物质的溶液与滴定剂反应速度较慢或被测物为固体，抑或滴定操作没有合适的指示剂时，此时不能直接滴定，需加入已知准确浓度且过量的标准溶液（滴定剂），待反应完成后，再用另一种标准溶液滴定剩余的第一种标准溶液，根据滴定反应中所消耗的两种标准溶液的物质的量，计算出被测物质的含量。这种滴定方式称为返滴定。例如，用 HCl 标准溶液测定 $CaCO_3$，因为 $CaCO_3$ 溶解速度较慢，所以不能用 HCl 直接滴定，可先将被测样品加入到已知准确浓度并过量的 HCl 标准溶液中，待反应完全后，再用 NaOH 标准溶液滴定过量（剩余）的 HCl，用 HCl 总量减去 NaOH 用量，即得到消耗的 HCl 量，从而求出固体 $CaCO_3$ 的含量。

③ 置换滴定

对于没有按确定的反应式进行（伴有副反应发生）的反应，或标准溶液与被测物质之间没有一定的计量关系，通常不能直接滴定被测物质，而是在滴定过程中加入一定量的过量的试剂，该试剂与被测物质反应，使其定量置换出另一生成物，待反应完成后，再用标准溶液滴定生成物，并加入指示剂，以指示终点。这种滴定方式称为置换滴定。如，$Na_2S_2O_3$ 不能用 $K_2Cr_2O_7$ 等强氧化剂直接滴定，否则会因它们之间发生较复杂的氧化还原反应而没有一定的计量关系，但 $Na_2S_2O_3$ 却是滴定 I_2 的较好的滴定剂，因此若在 $K_2Cr_2O_7$ 的酸性溶液中加入过量的 KI，使之与 $K_2Cr_2O_7$ 发生反应形成相应量的 I_2，此时即可用 $Na_2S_2O_3$ 进行滴定。此方法常用于 $K_2Cr_2O_7$ 标定 $Na_2S_2O_3$ 标准溶液的浓度。

④ 间接滴定

有些物质不能与滴定剂直接反应，但都能和另一种可以与标准溶液直接作用的物质反应，此时可采用间接滴定法。即先用适当的试剂与被测物质发生化学反应，使其定量地转化成另一种物质，然后再用标准溶液进行直接滴定，从而间接地滴定了该物质。如在溶液中 Ca^{2+} 是固定的、不可变价态，不能直接用氧化还原法滴定，但若把 Ca^{2+} 转变成 CaC_2O_4 沉淀，则通过过滤、洗涤后，将沉淀溶于硫酸之中，即可用 $KMnO_4$ 标准溶液滴定草酸，即间接滴定了 Ca^{2+}，从而计算出 Ca^{2+} 的含量。

3. 化学分析的程序

化学分析一般步骤为：取样、试样的溶解、干扰物质的分离、测定方法的选择、分析数据的处理及结果的评价等。

(1) 试样的采取

采取的试样必须保证其具有代表性，即试样的组成和其整体的平均水平相一致。对于性质、形态、均匀度、稳定性不同的试样，应采取不同的取样方法。要根据具体物质的不同来源和分析目的的不同严格取样。

(2) 试样的处理

试样的处理主要包括试样的溶解、干扰物质的分离等步骤。大多数的分析样品都可选用适宜的溶剂将其溶解后，对试样溶液直接测定。

干扰物质的分离最简单和最常用的方法是过滤。有机物的组成、结构较复杂，简单的方法不仅不能排除干扰，甚至无法测定组分的含量，必须经过特殊的处理，将某些组分转为适宜的测定方式后，才能进行定量分析。例如，某些含有金属或卤素的有机物需要将有机物进行燃烧分解，分解产物用吸收液吸收后，再对吸收液进行处理测定。

(3) 测定方法的选择

应该根据测定的目的和要求，包括组分的含量、准确度及完成测定的时间等综合考虑，确定采用何种分析方法。

（4）数据处理及分析结果的评价

对分析过程中得到的数据进行分析及处理，计算出被测组分的含量，并对测定结果的准确度和精密度做出评价。

4. 分析结果的表示

按照我国现行国家标准的规定，定量分析的结果，应采用质量分数、体积分数或质量浓度表示。

（1）质量分数（w_B）

物质中某组分B的质量（m_B）与物质总质量（m）之比，称为B的质量分数。

$$w_B = \frac{m_B}{m} \tag{7.2.1}$$

质量分数结果可用小数或百分数表示。例如，分析纯浓硫酸质量分数为0.98或98%。

（2）体积分数（φ_B）

气体或液体混合物中某组分B的体积（V_B）与混合物总体积（V）之比，称为B的体积分数。

$$\varphi_B = \frac{V_B}{V} \tag{7.2.2}$$

体积分数可用小数或百分数表示。例如，某天然气中甲烷的体积分数为0.93或93%。

（3）质量浓度（ρ_B）

气体或液体混合物中某组分B的质量（m_B）与混合物总体积（V）之比，称为B的质量浓度。

$$\rho_B = \frac{m_B}{V} \tag{7.2.3}$$

质量浓度常用单位为$g \cdot L^{-1}$。例如，乙酸溶液中乙酸的质量浓度为360 $g \cdot L^{-1}$。

5. 定量分析的误差问题

定量分析要求结果准确可靠。分析者不仅要报出测定结果，还要对测定过程中引入的各类误差，按其性质不同采取措施，把误差降到最低。

（1）准确度与误差

分析结果的准确度是指测得值与真实值之间相符合的程度，通常用绝对误差和相对误差表示。

$$\text{绝对误差} = \text{测得值} - \text{真实值}$$

$$\text{相对误差} = \frac{\text{绝对误差}}{\text{真实值}} \times 100\%$$

绝对误差越小，测定结果越准确。相对误差表示误差在测定结果中所占的百分比，更具有实际意义。

（2）精密度与偏差

分析结果的精密度是指在相同条件下，对同一试样进行几次平行测定所得值互相符合的程度，通常用绝对偏差和相对偏差表示。

绝对偏差（d_i）是指单次测定值（X_i）与多次测定的算术平均值（$\bar{X}$）之差。

$$d_i = X_i - \bar{X} \tag{7.2.4}$$

绝对偏差与算术平均值之比叫相对偏差（Rd_i），通常以百分数表示。

$$Rd_i = \frac{d_i}{\bar{X}} \times 100\% \tag{7.2.5}$$

滴定分析测定常量组分时，分析结果的相对偏差一般应小于0.2%。

在确定标准滴定溶液浓度时，常用"极差"表示精密度。"极差"是指一组平行测定值中最大值与最小值之差。

在化工产品标准中，常见"允差"的规定。"允差"是指某一项指标的平行测定结果之间的绝对偏差不得大于某一数值。

6. 提高分析结果准确度的方法

分析全过程引入的误差，按其性质不同可分为系统误差和随机误差两大类。由于某些固定原因产生的分析误差叫系统误差。原因可能是试剂不纯，测量仪器不准，分析方法不妥，操作技术较差等。其显著特点是朝一个方向偏离。由于某些难以控制的偶然因素造成的误差叫随机误差。实验环境温度、湿度和气压的波动，仪器性能微小变化等都会产生随机误差，其特点是符合正态分布。因此只有消除或减小系统误差和随机误差，才能提高分析结果的准确度，可以采用以下方法。

(1) 对照试验

对照试验是将已知准确含量的标准样，按照与待测试样相同的方法进行分析，所得测定值与标准值比较，得到一个分析误差。用此误差校正待测试样的测定值，可使测定结果更接近真实值。对照试验是检验系统误差的有效方法。

(2) 空白试验

空白试验是不加试样，但与有试样时操作相同，试验所得的结果称为空白值。从试样的测定值减去空白值，就能得到更准确的结果。

(3) 校准仪器

对分析准确度要求较高的实验，应对测量仪器进行校正，并用校正值计算分析结果。

(4) 增加平行测定次数

在消除系统误差的情况下，增加平行实验次数，可减小随机误差，对同一试样，一般要求平行测定3~4次。

(5) 减少测量误差

分析天平称量的绝对偏差为±0.0001 g，为了减小相对偏差，称量试样的质量不宜过少。用滴定分析法测定化工产品主成分含量时，消耗标准滴定溶液的体积一般设计在35 mL左右，也是为了减小相对偏差。此外，在记录数据和计算过程中，必须严格按照有效数字的运算和修约规则进行。

7.2.3 仪器分析方法

仪器分析属于物理和物理化学分析。根据被测物的某种物理性质（如相对密度、折光率、旋光度及光谱特征等）与组分的关系，不经化学反应直接测定的方法，称为物理分析。根据被测物质在化学变化中的某些物理性质与组分之间的关系进行分析的方法，称为物理化学分析，如电位法等。仪器分析是一种灵敏、快速、准确的分析方法，发展很快，应用广泛。仪器分析主要包括电化学分析、光学分析、质谱分析、色谱分析等。

仪器分析常是在化学分析的基础上进行的，如试样的溶解，干扰物质的沉淀分离、掩蔽作用等，都是化学分析的基本步骤；同时，仪器分析大都需要化学分析纯品作标准，而这些化学纯品的成分，多半需要用化学分析方法来确定。所以化学分析方法和仪器分析方法是相辅相成、互相配合的。

根据分析方法的主要特征和作用，仪器分析法可分为电化学分析法、一般光学分析法、光谱分析法、质谱分析法、色谱分析法、热分析法、放射化学分析法以及流动注射分析法等。近年来，电子技术、计算机技术和激光技术的发展，推动了分析方法中仪器分析方法的快速发展。但是仪器分析方法用于成分分析仍具有一定的局限性，除了各种方法本身所固有的一些原因外，还有一个共同点，就是它们的准确度不够高，通常只有百分之几，有的甚至更差。这样的准确度对低含量组分的分析能够满足要求，但对常量组分的分析，就不能达到像滴定分析法和重量分析法所具有的那么高的准确度。

1. 电位分析法

电位分析法是利用电极电位与浓度的关系测定物质浓度（严格意义上应是活度）的电化学分析的方法，包括直接电位法和电位滴定法两大类。直接电位法是根据电池电动势与有关离子浓度之间的函数关系，直接测量出该离子的浓度的方法，例如用直接电位法测定溶液的pH。电位滴定法是确定滴定分析终点的一种方法，可以代替指示剂，更加准确地指示滴定分析的终点。

(1) 直接电位法

直接电位法是通过测量电池电动势，并根据Nernst方程计算出被测物质含量的方法。在电位分析中，构成原电池的两个电极，其中一个为参比电极，其电极电位已知，而且恒定不受试液组成变化的影响；另一个电极为指示电极,其电极电位随待测离子活度(或浓度)的变化而变化。将这两个电极浸入待测离子的溶液中组成原电池,测得电池的电动势仅随指示电极的电极电位发生变化,即可通过极电位求得待测离子的活度(或浓度)。

应用最早、最广泛的电位测定法是用来测定溶液的 pH 值。20 世纪 60 年代以来,由于有了离子选择性电极的迅速发展,电位测定法的应用有了新的突破。

直接电位法的优点是简便快速,对于有颜色、混浊液和黏稠液,也可直接进行测量;电极响应快,在多数情况下响应是瞬时的,即使在不利的情况下,也能在几十分钟内得出读数;测定所需试样量很少,若用特制的电极,所需的试液可少至几微升。但是就目前的发展水平,直接电位法在实际应用中还受到一些限制,它只适用于对误差要求不高的快速分析,当精密度要求优于 ±2% 时,一般不宜用此法。

(2) 电位滴定法

电位滴定法通过测量滴定过程中指示电极电位的变化来指示滴定终点,通过所用的滴定剂体积和浓度来求得待测物质的含量。电位滴定的基本原理与普通滴定分析是相同的,滴定分析的各类滴定反应都可以采用电位滴定,只是所需的指示电极不同。在酸碱滴定中,溶液的 pH 发生变化,常用 pH 玻璃电极作为指示电极;在氧化还原滴定中,溶液中氧化态与还原态组分的浓度比值发生变化,多采用惰性金属铂电极作为指示电极;在配位滴定中,常用汞电极或相应金属离子选择电极作为指示电极;在沉淀滴定中,常用银电极或相应卤素离子选择电极。电位滴定与普通滴定区别在于用指示电极的电位变化代替指示剂的颜色变化指示滴定终点的到达。它虽然没有指示剂确定终点那样方便,但它可以用于混浊、有色溶液及无合适指示剂的滴定分析中。

电位滴定分析法准确度高,适用范围宽,广泛用于滴定分析中。尤其适用于滴定"突跃"较小,或有色的、浑浊的或胶态的溶液,指示剂不适用的场合以及对多组分进行连续、分别滴定的场合。但确定终点不如指示剂方便,而且测量费时较多。

2. 吸光光度法

吸光光度法是基于物质对光的选择性吸收而建立起来的仪器分析方法。具有简便、快捷、灵敏度和准确度高等特点,广泛应用于物质的定性、定量分析。常用的吸光光度法包括紫外可见分光光度法、原子吸收光谱法及红外光谱法等。

(1) 紫外可见分光光度法

紫外可见分光光度法是基于物质对紫外光的选择性吸收来进行分析测定的方法,它主要利用 200 ~ 400 nm 近紫外光区的辐射。与可见分光光度法比具有一些突出的特点:它可以用来进行在近紫外光区范围有吸收峰的有机化合物的鉴定及结构分析,不过要得出可靠结论还必须与如红外光谱、核磁共振谱、质谱等配合使用;使用紫外分光光度法可以测定在近紫外光区有吸收的无色透明的有机化合物,而不需要加显色剂,测定方法简便、快速、灵敏度和准确度较高,因而在定量分析方面有广泛的应用。

与可见吸收光谱一样,紫外吸收光谱常用吸收曲线来描述,即用一束具有连续波长的紫外光照射一定浓度的样品溶液,分别测量不同浓度下溶液的吸光度,以吸光度对波长作图得该化合物的紫外光吸收光谱,如图 7.2.1 所示。

紫外可见光谱可用于进行紫外、可见区范围内有吸收的物质的鉴定及结构分析,其中主要是有机化合物的分析和鉴定、同分异构体的鉴定、物质结构的测定等。入射光是纯度较高的单色光,因此,用分光光度法可以得到十分精确、细致的吸收光谱曲线。由于可以任意选取某种波长的单色光,故在一定条件下,利用吸光度的加和性,可以同时测定溶液中两种或两种以上的组分。入射光的波长范围扩大,故许多无色物质只要在紫外或红外光区域内有吸收峰,都可以用分光光度法测定。

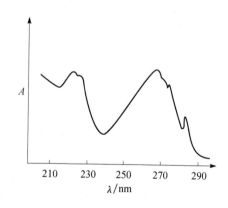

图 7.2.1 紫外光吸收光谱图

紫外可见分光光度法,由于其具有较高灵敏度(常用于测含量在 1% ~ 0.001% 或更低的微量组分)、较高的准确度(一般相对误差为 2% ~ 5%,若仪器精密,可减至 1% ~ 2%,这对微量组分来说已能满足要求)、仪器简单、方法快速、可靠等优点,广泛地应用于无机和有机物质的定性、定量分析。

（2）原子吸收光谱法

原子吸收光谱法（Atomic Absorption Spectrophotometry，AAS）也叫原子吸收分光光度法，是根据气态原子对同类原子辐射出特征谱线的吸收作用进行定量分析的方法，具有灵敏度高、抗干扰能力强、选择性好、仪器操作简便等特点，是对无机化合物进行定量分析的主要方法，广泛应用于化工、医药、冶金、地质、食品及环境监测等方面。

在一定频率的外部辐射光能激发下，原子的外层电子可由较低能级的基态跃迁到较高能级的激发态，与这一过程所吸收的能量相对应的光谱线叫做共振线。图 7.2.2 是原子吸收分光光度计示意图。

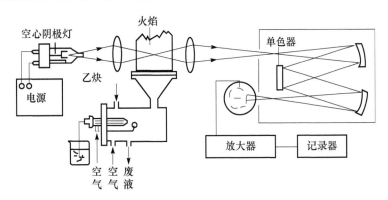

图 7.2.2　原子吸收分光光度计

将待测样品的溶液雾化后喷入火焰中，待测物便可在高温下蒸发离解为原子的蒸气。元素基态原子的蒸气能够吸收同种原子发射的共振线。共振线被基态原子吸收的程度与火焰的长度及原子蒸气浓度的关系，在一定条件下，符合光的吸收定律，如果使光源发出待测元素的共振线，并让其通过待测样品的蒸气，被蒸气中待测元素的基态原子所吸收，则根据光的减弱程度便可测定出样品中该元素的含量。

原子吸收定量分析方法包括工作曲线法和标准加入法两种。

① 工作曲线法

原子吸收光谱分析的工作曲线法与紫外可见分光光度法相类似。它也需要先配制一系列标准溶液，与试液在同一条件下依次测定它们的吸光度，然后以吸光度 A 为纵坐标，标准溶液浓度 c 为横坐标，绘制 $A-c$ 工作曲线，从工作曲线上查出试液的浓度，再通过计算就可以求出试样中待测元素的含量（见图 7.2.3）。基体是指试液中除待测组分以外其他成分的总体。如果标准溶液与待测试样溶液基体差别较大，就会给测定引入不可忽视的误差，因此为了消除这种"基体效应"，应在实验中保持标准溶液与试液基体相同。

② 标准加入法

这是一种用于消除基体干扰的测定方法，适用于少量样品的分析。标准加入法具体操作方法是：吸取试液四份，第一份不加待测元素标准溶液，从第二份开始，依次按比例加入不同量待测组分标准溶液，用溶剂稀释至同一体积，以空白为参比在相同测量条件下，分别测量各份试液的吸光度，绘出工作曲线，并将它外推至浓度轴，则浓度轴上的截距即为未知浓度 c_x，如图 7.2.4 所示。

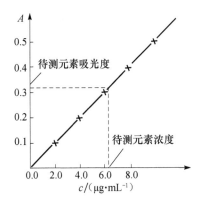

图 7.2.3　工作曲线法

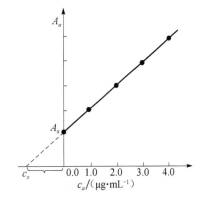

图 7.2.4　标准加入法工作曲线

分光光度法的灵敏度一般为 $10^{-5} \sim 10^{-7}$ g·mL^{-1}，火焰原子化法的原子吸收光谱法，对大多数金属元素的灵敏度在 $10^{-8} \sim 10^{-10}$ g·mL^{-1}，若采用石墨炉原子化器时，灵敏度还可以提高 1~2 个数量级。分光光度法谱线及基线的干扰较少，而且易消除，元素之间的相互影响也很小；对多数试样，不经过预分离就可以直接进行测定；操作快速、简便，准确度高；取样量少；固体及液体试样均可直接测定。分光光度法已用于 70 多种痕量元素的分析测定。但是测定一种元素更换一支灯，过程繁琐。现在虽然有可测多种元素的复合灯，但复合灯的性能（稳定性及干扰因素）不如单一灯；多数非金属元素不能直接测定；火焰法需用燃料气，不方便也不安全。

3. 色谱分析法

色谱法实质上是一种物理化学分离方法，即利用不同物质在两相（固定相和流动相）中具有不同的分配系数（或吸附系数），当两相做相对运动时，这些物质在两相中反复多次分配（即组分在两相之间进行反复多次的吸附、脱附或溶解、挥发过程）从而使各物质得到完全分离。图 7.2.5 是有机磷及氨基甲酸酯类农药残留分析色谱图。将色谱法应用于分析化学中，并与适当的检测手段相结合，就构成了色谱分析法。根据流动相的物态不同，可分为气相色谱法和液相色谱法。

（1）气相色谱法

气相色谱法是以气体作为流动相的柱色谱技术。可分离气体以及在操作温度下能够汽化的物质，并能高效、快速、灵敏、准确地测定物质的含量，在化工、制药、环境监测等领域得到广泛的应用。

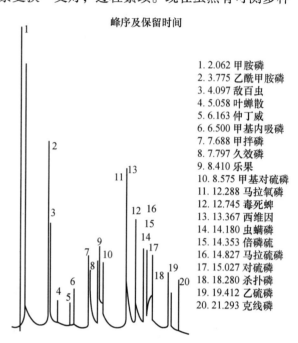

图 7.2.5 有机磷及氨基甲酸酯类农药残留分析色谱图

根据采用的固定相不同，气相色谱法又可分为气-固色谱法和气-液色谱法两类。

① 气-固色谱法

气-固色谱法是以固体颗粒（吸附剂）作为固定相，利用固定相对试样中各组分吸附能力的不同对混合物进行分离。

气-固色谱常用的吸附剂有分子筛、硅胶、氧化铝、活性炭及人工合成的多孔聚合物微球（商品名 GDX）等。

② 气-液色谱法

气-液色谱法是将固定液涂渍在载体上作为固定相，利用固定液对试样中各组分溶解能力的不同对混合物进行分离。当汽化了的试样混合物进入色谱柱时，首先溶解到固定液中，随着载气的流动，已溶解的组分会从固定液中挥发到气相，接着又溶解在以后的固定液中，这样反复多次地溶解、挥发、再溶解、再挥发……由于各组分在固定液中溶解度的差异，当色谱柱足够长时，各组分就彼此分离。

与化学分析法相比，气相色谱法具有以下特点：分离效能高、灵敏度高、分析速度快、应用范围广。气相色谱法的局限性主要表现在对被分离组分的定性工作上，气相色谱定性分析的目的是确定试样的组成，即确定每个色谱峰所表示的物质（图 7.2.6 为色谱流出曲线图）。如果没有标准样品或相应的色谱定性数据作对照时，则无法从色谱峰得出定性结果，不适用于难挥发和对热不稳定物质的分析。

气相色谱因其高效能、选择性好、灵敏度高、操作简单而成为广泛应用的分离、分析方法。因此，在

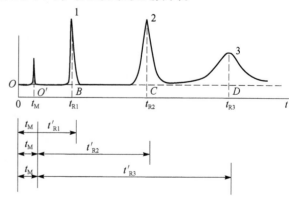

图 7.2.6 色谱流出曲线图

环境检测、工业分析、药物分析及食品分析检验等方面应用很广。

利用气相色谱不仅可以对生物体中的氨基酸、维生素和糖等含量较高的组分进行分离分析，而且还可以分析生物体组织液、尿液中的毒物（农药、低级醇、丙酮等），痕量的动、植物激素等。

（2）液相色谱法

气相色谱是一种很好的分离、分析方法，它具有分析速度快、分离效能好和灵敏度高等优点，但是气相色谱仅能分析在操作温度下能汽化而不分解的物质。液相色谱不需要对样品进行汽化，分离的对象不受沸点限制，不仅可分析高沸点化合物、挥发性低及热稳定性不良的化合物、离子型化合物及高聚物等样品，而且还可用于混合物样品的初步分离和回收。气相色谱和液相色谱具有不同的特点和应用范围，在分析中可以起到互相补充的作用。

液相色谱法是以液体作为流动相的柱色谱技术。现代液相色谱由于采用颗粒精细的高效固定相，以高压泵输送流动相，配备高灵敏度检测器，具有高速、高效、高灵敏度等分析特点，因此称为高效液相色谱法。与气相色谱法相比，高效液相色谱法的应用范围更加广泛，不仅适用于一般混合物的分离和分析，还可用于沸点较高、热稳定性差以及相对分子质量较大的物质（如高分子聚合体、生物分子及天然产物等）的分离与分析。

按照试样在两相间的分离机理不同，液相色谱可分为液-固吸附、液-液分配、离子交换以及凝胶渗透等多种方法。

① 液-固吸附法

液-固吸附法的固定相为固体吸附剂，是根据其对被测各组分吸附能力的差异进行分离。当流动相携带被测组分通过色谱柱时，由于吸附剂对被测各组分的吸附能力不同，它们在固定相中的保留时间也不同，吸附能力弱的先流出，吸附能力强的后流出。

常用的吸附剂有硅胶、氧化铝、分子筛、聚酰胺等。

② 液-液分配法

液-液分配法以涂渍在载体上的固定液作固定相，是根据各组分在两相间的溶解度差异进行分离。当流动相携带被测组分通过色谱柱时，由于被测各组分在两相间的溶解度不同，因此在固定相中的保留时间也不同，溶解度小的组分容易被流动相洗脱，先流出柱，溶解度大的组分不容易被流动相洗脱，后流出柱。

常用的固定液有聚乙二醇、正十八烷和异三十烷等。载体可用硅藻土、硅胶等。

③ 离子交换法

离子交换法以离子交换树脂作固定相，是根据各组分交换能力不同进行分离。这一方法要求被测组分在流动相中能够解离成离子，当流动相携带被测组分通过色谱柱时，被测各组分离子与树脂离子亲和力弱的保留时间短，先流出柱，亲和力强的保留时间长，后流出柱。

常用的离子交换树脂有两种，一种是以硅胶为基质，表面涂渍离子交换树脂；另一种是以苯乙烯与二乙烯基苯的共聚物为基质的离子交换剂。

与化学分析法相比，色谱法具有以下特点：分离效能高、灵敏度高、分析速度快、应用范围广。

色谱法的局限性主要表现在对被分离组分的定性工作上，如果没有标准样品或相应的色谱定性数据作对照时，则无法从色谱峰得出定性结果，并且不适用于难挥发和对热不稳定物质的分析。

对于一些产物与杂质结构类似、理化性质相似、用一般方法难以分离的混合物，采用色谱分离有时可以达到有效的分离目的而得到纯品。其中液相色谱法适用于固体和具有较高蒸汽压的油状物质的分离，气相色谱法适用于易挥发物质的分离。

（3）高效液相色谱分析

高效液相色谱是20世纪70年代初发展起来的。高效液相色谱的原理与经典液相色谱相同，但是它采用高效色谱柱、高压泵和高灵敏度检测器，因此，高效液相色谱的分离效率、分析速度和灵敏度大大提高。

按分离机理的不同，高效液相色谱可以分为液-固吸附色谱、液-液分配色谱、离子交换色谱和凝胶渗透色谱四类。

在液-液色谱中，反相色谱最常用的固定相是十八烷基键合固定相，正相色谱常用的是氨基、氰基键合固定相。醚基键合固定相既可用于正相，也可用于反相色谱。键合相不同，分离性能也不同。固定相确定之后，用适当的溶剂调节流动相，可以得到较好的分离。若改变流动相后仍得不到满意的结果，可以变换固定相或采取不同固定相的柱子串联使用。如果样品比较复杂，则需采用梯度洗脱方式，即在整个分离过程中，溶剂强度连续变化。这种变化是按一定程序进行的。

液-固色谱的色谱柱内填充固体吸附剂。由于不同组分具有不同的吸附能力，因此，流动相带着被测组分经过色谱柱时，各组分被分开。离子交换色谱的色谱柱内填充离子交换树脂，依靠样品离子交换能力的差别实现分离。而凝胶色谱是按试样中分子大小的不同来进行分离的。

4. 红外吸收光谱分析

红外吸收光谱（Infrared Absorption Spectroscopy）和紫外-可见吸收光谱同属于分子光谱。当分子吸收外界辐射能后，总能量的变化是电子运动能量变化、振动能量变化和转动能量变化的总和。由于紫外可见光区的波长为 200~780 nm，分子吸收该光区辐射获得的能量足以使价电子发生跃迁而产生分子的吸收光谱，称作紫外可见吸收光谱，也称电子光谱。分子振动能级跃迁同时伴随着转动能级间跃迁需要的能量较小，与该能量相应的波长约为 0.78~300 μm，它属于红外光区，若用红外光照射分子时将引起振动与转动能级间的跃迁，由此产生的分子吸收光谱称为红外吸收光谱或称分子振动转动光谱。与原子吸收光谱不同，分子光谱是带光谱，原子吸收光谱是线光谱。

按波长不同，一般将红外光分为近红外（0.78~3.0 μm）、中红外（3.0~30 μm）和远红外（30~300 μm）三个区域。绝大多数化合物分子的化学键振动出现在中红外区。

红外吸收光谱仪主要有两大类，即色散型红外分光光度计和干涉型傅里叶变换红外分光光度计。色散型双光束红外分光光度计是目前使用广泛的红外分光光度计，其构造原理如图7.2.7所示。

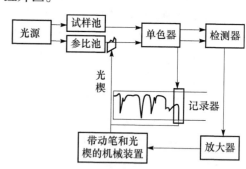

图7.2.7 双光束红外分光光度计原理图

红外光谱在化学领域中的应用，大体上可分为两个方面：用于分子结构的基础研究和用于化学组成的分析。前者，应用红外光谱可以测定分子的键长、键角，以此推断分子的立体构型；根据所得的力常数可以知道化学键的强弱；由简正频率来计算热力学函数，等等。但是，红外光谱最广泛的应用还在于对物质的化学组成进行分析。红外光谱法可以根据光谱中吸收峰的位置和形状来推断未知物的结构，依照特征吸收峰的强度来测定混合物中各组分的含量，加上此法具有快速、高灵敏度、测试样品量少、能分析各种状态的试样等特点，已成为现代结构化学、分析化学最为常用和不可缺少的工具。

5. 流动注射分析法

溶液体系中的分析化学研究具有悠久的历史。在此研究领域中，最成熟、最基本的分析方法几乎都是手工操作的分析法，而且至今仍广泛地使用着。因此，最原始的手工操作与最先进的电子计算机化的测试仪在同一实验中共同存在，已属常见。但是，这些手工操作方法操作过程繁杂、试剂消耗量大、所需时间较长、环境污染较大、对操作者的身体有损害等缺点仍然十分突出。为了克服这些缺点，人们从20世纪40年代就依据分析的不同要求，开始研究模拟手工分析过程的各种各样的机械式程序分析器。程序分析器不仅能减轻分析工作者的劳动强度，而且在分析的速度、分析结果的准确性等方面都有所提高。在研究的最初阶段，由于在观念上没有超越手工间歇式操作的模式，研制的机械装置的效率不高，难以推广。直到50年代后期，在溶液自动分析领域出现了一次重要的变革——创立了连续流动分析技术。丹麦技术大学的 Ruzicka J. 教授和 Hanser E. H. 副教授于1974年首次提出流动注射分析（Flow Injection Analysis，FLA）的概念。自动分析技术有了根本性突破。

FLA是一种将一定体积的液体试样注入一个由适当液体组成的大气泡间隔的连续流动载流中的方法。被注入的样品形成一个带，然后被传送到检测器，并由记录仪连续记录输出信号（如吸光度、电极电位等），从而达到完成自动分析过程的目的。

FLA具有操作简便、分析速度快、仪器简单（可用常规仪器直接组装）、重现性好、所需试样量少、分析系统封闭、利于环境保护和人体健康、容易实现自动化、应用范围广（能与分光光度计、离子计、原子吸收、ICP 等联用，达到多种分析目的）等优点。

6. 仪器分析的特点

仪器分析法之所以能成为现代实验化学的重要支柱，这与它的特点是分不开的，仪器分析的特点可概括如下：

(1) 灵敏度高

仪器分析的灵敏度比化学分析的高得多。仪器分析法检出限量一般都在 mg/L 级，有的可达 μg/L 级。因此，仪器分析特别适用于微量成分和超微量成分的测定。这对于超纯物质分析和环境监测工作具有独特意义。

(2) 操作简单，分析速度快，适于批量样品的分析

仪器分析的测量速度快，多是自动记录、数字显示、计算机控制，可自动进样、测量、计算。试样经预处理后，分析结果仅需数秒至数分钟即可打印出来。而且，有些仪器分析法一次可测定多种成分（如发射光谱），甚至可以在 1 分钟内测定 70~80 种元素。

(3) 选择性好，适用于复杂组成试样的分析

一般说来，仪器分析法的选择性比化学分析好得多，无需使用分离措施，即可进行复杂组分试样的分析，有时可同时测定多种组分。

(4) 用途广，能适应各种分析的要求

化学分析一般只能进行物质组成的整体定性、定量分析，不涉及被测组分在试样中的状态和分布情况。仪器分析除能进行整体成分的定性分析、定量分析外，还可进行结构分析、价态分析、状态分析、微区分析、无损分析以及酸碱的解离常数、配合物的配位比和稳定常数、反应速度常数、键常数等许多物理化学数据的测定。但这不是说任何一种仪器分析方法都能完成上述各种测定，一种仪器分析方法常常只能完成其中一种或数种测定，所以对某一种仪器分析方法来说，其用途也是有局限性的。

仪器分析用途广，还体现在测定时所需试样的量很少，往往只需几微克或几微升的试样。某些仪器分析法也可准确测定试样中的常量和高含量成分。

(5) 不足之处

多数仪器分析方法的准确度较差，相对标准偏差（常在百分之几左右）仅能满足低含量组分测定的要求，不适于常量、高含量成分的测定。其次，仪器设备复杂，价格较高，对环境条件要求较高，有些仪器甚至需要恒温恒湿环境才能正常工作。因而，某些仪器分析方法的广泛使用受到一定限制。

最后要指出，仪器分析不能完全取代化学分析，仪器分析的发展也不排斥化学分析的应用，二者往往是相互渗透和相互促进的。因此，化学分析是分析化学的基础，而仪器分析是分析化学发展的方向。

7. 仪器分析的发展趋势

随着现代科学技术的进步和生产的发展，不仅对分析测定的准确度、灵敏度、分析速度和操作的简便性等各个方面都不断提出更高的要求，而且还要求分析化学能提供更多、更复杂的信息：从常量分析到微量、超微量分析；从整体成分分析到微区分析、表面分析和区域分析；从成分分析到结构分析、状态分析；以静态分析到快速化学反应的跟踪、分析等。对于这些近代分析化学的新任务和新要求，仪器分析有其独到之处和很大的适应性。目前来看，仪器分析的发展趋势主要表现在以下几个方面。

(1) 计算机化

计算机与分析仪器的结合，实现了分析仪器的智能化，加快了数据处理的速度。它使许多以往难以完成的任务，如实验室自动化、图谱的快速检索、复杂的数学统计可轻而易举地得以完成。

(2) 多机联用

联用分析技术已成为当前仪器分析的重要发展方向。例如色谱法具有高分离能力、高灵敏度和高分析速度等优点，是复杂混合物分析的主要手段。但是，由于色谱法本身在定性分析时的主要依据是保留值，因而它难以对复杂未知混合物作定性判断。相反，像质谱（MS）、红外光谱（IR）、核磁共振波谱（NMR）等方法，虽然具有很强的结构鉴定能力，却均不具备分离能力，因而不能直接用于复杂混合物的鉴定。而把色谱与光谱、质谱等方法有机地结合起来的联用技术，由于结合了两者的长处，因而是复杂混

合物分析的有效手段。目前，色谱法已实现了同所有常用光谱分析法的联用。就气相色谱来说，最成功和应用最广的是其与质谱和傅立叶变换红外光谱的联用（简称为 GC/MS 和 GC/FTIR），另外还实现了超临界流体色谱与红外光谱联用（SFC/IR），高效液相色谱与红外光谱联用（LC/IR）等。

对于一些特别复杂混合物的分析单靠一种分析方法，包括以上介绍的联用方法，常常是难以胜任的。因此，多机联用技术近年来受到了人们的极大重视。气相色谱 – 傅氏变换红外光谱 – 质谱联用（GC/FT-IR/MS）就是其中成功的一种。目前，这一多机联用技术已趋于成熟，并有商品仪器出现，是一种理想的混合物分析方法。

（3）新方法

现代科学技术的发展，相邻学科之间相互渗透，使得仪器分析中新方法层出不穷，老方法不断更新。光电二极管阵列检测器、电荷注入式检测器（CID）的商品化，使得光学分析法的光谱范围加宽、量子效率提高、暗电流变小、噪音降低、灵敏度提高、线性范围加宽，可以同时获得多维数据。如 CID 的感光点达 26.2 万个，可以得到详细的波长—强度—时间的三维全谱图。在痕量分析中，免疫法也得到广泛的应用，出现了各种仪器的免疫分析法。

随着超临界技术的应用，出现了超临界流体色谱。它能在较低温度下分离热不稳定、挥发性差的大分子，又可采用灵敏的离子化检测器，弥补了气相色谱和液相色谱的不足。

第 8 讲

PLC 应用技术

PLC 是可编程控制器（Programmable Logic Controller）的简称。可编程控制器是为满足工业流水线控制而产生的一种新型控制装置，它实际上是一台专用的计算机，比计算机运行更加可靠，控制能力更强，更加容易编程。

8.1 可编程控制器概论

8.1.1 可编程控制器的产生

20 世纪 60 年代末，随着计算机的出现，美国通用汽车（GM）公司设想用计算机代替传统的继电器来实现汽车生产线的自动控制，于 1968 年提出汽车生产流水线控制系统的 10 项技术要求，并在社会上公开招标。这 10 项技术要求是：

(1) 编程简单方便，可在现场修改程序；
(2) 硬件维护方便，最好是插件式结构；
(3) 可靠性高于继电器控制柜；
(4) 体积小于继电器控制柜；
(5) 可将数据直接送入管理计算机；
(6) 在成本上可与继电器控制设备竞争；
(7) 输入可以是交流电压 115 V；
(8) 输出交流电压 115 V，负载电流 2 A 以上，能直接驱动电磁阀；
(9) 在扩展时，原有系统只需很小改动；
(10) 用户程序存储器容量至少可以扩展到 4 KB。

1969 年，美国数据设备公司（DEC）研制出能满足上述 10 项要求的机器，安装在 GM 公司的汽车装配线上，并一举获得了成功。由于这台机器一开始只有逻辑运算、定时、计数等简单功能，所以被命名为 Programmable Logic Controller（PLC）。随着微处理器的不断应用，PLC 的功能远远不只限于逻辑运算，因此改名为 Programmable Controller，简称 PC。

8.1.2 可编程控制器的特点

可编程控制器与传统继电器和计算机相比有以下特点。

(1) 控制功能完善

指令丰富：指令一般有 200 多条，最少有数十条。有算术、逻辑运算、定时、计数、数据传送、比较、编码、译码、数制转换、分支、跳转等。

控制方式多样：有组网控制、PID 控制、中断、自诊断、监控、报警、显示、打印等。

多种编程语言：有梯形图、助记符语言、逻辑函数、高级语言等。

(2) 使用维护方便

PLC 吸收了计算机运算能力强和继电器端口操作简单的优点，它不需要像计算机控制那样在输入输出接口上做大量的二次开发工作。PLC 的输入接口可以直接与各种开关、传感器、继电器连接；输出接口可以直接与继电器、接触器、电磁阀、电机、指示灯连接，通用性很强。当生产工艺改变或生产线设备更新时，不需改变 PLC 硬件配置，只要重新编程、重新布线即可。

（3）性能稳定可靠

PLC 具有结构紧凑、体积小、抗干扰能力强的特点。由于采用了微电子技术，大量的开关由无触点的半导体电路代替，输入输出按工业标准进行光电隔离，从根本上提高了可靠性，平均无故障工作时间达 2 万小时以上。

（4）工程设计周期短

PLC 采用面向过程和面向问题的梯形图语言编程，易学易懂，便于程序的修改和调试。PLC 的接线非常简单，只需将输入信号的设备（按钮、开关、传感器等）与 PLC 的输入端子连接，将接收输出信号的执行元件（继电器、接触器、电磁阀等）与 PLC 输出端子连接即可。

8.1.3 可编程控制器的分类

PLC 一般按输入输出端口（简称 I/O 口）的数量进行分类，I/O 口的数量也称为控制点数量。每一个开关量 I/O 口称为一个"点"，每一个模拟量 I/O 口根据模/数转换器（ADC）的位数等量折算为"点"。例如一个 8 位 ADC 对应的模拟端口相当于 8 个"点"。

按控制点最多可以扩展到多少，PLC 分为：

（1）微型机：100 点左右。如 OMRON 公司的 CPM1A、CP1E 系列，松下 FP0 系列等。

（2）小型机：250 点左右。如 OMRON 公司的 CPM2A 系列，松下电工的 FP1 系列等。

（3）中型机：1 000 点左右。如 OMRON 公司的 C200H 机，配置最多可达 700 多点，C200Hα 机最多可达 1 084 点；西门子的 S7 - 300 最多可达 512 点。

（4）大型机：控制点数在数千点。如 OMRON 公司的 C1000H、CV1000 机，本地配置可达 1024 点，C2000H、CV2000 机，本地配置可达 2 048 点；松下电工的 FP2 本地配置可达 1 600 点，FP3 可达 2 048 点。

（5）超大型机：控制点数上万点，甚至几万点。如美国通用电气（GE）公司的 90 - 70 机，控制点数可达 24 000 点（24 K）。

8.1.4 可编程控制器基本结构及工作原理

（1）PLC 的基本结构

PLC 在基本结构上与单片机极为相似，如图 8.1.1 所示，也是采用三总线（地址、数据、控制）结构，所不同的是把微处理机技术应用于工业生产现场，使其专业化，更注重 I/O 接口技术和抗干扰技术等。PLC 的输入接口普遍采用光电耦合电路，如图 8.1.2 所示；输出接口常用的有两种类型：继电器型和晶体管型（如图 8.1.3 所示），两种类型的输出接口各有所长。继电器型接口优点是控制信号灵活，可直

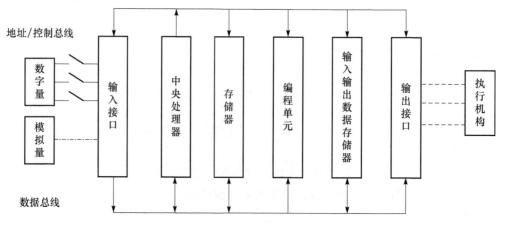

图 8.1.1 可编程控制器结构示意图

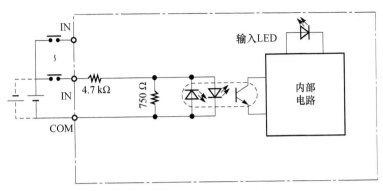

图 8.1.2 PLC 的输入接口电路

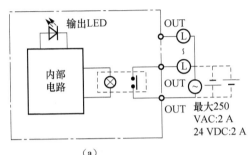

(a)

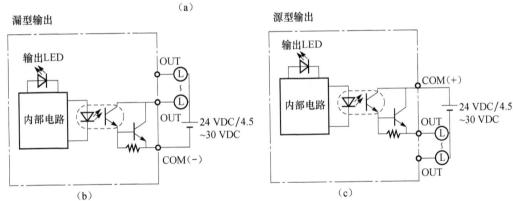

图 8.1.3 输出接口电路
(a) 继电器输出；(b) 晶体管漏极输出；(c) 晶体管源极输出

流、可交流、可大可小；缺点是体积大、有金属触点、速度慢；晶体管型接口与继电器型接口的优点和缺点正好相反。晶闸管型优点缺点介于两者之间。

(2) PLC 的扩展

上面介绍的是 PLC 的主体，称为本机，也称 CPU 单元。对于 OMRON 公司的 CP1E 系列 PLC，该 CPU 单元中装配有 20、30、40 点的三种输入输出端子。CPU 单元的 I/O 口分配如表 8.1.1 所示。

表 8.1.1 CPU 单元

类　型	输入输出点数	输入点数	输出点数
CP1E-E20	20	12	8
CP1E-E30	30	18	12
CP1E-E40	40	24	16

为了弥补 CPU 单元 I/O 口的不足，系统配有扩展 I/O 口单元。对于 OMRON 公司的 CP1E 系列 PLC，每个扩展单元提供 40 个 I/O 口，如表 8.1.2 所示。

表 8.1.2 扩展 I/O 口单元

类　型	输入输出点数	输入点数	输出点数
CP1W-40ED	40	24	16

扩展 I/O 口单元与 CPU 单元通过总线形式连接，对于 CP1E-E30、CP1E-E40 型 PLC 最多可以连接 3 台 40 点的 I/O 口扩展单元，即最多可以扩展 120 个 I/O 口，使总控制点数达到 160 点。三个扩展单元也可以包含模拟量 I/O 口单元、模拟量输入单元、模拟量输出单元、温度传感器单元等，如图 8.1.4 所示。CP1E-E20CPU 单元不能扩展。

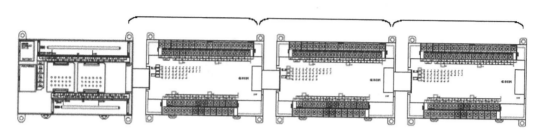

图 8.1.4 I/O 口的扩展单元

（3）PLC 编程

可编程控制器的工作实质就是通过事先编写的应用程序完成输入端子和输出端子的逻辑控制，从而实现既定的控制任务。因此使用 PLC 的第一件事就是给 PLC 编程。对于 OMRON 公司的 CPM1A、CP1E 系列 PLC，有手持编程器和计算机编程两种编程方式，编程语言常用的有梯形图语言和助记符语言。手持编程器、编程计算机通过专用电缆直接连接 PLC 的 USB、RS-232C 或 RS-422 适配器。手持编程器通过助记符语言给 CPU 单元编程，其特点是简便、易用，适合现场编程，缺点是输入程序比较慢、功能少。计算机编程不但可以使用助记符语言，还可以使用梯形图语言，编程速度比较快、效率比较高，还有较完备的编辑修改、在线仿真等功能，缺点是需要借助计算机和专用编程器软件支持。本讲介绍的 CP1E-E 基本型 PLC 只能通过计算机编程，另一款 CP1E-N 应用型 PLC 可以同时使用手持编程器和计算机编程。PLC 的编成器软件为 CX-Programmer，与 PLC 的接口为 USB 口，如图 8.1.5 所示。有关 CX-Programmer 的具体使用方法在学习完指令系统后详细介绍。

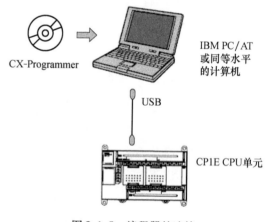

图 8.1.5 编程器的连接

（4）PLC 的工作原理

虽然在结构上 PLC 与计算机很相似，但在工作方式上有很大区别。计算机工作一般采用等待命令的方式，例如在 I/O 口扫描方式下，有请求立刻响应。PLC 的工作分为三个阶段，即输入采样阶段、程序执行阶段和输出刷新阶段，这三个阶段构成 PLC 的一个扫描周期。为了保障 I/O 口的即时响应，PLC 采取集中采样、集中执行和集中刷新的方式。

① 输入采样阶段：PLC 以扫描方式顺序读入所有输入端的状态，并将数据输入映像寄存器（PLC 中一个特定的存储器区域）。在非输入采样阶段，无论输入状态如何变化，输入映像寄存器中的数据都不改变，直到下一个扫描周期的输入采样阶段开始。

② 程序执行阶段：PLC 按梯形图从上到下、从左到右的原则顺序扫描、执行程序，若遇到输入元件，信息从输入映像寄存器中取用，若遇到输出元件，信息从输出映像寄存器（PLC 中一个特定的存储器区域）中取用，程序执行结果涉及输出元件的存入输出映像寄存器。

③ 输出刷新阶段：所有的程序执行完毕后，输出映像寄存器中的所有输出继电器的状态，转存到输出锁存器中，并通过一定方式输出，去驱动相应外设。

PLC 循环扫描工作过程如图 8.1.6 所示。

以上是 PLC 扫描工作过程。只要 PLC 处在 RUN 状态，它就反复地巡回工作。可见 PLC 的扫描周期就是从读入输入状态，到运算执行程序，再到发出输出信号所用的时间，它与时钟频率、程序的步数以及所用指令的执行时间有关。一般输入采样和输出刷新所用时间很短，大约 1~2 ms，所以扫描时间主要由程序执行时间决定。

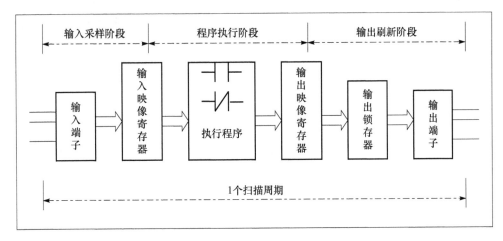

图 8.1.6　PLC 循环扫描工作过程

8.1.5　可编程控制器的性能指标

(1) 控制点数

控制点数代表 PLC 的控制规模。控制点数多，控制的对象就多，控制功能就越强。

(2) 扫描速度

扫描时间的长短反映为扫描速度。扫描速度越快，就意味着该 PLC 可运行较为复杂的控制程序，并有可能扩大控制规模。扫描速度一般用"毫秒/千步"（也有用"微秒/步""纳秒/步"）来表示。"步"是表示程序长短的量，一条指令一般有 1~7 步，如 LD 指令长度为 1 步，TIM 指令的长度为 3 步。一步占用一个字即两个字节，一个字节为 8 位二进制数。如一个用户程序 1 千步，大约占用 2 千字节的内存。一般 PLC 扫描速度为数十毫秒。

(3) 数据存储器容量

PLC 的数据存储器分为两部分：系统内存和用户内存。

系统内存：存放系统监控程序、继电器数据存储区、寄存器、特殊功能存储器等，一般为只读存储器，如 ROM 等。单位一般用千字表示，一个字等于两个字节。

用户内存：存放用户程序的存储器，一般为可读/写存储器，如 RAM、EPROM、EEPROM 等。单位一般为千步，用户程序指令按步存放在用户内存中。

(4) 指令条数

指令条数是衡量 PLC 软件功能强弱的主要指标。指令越多，种类越丰富，编写软件越容易。PLC 的指令一般从数十条到数百条不等。

8.1.6　可编程控制器的发展趋势

(1) 体积小型化

随着微电子技术和表面封装工艺的发展，体积小、控制功能强的 PLC 大量涌现，使在较大系统中"嵌入" PLC 成为可能。

(2) 规模巨型化

所谓巨型化就是指 PLC 的高速度、大容量、多功能。有的 PLC 总点数达 8 000 多点，用户程序容量数兆字节，扫描速度达 0.5 毫秒/千步，指令条数 500 余条。

(3) 控制网络化

控制网络化既包括 PLC 与 PLC 之间的联网，也包括 PLC 与计算机之间的联网。分散控制、集中管理是网络化的目的之一。加强 PLC 的通信功能是网络化关键点。

(4) 发展容错技术和故障诊断

鉴于有些系统要求有极高的可靠性和安全性，有些大公司在 PLC 研发中采用了三重全冗余系统，采用了双机热备份或表决式系统。根据 PLC 故障 80% 出在外部设备上的统计结果，有的公司研制了智能、可编程 I/O 系统，便于故障诊断。结合控制网络化，还出现了公共回路远距离诊断和网络诊断技术。

8.2 CP1E 系列 PLC 及存储器地址分配

CP1E 系列 PLC 属于日本欧姆龙（OMRON）公司的微型机，也是使用比较广泛的机型，总控制点数 160 点，扫描速度 1.19 毫秒/千步，数据存储器 8~32 千字节，指令条数 214 条。本讲介绍 CP1E - E40DR - A 型 PLC，它是 CP1E 系列中基本型、40 点（CPU 单元）、24VDC 输入、继电器输出、交流电源型 PLC，CPU 单元包括 24 个输入点（口）和 16 个输出点（口），可以连续扩展三个 40 点 I/O 单元，使总点数达 160 点，在三个扩展单元中也可以包含模拟量 I/O 口单元、模拟量输入单元、模拟量输出单元、温度传感器单元等。具体型号配置如图 8.2.1 所示。

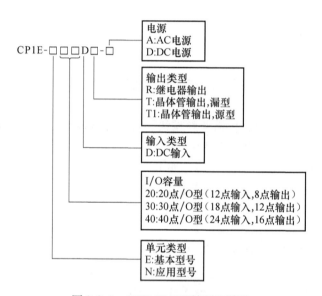

图 8.2.1　CP1E PLC 型号配置说明

8.2.1　CP1E - E40DR - A 的结构

CP1E - E40DR - A 型 PLC 的组成如图 8.2.2 所示，说明见表 8.2.1、表 8.2.2 所示。

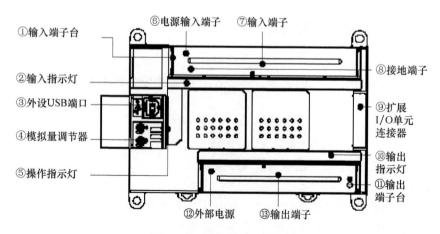

图 8.2.2　PLC 的 CPU 单元

表 8.2.1　CP1E – E40DR – A 型 PLC 外部单元组成说明

编号	名称	功　能
1	输入端子台	输入端子接线排
2	输入指示灯	显示输入状态。输入为 ON 时，指示灯亮（ON）
3	外设 USB 端口	连接编程计算机
4	模拟量调节器	共两个。可以将辅助存储器 A642 或 A643 控制字的值设定在 0～255 之间
5	操作指示灯	共六个。POWER 电源；RUN 运行；ERR 报警（亮，闪）；INH 输出全 OFF；PRP 通信；BKUP 数据备份
6	电源输入端子	接外部 AC100～240 V
7	输入端子	连接输入设备，如开关或传感器
8	接地端子	两类。保护接地：防漏电保护；功能接地：防干扰保护。接地电阻应当小于 100 Ω
9	扩展连接器	连接扩展单元
10	输出指示灯	显示输出状态。输出为 ON 时，指示灯亮（ON）
11	输出端子台	输出端子接线排
12	外部电源	输出 DC24V 的电源，最大电流 300 mA，可以作为输入输出设备的服务电源
13	输出端子	连接输出设备，如指示灯、电磁阀、接触器、电机等

表 8.2.2　操作指示灯显示状态

LED	显示	状　态
POWER（绿）	亮	电源 ON
	灭	电源 OFF
RUN（绿）	亮	运行/监视模式
	灭	编程模式或由于致命错误停止运行
ERROR/ALM（红）	亮	发生致命故障，所有输出转为 OFF
	闪烁	发生非致命故障警告
	灭	正常时
INH（黄）	亮	输出 OFF 位（A500.15）转为 ON，所有输出转为 OFF
	灭	正常
PRPHL（黄）	闪烁	与外设端口通信中
	灭	除以上情况外
BKUP（黄）	亮	用户程序、参数或指定的数据存储器 DM 的内容被写入到备份存储器 EEPROM 中
	灭	除以上情况外

8.2.2　CP1E – E40DR – A 的存储器单元地址分配

主要对 CP1E – E40DR – A 的输入存储器（I）、输出存储器口（O）、工作存储器（W）、辅助存储器（A）、保持存储器（H）、暂时存储器（TR）、定时存储器（T）、计数存储器（C）和数据存储器（DM）等各个单元的地址分配进行说明。

(1) 继电器的地址分配（如表 8.2.3）

表 8.2.3　CP1E – E40DR – A 存储器单元地址分配

名　称	位　数	通道号	存储器单元地址	功能说明
输入存储器（I）	1 600 位（100 字）	0 ~ 99	0.00 ~ 99.15	位、字操作。分配给输入、输出接口端子的存储器。没有分配的存储器单元作为工作存储器（W）使用
输出存储器（O）	1 600 位（100 字）	100 ~ 199	100.00 ~ 199.15	
工作存储器（W）	1 600 位（100 字）	W0 ~ 99	W0.00 ~ W99.15	位、字操作。在程序内可以供用户任意使用的存储器
辅助存储器（A）	12 064 位（754 字）	A0 ~ 753	A0.00 ~ A753.15	位、字操作。分配有特定功能的存储器，如进位、益出标志，比较大小标志，时钟脉冲输出等
保持存储器（H）	800 位（50 字）	H0 ~ 49	H0.00 ~ H49.15	位、字操作。在程序内可以任意使用，能保持断电前的状态，使用方法同工作存储器
暂时存储器（TR）	16 位		TR0 ~ 15	位操作。暂存梯形图分支点的 ON/OFF 状态
定时存储器（T）	256 位		TIM0 ~ 255	位操作。用于定时器，存储定时器线圈的 ON/OFF 状态
计数存储器（C）	256 位		CNT0 ~ 255	位操作。用于计数器，存储计数器线圈的 ON/OFF 状态
数据存储器（D）	2 048 字		D0 ~ 2 047	字操作。通过辅助存储器设定，其中 1 500 字可被保存到 EEPROM，断电也能保持数据

(2) 部分常用辅助存储器（如表 8.2.4）

表 8.2.4　部分常用辅助存储器

通道号	继电器号	功能说明
A0	00 ~ 15	10 ms 加 1 自由运行定时器，655 350 ms 后自动清零，重复运行
A1	00 ~ 15	100 ms 加 1 自由运行定时器，6 553 500 ms 后自动清零，重复运行
A200	11	运行标志。PLC 从编程模式向运行或监控模式转换后第一个扫描周期 ON
A295	11	无 END 标志。程序中缺少结束指令 END 时，A295.11 存储器单元 ON
CX – Programmer 承认的标签名	CF005P_ GT	大于标志。用于比较指令，A > B 时 ON
	CF006P_ EQ	等于标志。用于比较指令，A = B 时 ON
	CF007P_ LT	小于标志。用于比较指令，A < B 时 ON
	CF100P_ 0_ 1s	周期为 0.1s 的连续脉冲（0.05s/ON，0.05s/OFF）
	CF101P_ 0_ 2s	周期为 0.2s 的连续脉冲（0.1s/ON，0.1s/OFF）
	CF102P_ 1s	周期为 1s 的连续脉冲（0.5s/ON，0.5s/OFF）
	CF103P_ 0_ 02s	周期为 0.02s 的连续脉冲（0.01s/ON，0.01s/OFF）
	CF104P_ 1min	周期为 60s 的连续脉冲（30s/ON，30s/OFF）
	CF113P_ ON	常 ON
	CF114P_ OFF	常 OFF

辅助存储器是分配有特定功能的存储器，用于动作状态标志、动作启动标志、时钟脉冲输出、模拟电位器、高速计数器、计数模式中断等各种功能的设定值/当前值的存储单元，掌握它们有时可以使程序大大简化。它们共有 12 064 位（见表 8.2.3），作为举例我们仅介绍 14 个辅助存储器，其中有些存储器在编程时不是用地址指明，而是用标签名称指明。

8.3　CP1E PLC 的指令系统概述

根据控制任务的要求，编写程序输入 PLC，然后 PLC 按照程序进行工作。所谓编写程序就是用编程语言把控制任务描述出来。编程语言有梯形图语言、助记符语言、逻辑功能图和高级语言，梯形图和助记符语言是普遍采用的语言（往往同时使用），高级语言编程是发展方向。本节重点介绍 CP1E 系列 PLC 的梯形图和助记符语言及编程方法。

由于 PLC 的梯形图语言是从传统继电器控制语言演化而来的，所以在介绍 PLC 的梯形图和助记符语言以前先看一下继电器的组成，如图 8.3.1 所示。一个继电器通常由两部分组成，即"线圈"和"接点"。接点有两种，一种是常态下闭合的称为"常闭"接点，另一种是常态下断开的称为"常断"接点。线圈通入直流电流后，由于电磁感

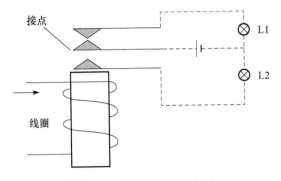

图 8.3.1 继电器组成示意图

应现象，线圈顶端产生磁场，在磁场作用下"常闭"接点断开，"常断"接点闭合，从而达到控制目的。这里有两点约定：

（1）一个继电器只能有一个"线圈"，"接点"则可以有多个；
（2）线圈有电称为"ON"，无电称为"OFF"；接点闭合称为"ON"，断开称为"OFF"。

这两点约定在讨论 PLC 时依然成立，PLC 除了数据存储器（D）以外，其他存储器都可以进行位操作，每个存储器的"一位"（即一个存储器单元）相当于一个继电器的"线圈"，而工作存储器（W）中未使用的"位"（单元）都可以作为该线圈的接点，这是 PLC 之所以控制能力很强的根本所在。正是因为这样，在 PLC 编程时，一个"线圈"理论上可以有任意多个"接点"，接点的数量只受工作存储器（W）的容量限制。"线圈"的"接点"是系统程序自动分配的，不需用户指定，程序员只管使用。为了方便表达，在学习和研究 PLC 时，除了数据存储器以外，往往仍然用"继电器"这个叫法代替"存储器"，如输入继电器、输出继电器、工作继电器、辅助继电器、保持继电器、暂存继电器、定时继电器、计数继电器等。

8.3.1 编程语言及组成

图 8.3.2 是一个继电控制电路对应的梯形图和助记符语言程序。控制电路的左右母线上加 220 V 交流电压，SB1、SB2 是两个按钮开关，前者是"常断"按钮，后者是"常闭"按钮。图中 KM1 代表继电器线圈和它的两个"常断"接点，一个接点用于"自锁"，另一个接点用于控制马达 M。

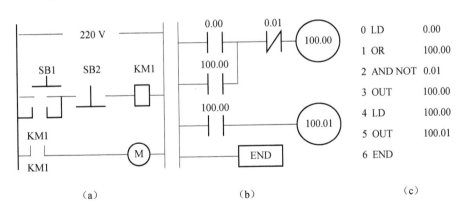

图 8.3.2 继电控制电路及 PLC 程序示例
(a) 控制电路图；(b) 梯形图语言；(c) 助记符语言

（1）梯形图语言（Ladder Chart）

梯形图是一种图形语言，它沿用了继电接触控制中触点、线圈、串并联等术语和图形符号，并借鉴继电控制电路的画法，对工程技术人员来说具有通俗易懂、易于修改等优点。所以，世界上各 PLC 厂家都把梯形图语言作为用户的第一编程语言。

所谓语言，就是符号和语法的结合。关于梯形图语言注意下列几点：

① 梯形图语言是一种具有单电源，含左、右母线，有一定"控制元件"和"被控负载"，呈"梯子"

结构的二端网络图形;

② 一般简化画法中电源省略,右母线省略,但规定左母线为高电位端;

③ 一般遵从"先上后下,先左后右,上宽下窄,左重右轻"的画法原则;

④ 一个程序中同一个"线圈"只能出现一次,这个"线圈"的"接点"则可以有多个;

⑤ 梯形图是一种表示方法,它不是控制电路。

(2) 助记符语言

助记符语言也称为指令表语言。指令以"步"为单位,一步指令存放时有一个地址码。一步指令一般由三部分组成,如:

[地址]　　[指令符]　　[操作数]

有的指令没有操作数,有的指令有多个操作数,如:

[地址]　　[指令符]

[地址]　　[指令符]　　[操作数1]
　　　　　　　　　　　　[操作数2]
　　　　　　　　　　　　[操作数3]

PLC能执行全部指令的总和称为指令系统。PLC的型号、配置不同,指令系统也可能不同。

8.3.2　CP1E PLC 的指令系统

CP1E - E40DR - A PLC 的指令系统共包括 214 条指令,分为输入指令、输出指令、控制指令、定时/计数指令、数据比较指令、数据传送指令、数据移动指令、递增递减指令、四则运算指令、数据变换指令、逻辑运算指令、特殊运算指令、子程序控制指令、中断控制指令、工程步进控制指令、基本 I/O 单元指令、显示功能指令、故障诊断指令、特殊指令以及高速计数器控制指令等 20 类。归纳为两大类即:基本指令和应用指令。基本指令是继电控制电路中用到的指令;应用指令是针对 PLC 专门开发的指令。

我们仅介绍 16 种共 23 条最常用的指令,其他指令必要时参考 CP1E PLC 有关手册。

(1) LD(装入)指令和 LD NOT(装入非)指令

LD 指令格式:

| ×× | LD | ×××× |

梯形图符号:指令 LD 0.00 的梯形图符号如图 8.3.3 (a) 所示。

功能:设置一个常断接点,该接点的状态受×××继电器线圈控制。

说明:① 指令的第一部分是地址,用十进制数表示,一般从 0 开始。

② 指令的第二部分是指令符,也称操作码,由多个英文字母构成,表示一定的功能。

③ 指令的第三部分是操作数,此处代表编号为×××的继电器接点。

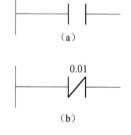

图 8.3.3　LD 梯形图符号
(a) LD 指令;(b) LD NOT 指令

这里继电器可能是输入继电器、输出继电器、工作继电器、辅助继电器,也可能是保持继电器、暂存继电器、定时继电器、计数继电器等。操作数内容如表 8.3.1 所示。

表 8.3.1　LD 指令的操作数内容

继电器类型	内部继电器	保持继电器	暂时继电器	定时继电器	计数继电器
操作数内容	0.00 ~ 99.15 100.00 ~ 199.15 W0.00 ~ W99.15 A0.00 ~ A753.15	H0.00 ~ H49.15	TR0 ~ 15	TIM0 ~ 255	CNT0 ~ 255

LD NOT 指令功能:设置一个常闭接点,该接点的状态受×××继电器线圈控制,如 LD NOT 0.01,梯形图符号如图 8.3.3 (b) 所示。

一般来说，LD（或 LD NOT）是从母线开始的第一条指令，或者是一个"程序块"的第一条指令。

（2）AND（与）指令和 AND NOT（与非）指令

AND（与）指令格式：

| ×× AND ×××× |

梯形图符号：指令 AND 0.00 的梯形图符号如图 8.3.4（a）所示。

功能：把一个常断接点与前边的逻辑状态相与，或者说串联一个常断接点，该接点的状态受××××继电器线圈控制。

说明：① 操作数为对应接点的继电器号。

② 操作数内容与 LD 指令相同，如表 8.3.1 所示。

AND NOT 指令功能：把一个常闭接点与前边的逻辑状态相与，或者说串联一个常闭接点，该接点的状态受××××继电器线圈控制，如 AND NOT 0.01，梯形图符号如图 8.3.4（b）所示。

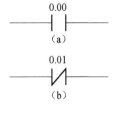

图 8.3.4 AND 梯形图符号
（a）AND 指令；
（b）AND NOT 指令

（3）OR（或）指令和 OR NOT（或非）指令

OR（或）指令格式：

| ×× OR ×××× |

梯形图符号：指令 AND 0.00 的梯形图符号如图 8.3.5（a）所示。

功能：把一个常断接点与前边的逻辑状态相或，或者说并联一个常断接点，该接点的状态受××××继电器线圈控制。

说明：① 操作数为对应接点的继电器号。

② 操作数内容与 LD 指令相同，如表 8.3.1 所示。

OR NOT 指令功能：把一个常闭接点与前边的逻辑状态相或，或者说并联一个常闭接点，该接点的状态受××××继电器线圈控制，如 OR NOT 0.01，梯形图符号如图 8.3.5（b）所示。

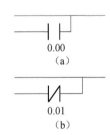

图 8.3.5 OR 梯形图符号
（a）OR 指令；
（b）OR NOT 指令

（4）OUT（输出）指令和 OUT NOT（输出非）指令

OUT（输出）指令格式：

| ×× OUT ×××× |

梯形图符号：指令 OUT 100.00 的梯形图符号如图 8.3.6（a）所示。

OUT（输出）指令功能：该指令为线圈驱动指令，将逻辑运算处理结果输出给指定继电器线圈。

说明：① 该指令的操作数为指定继电器的线圈（不是接点）。一个程序中，同一个继电器线圈只能出现一次，但同一个逻辑行可以控制多个继电器线圈。

② 此处的继电器包含输出继电器、工作继电器、保持继电器和暂存继电器。（不含输入继电器、特殊辅助继电器）。操作数内容如表 8.3.2 所示。

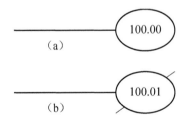

图 8.3.6 OUT 梯形图符号
（a）OUT 指令；（b）OUT NOT 指令

表 8.3.2 OUT 指令的操作数内容

继电器类型	内部继电器	保持继电器	暂存继电器
操作数内容	100.00 ~ 199.15 W0.00 ~ W99.15	H0.00 ~ H49.15	TR0 ~ 15

OUT NOT 指令：将逻辑运算结果取"非"后再输出给指定继电器线圈，如指令 OUT NOT 100.01，梯形图如图 8.3.6（b）所示。

OUT 和 OUT NOT 指令除个别情况（如用到支路的时候，见下文）以外，总是用来结束一个逻辑行，而 LD 和 LD NOT 总是用来开始一个逻辑行。

（5）END（结束）指令

格式：

| ×× END （无操作数） |

梯形图符号：指令 END 的梯形图符号如图 8.3.7 所示。

功能：程序结束指令。

说明：① 在任何程序中，最后一条程序为 END，且必须有 END，END 后的任何指令都不被执行。

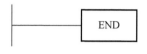

图 8.3.7 END 梯形图符号

② 该指令没有操作数。

③ 该指令在编成器软件 CX – Programmer 中自动默认产生。

以上介绍了 5 条指令，它们是最基本的指令。

例 8 – 1 编写一个实现 $F = AB\bar{C} + D$ 的程序。要求：分配 PLC 机的资源，画出梯形图，写出助记符语言。

解： ① 分配 PLC 资源

A：输入继电器 0.00

B：输入继电器 0.01

C：输入继电器 0.02

D：输入继电器 0.03

F：输出继电器 100.00

② 梯形图，如例 8 – 1 图所示

③ 助记符语言

```
0   LD        0.00
1   AND       0.01
2   AND NOT   0.02
3   OR        0.03
4   OUT       100.00
5   END
```

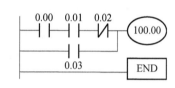

例 8 – 1 图

例 8 – 2 电机控制电路中经常用到"点动""连续动"控制，请用 PLC 实现。要求：分配 PLC 资源；画出梯形图；写出助记符语言。

解： ① 分配 PLC 资源

点动按钮输入： 0.00

点动输出： 100.00

连续动启动按钮：0.01

连续动停止按钮：0.02

连续动输出： 100.01

② 梯形图，如例 8 – 2 图所示

③ 助记符语言

```
0   LD        0.00
1   OUT       100.00
2   LD        0.01
3   OR        100.01
4   AND NOT   0.02
5   OUT       100.01
```

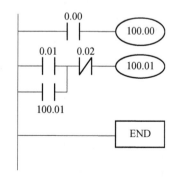

例 8 – 2 图

6　END

（6）AND LD（块与）指令

格式：

| ×× 　AND LD　（无操作数） |

功能：把该条指令前输入的两个"程序块"相"与"，并构成新的程序块，或者说是将两个接点组串联起来的指令。

说明：① 本指令无梯形图符号、无操作数，它只表示两个程序块的连接关系。

② 所谓"程序块"是指梯形图的逻辑条中两个 LD（LD NOT）指令之间的程序。

例 8 - 3　将题中梯形图语言（例 8 - 3 图）转换成助记符语言。

解： 输入继电器 0.00、0.01 相或是一个程序块，0.02、0.03 相或是一个程序块，两个程序块相与；输入继电器 1.01、1.02 相或是一个程序块，1.00 本身算一个程序块，两个程序块相与。

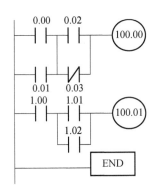

例 8 - 3 图

助记符语言：

```
0   LD       0.00
1   OR       0.01
2   LD       0.02
3   OR NOT   0.03
4   AND LD
5   OUT      100.00
6   LD       1.00
7   LD       1.01
8   OR       1.02
9   AND LD
10  OUT      100.01
11  END
```

（7）OR LD（块或）指令

格式：

| ×× 　OR LD　（无操作数） |

功能：把该条指令前输入的两个"程序块"相"或"，并构成新的程序块，或者说是将两个接点组并联起来的指令。

说明：① 本指令无梯形图符号、无操作数，它只表示两个程序块的连接关系。

② 所谓"程序块"是指梯形图的逻辑条中两个 LD（LD NOT）指令之间的程序。

例 8 - 4　将题中梯形图语言（例 8 - 4 图）转换成助记符语言。

解： 输入继电器 0.00、0.01 相与是一个程序块，0.02、0.03 相与是一个程序块，两个程序块相或；输入继电器 1.00、1.01 相与是一个程序块，1.02 本身算一个程序块，两个程序块相或。

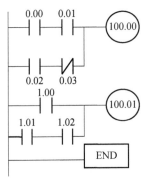

例 8 - 4 图

助记符语言：

```
0   LD        0.00
1   AND       0.01
2   LD        0.02
3   AND NOT   0.03
4   OR LD
5   OUT       100.00
```

```
6   LD       1.00
7   LD       1.01
8   AND      1.02
9   OR LD
10  OUT      100.01
11  END
```

（8）TIM（定时器）指令

格式：

```
××  TIM   ×××    （第一操作数）
          ××××   （第二操作数）
```

梯形图符号：如图 8.3.8 所示。

功能：实现延时导通操作，相当于一个时间继电器。当定时器输入端由 OFF 变为 ON 时，它开始定时，时间设定值不断减 1。当前值变为 0000 时，定时器线圈 ON，继电器的接点动作；当定时器输入端由 ON 变为 OFF 时，它被复位，当前值恢复到初始设定值，它的接点也同时被释放。

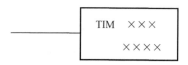

图 8.3.8 TIM 梯形图符号

说明：① 该指令的第一个操作数是定时器的编号，为 000~255。

② 该指令的第二个操作数可以是四位十进制数（十进制数前加"#"号），最大为 9 999，表示 999.9 秒，即最小定时间隔为 0.1 秒。还可以是输入继电器、输出继电器、工作继电器和保持继电器的通道号，每个通道存储 16 位二进制数，通道内容为定时值，如表 8.3.3 所示。

表 8.3.3 TIM 指令的操作数内容

继电器类型	输入、输出继电器通道	工作继电器通道	保持继电器通道
操作数内容	0~99 100~199	W0~99	H0~H49

③ 当电源掉电时，定时器被复位，当前值恢复到初始设定值，它的接点也同时被释放。即定时器无掉电保护功能。

④ 继电器线圈用 TIM 表示，对应的接点用 T 表示。

例 8-5 分析如例 8-5 图梯形图的功能，写出助记符语言，假设 W00 中的内容二进制数 7FF。

解：① 当输入继电器 0.00/ON 时，TIM000 开始计时，15 秒后输出继电器 100.00/ON。

② 当输入继电器 0.01/ON 时，输出继电器 100.01/ON，同时 TIM001 开始计时，204.7s 后输出继电器 100.01/OFF。

助记符语言：

```
0   LD        0.00
1   TIM       000
              #150
2   AND       T000
3   OUT       100.00
4   LD        0.01
5   TIM       001
              W00
6   AND NOT   T001
```

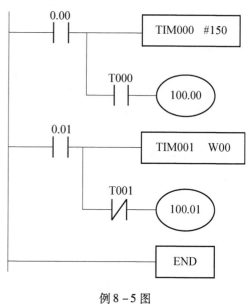

例 8-5 图

7　OUT　　　100.01
8　END

例8-6　设计一个程序，使电机运行10S后自动停车。有启动和停止按钮各一个。分配PLC资源，画出梯形图，写出助记符语言。

解：① 分配PLC资源

启动按钮：0.00
停止按钮：0.01
输出继电器：100.00
定时器：TIM000

② 梯形图，如例8-6图所示

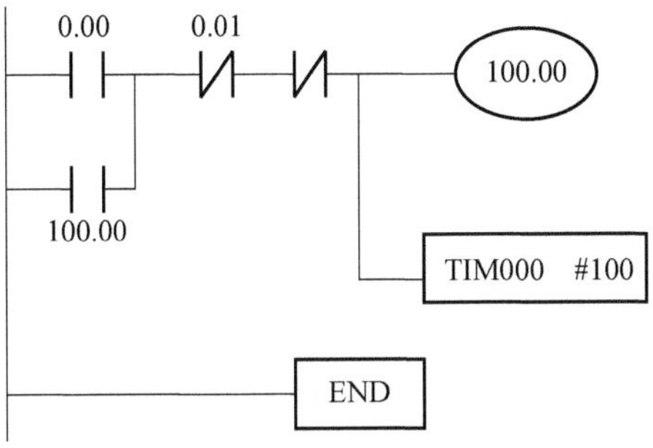

③ 助记符语言

0　LD　　　　0.00
1　OR　　　　100.00
2　AND NOT　0.01
3　AND NOT　T000
4　OUT　　　100.00
5　TIM　　　000
　　　　　　#100
6　END

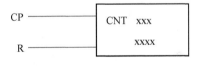

例8-6图

（9）CNT（计数器）指令

格式：

梯形图符号：如图8.3.9所示，它有两个输入端，上面的称为第一输入端，下面的称为第二输入端。

功能：它是一个预置计数器。当计数输入端CP从OFF变为ON时，计数器的值减1，每变化一次都减1，预置值减为0000时，计数器线圈ON，所有的接点都动作。当复位端R为ON时，计数器复位，当前值恢复到初始设定值，计数器线圈OFF，所有接点被释放。

图8.3.9　CNT梯形图符号

说明：① 该指令的第一个操作数是计数器的编号，为000~255。

② 该指令的第二个操作数可以是四位十进制数（十进制数前加"#"号），最大为9 999，最小计数间隔为1。还可以是输入继电器、输出继电器、工作继电器和保持继电器的通道号，每个通道存储16位二进制数，通道内容为计数值，这一点与TIM指令相同，如表8.3.3所示。

③ 当电源掉电时，计数器线圈不被复位，当前值保留，它的接点也不被释放，即计数器有掉电现场保护功能，这一点与定时器不同。

④ 计数器的编程顺序是计数输入端、复位端、计数器线圈。

⑤ 继电器线圈用CNT表示，对应的接点用C表示。

例8-7　将题中梯形图语言（例8-7图）转变成助记符语言，并说明功能。

解：助记符语言

0　LD　　　0.00
1　LD　　　0.01
2　CNT　　 000
　　　　　　#64

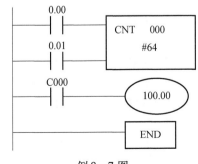

例8-7图

```
3    LD       C000
4    OUT      100.00
5    END
```

功能：输入继电器 0.00 开关 64 次后输出继电器 100.00/ON；输入继电器 0.01/ON 时，计数器复位，输出继电器 100.00/OFF。

例 8-8 分析题中梯形图（例 8-8 图）的功能，并写出助记符语言。

解：助记符语言

```
0    LD           0.00
1    AND NOT      T000
2    AND NOT      C000
3    TIM          000
                  #360
4    LD           T000
5    LD           0.01
6    CNT          000
                  #100
7    LD           C000
8    OUT          100.00
9    END
```

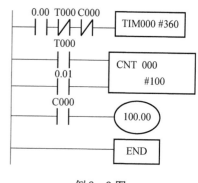

例 8-8 图

功能：该程序是一个用计数器扩展定时范围的程序。计数器 CNT000 对定时器 TIM000 从设定值到零的循环次数进行计数。TIM000 的定时结束标志用作自身的复位信号，CNT000 的计数结束标志用作 TIM000 的复位信号。本例中 TIM000 定时 36 s，CNT000 计数设定值 100，当定时满 36 s×100 = 3 600 s 秒时，输出继电器 100.00 接通（ON）。

（10）TR（支路）指令

由一个以上接点组成的分支称为支路，分支点前的逻辑状态存储于暂存继电器 TR0~15 中。分支点用 TR××标明，用 OUT 指令存入分支点状态，用 LD 指令取出分支点状态。

存入分支点状态的格式为：

| ×× | OUT | TR×× |

取出分支点状态的格式为：

| ×× | LD | TR×× |

说明：① TR 的编号为 TR0~15，分支点用 TR××标明。

② 在同一程序段中，TR 的编号不能重复使用。

③ TR 指令没有具体的梯形图符号。

例 8-9 将题中的梯形图语言（例 8-9 图）转换成助记符语言。

解：助记符语言

```
0    LD       0.00
1    AND      0.01
2    OUT      TR0
3    AND      0.02
4    OUT      TR1
5    AND      0.03
6    OUT      100.00
7    LD       TR1
8    AND      0.04
```

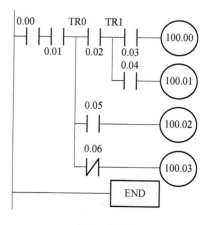

例 8-9 图

9	OUT	100.01
10	LD	TR0
11	AND	0.05
12	OUT	100.02
13	LD	TR0
14	AND NOT	0.06
15	OUT	100.03
16	END	

(11) IL/ILC（分支）指令

IL 与 ILC 配合使用，相当于分支子程序。例如一台设备手动/自动两种方式的切换；十字路口交通灯的定时方式/计数方式/夜间方式切换等，均用到 IL/ILC 指令。

格式：如图 8.3.10（a）所示。

梯形图符号：如图 8.3.10（b）所示。

功能：当 IL 的条件为 ON 时，IL 和 ILC 之间的指令被执行；当 IL 的条件为 OFF 时，IL 和 ILC 之间的指令不予执行。

说明：① 分支 IL 在前，分支结束指令 ILC 在后，不能颠倒、不能嵌套、不能错位。

② IL 前要有条件（接点），ILC 回路中不应有接点。

③ 多个 IL 可与一个 ILC 组合，即 IL－IL/ILC 成立，如图 8.3.11 所示，条件 1/OFF 时，以下所有指令不被执行；条件 1/ON，条件 2/OFF 时，只执行条件 1、2 之间指令；条件 1/ON，条件 2/ON 时，电路像没有 IL/ILC 一样。

④ 当 IL 的条件 OFF 时，各种部件的状态如表 8.3.4 所示。

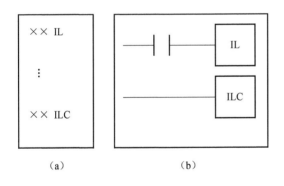

图 8.3.10　IL/ILC 指令格式与梯形图符号
（a）IL/ILC 指令格式；（b）IL/ILC 梯形图符号

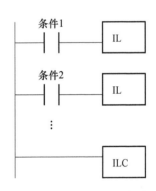

图 8.3.11　IL－IL/ILC 组合

表 8.3.4　IL 为 OFF 时各种部件的状态

部　件	状　态
输出线圈	关闭
定时器	复位
计数器、移位寄存器、数据存储器、保持继电器	不变

例 8－10　将图中的梯形图语言（例 8－10 图）转换成助记符语言。

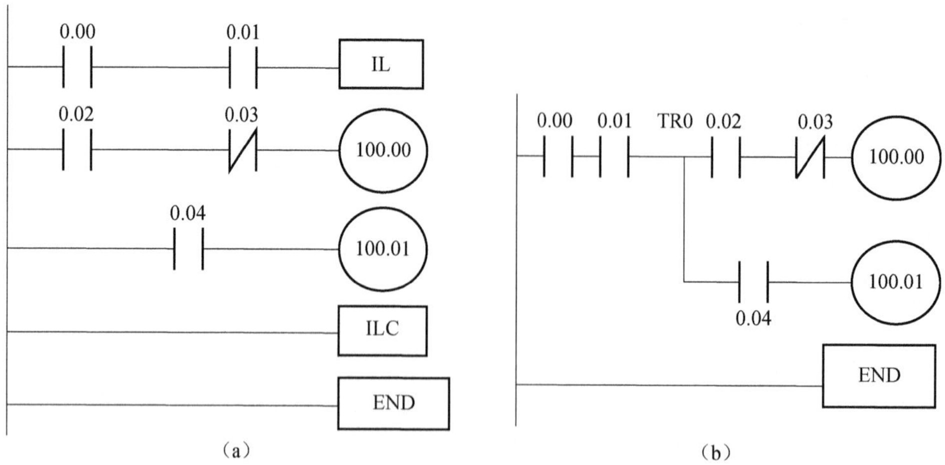

例 8-10 图

解：助记符语言

0	LD	0.00
1	AND	0.01
2	IL	
3	LD	0.02
4	AND NOT	0.03
5	OUT	100.00
6	LD	0.04
7	OUT	100.01
8	ILC	
9	END	

有时 IL/ILC 程序可以用 TR 程序代替。例 8-10 图（a）中，将分支开始指令 IL/ILC 用支路指令 TR0 代替，适当变换梯形图如例 8-10 图（b），程序执行结果不变。

（12）KEEP（保持）指令

格式：

××　KEEP　××××

梯形图符号：如图 8.3.12（a）所示，它有两个输入端，上边的称为第一输入端，下边的称为第二输入端。

功能：KEEP 指令相当于一个锁存器，使指定继电器锁存第一输入端的脉冲状态（ON），直到第二输入端的脉冲到来（ON）为止，见图 8.3.12（b）波形图。

说明：① KEEP 指令的操作数是继电器的编号，如表 8.3.5 所示。

② 第一输入端也称为置位端，第二输入端也称为复位端，编程时先编置位端，后编复位端，最后编 KEEP 的线圈。

③ KEEP 指令本身无掉电保护功能，但当 KEEP 的数据是保持继电器（H）时，则有保护功能。

④ 一条 KEEP 指令，可以代替一个自锁电路，如图 8.3.13 所示。

表 8.3.5　KEEP 操作数的内容

继电器	数据范围
输入、输出继电器	0.00 ~ 99.15 100.00 ~ 199.15
工作继电器（W）	W0.00 ~ W99.15
保持继电器（H）	H0.00 ~ H49.15

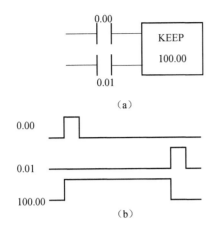
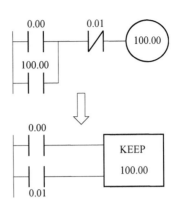

图 8.3.12 KEEP 的梯形图符号、波形图
（a）梯形图符号；（b）波形图

图 8.3.13 KEEP 代替自锁电路

例 8-11 如例 8-11 图是定时控制的另一种形式，0.00 为启动按钮，0.01 为急停按钮，该程序的特点是具有掉电保护功能。分析它的工作过程，写出助记符语言。

解：CF102 是一个产生周期为 1S 连续脉冲的辅助继电器。

① 0.00 按下后，KEEP 的内容 H0.00/ON，所以 100.00/ON，同时 CNT000 开始计数。当计数值由 3 600 减到零时（1 小时），KEEP 指令被复位，CNT000 也被自身复位，输出 100.00/OFF，CNT000 停止工作，直到下次 0.00 按下。

② 若在运行时按下 0.01，KEEP 复位，H0.00 也随之复位，100.00/OFF，CNT000 保持；再次按下 0.00，100.00/ON，CNT000 继续计数，直到结束。

③ 若在运行时突然发生断电，则 100.00/OFF，但 H0.00、CNT000 保持，来电后，系统从原来断点自动运行，直到结束。

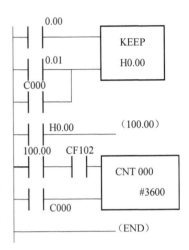

例 8-11 图

助记符语言：

0　LD　　0.00
1　LD　　0.01
2　OR　　C000
3　KEEP　H0.00
4　LD　　H0.00
5　OUT　 100.00
6　LD　　100.00
7　AND　 CF102
8　LD　　C000
9　CNT　 000
　　　　 #3600
10　END

（13）DIFU（上升沿微分）指令和 DIFD（下降沿微分）指令

格式：

××	DIFU	××××
××	DIFD	××××

梯形图符号：如图 8.3.14（a）所示。
功能：见图 8.3.14（b）波形图。

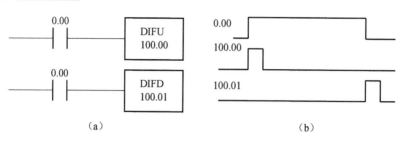

图 8.3.14 微分梯形图符号、波形图
(a) 梯形图符号；(b) 波形图

说明：① 在输入端由 OFF 变为 ON 时，DIFU 产生一个扫描周期宽度的脉冲，即 DIFU 对输入信号的上升沿微分；在输入端由 ON 变为时 OFF，DIFD 产生一个扫描周期宽度的脉冲，即 DIFU 对输入信号的下降沿微分。

② 两者都把微分结果（ON 状态）送到指定的继电器，指定继电器可以是输入继电器、输出继电器、工作继电器、保持继电器、辅助继电器等。

③ DIFU 和 DIFD 在程序中出现的次数不能超过 48 次。

④ DIFU 或 DIFD 在 IL/ILC 之间，在 JMP/JME 之间或在子程序中时，指令的操作结果不定。

例 8-12 某梯形图如例 8-12 图（a）所示，若 0.01 的状态已知，分析程序功能，并画出 100.01、100.02、100.03 的波形图，写出助记符语言。

解： 分析

① 0.01 由 OFF 变为 ON 时，100.01 输出一个微分信号（脉冲），100.02 保持 OFF，100.03 ON；

② 0.01 由 ON 变为 OFF 时，100.01、100.02、100.03 皆不变；

③ 0.01 第二次由 OFF 变为 ON 时，100.02 由 OFF 变 ON，100.03 由 ON 变 OFF（此时 100.02 回到 OFF）；

④ 0.01 第三次由 OFF 变为 ON 时，重复第①步的变化。

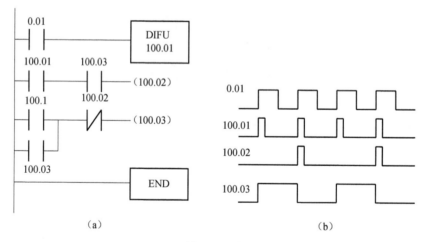

例 8-12 图

显然，100.03 的频率是 100.01 的二分之一，所以该程序完成了一个二分频器功能如例 8-12 图（b）所示。

助记符语言：

```
00   LD      0.01
01   DIFU    100.01
02   LD      100.01
03   AND     100.03
04   OUT     100.02
05   LD      100.01
```

```
06    OR           100.03
007   AND NOT      100.02
08    OUT          100.03
09    END
```

本例中要理解循环扫描的概念。比如 0.01 第一个上升沿到来的时候,程序从上到下首先是 100.01/ON,然后是 100.03/ON,在这个扫描周期中,梯形图的第二行 100.02 已经被扫描过,因此不会再 ON;0.01 第二个上升沿到来的时候,程序从上到下首先是 100.01/ON,然后是 100.02/ON 和 100.03/OFF,由于 100.03/OFF,所以 100.02 持续一个扫描周期后也进入 OFF 状态。

(14) MOV(传送)指令

MOV 指令有两个操作数,源操作数和目的操作数。源操作数是通道号或十进制数,目的操作数为通道号。

格式:

```
×× MOV   #××××
         CH××
```

梯形图符号:如图 8.3.15 所示。

功能:将源操作数的内容传送给目的操作数制定的通道,比如将四位十进制数#××××传送到 CH××中去,源操作数内容不变。

说明:为了使传送只执行一次,一般为 MOV 指令的输入编一个微分程序。MOV 指令操作数的数据范围如表 8.3.6 所示。

图 8.3.15 MOV 的梯形图符号

表 8.3.6 MOV 指令操作数的数据范围

部件及其他	源操作数	目的操作数
输入、输出继电器通道	0~99、100~199	
工作继电器通道(W)	W0~99	
保持继电器通道(H)	H0~49	
定时器、计数器	TIM000~255、CNT000~255	
十进制常数	#0000~9999	—

例 8-13 梯形图如例 8-13 图,分析其功能,写出助记符语言。

解:0.00/ON 时,MOV 的输入得到一个扫描周期的微分脉冲,使数据#100 传送到 H00(保持继电器的第 00 通道),计时器同时开始计时,10S 后计时时间到,输出继电器 100.01/ON。

助记符语言:

```
0  LD     0.00
1  DIFU   100.00
2  LD     100.00
3  MOV    #100
          H0
4  LD     0.00
5  TIM    000
          H0
6  LD     T000
7  OUT    100.01
8  END
```

(15) CMP(比较)指令

对两个通道(CH)数据或常数进行无符号 16 位二进制(BIN)比较,将比较结果反映到状态标志中。

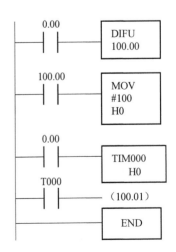

例 8-13 图

格式：

```
× ×   CMP    × × × ×
              × × × ×
```

梯形图符号：如图 8.3.16 所示。

功能：CMP 指令用于两个操作数进行大小比较。当第一个操作数大于第二个时，特殊辅助继电器 CF005/ON；等于时 CF006/ON；小于时，CF007/ON。

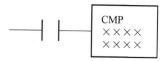

说明：为了使比较只执行一次，一般为 CMP 指令的输入编一个微分程序。CMP 指令操作数的数据范围如表 8.3.7 所示。

图 8.3.16 CMP 的梯形图符号

表 8.3.7 CMP 指令操作数的数据范围

部件及其他	操作数
输入、输出继电器	0~99、100~199
工作继电器	W0~99
保持继电器（H）	H0~49
定时器、计数器	TIM000~255、CNT000~255
常数（16位二进制或4位16进制数）	#0000~FFFF
数据存储继电器（DM）	D0~2047

例 8-14 设计一程序，把计数器中内容与#100 相比，大于时 100.01/ON，等于时 100.02/ON，小于时 100.03/ON。画出梯形图，写出助记符语言。

解：梯形图如例 8-14 图所示。

助记符语言：

```
0   LD     0.00
1   DIFU   100.00
2   LD     100.00
3   OUT    TR0
4   CMP    CNT000
           #100
5   LD     TR0
6   AND    CF005
7   OUT    100.01
8   LD     TR0
9   AND    CF006
10  OUT    100.02
11  LD     TR0
12  AND    CF007
13  OUT    100.03
14  END
```

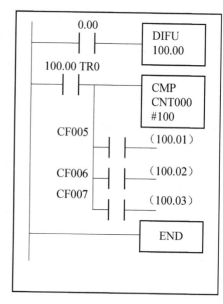

例 8-14 图

（16）SET（置位）指令和 RSET（复位）指令

强制某继电器接点为 ON 或 OFF 的指令。

格式：

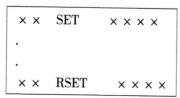

梯形图符号：如图 8.3.17 所示。

功能：SET 指令输入条件为 ON 时，将指定的接点置于 ON，并且无论输入条件是否变化，该接点始终为 ON，称为置位。若要变为 OFF 状态，使用 RSET 指令，称为复位。

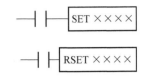

图 8.3.17 CMP 梯形图符号

说明：① 不能通过 SET/RSET 指令对定时器、计数器的线圈进行置位/复位。

② SET 指令与 OUT 指令的区别是前者置位后不再与输入条件有关，后者随输入条件变化而变化。

③ SET/RSET 指令的操作数为输入输出继电器、工作继电器、保持继电器和部分辅助继电器。

例 8 - 15 梯形图如例 8 - 15 图所示，说明实现的功能，写出助记符语言。

解：功能描述：当输入继电器 0.00/ON 时，输出继电器 100.00/ON，100.01/ON，两条命令实现的功能一样。但当输入继电器 0.00 由 ON 变为 OFF 时，100.00/OFF，但 100.01 仍为 ON，两条命令实现的功能不一样。若要 100.01 由 ON 变为 OFF，只有输入继电器 0.01 为 ON，如此通过复位指令 RSET 使 100.01 变为 OFF。

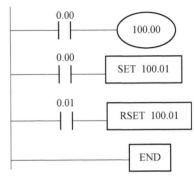

例 8 - 15 图

助记符语言：

```
0  LD    0.00
1  OUT   100.00
2  LD    0.00
3  SET   100.01
4  LD    0.01
5  RSET  100.01
6  END
```

8.4 编程器软件 CX – Programmer 的使用方法

CX – Programmer 是专门为 OMRON PLC 研制的建立、测试和维护程序的计算机编程工具，运行于 Microsoft Windows 环境的 IBM PC 及兼容机上，CX – Programmer 有 2.1、3.0、4.0、5.0、9.0 等多种版本，本讲介绍的是 9.0 版本。CX – Programmer 9.0 提供梯形图和助记符两种语言，两种语言可以相互转换，混合使用。我们下面只介绍 CX – Programmer 9.0 的基本使用方法和最常用的功能。

8.4.1 建立一个工程文件

（1）软件安装完之后，直接从"开始"菜单中 选择"所有程序"中的"OMRON"，接着选择"CX – one"，再选择"CX – Programmer"菜单下的选项即可打开该软件。启动后的界面如图 8.4.1 所示（启动过程中选择"退出""在线注册"）。

（2）在"文件"菜单下，点击"新建"按钮就会出现图 8.4.2 所示的对话框。

① 在设备名称中，可以任意取名，这里默认是"新建 PLC1"。在设备类型中选择 CP1E，点击"设定"按钮出现图 8.4.3 所示的对话框。

在 CPU 类型中根据您的 CPU 点数来选择，对于本讲座的 CP1E 选择"E40"即 40 点的 CPU，点击"确定"即可。

② 在图 8.4.2 中，接着选择"网络类型"为"USB"。因为我们用的下载电缆就是普通市售的 AB 型 USB 电缆。点击"设定"按钮出现图 8.4.4 所示的对话框。

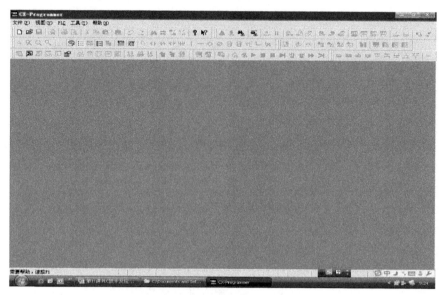

图 8.4.1 软件启动后的界面

图 8.4.2 新建文件界面

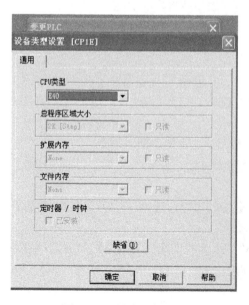 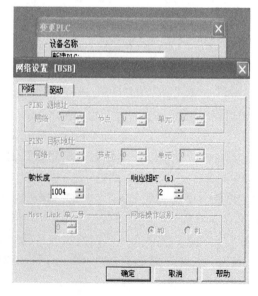

图 8.4.3 设定设备类型　　　　　　　　图 8.4.4 网络设置

对于网络设置对话框,直接使用默认值即可。"确定"得到图 8.4.5 所示的编程就绪界面。

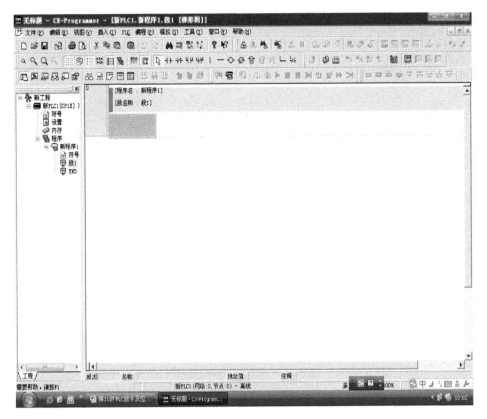

图 8.4.5　编程就绪界面

8.4.2　编写并输入一个 PLC 程序

编写程序时可以用梯形图来完成,也可以用编程语言来完成,这个就要根据使用者自己的需要来设置,梯形图相对于助记符属于"层级"较高的 PLC 编程语言,所以 CX – Programmer 一般默认用梯形图语言编程。下面我们编写并输入一个具有自锁功能继电控制电路的 PLC 程序:

第一步:输入一个"常断"接点 0.00(LD 0.00)作为启动按钮;

第二步:串联一个"常闭"接点 0.01(LD NOT 0.01)作为停止按钮;

第三步:串联一个输出线圈 100.00(OUT 100.00);

第四步:在接点 0.00 上并联一个输出线圈的"常断"接点 100.00(OR 100.00);

第五步:另起一行输入另一个输出线圈的接点"常断"100.00(LD 100.00);

第六步:串联一个输出线圈 100.01(OUT 100.01)。

程序编写输入完毕,如图 8.4.6 所示。

这里有几点说明:

(1) 梯形图中的"元件"分为"接点"、"线圈"和"指令",输入时可以直接从工具栏快捷方式中取,也可以输入助记符字母后自动生成。

(2) 一个程序称为一个"程序段",一个程序段由若干个"程序条"(俗称程序行)组成,一个程序条由若干个"程序步"组成,"步"是程序的最小单位,左母线处的数字分别为"条"编号和"步"编号,本程序段包含 2 条 6 步。

(3) 程序输入时左母线或操作数变为红色说明程序出现语法错误。

(4) 系统默认 END 指令,不用专门输入,编写好的程序可以通过.cxp 格式保存。

(5) 通过"工具"主菜单中的"选项"可以对梯形图的格式进行必要的设置,如是否显示右母线等。

(6) 点击主菜单"视图"中的"助记符",梯形图语言自动转换为助记符语言,如图 8.4.7 所示。

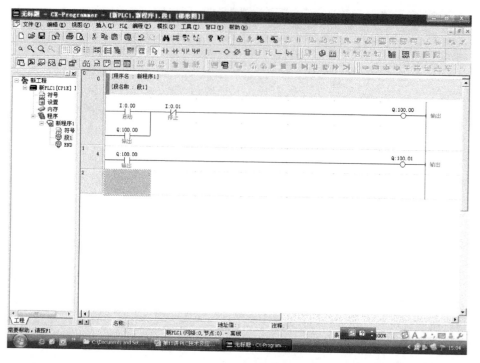

图 8.4.6 继电控制梯形图

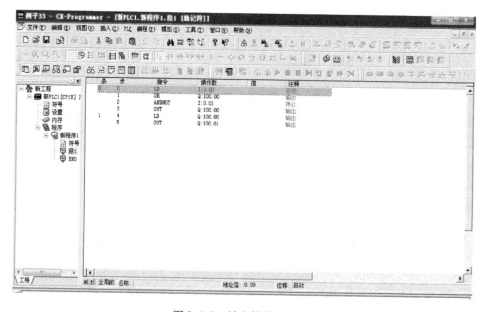

图 8.4.7 继电控制助记符

8.4.3 编译并下载 PLC 程序

(1) 编译程序

在软件的"PLC"菜单下选择"编译所有的 PLC 程序"或在"编程"菜单下选择"编译"后,即可在屏幕的下方打印出编译的结果。如果出现 0 个错误和 0 个警告,说明程序在语法上是正确的,如图 8.4.8 所示。

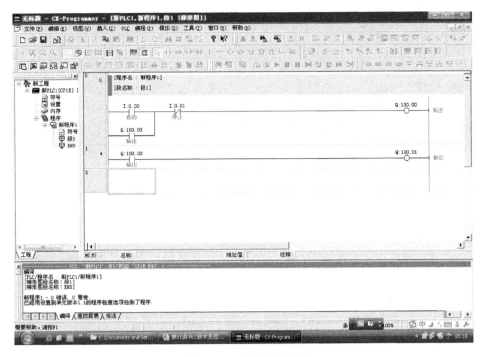

图 8.4.8　程序编译结果

（2）在线工作

即将计算机与 PLC 连接。在软件的"PLC"菜单下，选择"在线工作"就会出现图 8.4.9 对话框。

在这里选择"是"即可。但是前提是你的电脑已经通过 USB 电缆连接到 CP1E PLC 上，并且 PLC 也已经接上电，否则就不能连接上，会出现错误提示。

注意：一旦在线连接成功，梯形图就会变颜色，如图 8.4.10 所示。

图 8.4.9　准备连接 PLC

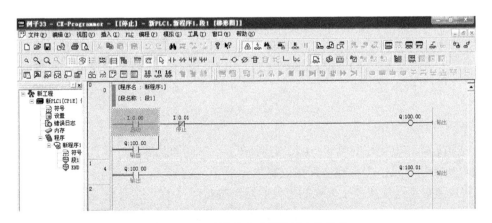

图 8.4.10　连接成功后梯形图变为绿色

（3）下载程序到 PLC 中

从"PLC"菜单中选择"操作模式"中的"编程"，然后再在"PLC"菜单下，选择"传送"选项，出现 3 个二级菜单，选择从计算机传送"到 PLC"即可。然后按照提示默认选择"确定""是""确定"，直到程序下载成功。

8.4.4 运行 PLC 程序

程序由计算机（称为上位机）下载到 PLC（称为下位机）成功以后，根据控制任务的要求对 PLC 进行外部连线，具体接线方法除了考虑控制任务以外还要考虑 PLC 的接口方式和实验箱的设计特点。本例使用北京理工达盛公司生产的 EL-PLC-Ⅲ型实验箱，输入口 0.00、0.01 分别接两个按钮 P01、P02，输出口 100.00、100.01 分别接两个指示灯 LED1、LED2，将按钮 P01~P08 的公共端口 COMS1 接 24 V，将 PLC 输入公共端（线排上的 1M 口）、输出公共端（线排上的 1L 口）接 GND。连线完成后就可以运行 PLC 程序，有两种运行方式。

第一种运行方式是用上位机"监视"下位机的运行：从"PLC"菜单中选择"操作模式"中的"监视"或"运行"选项，确认"是"后完成上、下位机的在线连接，这时一方面操作下位机时，上位机的梯形图界面有相应的"动作"，从而达到"监视"目的；另一方面还可以通过上位机在"PLC"菜单中选择"强制"选项，使梯形图中某一接点"ON"或"OFF"控制 PLC 下位机的运行，达到远程控制或调试程序的目的。

第二种运行方式是程序下载成功以后断开计算机与 PLC 的 USB 连线，独立操作运行 PLC 及其程序。这时需要注意的是确认 PLC 是否处于"运行"状态，这一点通过观察 PLC 面板上的"RUN"指示灯是否点亮进行确认。若是就可以直接操作实验箱有关按钮验证 PLC 程序，若不是则需要关闭 PLC 电源（即实验箱总电源），然后再打开 PLC 电源（即 PLC 再启动），这时 PLC 会自动进入程序的运行状态，即"RUN"指示灯点亮。

如果程序编写有问题，就需要重新连接计算机和 PLC，在"PLC"菜单下，选择"传送"选项，选择二级菜单下的"从 PLC 到计算机传送"（即上载程序），然后对程序进行编辑修改，修改后的程序再下载到 PLC 即可。

CX-Programmer 软件更多的功能需要同学们自己在使用中摸索。

8.5 EL-PLC-Ⅲ型 PLC 实验箱

EL-PLC-Ⅲ型箱式 PLC 教学实验系统采用箱式结构，由实验箱、外扩模块、PLC 和上位计算机组成（另配）。

其中实验箱为 PLC 提供：

（1）开关量输入信号单元；（2）开关量输出信号（发光二极管显示信号和声音信号）单元；（3）高速脉冲信号（0~20 K）单元；（4）模拟量输入信号（电压源信号范围 -10~10 V）单元；（5）电压表显示单元；（6）模拟量输出显示单元；（7）输入、输出接线端子；（8）交通灯实验单元；（9）混合液体控制单元。

其中外扩模块为 PLC 提供：

（1）星-三角启动和电机控制单元；（2）计件单元；（3）刀具库单元；（4）电梯单元；（5）冲压单元；（6）步进电机控制单元；（7）温度采集控制单元。

上位计算机配有典型的实验箱及模块的上位监控组态实例程序（选用），从而完成数据通信、网络管理、人机界面和数据处理的功能，PLC 完成信号的采集和设备的控制。

8.5.1 EL-PLC-Ⅲ型 PLC 实验箱的布局

实验箱的作用是验证和实现 PLC 中的程序。程序经过上位机写入、编译后，下载到 PLC 中，实验箱为验证和实现 PLC 中的程序提供了输入输出接线端子、电源、开关、指示灯以及部分特定实验的执行机构，如图 8.5.1 所示。被编程后的 PLC 有两种运行模式，一种是与上位机相连，通过上位机的菜单控制 PLC 运行或停止；另一种运行模式是断开上位机，PLC 加电后自动进入运行状态。两种运行模式都需要根据控制任务，在 PLC 的输入输出端子和实验箱之间进行必要的连线。

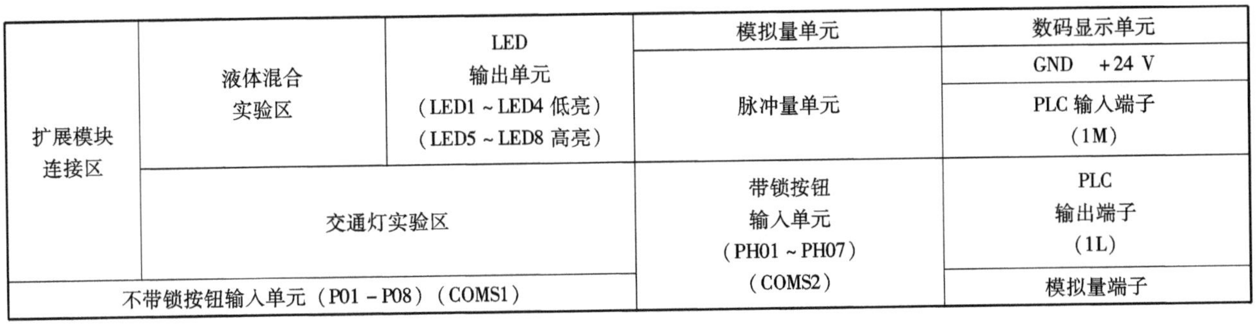

扩展模块连接区	液体混合实验区	LED 输出单元 （LED1～LED4 低亮） （LED5～LED8 高亮）	模拟量单元	数码显示单元
				GND　　+24 V
			脉冲量单元	PLC 输入端子 （1M）
	交通灯实验区		带锁按钮 输入单元 （PH01～PH07） （COMS2）	PLC 输出端子 （1L）
	不带锁按钮输入单元（P01－P08）（COMS1）			模拟量端子

图 8.5.1　PLC 实验箱操作区布局示意图

8.5.2　输入、输出接线端子单元介绍

实验箱端子与 PLC 按下面方法连接（出厂已连接好）。
PLC 开关量输入：接实验箱 DIGITAL INPUT 00…23，公共端接实验箱的 1M…4M；
PLC 开关量输出：接实验箱 DIGITAL OUTPUT 00…15，公共端接实验箱的 1L…2L；
PLC 模拟量：接实验箱 ANALOG，输入接 AIA…AID，输出接 AO1、AO2，公共端接实验箱的 COM。

8.5.3　开关量信号单元介绍

输入信号分为不带锁按键和带自锁按键，分别有 8 个和 7 个，共 15 个，按键按下时是高电平还是低电平由公共端决定，不带锁按键的公共端是 COMS1 接口，带自锁按键的公共端是 COMS2 接口。

输出信号是 2 组输出指示灯和一个蜂鸣器声音信号，其中一组指示灯的信号是低电平点亮，标识为 LED1～LED4，另一组指示灯的信号是高电平点亮，标识为 LED5～LED8。声音信号的接口标识为 BEEP，接通低电平信号时蜂鸣器响。

8.5.4　模拟量信号单元介绍

有两路模拟量输入信号源输出接口，范围均为从 -10～10 V，转动电位器 RW2 可以输出从 -10～10 V 之间的电压值，输出接口标识为 AMO1 接口和 AMO2 接口；有一路模拟量电压输出显示接口，标识为 AWO1，显示范围从 -10～10 V。

8.5.5　高速脉冲信号单元

一路脉冲量信号输出接口，标识为 PA 插孔，调节 RW1 和 RW2，PA 插孔接口输出 0～20 kHz 变化的脉冲。

第 9 讲

应变电测技术

在固体力学中,理论分析和实验分析是紧密相连的两部分,都是解决工程实际问题的重要手段。显然,理论分析和实验分析是相辅相成、互相促进的。随着科学技术的发展,人们分别以机械、声学、电学、光学原理为基础,研制出了多种有效的实验应力分析方法,其中应用最广泛、最经济有效的方法应属电阻应变测量技术。

9.1 应变电测法

应变电测法有广义和狭义的两种含义。广义应变电测法主要包括电阻应变计测试法、电容应变计测试法和电感应变计测试法等多种。其中电阻应变计测试方法最为常用,因此,常将应变电测法特指为电阻应变计测试法,即狭义的应变电测法。

电阻应变计测试技术起源于 19 世纪。1856 年,W·汤姆逊(W. Thomson)对金属丝进行拉伸试验,发现金属丝的应变与电阻的变化有一定的函数关系,惠斯通电桥可用来精确地测量这些电阻的变化。1938 年,E·西门斯(E. Simmons)和 A·鲁奇(A. Ruge)制出了第一批实用的纸基丝绕式电阻应变计。1953 年 P·杰克逊(P. Jackson)利用光刻技术,首次制成了箔式应变计,随着微光刻技术的进展,这种应变计的栅长可短到 0.178mm。1954 年,C·S·史密斯(C. S. Smith)发现半导体材料的压阻效应。1957 年,W·P·梅森(W. P. Mason)等研制出半导体应变计。现在,已研制出数万种适用于不同环境和条件的各种类型的电阻应变计。

电阻应变计习惯称为电阻应变片,简称应变计或应变片。出现于第二次世界大战结束的前后,已经有 70 多年的历史。电阻应变计的应用范围十分广泛,适用于航空、航天器、原子能反应堆、桥梁、道路、大坝、各种机械设备、建筑物等多种结构;适用于包括钢铁、铝、木材、塑料、玻璃、土石、复合材料等各种金属及非金属材料;不仅适用于室内实验、模型实验,还可以在现场对实际结构或部件进行测量,这是任何一种传感元件或传感器所不能比拟的。另外,它在结构和设备的安全监测方面也有广泛的应用前景。

电阻应变测试方法简称电测法,是用电阻应变计测定构件的表面应变,再根据应变–应力关系确定构件表面应力状态的一种实验应力分析方法。这种方法先将电阻应变片粘贴在被测构件上,当构件变形时,电阻应变片的电阻值将发生相应的变化,利用电阻应变仪(简称应变仪)将此电阻值的变化测定出来,再换算成应变值或者输出与此应变成正比的电压(或电流)信号,由记录仪记录下来,即可得到所测定的应变或应力。按照测试对象在工作条件下其应力是否随时间变动,电测法可分为静态应变测量和动态应变测量两种。

电阻应变测试方法的优点包括:

(1) 测量灵敏度和精度高。其最小应变读数可为 1 微应变($1\ \mu\varepsilon$,1 微应变 $= 10^{-6}$ mm/mm),在常温静态应变测量时,精度一般可达到 1%~2%,动态测量时,误差在 3%~5% 范围内。

(2) 测量范围广。可测 $\pm(1\sim2\times10^{4})\ \mu\varepsilon$;力的测量范围 $10^{-2}\sim10^{5}$ N。

(3) 频率响应好。可以测量从静态到数十万赫兹的动态应变。

(4) 应变片尺寸小。最小的应变片栅长可短到 0.178 mm,因此重量轻、安装方便、不会影响构件的应力状态,而且可进行应力梯度较大的应变测量。

(5) 由于测量过程中输出的是电信号,因此易于实现数字化、自动化及无线电遥测。

(6) 可在高温、低温、高速旋转及强磁场等环境下进行测量。

(7) 可制成各种传感器,测量力、位移、加速度等物理量。

(8) 适用于工程现场。

任何一种实验方法都不可避免有一定的局限性,电测法的缺点有:

(1) 通常只能测量构件表面的应变,而不能测构件内部的应变。

(2) 一个电阻应变片只能测定构件表面一个点沿某一个方向的应变,故不能进行全域性的测量。

(3) 只能测得电子应变片的栅长范围内的平均应变值,因此对应变梯度大的应力场测量误差较大。

(4) 易受外界环境(如温度)的影响。

9.2 电阻应变计的原理及使用

在自然界中,除超导体外的所有物体都有电阻,不同的物体电阻大小不同,物体电阻大小与物体的材料性能和几何形状有关,电阻应变计正是利用了导体电阻的这一特点。

电阻应变计的最主要组成部分是敏感栅,敏感栅可以看作一根电阻丝,其阻值会因材料的机械变形而发生改变,这种现象称为"应变-电阻效应"。

9.2.1 电阻应变片的工作原理

电阻应变片的工作原理是基于导体的"应变-电阻效应",也就是利用导体的电阻随机械变形而变化的物理性质,这一现象是开尔文爵士(Lord Kelvin)最先发现的。由物理学知道,对于长度为 L,横截面积为 S 和电阻率为 ρ 的均质导体,其电阻值 R 为:

$$R = \rho \frac{L}{S} \tag{9.2.1}$$

当导体受到机械拉伸(或压缩)变形时,其长度、截面积和电阻率都将发生变化,若用 Δ 表示变化量,这时电阻值的相应变化量为:

$$\Delta R = \Delta \rho \frac{L}{S} + \rho \frac{\Delta L}{S} - \rho L \frac{\Delta S}{S^2} \tag{9.2.2}$$

考虑(9.2.1)式,则电阻变化率为:

$$\frac{\Delta R}{R} = \frac{\Delta \rho}{\rho} + \frac{\Delta L}{L} - \frac{\Delta S}{S} \tag{9.2.3}$$

其中 $\Delta L/L$ 为导体长度的相对变化,即应变 ε;$\Delta S/S$ 为导体中横向应变所造成的截面面积的相对变化。若考虑直径为 D 的圆截面导线,则导线直径的相对变化(即横向应变)等于 $-\nu \Delta L/L$,其中 ν 为导线材料的泊松比,有:

$$\frac{\Delta S}{S} = -2\nu \frac{\Delta L}{L} + \nu^2 \left(\frac{\Delta L}{L}\right)^2$$

于是:

$$\frac{\Delta R}{R} = \frac{\Delta \rho}{\rho} + (1 + 2\nu) \frac{\Delta L}{L} - \nu^2 \left(\frac{\Delta L}{L}\right)^2 = \varepsilon \left[\frac{\Delta \rho}{\rho} \cdot \frac{1}{\varepsilon} + (1 + 2\nu - \nu^2 \varepsilon)\right]$$

上式中的最后一项 $\nu^2 \varepsilon$ 与中间两项 $(1+2\nu)$ 相比是小量,通常可以忽略。实验证明,对于一般的电阻丝材料,在弹性范围内,电阻率的相对变化 $\Delta \rho/\rho$ 和长度的相对变化 $\Delta L/L$(即应变 ε)成正比,即 $\frac{\Delta \rho}{\rho} \cdot \frac{1}{\varepsilon}$ 是常数。于是有:

$$\frac{\Delta R}{R} = K \cdot \varepsilon \tag{9.2.4}$$

这里:

$$K = \frac{\Delta \rho}{\rho} \cdot \frac{1}{\varepsilon} + (1 + 2\nu) \tag{9.2.5}$$

称为电阻丝的应变灵敏系数,它与电阻丝的材料有关。如已知电阻丝的 R 和 K,则试件的应变 ε 可根据测得的 ΔR 求得。

电阻应变片的种类很多,有丝绕式应变片、短接式应变片、箔式应变片、半导体应变片等,各种应变片各有优缺点。目前生产的电阻应变片的敏感栅大多数是用康铜合金制成的,这是因为康铜的应变灵敏系数在很大的范围内(0~8%)保持常数,甚至材料从弹性进入塑性状态时,K 值仍保持不变。另外,还有用恒弹性合金、卡玛合金、镍铬 V、铂钨、铁铬铝 D 合金等材料制成敏感栅的应变片。

9.2.2 电阻应变片的结构

电阻应变片主要由敏感栅、基底、覆盖层及引线组成,敏感栅用粘结剂粘在基底和覆盖层之间,一种丝绕式应变计的典型结构如图 9.2.1 所示。

1. 敏感栅

敏感栅是用合金丝或合金箔制成的栅,它能将被测构件表面的应变转换为电阻的相应变化。由于它非常灵敏,故称为敏感栅。敏感栅由纵栅与横栅两部分组成,纵栅的中心线称为应变片的轴线。敏感栅的尺寸用栅长 L 和栅宽 B 表示,如图 9.2.2 所示。栅长的尺寸一般为 0.2~100 mm。

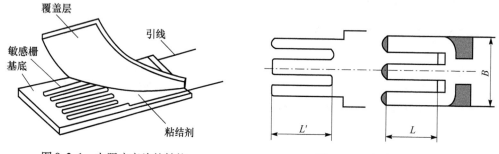

图 9.2.1 电阻应变片的结构　　图 9.2.2 敏感栅的尺寸

敏感栅是电阻应变片的核心组成部分,它的特性对电阻应变片性能有决定性的影响。经过实践探索,人们发展了多种敏感栅材料,包括金属、半导体和金属氧化物等,目前常用的有康铜合金、铜镍合金、镍铬合金、镍钼合金、铁基合金、铂基合金、钯基合金等。以金属材料为敏感栅的电阻应变片的灵敏系数大都在 2.0~4.0 之间;硅、锗等半导体材料由于具有压阻效应,也被用来做敏感栅材料,其灵敏系数大都在 150 左右,远高于以金属材料做敏感栅的电阻应变片。

通常对制造应变片敏感栅材料的主要要求有:

(1) 灵敏系数高,且在较大的应变范围内保持常数。

(2) 敏感栅材料的弹性极限要高于被测构件材料的弹性极限,以免在测试中因敏感栅先出现塑性变形而影响测试精度。

(3) 电阻率高,分散度小,随时间变化小。

(4) 电阻温度系数小,在宽的温度范围内保持不变;分散度小,对温度循环有完全的重复性;有足够的稳定性,以减少由温度变化而引起的测量误差。

(5) 延伸率高,耐腐蚀性好,疲劳强度高。

(6) 焊接性能好,易熔焊和电焊;对引线的热电势小。

(7) 加工性能好,以便制成细丝或箔片。

2. 基底

基底的作用是在应变片被安装到试件上之前,将敏感栅永久或临时安置于其上,同时还要使得敏感栅和粘贴应变片的试件之间相互绝缘。

对电阻应变片基底材料的一般要求包括:柔软并具有一定的机械强度,粘结性能和绝缘性能好,蠕变和滞后现象小,不吸潮,能在不同温度下工作等。常用的基底材料有:纸、胶膜、玻璃纤维布、金属等。

其中，纸基柔软并易于粘贴，应变极限大且价格低廉，但耐湿性和耐久性差，有厚纸基底和薄纸基底两种；胶膜由环氧树脂、酚醛树脂、聚酯树脂和聚酰亚胺等有机类粘结剂制成，柔软、耐湿性、耐久性均比纸好；无碱玻璃纤维布的耐湿性、机械强度和电绝缘性能都很好，耐化学药品，耐高温（400 ℃ ~ 450 ℃），多用作中温或高温应变片的基底，由它制成的应变片的刚度比胶膜基底大；不锈钢或耐高温合金等金属薄片或金属网可作为焊接式应变计的基底，焊接式应变计安装后不需要经过一般应变计粘贴时所需要的加温固化处理，但若要获得高的测量精度，在将应变计基底焊到试件上后需要进行热处理，以消除焊接时在金属基底和试件上产生的应力，金属薄片作基底的应变片刚度较大，会对试件产生增强效应，而金属网状基底的应变片增强效应则相对较小。临时基底型应变片可用金属薄片或合成纤维（如涤纶）制作框架制成，也可用乙烯基胶带作为临时基底。

3. 引线

电阻应变片的引线是从敏感栅引出的丝状或带状金属导线。通常引线是在制造应变片时就和敏感栅连接好而成为应变片的一部分，也有某些箔式应变片在出厂时不带引线。

引线应具有低而稳定的电阻率以及小的电阻温度系数。常温应变片的引线材料多用纯铜，为了便于焊接，可在纯铜引线的表面镀锡；中温应变片、高温应变片的引线可以在纯铜引线的表面镀银、镀镍、镀不锈钢，或者采用银、镍铬（或改良型）、镍、铁铬铝、铂或铂钨等作引线。高疲劳寿命的应变片可采用铍青铜作引线。

4. 盖层

电阻应变片的盖层用来保护敏感栅，使其避免受到机械损伤或防止高温下氧化。常用的是以制作基底的胶膜或浸含有机胶液（例如环氧树脂、酚醛树脂等）的玻璃纤维布作为盖层，也可在敏感栅上涂敷制片时所用的粘结剂作为保护层。盖层的材料包括纸、胶膜及玻璃纤维布等。

9.2.3 电阻应变片的分类

1. 根据许用的工作温度范围可分为常温、中温、高温及低温应变片

（1）高温应变片：350 ℃以上。
（2）中温应变片：60 ℃ ~ 350 ℃。
（3）常温应变片：-30 ℃ ~ 60 ℃。
（4）低温应变片：-30 ℃以下。

2. 根据基底材料可分为纸基、胶膜基底（缩醛胶基、酚醛基、环氧基、聚酯基、聚烯亚胺基等）、玻璃纤维增强基底、金属基底及临时基底等

3. 根据敏感栅材料可分为金属、半导体及金属或金属氧化物浆料等三类

（1）金属应变片：包括丝式（丝绕式、短接式）应变片、箔式应变片和薄膜应变片。

金属丝式应变片的敏感栅一般用直径0.01 ~ 0.05 mm的铜镍合金或镍铬合金的金属丝制成。其中丝绕式应变片由一根金属丝绕制而成，如图9.2.3所示，疲劳寿命和应变极限较高，可作为动态测试用传感器的应变转换元件，它多用纸基底和纸盖层，造价低、易于安装，但由于敏感栅横向部分为圆弧形，故横向效应大，测量精度较差，且形状不易保证相同，性能分散，在常温测量中正逐步被其他片种代替；短接式应变片用数根金属丝按一定间距平行拉紧，然后按栅长大小在横向焊以较粗的镀银铜线，再将铜导线相间地切割开来而成，如图9.2.4所示，由于在横向用粗铜导线短接，因而横向效应系数很小（<0.1%），这是它最大的优点，但由于它的焊点多，焊点处截面变化剧烈，因此疲劳寿命短。

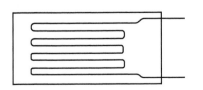
图9.2.3　丝绕式应变片

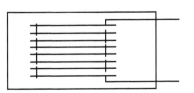
图9.2.4　短接式应变片

金属箔式应变片的敏感栅用厚度为 0.002～0.005 mm 的铜镍合金或镍铬合金的金属箔，采用刻图、制版、光刻及腐蚀等工艺过程而制成，如图 9.2.5 所示，基底是在箔的另一面涂上树脂胶，经过加温聚合而成，基底厚度一般为 0.03～0.05 mm，与丝绕式应变片相比，箔式应变片的敏感栅薄而宽，箔材与粘合层的接触面积大，粘贴牢固，利于变形传递，测量精度高，散热性好，允许通过较大电流，故可输出较强的信号以提高测量灵敏度，横向效应小；灵敏系数分散性小，蠕变小，疲劳寿命长，加工性能好，生产效率高。

金属电阻应变片还可按敏感栅的结构形状分类，包括：有一个敏感栅的用来测量单向应变的单轴应变片；将几个单轴敏感栅粘贴在同一基底上构成平行轴多栅、同轴多栅的便于测量构件表面应变梯度的单轴多栅应变片；以及有两个或两个以上轴线、相交成一定角度的敏感栅制成的多轴应变片，即应变花，可测定平面应变状态下构件某点处的应变分量。

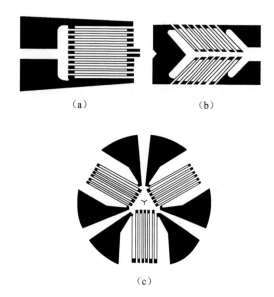

图 9.2.5　金属箔式应变片
(a) 单轴应变片；(b) 测扭矩应变片；
(c) 多轴应变片（应变花）

薄膜应变片的"薄膜"不是指用机械延压法得到的薄膜，而是用诸如真空蒸发、溅射、等离子化学气相淀积等薄膜技术得到的薄膜。它是通过物理方法或化学/电化学反应，以原子、分子或离子颗粒形式受控地凝结于一个固态物（即基底）上所形成的薄膜固态材料。其厚度约在数十埃至数微米之间。薄膜若按其厚度可分为非连续金属膜、半连续膜和连续膜，其工艺环节少，工艺周期较短，成品率高，因而获得广泛的应用。

（2）半导体应变片：包括体型、扩散型和薄膜半导体应变片。

硅、锗、锑化钢、磷化镓等半导体材料沿晶轴方向受到机械应力作用时电阻率也发生变化，这种特性称为压阻效应，电阻率的相对变化为：

$$\frac{\Delta\rho}{\rho} = \pi_L \sigma \tag{9.2.6}$$

式中，π_L 为压阻系数；σ 为机械应力。

若以 $\sigma = E\varepsilon$（E 为晶体材料的弹性模量，ε 为应变）代入式（9.2.5）和式（9.2.6），得灵敏系数：

$$K = 1 + 2\nu + \pi_L E \tag{9.2.7a}$$

由于压阻效应 $\pi_L E$ 远大于几何尺寸 $1+2\nu$ 改变的影响，故半导体应变片的灵敏系数简化为：

$$K = \pi_L E \tag{9.2.7b}$$

K 值取决于半导体材料的类型、杂质浓度、晶轴方向和温度等。同一种材料其灵敏系数随掺入的杂质（如硼、铝、锑、铟等）浓度及晶轴方向的不同而不同。半导体应变片有灵敏系数大、横向效应小、机械滞后小、体积小、便于制作小型传感器的特点；同时，它也有电阻值和灵敏系数温度稳定性差、压阻系数离散、拉伸和压缩的灵敏系数不同、大应变作用下灵敏系数非线性程度大等缺点。

（3）金属或金属氧化物浆料应变片：主要是厚膜应变片。

除此之外，为适应工程实际和某些力学实验的要求，还有一些特殊性能的应变片，包括：裂纹扩展应变片、疲劳寿命应变片、大应变量应变片、双层应变片、防水应变片、屏蔽式应变片等。

9.2.4　电阻应变片的工作特性

表达电阻应变片的性能及其特点的数据或曲线，称为应变片的工作特性。常温应变片的主要工作特性包括：应变片的电阻值、灵敏系数、横向效应系数、机械滞后、零漂、蠕变、应变极限、疲劳寿命、绝缘电阻、温度特性和最大工作电流。

1. 应变片的电阻值

应变片的电阻值是指应变片在室温环境、未经安装且不受力的情况下测定的电阻值。主要根据测量对象和测量仪器要求选定应变片的电阻值。推荐的应变片电阻系列为 60 Ω、120 Ω、200 Ω、350 Ω、500 Ω、

1 000 Ω。在允许通过同样工作电流的情况下，选用较大的应变片电阻，可以提高应变片的工作电压，以达到较高的测量灵敏度。由于电阻应变仪和其他常用应变测量仪器测量电桥的桥臂电阻习惯上按 120 Ω 设计，故 120 Ω 应变片最常用。

2. 应变片的灵敏系数

应变片的灵敏系数是指：当应变片粘贴在处于单向应力状态的试件表面上，且其纵向（敏感栅纵线方向）与应力方向平行时，应变片的电阻变化率与试件表面贴片处沿应力方向的应变（即沿应变片纵向的应变）的比值，即：

$$K = \frac{\Delta R}{R} \Big/ \varepsilon$$

式中，K 为应变片的灵敏系数；ε 为试件表面测点处与应变片敏感栅纵线方向平行的应变；$\Delta R/R$ 为由 ε 所引起的应变片电阻的相对变化。

应变片的灵敏系数主要取决于敏感栅材料的灵敏系数，但两者又不相等，主要有两个原因：以丝式应变片为例，由于横栅的存在，使制成敏感栅后的灵敏系数小于丝材的灵敏系数，差别的大小与敏感栅的结构形式和几何尺寸有关；试件表面的变形通过基底和粘结剂传递给敏感栅，由于端部过渡区的影响又使应变片的灵敏系数小于敏感栅的灵敏系数，此差数不仅与基底和粘结剂的种类及厚度有关，还受粘结剂的固化程度以及应变片的安装质量的影响。因此应变片的灵敏系数是受多种因素影响的综合指标，不能通过理论计算得到，而是由生产厂家经抽样在专门的设备上进行标定试验来确定，并于包装上注明其平均名义值和标准误差。常用应变片的灵敏系数为 2.0～2.4。

3. 应变片的横向效应系数

应变片的敏感栅中除了有纵向丝栅外，还有圆弧形或直线形的横栅。横栅既对应变片轴线方向的纵向应变敏感，又对垂直于轴线方向的横向应变敏感。对于沿试件轴向粘贴的应变片，其敏感栅的纵向部分由于试件轴向伸长而引起电阻值增加，其敏感栅的横向部分由于试件横向缩短而引起电阻值减小，从而，将一根直的金属丝绕成敏感栅后，虽然长度不变，粘贴处的应变状态亦相同，但应变片敏感栅的电阻值变化比单根金属丝的电阻值变化小，因此应变片的灵敏系数比单根金属丝的灵敏系数要小。这种由于敏感栅感受横向应变而使应变片灵敏系数减小的现象，称为应变片的横向效应。横向与纵向灵敏系数的比值，被称为横向效应系数，可用它来衡量应变片横向效应的大小。横向效应系数的大小除主要取决于敏感栅的型式和几何尺寸，还与应变片的基底、粘结剂以及制片时的工艺质量有关。不同种类的应变片，其横向效应的影响也不同，丝绕式应变片的横向效应系数最大，箔式应变片次之，短接式应变片的横向效应系数最小（常在 0.1% 以下）。一般应变片的横向效应系数值在 0.1%～5%。

4. 应变片的机械滞后

在恒定温度下，对安装应变片的试件加载和卸载，其加载和卸载曲线不重合，这种现象称为应变片的机械滞后。应变片的机械滞后量用加载和卸载两过程中电阻应变仪的指示应变值之差的最大值来表示。机械滞后主要由敏感栅、基底和粘结剂在承受机械应变之后留下的残余变形所致。制造或安装应变片时，若敏感栅受到不适当的变形，粘结剂固化不充分，或应变片在较高的温度下工作时，都会使机械滞后增加。

5. 应变片的零点漂移和蠕变

在恒定温度下，即使被测构件未承受应力，应变片的指示应变也会随时间的增加而逐渐变化，这一变化称为零点漂移，或简称零漂。若温度恒定且应变片承受恒定的机械应变，这时指示应变随时间的变化称为蠕变。零漂和蠕变只有当应变片用于较长时间测量时才起作用，实际上，它们同时存在，在蠕变值中包含着同一时间内的零漂值。应变片在常温下使用时，产生零漂的主要原因有敏感栅通入工作电流之后产生的温度效应、在制造和安装应变片过程中所造成的内应力以及粘结剂固化不充分等。随着工作温度的升高，零漂主要是敏感栅材料的逐渐氧化、粘结剂和基底材料性能的变化等所致。高温下工作的应变片，敏感栅材料氧化速度迅速增加，并出现合金中某些元素挥发的现象，材料电阻率发生变化，会使应变片产生很大的零漂。

蠕变主要由于胶层在传递应变开始阶段出现"滑动"造成，胶层愈厚，弹性模量愈小，"滑动"现象越明显，产生的蠕变也越大。

6. 应变片的应变极限

应变片的应变极限指在恒定温度下，对安装有应变片的试件逐渐加载，指示应变与测试构件真实应变的相对误差不超过一定数值（通常规定为 10%）时的真实应变值。实际上，应变极限是表示应变片在不超过规定的非线性误差时，所能够工作的最大真实应变值。

大多数敏感栅材料的灵敏系数在弹性范围内变化很小，因此，一般情况下，决定应变极限大小的主要因素有：

（1）粘结剂和基底材料传递应变的性能。

（2）引线与敏感栅焊点的布置形式。

（3）应变片的安装质量。

选用抗剪强度较高的粘结剂和基底材料、制造和安装应变片时控制基底和粘结剂层不要太厚、适当的固化处理等都有助于获得较高的应变极限。

工作温度升高会使应变极限明显下降，中温和高温应变片在极限工作温度下的应变极限均低于常温应变片。

7. 应变片的疲劳寿命

应变片的疲劳寿命指在恒定幅值的交变应力作用下，应变片连续工作，直至产生疲劳损坏时的循环次数。当应变片出现以下三种情形之一时即可认为是疲劳损坏：

（1）敏感栅或引线发生断路。

（2）应变片输出幅值变化 10%。

（3）应变片输出波形上出现穗状尖峰。

要提高应变片的疲劳寿命，须特别注意引线与敏感栅之间的连接方式和焊点质量。

8. 应变片的绝缘电阻

应变片的绝缘电阻指敏感栅及引线与被测试件间的电阻值。

绝缘电阻过低会造成应变片与试件之间漏电而产生测量误差。当安装在试件上的应变片通入工作电流后，绝缘电阻可认为是每段栅丝与"地"之间许多小电阻的并联值。由于并联电路的分流作用，使通过敏感栅的电流变小。绝缘电阻越低分流作用越大，通过敏感栅上的电流越小，致使测量灵敏度降低，影响测量结果。

绝缘电阻下降将使应变片的指示应变比实际应变值偏小。但从对测量精度的影响来看，对绝缘电阻要求并不很高，只有在低于 0.01 MΩ 之后，测量误差才急剧增加。

绝缘电阻下降，将使一部分电流分流到试件，引起的另一个不良后果是零点漂移。

提高绝缘电阻的途径方法是：选用绝缘性能良好的粘结剂和基底材料，使其经过充分的固化处理，使得提高应变片绝缘电阻的同时不增加蠕变和机械滞后。

9. 应变片的温度特性

应变片的温度特性分为：热输出和热滞后。

（1）热输出

当应变片安装在可以自由膨胀的试件上，且试件不受到外力作用，若环境温度不变，则应变片的应变为零。若环境温度变化，则应变片产生应变输出。这种由于温度变化而引起的应变输出，称为应变片的热输出。

产生应变片热输出的原因主要有：

① 应变片敏感栅材料本身的电阻温度系数引起的。

② 由于敏感栅与试件材料的线膨胀系数不同，使敏感栅产生附加变形。

当环境温度变化 Δt 时，应变片的电阻变化率为：

$$\frac{\Delta R_t}{R} = [\alpha + K_s(\beta_m - \beta_s)]\Delta t$$

式中，α 为敏感栅材料的电阻温度系数（1/℃）；β_m 为试件材料的线膨胀系数（1/℃）；β_s 为敏感栅材料的线膨胀系数（1/℃）；K_s 为敏感栅丝的灵敏系数；R 为应变片的电阻值（Ω）。

温度改变产生的热输出为:

$$\varepsilon_\mathrm{t} = \frac{1}{K}\left(\frac{\Delta R_\mathrm{t}}{R}\right) = \frac{1}{K}[\alpha + K_\mathrm{s}(\beta_\mathrm{m} - \beta_\mathrm{s})]\Delta t$$

式中，K 为应变片的灵敏系数。应变片的热输出一般用温度每变化 1 ℃ 时的输出应变值来表示。

(2) 热滞后

如果应变片在升温和降温情况下循环工作，会发现若在室温和极限工作温度之间升高或降低温度时，应变片的升温热输出曲线和降温热输出曲线不重合，在某一温度下，升温和降温曲线间的这个差值称为应变片的热滞后。

10. 应变片的最大工作电流

应变片的最大工作电流指允许通过敏感栅而不影响工作特性的最大电流值。应变片接入测量线路，会有一定的电流通过敏感栅，部分能量转换为热能会使应变片升温，增加工作电流虽然能够增大应变片的输出信号而提高测量灵敏度，但如果由此产生太大的温升，不仅会使应变片的灵敏系数发生变化，零漂和蠕变值增加明显，有时还会烧坏应变片。

9.2.5　电阻应变片的粘结剂

电阻应变片的粘结剂也就是应变胶粘剂，简称应变胶，是用于制作电阻应变片基底材料、覆盖层和粘贴应变片所用的各种胶粘剂的总称，在性能要求方面与一般工业用结构胶和日用粘合剂有所不同，它是直接影响电阻应变测试精度的关键材料之一。

电阻应变片诞生初期，用赛璐珞胶（即硝酸纤维素）把细丝粘结在纸基底上，再在上面覆盖 1 mm 厚的毡，其作用是防止外部机械损伤和防潮。1951 年美国研制出用于高温应变计的无机系胶粘剂，1955 年 Eastman 公司发明了划时代的氰基丙烯酸酯系胶粘剂（即现在常用的快干胶），不仅简化了应变片的安装方法，也适用于多种基底和被粘结构。20 世纪 60 年代末到 70 年代，随着电阻应变片在称重传感器方面的应用不断扩大，人们对传感器用应变片的基底和粘合剂进行了研究和改进，出现了更为优良的酚醛胶、环氧胶、环氧-酚醛胶以及聚酰亚胺胶等。

使用应变片进行测试时，试件的变形是借助于应变胶传递到敏感栅上的，应变胶的传递性能将直接影响测量精度和稳定性。应变片的粘结剂应有以下性能：强度高；切变模量高；塑性变形小；蠕变小；滞后现象小；在温度、水分和其他物质作用下稳定性好，在温度、湿度变动下体积稳定；耐老化；在长期动应变测量中有很好的耐疲劳性能；对试件和敏感栅没有腐蚀性；在各种条件下都有高绝缘电阻；对试件有良好的粘结力，且固化内应力小；粘贴操作方便，固化迅速，固化温度低；对使用者没有毒害或毒害小。当然，没有哪一种应变胶完全符合这些要求，在使用中要根据具体要求和温度范围有重点地选择。

胶粘剂就其在应变片中的应用有三种情况：基底材料、表面覆盖层材料和贴片。有些胶粘剂如酚醛-缩醛胶、环氧胶等可完成上述三种功能，而有些胶粘剂，如 α-氰基丙烯酸酯系和磷酸盐水泥胶等，则只能做贴片胶。

应变片若以固化形式分类可分为溶剂挥发型、化学作用固化型和热固型等；根据使用环境可分为低温（-60 ℃ ~ -269 ℃）、常温（-40 ℃ ~ 80 ℃）、中温（80 ℃ ~ 350 ℃）、高温（350 ℃ 以上）、水下、核辐射、强磁场及真空等环境；也可分为有机系和无机系胶粘剂两大类。

9.2.6　电阻应变片的常规使用技术

在应变测量中，只有正确选用和安装使用应变片，才能保证测量精度和可靠性，达到预期的测试目的。

1. 电阻应变片的选择

电阻应变片的一般选用原则是：

(1) 根据测试的环境条件选择。包括：环境温度、湿度、磁场环境。如在潮湿环境中应选用防潮性能好的胶膜应变片，如酚醛-缩醛、聚酯胶膜应变片等，并采取适当的防潮措施；在强磁场的作用下，敏感栅会伸长或缩短，使应变片产生输出，此时敏感栅材料应采用磁致伸缩效应小的镍铬合金或铂钨合金。

（2）根据被测构件的应变状态选择。包括：应变分布梯度、应变性质。当应变沿试件轴线均匀分布时可选用任意栅长的应变片；对应变梯度大的构件进行测试时，应视具体情况选用栅长小的应变片；对静态应变测量，温度变化是产生误差的重要原因，如有条件，可针对具体试件材料选用温度自补偿应变片；对动态应变测量，应选用疲劳寿命高的应变片，如箔式应变片。

（3）根据被测构件的材料性质选择。若被测构件为弹性模量较高（如金属材料）的均质材料，则对应变片无特殊要求；若被测构件为非均质材料（如木材、混凝土等），则应选用栅长较大的应变片，以消除因材料不均匀而带来的影响。用于混凝土表面应变测量的应变片的栅长一般应比颗粒的直径大四倍以上。

（4）根据应变片的尺寸选择。应变片的尺寸选择根据试件的材料和应力状态，以及允许粘贴应变片的面积而定。在试件的应力集中区域，或允许粘贴面积很小的情况下，选用栅长≤1 mm的应变片。对于塑料等导热性差的材料，一般选用栅长大的应变片。应变片的尺寸越小对粘贴的质量要求越高，因此，在确保测量精度和有足够安装面积的前提下，选用栅长较大的应变片为宜，另外，若用于动态应变测量，则选择应变片的栅长时还应考虑应变片对频率响应等要求。

（5）根据应变片的电阻值选择。应变片电阻值的选择一般根据测试仪器对应变电阻值和测量应变灵敏度的要求及测试条件而定，应变分析测试常用的电阻应变仪通常按应变片电阻值为（120 ± 5）Ω进行设计，因此，应力分析测试时普遍选用电阻值为120 Ω的应变片。而传感器上通常选用高电阻值（如350 Ω、500 Ω、1 000 Ω 甚至 5 000 Ω）的应变片，因为这样可以提高稳定性或输出灵敏度。有时，为减少应变片引线和连接导线的电阻对应变片应变灵敏度的衰减作用，或为了提高动态应变测量的信噪比，也选用高电阻值的应变片。

（6）根据测试精度选择。一般认为以胶膜为基底、铜镍合金或镍铬合金为敏感栅材料的应变片性能较好，它具有精度高、长时间稳定性好及防潮性能好等优点。

2. 电阻应变片的粘贴

应变片的粘贴过程如下：

（1）检查和分选应变片

包括外观检查和阻值测量：应变片的外形检查，即检查应变片中各部位是否有损伤、折断发生，片内是否夹有气泡或霉变现象，敏感栅有无锈斑，引线是否牢固，等等；检测应变片电阻值的目的是检查应变片是否存在断路、短路现象，并按阻值进行分选，保证使用的应变片的电阻误差不超过允许范围（这个范围通常在 ± 0.1 Ω），可事先用精度较高的欧姆表或采用直流电桥对其进行检测，以免因同组使用的应变片的阻值误差太大而造成测量结果欠准；检查应变片上是否标有中心线，若无，则应在其基盖上补画出纵、横线条，这样可方便粘贴应变片。

（2）粘贴表面的准备

打磨：构件表面待测点需经打磨。用砂纸、锉刀等工具将试件贴片位置的油污、漆层、锈迹除去，再用细砂纸打成45°交叉纹以增加粘结力，打磨后表面应平整光滑、无锈点。

画线：被测点精确地用钢针画好十字交叉线以便定位。

清洗：用浸有丙酮的药棉清洗待测部位表面，清除油垢灰尘，保持清洁干净。

（3）贴片

将选好的应变片背面均匀地涂上一层粘结剂，胶层厚度要适中，然后将应变片的十字线对准构件待测部位的十字交叉线，轻轻校正方向，然后盖上一张玻璃纸，用手指朝一个方向滚压应变片，挤出气泡和过量的胶水，保证胶层尽可能薄而均匀，检查有无气泡、挠曲、脱胶等现象，如影响测量时，应重贴。适当时间后，由应变片无引线一端开始向有引线一端揭开玻璃纸，用力方向尽量与粘结表面平行。

（4）固化

应变计粘贴好后应有足够的粘结强度以保证与试件共同变形。此外，应变计和试件间应有一定的绝缘度，以保证应变读数的稳定。为此，在贴好片后就需要进行干燥处理，处理方法可以是自然干燥或人工干燥。如气温在20 ℃以上、相对湿度在55%左右时，用502胶水粘贴，采用自然干燥即可。人工干燥可用红外线灯或电吹风进行加热干燥，烘烤时应适当控制距离，注意应变计的温度不得超过其允许的最高工作温度，以防应变计底基烘焦损坏，另外，加温速度不能太快，以免产生气泡。

(5) 测量导线的焊接与固定

待粘结剂初步固化后即可焊接导线。常温静态应变测量时，导线可采用直径 0.1~0.3 mm 的单丝纱包铜线或多股铜芯塑料软线。

为防止在导线被拉动时应变片引出线被拉坏，一般应使用接线端子。接线端子相当于接线柱，使用时先用胶水把它粘在应变片引出线前端，然后把应变计引出线及导线分别焊于接线端子的两端，以保护应变片。常温应变片均用锡焊，为了防止虚焊，必须除尽焊接端的氧化皮、绝缘物，再用酒精、丙酮等溶剂清洗，焊接要准确迅速。

已焊好的导线应在试件上沿途固定。固定方法有用胶布粘、用胶粘（如502胶粘）等。

(6) 检查

对已充分固化并已接好导线的应变片，在正式使用前必须进行质量检查。除对应变片作外观检查外，还应检查应变片是否粘贴良好、贴片方位是否正确、有无短路和断路、绝缘电阻是否符合要求（一般不低于 100 MΩ）等；用万用表的电阻挡检查应变片有无短路、断路现象，如不能排除故障则重贴；用兆欧表检查应变片与试件之间的绝缘度，低于 100 MΩ 时，则用红外线灯烘烤至合格。

(7) 电阻应变片的防护

为避免胶层吸收空气中的水分而降低绝缘电阻值，应在应变计接好线并且绝缘电阻达到要求后，立即对应变计进行防潮处理。防护方法的选择取决于应变片的工作条件、工作期限及所要求的测量精度。对于常温应变片，常采用硅橡胶密封剂防护方法。这种方法是用硅橡胶直接涂在经一般清洁处理的应变片周围，在室温下经12~24小时即可粘合固化，放置时间越长，粘合效果越好。硅橡胶使用方便、防潮性能好、附着力强、储存期长、耐高低温、对应变片无腐蚀作用，但强度较低。另外，环氧树脂、石蜡或凡士林也可做防潮保护材料。常用的简易的防潮剂可用703、704硅胶。完成后的效果如图9.2.6所示。

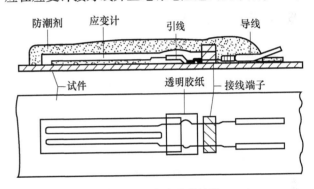

图 9.2.6 应变片的粘贴

9.3 电阻应变仪及其测量电桥原理

以上主要对电阻应变片进行了较详细的介绍，但电阻应变片只是电测法中的一个主要元件，仅能将应变量转换成电阻的变化，还需将其接入适当的测量电路中才能测得这个变化，以达到测量构件应变、应力的目的，这些就是电阻应变仪的工作。

电阻应变仪按照所能测量的应变频率（即工作频率）分类，可以分为：静态电阻应变仪、静动态电阻应变仪（200 Hz 以内应变测量）、动态电阻应变仪（5 000 Hz 以内动态应变测量）、超动态电阻应变仪（爆炸、冲击等瞬态应变测量）。除了上述类型外，还有用于静态应变测量的静态多点自动应变测量装置、遥测应变仪等。

电阻应变仪一般采用两种电路：电位计式电路和惠斯通电桥电路。这里仅介绍常用的惠斯通电桥电路。

9.3.1 惠斯通电桥

由于电阻应变片在测试过程中的电阻变化极其微小，而且其电阻变化并不全由应变变化引起，惠斯通电桥可消除其他因素对应变测试的影响。使用多片电阻应变片（通常为两片或四片）组成的惠斯通电桥，可以将微小的电阻相对变化值（如 120 Ω 变化为 120.03 Ω）转化为电阻的绝对变化值（如 0.03 Ω）。不使用惠斯通电桥时，将电阻阻值转换为电压信号后，由于基数很大已不能作大倍数的放大；而使用惠斯通电桥后，可以使用数百倍甚至数千倍的放大器进行电压放大，从而对测量仪表的分辨率及精度要求就可大大降低。要注意的是，尽管应变片是电阻元件，但当电桥供电是交流电源时，线间电容的影响不能忽略，因此桥臂不能看作是纯阻性的，这将使推导变得复杂。而直流电桥和交流电桥的基本原理是相同的，为了能用简单的方式说明问题，这里仅对直流电桥的工作原理进行分析。

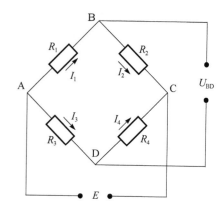

图9.3.1 惠斯通电桥

供桥电压为直流电压的惠斯通电桥如图9.3.1所示，设电桥各桥臂电阻分别为 R_1、R_2、R_3、R_4，其中任一桥臂都可以是电阻应变片。电桥的 A、C 为输入端，接直流电源 E，B、D 为输出端，输出电压为 U_{BD}。在大多数仪器中，电桥的输出端接到放大器的输入端，现代集成电路放大器的输入阻抗往往都在 10 MΩ 以上，这种用法中电桥的输出电流小到可以忽略不计，输出端可看作开路，故 $I_1 = I_2$。

从 ABC 半个电桥来看，A、C 间的电压为 E，流经 R_1 的电流为：

$$I_1 = E/(R_1 + R_2) \tag{9.3.1}$$

R_1 两端的电压降为：

$$U_{AB} = I_1 R_1 = R_1 E/(R_1 + R_2) \tag{9.3.2}$$

同理，R_3 两端的电压降为：

$$U_{AD} = I_3 R_3 = R_3 E/(R_3 + R_4) \tag{9.3.3}$$

因此可得到电桥输出电压为：

$$U_{BD} = U_{AB} - U_{AD} = R_1 E/(R_1 + R_2) - R_3 E/(R_3 + R_4)$$
$$= (R_1 R_4 - R_2 R_3) E/(R_1 + R_2)(R_3 + R_4) \tag{9.3.4}$$

由上式可知，当：

$$R_1 R_4 = R_2 R_3 \tag{9.3.5}$$

（或 $R_1/R_2 = R_3/R_4$）时，输出电压 U_{BD} 为零，电桥平衡。

设电桥的四个桥臂与粘在构件上的四枚电阻应变片连接，当构件变形时，其电阻值的变化分别为：$R_1 + \Delta R_1$、$R_2 + \Delta R_2$、$R_3 + \Delta R_3$、$R_4 + \Delta R_4$，此时电桥的输出电压为：

$$U_{BD} = E \frac{(R_1 + \Delta R_1)(R_4 + \Delta R_4) - (R_2 + \Delta R_2)(R_3 + \Delta R_3)}{(R_1 + \Delta R_1 + R_2 + \Delta R_2)(R_3 + \Delta R_3 + R_1 + \Delta R_1)} \tag{9.3.6a}$$

注意到电桥最初处于平衡，即满足 (9.3.5) 式，又 $\frac{\Delta R_i}{R_i}$（$i=1, 2, 3, 4$）一般均很小（只有 10^{-3} 的量级），$\frac{\Delta R_i}{R_i}$（$i=1, 2, 3, 4$）高阶项可略去，经整理、简化并略去高阶小量，得：

$$U_{BD} = E \frac{R_1 R_2}{(R_1 + R_2)^2}(\Delta R_1/R_1 - \Delta R_2/R_2 - \Delta R_3/R_3 + \Delta R_4/R_4) \tag{9.3.6b}$$

当四个桥臂电阻值均相等时，即：$R_1 = R_2 = R_3 = R_4 = R$，且它们的灵敏系数均相同，则将关系式 $\Delta R/R = K\varepsilon$ 带入上式，则有电桥输出电压为：

$$U_{BD} = \frac{E}{4}(\Delta R_1/R_1 - \Delta R_2/R_2 - \Delta R_3/R_3 + \Delta R_4/R_4) \tag{9.3.6c}$$

根据应变片的应变变化与电阻应变率的关系，若应变片的灵敏系数为 K，即 $\frac{\Delta R_i}{R_i} = K\varepsilon_i$（$i=1, 2, 3, 4$），则输出电压为：

$$U_{BD} = \frac{K U_{AC}}{4}(\varepsilon_1 - \varepsilon_2 - \varepsilon_3 + \varepsilon_4) \tag{9.3.6d}$$

电阻应变仪的读数应变为：

$$\varepsilon_d = \varepsilon_1 - \varepsilon_2 - \varepsilon_3 + \varepsilon_4 = \frac{4U_{BD}}{EK} \tag{9.3.7}$$

式中，ε_1、ε_2、ε_3、ε_4 分别为 R_1、R_2、R_3、R_4 感受的应变值。(9.3.6d) 式表明电桥的输出电压与各桥臂应变的代数和成正比。应变 ε 的符号由变形方向决定，一般规定拉应变为正，压应变为负。由 (9.3.7) 式可知，电桥具有以下基本特性：两相邻桥臂电阻所感受的应变 ε 代数值相减；而两相对桥臂电阻所感受的应变 ε 代数值相加。这种作用也称为电桥的加减性。利用电桥的这一特性，正确地布片和组桥，可以提高测量的灵敏度、减少误差、测取某一应变分量和补偿温度影响。

9.3.2 温度的影响与补偿

测量时，被测构件和所粘贴的应变片的工作环境是具有一定温度的。当温度变化明显时，应变片的电阻值会发生改变，被测构件材料由于热胀冷缩也将产生附加应变，应变片将产生不能忽略的热输出。显然，热输出不包含因受载而产生的应变，也就是说，即使结构在不承载或无约束状态下，热输出仍然存在。因此，当结构承受载荷时，这个应变就会与由载荷引起的应变混合在一起，对测量结果产生影响。

温度引起的应变大小有可能与构件的实际应变大小相当。例如，采用镍铬丝的电阻应变片粘贴在钢构件上进行应变测量时，若温度升高 1 ℃，ε_t 即可达到 70 $\mu\varepsilon$，因此，在电测中消除温度的影响是一个十分重要的问题。

测量应变片既传递被测构件的机械应变，同时也传递环境温度变化引起的应变，若将两个应变片接入电桥的相邻桥臂，或将四个应变片分别接入电桥的四个桥臂，根据电桥相邻桥臂的应变片应变相减的特性，若每个应变片的 ε_t 相等，即要求应变片相同，被测构件材料相同，所处温度场相同，则电桥输出中就可以消除 ε_t 的影响，这就是桥路补偿法或称温度补偿片法。

桥路补偿法可分为两种：补偿块补偿法和工作片补偿法。补偿块的材料与被测构件相同，但不受外力，将其置于构件被测点附近，使补偿片与工作片处于同一温度场中。工作片补偿法在同一被测试件上粘贴几个工作应变片，将它们适当地接入电桥中（比如相邻桥臂），当试件受力且测点温度变化时，每个应变片的应变中都包含外力和温度变化引起的应变，根据电桥基本特性，在应变仪的读数应变中能消除温度变化引起的应变，得到所需测量的应变，工作应变片既参与工作又起到了温度补偿的作用，若在试件上能找到温度相同的几个贴片位置，而且它们的应变关系已知，就可以用工作片补偿法进行温度补偿。在高温条件下，若桥路补偿法已无法消除温度影响，则一般采用温度自补偿电阻应变片，它是用电阻温度系数为正值和负值的两种电阻丝串联或控制电阻温度系数而制成的应变片，当环境温度变化时，电阻增量相互抵消，使得减少或消除温度应变的影响。

9.4 应变片在电桥中的接线方法

应变片在测量电桥中，利用电桥的基本特性，可用各种不同的接线方法达到温度补偿，从复杂的变形中测出所需要的应变分量，以及提高测量灵敏度和减少误差的目的。

1. 半桥接线方法（1/4 桥）

① 半桥单臂测量如图 9.4.1 (a) 所示：电桥中只有一个桥臂接工作应变片（常用 AB 桥臂），而另一桥臂接温度补偿片（常用 BC 桥臂），CD 和 DA 桥臂接应变仪内标准电阻。考虑温度引起的电阻变化，按公式 (9.3.7) 可得到应变仪的读数应变为：

$$\varepsilon_d = \varepsilon_1 + \varepsilon_{1t} - \varepsilon_{2t} \tag{9.4.1}$$

由于 R_1 和 R_2 温度条件完全相同，因此 $(\Delta R_1/R_1)_t = (\Delta R_2/R_2)_t$，即 $\varepsilon_{1t} = \varepsilon_{2t}$，而且固定电阻因温度和工作环境变化产生的电阻相等且很小，即 $\Delta R_3 = \Delta R_4 = 0$，$\varepsilon_3 = \varepsilon_4 = 0$，所以电桥的输出电压只与工作片引起的电阻变化有关，与温度变化无关，应变仪的读数为：

$$\varepsilon_d = \varepsilon_1 \tag{9.4.2}$$

② 半桥双臂测量如图 9.4.1（b）所示：电桥的两个桥臂 AB 和 BC 上均接工作应变片，CD 和 DA 两个桥臂接应变仪内标准电阻。因为两工作应变片处在相同温度条件下，$(\Delta R_1/R_1)_t = (\Delta R_2/R_2)_t$，$\varepsilon_{1t} = \varepsilon_{2t}$，所以应变仪的读数为：

$$\varepsilon_d = (\varepsilon_1 + \varepsilon_{1t}) - (\varepsilon_2 + \varepsilon_{2t}) = \varepsilon_1 - \varepsilon_2 \tag{9.4.3}$$

由桥路的基本特性，自动消除了温度的影响，无需另接温度补偿片。

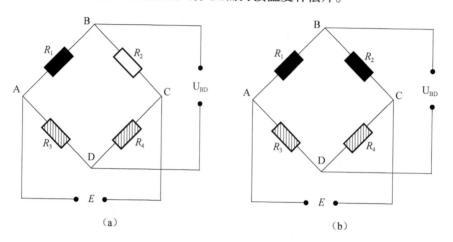

图 9.4.1 半桥电路接线法
(a) 半桥单臂测量；(b) 半桥双臂测量

2. 全桥接线法

① 对臂测量如图 9.4.2（a）所示：电桥中相对的两个桥臂接工作片（常用 AB 和 CD 桥臂），另两个桥臂接温度补偿片。此时，四个桥臂的电阻处于相同的温度条件下，相互抵消了温度的影响。应变仪的读数为：

$$\varepsilon_d = (\varepsilon_1 + \varepsilon_{1t}) - \varepsilon_{2t} - \varepsilon_{3t} + (\varepsilon_4 + \varepsilon_{4t}) = \varepsilon_1 + \varepsilon_4 \tag{9.4.4}$$

② 全桥测量如图 9.4.2（b）所示：电桥中的四个桥臂上全部接工作应变片，由于它们处于相同的温度条件下，相互抵消了温度的影响。应变仪的读数为：

$$\varepsilon_d = \varepsilon_1 - \varepsilon_2 - \varepsilon_3 + \varepsilon_4 \tag{9.4.5}$$

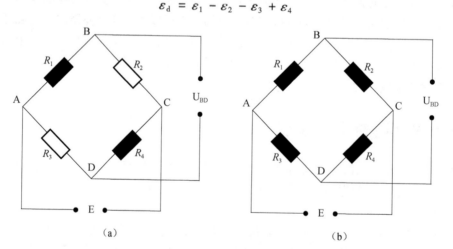

图 9.4.2 全桥电路接线法
(a) 相对桥臂测量；(b) 全桥测量

3. 串联和并联式接线法

① 串联式接线法如图 9.4.3（a）所示：在 AB 桥臂中串联了 n 个阻值为 R 的应变片，则总阻值为 nR，每个应变片的电阻改变分别为 $\Delta R'_1$，$\Delta R'_2$，$\cdots$，$\Delta R'_n$ 时，应变片的读数应变为：

$$\varepsilon_1 = \frac{1}{K}\left(\frac{\Delta R_1}{R_1}\right) = \frac{1}{K}\frac{(\Delta R'_1 + \Delta R'_2 + \cdots + \Delta R'_n)}{nR} = \frac{1}{n}(\varepsilon'_1 + \varepsilon'_2 + \cdots + \varepsilon'_n) \tag{9.4.6}$$

由上式可知串联接线后桥臂的应变为各个应变片应变的平均值,这一特点在实际测量中具有实用价值,串联后桥臂电阻增多,在限定电流下可以提高供桥电压,相应地使应变片读数应变增大。

② 并联接线法如图 9.4.3（b）所示：若在 AB 桥臂上并联 n 个阻值为 R 的应变片，各应变片的电阻改变量分别为 $\Delta R_1'$, $\Delta R_2'$, ⋯, $\Delta R_n'$，桥臂电阻和桥臂电阻的改变量分别为：

$$R_1 = \frac{R}{n}, \quad \Delta R_1 = \frac{1}{\dfrac{1}{\Delta R_1'} + \dfrac{1}{\Delta R_2'} + \cdots + \dfrac{1}{\Delta R_n'}}$$

桥臂应变为：

$$\varepsilon_1 = \frac{1}{K}\left(\frac{\Delta R_1}{R_1}\right) = \frac{1}{K}\left(\frac{\dfrac{1}{\dfrac{1}{\Delta R_1'} + \dfrac{1}{\Delta R_2'} + \cdots + \dfrac{1}{\Delta R_n'}}}{\dfrac{R}{n}}\right) = \frac{n}{\dfrac{1}{\varepsilon_1'} + \dfrac{1}{\varepsilon_2'} + \cdots + \dfrac{1}{\varepsilon_n'}}$$

当 $\Delta R_1' = \Delta R_2' = \cdots = \Delta R_n' = \Delta R'$ 时，各个应变片的应变都相同时，桥臂的应变就等于并联的单个应变片的应变值。并联后桥臂电阻减小，在通过应变片的电流不超过最大工作电流的条件下，电桥输出电流可相应地提高 n 倍，对于直接用电流表或记录仪器是有利的。

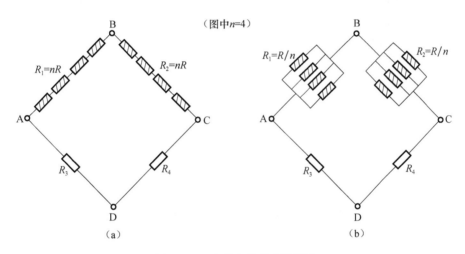

图 9.4.3　串联和并联式接线法
(a) 串联式；(b) 并联式

4. 桥臂系数

同一个被测量值，其组桥方式不同，应变仪的读数 ε_d 也不相同。定义测量出的应变仪的读数 ε_d 与待测应变 ε 之比为桥臂系数，因此桥臂系数 B 为

$$B = \varepsilon_d / \varepsilon \tag{9.4.7}$$

从以上对各种接线方法的介绍可知，采用不同的布片方案的接桥方式，所得的读数应变是不同的，或者说被测试件的应变与应变仪的读数应变间的关系是不同的，因此，实际应用中应根据具体情况和要求灵活应用。一般原则是在满足一定测量要求的基础上，使布片方案和接线方式尽可能简单，并能取得较高的读数应变为宜。

9.5　静态应变测量系统

前面的介绍让我们了解了电测法、电阻应变片、电阻应变仪的原理，具备了电测法的基本知识，本节根据静态测量介绍测点选择、布片、接桥的原则等一些基本问题。这些问题对于静态和动态测量都是适用的。实际上，一个完整的静态电阻应变测量系统应该包括用于感应构件变形的应变片、电阻平衡箱、静态电阻应变仪和记录仪器四部分。

9.5.1 测点的选择和布片

在工程结构的应变测量中,合理正确地选择测点是必须首先解决的问题。测点位置选择不恰当或选点数量不足,就不能达到测试的预期目的。若测试对象的结构、形状或受力形式比较复杂,就要根据力学理论,再结合实践经验,按测试目的选择测点。测点选择通常考虑以下几个方面:

(1) 首先对构件进行受力分析,估计它的大体变形情况,并简化成可以粗略计算的力学简图。然后,在此基础上,设想其应力分布情况,以确定危险点位置。最后根据受力分析、实践经验及易损部位等选定测点。

(2) 对于构件容易发生应力集中的孔、槽或截面尺寸有急剧变化的地方,测点应适当布置多一些。

(3) 若最大应力难以确定,或需要了解截面应力分布规律,或需要了解构件曲线段应力过渡情况等,一般是在欲测的部分均匀布置多个测点(5~7个)。

(4) 可以利用结构和载荷的对称性,以及结构边界上的特殊情况来选择测点位置,以便减少测点。

(5) 为了避免偶然误差,可在不受力或已知应力和变形的位置安排测点,以便测时进行监视和比较,检查测试结果的正确性。

9.5.2 布片的依据

测点选定后,就要考虑测点应变片的布置。布片的主要依据是测点的应力状态。若是单向应力状态,沿着应力方向粘贴电阻应变片即可;若处于平面应力状态,两个主方向已知,则沿两个主方向粘贴应变片即可,若主方向未知,则必须根据情况粘贴应变花。

9.5.3 接桥方法

掌握接桥方法是电测的基本要求。正确的接桥不仅可以提高灵敏度,减少测量误差,实现温度补偿,还可以达到在杆件组合变形下测取某一应变部分的目的,从而大大减少测试工作量。现以两种常见的构件受力方式举例说明如下。

例1 对于弯曲变形的杆件,横截面上的正应力分布如图 9.5.1 所示。若截面对中性轴对称,则最大拉压应力相等。这时,我们可以把应变片贴在杆上、下两侧(由于是单向应力状态,故各贴一片即可),采用半桥连接,将 R_1 接入 AB 桥臂,R_2 接入 BC 桥臂,R_3、R_4 为仪器上的固定电阻。如果假设 $R_1 = R_2 = R_3 = R_4 = R$,则由电桥输出的电压的关系式为:

$$U_{BD} = \frac{U}{4}\frac{\Delta R_1 - \Delta R_2}{R} = \frac{U}{4}K(\varepsilon_1 - \varepsilon_2)$$

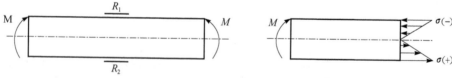

图 9.5.1 弯曲正应变测量

其中:

$$\varepsilon_1 = -\varepsilon, \quad \varepsilon_2 = +\varepsilon$$

故:

$$U_{BD} = \frac{U}{4}K(-2\varepsilon)$$

由上可知,这样接桥的应变仪上的读数为 -2ε,是实际需测应变的 2 倍,即:

$$实际应变 = \frac{仪器读数}{2}$$

-2ε 中的负号表示主片（指接在 AB 桥臂上的应变片）为压应变；反之，如果将 R_2 和 R_1 的接桥位置互换，则读数为 $+2\varepsilon$。

这样的贴片、接桥测量，也正好消除了温度的影响。

另外，如果我们在梁的上、下表面，分别并列粘贴两个应变片，如图 9.5.2 所示，并进行全桥连接，这样，从应变仪上得到的读数是实际应变的 4 倍，即：

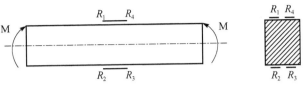

图 9.5.2 弯曲正应变测量

$$U_{BD} = \frac{U}{4}\frac{\Delta R_1 - \Delta R_2 - \Delta R_3 + \Delta R_4}{R} = \frac{U}{4}K(\varepsilon_1 - \varepsilon_2 - \varepsilon_3 + \varepsilon_4)$$

其中：

$$\varepsilon_1 = \varepsilon_4 = -\varepsilon, \quad \varepsilon_2 = \varepsilon_3 = +\varepsilon$$

故：

$$U_{BD} = \frac{U}{4}K(-4\varepsilon)$$

则温度的影响也被消除。

例 2 弯曲与拉伸（或压缩）的组合变形。

实际测量中所遇到的杆件经常有两种或两种以上的变形同时存在，即处于较复杂的受力状态。往往需要单独测其中某一种变形成分，或需要对组合变形的各个成分进行测量。这时，我们可以利用电桥的特性，通过采用不同的接桥方法来达到目的。

图 9.5.3 表示一偏心受压立柱，由力学分析知，在弹性范围内，它相当于轴向压缩和纯弯曲的叠加，因而是一个组合变形的杆件。轴向压缩正应力 $\sigma_{压} = -P/A$，在截面上均匀分布。纯弯曲正应力 $\sigma_{弯} = \pm My/I$，在截面两侧为最大，即 $\sigma_{弯} = \pm M/W$（设截面对中性轴对称；其中：I 为截面对中性轴的惯性矩，W 为抗弯截面系数）。叠加后，最大、最小应力产生在立柱两侧的边缘上，为：

$$\sigma_{1,2} = -\sigma_{压} \pm \sigma_{弯} = -\frac{P}{A} \pm \frac{M}{W}$$

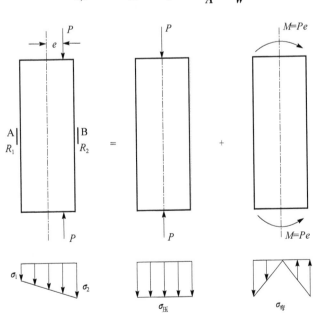

图 9.5.3 压弯组合变形

应力分布情况如图 9.5.3。因此，我们就在立柱的左右两侧分别贴应变片 R_1、R_2。根据力学分析和叠加原理，显然，在 A 点处，应变片 R_1 所测应变为：

$$\varepsilon_1 = -\varepsilon_{压} + \varepsilon_{弯}$$

同理在 B 点：

$$\varepsilon_2 = -\varepsilon_{\text{压}} - \varepsilon_{\text{弯}}$$

这样，可以通过采取不同的接桥方式来单测压缩或单测弯曲。假设 $R_1 = R_2 = R_3 = R_4 = R$，当要测由弯曲引起的应变而消去由压缩引起的应变时，可以采用半桥连接，将应变片 R_1、R_2 分别接入 AB、BC 桥臂，则：

$$U_{BD} = \frac{U}{4} \frac{\Delta R_1 - \Delta R_2}{R} = \frac{U}{4} K(\varepsilon_1 - \varepsilon_2) = \frac{U}{4} K(2\varepsilon_{\text{弯}})$$

由上式可知，应变读数等于由弯曲引起的应变值的 2 倍，由于 R_1、R_2 分别接在桥臂上，温度的影响也被消除。

当需要单测由压缩引起的应变而需要消去由弯曲引起的应变时，需要另用补偿块，上面贴温度补偿片 R_3、R_4，可采用半桥接线（当然也可以用全桥接线），将 R_1、R_2 串联接在 AB 桥臂上，R_3、R_4 串联接在 BC 桥臂上，则：

$$U_{BD} = \frac{U}{4} \frac{(\Delta R_1 + \Delta R_2) - (\Delta R_3 + \Delta R_4)}{2R}$$

由于：

$$\Delta R_1 = \Delta R_{1\text{弯}} + \Delta R_{1\text{压}} + \Delta R_{1t}$$
$$\Delta R_2 = \Delta R_{2\text{弯}} + \Delta R_{2\text{压}} + \Delta R_{2t}$$
$$\Delta R_3 = \Delta R_{3t}$$
$$\Delta R_4 = \Delta R_{4t}$$

式中，下标"弯"和"压"分别表示由弯曲和压缩变形引起的电阻变化，下标"t"表示由温度引起的电阻变化，且 $\Delta R_{1t} = \Delta R_{2t} = \Delta R_{3t} = \Delta R_{4t}$，因此：

$$U_{BD} = \frac{U}{4} \frac{(\Delta R_{1\text{弯}} + \Delta R_{1\text{压}} + \Delta R_{2\text{弯}} + \Delta R_{2\text{压}})}{2R}$$

又因：

$$\Delta R_{1\text{弯}} = -\Delta R_{2\text{弯}}$$
$$\Delta R_{1\text{压}} = \Delta R_{2\text{压}} = -\Delta R_{\text{压}}$$

所以：

$$U_{BD} = \frac{U}{4} \frac{(-2\Delta R_{\text{压}})}{2R} = \frac{UK}{4}(-\varepsilon_{\text{压}})$$

上式表示应变仪上的读数等于由压缩引起的应变值，其弯曲部分及温度影响均已消除。

9.5.4 多点测量问题

在进行静态测量中，往往会遇到一个机器或结构上要贴几十或几百个应变片，要用一台或多台应变仪对很多的测点进行测量。这时，如果只靠应变仪本身去轮流测量这些测点，不仅工作量很大，工作时间拖延很长，而且对测量的准确性、稳定性都有影响。解决多点测量的方法很多，如静态多点自动应变测量装置，还有普遍使用的预调平衡箱。

目前常用的多点测量方法，是将应变片按需要接在预调平衡箱上，然后再把平衡箱和静态应变仪连接，电阻应变仪和电脑连接，通过软件就可以实现多测点、长时间的应变测量和记录，而不需要进行通道的切换。不再详述。

9.6 动态电阻应变测量系统

动态信号的采集需要采用动态测量系统。动态电阻应变测量的基本原理与静态测量相同，有关应变测量的点位及方位的确定、测量电桥的组成、温度效应的补偿、应变片的粘贴及防护、测量导线的连接与固定等工作，均可按与静态测量时相同的方法进行。动态测量仪器的选用，应根据被测信号的类型、特点及测量要求来确定。对于一般的机械工程中频率在 10 kHz 以下的动应变，均可以采用动态电阻应变仪进行测量。而超动态电阻应变仪可以测量应变变化频率高达几千赫兹至几个兆赫兹的动态应变，如高速冲击、爆炸等。选择应变片时，应考虑应变片的频率响应与疲劳寿命。

动态应变测量系统由电阻应变片、（超）动态电阻应变仪、数据采集处理系统（安装在微机上）组成。

随着实验技术和计算机技术的发展，一些传统的动态应变记录仪器逐渐退出了历史的舞台。例如，笔式记录仪、光线示波器、磁带记录器等记录仪器都已经很少使用。

第 10 讲

光测弹性技术

光测弹性学方法简称光弹性法,从 1816 年布儒斯特(David Brewster)观察到透明非晶体材料的人工双折射现象算起,至今已有近 200 年的历史。随着 19 世纪工业的发展,光学仪器和透明塑料的产生使这种方法得以应用和发展而形成一门独立学科。

光弹性法是一种应用光学原理的应力测试方法,它以实验为手段去研究结构物中的应力、应变和位移等力学量。现代光弹性法是结合了力学、光学、数学、电子和计算机技术的一门交叉学科,除了在机械、水利、土木等传统行业中有广泛的应用,在国防、航空航天工业中是一种不可或缺的测试手段,在新兴的电子、纳米材料、生物力学、运动力学等方面也正在发挥越来越重要的作用,它的发展与现代高科技的发展息息相关,是实验力学学科中的一个重要分支。

10.1 光弹性法的基本原理

光弹性法利用专门的光学材料制成与实际受力构件几何形状相似的模型,使其承受与原构件相似的载荷,然后置于偏振光场中,模型上即显出与应力有关的干涉条纹图形。通过分析计算即可得知模型内部及表面各点的应力大小和方向。真实构件的应力可由相似理论换算求得。

光弹性法的主要特点是直观性强,可靠性高,可以直接观察构件的全场应力分布情况,分析位移、应力和应变,特别是对理论计算较为困难的形状和载荷复杂并有应力集中的构件,光弹性法更显得有效。它能直接看到应力集中部位,能准确地测出应力集中系数,从而为改进设计,提高结构性能提供依据。利用光弹性法不仅能获得模型边界的应力分布,还能获得模型内部各截面的应力分布;不仅能得到二维应力分布情况,还可以得到三维应力分布情况。光弹性法的测量精度可以达到波长量级,通过差分方法还可提高到波长的 1/1 000(nm)量级,另外,利用光弹性法还可进行无损检测,因为大部分光测方法都是非破坏性的,很多光测图像是通过照相、摄像等方式获得资料信息,不需在结构物上直接安装传感器或其他测试装置,是非接触式测量也是非破坏性测量。

10.1.1 光学基本知识

1. 光波

根据现代光学理论,认为光的能量是以波动或粒子流的形式传递,在光弹性测试法中,一切光学现象均采用波动理论来解释,即认为光是一种电磁波,在垂直于传播方向的平面内振动,是一种横波。在光学均匀介质中传播的光波可用正弦波来描述,如图 10.1.1 所示:

$$u = a\sin(\omega t + \varphi_0) \quad (10.1.1)$$

式中,u 为光矢量,a 为振幅,ω 为圆频率,φ_0 为初相位,$\omega t + \varphi_0$ 为 t 瞬时的相位。

如以光程表示,则光矢量可以表示为:

$$u = a\sin\frac{2\pi}{\lambda}(vt + \Delta_0) \quad (10.1.2)$$

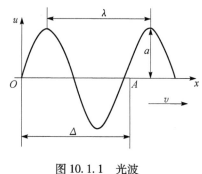

图 10.1.1 光波

式中，λ 为光波在介质中的波长，v 为光波在介质中的传播速度，Δ_0 为 $t=0$ 时的光程，$vt+\Delta_0$ 为 t 瞬时的光程。

如图 10.1.1 所示中若 O、A 两点的光程差为 Δ，则这两点振动的相位差为：

$$\varphi = 2\pi \frac{\Delta}{\lambda} \text{ 或 } \Delta = \frac{\lambda}{2\pi}\varphi \tag{10.1.3}$$

2. 自然光和偏振光

日常所见的光是由无数个互不相干的光波组成的，光矢量始终在垂直于光的传播方向的平面内振动，振动方向可取平面内任何可能的方向，哪个方向也不占优势，即在所有可能的方向上振幅都相等，这种光称为自然光，日光、白炽灯光都是自然光。图 10.1.2（a）是用光矢量表示的单色自然光。

若光波只在与传播方向正交的某一平面内振动，且振动方向始终不变，则称为平面偏振光，图 10.1.2（b）为一单色平面偏振光，其光矢量端点轨迹为一条直线。还有一类偏振光，它的光矢量振动方向随时间规则变化，光矢量端点的轨迹在垂直于传播方向平面内的轨迹呈圆形或椭圆形，这种光称为圆偏振光或椭圆偏振光，平面偏振光可用自然光通过某种特殊透明介质，使其振动被限制在一个确定的方向

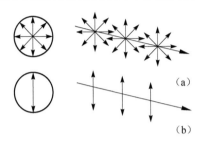

图 10.1.2　自然光及偏振光
（a）自然光；（b）偏振光

来产生。这种用来产生偏振光的元件称作起偏器或偏振片。光振动所在平面称为振动平面，与之垂直的平面称为偏振平面，振动平面与偏振片的交线称为偏振轴。常见的获得平面偏振光的元件有尼科尔棱镜（方解石晶体制成）和人造偏振片（二同色性偏振片），当光矢量通过两个偏振方向一致的偏振片时光强最大，称为明场；当光矢量通过两个偏振方向正交的偏振片时光被完全遮挡，称为暗场。

3. 光波的干涉

人们对光的明暗感觉取决于光强 I，I 大则明，I 小则暗。光强 I 是由光的能量决定的，它与振幅 a 的平方成正比，即 $I=Ka^2$，式中，K 为一个常数。

当两束或两束以上光波相遇时，在其重叠区域将产生干涉。产生干涉现象必须满足如下条件：两光波是在同一平面内振动且向同一方向传播的偏振光；两光波的振动频率相同，相位差不变。这样的两束光称为相干光，相干光一般由同一光源发出的光经分解后获得。

设两束相干光波，其方程为：

$$u_1 = a_1 \sin(\omega t + \varphi_1)$$
$$u_2 = a_2 \sin(\omega t + \varphi_2)$$

当它们相遇时，其合成光波方程为：

$$u = u_1 + u_2 = A\sin(\omega t + \beta) \tag{10.1.4}$$

其中：

$$A = \sqrt{a_1^2 + a_2^2 + 2a_1 a_2 \cos\varphi}$$
$$\beta = \arctan \frac{a_1 \sin\varphi_1 + a_2 \sin\varphi_2}{a_1 \cos\varphi_1 + a_2 \cos\varphi_2}$$
$$\varphi = \varphi_1 - \varphi_2$$

两相干光合成后仍为平面偏振光，合成光的振动平面和频率不变，合成光的光强为：

$$I = KA^2 = K(a_1^2 + a_2^2 + 2a_1 a_2 \cos\varphi) \tag{10.1.5}$$

当相位差 $\varphi = 2n\pi$（$n=0,1,2,3,\cdots$）时，$\cos\varphi = 1$，光强最大：

$$I_{\max} = K(a_1 + a_2)^2$$

当相位差 $\varphi = (2n+1)\pi$（$n=0,1,2,3,\cdots$）时，$\cos\varphi = -1$，光强最小：

$$I_{\min} = K(a_1 - a_2)^2$$

4. 双折射

当光波由一种介质射入另一种介质时发生折射，入射角 i 和折射角 R 有如下关系：

$$\frac{\sin i}{\sin R} = \frac{v_1}{v_2} = n_{21} \tag{10.1.6}$$

式中,v_1,v_2 分别为光波在 1,2 两种介质中传播速度,n_{21} 为介质 2 对介质 1 的相对折射率。

光在光学各向同性和各向异性的晶体中传播情况不同,对于光学各向同性透明介质,光学性质在各个方向都相同,光波不论沿哪个方向都以同一速度传播,只有一个折射率,一束光入射时只产生一束折射光。还有许多晶体的光学性质随方向而异,入射的光束被分解为两束折射光,如图 10.1.3 所示,两束折射光的传播速度不同,这种现象称为双折射。由实验可知,这两束光均为平面偏振光,它们在两个相互垂直的平面内振动,在晶体内的传播速度也不同。其中一束遵守折射定律,折射率与光的入射方向无关,称为寻常光或 o 光,折射率用 n_o 来表示;另一束不遵守折射定律,折射率随光入射方向的不同而不同,称为非寻常光或 e 光,折射率用 n_e 来表示。具有这种双折射现象的晶体称为光学各向异性晶体。这种晶体中有的方向不发生双折射,即一束光沿此方向入射时,出射光束仍为一束,此方向只有一个折射率 n_o,这个方向称为晶体的光轴。只有一个光轴的晶体称为单晶体(如方解石、石英),有两个光轴的晶体称为双晶体(如云母)。从晶体中沿平行于光轴方向切取的薄片称为波片,当光线垂直入射波片时,入射光被分成两束平面偏振光,其中 o 光的振动方向与光轴垂直,e 光的振动方向则沿光轴,如图 10.1.4 所示,由于两束光在波片中的传播速度不同,因此射出时存在光程差,o 光快于 e 光,波片上对应于 o 光和 e 光振动方向的轴线分别称为波片的快轴和慢轴,出射时产生的光程差为 1/4 个波长的波片称作 1/4 波片。

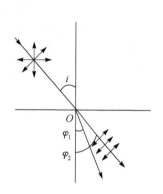
图 10.1.3 光的双折射

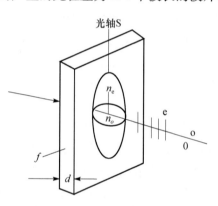
图 10.1.4 波片

5. 圆偏振光

如图 10.1.5 所示,沿光线传播方向,光波波列上各点光矢量的横向振动方向是一个旋转量,各点光矢量的端点在垂直于传播方向平面内的投影是一个圆,这种偏振光称为圆偏振光。

圆偏振光可通过如下方法获得:由双折射晶体切取一波片,将一束平面偏振光垂直射入波片,光波被分解成两束振动方向互相垂直的平面偏振光 o 光和 e 光,o 光比 e 光较快地通过波片,两束光射出波片时产生一个相位差,这两束光传播方向一致,频率相同,振幅可以不等,设其光波方程分别为:

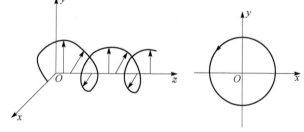
图 10.1.5 圆偏振光的传播

$$u_1 = a_1 \sin \omega t \tag{10.1.7a}$$
$$u_2 = a_2 \sin(\omega t + \varphi) \tag{10.1.7b}$$

式中,a_1,a_2 分别为两束光的振幅,若两束光的相位差恰好为 $\varphi = \pi/2$,则:

$$u_1 = a_1 \sin \omega t \tag{10.1.7c}$$
$$u_2 = a_2 \sin\left(\omega t + \frac{\pi}{2}\right) = a_2 \cos \omega t \tag{10.1.7d}$$

$$\frac{u_1^2}{a_1^2} + \frac{u_2^2}{a_2^2} = 1 \tag{10.1.7e}$$

若 $a_1 = a_2 = a$，则：
$$u_1^2 + u_2^2 = a^2 \tag{10.1.8}$$

光路上任一点合成光矢量末端轨迹符合此方程的即为圆偏振光，光矢量端点轨迹是一条螺旋线，在 $x-y$ 平面内的投影为一个圆。

为了满足产生圆偏振光条件，即射出波片的两束振动方向相互垂直的平面偏振光的振幅相等、相位差为 $\pi/2$，可将一束平面偏振光入射到具有双折射特性的波片并使入射的平面偏振光与分解后的相互垂直的两束平面偏振光振动方向都成 45°，则分解后的两束平面偏振光振幅相等，如图 10.1.6 所示。另外，适当调整波片厚度使射出的两束平面偏振光的相位差刚好为 $\pi/2$，即光程差为入射光波长的 1/4（$\Delta = \lambda/4$）时，就能满足形成圆偏振光的条件，此时的波片即 1/4 波片。

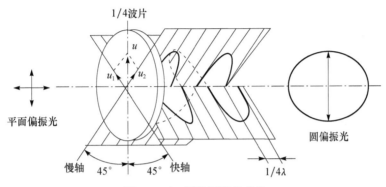

图 10.1.6 圆偏振光的产生

6. 人工双折射和平面应力 – 光学定律

天然的各向异性晶体（如方解石、石英等）的双折射现象是其固有的特性，且为永久折射。有些各向同性的透明非晶体材料，如环氧树脂、有机玻璃、聚碳酸酯等，在自然状态下不会发生双折射，但当其受到载荷作用而产生应力时，就会像晶体一样表现出光学各向异性，产生双折射现象，而且光轴方向与主应力方向重合，去掉载荷后，双折射现象也随之消失，这种现象称为暂时双折射或人工双折射，光弹性法就利用了这种暂时双折射效应。

当一束平面偏振光垂直射入受二向应力的模型时，光波即沿模型上入射点的两个主应力方向分解成两束平面偏振光，这两束平面偏振光在模型内的传播速度不同，通过模型后产生光程差 Δ，如图 10.1.7 所示。

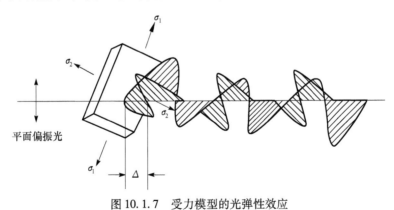

图 10.1.7 受力模型的光弹性效应

实验证明，模型上任一点的主应力折射率有下列关系：
$$\left.\begin{array}{l}n_1 - n_2 = A\sigma_1 + B\sigma_2 \\ n_2 - n_0 = A\sigma_2 + B\sigma_1\end{array}\right\} \tag{10.1.9a}$$

式中，n_0 为无应力时模型材料的折射率，n_1，n_2 分别为光束通过模型材料时振动方向为 σ_1，σ_2 方向的一束平面偏振光的折射率，A，B 为模型材料的应力光学系数。

消去 n_0，并令 $C = A - B$，得到：
$$n_1 - n_2 = (A - B)(\sigma_1 - \sigma_2) = C(\sigma_1 - \sigma_2) \tag{10.1.9b}$$

式中，C 为模型材料的相对应力光学系数。

设沿 σ_1，σ_2 方向振动的两束平面偏振光在模型内的传播速度分别为 v_1，v_2，它们通过模型的时间分别为 $t_1 = \dfrac{h}{v_1}$，$t_2 = \dfrac{h}{v_2}$，h 为模型的厚度，当其中一束光刚从模型通过时，其前面的一束已在空气中前进了一段距离，即：

$$\Delta = v(t_1 - t_2) = v\left(\dfrac{h}{v_1} - \dfrac{h}{v_2}\right) \tag{10.1.9c}$$

式中，v 为光波在空气中的速度，Δ 为两束平面偏振光以不同速度通过模型产生的光程差。

若以折射率 n_1，n_2 表示，考虑到 $n_1 = \dfrac{v}{v_1}$，$n_2 = \dfrac{v}{v_2}$，代入 (10.1.9c) 有：

$$\Delta = h(n_1 - n_2) = Ch(\sigma_1 - \sigma_2) \tag{10.1.10}$$

这就是平面应力-光学定律，由式 (10.1.10) 式可知，当模型厚度一定时，只要找出光程差（或相位差）就可以求出该点的主应力差。模型材料的 C 值可以通过一定的方法来测定，从而把一个求主应力差的问题转换为一个光程差（或相位差）问题，可以通过平面偏振光装置，用光的干涉原理测得光程差（或相位差）。

10.1.2 光弹性法

1. 平面偏振光通过受力模型后的光弹性效应

平面偏振光光弹性仪的基本元件布置，如图 10.1.8（a）所示，它由光源、偏振片及受力模型三部分组成，光源可为白光或单色光，单色光一般采用钠光灯即黄光，通常用凹透镜将扩散光束变为平行光束。前一块偏振片称为起偏镜，偏振轴用 P 表示，另一块称为检偏镜，偏振轴用 A 表示。

当起偏镜检偏镜的偏振轴互相垂直时形成暗场，当两个偏振轴互相平行时形成明场，受力模型由具有暂时双折射性质的透明材料制成，放于两偏振片之间，并由专门的加载装置加载，设受力模型中任一点 O 的主应力为 σ_1，σ_2，其中 σ_1 与偏振轴 P 的夹角为 ψ，如图 10.1.8（b）所示，单色光通过起偏镜后为平面偏振光，有：

$$u = a\sin \omega t \tag{10.1.11a}$$

垂直入射到受力模型表面后，由于暂时双折射现象，沿主应力方向分解为两束平面偏振光。

沿 σ_1 方向：

$$u_1 = a\sin \omega t\cos \psi \tag{10.1.11b}$$

沿 σ_2 方向：

$$u_2 = a\sin \omega t\sin \psi \tag{10.1.11c}$$

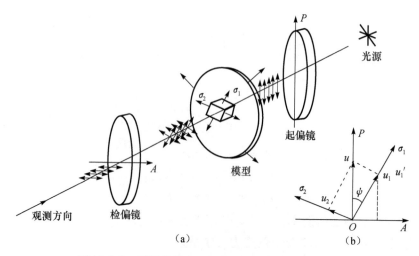

图 10.1.8 平面偏振光通过受力模型后的光弹性效应
(a) 基本元件布置；(b) 光弹性效应

这两束平面偏振光在受力模型中传播速度不同，通过受力模型后产生相对光程差 Δ 或相位差 δ，通过受力模型后的两束光为：

$$u'_1 = a\sin(\omega t + \delta)\cos\psi \tag{10.1.11d}$$

$$u'_2 = a\sin\omega t\sin\psi \tag{10.1.11e}$$

u'_1，u'_2 到达检偏镜后只有平行于检偏轴 A 的振动分量能通过，通过检偏镜后的合成光波为：

$$u_3 = u'_1\sin\psi - u'_2\cos\psi = a\sin 2\psi\sin\frac{\delta}{2}\sin\left(\omega t + \frac{\delta}{2}\right) \tag{10.1.11f}$$

u_3 仍为一平面偏振光，其振幅为 $a\sin 2\psi\sin\frac{\delta}{2}$。由于光强与振幅平方成正比，光强 I 为：

$$I = K\left(a\sin 2\psi\sin\frac{\delta}{2}\right)^2 \tag{10.1.12}$$

用光程差表示，由 $\delta = 2\pi\frac{\Delta}{\lambda}$ 可知：

$$I = K\left(a\sin 2\psi\sin\frac{\pi\Delta}{\lambda}\right)^2 \tag{10.1.13}$$

式中，K 为常数，当光强 $I = 0$ 时，从检偏镜后看到的受力模型 O 点将是暗点，从上式可看出 $I = 0$ 有三种可能，即：$a = 0$，$\sin 2\psi = 0$，$\sin\frac{\pi\Delta}{2} = 0$。若 $a = 0$ 表明无光源，无意义，下面讨论其他两种情况：

第一种情况：$\sin 2\psi = 0 \Rightarrow \psi = 0$ 或 $\psi = 2\pi$

这表示该点主应力的方向与偏振轴方向重合，该点为暗点，一系列这样的暗点构成一黑色条纹，由于这黑色条纹上各点的主应力方向都与此时的偏振轴重合，它们有相同的倾角，故称之为等倾线。

一般说来，受力模型内各点的主应力方向不同，但是连续变化的，如果同时转动起偏镜和检偏镜并使其偏振轴始终保持正交，则可以看到等倾线在连续移动，即起偏镜和检偏镜一起转过某一个相同的角度，会得到一组相应的等倾线，此时等倾线上各点的主应力方向与新的偏振轴向重合。因此，以各种角度同步转动起偏镜和检偏镜，将得到各种对应角度的等倾线，通常取垂直或水平方向作为基准方向，反时针同步转动起偏镜和检偏镜，每转 θ 角可得到一组等倾线，在这组等倾线上，每一点的主应力方向将与垂直或水平线成 θ 角，倾角 θ 是度量等倾线的参数，称为等倾线角。

第二种情况：$\sin\frac{\pi\Delta}{\lambda} = 0 \Rightarrow \frac{\pi\Delta}{\lambda} = N\pi \Rightarrow \Delta = N\lambda$，$N = 0, 1, 2, \cdots$

这表明当光程差 Δ 等于单色光波长的整数倍时，检偏镜后的出射光也将消失而成黑点。在受力模型中，满足光程差等于同一整数倍波长的各点将连成一条黑色干涉条纹，由 $\Delta = Ch(\sigma_1 - \sigma_2)$ 可知，该干涉条纹上各点将有相同的主应力差值，故称为等差线。由于 $N = 0, 1, 2, \cdots$ 都满足消光条件，故在检偏镜后将呈现一系列黑色条纹，为区别，对应地称 0 级、1 级、2 级、……等差线。N 称为等差线条纹级数，N 级等差线上的主应力差值为：

$$\sigma_1 - \sigma_2 = \frac{\Delta}{Ch} = \frac{N\lambda}{Ch}$$

令 $f = \frac{\lambda}{C}$，得：

$$\sigma_1 - \sigma_2 = f\frac{N}{h} \tag{10.1.14}$$

f 为与光源波长和受力模型材料有关的常数，称为受力模型材料的条纹值，单位为 (N/m)/级，f 的物理意义是：对于一定波长的光源，使单位厚度模型产生一级等差线所需的主应力差值。f 由实验测得。

确定了各点处的等差线级数，就可以由（10.1.14）式算出该点的主应力差值，条纹级数值越大表明该点处的主应力差值越大。

由上可知，受力模型在平面偏振光场中呈现两种不同性质的黑色干涉条纹，一种为等倾线，另一种为等差线。利用等倾线可以测取模型上各点的主应力方向，利用等差线能够测得模型上各点的主应力差值，两者是光弹性测试的原始资料，在平面偏振光场中，受力模型的等差线和等倾线同时出现和消失，它们彼此重叠互相干扰。为了识别两种干涉条纹，可以同步转动起偏镜和检偏镜，随着镜片转动而变位置的黑色条纹是等倾线，不动的是等差线；或者在加载方式不变的情况下，改变模型所加载荷大小，随着载荷而变化的条纹是等差线，不变的是等倾线；另外，最明显的是用白光做光源时，等差线呈现鲜艳的彩色条纹，而等倾线则始终是黑色条纹。

在等差线与等倾线重叠的区域中，等差线模糊不清，给观察带来困难。为便于观察，当分析等倾线时，可以减小所加载荷，使模型上只出现少数的等差线，使等倾线更清晰；当分析等差线时，可以把受力模型置于圆偏振光场中，这时等倾线不出现，可以单独获得等差线。

2. 圆偏振光通过受力模型后的光弹性效应

为了消除等倾线，得到清晰的等差线条纹图，可采用双正交的圆偏振布置（暗场），如图 10.1.9 所示，各镜轴及应力主轴的相对位置如图 10.1.10 所示。

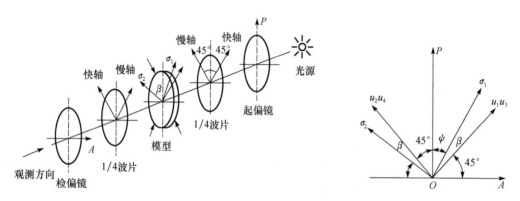

图 10.1.9　圆偏振光通过受力模型后光弹效应　　图 10.1.10　圆偏振布置中各轴相对位置

由图 10.1.9 可见，起偏镜与检偏镜的偏振轴互相垂直，两个 1/4 波片的快慢轴也互相垂直，1/4 波片的快、慢轴又与偏振轴成 45°，下面将对受力模型在圆偏振光场中的光弹性效应做进一步分析，先分析单色光的情况。

单色光通过起偏镜后成为平面偏振光：

$$u = a\sin\omega t \tag{10.1.15a}$$

u 到达第一块 1/4 波片后，沿 1/4 波片的快、慢轴分解为两束互相垂直的平面偏振光 u_1，u_2：

$$\left.\begin{array}{l} u_1 = a\sin\omega t\cos 45° = \dfrac{a}{\sqrt{2}}\sin\omega t \\[2mm] u_2 = a\sin\omega t\sin 45° = \dfrac{a}{\sqrt{2}}\sin\omega t \end{array}\right\} \tag{10.1.15b}$$

通过 1/4 波片后，u_1、u_2 相对产生相位差 $\pi/2$，出射光束 u_1'、u_2' 分别为：

$$\left.\begin{array}{l} u_1' = \dfrac{a}{\sqrt{2}}\sin\left(\omega t + \dfrac{\pi}{2}\right) = \dfrac{a}{\sqrt{2}}\cos\omega t \quad （沿快轴） \\[2mm] u_2' = a\sin\omega t\sin 45° = \dfrac{a}{\sqrt{2}}\sin\omega t \quad （沿慢轴） \end{array}\right\} \tag{10.1.15c}$$

u_1'、u_2' 合成为圆偏振光。设处于偏振布置中的受力模型上 O 点的主应力 σ_1 的方向与第一块 1/4 波片快轴成 β 角。当 u_1'、u_2' 射入到模型 O 点时，分别沿该点主应力 σ_1、σ_2 方向分解为：

$$\left.\begin{array}{l} u_{\sigma_1} = u_1'\cos\beta + u_2'\sin\beta = \dfrac{a}{\sqrt{2}}\cos(\omega t - \beta) \quad （沿 \sigma_1 方向） \\[2mm] u_{\sigma_2} = u_2'\cos\beta - u_1'\sin\beta = \dfrac{a}{\sqrt{2}}\sin(\omega t - \beta) \quad （沿 \sigma_2 方向） \end{array}\right\} \tag{10.1.15d}$$

通过模型后，u_{σ_1}、u_{σ_2} 产生相位差 δ，成为：

$$u'_{\sigma_1} = \frac{a}{\sqrt{2}}\cos(\omega t - \beta + \delta) \\ u'_{\sigma_2} = \frac{a}{\sqrt{2}}\sin(\omega t - \beta)$$
(10.1.15e)

u'_{σ_1}、u'_{σ_2} 到达第二块 1/4 波片时，光波又沿此片的快、慢轴分解为：

$$u_3 = u'_{\sigma_1}\cos\beta - u'_{\sigma_2}\sin\beta = \frac{a}{\sqrt{2}}[\cos(\omega t - \beta + \delta)\cos\beta - \sin(\omega t - \beta)\sin\beta] \\ u_4 = u'_{\sigma_1}\sin\beta + u'_{\sigma_2}\cos\beta = \frac{a}{\sqrt{2}}[\cos(\omega t - \beta + \delta)\sin\beta + \sin(\omega t - \beta)\cos\beta]$$
(10.1.15f)

u_3、u_4 从第二块 1/4 波片射出后，又产生相位差 $\pi/2$，由于第二块 1/4 波片的快、慢轴位置恰好与第一块 1/4 波片的快、慢轴位置相反，因此成为：

$$u'_3 = \frac{a}{\sqrt{2}}[\cos(\omega t - \beta + \delta)\cos\beta - \sin(\omega t - \beta)\sin\beta]（沿慢轴） \\ u'_4 = \frac{a}{\sqrt{2}}\left[\cos\left(\omega t - \beta + \delta + \frac{\pi}{2}\right)\sin\beta + \sin\left(\omega t - \beta + \frac{\pi}{2}\right)\cos\beta\right] \\ = \frac{a}{\sqrt{2}}[\cos(\omega t - \beta)\cos\beta - \sin(\omega t - \beta + \delta)\sin\beta]（沿快轴）$$
(10.1.15g)

u'_3、u'_4 通过检偏镜后，得到合成偏振光为：

$$u_5 = (u'_3 - u'_4)\cos 45°$$
(10.1.15h)

将 (10.1.15g) 代入 (10.1.15h)，并考虑到 $\beta = 45° - \psi$，得到：

$$u_5 = a\sin\frac{\delta}{2}\cos\left(\omega t + 2\psi + \frac{\delta}{2}\right)$$
(10.1.16)

此偏振光为平面偏振光，其光强与振幅平方成正比，即：

$$I = K\left(a\sin\frac{\delta}{2}\right)^2$$
(10.1.17)

如果用光程差 Δ 来表示，由于 $\delta = \frac{2\pi\Delta}{\lambda}$，得到：

$$I = K\left(a\sin\frac{\pi\Delta}{\lambda}\right)^2$$
(10.1.18)

将圆偏振光场的光强方程式 (10.1.18) 与正交平面偏振光场的光强方程式 (10.1.13) 比较，可知，圆偏振光场光强方程式 (10.1.18) 不包含 $\sin 2\psi$ 项，其余项完全相同，即在圆偏振光场中，光强只与光波通过模型后产生的相位差 δ 或光程差 Δ 有关，而与主应力方向与偏振轴间的夹角 ψ 无关，因此式中只有前述的第二种消光条件，即只有 $\sin\frac{\pi\Delta}{\lambda} = 0$。

要使 $\sin\frac{\pi\Delta}{\lambda} = 0$，则有：$\frac{\pi\Delta}{\lambda} = N\pi \Rightarrow \Delta = N\lambda$，$N = 0, 1, 2, \cdots$ 这说明只有在模型中产生的光程差 Δ 为单色光波长的整数倍时，消失为黑点。可见，在正交偏振光场中，增加两块 1/4 波片后，形成双正交圆偏振光场，就能消除等倾线而只呈现等差线图案。

以上得到的等差线是 $N = 0, 1, 2, \cdots$ 时产生的，称为整数级等差线，分别为 0 级、1 级、2 级、……如将检偏镜偏振轴 A 旋转 $90°$，使之与起偏镜偏振轴 P 平行，其他条件不变，即成为平行圆偏振布置（亮场），放入模型后用与前述双正交圆偏振布置（暗场）同样的方法推导，可得检偏镜后的光强方程式：

$$I = K\left(a\cos\frac{\delta}{2}\right)^2$$
(10.1.19)

以光程差表示，由于 $\delta = \frac{2\pi\Delta}{\lambda}$，有：

$$I = K\left(a\cos\frac{\pi\Delta}{\lambda}\right)^2 \tag{10.1.20}$$

因此，消光条件为：$I=0 \Rightarrow \cos\frac{\pi\Delta}{\lambda}=0$ 即：

$$\frac{\pi\Delta}{\lambda} = \frac{m}{2}\pi \Rightarrow \Delta = \frac{m}{2}\lambda, \quad m = 1,3,5,\cdots \tag{10.1.21}$$

与前面双正交圆偏振光场布置比较，其消光条件为光程差 Δ 是单色光半波长的奇数倍，故称为半数级等差线，分别为 0.5 级、1.5 级、……

图 10.1.11 为一对径受压圆盘的等差线照片，上半部是暗场下的整数级等差线，下半部是亮场下的半数级等差线。

3. 白光下的等差线

前面讨论了以单色光作光源的平面偏振光场和圆偏振光场，由于只有一种波长，只有通过模型后偏振光光程差为单色光波长的整数倍（暗场），或单色光半波长的奇数倍（亮场）才可完全消光，呈现暗点，或黑色条纹，如果采用白光光源，则等差线变为一系列彩色条纹，称为等色线。

白光由红、橙、黄、绿、蓝、靛、紫 7 种主色组成，每种色光对应一定的波长。图 10.1.12 所示为各色光的相应波长，图中对顶角内的两色成为互补色，如白光中某一波长的光被消去，则呈现的就是它的互补色。

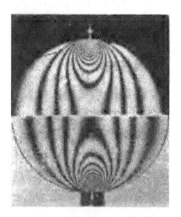

图 10.1.11 对径受压圆盘的整数级次和半数级次条纹等差线

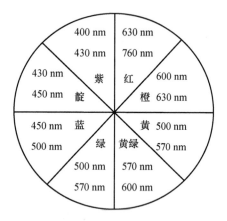

图 10.1.12 互补色图

在光弹性实验中，若以白光作为光源，当模型中某点的应力造成的光程差恰好等于一种色光波长的整数倍时，该点处该色光将被消除，而呈现其互补色光。因此，凡模型中应力差数值相同，即光程差相同的点，就形成同一种颜色的条纹，称为等色线。

模型上光程差 $\Delta=0$ 的点，任何波长的色光均被消除，呈现黑点；当光程差逐渐增大，首先被消光的是波长最短的紫光，然后依次为蓝、绿、黄……红，其对应的互补色大致为黄、红、蓝……绿；随着光程差继续增加，消光进入第二轮循环……但条纹颜色越来越淡，5 级以上颜色很浅，难以辨认。

条纹按黄、红、绿的色序变化，显示出了条纹级数的递增方向，因此，实验时先用白光做光源，这时零级等差线是黑色的，其他级序是彩色的条纹，根据等色线的深浅顺序确定各等差线的级序，然后改用单色光源取得精确的等差线条纹图。当在等色线条纹图上计读时，通常以红蓝两色之间的过渡色（绀色）作为整数级条纹，因为绀色和钠光测得的整数级条纹位置基本吻合，相当于黄光波消光后的互补色，对光程差变化敏感，稍许变化即可变蓝或变红。

10.2 光弹性模型材料和模型浇铸

10.2.1 光弹性模型材料的性能

光弹性实验模型兼负承载构件和感应元件的双重任务，因此模型材料必须满足实验要求的力学、光学性能。

在力学方面，材料应该是线弹性体即均匀、连续、各向同性、应力应变在较大范围内成比例，且弹性模量适中，性能稳定，徐变较小，有一定韧性，不易脆裂，能适应机加工。

在光学方面，承载前后应是光学各向同性体，均匀、透明、无色泽，无初始应力或经退火处理能消除；承载时光学效应显著，应力与条纹呈线性关系，且有较大的线性范围，光学性能稳定，光学蠕变和时间边缘效应极小，用于三维光弹性的材料应具有应力冻结性。

此外，还要满足便于浇铸成型，浇铸应力和加工应力小（或经处理可以消除），工艺不复杂，价格低廉，无剧毒等条件。

10.2.2 环氧树脂模型的制作

1. 原料和配比

环氧树脂塑料是目前国内外普遍使用的光弹性材料，具有较好的光学、力学性能，应力 - 光学灵敏度较高，光学蠕变较小，但性质偏脆、工艺性能稍差。它以环氧树脂为基，加入适量的固化剂，为了增加塑性有时再加增塑剂，溶化混合注入模具，经历特定温度过程聚合成型，可以支持平板材料和三维模型。

常用的国产环氧树脂有#616、#618、#6101、#634 等牌号，固化剂是顺丁烯二酸酐，增塑剂是（邻）苯二甲酸二丁脂，原料配比根据高分子化学反应原理计算确定，提出如下重量比作为参考：环氧树脂：固化剂：增塑剂 = 100：(30～35)：5。

2. 环氧树脂板料制作

首先制作模具，用两块约 5 mm 厚平板玻璃板，其间嵌以厚度均匀的 U 形橡皮条，用夹具夹牢形成一个敞口容器，内壁涂敷聚苯乙烯甲苯溶液，或聚氯乙烯环己酮溶液，或室温硫化硅橡胶作为脱模剂，置于 80 ℃ 恒温箱中预热，将环氧树脂、固化剂分别盛于容器中置于 67 ℃～70 ℃ 恒温箱中熔化，再将固化剂以及增塑剂倒入环氧树脂中，在恒温箱中用搅拌机搅拌 1～2 小时，再静置 1 小时左右，徐徐注入预热的模具内，继续置于恒温箱中固化。

固化有一次固化法和二次固化法，一次固化法适用于厚度小于 10 mm 的板材，二次固化法分两个阶段完成，即低温固化和高温固化，当板材固化成凝胶状，则第一阶段结束，随即拆除模具进行第二阶段固化，用二次固化法制成的板材初应力一般比一次固化法小，但固化时间长。

如果固化后的板料内存在初应力，可将板料四边切去 5 mm 左右，用丙酮清除板面上的脱模剂及油污，平铺于干净的玻璃板上，置于恒温箱中，参照温度曲线进行退火，一般可以消除初应力。

10.2.3 主要光学性能

1. 材料条纹值

$$f = \frac{\lambda}{C} = \frac{(\sigma_1 - \sigma_2)d}{N} \quad (\text{N/m·条或 kgf/cm·条}) \tag{10.2.1}$$

f 是与材料的应力 - 光性系数 C 和波长 λ 有关的物理量，反映光学灵敏度的指标，其值越低灵敏度越高，可采用任何一种应力状态已知的试样来测定，最常用的是对径受压圆片，圆片中心点主应力理论解为：

$$\sigma_1 = \frac{2P}{\pi D}, \quad \sigma_2 = -\frac{6P}{\pi D}, \quad f = \frac{8P}{N\pi D} \tag{10.2.2}$$

其中，P 为对径压力，D 为圆片直径。

2. 光学比例极限 σ_{op}

σ_{op} 是轴向拉伸杆的应力与条纹序数呈线性关系的最高应力，其测试方法与力学比例极限相仿。

3. 相对光学徐变量 ϕ

在恒定载荷下，条纹序数随时间而增长的百分率称为相对光学徐变量。实验表明，塑料的徐变现象在加载后最初几分钟内比较明显，经 30 min 后逐渐减弱，且不同于金属材料的徐变，徐变时仍只有弹性变形,在载荷不大的条件下,应力-应变、应力-条纹之间仍呈线性关系。

4. 时间边缘效应

置放在空气中未受力的光弹性塑料,经历一段时间,其边缘会发生光弹性效应,这种现象称为时间边缘效应。实验表明,时间边缘效应随时间增长而加剧,对观测精度影响极大,应设法避免,其措施是:对暂时不观测的模型,只做粗加工,边缘留有少许余量,一经细加工便立即观测,来不及观测的,可放在盛有干燥剂的容器中密封保存。如果有了时间边缘效应,进行退火处理,可能消除此效应。

5. 冻结温度

冻结温度（t_σ）指受力构件处在加温过程中条纹出现趋于稳定时的温度,$t_\sigma = t_c + 5$（℃）,t_c 称为临界温度,由材料的热光曲线确定。

热光曲线是条纹序数 N 和温度 t 的关系曲线,它反映人工双折射性能随温度的变化规律,可采用对径受压圆片试样来测绘。将圆片置于装有观测玻璃窗的恒温箱中,承受一定的对径压力,首先测取室温下圆片中心点的条纹序数,卸除载荷,温度提高 Δt,再加上同样载荷测读下一个读数,如此测读多次,得到一组 N、t 的数据,据此测绘热光曲线。随着温度的提高,材料将经历三个状态:玻璃态,其特点是弹性模量大,变形小,徐变量小,$\sigma-N$、$\sigma-\varepsilon$ 呈线性关系；过渡态,弹性模量和条纹值大幅度降低,徐变大；高弹态（或橡胶态）,材料完全弹性,弹性模量和条纹值比前两个阶段小得多。

10.2.4 其他光弹性材料

1. 聚碳酸酯

聚碳酸酯是20世纪60年代初出现的一种热塑性材料,在工业中应用的属双酚A型碳酸酯,它具有较好的机械性能,而且无毒,透明,应力-光性灵敏度高,时间边缘效应小,光学徐变低,1962年首次提出用它作为光弹性和光塑性模型材料。

2. 聚氨基甲酸酯橡胶

光弹性实验用的聚氨基甲酸酯橡胶（简称聚氨橡胶）,按其所用的原料不同分为聚醚型和聚酯型两种,材料的特点是颜色浅、透明性好、弹性模量低,室温下材料处于高弹态,因而没有初应力和时间边缘效应。在光弹性测试实验中,常用来研究工程结构中的大变形问题和动力问题。

第三篇

实验仪器与器材

实验仪器与器材是实验课程教学内容的一个重要组成部分,本篇涉及通用器材、常用电子元器件、常用仪器仪表、常用化学仪器器材和常用力学实验器材共五讲内容。

第 11 讲

通 用 器 材

本讲主要介绍游标卡尺、螺旋测微器、物理天平、电子天平、分析天平和电烙铁等通用器材。

11.1 游标卡尺

11.1.1 结构原理

游标卡尺是常用的实验仪器，它可以测量物体的长度、深度以及圆环的内外直径。游标卡尺的构造如图 11.1.1 所示，由主尺 A 和附加在主尺上的能沿主尺滑动的游标 B 构成。游标卡尺是利用主尺和游标之间分度的差异来提高测量的精确度。与主尺相连的量爪 C、C_1 和与游标相连的量爪 D、D_1 可用来测量外径、内径、厚度，与游标固定在一起的深度尺 F 可用来测量深度，E 为固定螺钉。

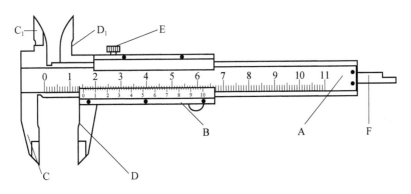

图 11.1.1 游标卡尺

游标卡尺有 10 分度、20 分度、50 分度等几种，相应的最小分度值为 0.1 mm、0.05 mm、0.02 mm。游标装置有刻在直尺上的（如卡尺），也有刻在圆盘上的（如分光计），它们的原理和读数方法都是一样的。下面作进一步说明。

游标上 n 个分度格的长度与主尺上 $n-1$ 个分度格的长度相同。若游标上最小分度值为 b，主尺上最小分度值为 a，则

$$nb = (n-1)a$$

主尺上每一格与游标上每一格之差为游标的精度值或游标的最小分度值。

$$游标精度值 = a - b = \frac{a}{n} = \frac{主尺上最小分度值}{游标上分度格数}$$

它正是游标能读准的最小值。例如：在图 11.1.1 中 $n=50$，$a=1$ mm，其精度值为

$$\frac{a}{n} = \frac{1}{50} = 0.02 \text{ (mm)}$$

11.1.2 读数方法

游标卡尺的读数方法是：先读出主尺上与游标"0"刻度对应的整数刻度值 l（mm），再把主尺上

l（mm）以后不足 1 mm 的 ΔL 部分从游标上读出。若游标上第 K 条刻度线与主尺上某一刻度线对齐，则 ΔL 部分的读数为：

$$\Delta L = K(a-b) = K \cdot \frac{a}{n}$$

最后结果为：
$$L = l + \Delta L = l + K \cdot \frac{a}{n}$$

例如：游标精度值 $\frac{a}{n}$ 为 $\frac{1}{50}$ mm = 0.02 mm，主尺读数为 16 mm，游标上读数为 35，则最后结果为：$16 + 35 \times \frac{1}{50} = 16.70$（mm）$= 1.670$（cm）。

11.1.3 使用注意事项

游标卡尺是最常用的精密量具，使用时应注意维护。推动游标时不要用力过大，测量中不要弄伤刀口和钳口，用完后不要卡紧，应放松并立即放回盒内，不许随便放在桌上，更不许放在潮湿的地方。

11.2 螺旋测微器（千分尺）

11.2.1 结构原理

螺旋测微器是比游标卡尺更精密的长度测量仪器，它是利用螺旋进退来测量长度的仪器。其最小分度值是 0.01 mm，即（1/1 000）cm，所以又叫千分尺。

实验室常用的螺旋测微器的外形如图 11.2.1 所示。其结构的主要部分是精密测微螺杆和套在螺杆上的螺母套管以及紧固在螺杆上的微分套筒。螺母套管上的主尺有两排刻线，毫米刻线和半毫米刻线。微分套筒圆周上有 n 个分度，螺距为 a（单位为 mm），则每旋转一周，螺杆就前进（或后退）一个螺距 a，而每转动一个分度，螺杆移动的距离为 a/n（mm）。常见螺旋测微器螺距为 $a = 0.5$ mm，$n = 50$ 个分度，所以螺旋测微器的分度值为 $0.5/50 = 0.01$（mm）。

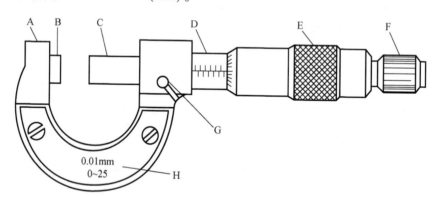

图 11.2.1 螺旋测微器

A—尺架；B—测砧；C—测微螺杆；D—螺母套管；E—微分套筒；F—棘轮；G—锁紧装置；H—绝热板

11.2.2 读数方法

（1）测量前后都应检查零点，记下零位读数以便对测量值进行零点修正。应注意零点位置的初读数有正有负。如图 11.2.2 中（a）所示的初读数为正值（+0.012 mm），（b）中初读数是负值（-0.017 mm），这两次读数中末位数"2"和"7"均是估读数。测量长度所得的读数减去这个初读数后，才是待测物体的长度。即

$$L = 末读数 - 初读数$$

(2) 读数时由主尺读整刻度值，0.5 mm 以下由微分套筒读出分格值，并估读到 0.001 mm。

(3) 留心主尺上半毫米刻度线是否露出套筒边缘，若是如图 11.2.2（c），此时读数应为 1.5 + 0.483 = 1.983（mm）。

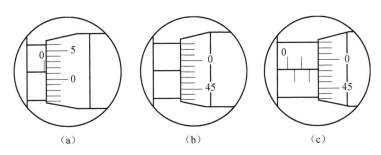

图 11.2.2　螺旋测微器的读数

(a) +0.012 mm；(b) -0.017 mm；(c) 1.983 mm

11.2.3　使用注意事项

(1) 握住螺旋测微器的绝热板部分，被测工件也尽量少用手接触，以免因热膨胀影响测量精度。

(2) 测量时必须用棘轮。测量者转动螺杆时对被测物所加压力大小，会直接影响到测量的精度。为此，在结构上加一棘轮作为保护装置。当测微杆端面将要接触到被测物之前，应旋转棘轮，直至接触上被测物时，它就自行打滑，并发出"嗒嗒"声，此时即应停止旋转棘轮，进行读数。

(3) 用毕还原仪器，应将螺杆退回几转，留出空隙，以免热膨胀使螺杆变形。

11.3　物理天平

物理天平是中学物理及大学实验室里最基本、最常用的仪器之一，它利用杠杆原理称衡质量。最大称量和分度值是天平的两个重要技术指标。天平的最大称量（极限负载）是指天平允许称衡的最大质量。天平的分度值是指天平的指针从平衡位置偏转一个分度时，秤盘上应增加（或减少）的最小质量。分度值的倒数称为天平的灵敏度，分度值越小灵敏度越高。

11.3.1　物理天平的结构

物理天平的结构如图 11.3.1 所示，天平的横梁上有三个刀口，两侧的刀口向上，用于承重两侧的秤盘；而中央的刀口则可搁在立柱上部的刀承平面上，在称量时全部重量（包括横梁、称盘、砝码、待测物体）都由此刀口承担。横梁中部装有一根与之垂直的指针，而立柱下部有一标尺（从右到左刻有20个分度），通过指针在标尺上所指示的读数，可以了解天平是否达到平衡。在立柱内部装有制动器，而在底部有一制动旋钮，旋转制动旋钮可以使刀承上、下升降。平时刀承降下，使横梁搁在两托承上，中间刀口不受力，可借此保护刀口，同时横梁也不会摆动。

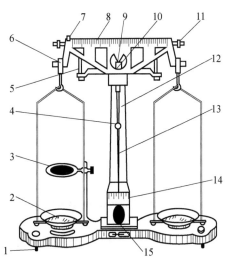

图 11.3.1　物理天平结构示意图

1—底脚螺丝；2—秤盘；3—托架；4—重心螺钉；5—支销；6—承重刀口；7—游码；8—横梁；9—支点刀口；10—刀承；11—平衡螺丝；12—立柱；13—读数指针；14—标尺；15—制动旋钮

11.3.2　物理天平的规格

物理天平的规格由以下两个参量决定：

(1) 最大称量，是天平允许称量的最大质量。使用时被称物体的质量决不能大于天平的最大称量，否则会使物理天平横梁产生变形，并使天平的刀口、刀承受损而降低天平原有的准确度。

（2）感量 s，是指使指针从标尺上的平衡位置转 1 分度时在某一秤盘上所添加（或减少）的最小砝码质量，即 $s = \dfrac{\Delta m}{\Delta \theta}$（天平的灵敏阈等于感量乘以 0.2），其中的 Δm 为所添加的砝码质量，$\Delta \theta$ 为沿标尺相应的移动分度数。它的倒数 $c = 1/s$（分度/g）称为天平的分度灵敏度。大小应与游码读数的最小值相等。若有差异也不会超过一个数量级。灵敏度与天平的载重量有一定的关系，载重量增加，灵敏度降低。一般灵敏度高天平最大称量小。

11.3.3 砝码组

一般天平所有砝码的总值等于（或稍大于）天平的最大称量，砝码一般按 5、2、2、1 的比例组成。对于最大称量为 500 g 物理天平，其 1 g 以下的砝码由横梁上的游码来替代。当游码移至横梁的最右端（第 50 分度）处，相当于 1 g 砝码加在天平的右盘内。使用前游码应置于横梁的最左端零刻线处，此时游码不起作用。游码在横梁上每移动 1 分度，相当于在右盘上增加 0.02 g 砝码。

11.3.4 物理天平的调整与使用

（1）水平调节。转动天平的底脚螺丝，将立柱调整到铅直方向。可以观察天平底座上的水准器，如果调整后气泡移向中央，则立柱已处于铅直方向；同时立柱上部的刀承平面处于水平面。如此，在称量时刀口就不易滑移。

（2）零点调节。将横梁上的游码移至左端"0"刻度线，转动制动旋钮使天平启动，这时指针会左右摆动，如果指针左右摆动的中点不在标尺的中心线，说明天平不平衡。这时，应先制动天平，然后调节横梁两端的平衡螺钉，再启动天平观察，若不平衡，则再启动天平进行调节。如此反复，直至摆动中心与标尺中心线重合。

（3）称量。在制动状态下，一般将待称物体放入天平的左盘，把砝码放入天平的右盘。按粗估质量加入砝码，启动天平，观察是否平衡。如不平衡，需首先制动天平后再适量增减砝码。增减的砝码在 1 g 以内时，应通过移动横梁上的游码来实现。所加砝码（包括游码）的示值之和即为待测质量。测量完毕后制动天平，将砝码放回盒中。

（笔者发现学员在使用物理天平时，多数同学对于天平的调整及称衡都感到较难。笔者通过多年的实验教学实践找出了一个既快又准确的调整方法。无论是对物理天平还是对分析天平运用此法，其效果都极佳，即运用 1/2 法调整游码。称衡时，先将待测物放在左托盘中央，粗略估计质量。左手握升降手轮，右手握镊子，并用镊子夹住砝码放在右托盘中央。当需加减 1 克以下的砝码时，就必须使用游码。在使用游码时运用 1/2 法进行加减，先将游码 7 放在调节杆中间 1/2 处，即 500 mg 那里，观察天平指针的平衡情况。若偏大就再将游码放在低端 1/2 处，即 250 mg 处，进行观察。如此多次运用 1/2 法进行分割，就能又快又准地找到平衡点。反之，若偏小就将游码放在高端。反复 1/2 地分割，使之达到平衡。按照此法，从天平的调整到称衡量的结束，只需要不到 10 分钟时间，大大提高了实验效率。）

11.3.5 物理天平使用的注意事项

（1）使用天平前必须首先了解天平的称量是否满足称量要求，并检查一下天平各部件安装是否正确，砝码是否齐全。

（2）用左手旋转制动旋钮使横梁升、降时，手法一定要平稳缓慢，眼睛要注意中央刀口与刀承之间以及横梁与支销之间的情况，尽量避免彼此冲撞。

（3）空载时调准零点。将游码移到横梁左端零刻度线上，支起横梁，观察指针是否停在零位或是在零位两边对称摆动。如天平不平衡，可调节平衡螺母。

（4）称物时，被称物放在左盘，砝码放在右盘。拿取砝码，要用镊子，严禁用手。天平的起动和制动操作要做到绝对平稳，在初称阶段不必全启天平，只要已经判断出哪边重，便应制动。取放物体、砝码和游码时均应先使天平制动。

（5）取放砝码严禁直接触摸，必须使用镊子。称量完毕，立即将横梁制动，并将砝码放回盒中，同时核实砝码数。

（6）天平砝码均应预防锈蚀。高温物体、液体以及有腐蚀性的化学药品不得直接放入秤盘内称量。

11.4 电子天平

电子天平是最新一代的天平，它是利用电子装置完成电磁力补偿的调节，是物体在重力场中实现力的平衡，或通过电磁力矩的调节，使物体在重力场中实现力矩的平衡。

自动调零、自动校准、自动扣皮和自动显示称量结果是电子天平最基本的功能。这里的"自动"严格地说应该是"半自动"，因为需要经人工触动指令后方可自动完成指定的动作。

11.4.1 电子天平基本结构及称量原理

1. 基本结构

随着现代科学技术的不断发展，电子天平产品的结构设计一直在不断改进和提高，向着功能多、平衡快、体积小、质量轻和操作简便的趋势发展。但就其基本结构和称量原理而言，各种型号的电子天平都是大同小异。

常见电子天平的结构是机电结合式的，核心部分是由载荷接受与传递装置、测量及补偿控制装置两部分组成。常见电子天平的基本结构及称量原理见图11.4.1。

载荷接受与传递装置由称量盘、盘支承、平行导杆等部件组成，它是接受被称物和传递载荷的机械部件。从侧面看平行导杆是由上下两个三角形导向杆形成一个空间的平行四边形结构，以维持称量盘在载荷改变时进行垂直运动，并可避免称量盘倾倒。

载荷测量及补偿控制装置是对载荷进行测量，并通过传感器、转换器及相应的电路进行补偿和控制的部件单元。该装置是机电结合式的，既有机械部分，又有电子部分，包括示位器、补偿线圈、电力转换器的永久磁铁，以及控制电路等部分。

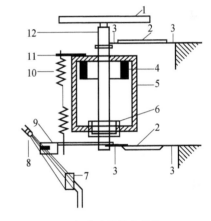

图11.4.1 电子天平基本结构
示意图

1—称量盘；2—平行导杆；3—挠性支撑簧片；4—线性绕组；5—永久磁铁；6—载流线圈；7—接受二极管；8—发光二极管；9—光阑；10—预载弹簧；11—双金属片；12—盘支承

2. 称量原理

电子装置能记忆加载前示位器的平衡位置。所谓自动调零就是记忆和识别预先调定的平衡位置，并能自动保持这一位置。称量盘上载荷的任何变化都会被示位器察觉并立即向控制单元发出信号。当秤盘上加载后，示位器发生位移并导致补偿线圈接通电流，线圈内就产生垂直的力，这种力作用于秤盘上的外力，使示位器准确地回到原来的平衡位置。载荷越大，线圈中通过电流的时间越长，通过电流的时间间隔是由通过平衡位置扫描的可变增益放大器进行计算和调控。这样，当秤盘上加载后，即接通了补偿线圈的电流，计算器就开始计算冲击脉冲，达到平衡后，就自动显示出载荷的质量值。

目前的电子天平多数为上皿式（即顶部加载式），悬盘式已经很少见，内校式（标准砝码预装在天平内，触动校准键后由马达自动加码并进行校准）多于外校式（附带标准砝码，校准时加到秤盘上），使用非常方便。

自动校准的基本原理是，当人工给出校准指令后，天平便自动对标准砝码进行测量，而后微处理器将标准砝码的测量值与存储的理论值（标准值）进行比较，并计算出相应的修正系数，存于计算器中，直至再次进行校准时方可改变。

11.4.2 电子天平称量的一般程序和方法

1. 称量的一般程序

在检查天平的水平、洁净等情况后打开电源,待稳定后只要将被称量物体放于天平盘中即可读取数据。要注意的是:

(1) 由于电子天平的称量速度快,在同一实验室中将有多个同学共用一台天平,在一次实验中,电子天平一经开机、预热、校准后,即可一个个一次连续称量,前一位同学称量后不必关机,但称量后必须保持天平内部及称量盘的洁净。电子天平开机、预热、校准均由实验室工作人员负责,学生除"去皮"键外一般不需要按其他按键。

(2) 电子天平自重较轻,使用中容易因碰撞而发生位移,进而可能造成水平改变。故使用过程中动作要轻巧。

(3) 最后一位同学称量后要关机后再离开。

2. 电子天平的称量方法

电子天平和电光分析天平均有固定质量称量法和差减称量法,方法基本一致,具体方法参见 11.5 分析天平中的称量方法。

11.4.3 JT202N 型电子天平的使用方法

JT202N 型电子天平是多功能、上皿式称量电子天平,感量为 0.1 g,最大载荷为 200 g,其显示屏和控制键板如图 11.4.2。

一般情况下,只使用开/关键、除皮/调零和校准/调整键。操作步骤如下:

(1) 准备:为获得准确的称量结果,在进行称量前天平应接通电源预热 30 min 以上。

(2) 开机:在秤盘空载状态下按<开/关>键,天平依次进入自检显示(显示屏所有字段短时点亮)、型号显示和零状态显示,当天平显示零状态时即可进行称量。当遇到相关功能键设置有误无法恢复时,按<开/关>键重新开机即可恢复初始设置状态。

(3) 校准:为获得准确的称量结果,必须对天平进行校准以适应当地重力加速度,校准应在天平预热结束之后进行,遇到以下情况必须使用外部校准砝码对天平进行校准。

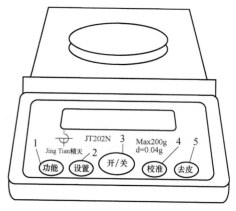

图 11.4.2 JT202N 型电子天平
1—功能键;2—设置键;3—开关键;
4—校准键;5—去皮键

① 首次使用天平称量之前。

② 天平改变安放位置后。

③ 校准方法与步骤:准备好校准用的标准砝码并确保秤盘空载→按<开/关>键,天平显示零状态→按<开/关>键,天平显示闪烁的 CAL-×××(×××——一般为100、200 或其他数字,提醒使用 100 g、200 g 或其他相对应量值的标准砝码)→将标准砝码放到秤盘的中心位置,天平显示 CAL-×××,等待几秒钟后,显示标准砝码的量值,此时移去砝码,天平显示零状态,则表示校准结束,可以进行称量。如果天平不显示零状态,应重复进行一次校准工作。

(4) 称量:天平经校准后即可进行称量,称量时需等显示器左下角"○"标志熄灭后才可读数,称量过程中被称物必须轻拿轻放,并确保不使天平超载,以免损坏天平的传感器。

此种电子天平的功能较多,除上述常用的几种称量方法外,还有几种特殊的称量方法及数据处理显示方式,这里不予介绍,使用时可参阅天平的使用说明书。

(5) 关机:确保秤盘空载后按<开/关>键。天平如长期不使用,应拔去电源插头或取出电池。

11.5 分析天平

光电分析天平是定量分析中主要的仪器之一,且较为贵重,称量又是定量分析中的一个重要基本操作,因此,掌握天平的使用规则和正确的使用方法显得尤为重要。使用中必须严格遵守天平的使用规则,并且在天平的正常使用情况下,应当尽量减少天平的开启次数,以减轻刀口的自然磨损,这样才能保持天平的准确度和灵敏度,延长天平的使用寿命.

11.5.1 等臂分析天平的构造原理

分析天平是根据杠杆原理制成的,它用已知质量的砝码来衡量被称物体的质量。

设杠杆 ABC 的支点为 B(图 11.5.1),AB 和 BC 的长度相等,A、C 两点是力点,A 点悬挂的称量物质量 P,C 点悬挂的砝码质量 Q。当杠杆处于平衡状态时,力矩相等。

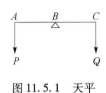

图 11.5.1 天平构造原理

$$P \times AB = Q \times BC$$

因为 $AB = BC$,所以 $P = Q$。

杠杆两臂相等(即 $AB = BC$)的天平称等臂天平。

11.5.2 分析天平的分类

习惯上将具有较高灵敏度、全载不超过 200 g 的天平称分析天平。其中,具有光学读数装置的天平称微分标牌天平,又称电光天平。

根据天平的结构特点,可分成等臂(双盘)天平、不等臂单盘天平和电子天平三大类。常用分析天平的型号与主要技术数据列在表 11.5.1 中。

表 11.5.1 常用天平的型号及规格

种 类	型 号	名 称	最大载荷/g	分度值/mg
双盘分析天平	TG-328A	全机械加码(全自动)电光天平	200	0.1
	TG-328B	半机械加码(半自动)电光天平	200	0.1
	TG-332A	微量天平	20	0.01
单盘分析天平	DT-100	单盘精密天平	100	0.1
	DTG-160	单盘电光天平	160	0.1
	BWT-1	单盘微量天平	20	0.01
电子分析天平	MD100-2	上皿式电子天平	100	0.1
	MD200-3	上皿式电子天平	200	1

11.5.3 分析天平的精度与级别

分析天平的精度(相对精度)定义为天平的名义分度值与最大载荷的比值。国家计量部门规定,单杠杆天平的精度分为 10 级,列在表 11.5.2 中。

表 11.5.2 天平的精度及级别

天平级别	1	2	3	4	5
精度(名义分度值与最大载荷之比)≤	1×10^{-7}	2×10^{-7}	5×10^{-7}	1×10^{-6}	2×10^{-6}
天平级别	6	7	8	9	10
精度(名义分度值与最大载荷之比)≤	5×10^{-6}	1×10^{-5}	2×10^{-5}	5×10^{-5}	1×10^{-4}

11.5.4 分析天平的计量性能

1. 稳定性

稳定性是指当天平的状态被扰动后,仍能恢复原来平衡状态的能力。天平的稳定性主要与天平梁的重心、支点的位置以及天平梁上一个支点刀口和两个承重刀口在平面上的距离有关。显然,为使天平的稳定性良好,横梁的重心应在支点下方的垂直线上,中心越低,天平越稳。但是,移动重心是与改变天平的另一特性灵敏性相关的,天平的灵敏性随重心下降而降低。为使天平具有良好的灵敏性,横梁重心的位置应在支点下方接近支点处。因此,重心的位置实际上只允许在一定范围内调整。

2. 灵敏性

天平平衡后,每加 1 mg 砝码时,指针在标牌上移动的距离,称为灵敏度,用分度/mg 表示。微分标牌天平的灵敏度,以分度/10 mg 表示,即加 10 mg 砝码时,观察光幕标牌移动多少分度。例如,一台 TG-328A 型天平的零点为 0.2 分度,使用加码器加 10 mg 砝码时,平衡点为 99.0 分度,则该天平的灵敏度为 99.0 - 0.2 = 98.8(分度/10 mg)= 9.9(分度/mg)。

天平的灵敏度是天平灵敏性的一种量度。指针移动的距离越大(即偏转的分度数越多),灵敏度越高。有时也使用"分度值"这一概念,旧称感量。它是指在天平的平衡位置在读数标牌上移动一个分度所需质量的量值,也就是标牌上每一个小分度所体现的质量量值。灵敏度与分度值互为倒数关系:

$$S = 1/E$$

式中,E 为灵敏度;S 为分度值,单位为 mg/分度,习惯上往往将"分度"略去,就用 mg 作为分度的简称。上例中灵敏度 E 为 9.9 分度/mg,其分度值:

$$S = 1/9.9 = 0.1(\text{mg}/\text{分度})$$

3. 不等臂性

在等臂天平的两秤盘中放置质量相同的砝码时,理论上天平应保持原来的平衡状态。而事实上,由于制造工艺的原因,两臂的长度并非绝对相等,天平指针不会回到空载时的平衡点,其偏差量随载荷增大而增加。不等臂性(称偏差)就是用以表示横梁两臂的长度是否具有固定的比例关系的。对于等臂天平来说,横梁两臂的长短之差(偏差)应符合一定的要求。

4. 示值变动性

示值变动性是指在不改变天平状态的情况下,多次开启天平其平衡位置的再现性,表示天平称量结果的可靠程度。示值变动性的大小,除与横梁重心位置有关外,还与横梁等部件(特别是三把刀)的调整状态、操作情况、温差、气流、振动、静电等多种因素有关。天平的变动性越小越好。

值得注意的是,天平的稳定性和示值变动性是两个不同的概念。但是由于天平的稳定性与灵敏性、示值变动性密切相关,所以天平的检定只要求检验灵敏性、不等臂性和示值变动性三大计量性能。

11.5.5 全机械加码电光分析天平的结构

以目前国内广泛使用的 TG-328A 型电光天平(图 11.5.2)为例,它由横梁、立柱、制动系统、悬挂系统、读数系统、操作系统及天平箱构成。

1. 横梁

横梁是天平最重要的部件,素有"天平心脏"之称,天平便是通过它起杠杆作用实现称量的。因此横梁的设计、用料、加工都直接影响天平的精度和计量性能。一般用铝合金或铜合金制造。高精度天平则采用非磁性不锈钢或膨胀系数小的钛合金制造。常见的有矩形、三角形等多种几何形状。在保证横梁有足够强度的前提下,为减轻其质量,提高灵敏度,在横梁上开有各种不同形状的对称孔。此外,横梁上还装有起支撑作用的玛瑙刀和调整计量性能的一些零件和螺丝。

(1)支点刀和承重刀。横梁上装有三把三棱形的玛瑙或宝石刀。通过刀盒固定在横梁上,起承重和传递载荷的作用。中间为固定的支点刀,刀刃向下,又称中承刀(中刀)(图 11.5.2),两边为可调整的承重刀(边刀,图中未标出),刀刃向上。刀的质地(如刀子的夹角,刃部圆弧半径,光洁度等)及各刀

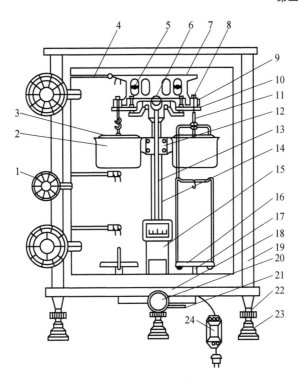

图 11.5.2　TG-328A 型全机械加码电光天平

1—指数盘；2—阻尼箱外筒；3—阻尼箱内筒；4—加码杆；5—平衡螺丝；6—中刀；7—横梁；8—吊耳；9—边倒盒；10—翼托；11—挂钩；12—阻尼架；13—指针；14—立柱；15—投影屏座；16—秤盘；17—盘托；18—底座；19—框罩；20—开关旋钮；21—调零杆；22—调水平底脚；23—脚垫；24—变压器

间的相互位置都直接影响天平的计量性能。三把刀的刀刃应平行，并处于同一平面上。故使用时务必注意对刀刃的保护。

（2）平衡螺丝。横梁两侧圆孔中间或横梁两端装有对称可以移动的平衡螺丝，用以调整天平的平衡位置。螺丝与螺杆的配合松紧应适度，转动轻便灵活，螺杆应通过各刀刃的平面内，或与该平面平行，从而保证转动平衡螺丝时，不影响天平的灵敏度。

（3）重心球。横梁背后上部设有上、下两个半球形螺母组成的重心球（图中未标出）。上下移动重心球可改变横梁（实际上包括悬挂系统）重心的位置，起调整天平灵敏度的作用。

（4）指针及微分标牌。为观测天平横梁的倾斜度，在横梁的下部装有与横梁相互垂直的指针。指针末端装有缩微刻度照相底版制成的微分标牌，从 -10 到 +110 共 120 个分度，每分度代表 0.1 mg（名义分度值）。

2. 立柱

立柱是一个空心柱体，垂直地固定在底座上作为支撑横梁的基架。天平制动器的升降杆通过立柱空心孔，带动托梁架和托盘翼板上、下运动（见制动系统）。立柱上装有：

(1) 中承刀。安装在立柱顶端一个"土"字形的金属中刀承座上。

(2) 阻尼架。立柱中上部设有阻尼架，用以固定外阻尼筒。

(3) 水准器。装在立柱上供校正天平水平位置用。

3. 制动系统

制动系统是控制天平工作和制止横梁及秤盘摆动的装置，包括开关旋钮（天平前）、开关轴（底板下）、升降杆（立柱内）、梁托架（立柱上）、托盘翼板（底板下）、盘托（底板上）等部件。

旋转开关旋钮可以使升降杆上升（或下降）带动托梁架或盘托翼板及盘托等同时下降（或上升），从而使天平进入工作（或休止）状态。为了保护刀刃，当天平不用时，应将横梁托起，使刀刃与刀承分开，以保护刀刃。

4. 悬挂系统

悬挂系统包括托盘、吊耳、内阻尼筒等部件，是天平载重及传递载荷的部件。

（1）吊耳。两把边刀通过吊耳承重托盘、砝码和被称物体。这是一个设计非常灵巧的装置（图11.5.3），不管被称物体置于托盘上什么位置或横梁摆动时，吊耳背都能平稳地保持平稳状态，使载荷的重力均匀地分布在吊耳背底部的刀承上。吊耳上一般都有区分左、右的标记，如"1""2"等，通常是左1、右2。

（2）秤盘。挂在吊耳钩的上挂钩内，供载重物（砝码或被称物）用，盘上刻有与吊耳相同的左、右标记。

（3）阻尼器。这是利用空气阻力减缓横梁摆动的"速停装置"，由内筒和外筒组成。外筒固定在立柱上，内筒悬挂在吊耳钩的下钩槽内。通过调整外筒位置使其与悬挂的内筒保持同轴，防止两筒相互摩擦。阻尼器也有左、右之分，标记打在内筒上。

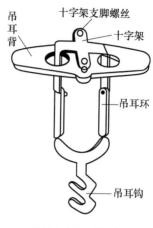

图11.5.3 吊耳

5. 读数系统

为减少操作人员视力疲劳，提高天平的精度和称量速度，分析天平设有光学读数装置（图11.5.4）。其中灯泡是读数装置的光源，变压器将220 V电源降至6~8 V，作为灯泡电源；灯罩可保护灯泡与聚光用；聚光管将光源变成平行光束；微分标牌的刻度经物镜放大10~20倍，由反光镜反射到投影屏（也称光屏或屏幕）上，投影屏中央有一垂直的刻线，它与标牌的重合处就是天平的平衡位置，可方便地读取0.1~10 mg。左右拨动底板下的调零杆移动投影屏，可作天平零点的微调。

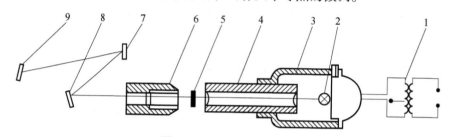

图11.5.4 光学读数装置

1—变压器；2—灯泡；3—灯罩；4—聚光管；5—微分标牌；6—物镜；7、8—反射镜；9—投影屏

6. 挂码的组合

TG-328A型电光天平的所有挂码都通过自动加码装置添加，加码装置分成三组：10 g以上；1~9 g；10~990 mg。10 mg以下，微分标牌经放大在投影屏上直接读取读数。

7. 框罩

框罩的作用除了保护天平外，还可以防止外界气流、热辐射、湿度、尘埃的影响。框罩的前门只有在必要时（如装卸天平）才可打开。取放被称物只可由边门出入，并随时关好边门。

8. 底板

框罩和立柱固定在底板上，一般由大理石或厚玻璃制作。

9. 底脚

底板下有三只底脚，前面两只为供调天平水平用的调水平底脚，后面一只是固定的。每只底脚有一个脚垫，起保护桌面的作用。

10. 指数盘

设在框罩前左边的门框上，用以控制加码杆加减挂码。分内、外两圈，上面刻有所加挂码的质量值。天平达到平衡时，可由标线处直接读出挂码的量值。

11. 加码杆

通过一系列齿轮的组合与指数盘连接。杆端有小钩，用以挂砝码。

11.5.6 分析天平的调整

天平安装好以后，应进行下列调整：

1. 零点调整

可由横梁上的平衡螺丝来调节，较小的零点调节可拨动底盘下的调零杆。一般零点在 ±2 个分度内即可。

2. 灵敏度的调整

可结合天平的检定来进行。若检定结果表明灵敏度不符合要求时，旋转重心球进行调整。但是旋转重心球后，必须重新调整天平零点。这一操作应在教员指导下进行。

3. 不等臂性的调整

天平在出厂时一般均经过严格的检定，超差的情况很少。由于这一调整特别复杂，初学者不易掌握。如出现超差，应报告教员进行调整。

4. 光学投影的调整

天平投影屏上显示的刻度应清晰明亮，亮度均匀，一般可按以下几方面进行调整：

（1）光源不强。将灯罩上的定位螺丝旋松，前后移动或旋转灯罩，使光源处在光轴上，直至投影屏上亮度最大时为止，然后紧固定位螺丝。

（2）影像不清晰。松开物镜筒上的定位螺丝，前后移动物镜筒，使投影屏上的刻度清晰为止，然后紧固螺丝。

（3）投影屏有黑影缺陷。可调整两片反光镜的相对位置和灯罩，直至投影屏上无黑影为止。

（4）光源不亮。一般由下列原因引起：变压器插孔插错，以及输出电压与灯泡电压不符，造成灯泡烧坏；插头内电线断落，电源插头与变压器插孔接触不良，以至电路不通；附在开关上的电源开关失灵等。

11.5.7 分析天平的使用规则

1. 称量前的检查

取下天平罩，折叠好放在天平罩上面。逐项检查：

（1）称量物的温度与天平内温度是否相等，称量物的外部是否清洁和干燥。

（2）天平箱内、秤盘上是否清洁。如有灰尘，用毛刷刷净。

（3）天平位置是否水平。

（4）天平各部件是否都处在应有位置，特别是吊耳和吊码。

（5）测定或调节天平零点。

2. 称量规则

（1）称量者必须面对天平正中端坐。只能用指定的天平完成一次试样的全部称量，中途不能更换天平。

（2）称量物只能由边门取放，称量时，不能打开前门。

（3）不准在天平开启时取放称量物、加减吊码。开启和关闭天平要轻、缓，切勿用力过猛，以免刀口受撞击而损伤。

（4）粉末状、潮湿、有腐蚀性的物体绝对不能直接放在天平秤盘的，必须用干燥、洁净的容器（称量瓶、坩埚等）盛好，才能称量。

（5）称量物应放在秤盘中央。称量物不得超过天平最大载荷，外形尺寸也不宜过大。

（6）使用机械加码装置时，转动加码器的动作应轻、缓。估计称量物的质量，按"由大到小，中间截取"的原则加减吊码。先微微开启天平进行观察，当指针的偏转在标牌范围内时，方可全开启天平。

（7）读数时，应关闭天平的门，以免指针摆动受空气流动的影响。

（8）称量结束时关闭天平，取出称量物，指数盘恢复到"0.00"位，关好天平，罩好天平罩，填写使用登记卡，经教员同意后，方可离开天平室。

11.5.8 称量步骤和方法

分析天平是精密仪器，称量时要仔细、认真。

1. 称量步骤

（1）按要求进行称量前的检查。

(2) 称量。要把称量的物体放在天平右盘的中央，缓慢地微开天平旋钮，观察投影屏幕上标牌移动情况，判断出吊码比称量物轻或重之后，应立即关好天平旋钮。加减吊码，再称量，这样反复加减操作，直至投影屏的刻线与标牌上某一刻度重合为止。

(3) 读数。当投影屏上标牌投影稳定后，就可以从标牌上读出 10 mg 以下的质量。有的天平的标牌上具有正、负刻度，称量时，一般都是刻线落在正值范围里，读数时只要加上这部分毫克数即为本次称量的质量。读数完毕后立即关上开关旋钮。

标牌上一大格为 1 mg，一小格为 0.1 mg。当刻线落在两小格中间时，按四舍五入的原则取舍（图 11.5.5）。

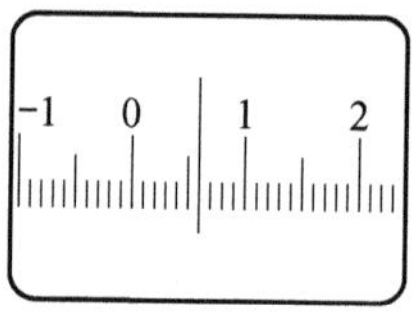

当天平的零点是 0.0 mg 时，

$$称量物质量 = 指数盘读数 + 投影屏读数$$

称量结果要直接、如实地记录在实验报告本上。

图 11.5.5　标牌读数

2. 称量方法

根据试样的不同性质和分析工作中的不同要求，可分别采用直接称量（简称直接法）、指定质量（固定样）称量法和差减称量法（也称相减法）进行称量。以下介绍 TG-328A 电光分析天平的各种称量方法。

(1) 直接称量法。对于一些在空气中无吸湿性的试样或试剂，如金属或合金等，可用直接法称量。称量时将试样放在干净而干燥的小表面皿和油光纸上，一次称取一定质量的试样。

(2) 指定质量称量法。对于可用直接法称量的试样，在例行分析中，为简化计算工作往往需要称出预定质量的试样。这时可在已知质量的称量容器（如表面皿或不锈钢等金属材料做成的小皿）内，直接投放待称物品，直至达到所需要的质量。

称量时，将自备的称量器皿（如表面皿）置于天平右盘，右手持骨匙盛试样后小心地伸向表面皿的近上方，以手指轻击匙柄（图 11.5.6），将试样弹入，半开天平视其加入量，直到所加试样量与预定值之差小于微分标牌的刻度范围，便可以开启天平，极其小心地以右手拇指、中指及掌心拿稳骨匙，以食指摩擦骨匙柄，让骨匙里的试样以尽量少的量慢慢抖入表面皿。这时，既要注意试样的抖入量，同时也要注意微分标牌的读数，当微分标牌正好移动到所需要的刻度时，立即停止抖入试样，在此过程中左手不要离开天平的开关旋钮，以便及时开关天平。若不慎多加了试样，应将天平关闭，再用骨匙取出多余的试样（不要放回原试样瓶中）。称好后，用干净的小纸片衬垫取出表面皿，将试样全部转移到接受的器皿中。试样若为可溶性盐类，可用少量蒸馏水将沾在表面皿上的粉末吹进容器。

图 11.5.6　指定质量称量法

在进行以上操作时，应特别注意：试样绝不能失落在秤盘上或天平箱内；称好的试样必须定量地由称量皿中转移到接受容器中；称量完毕后要仔细检查是否有试样失落在天平箱内外，必要时加以清除。

(3) 差减称量法（相减法）。如果试样是粉末或易吸湿的物质，则需把试样装在称量瓶内称量。倒出一份试样前后两次质量之差，即为该试样的质量。

称量时，用纸条叠成宽度适中两三层纸带，毛边朝下套在称量瓶上。右手拇指与食指拿住纸条，由天平的右边放在天平右盘的正中，取下纸带，称出瓶和试样的质量。然后右手仍用纸条把称量瓶从盘中取出，放在容器上方。左手用另一小纸片衬垫打开瓶盖，但勿使瓶盖离开瓶口，切勿使瓶底高于瓶口，以防试样冲出。此时原在瓶底中的试样慢慢下移至接近瓶口。在称量瓶口离容器上方约 1 cm 处，用盖轻轻敲瓶口上部使试样落入接收器皿中（图 11.5.7）。盖好瓶盖放回天平盘上，称出其质量。两次质量之差，即为倒出的试样质量。若不慎倒出的试样超出了所需的量，则应弃之重称。如果接受的容器口较小（如锥形瓶等），也可以在瓶口上放一只干净的小漏斗，将试样倒入漏斗内，待称好试样后，用少量蒸馏水将试样洗入容器内。

图 11.5.7　倾倒试样的方法

11.6 电烙铁及其使用方法

电烙铁是电子制作维修不可或缺的工具之一，也是手工焊接的主要工具，选择合适的电烙铁并合理地使用，是保证焊接质量的基础。

11.6.1 电烙铁的分类及结构

由于用途、结构的不同，存在各式各样的电烙铁，从加热方式分：有直热式和感应式；从烙铁的发热能力按功率分：有20 W，30 W，…，500 W等；按功能分：有单用式、两用式、调温式和恒温式等。最常用的还是单一焊接用的直热式电烙铁，它又分为外热式和内热式两种。

1. 直热式电烙铁

（1）外热式电烙铁

外热式电烙铁的外形及结构如图11.6.1所示。它由烙铁头、烙铁芯（又称发热元件）、外壳、木柄、后盖、电源线和插头等几部分组成。烙铁芯包在烙铁头的外面，故称外热式电烙铁。外热式电烙铁一般有20 W、25 W、30 W、50 W、75 W、100 W、150 W、300 W等多种规格。功率越大，烙铁的热量越大，烙铁头的温度越高。烙铁头有凿式、尖锥形、圆面形和半圆沟形等不同的形状，以适应不同焊接面的需要。烙铁头的长短还可以调节，烙铁头越短，烙铁头的温度就越高。

外热式电烙铁的特点是：构造简单、价格便宜但升温慢、体积较大，所以焊小型器件时显得不方便。

（2）内热式电烙铁

内热式电烙铁的外形及结构如图11.6.2所示。它由烙铁头、烙铁芯、连接杆、手柄等几部分组成。烙铁芯安装在烙铁头的里面，故称内热式电烙铁。

图11.6.1　外热式电烙铁　　　　　　图11.6.2　内热式电烙铁

内热式电烙铁的规格有20 W、30 W、50 W等，主要用于印制电路板的焊接。它的特点是：体积小、质量轻、升温快、耗电省、热效率高。但因烙铁芯的镍铬电阻丝较细，很容易烧断。

2. 感应式电烙铁

感应式电烙铁也叫速热烙铁，俗称焊枪，其结构如图11.6.3所示。它里面实际上是一个变压器，这个变压器的次级只有1~3匝，当变压器初级通电时，次级感应出的大电流通过加热体，使同它相连的烙铁头迅速达到焊接所需的温度。

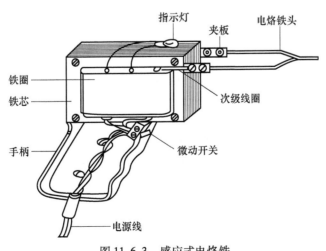

图11.6.3　感应式电烙铁

这种烙铁的特点是加热速度快。一般通电几秒钟即可达到焊接温度。因此不需要像直热式电烙铁那样持续通电。它的手柄上带有开关，特别适合于断续工作的使用。由于感应式电烙铁的烙铁头实际上是变压器的次级绕组，所以，对一些电荷敏感器件，如绝缘型 MOS 集成电路，常因感应电荷的作用而损坏器件。

3. 恒温式电烙铁

恒温式电烙铁的烙铁头温度是可以调节控制的，根据调节方式不同分为自动和手动调温两种。手动调温实际上就是将电烙铁接到一个可调电源（如调压器）上，由调压器上的刻度设定电烙铁的温度。

自动恒温电烙铁依靠温度传感元件监测烙铁头的温度，并通过放大器将传感器输出的信号放大，控制电烙铁的供电电路，从而达到恒温的目的。

恒温式电烙铁的优越性是明显的：断续加热，不仅比普通电烙铁节电 1/2 左右，而且电烙铁不会过热，使用寿命延长；升温时间快；由于烙铁头始终保持恒温，在焊接过程中焊锡不易氧化，可减少虚焊，提高焊接质量。这种电烙铁是较好的焊接工具，但相对昂贵的价格使其推广受到一定的限制。

11.6.2 焊料

焊料是易熔金属，它的熔点低于被焊金属，在熔化时能在被焊金属表面形成合金而与被焊接金属连接到一起。按焊料成分分，有锡铅焊料、银焊料、铜焊料等，在一般电子产品装配中主要使用锡铅焊料，俗称焊锡。常用焊锡主要包括以下几种：

1. 管状焊锡

管状焊锡由助焊剂与焊锡制作在一起做成管状，管内部充助焊剂（优质松香添加一定活化剂）。直径有 0.5 mm、0.8 mm、1.2 mm、1.5 mm、2.0 mm、2.5 mm、4.0 mm 和 5.0 mm 等。

2. 抗氧化焊锡

抗氧化焊锡是在锡铅合金中加入少量的活性金属，能使氧化锡、氧化铅还原，漂浮在焊锡表面形成致密覆盖层，从而保护焊锡不被继续氧化。

3. 焊膏

焊膏是表面安装技术的一种重要材料，它由焊粉、有机物和溶剂制成糊状，能方便地用丝网、模板或点膏机等涂在印制电路板上。

11.6.3 电烙铁的使用

1. 电烙铁的握法

电烙铁的握法分为三种，如图 11.6.4 所示。

（1）反握法。用五指把电烙铁的柄握在掌内。此法用于大功率电烙铁，焊接散热量大的被焊件。

（2）正握法。此法适用于较大的电烙铁，弯形烙铁头的一般也用此法。

（3）握笔法。用握笔的方法握电烙铁，此法适用于小功率电烙铁，焊接散热量小的被焊件，如焊接收音机、电视机的印制电路板及其维修等。

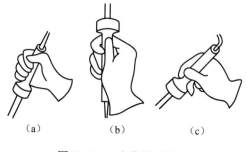

图 11.6.4　电烙铁的握法
（a）反握法；（b）正握法；（c）握笔法

2. 焊接的基本步骤

掌握好电烙铁的温度和焊接时间，选择恰当的烙铁头和焊点的接触位置，才可能得到良好的焊点。正确的手工焊接操作过程可以分成五个步骤，如图 11.6.5 所示。

（1）准备施焊

左手拿焊锡丝，右手拿烙铁，进入备焊状态。要求烙铁头保持干净，无焊渣等氧化物，即可以沾上焊锡（俗称吃锡）。

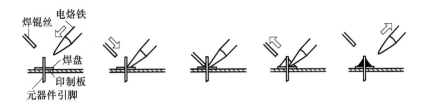

图 11.6.5　焊接五步法

（2）加热焊件

将烙铁头放在被焊点上，使被焊件的温度上升。烙铁头放在被焊点位置上时应注意，其位置能同时加热引脚和焊盘，并要尽可能加大与引脚的接触面积，以缩短加热时间，保护焊盘不被烫坏。

（3）送入焊锡丝

焊件的焊接面被加热到一定温度时，焊锡丝从烙铁头对面接触焊件。

注意：不要把焊锡丝送到烙铁头上！

（4）移开焊锡丝

当焊锡丝熔化一定量后，立即向左上45°方向移开焊丝。

（5）移开电烙铁

焊锡浸润焊盘和焊件的施焊部位以后，及时迅速地向右上45°方向移开烙铁，结束焊接。

完成这五步后，焊料尚未完全凝固前，不能移动被焊件之间的位置，以防产生假焊现象。对一般焊点而言，完成上述过程大约2~3秒。对于热容量较小的焊点，例如焊接印制电路板上的小焊盘，使用三步法概括操作方法，即将上述步骤2、3合为一步，4、5合为一步。实际上细微区分还是五步，所以五步法具有普遍性，是掌握手工焊接的基本方法。

注意：各步骤之间停留的时间对保证焊接质量至关重要，只有通过实践才能逐步掌握。

3. 常见焊点的缺陷与分析

造成焊接缺陷的原因很多，在材料与工具一定的情况下，采用什么方式以及操作者是否有责任心是决定性的因素。表11.6.1列出了印制电路板焊点缺陷的外观、特征、危害以及原因分析，可供焊点检查、分析时参考。

表 11.6.1　常见焊点缺陷

焊点缺陷	外观特征	危 害	原因分析
焊料过多	焊料面呈凸形	浪费焊料	焊锡丝撤离过迟
焊料过少	焊料未形成平滑面	机械强度不足	焊锡丝撤离过早
过热	焊点发白，无金属光泽表面粗糙	焊盘容易脱落，强度降低	电烙铁功率过大，加热时间过长
虚焊	焊件与元件引线或与焊盘之间有明显的黑色界限，焊锡向界线凹陷	电连接不可靠	元件引线未清洁好，有氧化层或油污、灰尘；印制板未清洁好
焊盘剥离	焊盘从印制板上剥离	印刷板被损坏	焊接时间长，温度高
不对称	焊锡未流满焊盘	强度不足	焊料流动性不好

续表

焊点缺陷	外观特征	危　害	原因分析
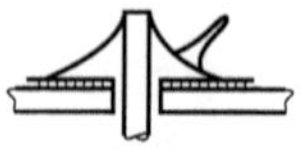 拉尖	出现尖端	外观不佳，容易造成桥接现象	助焊剂过少，而加热时间过长，电烙铁撤离角度不当
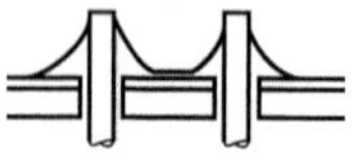 桥接	相邻导线连接	电器短路	焊锡过多，电烙铁撤离角度不当
 松动	导线或元件引脚可移动	导通不良或不导通	焊锡未凝固前引线移动造成空隙，引线未处理好（浸润差或不浸润）
 针孔	目测或低倍放大镜可见针孔	强度不足，焊点容易腐蚀	焊盘孔与引线间隙过大
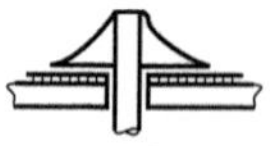 剥离	焊点脱落（不是焊盘脱落）	断路	焊盘镀层不良

11.6.4　拆焊

将已焊焊点拆除的过程称为拆焊。调试和维修中常需要更换一些元件，在实际操作中，拆焊比焊接难度更高，如果拆焊不得法，就会损坏元件及印制板。

1. 拆焊工具

（1）吸锡电烙铁。用于吸取熔化的焊锡，使焊盘与元件或导线分离，达到解除焊接的目的。

（2）吸锡器。用于吸取熔化的焊锡，要与电烙铁配合使用。先使用电烙铁将焊点熔化，再用吸锡器吸除熔化的焊锡。

当手边没有拆焊工具时，可以将印制板竖起，一边用电烙铁加热待拆元件的焊点，一边用镊子或尖嘴钳夹住元件的引脚轻轻拉出。

2. 拆焊的基本原则

拆焊前一定要弄清楚原焊点的特点，不要轻易动手，其基本原则为：

（1）不损坏待拆除的元件、导线及周围元件；

（2）拆焊时不可损坏印制板上的焊盘与印制导线；

（3）对判定为已损坏元件的，可先将其引线剪断再拆除，这样可以减少其他损伤；

（4）在拆焊过程中，应尽量避免拆动其他元件的位置，如确实需要应做好复原工作。

第 12 讲

常用电子元器件

本讲主要介绍分立元器件中的电阻器、电容器、电感器、二极管、发光二极管、雪崩二极管、稳压管、晶闸管、三极管和集成电路等常用电子器件。

12.1 分立元器件

12.1.1 电阻器

1. 电阻器的分类

电阻器俗称电阻,它是分立式电子电路中使用最广泛的电子器件,约占30%。主要用途是稳定和调节电路中电流、电压以及作为分压器、分流器和消耗电能的负载等。电阻器的分类如表12.1.1所示。

表12.1.1 电阻器的分类

种 类		特 点	用 途
非线绕	膜式(碳膜、金属膜)	体积小、阻值范围宽	频率较高的电路
	实芯	过载能力强、可靠性高,稳定性和电性能差	要求不太高的电路
线绕		功率大、精度高、体积大	频率较低的电路
敏感(半导体)		电阻性对热、光、磁、力等物理量敏感	电特性补偿、物理量检测等

2. 电位器的分类

电位器也称为可变电阻器,它是电阻值在一定范围内连续可调的三端电子器件,两个固定端,一个滑动端,多用于分压器、电阻平衡器等。电位器的分类如表12.1.2所示。

表12.1.2 电位器的分类

种 类			特 点	用 途
接触式	线绕		功率大、接触电阻小、温度系数小、易断线、体积大、有分布电感、电容	不能用于高频和脉冲电路
	非线绕	膜式、实芯	精度高、阻值范围宽、功率小、稳定性差	小功率高频电路
非接触式	敏感(半导体)		可靠性高、寿命长、分辨率高	高频、脉冲、检测电路

3. 电阻器与电位器的型号命名

电阻器与电位器的型号命名法见表12.1.3。

例如:RJ71-0.125-5.1KI 型电阻器

R——主称:电阻器

J——材料:金属膜

7——特征:精密

1——序号:1

0.125——额定功率:1/8 W

5.1 K——标称阻值:5.1 kΩ

Ⅰ——精度:Ⅰ级 ±5%

表 12.1.3 电阻器与电位器的型号命名法

第1部分		第2部分		第3部分		第4部分
用字母表示主称		用字母表示材料		用数字或字母表示特征		用数字表示
符号	意义	符号	意义	符号	意义	
R W	电阻器 电位器	T P U C H I J Y S N X R G M	碳膜 硼碳膜 硅碳膜 沉积膜 合成膜 玻璃釉膜 金属膜 氧化膜 有机实芯 无机实芯 线绕 热敏 光敏 压敏	1 2 3 4 5 7 8 9 G T X L W D	普通 超高频 高阻 高温 精密 电阻器（高压） 电位器（特殊） 特殊 高功率 可调 小型 测量用 微调 多圈	包括：额定功率、阻值、允许偏差、精度等级等

4. 电阻器与电位器的主要性能指标

（1）额定功率

电阻器和电位器的额定功率是指在规定的温度和湿度下，假定周围空气不流通，在长期连续工作而不损坏或基本不改变性能的条件下，电阻器或电位器上消耗的最大功率。当超过额定功率时，电阻器或电位器的阻值将发生变化，甚至烧毁。为了保证安全使用，一般选择额定功率是实际功率的 2 倍左右。

（2）标称阻值

标称阻值即电阻器或电位器表面所标的阻值。目前我国采用的标准阻值系列根据误差不同分别是 E_{24}、E_{12}、E_6。这三个系列内的数值是按下述公式计算，并经过必要的修正得到的。

E_{24} 系列：$X = \sqrt[24]{10^n}$，其中 $n = 0, 1, 2, \cdots, 23$。

E_{12} 系列：$X = \sqrt[12]{10^n}$，其中 $n = 0, 1, 2, \cdots, 11$。

E_6 系列：$X = \sqrt[6]{10^n}$，其中 $n = 0, 1, 2, \cdots, 5$。

电阻器的阻值标称系列如表 12.1.4 所示。

表 12.1.4 电阻器的阻值标称系列

允许误差	系列代号	标称阻值系列
±5%	E_{24}	1.0　1.1　1.2　1.3　1.5　1.6　1.8　2.0　2.2　2.4　2.7　3.0　3.3 3.6　3.9　4.3　4.7　5.1　5.6　6.2　6.8　7.5　8.2　9.1
±10%	E_{12}	1.0　1.2　1.5　1.8　2.2　2.7　3.3　3.9　4.7　5.6　6.8　8.2
±20%	E_6	1.0　1.5　2.2　3.3　3.9　4.7　6.8

任何固定电阻值都应符合：$R = E \times 10^n$（其中 $n = 0, 1, 2, \cdots$），单位：欧姆（Ω）、千欧（kΩ）、兆欧（MΩ）。

（3）允许误差

允许误差是指电阻器和电位器实际值与标称值的最大允许偏差范围，它表示产品的精度。允许误差等级如表 12.1.5 所示。

表 12.1.5 误差等级

级　别	005	01	02	Ⅰ	Ⅱ	Ⅲ
允许误差	±0.5%	±1%	±2%	±5%	±10%	±20%

（4）最高工作电压

最高工作电压是由电阻器、电位器的最大电流密度和电阻材料结构等因素所规定的工作电压限度。当工作电压过高时内部将会发生电弧火花放电，导致电阻变质损坏。一般 1/8 W 碳膜或金膜电阻器的最高工作电压分别不能超过 150 V 和 200 V。

电阻器和电位器的主要性能指标除上述介绍的以外，还有频率特性、噪声特性等。

5. 电阻器的阻值标注方式

（1）直接标注法

早期，一般把数字或符号加数字直接标印在电阻器表面，识别十分方便。

（2）色环标注法

小功率电阻器在较多情况下使用色环标注法，特别是 0.5 W 以下的碳膜和金属膜电阻器更为普遍。色环颜色意义如表 12.1.6 所示。

表 12.1.6　色环颜色意义

颜　色	第一环　第1位数	第二环　第2位数	第三环　第3位数	第四环　应乘倍率	第五环　精度
黑	0	0	0	10^0	
棕	1	1	1	10^1	
红	2	2	2	10^2	
橙	3	3	3	10^3	
黄	4	4	4	10^4	
绿	5	5	5	10^5	
蓝	6	6	6	10^6	
紫	7	7	7	10^7	
灰	8	8	8	10^8	
白	9	9	9	10^9	
金	—	—	—	10^{-1}	J ±5%
银	—	—	—	10^{-2}	K ±10%

色环电阻器可分为 3 环、4 环和 5 环 3 种标法，含义如图 12.1.1 所示。

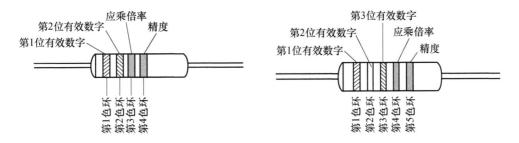

图 12.1.1　电阻色环含义

① 3 环色环电阻器：表示标称电阻值（精度均为 ±20%）。

② 4 环色环电阻器：表示标称电阻值及精度。

③ 5 环色环电阻器：表示标称电阻值（3 位有效数字）及精度。

为避免混淆，第 5 色环的宽度是其他色环的 1.5～2 倍。

12.1.2　电容器

电容器是一种储能元件，是由两个金属电极中间夹一层绝缘体（又称电介质）构成。当在两个金属电极间加上电压时，电极上就会储存电荷。电容器在电路中常用于滤波、耦合、旁路、调谐和能量转换等。

1. 电容器的种类

电容器的种类很多,按介质分,可分为无机介质电容器、有机介质电容器、电解电容器等。见表 12.1.7。

表 12.1.7　电容器分类

种　类		特　点	用　途
无机介质电容器	云母、玻璃釉、陶瓷等	化学稳定性好、不易老化、结构简单、容量小	高频电路
有机介质电容器	纸介、涤纶、聚苯乙烯等	电容量和工作电压范围宽、机械强度高、易老化、稳定性差	一般交直流和脉冲电路
电解电容器	铝	体积小、质量轻、电容量大、工作电压低、频率和温度特性差、损耗较大	整流、滤波电路、电子电路中的耦合、旁路、储能
	钽		
	铌		

2. 电容器型号命名方法

根据国家标准,电容器型号命名由 4 部分组成,其中第 3 部分作为补充说明电容器的某些特征,如无说明,则只需 3 部分组成,即两个字母和一个数字。大多数电容器都由 3 部分内容组成。型号命名格式如图 12.1.2 所示。

电容器的标志内容见表 12.1.8。

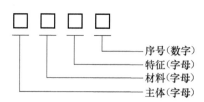

图 12.1.2　电容器型号命名格式

表 12.1.8　电容器的标志内容

第 1 部分		第 2 部分		第 3 部分	
符号	含义	符号	含义	符号	含义
C	电容器	C	瓷介	W	微调
		Y	云母		
		I	玻璃釉		
		O	玻璃(膜)		
		B	聚苯乙烯		
		F	聚四氟乙烯		
		L	涤纶		
		S	聚碳酸酯	J	金属膜
		Q	漆膜		
		Z	纸介		
		H	混合介质		
		D	铝电解		
		A	钽		
		N	铌		
		T	钛		

一般电容器主体上除了标注符号外,还标有标称容量、额定电压、精度与技术条件等。

3. 容量的标志方式

(1) 直标法

直标法是将电容器的电容量标注在电容器上。一般用于电解电容器或体积较大的无极性电容器,容量单位:F(法拉)、mF(毫法)、μF(微法)、nF(纳法)和 pF(皮法或微微法)。其中:$m = 10^{-3}$,$\mu = 10^{-6}$,$n = 10^{-9}$,$p = 10^{-12}$。

(2) 数码表示法

一般用 3 位数字来表示容量的大小,单位为 pF。前两位为有效数字,后一位表示倍率,即乘以 10^i,i 为第三位数字(特殊:若第三位数字为 9 时,乘以 10^{-1})。这种表示方法最为常见。

例如：223 代表 22×10^3 pF；479 代表 47×10^{-1} pF。

（3）色码表示法

这种表示法与电阻器的色环表示法类似，颜色涂于电容器的一端或从顶端向引线排列。色码一般只有 3 种颜色，前两环为有效数字，第 3 环为倍率，单位为 pF。有时色环较宽，如红红橙，两个红色涂成一个宽的，表示 22×10^3 pF。

12.1.3 电感器

电感器一般又称电感线圈，也是一种储能元件，在电路中有阻交流、通直流的作用，在谐振、耦合、滤波、延迟、补偿及偏转聚焦等电路中都是必不可少的。

1. 电感器的主要技术指标

电感器的主要技术指标有电感量、分布电容、品质因数、额定电流和稳定性等。

（1）电感量

电感量的大小主要决定于线圈的直径、匝数及有无磁芯等。线圈的用途不同，所需的电感量也不同。

（2）分布电容

线圈匝与匝之间的导线，通过空气、绝缘层和骨架而存在分布电容。此外，屏蔽罩之间、多层绕组的层与层之间、绕组与底板间也都存在着分布电容，它和线圈一起可以等效为一个由 L、R 和 C 组成的并联谐振电路。分布电容的存在，不仅降低了线圈的稳定性，同时也降低了品质因数，因此一般总希望分布电容尽可能小些。

（3）额定电流

额定电流是线圈中允许通过的最大电流。

（4）稳定性

使线圈产生几何变形、温度变化所引起的分布电容和漏电损耗增加，这都影响电感的稳定性。电感线圈的稳定性通常用电感温度系数和不稳定系数来衡量，其值越大，稳定性越差。电感器的参数测量比较复杂，一般都是通过专用仪器进行测量，如电感测量仪和电桥等。

2. 常用电感器

常用的电感器主要有固定电感器、平面电感器、中周线圈和罐形磁芯线圈，其结构与特点如表 12.1.9 所示。

表 12.1.9 常用电感器的结构及特点

名 称	结 构	特 点	应 用
小型固定电感器	有卧式和立式两种。在棒型、工字形或王字形的磁芯上直接绕制一定匝数的漆包线或丝包线，外表裹覆环氧树脂或封装在塑料壳中	体积小，重量轻，结构牢固（耐振动、耐冲击），防潮性能好，安装方便	滤波、扼流、延迟、陷波等电路
平面电感器	采用真空蒸发，光刻电镀及塑料包封等工艺，在陶瓷或微晶玻璃片上沉积金属导线制成	稳定性、精度和可靠性都比较好	几十 MHz 到几百 MHz 的电路中
中周线圈	由磁芯、磁罩、塑料骨架和金属屏蔽罩组成，线圈绕制在塑料骨架上或直接绕在磁芯上，骨架的插脚可以焊接到印制电路板上	调节磁芯和磁罩的相对位置，能够在 ±10% 的范围内改变中周线圈的电感量。由于中周线圈的技术参数根据接收机的设计要求确定，并直接影响接收机的性能指标，所以各种接收机中的中周线圈参数都不完全一致，为了正确选用，应查阅有关资料	调幅、调频接收机、电视接收机、通信接收机等电子设备的调谐回路中
罐形磁芯线圈	采用罐形铁氧体磁芯制作而成。常见的铁氧体磁芯有 I 形磁芯（铁棒）和 E 形磁芯	有效磁导率和电感系数较高，体积小，电感量大	LC 滤波器、谐振回路、匹配回路

12.1.4 变压器

如果将两组或两组以上的线圈绕在同一个线圈骨架上,或绕在同一铁芯上,那么当其中的一个线圈通以交流电时,它所产生的磁通将切割另一线圈并使其产生感应电动势。变压器就是根据这一原理制成的电压变换装置。

变压器的种类很多,按使用的工作频率可分为高频变压器、中频变压器、低频变压器和脉冲变压器。高频变压器一般在收音机和电视机中用作阻抗变换器,如收音机的天线线圈等;中频变压器在收音机和电视机中都被用于中频放大器中;低频变压器有电源变压器、收音机中的输入输出变压器、线间变压器、耦合变压器等;脉冲变压器则使用于脉冲电路中。变压器的类型较多,不同类型的变压器工作在不同的频率和不同的功率下,不能互相代替使用。变压器的绕组情况可以用万用表电阻挡测量,使用时尤其要分清楚电源变压器一次绕组和二次绕组。

12.1.5 二极管

1. 二极管的种类及特点

二极管按材料分为硅二极管、锗二极管、砷二极管等;按结构不同分为点接触二极管和面接触二极管;按用途分为整流二极管、检波二极管、稳压二极管、发光二极管、光电二极管等。不管二极管的材料如何,结构如何,特性如何,二极管均具有单向导电性和非线性的特点。

2. 二极管的主要参数

(1) 最大整流电流 (I_f):最大整流电流也称直流电流,是指二极管长期工作时所允许的最大正向平均电流,该电流的大小与二极管的种类有关,小的几十 mA,大的几 kA,是由 PN 结的面积和散热条件决定的。

(2) 反向电流 (I_R):反向电流也称反向漏电流,是指二极管加反向电压未被击穿时的反向电流值,该电流越小,二极管的单向导电性能越好。

(3) 最大反向电压 (U_R):最大反向电压是指二极管工作时所承受的最高反向电压,超过该值二极管可能被反向击穿。

(4) 最高工作频率 (f_M):是指二极管工作频率的最大值,主要由 PN 结电容的大小决定。

3. 二极管的特性与简单测试

简单地说,二极管的特性就是单向导电性:正向导通,反向截止。

如果在二极管两端加反向电压,则二极管基本不导通,电流几乎等于零;但如果二极管两端所加反向电压过高,则二极管会被反向击穿,反向击穿如在电路中不加以控制,则反向电流会迅速升高。

二极管的外壳上一般印有型号和正负标记。有的二极管上只印有一个色环,一般印有色环的一端为负极。若遇到型号标记不清时,可以根据二极管正向导通电阻值小,反向截止电阻值大的原理,借助万用表来简单判定二极管的好坏和极性。

(1) 用指针万用表。用万用表 $R \times 100 \ \Omega$ 或 $R \times 1 \ k\Omega$ 挡测量二极管的正反向电阻,阻值较小的一次,黑表笔接触的是二极管的正极,红表笔接触的是负极。若两次指示的阻值相差很大,说明该二极管单向导电性好;若两次指示的阻值相差很小,说明该二极管已失去单向导电性;若两次的阻值都很大,则说明该二极管已经开路。

(2) 用数字万用表。用二极管挡测量的是二极管的电压降,正常二极管正向压降约为 0.1~0.3 V(锗管)和 0.5~0.7 V(硅管),红表笔接触的是二极管的正极;反向显示"1"。

4. 几种常用二极管

(1) 发光二极管

发光二极管是指采用特殊的材料和制造工艺、用作指示装置的二极管。当正向电压高于开启电压时有正向电流通过,发光二极管发光。根据制造材料和工艺的不同,发光颜色有红光、黄光和绿光几种。发光二极管的外形及电路符号如图 12.1.3 所示,发光二极管的伏安特性曲线如图 12.1.4 所示。从曲线中可看出，只有当加到发光二极管上的正向电压达到一定程度时，才有电流通过发光二极管，管子才能发光。这一正向电压 U_Z 通常为 1.5～3 V，比一般二极管的正向导通电压高得多。不同颜色发光二极管 U_Z 数值不同。通过发光二极管电流越大，亮度越高，但电流不允许超过最大值，以免烧毁。所以使用时电路中应加限流电阻。

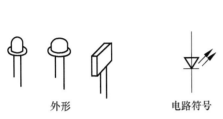

图 12.1.3　发光二极管的外形及电路符号

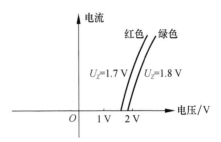

图 12.1.4　发光二极管的伏安特性曲线

（2）雪崩二极管

雪崩二极管是一种负阻器件，特点是输出功率大，但噪声也很大。主要噪声来自于雪崩噪声，是由于雪崩倍增过程中电子和空穴的无规则性所引起的。雪崩噪声是雪崩二极管振荡器的噪声远高于其他振荡器的主要原因。

在材料掺杂浓度较低的 PN 结中，当 PN 结反向电压增加时，空间电荷区中的电场随着增强。这样，通过空间电荷区的电子和空穴，就会在电场作用下获得的能量增大，在晶体中运动的电子和空穴将不断地与晶体原子又发生碰撞，当电子和空穴的能量足够大时，通过这样的碰撞可使共价键中的电子激发形成自由电子—空穴对。新产生的电子和空穴也向相反的方向运动，重新获得能量，又可通过碰撞，再产生电子—空穴对，这就是载流子的倍增效应。当反向电压增大到某一数值后，载流子的倍增情况就像在陡峻的积雪山坡上发生雪崩一样，载流子增加得多而快，这样，反向电流剧增，PN 结就发生雪崩击穿。利用该特点可制作高反压二极管。图 12.1.5 是雪崩击穿的示意图。

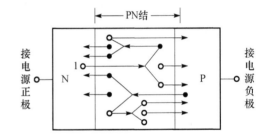

图 12.1.5　雪崩击穿示意图

（3）稳压二极管

稳压二极管是利用二极管反向击穿时，其两端电压基本上不随电流大小变化的特性来起到稳压作用的二极管。稳压二极管是一种齐纳二极管，它的伏安特性、外形及图形符号如图 12.1.6 所示。稳压二极管的正向特性与普通二极管相似，反向电流很小，反向电压临近击穿电压时反向电流急剧增大，发生电击穿。这时电流在很大范围内改变而管子两端电压基本保持不变，起到稳定电压的作用。必须注意的是，稳压二极管在电路上应用时一定要串联限流电阻，以避免二极管击穿后电流无限制增长，否则将立即被烧毁。稳压二极管的最大工作电流受稳压管最大耗散功率限制。最大耗散功率指电流增大到最大工作电流时，管中散发出的热量使管子损坏的功率。图 12.1.6 中的最大功耗就限制了最大工作电流。

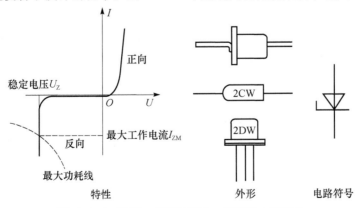

图 12.1.6　稳压二极管的特性、外形及电路符号

12.1.6 晶闸管

晶闸管又称可控硅，它是一个可控导电开关，能以弱电去控制强电的各种电路。晶闸管的出现使半导体器件由弱电领域扩展到强电领域。

1. 晶闸管的种类

晶闸管一般按以下几种方式进行分类。

（1）按控制方式分类

晶闸管按控制方式可分为普通晶闸管、双向晶闸管、逆导晶闸管、门极关断晶闸管（GTO）、BTG 晶闸管、温控晶闸管和光控晶闸管等。

（2）按关断速度分类

晶闸管按关断速度可分为普通晶闸管和高频（快速）晶闸管。

（3）按封装形式分类

晶闸管按其封装形式可分为金属封装晶闸管、塑封晶闸管和陶瓷封装晶闸管三种类型。其中，金属封装晶闸管又分为螺栓形、平板形、圆壳形等多种；塑封晶闸管又分为带散热片型和不带散热片型两种。

2. 晶闸管的外形及命名

晶闸管的几种常见外形如图 12.1.7 所示。

国产晶闸管的型号命名主要由 4 部分组成，各部分含义见表 12.1.10。

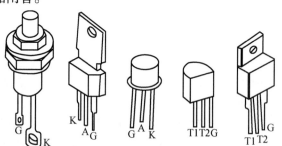

图 12.1.7　晶闸管的常见外形

表 12.1.10　晶闸管的型号及含义

第一部分主称		第二部分类别		第三部分额定通态电流		第四部分负峰值电压级数	
字母	含义	字母	含义	数字	含义	数字	含义
K	晶闸管	P	普通反向阻断型	1	1 A	1	100 V
				5	5 A	2	200 V
				10	10 A	3	300 V
				20	20 A	4	400 V
				30	30 A	5	500 V
				50	50 A	6	600 V
				100	100 A	7	700 V
				200	200 A	8	800 V
		K	快速反向阻断型	300	300 A	9	900 V
				400	400 A	10	100 V
		S	双向型	500	500 A	12	1 200 V
						14	1 400 V

国外晶闸管型号很多，大都按自己公司的命名方式定型号。晶闸管常用于整流、调压、交直流变换、开关、调光等控制电路中。常见晶闸管的种类有：单向晶闸管、双向晶闸管、可关断晶闸管、快速晶闸管、光控晶闸管等。

3. 晶闸管的选用

晶闸管有多种类型，应根据电路的具体要求合理选用。

若用于直流电压控制、可控整流、交流调压、逆变电源、开关电源保护电路等，可选用普通单向晶闸管。

若用于交流开关、交流调压、交流电动机线性调速、灯具线性调光及固态继电器、固态接触器等电路中，应选用双向晶闸管。

若用于交流电动机变频调速、斩波器、逆变电源及各种电子开关电路等，可选用门极关断（GTO）晶闸管。

若用于锯齿波发生器、长时间延时器、过电压保护器及大功率晶体管触发电路等，可选用 BTG 晶闸管。

若用于光耦合器、光探测器、光报警器、光电逻辑电路及自动生产线的运行监控电路，可选用光控晶闸管。

12.1.7 三极管

三极管，全称为半导体三极管，也称双极型晶体管、晶体三极管，是一种控制电流的半导体器件，其作用是把微弱信号放大成辐值较大的电信号。三极管是电子电路中非常重要的一种器件，所有电子设备中都有它的存在。

1. 三极管的种类

三极管的种类很多，按器件材料可以分为锗三极管、硅三极管和化合物材料三极管等；按器件性能可以分为低频小功率三极管、低频大功率三极管、高频小功率三极管、高频大功率三极管；按 PN 结类型分为 PNP 型和 NPN 型三极管。三极管的电路符号及实物如图 12.1.8 所示。

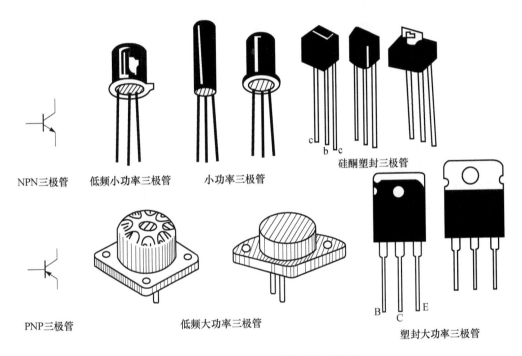

图 12.1.8　三极管电路符号及实物图

2. 三极管主要参数

（1）电流放大倍数

共射直流电流放大倍数：三极管集电极电流与基极电流的比值。

共射交流电流放大倍数：三极管集电极电流的变化量与基极电流的变化量的比值。

直流电流放大倍数和交流电流放大倍数的值也不完全相等，但在常用的工作范围内却比较接近，因此，工程计算时，视为两者相等。

（2）极间反向电流

集电结反向电流 I_{CBO}：指的是发射极断开，集电结反偏时，集电区中的少数载流子在外电场的作用下，由集电区漂移到基区，形成这个反向电流称为集电结反向电流。

穿透电流 I_{CEO}：指的是基极断开，在 C、E 之间加一个电压 V_{CC}，集电区中的少数载流子在外电场的作用下，由集电区经过基区，一直漂移到发射区，形成这个反向电流称为穿透电流。

这两个反向电流越小，三极管的质量越高。

3. 三极管的检测

（1）NPN 型和 PNP 型三极管的判别

用万用表 $R \times 100\ \Omega$ 或 $R \times 1\ k\Omega$ 挡，如果能够在三极管上找到一个引脚，将黑表笔接引脚，将红表笔依次接另外两个引脚，万用表的指针均有偏转，而反过来接却不偏转，说明此三极管是 NPN 管，且黑表笔所接触的那个引脚为基极。如果能够在三极管上找到一个引脚，将红表笔接引脚，将黑表笔依次接另外两个引脚，万用表的指针均有偏转，而反过来接却不偏转，说明此三极管是 PNP 管，且红表笔所接触的那个引脚为基极。

（2）三极管各电极的判别

对于集电极和发射极的判定，可利用三极管在放大工作条件下集电结加反偏电压，发射结加正向电压时，集电极与发射极之间的电阻将下降的原理。

对于 NPN 型三极管，将万用表置于 $R \times 1\ k\Omega$ 或 $R \times 10\ k\Omega$ 挡，用红、黑表笔接除基极以外的其余两电极，用手搭接基极和黑表笔所接电极（两电极不要短路），记下此时表针偏转角度；然后调换表笔，仍用手搭接基极和黑表笔所接电极，记下这次表针偏转角度；比较两次测量时表针的偏转角度，偏转角度大的一次，黑表笔所接电极是集电极，另一电极则是发射极。

对于 PNP 型三极管，检测原理相同。检测方法区别为：一是万用表的挡位用 $R \times 100\ \Omega$ 或 $R \times 1\ k\Omega$ 挡，二是用手搭接基极和红表笔所接电极，且表针偏转角度大的一次红表笔所接是集电极，黑表笔所接是发射极。

12.2 集成电路

集成电路（Integrated Circuit，简称 IC）是利用半导体工艺或厚膜、薄膜工艺，将电阻、电容、二极管、双极型三极管和场效应晶体管等元器件按照设计要求连接起来，制作在同一个硅片上，成为具有特定功能的电路。集成电路与分立元器件组成的电路相比，具有体积小、功耗低、性能好、重量轻、可靠性高、成本低等许多优点。集成电路可分为两大类，即模拟集成电路和数字集成电路。模拟集成电路包括运算放大器、线性放大器、集成稳压器等。数字电路包括各种门电路、触发器电路、专用电路（ASIC）以及片上系统电路（如 CPU、单片机）等。总的情况是数字集成电路多于模拟集成电路，模拟集成电路与数字集成电路相比，技术复杂，性能和价格范围宽。另外，国外器件品种全于国产器件。

国家标准规定，我国集成电路的型号命名采用与国际接轨的准则，由 5 部分组成，见表 12.2.1。

表 12.2.1 国产半导体集成电路的型号组成

第 0 部分		第 1 部分		第 2 部分	第 3 部分		第 4 部分	
用字母表示件符合国家标准		用字母表示期间的类型		用阿拉伯数字表示器件的系列和品种代号	用字母表示器件的工作温度范围		用字母表示器件的封装	
符号	国别	符号	意义	意义	符号	意义	符号	意义
C	中国	T	TTL	与国际接轨	C	0 ℃ ~ 70 ℃	W	陶瓷扁平
		H	HTL		E	-40 ℃ ~ 85 ℃	B	塑料扁平
		E	ECL		R	-55 ℃ ~ 85 ℃	F	全密封扁平
		C	CMOS		M	-55 ℃ ~ 125 ℃	D	陶瓷直插
		F	线性放大器				P	塑料直插
		D	音响电视电路				J	黑陶瓷直插
		W	稳压器				K	金属菱形
		B	非线性电路				T	金属圆形
		M	存储器					
		μ	微型机电路					

第 13 讲

常用电子仪器器材

本讲主要介绍示波器、信号发生器、晶体管毫伏表、数字万用表、便携式自主实验箱等常用电子仪器器材。

13.1 示波器

示波器是一种用于观察和测量电压波形的仪器,它能把肉眼看不见的电信号变换成看得见的图像,便于人们研究各种电现象的变化过程。利用示波器能观察各种不同信号电压幅度随时间变化的波形曲线,还可以用它测试电信号的电压、电流、频率、相位差、调幅度等参数。示波器从原理上一般分为模拟示波器和数字示波器。模拟示波器的显示器一般为阴极射线管(CRT),它利用狭窄的、由高速电子组成的电子束,打在涂有荧光物质的屏面上,就可产生细小的光点,在被测信号的作用下,电子束就好像一支笔的笔尖,可以在屏面上描绘出被测信号的瞬时值的变化曲线;数字示波器一般采用液晶(LCD)、发光二极管(LED)等平板显示器。从发展趋势来看数字示波器的使用越来越普遍。

下面以 UT2062C 型双踪数字存储示波器为例介绍示波器的使用方法。图 13.1.1 是 UT2062C 型数字存储示波器的面板图。

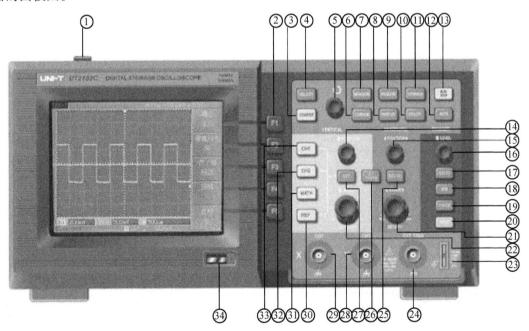

图 13.1.1 UT2062C 型数字存储示波器的面板图

1. 面板上各旋钮开关的作用

① ON/OFF:电源开关。

② F1/F2/F3/F4/F5:菜单功能按键。

③ COARSE 按键:光标测量情况下粗调按键。

④ SELECT 按键:光标测量情况下选择按键。

⑤ 多用途旋钮控制器。

⑥ CURSOR 按键：光标测量功能按键，按下此按钮可以显示测量光标和光标菜单，然后使用多用途旋钮控制器改变光标的位置，可以测量电压、时间和跟踪信号，当光标功能打开时，测量数值自动显示于屏幕右上角。

⑦ MEASURE 按键：自动测量功能按键，本机的测量菜单可测量 28 种波形参数，即可进行电压参数的自动测量，又可进行时间参数的自动测量。按下 MEASURE 按键，屏幕显示 5 个测量值的显示区，可按 F1—F5 中的任一键，则屏幕进入测量选择菜单。

⑧ DISPLAY 按键：显示系统的功能按键，按下 DISPLAY 按键，弹出采样设置菜单，通过菜单控制按钮调整显示方式，数字存储示波器工作方式为 YT（示波器的水平坐标为时间，垂直坐标为电压值）方式。

⑨ ACQUIRE 按键：采样系统的功能按键，按下 ACQUIRE 按键，弹出采样设置菜单，通过菜单控制按钮调整采样方式。注意：观察单次信号选用实时采样方式，观察高频周期性信号选用等效采样方式（重复采样方式）。

⑩ UTILITY 按键：辅助功能按键，按下 UTILITY 按键，弹出辅助系统功能设置菜单，菜单中自校正程序可以校正由于环境等变化导致数字存储示波器产生的测量误差。

⑪ STORAGE 按键：存储系统的功能按键，按下 STORAGE 按键，弹出显示存储设置菜单。可以通过该菜单对数字存储示波器内部存储区和 USB 存储设备上的波形和设置文件进行保存和调出操作，也可以对 USB 存储设备上的波形文件、设置文件进行保存和调出操作。

⑫ AUTO 按键：自动设置按键，按下此按键时，数字存储示波器能自动根据波形的幅度和频率，调整垂直偏转系数和水平时基挡位，并使波形稳定地显示在屏幕上，AUTO 功能是数字示波器最为便捷和常用的功能。

⑬ RUN/STOP 按键：运行/停止按键，当按下该键并有绿灯亮时，表示运行状态，如果按键后出现红灯亮则为停止。

⑭ 垂直 POSITION 旋钮：垂直位置旋钮是调整信号的垂直显示位置，通过 CH1、CH2 按键选择控制信号。

⑮ 水平 POSITION 旋钮：水平位置旋钮是调整信号在波形窗口的水平位置。

⑯ TRIGGER LEVEL 旋钮：触发电平旋钮改变触发电平，可以在屏幕上看到触发标志来指示触发电平线，随旋钮转动而上下移动，在移动触发电平的同时，可以观察到在屏幕下部的触发电平的数值相应变化。

⑰ TRIGGER MENU 按键：触发菜单，通过菜单功能按键来改变触发设置。

⑱ 50% 按键：设定触发电平在触发信号幅值的垂直中点。

⑲ FORCE 按键：强制产生一触发信号，主要应用于触发方式中的正常和单次模式。

⑳ HELP 按键：帮助按键。

㉑ HORIZONTAL SCALE 旋钮：水平时基旋钮改变水平时基挡位设置，转动水平 SCALE 旋钮改变"秒/格"时基挡位，可以发现状态栏对应通道的时基挡位显示发生了相应的变化。水平扫描速率从 5 ns～50 s，以 1－2－5 方式步进。

㉒ VERTICAL SCALE 旋钮：垂直挡位旋钮改变垂直设置，选择垂直挡位旋钮改变"伏/格"垂直挡位，可以发现状态栏对应通道的挡位显示发生了相应的变化。按 CH1、CH2、MATH、REF，屏幕显示对应通道的操作菜单、标志、波形和挡位状态信息。按 OFF 按键关闭当前选择的通道。

㉓ PROBE COMP：探头补偿信号输出。

㉔ EXT TRIG 接口：外触发输入。

㉕ MENU 按键：按下此按钮，显示 Zoom 菜单。在此菜单下，按 F3 可以开启视窗扩展，再按 F1 可以关闭视窗扩展而回到主时基。在这个菜单下还可以设置触发释抑时间。

㉖ SET TO ZERO 按键：触发点位移恢复到水平零点快捷键，使触发点快速恢复到垂直中点。

㉗ OFF 按键：关闭当前选择的通道（CH1、CH2）。

㉘ 通道 CH2（Y）：模拟信号输入端。

㉙ 通道 CH1（X）：模拟信号输入端。

㉚ REF 按键：显示打开或关闭参考内存波形，在实际应用中，可以把示波器当前测量的波形和参考波形进行比较，从而进行分析。

㉛ MATH 按键：数学运算功能是显示 CH1、CH2 通道波形的加、减、乘、除以及对于某个通道中的 FFT 运算的结果。

㉜ CH2 按键：通道 CH2 功能按键，按此按键系统显示 CH2 通道的操作菜单。

㉝ CH1 按键：通道 CH1 功能按键，按此按键系统显示 CH1 通道的操作菜单。

㉞ USB HOST 接口。

2. 示波器显示界面说明图（图 13.1.2）

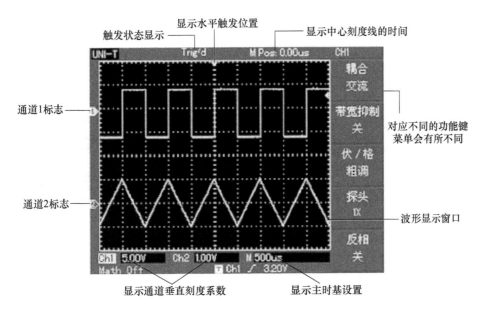

图 13.1.2　显示界面说明图

3. 示波器的设置

示波器的操作面板分为五个区域，分别是水平系统、垂直系统、触发系统、菜单功能区以及运行功能区，此外还有一个多功能的旋钮和菜单功能按键，还有 USB HOST 接口，支持 U 盘存储。

设置垂直系统（CH1、CH2、MATH、REF、OFF、VERTICAL POSITION、VERTICAL SCALE）

(1) CH1、CH2 通道及其设置

每个通道有独立的垂直菜单，每个项目都按不同的通道单独设置。按 CH1 或 CH2 功能按键，系统显示 CH1 或 CH2 通道的操作菜单（图 13.1.3）。

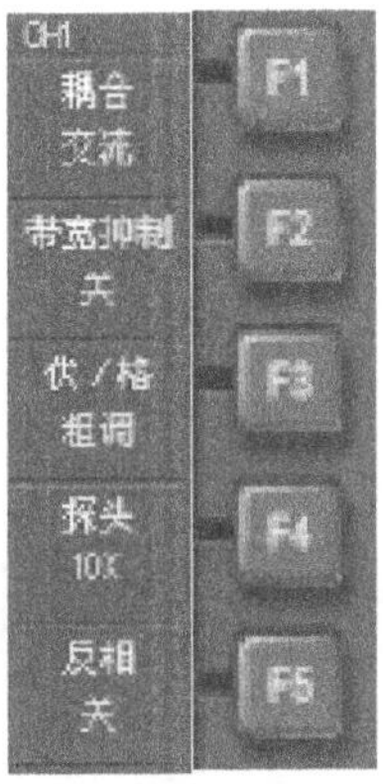

① 设置耦合通道

以信号施加到 CH1 通道为例，设置通道耦合，耦合分为交流耦合、直流耦合和接地耦合，按 F1 选择耦合方式。

交流耦合：输入到 CH1 通道的被测信号含有的直流分量被阻隔。

直流耦合：输入到 CH1 通道的被测信号的直流分量和交流分量都可以通过。

接地耦合：输入到 CH1 通道的被测信号的直流分量和交流分量都被阻隔。

图 13.1.3　通道设置

② 设置通道带宽限制

以信号施加到 CH1 通道为例，被测信号是一含有高频振荡的脉冲信号，按 CH1 打开 CH1 通道，按 F2 选择带宽限制方式。

带宽限制为关：通道带宽为全带宽，被测信号含有的高频分量都可以通过。

带宽限制为开：被测信号中凡高于 20 MHz 的高频分量被限制。

③ 设置垂直伏/格调节

垂直偏转系数伏/格挡位调节，分为粗调和细调两种模式，按 F3 选择模式，通过 VERTICAL SCALE 旋钮进行调节。

粗调：伏/格范围是 2 mV/div ~ 5 V/div，以 1 - 2 - 5 方式步进。

细调：在当前垂直挡位范围内以更小的步进改变偏转系数，从而实现垂直偏转系数在 2 mV/div ~ 5 V/div 内不间断地连续可调。

④ 设置探头倍数

探头衰减倍数分为四种：1×、10×、100×、1 000×，按 F4 选择衰减倍数。注意：为了配合探头的衰减系数设定，需要在通道操作菜单中相应设置探头衰减系数。如探头衰减系数为 10∶1，则菜单中探头系数相应设置成 10×，其余类推，以确保电压读数正确。

⑤ 设置波形反相

按 F5 选择波形是否反相。

反相—开：波形反相，显示的信号相对的电位翻转 180°。

反相—关：波形未反相。

（2）数学运算功能的实现

数学运算功能是显示 CH1、CH2 通道相加、相减、相乘、相除以及 FFT 运算的结果。按 MATH 按键实现数学运算功能（图 13.1.4）。

① 类型：数学、FFT

数学：进行加、减、乘、除运算。

FFT：快速傅里叶变换，可将时域信号转换成频域信号。

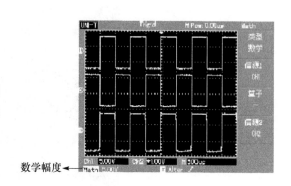

图 13.1.4 数学运算

② 信源 1：CH1、CH2

CH1：设定信源 1 为 CH1 通道波形。

CH2：设定信源 1 为 CH2 通道波形。

③ 算子：+、-、×、÷

+：信源 1 + 信源 2

-：信源 1 - 信源 2

×：信源 1 × 信源 2

÷：信源 1 ÷ 信源 2

④ 信源 2：CH1、CH2

CH1：设定信源 2 为 CH1 通道波形。

CH2：设定信源 2 为 CH2 通道波形。

4. 示波器的应用实例

1）观测电路中一未知信号，迅速显示和测量信号的频率和峰峰值。

（1）迅速显示该信号

① 将 CH1 或 CH2 的探头连接到电路被测点；

② 按下 AUTO 按钮。数字存储示波器将自动设置使波形显示达到最佳，在此基础上，可以进一步调节垂直、水平挡位，直至波形的显示符合测量要求。

（2）进行自动测量信号的电压和时间参数

数字存储示波器可对大多数显示信号进行自动测量，如测量信号频率和峰峰值，操作步骤如下：

① 按下 MEASURE 按键，以显示自动测量菜单；

② 按下 F1，进入测量菜单种类选择；

③ 按下 F3，选择电压类；

④ 按下 F5 翻页，在按 F3 选择测量类型：峰峰值；

⑤ 按下 F2，进入测量菜单种类选择，再按 F4 选择时间类；
⑥ 按下 F2 即可选择测量类型：频率。
此时，峰峰值和频率的测量值分别显示在 F1 和 F2 的位置。

2）观察正弦波信号通过电路产生的延时

（1）显示 CH1 通道和 CH2 通道的信号
① 将数字存储示波器 CH1 通道与电路信号输入端相接，CH2 通道则与输出端相接；
② 按下 AUTO 按键，继续调整水平、垂直挡位直至波形显示满足测试要求；
③ 按下 CH1 按键选择 CH1，旋转垂直位置旋钮，调整 CH1 波形的垂直位置；
④ 按下 CH2 按键选择 CH2，旋转垂直位置旋钮，调整 CH2 波形的垂直位置，使通道 1、2 的波形既不重叠在一起，又利于观察比较。

（2）测量正弦信号通过电路后产生的延时
① 自动测量通道延时，按 MEASURE 按钮以显示自动测量菜单；
② 按 F1 按键，进入测量菜单种类选择；
③ 按 F4 按键，进入时间类测量参数列表；
④ 按 F5 按键翻页，按 F2 按键，选择延迟测量；
⑤ 按 F1 键，选择从 CH1，再按下 F2 按键，选择到 CH2，然后按 F5 确定键。
此时，您可以在 F1 区域的"CH1 - CH2 延迟"下看到延迟值。

3）应用光标测量频率和电压

数字存储示波器可以自动测量 28 种波形参数，所有的自动测量参数都可以通过光标进行测量，使用光标可迅速地对波形进行时间和电压测量。

（1）测量正弦波信号第一个波峰的频率
① 按下 CURSOR 按键，以显示光标测量菜单；
② 按下 F1 键，菜单操作键设置光标类型为时间；
③ 旋转多用途旋钮控制器将光标 1 置于正弦波信号的第一个峰值处；
④ 按下 SELECT 使光标被选中，然后再旋转多用途旋钮控制器，将光标 2 置于正弦波信号的第二个峰值处；
⑤ 光标菜单中则自动显示 $1/\Delta T$ 值，即该处的频率。

（2）如果用光标测量电压，仅将上述第二步中，将光标类型设置为电压。

4）计算两通道信号的相位差

测试信号经过一电路产生的相位变化。将数字存储示波器与电路连接，监测电路的输入输出信号。欲以 X - Y 坐标图的形式查看电路的输入输出，请按如下步骤操作：
① 将探头菜单衰减系数设定为 10×，并将探头上的开关设定为 10×；
② 将 CH1 的探头连接至网络的输入，将 CH2 的探头连接至网络的输出；
③ 若通道未被显示，则按下 CH1 和 CH2 菜单按键，打开二个通道；
④ 按下 AUTO 按钮；
⑤ 调整垂直标度旋钮使两路信号显示的幅值大约相等；
⑥ DISPLAY 菜单按键，以调出显示控制菜单；
⑦ 按 F2 以选择 X - Y，数字存储示波器将以利萨如 (Lissajous) 图形模式显示该电路的输入输出特征；
⑧ 调整垂直标度和垂直位置旋钮使波形达到最佳效果；
⑨ 应用椭圆示波图形法观测并计算出相位差（图 13.1.5）；
⑩ 根据 $\sin\theta = \dfrac{A}{B}$ 或 $\dfrac{C}{D}$，其中 θ 为通道间的相差角，A、B、

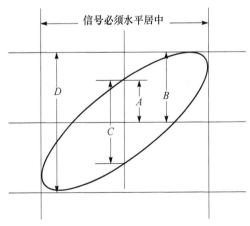

图 13.1.5 两通道信号波形

C、D 的定义见图 13.1.5,因此可得出相差角即 $\theta = \pm \arcsin\left(\dfrac{A}{B}\right)$ 或 $\theta = \pm \arcsin\left(\dfrac{C}{D}\right)$。

如果椭圆的主轴在 Ⅰ、Ⅲ 象限内,那么所求得的相位差角应在 Ⅰ、Ⅳ 象限内,即在 (0°~90°) 或 (270°~360°) 内。如果椭圆的主轴在 Ⅱ、Ⅳ 象限内,那么所求得的相位差角应在 Ⅱ、Ⅲ 象限内,即在 (90°~180°) 或 (180°~270°) 内。

另外,如果二个被测信号的频率或相位差为整数倍时,根据图形(表 13.1.1)可以推算出两信号之间频率及相位关系。

表 13.1.1 X–Y 相位差表

信号频率比	相位差					
	0°	45°	90°	180°	270°	360°
1∶1	/	⁄	○	\	⟍	○

5. 示波器系统提示说明

① 调节已到极限:提示在当前状态下,多用途旋钮的调节已到达终端,不能再继续调整。当垂直偏转系数开关、时基开关、X 移位、垂直移位和触发电平调节到终端时,会显示该提示。

② U 盘连接成功:当 U 盘插入到数字存储示波器时,屏幕出现该提示。

③ U 盘已移除:当 U 盘从数字存储示波器上拔下时,屏幕出现该提示。

④ Saving:当进行波形存储时,屏幕显示该提示,并在其下方有进度条出现。

⑤ Loading:当进行波形调出时,屏幕显示该提示,并在其下方有进度条出现。

13.2 函数信号发生器/计数器

函数信号发生器简称信号发生器,是电学实验和物理实验中经常用到的仪器。下面以 EE1641C 型函数信号发生器/计数器为例介绍函数信号发生器的使用方法。本仪器是一种精密的测量仪器,因其具有连续信号、扫描信号、函数信号、脉冲信号等多种输出信号并具有多种调试方式和外部测频功能,故称函数信号发生器/计数器。

1. 面板功能说明(图 13.2.1)

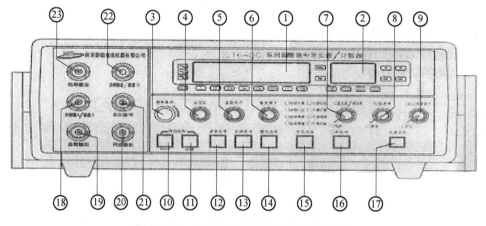

图 13.2.1 EE1641 型信号发生器的面板图

① 频率显示窗口:显示输出信号的频率或外测频信号的频率。

② 幅度显示窗口:显示函数输出信号的幅度。

③ 频率微调电位器:调节此旋钮可改变输出频率,调节范围为 1 个频程。

④ 占空比调节旋钮:调节此旋钮可以改变输出信号的对称性,当电位器处在中心位置或 OFF 位置时,输出对称信号。

⑤ 直流电平调节旋钮:调节范围为 −10~+10 V(空载)、−5~+5 V(50 Ω 负载),当电位器处在

中心位置或 OFF 位置时，则为零电平。

⑥ 幅度调节旋钮：调节此旋钮可以改变输出的幅度，顺时针调节增大电压输出，逆时针调节减小电压输出。

⑦ 扫描宽度/调制度调节旋钮：此旋钮可调节扫频输出的频率宽度。在外测频时，逆时针旋到底（绿灯亮），为外输入测量信号经过低通开关进入测量系统。此旋钮可调节调频的频偏范围、调幅时的调制度和 FSK 调制时的高低频率差值，逆时针旋到底为关调制。

⑧ 扫描速率调节旋钮：调节此旋钮可以改变内扫描的时间长短。外测频时，逆时针旋到底（绿灯亮），为外输入测量信号经过衰减 20 dB 进入系统。

⑨ CMOS 电平调节旋钮：调节输出的 CMOS 电平。当旋钮逆时针旋到底（绿灯亮）时，输出为标准的 TTL 电平。

⑩、⑪ 频度旋转按钮：每按一次此按钮，输出频率向左或向右调整一个频段。

⑫ 波形旋转按钮：此按钮可选择正弦波、三角波、脉冲波输出。

⑬ 衰减选择按钮：电压输出衰减，选择信号输出 0 dB、20 dB、40 dB、60 dB 衰减切换。

⑭ 幅值选择按钮：可以选择正弦波的幅度显示的峰—峰值（P—P）与有效值（rms）之间的切换。

⑮ 方式选择按钮：可以选择多种扫描方式、多种内外调整方式以及外测频方式。

⑯ 单脉冲选择按钮：控制单脉冲输出，每按下一次，单脉冲输出电平翻转一次。

⑰ 整机电源开关：电源开关按键弹出为关，按下为开。

⑱ 外部输出端：当方式选择按钮选择在外部调制方式或外部计数时，外部调制控制信号或外测频信号由此输入。

⑲ 函数输出端：输出多种波形受控的函数信号，输出幅度为 20 V $P-P$（空载）、10 V $P-P$（50 Ω 负载）。

⑳ 同步输出端：当 CMOS 电平调节旋钮逆时针旋到底，输出标准的 TTL 幅度的脉冲信号，输出阻抗为 600 Ω；当 CMOS 电平调节旋钮打开，则输出 CMOS 电平脉冲信号，高电平在 5～13.5 V 可调。

㉑ 单次脉冲输出端：单次脉冲输出由此端口输出，"0" 电平：≤0.5 V，"1" 电平：≥3 V。

㉒、㉓ 仪器面板上未用，可标注为"空置"。

2. 使用特性

(1) 频率范围：0.2 Hz～5 MHz。

(2) 输出波形种类：正弦波、三角波、方波、斜波、单次波、TTL、外调频。

(3) 短路自动保护。

3. 主要技术指标

(1) 电压输出

① 输出频率：0.2 Hz～5 MHz。

② 输出幅度：10 V $P-P$（50 Ω）、20 V $P-P$（空载）。

③ 可输出正弦波、三角波、方波等七种波形。

④ 输出波形占空比可调：20%～80%。

⑤ 方波沿：≤20 ns。

⑥ 正弦波失真：≤1%。

⑦ 输出信号衰减：0 dB/20 dB/40 dB/60 dB。

⑧ 可输出单次脉冲。

⑨ 点频输出：50 Hz（选用件）。

⑩ 功率输出：10 W/4 Ω 或 150V/5 kΩ（选用件）。

⑪ 输出阻抗：50 Ω（函数输出）、600 Ω（同步输出）。

⑫ 输出直流电平调节范围：-5～+5 V（50 Ω）、-10～+10 V（空载）。

(2) 频率计数

① 频率测量范围：0.2 Hz～100 MHz（高端可扩展至 1 GHz）。

② 输入电压范围（0 dB）：50 mV～2 V（10 Hz～20 MHz），100 mV～2 V（0.2 Hz～10 Hz、20 MHz～1 GHz）。

③ 波形适应性：正弦波、方波。

④ 显示位数：8 位。

⑤ 时基标准频率：10 MHz。

⑥ 测量时间：0.1 s。

4. 注意事项

① 本仪器采用大规模集成电路，修理时禁用二芯电源线的电烙铁，校准测试时，测量仪器或其他设备的外壳应接地良好，以免意外损坏。

② 在更换保险丝时严禁带电操作，必须将电源线与交流电源切断，以保证人身安全，保险容量为 1 A。

13.3 交流毫伏表

交流毫伏表是实验中经常用到的测量交流电压有效值仪器，其准确度高、频率度高、输入阻抗高、不需调零、使用方便。下面以 TH2172 型交流毫伏表和 TC1911 型数字式交流毫伏表为例介绍其使用方法。

1. TH2172 型交流毫伏表

（1）使用特性

① 测量频率范围：5 Hz～2 MHz。

② 电压测量范围：100 μV～300 V 共分为十二挡量程。

（2）技术指标

① 输入阻抗：1 mV～300 mV　8 MΩ±10%；
　　　　　　1 V～300 V　10 MΩ±10%。

② 输入电容：1 mV～300 mV　<45 pF；
　　　　　　1 V～300 V　<30 pF。

③ 最大输入电压：AC 峰值 + DC = 600 V。

④ 工作温度范围：0 ℃～40 ℃。

⑤ 工作湿度范围：<90%。

⑥ 电源：220 V 允差 ±10%　50/60 Hz　2.5 W。

（3）面板说明（图 13.3.1）

① 表头：指示输入信号的电压幅度。

② 表头机械调零节螺丝：打开电源前，如表头指针不在机械零点处，请用小一字螺丝刀将其调至零点。

③ 电源指示灯：打开电源开关，指示灯亮。

④ 输入端：输入信号由此端口输入。

⑤ 量程开关：打开电源开关前，应将量程旋钮调至最大量程处，然后，当输入信号送至输入端后，调节量程旋钮，使表头指针指示在表头的适当位置。

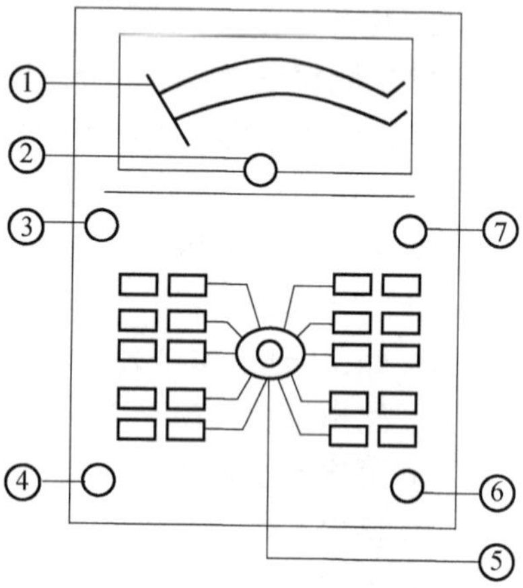

图 13.3.1　TH2172 型交流毫伏表

⑥ 输出端：输出信号由此端口输出。

⑦ 电源开关：按下电源开关，指示灯亮，接通电源。

（4）电压测量

① 仪器接通电源以前，应先检查电表指针是否在零上，如果不在零上，用调节螺丝调零到零。

② 插入电源，电源电压应该是额定值 220 V，允差 ±10%。

③ 预先把量程开关置于 300 V 量程上。

④ 当电源开关打到 ON 时，指示灯亮，指针大约有 5 秒钟不规则的摆动，是正常现象，不是故障。

⑤ 当输入端加入测量电压时，表头将指示电压的存在。

⑥ 如果读数小于满刻度的 30%，逆时针方向转动量程旋钮逐渐地减小电压量程，当指针是大于满刻度 30%，又小于满刻度值时读出示值。

2. TC1911 型数字式交流毫伏表

（1）使用特性

① 测量频率范围：10 Hz ~ 2 MHz。

② 电压测量范围：100 μV ~ 400 V 分五个量程（40 mV、400 mV、4 V、40 V、400 V）。

（2）技术指标

① 输入阻抗：1 MΩ ± 10%。

② 输入电容：40 mV ~ 400 mV　< 45 pF；
　　　　　　4 V ~ 400 V　< 30 pF。

③ 最大输入电压：AC 峰值 + DC = 600 V。

④ 最高分辨力为：10 μV。

⑤ 工作温度范围：0 ℃ ~ 40 ℃。

⑥ 工作湿度范围：< 90%。

⑦ 电源：220 V 允差 ± 10%　50 ± 2 Hz　8 W。

（3）面板说明（图 13.3.2）

① 数字显示窗：显示输入信号的电压幅度。

② 量程开关：打开电源开关前，应将量程旋钮调至最大量程处，然后，当输入信号送至输入端后，调节量程旋钮。

③ 输入端：输入信号由此端口输入。

④ 电源开关：按下电源开关，指示灯亮，接通电源。

（4）电压测量

① 插入电源，电源电压应该是额定值 220 V，允差 ± 10%。

② 预先把量程开关置于 400 V 量程上。

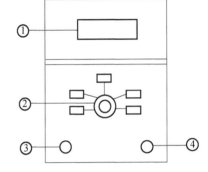

图 13.3.2　TC1911 型交流毫伏表

③ 当电源开关打到 ON 时，数字表大约有 5 秒钟不规则的数字跳动，是正常现象，不是故障。

④ 当输入端加入测量电压时，数字显示窗的数字显示电压的存在。

⑤ 如果读数小于当前量程的 30%，逆时针方向转动量程旋钮逐渐的减小电压量程，当读数大于当前量程的 30%，又小于满量程时读出示值。

13.4　数字万用表

UT - 30 型数字万用表的面板如图 13.4.1 所示，功能部件如下：
①LCD 显示器；②数据保持选择按键；③量程开关；④晶体管插座；⑤公共输入端；⑥10 A 输入端；⑦其余测量输入端。

LCD 显示器，最大显示值为 ± 1 999（俗称三位半），仪表具有自动显示极性功能，即如果被测电压或电流的极性错了，不必改换表笔接线，而在显示值面前出现负号 "-"，也就是说此时红表笔指低电位，黑表笔接高电位。

1. 技术指标

① 准确度：±（a% 读数 + b 字数）。

② 环境温度：23 ℃ ± 5 ℃。

③ 相对温度：≤ 75 ℃。

2. 注意事项

① 量程开关应置于正确的测量位置；

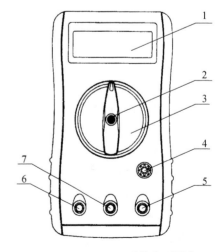

图 13.4.1　UT - 30 型数字万用表

② 被测电压高于直流 60 V 和交流 42 V 的场合，应小心谨慎，防止触电。

3. 使用说明

① 使用时，将黑表笔插入"COM"插孔，红表笔视测量不同参量。

② 直流电压测量时，不要测量高于 500 V 的电压。

③ 在测量之前不知被测量电压值的范围时，应将量程开关至于高量程挡上，根据读数需要逐步调低。当只在高位显示"1"时，说明已超量程，须调高量程。

13.5 便携式自主实验箱

13.5.1 面板结构

自主实验箱面板结构示意图如图 13.5.1 所示，主要包括：面包板、6 位共阳极七段 LED 数码管、6 个电位器、音频信号输入接口、扬声器（外接）信号输出接口、话筒信号输入接口、10 个发光二极管、10 位拨码开关、10 个按键、内置扬声器、蜂鸣器、2 个 16×2 接插件、2 个 32×3 接插件。

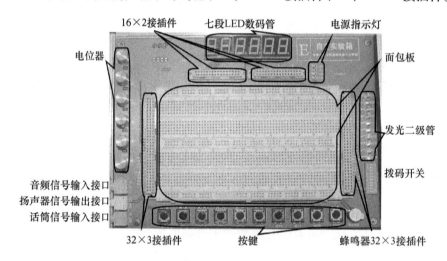

图 13.5.1　面板结构示意图

13.5.2　面包板顶部 16×2 接插件定义

6 位共阳极七段 LED 数码管：每一位上的每一段 LED 数码管都串联了 1 个 1 k 限流电阻，并将接线端子连接到 2 个 16×2 接插件上，用字母表示为：

A0~G0，DP0（小数点），COM0（公共端）；

A1~G1，DP1，COM1；…

A5~G5，DP5，COM5。

13.5.3　面包板左侧 32×3 接插件定义

电源：DC±12 V，最大负载电流不得超过 0.3 A；DC±5 V，最大负载电流不得超过 0.8 A；AC15 V 50 Hz，最大负载电流不得超过 0.3 A。

电位器：VR0~5，接插件上中间的接线孔与电位器滑动端相连，两边的接线孔分别与电位器两端相连。

音频信号输入接口：LLINEIN 左声道，RLINEIN 右声道。接口电路原理图如图 13.5.2 所示。

扬声器（外接）信号输出接口：LSPKO 左声道，RSPKO 右声道。接口电路原理图如图 13.5.2 所示。

话筒信号输入接口：MICIN 信号输入端，MICINBIAS 偏置电压端。接口电路原理图如图 13.5.2 所示。

扬声器（实验箱自带）信号输出接口：SPKB+正极，SPKB-负极。

蜂鸣器：BUZZ+正极，BUZZ-负极。

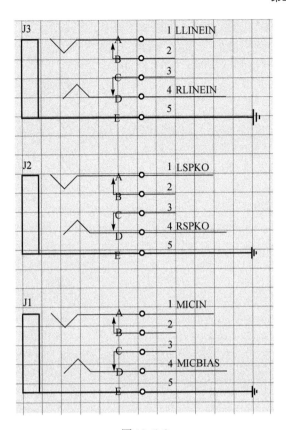

图 13.5.2
LINE IN：音频信号输入接口原理图；SPK OUT：扬声器输出接口原理图；
MIC IN：话筒信号输入接口原理图

13.5.4　面包板右侧 32×3 接插件定义

发光二极管：LED0～9。每一个发光二极管的阴极串联了 1 个 1 kΩ 限流电阻，然后连接在一起并接地，阳极连接到 32×3 接插件上。电路图如图 13.5.3 所示。

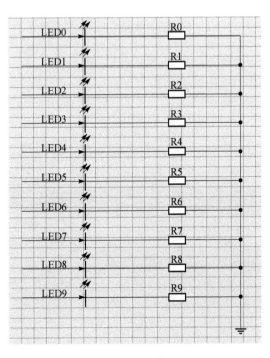

图 13.5.3　发光二极管：LED0～9

拨码开关：SW1~10，SWCOM（公共端）。电路图如图 13.5.4 所示。
按键：KEY0~9，KEYCOM（公共端）。电路图如图 13.5.5 所示。

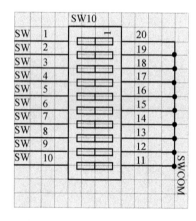

图 13.5.4　拨码开关：SW1~10

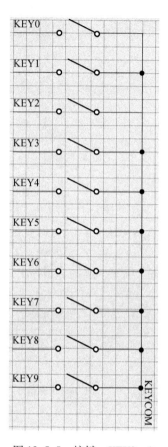

图 13.5.5　按键：KEY0~9

13.5.5　自主实验箱配套电子元器件（见表 13.5.1）

表 13.5.1　自主实验箱配套电子元器件列表

元　件	规　格	封　装	数　量
22 kΩ 以上电阻			
电阻	10 MΩ	0.5 W 金属膜四色环	2
电阻	100 kΩ	0.5 W 金属膜四色环	20
电阻	51 kΩ	0.5 W 金属膜四色环	10
电阻	47 kΩ	0.5 W 金属膜四色环	10
电阻	39 kΩ	0.5 W 金属膜四色环	2
电阻	30 kΩ	0.5 W 金属膜四色环	2
电阻	27 kΩ	0.5 W 金属膜四色环	5
电阻	24 kΩ	0.5 W 金属膜四色环	2
电阻	22 kΩ	0.5 W 金属膜四色环	2
20 kΩ 以下电阻			
电阻	20 kΩ	0.25 W 金属膜四色环	2
电阻	18 kΩ	0.25 W 金属膜四色环	2
电阻	16 kΩ	0.25 W 金属膜四色环	2
电阻	15 kΩ	0.25 W 金属膜四色环	2
电阻	13 kΩ	0.25 W 金属膜四色环	2

续表

元　件	规　格	封　装	数　量
电阻	10 kΩ	0.25 W 金属膜四色环	2
电阻	5.1 kΩ	0.25 W 金属膜四色环	10
电阻	5 kΩ	0.25 W 金属膜四色环	2
电阻	4.7 kΩ	0.25 W 金属膜四色环	10
电阻	2 kΩ	0.25 W 金属膜四色环	2
电阻	1.2 kΩ	0.25 W 金属膜四色环	2
电阻	1 kΩ	0.25 W 金属膜四色环	5
电阻	360 Ω	0.25 W 金属膜四色环	5
电阻	300 Ω	0.25 W 金属膜四色环	2
电阻	10 Ω	0.25 W 金属膜四色环	2
电容			
电容	250 μF/63 V 电解		5
电容	100 μF/63 V 电解		5
电容	50 μF/22 V 电解		5
电容	10 μF/22 V 电解		10
电容	1 μF/22 V 电解		2
电容	0.1 μF 瓷片		10
电容	0.05 μF 瓷片		2
电容	0.033 μF 瓷片		2
电容	0.01 μF 瓷片		10
电容	50 pF 瓷片		2
电容	20 pF 瓷片		2
集成电路			
74LS247	BCD 码七段译码驱动器（共阳）		3
74LS175	四路锁存器		1
74LS148	8 线 -3 线 BCD 集成优先编码器		1
74LS90	二－五－十进制异步计数器		2
74LS74	双 D 型正边沿维持－阻塞型触发器		1
74LS20	双四输入与非门		1
74LS10	三 3 输入与非门		1
74LS04	六非门		2
74LS00	四 2 输入与非门		3
CD4060	14 位二进制串行计数器		1
CD4069	六非门		1
NE555	集成 555 定时器		4
LM386N-4	集成功率放大器		1
其他			
9013	NPN 小功率三极管		10
二极管	4007		5
光敏电阻	2 kΩ		3
石英晶体	32.768 kHz		2

第 14 讲

常用化学仪器器材

本讲主要介绍酸度计、电导率仪、恒电位仪、氧弹量热计、恒温水浴等常用化学仪器器材。

14.1 酸度计

酸度计（又称 pH 计）是测定溶液 pH 值的常用仪器。它的型号有多种，如 pH–25 型（雷磁 25 型）、pHS–25 型、pHSW–3D 型等。各种型号的结构虽有不同，但基本由电极和电计两大部分组成，电极是酸度计的检测部分，电计是指示部分。

本书以 pHS–25 型为例介绍仪器性能及使用方法。

14.1.1 pHS–25 型数显酸度计

pHS–25 型酸度计是一台高性价比数字显示 pH 计，它采用 3 位半十进制 LED 数字显示。该机适用于大专院校、研究院所、工矿企业的化验，取样测定水溶液的 pH 值和电位（mV）值，此外，还可以配上离子选择性电极，测出该电极的电极电位。

1. 仪器主要技术性能

(1) 仪器级别：0.1 级。
(2) 测量范围：pH：(0~14.00) pH；
　　　　　　　mV：(0~±1 999) mV（自动极性显示）。
(3) 最小显示单位：0.01 pH，1 mV。
(4) 温度补偿范围：(0~60)℃。
(5) 电子单元基本误差：pH：±0.01 pH；
　　　　　　　　　　　mV：±1 mV ±1 个字。
(6) 仪器的基本误差：±0.02 pH ±1 个字。
(7) 电子单元输入电流：不大于 2×10^{12} A。
(8) 电子单元输入阻抗：不小于 1×10^{12} Ω。
(9) 温度补偿仪器误差：±0.01 pH。
(10) 电子单元重复性误差：pH：0.01 pH；
　　　　　　　　　　　　mV：1 mV。
(11) 仪器重复性误差：不大于 0.01 pH。
(12) 电子单元稳定性：0.01 pH ±1 个字/3 h。
(13) 正常使用条件：
① 环境温度：(5~40)℃；
② 相对湿度：不大于 85%；
③ 供电电源：AC (220 ±22) V，(50 ±1) Hz；
④ 无显著的振动；
⑤ 除地球磁场外无外磁场干扰。

2. pHS–25型酸度计外形结构（图14.1.1）

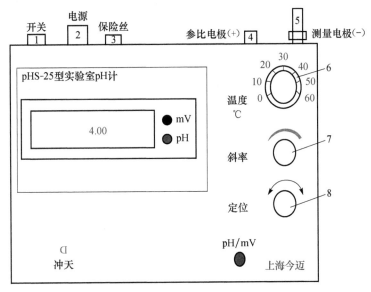

图14.1.1　pHS–25型数显酸度计的外形结构图
1—开关；2—电源插座；3—保险丝座；4—参比电极接口；5—测量电极插口；
6—温度旋钮；7—斜率旋钮；8—定位旋钮

3. 使用方法

（1）开机前准备

① 将电极杆旋入电极座内，把电极夹安装在电极杆上。

② 把E201C复合电极安装在电极夹上，并把电极插头插在电极座上。

③ 将pH复合电极下端的电极保护套拔下，并且拉下电极上端的橡皮套使其露出上端小孔。

④ 用蒸馏水清洗电极。

⑤ 打开电源。

（2）仪器的标定

① 将"选择"钮拨至pH挡；"斜率"旋钮顺时针旋至溶液的温度值，见表14.1.1。

② 把用蒸馏水清洗过的电极插入pH=6.86（25 ℃时的值）的标准缓冲溶液中，待读数稳定后调节"定位"旋钮至该溶液在当时温度下的pH值（pH值可查表14.1.1）。

表14.1.1　标准缓冲溶液温度配比表

温度/℃	0.05 mol/kg 邻苯二甲酸氢钾	0.025 mol/kg 混合物磷酸盐	0.01 mol/kg 四硼酸钠
5	4.00	6.95	9.39
10	4.00	6.92	9.33
15	4.00	6.90	9.28
20	4.00	6.88	9.23
25	4.00	6.86	9.18
30	4.01	6.85	9.14
35	4.02	6.84	9.11
40	4.03	6.84	9.07
45	4.04	6.84	9.04
50	4.06	6.83	9.03
55	4.07	6.83	8.99
60	4.09	6.84	8.97

③ 用蒸馏水清洗电极，然后将电极插入 pH=4.00 或 pH=9.18 的标准缓冲溶液中（根据被测溶液的酸碱性确定选择哪一种缓冲溶液，如果被测溶液呈酸性则选 pH=4.00 标准缓冲溶液；如果被测溶液呈碱性则选 pH=9.18 的标准缓冲溶液），待读数稳定后调节"斜率"旋钮至该溶液在当时温度下的 pH 值（pH 值可查表 14.1.1 得到）。

④ 重复步骤 2 和 3 直到不需要再调节两旋钮为止。

⑤ 标定结束（一般情况下，在 24 h 内仪器不需再标定）。但遇下列情况之一，则仪器最好事先标定。

    a. 溶液温度与标定时的标准缓冲溶液的温度有较大变化时；

    b. 干燥较久的电极；

    c. 换过了新的电极；

    d. "定位"旋钮有变动，或可能有变动；

    e. 测量过 pH 值较大（大于 12 pH）或较小（小于 2 pH）的溶液；

    f. 测量过含有氟化物且 pH 值小于 7 的溶液之后，或较浓的有机溶剂之后。

（3）测量溶液的 pH 值

用蒸馏水清洗电极后即可对被测溶液进行测量。

注：经标定过的仪器，即可用来测量被测溶液，被测溶液与标定溶液温度不同，所引起的测量步骤也有所不同，测量步骤如下：

① 被测溶液与定位溶液温度相同时，测量步骤如下：

    a. 用蒸馏水清洗电极头部，再用被测溶液清洗一次；

    b. 把电极浸入被测溶液中，用玻璃棒搅拌溶液，使溶液均匀，在显示屏上读出溶液的 pH 值。

② 被测溶液与定位溶液温度不同时，测量步骤如下：

    a. 用蒸馏水清洗电极头部，再用被测溶液清洗一次；

    b. 用温度计测出被测溶液的温度值；

    c. 将"温度"旋钮调节至被测溶液的温度值；

    d. 把电极浸入被测溶液中，用玻璃棒搅拌溶液，使溶液均匀，在显示屏上读出溶液的 pH 值。

（4）测量电极电位（mV 值）

① 把离子选择性电极（或金属电极）和参比电极夹在电极架上；

② 用蒸馏水清洗电极头部，再用被测溶液清洗一次；

③ 把离子电极的插头插入测量电极插座处；

④ 把参比电极接入仪器后部的参比电极接口处；

⑤ 把两种电极插在被测溶液内，将溶液搅拌均匀后，即可在显示屏上读出该离子选择电极的电极电位（mV 值），还可以自动显示正负极性。

注：参比电极接口为正极，测量电极插口为负极。

4. 注意事项

（1）仪器的输入端（测量电极插座处）必须保持干燥清洁。仪器不用时，将 Q9 短路插头插入插座，防止灰尘及水其浸入。

（2）测量时，电极的引入导线应保持静止，否则会引起测量不稳定。

（3）用缓冲溶液标定仪器时，要保证缓冲溶液的可靠性，不能配错缓冲溶液，否则将导致测量结果产生误差。

（4）复合电极的敏感部分是下端的玻璃泡，一般在不用时，可把它浸在蒸馏水中。新的电极或干燥较长的电极应在使用前放在蒸馏水中浸泡 24 h，以便活化电极敏感部分。

（5）复合电极的参比电极的陶瓷芯忌与油脂等物质接触，以防止堵塞。

（6）复合电极在使用前，必须赶尽球泡头部和电极中间的气泡。

14.1.2 pHS-25型机械酸度计

1. 仪器的技术性能

(1) 仪器的主要技术性能：

① pH值测量范围：0~14.0 pH。

② mV值测量范围：0~±1 400 mV。

③ pH值测量精度：≤0.1 pH。

④ mV值测量精度：≤10 mV。

2. 仪器连续运行环境：

(1) 环境温度：0 ℃~45 ℃。

(2) 相对湿度：50%~85%。

(3) 被测溶液温度：5 ℃~60 ℃。

(4) 供电电源：AC—220 V±10%，50 Hz。

(5) 无显著的震动及除地球磁场外无外磁场干扰。

3. 仪器的构造

仪器的主要部分可分为电极部分和电计部分。电极系统是由pH玻璃电极和银-氯化银参比电极组成的复合电极。电计实际上是一高输入阻抗的毫伏计。由于电极系统把溶液的pH变为毫伏值是与被测溶液的温度有关，因此，在测pH值时，电计附有一个温度补偿器。此温度补偿器所指示的温度应与被测溶液的温度相同，在测量电极位时不起作用。

由于电极系统的pH零点位都有一定的误差，如不对这些误差进行校正，则会对测量结果带来不可忽略的影响，为了消除这些影响，一般酸度计上都有一个"定位"调节器，这个"定位"调节器在仪器pH校正时用来消除电极系统的零电位误差。

电计上的"选择"开关是用于确定仪器的测量功能。"pH"挡时，用于pH测量和校正；"+mV"挡，用于测量电极电位极性同电计后面板上标志的电极电位值；"-mV"挡，用于测量电极电位极性与电计后面板上标志相反的电极电位值。

电计上的"范围"开关是用于选择测量范围的，中间一挡是仪器处于预热用的，在不进行测量时，都必须置于这一位置。不同挡位的测量范围见表14.1.2。

表14.1.2 不同挡位的测量范围

挡	功能	pH值	mV测量
7~0		0~7	0~±700
7~14		7~14	±700~±1 400

4. 仪器的使用方法

仪器外部各部件的位置和名称见图14.1.2。

首先按图14.1.2所示的方式装上电极杆和电极夹，并按需要的位置紧固，然后装上电极，支好仪器背部的支架。在开电源开关之前，把"范围"开关置中间位置，短路插插入电极插座。

(1) 电计的检查

通过下列操作方法，可初步判断仪器是否正常。

① 将"选择"开关置于"+mV"或"-mV"，短路插插入电极插座。

② "范围"开关置于中间位置，开仪器电源开关，此时电源指示灯应亮，表针的位置在未开机时的位置。

③ 将"范围"开关置于"7~0"挡，指示电表的示值为0 mV（±10 mV）位置。

④ 将"选择"开关置"pH"挡，调节"定位"，电表示值应能调至小于6 pH。

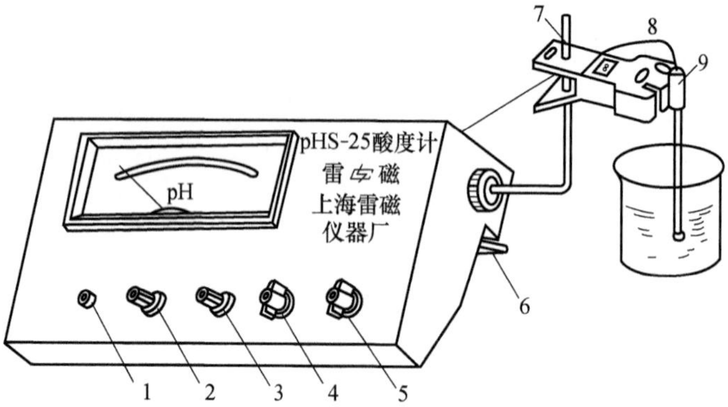

图 14.1.2　pHS-25 型机械酸度计外部结构图
1—电源指示灯；2—温度补偿器；3—定位调节器；4—功能选择器；5—量程选择器；6—仪器支架；7—电极杆；8—电极夹；9—复合电极

⑤ 将"范围"开关置"7~14"挡，调节"定位"，电表示值应能调至大于 8 pH。

(2) 仪器的 pH 值标定

干燥的复合电极在使用前必须浸泡 8 h 以上（在蒸馏水中浸泡）。用前使复合电极的参比电极加液孔露出，甩去玻璃电极下端气泡，将仪器的电极插座上短路插拔去插入复合电极。

仪器在使用之前，即测未知溶液 pH 值之前，先要标定，但这并不是说每次使用前都标定，一般说，每天标定一次已能达到要求。

仪器的标定可按以下步骤进行：

① 用蒸馏水清洗电极，电极用滤纸擦干后，即可把电极插入一已知 pH 值的缓冲溶液中，调节"温度调节器"，使所指定的温度同溶液的温度。

② 置"选择"开关于所测 pH 标准缓冲溶液的范围这一挡（如对 pH = 4.0 或 pH = 6.86 的溶液则置"0~7"挡）。

③ 调节"定位"旋钮使电表指示该缓冲溶液的准确 pH 值。

标定所选用的 pH 标准缓冲溶液同被测样品的 pH 值最好能尽量接近，这样能减小测量误差。

经上述步骤标定的仪器，定位旋钮不应再有任何变动。在一般情况下，24 h 之内，无论电源是连续地开或间断地开，仪器不需要再标定，但遇下列情况之一，则仪器最好事先标定：

① 溶液温度与标定时的标准缓冲溶液的温度有较大变化时；

② 干燥较久的电极；

③ 换过了新的电极；

④ "定位"旋钮有变动，或可能有变动；

⑤ 测量过 pH 值较大（大于 12 pH）或较小（小于 2 pH）；

⑥ 测量过含有氟化物且 pH 值小于 7 的溶液之后，或较浓的有机溶剂之后。

(3) pH 测量

已经标定过 pH 的仪器，即可以用来测样品的 pH 值，其步骤如下：

① 把电极插入未知溶液中，稍稍摇动烧杯，使其缩短电极响应时间。

② 调节"温度"电位器使其指溶液的温度。

③ 置"选择"开关于"pH"。

④ 置"范围"开关于被测溶液的可能 pH 范围内。

此时仪器所指示的 pH 值即未知溶液的 pH 值。

(4) 测量电极电位

仪器在测量电极电位时，只要根据电极电位的极性置"选择"开关，当此开关置"+mV"时，仪器所指示的电极电位值的极性同仪器后面板上的标志；当此开关置"-mV"时，仪器所指示的电极电位值的极性同仪器后面板上的标志相反。

当"范围"挡置"7~0"时,测量范围为 0 ~ ±700 mV;置"7~14"时,测量范围为 ±700 ~ ±1 400 mV。

5. 使用注意事项

(1) 在使用或储存时,仪器必须尽可能地防止与酸雾、盐雾等吸潮性气体接触。仪器的电极插座、电极的插头,都是由聚四氟乙烯绝缘的,要保证绝缘性能在 10^{13} Ω 以上。如果遇上吸潮性气体,就会降低绝缘性能,直接影响测量精度。因此在一般情况下,仪器即使不用时也不要把电极插头从插座中拔出。

(2) 复合电极的敏感部分是下端的玻璃泡,一般在不用时,可把它浸在蒸馏水中。新的电极或干燥较长的电极应在使用前放在蒸馏水中浸泡 24 h,以便活化电极敏感部分。

(3) 复合电极的参比电极的陶瓷芯忌与油脂等物质接触,以防止堵塞。

(4) 复合电极在使用前,必须赶尽球泡头部和电极中间的气泡。

(5) 测量时,电极的引入线要保持静止,否则会引起测量不稳。

(6) 电源插座旁边保险丝内装有保险丝,如仪器指示灯不亮的话,而电源供应又正常,则可检查保险丝是否已断。

(7) 用缓冲溶液标定仪器时,要保证缓冲溶液的可靠性,因为如果缓冲溶液有错,将导致测量结果的误差。缓冲粉剂用完,可以向有关试剂商店购买,也可自行配制。配制方法如下:

① pH = 4.00 缓冲溶液:称 10.21 g 一级邻苯二甲酸氢钾试剂,溶解于 1 000 ml 的重蒸馏水中,溶解完后放入百里酚防腐剂一小粒。

② pH = 6.86 缓冲溶液:称 3.40 g 一级磷酸二氢钾和 3.55 g 一级磷酸氢二钠试剂,溶解于 1 000 ml 的重蒸馏水中,溶解完后放入百里酚防腐剂一小粒。

③ pH = 9.18 称 3.81 g 一级四硼酸钠试剂,煮沸 1 000 ml 的重蒸馏水以去掉二氧化碳,待冷却后溶入四硼酸钠,溶解完后放入百里酚防腐剂一小粒。

14.2 DDS-12A 型电导率仪

14.2.1 电导率基本概念

电导率:水的导电性即水的电阻的倒数,通常用它来表示水的纯净度。电导率是物体传导电流的能力。电导率测量仪的测量原理是将两块平行的极板,放到被测溶液中,在极板的两端加上一定的电势(通常为正弦波电压),然后测量极板间流过的电流。根据欧姆定律,电导率(G)是电阻(R)的倒数,是由电压和电流决定的。电导率的物理意义是表示物质导电的性能。电导率越大则导电性能越强,反之导电性能越弱。

导体导电能力的大小常以电阻(R)或电导(G)表示,电导是电阻的倒数:

$$G = \frac{1}{R}$$

电阻电导的 SI 单位分别是欧姆(Ω)、西门子(S),显然,1 S = 1 Ω^{-1}。

导体的电阻与其长度(L)成正比,而与其截面积(A)成反比:

$$R \propto \frac{L}{A} \qquad R = \bar{R}\frac{L}{A}$$

式中,$\bar{R}$ 为比例常数,称电阻率或比电阻。根据电导与电阻的关系,容易得出:

$$G = \kappa \frac{A}{L} \quad 或 \quad \kappa = G\frac{L}{A} \tag{14.2.1}$$

式中,κ 称为电阻率,是长 1 m、截面积为 1 m^2 导体的电导,SI 单位是西门子每米,用符号 S·m^{-1} 表示。对于电解质溶液来说,电导率是电极面积为 1 m^2,且两极相距 1 m 时溶液的电导。

电解质溶液的摩尔电导率(Λ_m)是指把含有 1 mol 的电解质溶液置于相距为 1 m 的两个电极之间的电导。溶液的浓度为 c,通常用 mol·L^{-1} 表示,则含有 1 mol 电解质溶液的体积为 $\frac{1}{c}L$ 或 $\frac{1}{c}\times 10^{-3}$ m^3,此时溶液的摩尔电导率等于电导率和溶液体积的乘积：

$$\Lambda_\mathrm{m} = \kappa \times \frac{10^{-3}}{c} \tag{14.2.2}$$

摩尔电导率的单位是 $S \cdot m^2 \cdot mol^{-1}$。摩尔电导率的数值通常是由测定溶液的电导率，用上式计算得到。

测定电导率的方法是用两个电极插入溶液，测出两极间的电阻 R_x。对于一个电极而言，电极面积 A 与间距 L 都是固定不变的，因此 L/A 是常数，称电极常数，以 Q 表示。根据式（14.2.1）和式（14.2.2）得：

$$\kappa = \frac{Q}{R_x} \tag{14.2.3}$$

由于电导的单位西门子太大，常用毫西门子（mS）、微西门子（μS）表示。它们间的关系是 $1\ S = 10^3\ mS = 10^6\ \mu S$。

14.2.2　DDS–12A 电导率仪主要技术性能

DDS–12A 型实验室电导率仪是一台数字式电导测量仪器，它是 DDS–11A 型电导率仪的升级换代产品，它采用 3 位半十进制 LED 数字显示。该机能测量一般水溶液的电导率，同时还能满足测量高纯度水电导率的需要。

（1）测量范围：$0 \sim 1.999 \times 10^5\ \mu S/cm$，其范围共分为五挡量程。表 14.2.1 列出了各量程的测量范围，以及各量程所配用的电导电极和使用测试频率。

表 14.2.1　各量程测量范围

量　程	频率（固定式）	电导率/($\mu S \cdot cm^{-1}$)	配套电极（塑料）
×1	低周	0～1.999	DJS–1 铂黑电极
×10	低周	0～19.99	DJS–1 铂黑电极
×100	高周	0～199.9	DJS–1 铂黑电极
×1 000	高周	0～1 999	DJS–1 铂黑电极
×10 000	高周	0～19 990	DJS–1 铂黑电极

配常数为 0.01 各挡量程分别缩小 100 倍。

配常数为 0.1 各挡量程分别缩小 10 倍。

配常数为 1 各挡量程分别扩大 10 倍。

（2）电子单元基本误差：≤±1.0%F·S±1 个字。

（3）仪器基本误差：≤±1.5%F·S±1 个字。

（4）电子单元温度补偿误差：≤±1.0%F·S±1 个字。

（5）手动温度补偿范围：(15～35)℃，基准温度 25 ℃。

（6）正常使用条件：

① 环境温度：(5～40)℃；

② 相对湿度：不大于 85%；

③ 供电电源：AC (220±22) V, (50±1) Hz；

④ 无显著的振动；

⑤ 除地球磁场外无外磁场干扰。

14.2.3　仪器结构

DDS–12A 型电导率仪外部结构如图 14.2.1 所示。

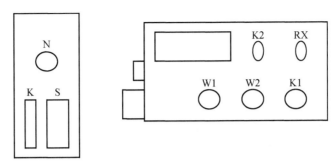

图 14.2.1 DDS-12A 型电导率仪外部结构
N—保险丝；S—三芯电源插座；K—电源开关；W1—温度旋钮；W2—校正/常数旋钮；
K1—量程波段开关；K2—校正/测量开关；RX—电极插座

14.2.4 电导率的测量原理

引起离子在被测溶液中运动的电场是由与溶液直接接触的两个电极产生的。此对测量电极必须由抗化学腐蚀的材料制成，实际常用到的材料有钛、铂等。由两个电极组成的测量电极被称为尔劳施（Kohlrausch）电极。

电导率的测量需要弄清两方面：一个是溶液的电导，另一个是溶液中 $1/A$ 的几何关系。电导可以通过电流、电压的测量得到，这一测量原理在当今直接显示测量仪表中得到应用。

而 $$K = L/A$$

式中，A——测量电极的有效极板；

L——两极板的距离。

这一值则被称为电极常数。在电极间存在均匀电场的情况下，电极常数可以通过几何尺寸算出。当两个面积为 $1\ cm^2$ 的方形极板，之间相隔 $1\ cm$ 组成电极时，此电极的常数 $K = 1\ cm^{-1}$。如果用此对电极测得电导值 $G = 1\ 000\ \mu s$，则被测溶液的电导率 $K = 1\ 000\ \mu s/cm$。

一般情况下，电极常形成部分非均匀电场。此时，电极常数必须用标准溶液进行确定。标准溶液一般都使用 KCl 溶液，这是因为 KCl 的电导率在不同的温度和浓度情况下非常稳定、准确。$0.1\ mol/L$ 的 KCl 溶液在 25 ℃ 时电导率为 $12.88\ ms/cm$。所谓非均匀电场（也称作杂散场、漏泄场）没有常数，而是与离子的种类和浓度有关。因此，一个纯杂散场电极是最糟糕的电极，它通过一次校准不能满足宽测量范围的需要。

14.2.5 电导率仪的使用方法

（1）将电极插头插入电导池插座内，接通电源。

（2）将温度旋钮调节至基准温度 25 ℃（每次校正都必须将温度旋钮调节至基准温度 25 ℃），将"校正/测量"开关拨到"校正"位置，调节"校正/常数"旋钮至电极常数值，例如，电极常数值为 1.10 则将显示值调节值 1.100；电极常数值为 0.98 则将显示值调至 0.980，然后将"校正/测量"开关拨到"测量"位置，仪器校正结束。

（3）将电极放入被测溶液内，将"温度"旋钮调节至溶液温度，仪器读数值 × "量程"即是溶液电导率值。当溶液电导率值超过该量程时仪器将溢出，此时需拨动"量程"开关。

（4）当"量程"开关由低周切换到高周或从高周切换到低周时仪器需重新校正，校正方法同上 2。

（5）如果溶液的温度超过仪器的温度补偿范围，则可将"温度"旋钮放在 25 ℃ 基准，此时的测量结果为溶液在当时温度下的电导率值，并没有进行温度补偿。

（6）如果溶液的电导率值超过 $19\ 990\ \mu S/cm$，此时须换成常数为 10 的电极，操作方法同上，只要将测量结果 ×10 即可。

（7）测量时使用的频率为固定式，量程固定，工作频率就随之固定，×1、×10 为低周，×10^2、×10^3、×10^4 为高周。

14.2.6 注意事项

（1）在测量高纯水时应避免污染，最好采用密封、流动的测量方法。
（2）因温度补偿系采用固定2%的温度系数补偿，故对极纯水测量尽量采用不补偿方式进行，测量后查表。
（3）电极的引线不能受潮，否则将影响测量的正确性。
（4）每测定一份试样后，用蒸馏水冲洗电极，并用吸水纸吸干，但不能用吸水纸擦铂黑电极，以免铂黑脱落。也可用待测液荡洗3次后测定。

14.3 恒电位仪

恒电位仪的主要功能是为实验提供恒电位和恒电流输出。在恒电位方式工作时，它使电化学体系的研究电极与参比电极之间的电位保持某一恒定值（由内给定设定），或准确地跟随给定指令信号（外给定）变化，而不受流过研究电极的电流变化的影响。在恒电流方式工作时，它使流过研究电极的电流保持某一恒定值（由内给定设定），或准确地跟随给定指令信号（外给定）变化，而不受研究电极相对于参比电极电位变化的影响。

本书以 DJS–292 型双显恒电位仪为例介绍仪器性能及使用方法。

14.3.1 DJS–292 型双显恒电位仪

DJS–292 型双显恒电位仪是一种电化学实验仪器，可广泛应用于电极过程动力学、化学电源、电镀、金属腐蚀、电化学分析及有机电化学合成等方面的研究。DJS–292 型双显恒电位仪配有高阻抗输入的探头和两个数字表显示，可对电解池的电位和电流同时进行测量。仪器还备有溶液电阻补偿功能和对数电流（logI）输出接口。

1. 仪器主要技术性能
（1）恒电位范围：$-4.000 \sim +4.000$ V。
（2）恒电位恒压特性：
　　① 当负载电流为 100 mA ~ 1 A 时，恒电位变化不大于 ±1%（F·S）；
　　② 当负载电流为 1 ~ 100 mA 时，恒电位变化不大于 ±0.1%（F·S）。
（3）恒电流范围：$-1 \sim +1$ A。
（4）恒电流恒流特性：不大于 ±2%（F·S）（槽压为 $-30 \sim +30$ V）。
（5）直流槽电压输出范围：$-30 \sim +30$ V。
（6）转换速率：大于 1V/μs。
（7）参比电极输入阻抗：大于 10^9 Ω。
（8）稳定性：±0.2%（F·S）/24 h。

2. DJS–292 型双显恒电位仪前、后面板示意图（图 14.3.1、图 14.3.2）

3. 使用方法
（1）前面板
① 显示部分
显示栏有两部分组成，左栏为电压显示，右栏为电流显示，电压显示栏有三个指示灯，"×1""×2"为恒电压工作方式，显示内给定所给直流电压，当内给定电压选择"2 V"键按下时，电压指示灯"×2"亮，实际的显示值应乘以2；指示灯"×15"为恒电流工作方式时，所显示的直流槽电压。当内给定电压"2 V"键按下时，所显槽电压在原（×15）的基础上再乘2，电流选择按键决定电流单位。
② 电源开关
电源开关为红色有机按键，按下，电源通；再按下，电源断。

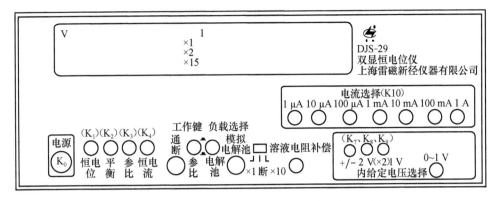

图 14.3.1　DJS-292 型双显恒电位仪前面板示意图

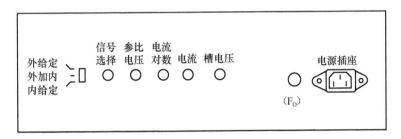

图 14.3.2　DJS-292 型双显恒电位仪后面板示意图

③ 仪器工作方式选择

仪器工作方式选择有"恒电位"（K_1）"平衡"（K_2）"参比"（K_3）和"恒电流"（K_4）四挡。按下 K_2 或 K_3，仪器以恒电位或恒电流方式工作，按下 K_3 仪器测量研究电极与参比电极之间的开路电位；按下 K_2，使实验者更容易把给定电位调节到平衡电位上。

④ 负载状态

负载由左、右两键控制。左键置"断"，则仪器与负载断开；左键置"工作"，则仪器与负载接通。右键分"电解池"与"模拟"两种状态，"模拟"状态时，仪器接通内部的模拟负载（10 kΩ 电阻）；"电解池"状态时，仪器与外部电解池接通。

⑤ 溶液电阻补偿

溶液电阻补偿由控制开关和电位器（10 kΩ 电阻）组成。控制开关分"×1""断""×10"三挡，在"×10"时补偿溶液电阻是"×1"的 10 倍，"断"则溶液反应回路中无补偿电阻。

⑥ 内给定电压选择

内给定电压选择由三个按键和电位器组成。电位器提供 0~1 V 的可调直流电压。"1 V""2 V"键提供在 1~2 V、2~3 V、3~4 V 之间的内给定可调直流电压，按下"2 V"，同时使电压显示指示灯"×2"点亮。"+/-"键确定仪器内给定的极性。

⑦ 电流选择

电流选择由七挡按键组成，分别为"1 μA""10 μA""100 μA""1 mA""10 mA""100 mA""1 A"。当仪器在恒电位工作方式时，电流显示由电流选择键选择合适的显示单位。

当仪器在恒电流工作方式时，电流显示为仪器提供的恒电流值。

（2）后面板

除了电源插座和保险丝以外，还有信号选择。信号选择由选择开关和五个高频插座组成。选择开关可选择"外给定""外加内""内给定"三种给定方式。"外给定"方式时，由外加信号从开关右侧的高频插座插入；"内给定"时，由仪器内部提供直流电压信号；"外加内"方式时，则由外加信号和内部直流电压信号共同组成合成信号。

其余四个高频插座分别为"参比电压""电流对数""电流"和"槽电压"四个输出端，可与外接仪表或记录仪连接。各输出端的输出阻抗小于2。为消除测量误差,要求外接仪表或记录仪的输入阻抗大于1。

(3) 实验操作

① 实验前的准备

初次使用恒电位仪前必须正确连接电化学实验装置。检查220 V交流电源是否正常,将"工作"置"断","电流选择"置于"1 A",工作方式置"恒电位",打开电源开关,将仪器预热30分钟。

② 参比电位的测量

将工作方式置"参比测量",工作键左键置"通",右键置"电解池"。面板上的电压表显示参比电极(RE)相对于研究电极(WE)的开路电位,符号相反。

③ 平衡电位的设置

工作方式置"平衡",负载选择置"电解池",调节内给定电位器,使电压表显示0.000,该给定电位即是所要设置的平衡电位。

由于此时主放大器接成大于5倍的放大器,如果主放大器输出电位显示1 mV,实际上给定电位离平衡电位仅差不到0.2 mV,这就使平衡电位设置更为准确。

④ 极化电位、电流的调节

如要对电化学体系进行恒电位、恒电流极化测量,应先在模拟电解池上调节好极化电位、电流值,然后再将电解池接入仪器。如要利用内给定作为电化学体系的平衡电位设置,而由外给定引入信号发生器在此基础上给电化学体系施加不同的极化波形可按平衡电位的设置,由内给定准确地设置到平衡电位上。"信号选择"开关置"外加内"。

由外给定接入信号发生器作为极化信号,同样应先在模拟电解上调节好极化电位、极化电流或极化波形。

⑤ 电化学体系的极化测量

"负载选择"置于"电解池",接通电化学体系,记录实验曲线。应注意,在恒电位工作方式时选择适当的电流量程,一般应从大电流量程到小电流量程依次选择,使之既不过载又有一定的精确度。

⑥ 溶液电阻补偿的调节和计算

一些电化学体系实验必须进行溶液电阻补偿方能得到正确结果。方法是按正常方式准备电解池体系,将给定电位设置在所研究电位化学反应的半波电位以下,即在该电位下电化学体系无法拉第电流。由信号发生器在给定的电位上叠加一个频率为1 kHz或低于1 kHz、幅度为(10~50) mV(峰-峰值)的方法。由示波器监视电流输出波形,溶液电阻补偿开关置"×1"或"×10"调节补偿多圈电位器使示波器波形如图所示的正确补偿的图形。然后在这种溶液电阻补偿的条件下进行实验。同时应注意溶液电阻与多种因素有关,特别与电极之间的相互位置有关。因此在变动电解池体系各电极之间相对位置以后,应重新进行溶液电阻补偿的调节。

溶液电阻的计算应是溶液电阻补偿正确调节以后,溶液电阻调节多圈电位器数值乘上电流量程。例如:多圈电位器读数为9(90%),电流量程为10 mA,电流量程电阻为1,则溶液电阻值为90 Ω。在实验结束后,逆时针旋转多圈电位器到底,记下旋转圈数,即为多圈电位器读数。

4. 注意事项

注意接线部件较多,认真连接,以免接错而出现操作故障。

14.4 GR3500G型氧弹量热计

弹式量热计,由伯赛洛特(M. Berthelot)于1881年率先报导,时称伯塞洛特氧弹(Berthlot bomb)。目的是测U、H等热力学性质。绝热量热法,1905年由理查德(Richards)提出,后由丹尼尔(Daniels)等人的发展最终被采用。初时通过电加热外筒维持绝热,并使用光电池自动完成控制外套温度跟踪反应温升进程,达到绝热的目的。现代实验除了在此基础上发展绝热法外,进而用先进科技设计半自动、自动的夹套恒温式量热计,测定物质的燃烧热,配以微机处理打印结果。利用雷诺图解法或奔特公式计算量热计热交换校正值T。使经典而古老的量热法焕发青春。

14.4.1 基本概念

燃烧热：1 摩尔的物质完全燃烧时所放出的热量。所谓完全燃烧，即组成反应物的各元素，在经过燃烧反应后，必须是本元素的最高化合价。如 C 经燃烧反应后，变成 CO 不能认为是完全燃烧，只有在变成 CO_2 时，方可认为是完全燃烧。

量热计水当量是指体系中除水以外量热计的总热容，用相当于多少克水的热容来定义，设燃烧产生的热为 Q，则 $Q = M(W+W')/\text{mol}$，M 为水的分子量，$W+W'$ 即水与量热计的质量（g），水当量就是量热计每升高 1 ℃ 所需的热量。水当量用基准物质（优质纯的苯甲酸）来标定，具有实验常用的测量仪器常数的意义，其单位是 J/K 或 kJ/K，是标准的二级状态函数单位。这与水的质比热容 $c_\text{水}$ 的意义和单位都是不同的。

14.4.2 仪器结构

图 14.4.1 是 GR3500G 型氧弹量热计的整体装配图，图 14.4.2 是用来测量恒容燃烧的氧弹结构图。图 14.4.3 是实验充氧的示意图，下面分别作一介绍。

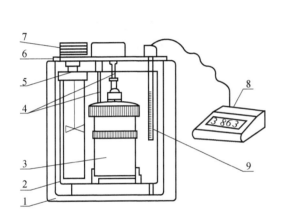

图 14.4.1　GR3500G 型氧弹量热计
1—外筒；2—内筒；3—氧弹；4—电极；
5—搅拌器；6—盖；7—搅拌电机；
8—数量控制器；9—测温探头

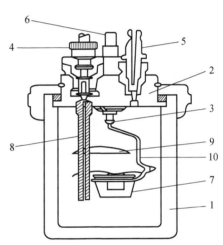

图 14.4.2　氧弹的构造
1—厚壁圆筒；2—弹盖；3—螺帽；4—进气孔；
5—排气孔；6，8—电极；7—坩埚；
9—火焰遮板；10—坩埚架

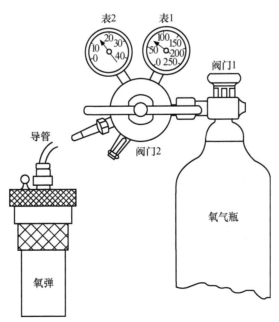

图 14.4.3　氧弹充气示意图

图 14.4.1 中，内筒以内的部分为仪器的主体，即为本实验研究的体系，体系与外界以空气层绝热，下方有绝缘的垫片架起，上方有绝热胶板敷盖。为了减少对流和蒸发，减少热辐射及控制环境温度恒定，体系外围包有温度与体系相近的水套。为了使体系温度很快达到均匀，还装有搅拌器，由电机带动。为了准确测量温度的变化，我们由精密的温差测定仪来实现。实验中把温差测定仪的热敏探头插入研究体系内，便可直接准确读出反应过程中每一时刻体系温度的相对值。样品燃烧的点火由一拨动开关接入一可调变压器来实现，设定电压在 24 V 进行点火燃烧。

图 14.4.2 是氧弹的构造。氧弹是用不锈钢制成的，主要部分有厚壁圆筒 1、弹盖 2 和螺帽 3 紧密相连；在弹盖 2 上装有用来充入氧气的进气孔 4、排气孔 5 和电极 6，电极直通弹体内部，同时作为坩埚 7 的支架；为了将火焰反射向下而使弹体温度均匀，在另一电极 8（同时也是进气管）的上方还有火焰遮板 9。

14.4.3　使用方法及步骤

1. 样品压片

压片前先检查压片用钢模是否干净，否则应进行清洗并使其干燥，用台秤称 0.8 g 苯甲酸，并用直尺准确量取长度为 20 cm 左右的细 Cu-Ni 合金丝一根，准确称量并把其双折后在中间位置打环，置于压片机的底板压模上，装入压片机内，倒入预先粗称的苯甲酸样品，使样品粉末将合金丝环浸埋，用压片机螺杆徐徐旋紧，稍用力使样品压牢（注意用力均匀适中，压力太大易使合金丝压断，压力太小样品疏松，不易燃烧完全），抽去模底的托板后，继续向下压，用干净滤纸接住样品，弹去周围的粉末，将样品置于称量瓶中，在分析天平上用减量法准确称量后供燃烧使用。

2. 装置氧弹

拧开氧弹盖，将氧弹内壁擦干净，特别是电极下端的不锈钢接线柱更应擦干净。在氧弹中加 1 毫升蒸馏水。将样品片上的合金丝小心地绑牢于氧弹中两根电极 8 与 6 上（见图 14.4.2）。旋紧氧弹盖，用万用电表检查两电极是否通路。若通路，则旋紧出气口 5 后即可充氧气。按图 14.4.3 所示，连接氧气钢瓶和氧气表，并为氧弹充氧。

3. 燃烧和测量温差

按图将氧弹、内筒及搅拌器装配好。

量热计的热容量用已知热值的苯甲酸，在氧弹内用燃烧的方法测定。试样的测定应与热容量的测定在完全相同的条件下进行。当操作条件有变化时，如更换或修理量热计上的零件，更换温度计，室温与上次测定热容量时的室温相差超过 5 ℃ 以及量热计移到别处等，均应重新测定热容量。

（1）用研钵将苯甲酸研细，在 100 ℃ ~ 105 ℃ 烘箱中烘干 3 ~ 4 小时冷却到室温，放在称量瓶中，在盛有硫酸的干燥器中干燥，直到每克苯甲酸的重量变化不大于 0.000 5 克时为止。称取此苯甲酸约 1.0 ~ 1.2 克，用压片机压成片（引火线压在片内），再称准到 0.000 2 克放入坩埚中。

（2）在氧弹中加入 10 毫升蒸馏水，把盛有苯甲酸的坩埚固定在坩埚架上，再将点火线的两端固定在两个电极上，点火线勿接触坩埚（可预先检查），拧紧氧弹上的盖，然后通过进气管缓慢地通入氧气，直到弹内压力为 1.4 ~ 1.6 MPa 大气压为止。氧弹不应漏气，如有漏气现象，应找出原因，予以修理。

（3）将充有氧气的氧弹放入量热容器（内筒）中，加入蒸馏水约 3 000 克（称准到 0.5 克），加入的水应淹到氧弹进气阀螺帽高度的 2/3 处。每次用量必须相同，如以量体积代替称重，必须按不同温度时水的比重加以校正（应事先做出校正表）。

（4）蒸馏水的温度应根据室温和恒温外套（外筒）水温来调整，在测定开始时外筒水温与室温相差不得超过 0.5 ℃。当使用热容量较大（如 3 000 克左右）的量热计时，内筒水温，比外筒水温应低 0.7 ℃，当使用热容量较小（如 2 000 克左右）的量热计时，内筒水温应比外筒水温低 1 ℃ 左右。

（5）将测温探头插入内筒，测温探头和搅拌器均不得接触氧弹和内筒。开动搅拌器，迅速搅拌容器中的水。

整个实验分为三个阶段：

初期：这是试样燃烧以前的阶段。在这一阶段观测和记录周围环境与量热体系在实验开始温度下的热交换关系。每隔半分钟读取温度一次，共读取十一次，得出十个温度差（即十个间隔数）。

主期：燃烧定量的试样，产生的热量传给量热计，使量热计装置的各部分温度达到均匀。在初期的最末一次读取温度的瞬间，按下点火键点火（点火时的电压应根据点火线的粗细试验确定。在点火线与两极连接好后，不放入氧弹内，通电实验以点火线烧断为适合），然后开始读取主期的温度，每半分钟读取温度一次，直到温度不再上升而开始下降的第一次温度为止，这个阶段算作为主期。

末期：这一阶段的目的与初期相同，是观察在实验终了温度下的热交换关系。在主期读取最后一次温度后，每半分钟读取温度一次，共读取十次作为实验的末期。

（6）停止观测温度后，从量热计中取出氧弹，用放气帽缓缓压下放气阀，在1分钟左右放尽气体，拧开并取下氧弹盖，量出未燃完的引火线长度，计算其实际消耗的重量。随后仔细检查氧弹，如弹中有烟黑或未燃尽的试样微粒，此试验应作废。如果未发现这些情况，用蒸馏水洗涤弹内各部分、坩埚和进气阀，将全部洗弹液和坩埚中的物质收集在洁净的烧杯中，洗弹液量应为150~200毫升。

（7）用干布将氧弹内外表面和弹盖拭净，最好用热风将弹盖及零件吹干或风干。

（8）将盛洗弹液的烧杯加盖微沸5分钟，加两滴1%酚酞，以 0.1 mol·L^{-1} 氢氧化钠溶液滴到粉红色，保持15秒不变为止。

（9）热容量的测定结果不得少于5次，每两次间的误差不应超过40焦耳。如果前四次间的误差不超过20焦耳，可以省去第五次测定，取其算术平均值，作为最后结果。

4. 注意事项

点火成功、试样完全燃烧是实验成败关键，注意以下几项技术措施：

（1）试样应进行磨细、烘干、干燥器恒重等前处理，潮湿样品不易燃烧且有误差。

压片紧实度：一般硬到表面有较细密的光洁度，棱角无粗粒，使能燃烧又不至于引起爆炸性燃烧、残剩黑糊等状。

（2）点火丝与电极接触电阻要尽可能小，注意电极松动和铁丝碰杯短路问题。

（3）充足氧（2 MPa）并保证氧弹不会泄漏氧气，保证充分燃烧。燃烧不完全，还时常形成灰白相间如散棉絮状。

（4）注意点火前才将二电极插上氧弹再按下点火钮，否则因仪器未设互锁功能，极易发生误点火，样品先已燃烧的事故（按搅拌钮置0时）。

（5）氧弹、量热容器、搅拌器等，在使用完毕后，应用干布擦去水迹，保持表面清洁干燥。恒温外套（即外筒）内的水，应采用软水。长期不使用时应将水倒掉。

（6）氧弹以及氧气通过的各个部件，各连接部分不允许有油污，更不允许使用润滑油，在必须润滑时，可用少量的甘油。

14.5 恒温水浴

恒温水浴广泛用于干燥、浓缩、蒸馏、浸渍化学试剂，浸渍药品和生物制品，也可用于水浴恒温加热和其他温度试验，是化工、生物、遗传、病毒、水产、环保、医药、卫生、生化实验室、分析室、教育科研的必备工具。恒温水浴的种类很多，包括超级恒温水浴、电子恒温水浴、恒温振荡水浴、低温恒温水浴、恒温水浴等。

本书以 CS-501 型超级恒温水浴为例介绍仪器性能及使用方法。

14.5.1 CS-501 型超级恒温水浴

CS-501 型超级恒温水浴工作室水箱外壳以钢板制成，内筒为黄铜板制成，在内外两筒的夹层中用玻璃纤维保温，筒盖为三聚氰胺玻璃纤维层压板制成，其上装有一套电动水泵。控温精度高、操作简便、使用安全。图 14.5.1 是 CS-501 型超级恒温水浴结构示意图。

14.5.2 主要性能指标

(1) 电源：220 V 50 Hz。
(2) 温度范围：室温 5 ℃ ~95 ℃。
(3) 恒温波动度：≤ ±1/15 ℃。
(4) 电动机功率：40 W 单相电容马达。
(5) 水泵流速：≥4 L/min。
(6) 电加热器 2 组：
第一组加热功率 500 W；
第二组加热功率 1 000 W。
(7) 内胆尺寸：直径 328 mm，高 213 mm。

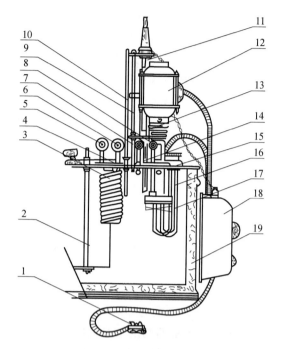

图 14.5.1 CS-501 型超级恒温水浴
1—总进线电源插头；2—筒体外壳；3—恒温筒上下活动支架；4—恒温筒；5—恒温筒加水口；6—冷凝管；7—恒温筒盖子；8—水泵进水口；9—水泵进水口；10—温度计；11—导电温度计；12—电动机；13—水泵；14—试验筒加水口；15—加热元件接线盒；16—加热元件；17—搅拌叶；18—控制器箱；19—保温层

14.5.3 使用方法

超级恒温水浴锅使用 220 V 交流电源，在使用前确定电源插座额定电流不小于 6 A，并具有安全接地装置，使用时工作室内应接入接地装置。

加水时请注意离上盖板约 3 ~ 4 cm，恒温器加热最好选用软水，比如蒸馏水，切不可使用井水、河水、泉水等硬水，以防加热管爆裂及影响恒温灵敏度。

请注意：先插仪器插口，再插电源插口。打开电源，开启循环水泵，使槽内的水循环对流，旋转接触温度计顶端的一只帽形磁铁，以调动计内温度示标到所需恒温的温度，此时可将加热开关开启进行加热，当恒温指示灯已达到时明时灭时，温度已达到恒温，此时可将加热开关断开，若标准温度计所示的温度不同于所需温度时，可再精微调节接触温度计校正，一般槽内温度稳定较快，恒温筒内则约需 40 分钟才能稳定。

如需要用低于环境室温时，可用恒温器上的冷凝管制冷，可外加和恒温器相同的一只电动水泵将冰水用橡皮管从冷凝筒进水嘴引入至冷凝管内制冷，同时在橡皮管上加一只管子夹，以控制冰水的流量，用冰水导入制冷一般只能达到 15 ℃ ~ 20 ℃ 之间并需将电加热开关关断。

14.5.4 注意事项

(1) 先加水到水位线，再接通电源，以防因温度过高，将加热元件的护管烧坏。
(2) 水位不能过高，以防止水溢出造成实验失误。
(3) 快速降温时，控箱旁有两个水嘴，任意一个进入冷凝水（制冰水或自来水），另一段进入出水池（用乳胶管）协助降下当时温度。
(4) 使用结束后请将水（出水嘴）放干净，用干布擦拭干净，置于通风干燥处。

第15讲

常用力学实验器材

本讲主要介绍电阻应变仪、电子万能材料试验机、材料扭转试验机、材料力学多功能实验台、光弹仪等常用力学实验器材。

15.1 电阻应变仪

电阻应变仪是力学测试中常用的仪器之一,与电阻应变片一起实现结构(或构件)表面的应变测试,以确定其应力状态。

应变仪按照所能测量的应变的频率(即工作频率)分类,可以分为:静态电阻应变仪、静动态电阻应变仪(200 Hz 以内应变测量)、动态电阻应变仪(5 000 Hz 以内动态应变测量)、超动态电阻应变仪(爆炸、冲击等瞬态应变测量)。除了上述类型外,还有用于静态应变测量的静态多点自动应变测量装置、遥测应变仪等。

15.1.1 XL2118C 型力 & 应变综合参数测试仪

XL2118C 型力 & 应变综合参数测试仪是与 XL3418 组合式材料力学多功能实验台配套使用的测试仪器,为静态电阻应变仪。采用 LED 显示,测力(称重)与普通应变测试同时并行工作。测力部分通过对测量参数的正确设置,能适配绝大多数应变力(称重)传感,应变测量部分采用现代应变测试中常用的预读数法(自动桥路平衡的办法),增强学生对现代测试尤其是虚拟仪器测试的基本概念和使用方法的了解。

1. 性能特点

(1) 全数字化智能设计,可选配计算机网络接口及软件,由教师用一台微机监控多台仪器,实时掌握学生实验的状况。

(2) 组桥方式:1/4 桥、半桥、全桥。

(3) 配接力传感器测量拉压力,传感器配接范围广、精度高(0.01%)。

(4) 采用仪器上面板接线方式,接线方便。

(5) 1 个测力窗口和 6 个应变测量窗口,使各测点在不同载荷下的应变值同时直观地显示出来,显示直观清晰,在一般情况下,不必进行通道切换即可完成全部实验。

2. 主要技术指标

(1) 测量范围:应变为 $0 \sim \pm 19\,999\ \mu\varepsilon$;拉压力测量适配满量程输出范围为 $1.000 \sim 3.000$ mV/V 的拉压力应变传感器,显示单位:N、kN、kg、t(分辨率 ±0.01%)。

(2) 零点不平衡范围:$\pm 10\,000\ \mu\varepsilon$。

(3) 灵敏系数设定范围:$1.00 \sim 3.00$。

(4) 基本误差:$\pm 0.2\% F \cdot S \pm 3$ 个字。

(5) 自动扫描速度:10 点/秒。

(6) 应变测量方式:1/4 桥、半桥、全桥。

(7) 零点漂移:$\pm 3\ \mu\varepsilon/4$ 小时;$\pm 1\ \mu\varepsilon/℃$。

(8) 桥压：DC 2 V。
(9) 分辨率：1 με。
(10) 测点数：1 点测力，16 点应变。
(11) 显示：应变 7 位 LED——2 位测点序号、5 位测量值；
测力 6 位 LED，4 个测量单位指示灯 N/kN/t/kg。
(12) 电源：AC220 V（±10%），50 Hz。
(13) 功耗：约 15 W。

3. 面板说明

(1) 前面板说明（图 15.1.1）

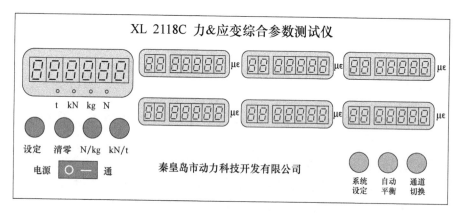

图 15.1.1　XL2118C 型力 & 应变综合参数测试仪前面板

测力模块：6 位 LED 显示拉压力，4 个发光二极管显示测量单位：N/kN/kg/t。
四个按键：标定、清零、N/kg 转换、kN/t 单位转换。左下方设整个仪器的电源开关一个。
应变测量部分：2 位 LED 显示测点序号；5 位 LED 显示应变值；
三个功能按键：系数设定、自动平衡、通道切换。

(2) 后面板说明（图 15.1.2）

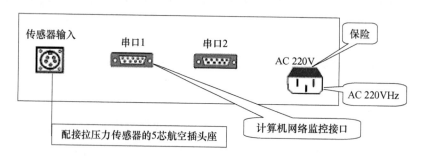

图 15.1.2　XL2118C 型力 & 应变综合参数测试仪后面板

4. 系统原理示意图（图 15.1.3）
5. 仪器测力模块的使用方法

测力模块标定完毕后就可进行拉压力的测量。其使用方法比较简单，力传感器受载，即可在测力窗口显示出载荷数值，正值表示拉力，负值表示压力。

在测量状态，"设定"键失效，这是为了防止误操作影响系统测量参数。

"清零"键是在测力传感器处于零载荷状态下清除传感器的初始零点。

"N/kg" "kN/t" 两个键用于根据需要在两个力值单位间进行切换，以适合用户不同测试情况的需要（备注：因单片机功能限制，单位转换过程会产生转换误差，因此最好使用标定时设置的单位进行测量）。

出厂时本测试仪缺省配置为 1 kg = 9.81 N。

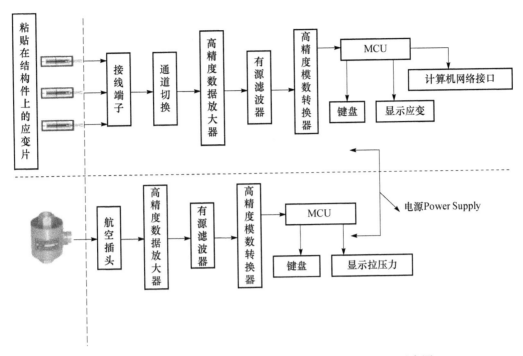

图 15.1.3　XL2118C 型力 & 应变综合参数测试仪系统原理示意图

6. 仪器应变测量模块的使用方法

根据测试要求，选用 1/4 桥（半桥单臂、公共补偿）、半桥或全桥测量方式。建议尽可能采用半桥或全桥测量，以提高测试灵敏度及实现测量点之间的温度补偿。

（1）接线

打开仪器上面板，会看到接线部分。请参见图 15.1.4。

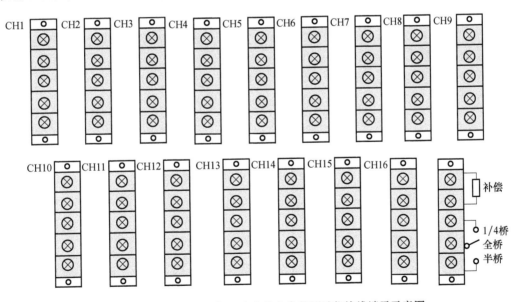

图 15.1.4　XL2118C 型力 & 应变综合参数测试仪接线端子示意图

这些端子由 16 个测量通道接线端子（接测量片），和一个公共补偿接线端子（用于 1/4 桥）组成。

各测点中接线端子 A、B、C、D 定义请参见图 15.1.5 电桥原理示意图。B1 为测量电桥的辅助接线端，以实现 1/4 桥测试时的稳定测量，半桥、全桥测试时不使用 B1 端。

（2）组桥方法

XL 2118C 主机由 16 个测点组成，可接成 1/4 桥（半桥单臂）、半桥、全桥。具体接法请参见图 15.1.6。

为方便用户使用，1/4 桥测试时连接 B 和 B1 端，出厂时配接短接线或短接片。注意：只有 1/4 桥测试时将短接线连好，半桥/全桥测试时应将 B 与 B1 之间的电气连接断开，否则可能会影响测试结果。同时本测试仪不支持 3 种组桥方式的混接。

（3）测量参数设定

根据实际测试需要接好桥路后，首先打开电源预热 20 分钟，如果实验环境、被测对象及测试方法均没有变动，就可直接进行实验了，无需进行测量系数设定。因为上次实验设置的数据已被 XL 2118C 存储到系统内部。

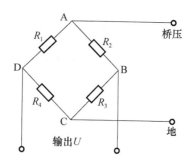

图 15.1.5　电桥原理示意图

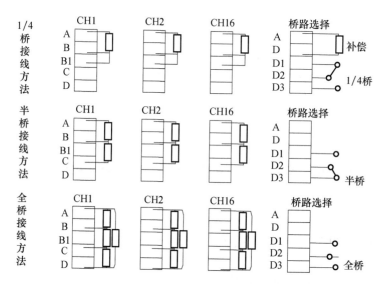

图 15.1.6　XL2118C 型力 & 应变综合参数测试仪组桥方法

在仪器的手动状态下，手动工作指示灯亮，此时按下系数设定键后 LED 显示"SETUP"字样并闪烁 3 次后进入灵敏系数设定状态。

应变测量模块在仪器前面板上设计了 3 个键，键被定义成测量状态常用的 3 个功能。因此为完成灵敏系数的设定工作，这 3 个键在设定状态被重新定义（面板中未印出），见表 15.1.1。

表 15.1.1　应变测量模块按键功能表

测量状态	灵敏系数设定状态
系数设定	存储键，存储当前设定的灵敏系数（1.00～3.00），如所设系数未超出范围，则新灵敏系数生效并返回测量状态
自动平衡	从左到右循环移动闪烁位
通道切换	循环递增闪烁位数值，从 0～9，到 9 后，再按则该位数值变为 0

本测试仪的灵敏系数设置方法有两种：统一设定和单独设定。"统一设定"是用户设定一个灵敏系数值对所有测点都生效；"单独设定"是指用户逐一对每个测点进行设定。

XL2118C 力 & 应变综合参数测试仪出厂时为统一设定状态，灵敏系数 $K = 2.00$。

统一设定状态，右下侧应变测量窗口显示如图 15.1.7。

修改灵敏系数时，使用"自动平衡"键可移动当前闪烁位，按"通道切换"，可修改当前闪烁位的数值。修改完毕，按下"系数设定"键，新灵敏系数将生效。设置完毕后，仪器返回手动测试状态。

图 15.1.7 灵敏系数统一设定时应变窗口显示

单独设定状态，右下侧应变测量窗口显示如图 15.1.8。

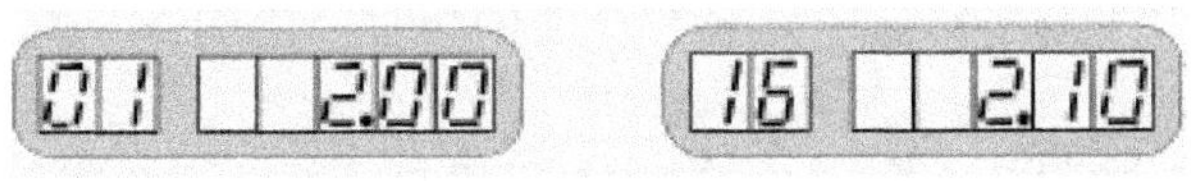

图 15.1.8 设定 01 号或 16 号测点灵敏系数时 LED 显示

单独设定状态，也是"自动平衡"键移动闪烁位；"通道切换"修改当前闪烁位数值；"系数设定"键确认。只是设置完一个测点后，进入下一个测点的灵敏系数设置，至第 16 个测点后返回仪器手动测试状态。如设置过程中想中断设置，可按测力部分的"设定"键。

（4）测量

在测量状态下应变模块功能按键定义为：

系数设定键：按该键后进入应变片灵敏系数修正状态。灵敏系数设置完毕后自动保持，下次开机时仍生效。

自动平衡键：对本机全部测点自动扫描从第 01 号测点到 16 号测点进行全部测点的桥路自动平衡（预读数法）。平衡完毕后返回手动测量状态。

通道切换键：在测量状态，按键一次，当前应变测量模块按照次序翻屏，并显示对应测点的应变值。XL2118C 第一屏为 CH01～CH06；第二屏为 CH07～CH12；第三屏为 CH13～CH16；再按键返回第一屏。

7. 测量

（1）仪器预热 20 分钟，同时应变测量系数 K 设定确认无误后，即可进行测试。

（2）预调平衡。按下"自动平衡"键，系统自动对 CH01～CH16 全部测点进行预读数法自动平衡。平衡完毕后返回测量状态。

（3）测力模块清零。在测力（称重）传感器不受载荷的情况下，按下测力模块的"清零"按键，即可对传感器测试通道进行清零操作。

（4）完成应变测量模块的预调平衡操作和测力模块的清零操作后，即可根据进行的力学实验要求进行测试了。期间只需要使用者通过"通道切换"操作根据所连接应变片的测点选择观测屏幕即可，即：CH01～CH06、CH07～CH12、CH13～CH16。

8. 注意事项

（1）1/4 桥测量时，测量片与补偿片阻值、灵敏系数应相同；同时温度系数也应尽量相同（选用同一厂家同一批号的应变片）。

（2）接线时如采用线叉请旋紧螺丝（注意：未接线的螺丝也旋紧）；同时测量过程中不得移动测量导线。

（3）长距离多点测量时，应选择线径、线长一致的导线连接测量片和补偿片。同时导线应采用绞合方式，以减少导线的分布电容。

（4）仪器应尽量放置在远离磁场源的地方。

（5）应变片不应置于阳光暴晒下，测量时应避免高温辐射及空气剧烈流动的影响。

（6）应选用对地绝缘阻抗大于 500 MΩ 的应变片和测试电缆。

（7）本仪器属于精密测量仪器，应置于清洁、干燥及无腐蚀性气体的环境中。

（8）移动搬运时应防止剧烈振动、冲击、碰撞和跌落，放置地点应平稳。

（9）禁止用水和强溶剂（如苯、硝基类油）擦拭仪器机壳和面板。

15.2 DNS100 微机控制电子万能试验机

电子万能试验机是用于材料力学性能测试的新型机电一体化试验设备。电脑通过调速系统控制伺服电机转动，经减速系统减速，通过滚珠丝杠副，带动移动横梁上升、下降，完成试件的拉伸、压缩、弯曲、剪切等力学性能试验。具有无污染、噪音低、效率高的特点,并具有非常宽的调速范围和横梁移动距离,加上种类繁多的辅具,在金属、非金属等力学性能试验尤其是试件变形较大、拉伸速度较快的绳、带、丝、橡胶、塑料等材料试验领域,具有广阔的应用领域和前景。电子万能试验机有主机、附件、板卡测量控制系统、计算机和打印机五部分组成,具有以下特点:

(1) 适用于金属材料、非金属材料、复合材料性能的拉伸、压缩、弯曲、扭转、剪切、剥离、撕裂以及应力、应变控制试验等。

(2) 具有多种保护功能。如驱动系统过流、整机超载及动横梁位置极限保护等。

(3) 满足多种材料试验方法标准。如 GB、DIN、ISO、ASTM 等。

(4) 可对试验数据实时采集、运算处理、实时显示并打印结果报告。

(5) 程序具有采集数据、绘制曲线、曲线局部放大或缩小、曲线单显或多条曲线叠加对比、打印预览以及人工修正等功能。

15.2.1 主机、附件的功能及其使用

1. 主机

(1) 主机用途

主机是负荷机架与机械传动系统的结合体,在动横梁位移控制系统的驱动下,配合相应的附件,可以使受试样品产生应力应变,经测量、数据采集、数据处理给出所需数据报告。总之,主机是材料力学性能试验机测试的执行机构。

电子万能试验机工作时,由主控计算机通过 RS-232 标准总线接口或者网线接口对各测量、控制功能函数进行调用、管理、控制,并利用主机与附件的功能搭配组合,完成多种功能试验。

基本的试验功能为拉伸、压缩和弯曲。采用必要的测量或控制功能模块和相应的附件,可达到扩展试验功能的目的。

(2) 主机结构及其工作原理

① 主机结构

主机的结构组成主要有负荷机架、传动系统、夹持系统与位置保护装置(图 15.2.1)。负荷机架由四

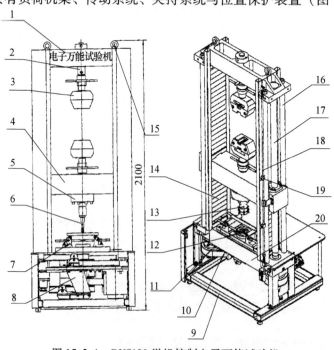

图 15.2.1 DNS100 微机控制电子万能试验机

1—上横梁;2—万向联轴节;3—拉伸夹具;4—活动横梁 5—负荷传感器;6—弯曲压头;7—弯曲试台;
8—减速装置;9—低框;10—圆弧齿形带;11—大带轮;12—下压板工作台;13—上压头;14—防尘罩;
15—吊环螺钉;16—立柱;17—滚珠丝杠副;18—限位杆;19—限位环;20—下横梁

立柱支承上横梁与工作台板构成门式框架，两丝杠穿过动横梁两端并安装在上横梁与工作台板之间。工作台板由四脚支承在底板上，且机械传动减速器也固定在工作台板上。工作时，伺服电机驱动机械传动减速器，进而带动丝杠传动，驱使动横梁上下移动。试验过程中，力在门式负荷框架内得到平衡。

电子万能试验机的传动丝杠是采用带有消隙结构的滚珠丝杠，螺母与丝杠的预紧度已在出厂前调好。

力传感器安装在动横梁上，下拉伸夹具安装在力传感器上，上夹具安装在上横梁上。进行压缩或弯曲试验的压头固定在动横梁上，压缩试台或弯曲试台固定在工作台板上。工作时，安装试样，通过主控计算机启动动横梁驱动系统及测量系统即可完成全部试验。

② 传动系统

传动系统由日本三洋数字式脉宽调制伺服系统、减速装置和传动带轮等组成。执行元件采用日本三洋交流无刷伺服电机，其特点是响应快、力矩波动小、无磨损、寿命长、可靠性高、噪声低，而且该电机具有高转矩和良好的低速性能。由于与电机同步的高性能光电编码器作位置反馈元件，从而使动横梁获得了准确而稳定的试验速度。

③ 万向连轴节的安装

万向连轴节安装在上拉伸夹具的上端，其作用在于消除由于上、下拉伸夹具的不同轴度误差带来的影响。使在拉伸试验过程中试样只受到沿轴线方向的单向力，并使该力准确地传递给力传感器。

在安装万向连轴节时，应注意把万向连轴节上连杆的凸出半截定位销落入力传感器中孔定位槽中，以免旋转夹具手柄或装卸试样时夹具和万向连轴节发生同步转动现象。

④ 夹具

电子万能试验机标准配置为拉伸夹具、压缩夹具、弯曲试验夹具各一副。

楔形拉伸夹具主要用于夹持棒材、板材样品，根据样品形状可以通过选用不同规格的夹块来满足要求。该种夹具基于采用楔形夹块结构，所以拉伸过程中随着施加负荷的增大其夹持力也随之而增加，这样就保证了夹持的可靠性。当试验的样品尺寸变化时，只要更换相应的夹块与垫片就可很方便地实现不同规格样品的夹持。这种夹具的特点是当旋转手柄或油缸活塞移动夹紧试样时，夹块是水平运动完成夹紧样品的。因此减小了由于夹持样品时产生的轴向力。

⑤ 动横梁位移行程限位保护装置

动横梁位移行程限位保护装置由导杆，上、下限位环，以及限位开关组成，安装在负荷机架的左侧前方。调整上、下限位环可以预先设定动横梁上、下运动的极限位置，即保证了当动横梁运行到极限位置时，碰到限位环，进而带动导杆操纵限位开关常闭触头切断驱动电源，动横梁立即停止运行。

2. 附件

电子万能试验机最突出的特点是通过增加或更换适当的附件和功能单元来实现扩充试验功能的目的。（可参考产品说明书，在此不作介绍。）

3. 动横梁位移行程极限保护装置的调整

必须注意，在主机开动之前一定把位移行程限位保护装置调整好，以保证动横梁运行时不和上横梁或工作台板相撞。

通常情况下，调整上、下限位环的位置，使其限位保护装置操纵限位开关，保证有足够试验行程，以免使动横梁及其上面安装的力传感器、夹具等与上横梁及其上面安装的部件相撞，不与工作台板及其上面安装的部件相撞。

限位保护装置的工作原理是当动横梁向上或向下运行到上限或下限时，安装在动横梁上的碰块与上限位环或下限位环相碰，致使限位杆上移或下移，进而操纵触头碰动限位开关，迫使动横梁驱动系统停止工作，此时操作面板上的限位灯亮，动横梁停止运行。要使限位保护恢复正常，只要脱开被碰的限位环，再按动主机操作面板上的"启动"按钮，使动横梁向相反方向运行一段距离（约 5 mm）停机，而后再将限位环固定，这样主机又恢复正常状态了。

15.2.2　TesetExpert.NET 软件使用说明

TesetExpert.NET 软件是电子万能试验机的试验程序。该程序通过与测量控制系统进行通信来实现对试验过程的控制和数据采集。通常可完成拉伸、压缩、弯曲三种试验,可增加软件模块支持循环、杯突、剪切、n 值和 r 值等多种试验。有力控制,变形控制和速度控制多种控制方式,可以自由组合以上控制方式,分段控制完成任何复杂的试验。

1. 界面操作概要

(1) 启动窗体

① 显示版本信息

显示了软件版本及厂家信息,等待 5 秒钟或点击鼠标后消失(图 15.2.2)。

② 登录窗体

见图 15.2.3,包括用户名及密码两项,选择用户名并正确输入密码后登录窗体消失,主窗体显示出来。如果用户不想在每次登录时都选择用户名,而只想使用单一的用户名登录,则可以选中复选框"总以此用户登录"。选中后,下次启动软件时启动窗体中出现的首选用户就是本次登录的用户。

图 15.2.2 版本信息

图 15.2.3 登陆窗体

③ 主界面

主窗体分三页,分别为试验操作页、方法定义页(如用户无试验的权限,则此页不显示)、数据处理页(如用户无数据处理权限,则此页不显示)。

试验操作页:

在非试验状态下,试验操作页(如图 15.2.4)的右上侧区域的输入表用于显示、编辑各种参数。在试验状态下,试验操作页的右上侧区域用于绘制实时曲线。该页的左侧是一组试验按钮,下侧为各通道显示窗口。

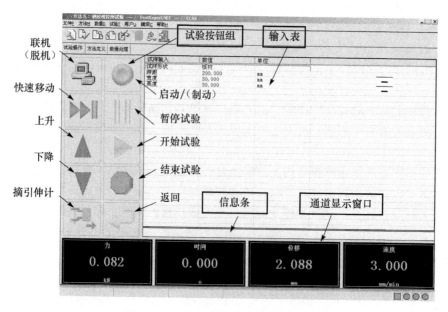

图 15.2.4 程序主界面(试验操作页)

方法定义页：

该页包含了基本设置、设备及通道、控制与采集三项，如图 15.2.5 所示。

其中，基本设置可以设置方法类型（拉伸、压缩、弯曲等）、是否按标准修约、试样截面形状和尺寸、选择计算项目及其细节、计算方法、实时曲线设置、打印文档、报告标题、是否统计等。

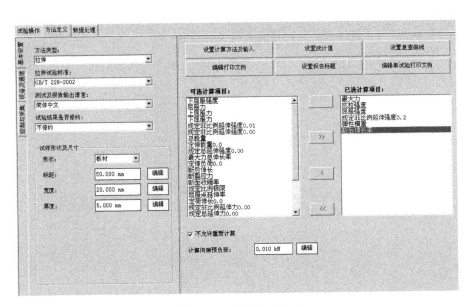

图 15.2.5　方法定义页

数据处理页：

数据处理页用于试验完成后查询、查看、修改、计算、删除、存贮、打印、导入或导出数据（图 15.2.6）。

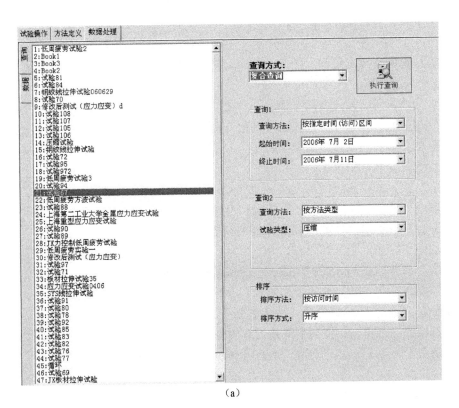

(a)

图 15.2.6　数据处理页
(a) 查询页

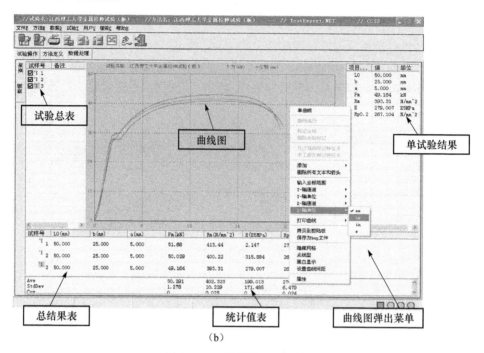

图 15.2.6 数据处理页（续）
(b) 数据页

数据处理页又分为查询页（如图 15.2.6（a））和数据页（如图 15.2.6（b））。在查询页用户可以选择各种查询方式，如创建时间、访问时间、操作者、试验类型、试样形状、报告标题等。在复合查询条件下，用户可以叠加两种查询方式做更为精确的查询。查询后，在左侧列表框中自动列出查询到的试验数据名。针对这些数据文件名，可以执行打开、删除、批删除、导入、导出、批导出，还可以变换数据访问级别，以登录者身份导出或批导出。

打开一组试验数据后，程序进入数据页，数据页由 5 部分组成，它们分别是试验总表、曲线图、单试验结果表、组试验结果表和统计值表。

2. 新建试验

(1) 打开计算机电源，双击桌面上的 TestExpert. NET1.0 图标启动试验程序，或从 WINDOWS 的开始菜单中点击 "开始" - "程序" - "TestExpert. NET"。

(2) 以合适的用户身份，输入密码登录程序，成功后进入程序主界面。

(3) 打开控制器电源，调整控制器状态使其进入可以联机的状态。

(4) 选择合适的负荷传感器连接到横梁。

(5) 将合适的夹具安装到横梁上。

(6) 读出试验方法：如果您想做最近作过的试验，可以从方法主菜单下面的最近文件列表中选择；否则，就单击工具条上的 "查询方法" 按钮，进入方法查询界面，在其中使用简单查询或复合查询找到您想要的试验方法，用鼠标双击该方法即可打开，见图 15.2.7。

(7) 如果需要，就修改试验方法：例如，修改试验速度，断裂阈值等。

(8) 按程序左侧的联机按钮：联机大概需要几十秒钟，联机成功后，各通道值显示到下面的各通道显示窗口中；如果联机不成功，将给出提示信息，这时请您检查接线是否正确，控制系统是否有故障等。

(9) 按启动按钮：成功后，启动灯亮，程序左侧的大部分试验按钮处于可用状态。

(10) 使用手控盒或程序移动横梁夹持试样。

(11) 安装引伸计：夹持好试样后，如有必要，请安装引伸计。

(12) 各通道清零：在各通道的显示表头上击鼠标右键，弹出一个快捷

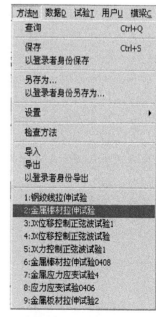

图 15.2.7 方法菜单

菜单，点清零即可，如图 15.2.8，对位移通道进行清零。

图 15.2.8 通道清零

（13）单击开始试验按钮开始试验，该按钮位于主界面左侧。注意：如果您无意中启动了一个没夹试样的试验，或试验过程中出现其他错误，请按结束试验按钮。

（14）如果方法中设置使用了引伸计，则在试验进行到某一时刻需要摘下引伸计。摘下引伸计前需要单击摘引伸计按钮，以通知软件结束变形采样。

（15）结束本试验时，程序会提示要求您输入试验名，输入后数据将被存入数据库。如果用户设置方法时定义不自动检测断裂，就需要手动结束试验。

（16）如果做非金属试验，用户可能会希望在卸除试样后让横梁返回到试验前的位置。这需要在方法中激活横梁返回功能，结束试验后用户就可单击返回按钮。

（17）如果继续做其他试样的试验，请返回步骤9但在第14步结束试验时，程序将不再提示输入试验名。

（18）完成一组试验后，可以进入数据处理界面查看数据、试验结果和统计值，还可以修改试验结果，打印输出。

15.3 NWS–500C 型扭转试验机

NWS–500C 型扭转试验机是一种对金属或非金属材料试样进行扭转试验的测量仪器设备，适用于各行业力学试验室和质量检验部门做扭转力学特性试验。

15.3.1 主要技术指标

（1）最大扭矩：500 N·m；
（2）扭矩测量范围：0~500.0 N·m；
（3）扭矩测量精度示值相对误差：≤±0.5%；
（4）最大扭角显示范围：无限；
（5）扭角显示分辨率：0.000 2°；
（6）主动夹头转速：0~720°/min，无级可调；
（7）扭转方向：正、反两个方向；
（8）夹头间距：0~600 mm。

15.3.2 主机结构及工作原理

NWS–500C 型扭转试验机由计算机单元、扭矩检测单元、扭角检测单元、交流调速系统单元组成。图 15.3.1 为扭转试验机结构。

该机工作时由计算机给出指令，通过交流伺服调速系统控制交流电机的转速和转向，传动平稳，控制精度高，带动摆线针轮减速机，经减速机减速后由齿型带传递到主轴箱带动夹头旋转，对试样施加扭矩，同时由检测器件扭矩传感器和光电编码器输出参量信号，经测量系统进行放大转换处理，检测结果反映在计算机的显示器上，并绘制出相应的扭矩–扭角曲线（$T-\varphi$）。其静夹头可以随尾座在导轨上自由移动，用于调整试验空间和试验时随试样的轴向变形而移动，避免产生轴向附加力。

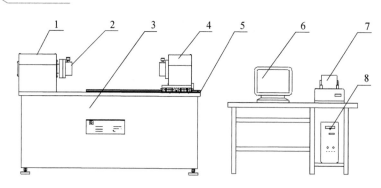

图 15.3.1 扭转试验机主机布置图

1—主轴箱；2—夹头；3—机架；4—尾座；5—线性导轨；6—电脑显示器；7—打印机；8—电脑主机

1. 计算机单元

计算机作为智能处理器主要的功能：用于扭矩、扭角、转速的测量和控制、转换计算及显示，包括试验过程中对扭矩最大值的采集、保持；并具有扭矩超限和试样破断保护功能。

在计算机主板上插有两块扩展卡。由计算机控制实现对主机的转动，停止以及对转速的无级调速。操作界面采用虚拟面板的形式，在 CRT 上显示各种操作提示，实现对主机的控制及各测量参数的显示，操作方便，形式直观。

2. 扭矩检测单元

该单元由扭矩传感器、测量放大器、振荡器、衰减网络、相敏解调电路及滤波电路组成。放大电路采用直流放大器。

3. 扭角检测单元

该单元采用无触点光电检测技术，由光电编码器检测输出脉冲后给计算机进行计数、计算，将结果送显。

4. 交流调速单元

该单元由宽调速交流电机作动力源，对主轴无级调速。该系统具有过流、失控、超温、过压自动保护功能。在启动按键有效时，可通过调节调速按钮设定转速。

15.3.3 试验机操作方法

1. 开机顺序

连接电脑电源→连接主机电源→打开电源→打开电脑→按下主机面板上的电源开关。

2. 试样的装夹

本试验机夹具采用定位套定位、螺钉带动滑块夹紧的夹持方式，能够使试样保持良好的同轴性，夹持可靠，装夹方便。工作过程中夹持部分不会产生相对滑动，保证了试验的可靠性。但操作不当会产生较大的初始扭矩，所以在试样装夹过程中应特别注意，保证试样的可靠夹持，尽可能减小初始扭矩，因此建议操作者按以下的步骤来装夹试样：

（1）电源接通，启动计算机并先运行试验机软件；
（2）旋转螺钉将滑块调到适当的位置，选择合适的定位套，放入两夹头内；
（3）将试样一端装入静夹头，旋紧夹紧螺钉，对试样进行初夹紧，推动尾座到适当位置；
（4）设定转速，按"正转"或"反转"按钮转动主动夹头到合适的位置（即与静夹头处于同一角度位置），将试样另一端装入动夹头，旋紧夹紧螺钉，试样两端交替进行，最终将试样可靠夹紧；
（5）将试样夹紧后，既可开始准备做试验。

15.3.4 软件说明

NWS-500C 扭转试验机与 DNS-100 电子万能试验机所使用的软件系统基本相同，下面仅介绍 NWS-500C 扭转试验机软件系统的特色部分。

1. 软件主界面

在主界面中，与电子万能机软件主界面比较，试验按钮部分变为顺时针、逆时针按钮；通道显示部分变为扭矩、夹头扭角、切应力（见图15.3.2）。

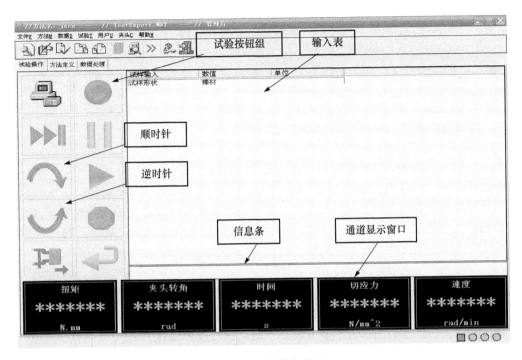

图 15.3.2　软件主界面

2. 新建试验

（1）打开计算机电源，双击桌面上的 TestExpert.NET1.0 图标启动试验程序，或从 WINDOWS 的开始菜单中点击"开始"—"程序"—"TestExpert.NET"。

（2）以合适的用户身份，输入密码登录程序，成功后进入程序主界面。

（3）打开控制器电源，调整控制器状态使其进入可以联机的状态。

（4）选择合适的扭矩传感器连接到夹头。

（5）将合适的夹具安装到夹头上。

（6）读出试验方法：如果您想做最近做过的试验，可以从方法主菜单下面的最近文件列表中选择；否则，就单击工具条上的"查询方法"按钮，进入方法查询界面，在其中使用简单查询或复合查询找到您想要的试验方法，用鼠标双击该方法即可打开。

（7）如果需要，可修改试验方法：例如，修改试验速度、断裂阈值等。

（8）按程序左侧的联机按钮：联机大概需要十几秒钟，联机成功后，各通道值显示到各通道显示窗口中；如果联机不成功，将给出提示信息，这时请检查接线是否正确，控制系统是否有故障等。

（9）按启动按钮：成功后，启动灯亮，程序左侧的大部分试验按钮处于可用状态。

（10）使用手控盒或程序移动夹头夹持试样。（卸扭矩归零：夹紧试样后往往会对试样产生一个扭矩，可通过【夹头】菜单中的【卸扭矩归零】来卸除该扭矩的作用。注意：使用该功能的前提是夹持产生的扭矩不可以超过扭矩传感器满量程值的百分之五，否则程序认为设备处于不正常的工作状态。）

（11）安装扭转计：夹持好试样后，如有必要，请安装扭转计。

（12）各通道清零：在各通道的显示表头上击鼠标右键，弹出一个快捷菜单，点清零即可。

（13）单击开始试验按钮开始试验，该按钮位于主界面左侧。注意：如果无意中启动了一个没夹试样的试验，或试验过程中出现其他错误，请按结束试验按钮。

（14）如果方法中设置使用了扭转计，则在试验进行到某一时刻需要摘下扭转计，摘下扭转计前需要单击摘扭转计按钮，以通知软件结束扭角采样。

(15) 结束本试验时，程序会提示要求您输入试验名，输入后数据将被存入数据库。如果用户设置方法时定义不自动检测断裂，就需要单击停止按钮结束试验。

(16) 如果做非金属试验，用户可能会希望在卸除试样后让夹头返回到试验前的位置。这需要在方法中激活夹头返回功能，结束试验后用户就可单击返回按钮。

(17) 如果继续做其他试样的试验，请返回步骤9。但在第14步结束试验时，程序将不再提示输入试验名。

(18) 完成一组试验后，可以进入数据处理界面查看数据、试验结果和统计值，还可以修改试验结果，打印输出。

15.3.5 注意事项

(1) 各信号控制电缆插头不可带电插拔，否则有可能损坏设备。

(2) 计算机关机后再次开机，间隔时间应达1分钟以上，否则有可能损坏设备。

(3) 计算机板卡内各项参数出厂时已设置好，未经生产厂家允许用户不得随意改动。

(4) 如控制系统不能启动，检查：电源是否接通、电源开关是否打开；系统上的"红色急停按钮"是否按下，请将其拔起；主机是否处于限位开关处。

(5) 做试验时控制系统启动灯灭，检查主机的限位开关。

(6) 夹头的移动方向不正确，请停止试验恢复初始状态，然后打开"方法定义页"——"控制与采集"——"常规"，检查夹头的移动方向设置。

(7) 正在试验时，试样没有断裂而扭矩值很小，但是试验突然结束：检查"方法定义页"——"控制与采集"——"常规"中的"断裂阈值"是否设置太小；或检查"设备参数"中"传感器量程"值是否和主机上的"传感器量程"值对应。

(8) 正在试验时突然发生飞车现象即听到主机伺服电机转速加快，夹头移动加快，发出很大的响声时，迅速按下控制系统中的红色"急停"按钮，中止试验。

(9) 做试验使用扭转计时注意安装好后一定要把"插销"拔出来，不用时应该把"插销"插上。在出现"摘除扭转计"提示后应该及时将其摘除，以免试样断裂损坏扭转计。

15.4 XL3418组合式材料力学多功能实验台

XL3418组合式材料力学多功能实验台是方便学生自己动手作材料力学电测实验的设备。利用该实验台可进行纯弯曲梁正应力实验、弯扭组合受力分析等多个教学实验，功能全面，操作简单。实验装置采用蜗杆机构以螺旋千斤进行加载，经传感器由力&应变综合参数测试仪测力部分测出力的大小；各试件受力变形，通过应变片由力&应变综合参数测试仪测应变部分显示应变值。

15.4.1 构造及工作原理

1. 外形结构

实验台为框架式结构，分前后两片架，其外形结构如图15.4.1。前片架可做弯扭组合受力分析、材料弹性模量、泊松比测定、偏心拉伸实验、压杆稳定实验、悬臂梁实验、等强度梁实验；后片架可做纯弯曲梁正应力实验、电阻应变片灵敏系数标定、组合叠梁实验等。

2. 加载原理

加载机构为内置式，采用蜗轮蜗杆及螺旋传动的原理，在不产生对轮齿破坏的情况下，对试件进行施力加载，该设计采用了两种省力机械机构组合在一起，将手轮的转动变成了螺旋千斤加载的直线运动，具有操作省力、加载稳定等特点。

3. 工作机理

实验台采用蜗杆和螺旋复合加载机构，通过传感器及过渡加载附件对试件进行施力加载，加载力大小

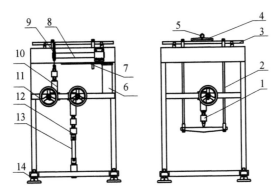

图 15.4.1 组合式材料力学多功能实验台外形结构图

1—传感器；2—弯曲梁附件；3—弯曲梁；4—三点挠度仪；5—千分表；6—悬臂梁附件；7—悬臂梁；8—扭转筒；9—扭转附件；10—加载机构；11—手轮；12—拉伸附件；13—拉伸试件；14—可调节底盘

经拉压力传感器由力 & 应变综合参数测试仪的测力部分测出；各试件的受力变形，通过力 & 应变综合参数测试仪的测试应变部分显示出来，该测试设备设有微机接口，所有数据可由计算机分析处理打印。

15.4.2 操作步骤

（1）将所作实验的试件通过有关附件连接到架体的相应位置，连接拉压力传感器和加载件到加载机构上去。

（2）连接传感器电缆线到传感器输入插座，连接应变片导线到仪器的各个通道接口上去。

（3）打开力 & 应变综合参数测试仪电源，预热约 20 分钟左右，输入传感器量程及灵敏度和应变片灵敏系数（一般首次使用时已调好，如实验项目及传感器没有改变，可不必重新设置），在不施加载荷的情况下，将力值、应变值调零。

（4）在初始值以上对各试件进行分级加载，转动手轮速度要均匀，记录各级力值和试件产生的应变值，并进行计算、分析和验证，如已与微机连接，则全部数据可由计算机进行简单的分析并打印。

15.4.3 注意事项

（1）每次实验最好先将试件摆放好，仪器接通电源，打开仪器预热约 20 分钟左右，讲完课再做实验。

（2）各项实验不得超过规定的最大拉压力。

（3）加载机构作用行程为 50 mm，手轮转动快到行程末端时应缓慢转动，以免撞坏有关定位件。

（4）所有实验进行完后，应释放加力机构，最好拆下试件，以免损坏传感器和有关试件。

（5）蜗杆加载机构每半年或定期加润滑机油，避免干磨损，缩短使用寿命。

15.5 光弹仪

光测弹性仪，简称光弹仪，是进行光弹性实验的仪器，在仪器上可以做平面受力模型和三向冻结模型切片的光弹性实验。它利用偏振光照射受力的塑料模型，获得清晰的干涉条纹图，通过分析，求得模型上任意一点的主应力大小及方向。

15.5.1 光弹仪的光学系统

如图 15.5.1 所示，国产 409 - Ⅱ型光弹仪主要由光学系统、加力和支撑三大部分组成，其中，光学系统由照明、偏振和投影照相三部分组成。图 15.5.2 是 409 - Ⅱ型光弹仪的光路系统图，下面对其中的光学元件逐一介绍。

图 15.5.1　409-Ⅱ型光弹仪

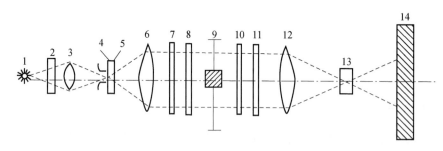

图 15.5.2　光弹仪的光路图

1—光源；2—隔热玻璃；3—聚光镜；4—可变光栅；5—滤光片；6—准光镜；7—起偏振镜；8—1/4 波片；9—模型；10—1/4 波片；11—检偏镜；12—视场镜；13—投影物镜；14—幕布

1. 照明部分

由光源灯，隔热玻璃，聚光镜，可变光栏，滤光片，准光镜组成。

（1）光源。有白光灯，高压汞灯，钠光灯三种，可根据需要交换。白光灯产生白光，白光由红、橙、黄、绿、青、蓝、紫各种色光组成，照射受力模型后，在屏幕上观察到的是彩色条纹图。使用高压汞灯时必须加上滤光片才能获得较好的单色光，为纯绿单色光。使用钠光灯不用加滤光片即可得到纯度很高的黄色单色光。用单色光作光源时，光线通过受力模型后，在屏幕上看到的是黑白条纹图。

（2）隔热玻璃。用来吸热，保护其后面的光学元件。

（3）聚光镜。使光源的灯丝成像在可变光栏上。

（4）可变光栏。用以调节光栅角的大小。改变可变光栏的通光孔径可以控制灯丝的有效利用面积，通光孔径缩小时，光线的光锥角也缩小，这样光强虽然减弱了，但是可以提高试验的精度。

（5）滤光片。加滤光片后可得单色较好的光。

（6）准直透镜（或称准光镜）。使光变成平行光，保证光线垂直通过模型。聚光镜所成的灯丝像也必须恰好在准光镜的焦点上，这样通过准光镜就能使光线变为平行光。

2. 偏光部分

由起检偏振片和两个 1/4 波片组成，1/4 波片可以放入或取走，通过这四片的不同组合，可以获得平面偏振光场，圆偏振光暗视场和圆偏振光明视场。

（7）起偏振镜。光线通过偏振镜后形成平面偏振光；后面的一块偏振片称为检偏镜。

（8）1/4 波片。

（9）模型。加载架使模型受力，工作台面能上下、左右移动，使模型处于光场之中。

（10）1/4 波片。产生圆偏振光。第一块 1/4 波片的快、慢轴与起、检偏镜偏振轴成 45°角，从而把来自起偏镜的平面偏振光变为圆偏振光。通过这块波片快轴的光波较慢轴的领先 1/4 波长。第二块 1/4 波片的快轴和慢轴恰好与第一块 1/4 波片的快、慢轴正交，因而可以抵消第一块波片所产生的相位差，将圆偏振光还原为自起偏镜发出的平面偏振光。

(11) 分析镜（或检偏镜）。用来检验光波通过的情况。当起偏镜与检偏镜的偏振轴互相垂直放置时，称为正交平面偏振布置，此时，观察到的光场为暗场，如两镜的偏振轴互相平行放置，则称为平行平面偏振布置，此时，观察到的光场为亮场，起偏镜与检偏镜有同步回转机构，能使其偏振轴同步旋转。

3. 投影照相部分

由视场镜，投影物镜和投影屏（幕布）组成，通过检偏振片的光线再通过视场镜和投影物镜将光应力图案成像在投影屏，移动投影物镜前后的位置，可以改变像的放大倍率，这时像的位置也有改变，因此也要相应移动投影屏的位置，以获得最清晰的图案。照相机部分由视场镜和照相机组成，光线通过视场镜和照相镜头成像在照相底片上，改变照相机的位置可以改变像的放大倍率，这时也必须相应移动底片位置以获得清晰成像。

(12) 视场透镜。将通过受力模型后的偏振光聚焦在投影物镜上。

(13) 投影物镜。将干涉光波图像投影在幕布上。

(14) 幕布。描绘出干涉条纹图，或在此放置照相机拍摄记录。

通过准光镜6的光束直接射到起偏镜7、1/4波片10、分析镜11、视场透镜12和投影物镜13，把干涉光波图像投影在幕布上。

投影照相部分可用数码相机代替。

15.5.2 光弹性仪结构简述

本仪器主要由起偏部分、检偏部分和试件架三部分构成。

1. 起偏部分

由前仪器桌和光源箱，隔热玻璃，聚光镜，可变光栏，准光镜，起偏振器各部件组成，这些部件按一定的顺序和位置安放在仪器桌的滑轨上面，另外，还有光源的电气部件也安置在仪器桌内。下面作分别说明。

(1) 前仪器桌：桌体木质，桌面上是双圆柱导轨，用来安放各部件，并且各部件可以根据需要进行移动调整，整个导轨是由在两端的四个可调节螺钉来支撑的，调整这四个螺钉就可以调节导轨的高低和倾斜，螺钉下面是作为紧固用的滚花螺母，调整前先要松开螺母，调整后再紧固。仪器桌面上和侧面还安有连接电气元件用的插座，正面的电气面板上有控制光源的开关，打开面板后可以看到光源的电气部件安装在仪器桌内。

(2) 光源箱：有白光灯、钠光灯和高压汞灯三种光源，由箱背面的调节手柄来进行交换和调整灯的左右位置，调整合适后拧动手柄即可紧固；光源的灯座可以进行上下调整，也可以转动灯座使灯丝平面与光轴垂直，调整后即可紧固灯座下面的螺钉固定，调整时需要打开箱背面的小门；箱两侧有两个螺钉，松开后可使灯罩作一定范围的转动，以调整灯罩出光孔的左右位置；灯箱下面是散热用的风扇，将总开关打开以后，风扇就自行转动了；在进行试验时先将灯箱的电缆插头插在桌面上的插座内，这时线路就接通了。

(3) 隔热玻璃：安装时套在聚光镜前面即可。

(4) 聚光镜：由三个透镜片组成，安装在2号光俱柱上。

(5) 可变光栏：由十四片光栏片组成，拨动拨杆就可以调节通光孔径的大小，滤光片安装在可变光栏的圆套上，安装在1号光俱柱上。

(6) 准光镜：是单片对称双凸透镜。

(7) 起偏振器：主要由偏振片和1/4波片组成，安装时使1/4波片向着试件架，偏振片和1/4波片都安放在度盘内，指标所示度盘角度值代表着光轴的方向（出厂时已调整好）；度盘上面有两个螺钉，将螺钉松开后可以转动度盘，将螺钉拧紧后度盘就紧固不能转动；度盘的背后有六个螺钉，松开螺钉后即可转动偏振片和1/4波片，调整它们的光轴方向。偏振片的同步回转是由固定在偏振器侧面的电动同位器来带动的，偏振器电缆插头插在桌面上的插座内同位器的电路就接通了；同位器转动带动蜗杆转动，经过传动使蜗轮转动，当度盘紧固在蜗轮上面也就带动偏振片同步回转；1/4波片要拿开时，先松开两个紧固螺母，将框转动一个角度就可以将框取下。

（8）光源电器：包括变压器，镇流器等部件，这些部件都固定在一块绝缘板上，绝缘板由四个螺钉固定在前仪器桌内。

2. 检偏部件（后桌）

它包括后仪器桌和检偏振器，视场镜，投影物镜，投影屏，照相机，同步操纵箱各部件组成，这些部件除了同步操纵箱以外都按一定位置安放在仪器桌的滑轨上面，下面作分别说明。

（1）后仪器桌：与前仪器桌的结构基本上是相同的，不同的是桌子末端的滑轨向外延伸一段，这部分采用螺纹连接，可拆卸，投影屏就安装在滑轨的延伸部分上。

（2）检偏振器：与起偏振器完全相同，将1/4波片安装在靠近试件架一侧。

（3）视场镜：与准光镜完全相同。

（4）投影物镜：由三片透镜组成安装在2号光俱柱上，要改变投影放大倍率时必须使投影物镜沿滑轨前后移动，在照相时必须把投影物镜取下，安装时镜筒的箭头背离光源。

（5）投影屏：安放在导轨的延长部分上面，要进行观察和描绘都必须在屏上放好半透明的薄纸（可以是普通的描图纸）；屏的上端是卷纸筒，中间有两条压纸板，压纸板的位置可以根据需要上下移动；当投影物镜前后移动改变投影放大倍率时，投影屏也要相应做前后移动，使屏上得到清晰的图案后再将屏下部两个螺钉拧紧，使屏固定在滑轨上。

（6）照相机：前面安装照相镜头，后面成像部分可以通过在一侧的齿轮齿条机构前后移动，拧紧另一侧的紧固螺钉即可固定，照相时先将磨砂玻璃框插在暗匣框内，转动调节齿轮，使成像部分前后移动，使在磨砂玻璃上获得最清晰的成像，用紧固螺钉固定，再取下磨砂玻璃换上照相暗匣即可照相，暗匣框可以360°回转，以便可以根据模型的具体情况进行最合理的取景，在要改变照相放大倍率时可以使整个照相机前后移动，进行投影观察时需要将照相机从滑轨上取下。

（7）同步操纵箱：用来操纵两偏振片的同步回转。使用时需将电缆的一端插在同步操纵箱的插座上，另一端插在仪器桌面上的插座上，转动操纵箱的手柄，通过齿轮传动使自整角机转动，再通过电气连接使两偏振器上的自整角机转动，这样就实现了两个偏振片的同步回转。在操纵箱的面板上有开关，开关打开时就接通了电路，转动操纵箱的手柄时可使起、检偏振片同步回转，操纵箱面板上的指示度盘的回转角度与检偏振度盘的回转角度是完全一致的，因此，在操纵同步回转时，只要观察操纵箱上的指示度盘就可以控制偏振度盘的转角。如果只需要带动一个偏振器转动，只需要将另一个偏振器的电插头拔下即可，操纵箱可以安放在便于操纵的任何地方。

3. 试件架：

由试件台和加载框架两部分组成。

（1）试件台：下部有四个滚轮，将四个脚柱螺钉落地支持在四个脚垫上面，通过这四个螺钉可以对工作台面进行调平，试件台有两个手轮，是用来操纵工作台面的升降和水平移动的，工作台面的升降通过蜗轮蜗杆和两个齿轮齿条传动来实现，水平移动通过丝杠和丝母的传动来实现，工作台面有四排T形槽，可以用来固定加载框架。

（2）加载框架：上部为加载臂，一端悬挂砝码盘，另一端为平衡杆，用来进行调零。加载臂的安装位置可以根据加载的要求左右移动，加载臂支点的两侧可以放置压力和拉力的加力附件，加载有固定的放大10倍的杠杆比。

15.5.3 光弹仪的使用方法

（1）光弹仪安装调整达到要求后，前仪器桌上的光学部件的位置固定不动，后仪器桌上的一些部件是经常要动的，进行描绘时要取下照相机，照相时要取下投影物镜，改变投影和照相的放大倍率时需要前后移动投影物镜、照相机和投影屏的位置。

（2）偏振器有三种组合形式：

种 类	起偏度盘	检偏度盘	起偏波片度盘	检偏波片度盘
平面偏振光场	0°	90°	波片移出	波片移出
圆偏振光暗视场	0°	90°	45°	45°
圆偏振光明视场	0°（90°）	0°（90°）	45°	45°

（3）同步回转的操纵：要获得一系列等倾线条纹，或者要求得某一点的主应力方向时，必须在平面偏振光场中，使起、检偏振片同步回转。在本仪器上同步回转是用同步操纵箱来控制的，操纵时首先将两偏振器的插头和所有的电缆线的插头连接好，打开总电源开关，此时在同步操纵箱上的指示度盘的照明灯亮。将面板的开关打开（注意：在打开开关的同时，必须用手扶着操纵手轮），观察在转动操纵箱手柄时起、检两偏振器的偏振度盘是否已经转动，然后再手动转动偏振度盘使检偏度盘的示值与操纵箱上度盘示值相同，使检偏度盘的示值与起偏度盘相差90°，这样即可正式开始工作。

（4）旋转检偏振片的补偿方法在圆偏振光暗视场中条纹处的程差值是波长的整数倍，亮视场中条纹处的程差值是半波长的奇倍数，要求得在条纹以外的点的程差值，可以利用"旋转检偏振片"的补偿方法来求得波长分数部分的程差值，具体步骤如下：

① 使用汞灯（必须加滤光片）或钠光灯。

② 用平面偏振光场，操纵同步操纵箱使两偏振片同步回转使等倾线通过测量点，记下此时偏振片度盘的数值。

③ 继续同步回转偏振片45°，此时测量点主应力方向与偏振片光轴夹角为45°。

④ 将检偏部分的1/4波片装入光场，并使1/4波片度盘的示值与检偏度盘相同。

⑤ 将起偏振器的电气插座拔下，使操纵箱度盘只与检偏振器连动，单独转动检偏振片，观察光应力图案，使测点左右的黑条纹移到测点上，使测点变为最暗，记下度盘的回转角度 φ。

⑥ 测点的程差值计算公式：

$$\Delta = \lambda \left(n \pm \frac{\varphi}{180°} \right)$$

其中，λ 为单色光的波长，n 为移到测点的那条等色线的序数，φ 转动检偏度盘的角度，若 n 的程差值高于测点则用负号，n 的程差值低于测点用正号。

5. 仪器带有拉、压、弯三种加力附件，可以对模型施加垂直方向的拉力、压力以及弯曲、纯弯载荷，其他类型的加载方法，需用户自己根据试验的具体要求，来设计和制造专用的加力附件。

15.5.4 观察镜

1. 结构

分观察镜、支架两部分。

（1）观察镜：用来观察试件的测量点，以提高补偿精度，它包括物镜、转像棱镜、分划板、目镜四部分，转动目镜可进行视度调节来看清分划板上的刻线，在观察不同远近距离的试件时可转动中间的滚花螺母，使目镜前后移动来看清目标。

（2）支架：安装在圆柱形导轨上，观察镜安在支架的顶上，对准销钉孔后用锁紧螺钉固定。

2. 使用

（1）调节观察镜、目镜的视度，看清分划板的刻线。调节滚花螺母，看清试件表面。

（2）操纵试件架的手轮，可移动试件，使试件上的测量点处于观察镜视场中心的十字线上即可。

15.5.5 注意事项

（1）光源开启后，应检查风扇是否正常工作。

（2）聚光镜、投影物镜、照相镜头表面镀有膜层，不能用手摸，如有灰尘，可用吹气球吹除，或用骆毛笔轻轻拂去。

（3）准光镜、视场镜、偏振片、滤光片及隔热玻璃，表面上的污物可用滴上少许酒精或乙醚的脱脂棉擦去。

（4）1/4 波片表面的污物可用滴上少许汽油的脱脂棉轻轻擦去，勿用酒精或乙醚，1/4 波片表面质软易磨伤，在使用时要特别细心保护。

（5）光学零件应注意防霉、防潮和防尘，避免有酸、碱的蒸汽侵蚀及防止过冷过热。

（6）白光灯、高压汞灯及钠光灯不要同时使用，并且不要在无风扇冷却情况下使用。

（7）汞灯和钠光灯都是气体光源，接通电源后须经 7～15 分钟后才能稳定到额定功率，使亮度稳定，灯光关闭后需再隔 10 分钟后方可再次打开。

（8）对模型加载时，要正确平稳，防止模型弹出损坏镜片。

第四篇

基础性实验

　　本篇编写了 34 个基础性实验项目，包括物理学实验 18 个、化学实验 2 个、电工电子学实验 9 个、力学实验 5 个。

第 1 章

物理学实验

本章包括18个基本实验项目,侧重于学生关于基本仪器、基本原理和基本方法的训练和提高。涉及基本测量和力热光电磁以及近现代物理等内容,希望同学们在完成这些实验中,认真体会和掌握每个实验涉及的仪器、原理和方法,并自觉培养自己的实验素质,为后继实验课程的学习打好基础。

实验 1　基本测量

【预习要点】
1. 游标卡尺的结构原理与读数方法。
2. 测量不确定度在使用中的三种表述方法。
3. 间接测量结果的不确定度的计算。

长度、质量、时间是三个最基本的物理量。常用的测量仪器有游标卡尺、螺旋测微计、天平、秒表和数字毫秒计等。此外,基本物理量还有电流强度、发光强度、温度等。本实验学习几种常用物理量的测量方法,正确地掌握常用仪器的使用,同时通过测量掌握记录数据的方法,巩固有效数字、不确定度的概念,包括正确地表示测量结果。

一、实验目的

1. 学会正确使用游标卡尺,弄懂基本原理。
2. 熟练掌握电子天平的使用,严格遵守电子天平的使用规程。
3. 掌握记录数据的方法,巩固有效数字、不确定度的概念,会正确地表示测量结果。

二、实验器材

游标卡尺、电子天平。

三、实验原理

1. **体积的测量**

有一零件如图 1-1 所示,通过测量它的内、外径 ϕ_1、ϕ_2、ϕ_3 及长度 a,深度 b,则可求得其体积为

$$V = \frac{\pi}{4}[\phi_1^2 a - \phi_2^2 b - \phi_3^2(a - b)] \quad (1-1)$$

当待测物体是一直径为 d、高度为 h 的圆柱体时,则其体积为

$$V = \frac{1}{4}\pi d^2 h \quad (1-2)$$

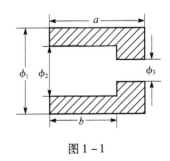

图 1-1

2. **规则物体密度的测定**

若一件物体的质量为 M,体积为 V,按密度定义有

$$\rho = \frac{M}{V} \tag{1-3}$$

当待测物体是一直径为 d、高度为 h 的圆柱体时，则上式变为

$$\rho = \frac{4M}{\pi d^2 h} \tag{1-4}$$

只要测出圆柱体的质量 M，外径 d 和高度 h，代入式（1-4）就可以算出该圆柱体的密度。

四、实验内容与要求

实验提供空心圆柱体和实心圆柱体两种规则物体作为待测试件。

1. 用电子天平测量规则物体的质量

本实验使用的是 JY 系列电子天平，最大称量为 200 g，实际标尺分度值为 10 mg。电子天平的使用方法可参考"11.4 电子天平"一节。要求待测物体质量测量三次，求三次测量结果的算术平均值，估算其 A 类标准不确定度 u_A、B 类标准不确定度 u_B 和扩展不确定度 U。

2. 用游标卡尺测量规则物体的几何参数

实验使用的是 50 分度的游标卡尺，使用方法可参考"11.1 游标卡尺"一节。要求每个几何参数测量三次，求三次测量结果的算术平均值，估算其 A 类标准不确定度 u_A、B 类标准不确定度 u_B 和扩展不确定度 U。

3. 求出两种试件的体积和密度

计算体积和密度的扩展不确定度 U，并正确表示试件体积和密度的测量结果。

五、研究与思考

1. 已知一游标卡尺的游标刻度有 20 个，用它测得某物体的长度为 5.425 cm，在主尺上的读数是多少？通过游标的读数是多少？游标上的哪一条刻线与主尺上的某一刻线对齐？

2. 如何测量不规则物体如河沙、钠的密度？请查找相关资料后设计实验。

实验 2　CCD 法测杨氏模量

【预习要点】

1. 胡克定律是什么？
2. CCD 法测量杨氏模量的原理是什么？

杨氏模量是表征在弹性限度内物质材料抗拉或抗压的物理量，它是沿纵向的弹性模量。杨氏模量的大小标志了材料的刚性，它仅取决于材料本身的物理性质。杨氏模量的测定对研究各种材料的力学性质有着重要意义，还可以用于机械零部件设计、生物力学、地质等领域。杨氏模量的测量方法一般有拉伸法、梁弯曲法、振动法、内耗法等，本实验采用拉伸法测量金属丝的杨氏模量，并采用显微镜和 CCD 成像系统测量长度的微小变化，这种装置具有调节使用方便、直观、精度高等特点，并且能够减轻眼睛疲劳，可供几个人同时观测。

一、实验目的

1. 学会用 CCD 杨氏模量测量仪测量长度的微小变化。
2. 学会一种测量金属杨氏模量的方法。
3. 学习用最小二乘法处理数据。

二、实验器材

金属丝支架和砝码、显微镜、CCD、监视器、千分尺。

三、实验原理

一根均匀的金属丝或棒，长为 L，截面积为 S，在沿长度方向外力 F 的作用下，其伸长为 δL。根据胡克定律：在弹性限度内，弹性体的相对伸长即应变 $\dfrac{\delta L}{L}$ 与外加在单位面积上的外力即应力 $\dfrac{F}{S}$ 成正比，可表示为：

$$\frac{F}{S} = E\frac{\delta L}{L} \tag{2-1}$$

式中，E 称为该金属的杨氏模量。设金属丝的直径为 d，则 $S = \dfrac{1}{4}\pi d^2$，代入式（2-1）后得：

$$E = \frac{4FL}{\pi d^2 \delta L} \tag{2-2}$$

上式表明，在 L、d、F 相同的情况下，杨氏模量 E 大的材料伸长量较小；反之，则大。所以，杨氏模量表述了材料抵抗外力产生拉伸或压缩形变的能力，它是表征固体性质的一个物理量。

根据式（2-2）测杨氏模量时，伸长量 δL 比较小不易测准，因此，测量杨氏模量的装置，都是围绕如何测准伸长量而设计的。此实验是利用 CCD 成像系统来测量伸长量 δL。

如图 2-1 所示，在悬垂的金属丝下端连着十字叉丝和砝码盘，当盘中加上质量为 M 的砝码时，金属丝受力增加了：

$$F = Mg$$

其中，g 是当地的重力加速度，例如天津地区约为 $9.801\ \text{m/s}^2$。十字叉丝随着金属丝的伸长下降 δL。叉丝板通过显微镜的物镜成像在最小分度为 0.05 mm 的分划板上，再被目镜放大，所以能够用眼睛通过显微镜对 δL 进行测量。CCD 摄像机的镜头将显微镜的光学图像会聚到 CCD（电荷耦合器件）上，再变成视频电信号，经视频电缆传送到监视器，即可供几个人同时观测。从而可知：

$$E = \frac{4MgL}{\pi d^2 \delta L} \tag{2-3}$$

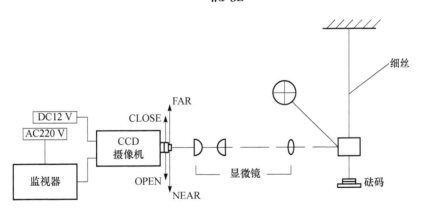

图 2-1 测量原理图

四、实验内容和要求

1. 支架的调节

先调节底脚螺丝，使仪器底座水平（可用水准器），再用上梁的微调旋钮调节夹板的水平，直到穿过夹板的细丝不靠贴小孔内壁。然后调节下梁一侧的防摆动装置，将两个螺丝分别旋进铅直细丝下连接框两侧的 V 形槽，并与框体之间形成两个很小的间隙，以便能够上下自由移动，又能避免发生扭转和摆动现象。

2. 读数显微镜的调节

将显微镜的磁性座紧靠定位板直边。按显微镜工作距离大致确定物镜与被测十字叉丝屏的距离后，用眼睛对准镜筒，转动目镜，对分划板调焦，然后沿定位板微移磁性座，在分划板上找到十字叉丝像，经磁性座升降微调，使分划板的 3 mm 线（或 2~3 mm 之间的其他位置）对准十字叉丝的横丝，并微调目镜，消除视差。最后锁紧磁性座。

3. CCD 成像系统的调节

（1）CCD 摄像机的调节

使 CCD 底座的刨光面紧靠定位板直边，镜头对准显微镜，与目镜相距约 1 cm。

（2）监视器的调节

监视器屏幕正下方有 4 个旋钮，自左至右依次为水平扫描、垂直扫描、亮度和对比度。调节水平和垂直扫描使图像稳定，实验中对比度宜大些，亮度适中为好（图 2-2）。

为了使图像清晰还需适当调节摄像机的镜头（图 2-1）。调光阑：顺时针方向为关小（CLOSE），逆时针方向为开大（OPEN）。调节聚焦：顺时针方向为远（FAR），逆时针方向为近（NEAR）。

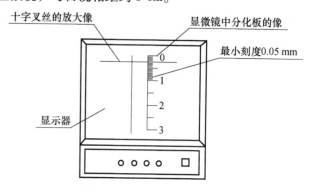

图 2-2　监视器图像示意图

4. 测量系统整体调节

如果图像仍不清晰，需要重新调节显微镜和 CCD 摄像机焦距，直到图像清晰。

5. 观测金属丝伸缩变化并测量

在砝码盘上每增加一个 $M=200$ g 的砝码，从屏上读取一次十字叉丝横丝的位置读数 l_i（$i=1, 2, 3, \cdots, 8$）。然后逐一减掉砝码，又从屏上读取一组数据 l_i'（$i=1, 2, 3, \cdots, 8$），两组数据逐一取平均，得到每增加（或减掉）200 g 砝码时的金属丝位置读数 $\bar{l}_i' = \frac{1}{2}(l_i + l_i')$，用最小二乘法求加减 200 g 砝码时的 δL。

待测金属丝的总长度 $L=80$ cm。考虑到金属丝直径在各处可能存在的不均匀性，用千分尺在金属丝上、中、下三个部位的相互垂直方向各测一次，d 取 6 次测量的平均值。列表记录所测数据。

表 2-1　叉丝位置读数

次数 i	砝码质量 M/g	叉丝读数/mm		
		增荷时 l_i	减荷时 l_i'	平均值 $\bar{l}_i$
1	200			
2	400			
$\vdots$				
8	1 600			

6. 数据处理要求

求出杨氏模量 E 及其不确定度 $U_{0.95}$，正确表达结果。

五、注意事项

1. CCD 器件不可正对太阳、激光或其他强光源。在炎热环境，使用间隙断电休息可避免 CCD 过热。随机所附 12 V 电源是专用的，不要换用其他电源。谨防视频输出短路或机身跌落。注意保护镜头，防潮、防尘、防污染。非特别需要，请勿随意卸下。

2. 监视器屏幕避免长时间高亮度工作，避免各种污染。

3. 待测金属丝必须保持伸直状态。测直径时要避免由于扭转、拉扯、牵挂等导致金属丝折弯变形。

4. 加减砝码时，要轻拿轻放，系统稳定后才能读数。

5. 实验系统调好后，一旦开始测量，在实验过程中绝对不能对系统的任一部分进行任何调整，否则，数据需要重测。

6. 实验完成后，应将砝码取下，防止金属丝疲劳。

六、研究与思考

1. 材料相同、粗细长度不同的两根金属丝，它们的杨氏模量是否相同？
2. 在拉伸法测杨氏模量实验中，关键是测哪几个量？
3. 为什么要使金属丝处于伸直状态？如何保证？

实验3 用气垫转盘测转动惯量

【预习要点】
1. 刚体的转动惯量定义是什么？
2. 如何求力矩和角加速度？
3. 本实验测量中为什么要加一对砝码？读取时间时为什么需要对称测量？

在很多情况下，物体的形状和大小对物体的运动规律起着重要作用。例如宏观物体的转动，以及微观粒子如分子、原子的转动甚至电子的自转，等等。在这种情况下，物体就不能再被当作质点来看待，而必须考虑物体的大小和形状，把物体视为刚体。在研究刚体的转动问题时，首先遇到的困难就是摩擦力矩的存在。气垫转盘是利用气垫技术制成的一种新型转动装置，由于采用了气垫转盘与气垫滑轮相结合及气流定轴等独特设计，所以该装置所有转动件间的摩擦均达到可以忽略的程度，用它可以测量多种物体的转动惯量，能够完成转动定律、角动量守恒定律及平行轴定理等许多实验。

一、实验目的

1. 了解气垫转盘、数字毫秒计的使用。
2. 掌握测定刚体绕固定轴转动惯量的方法。

二、实验器材

气垫转盘、数字毫秒计、砝码、镊子。

三、实验原理

转动定律指出：绕固定轴转动的刚体，其所受外力矩 M 与该力矩作用下所产生的角加速度 β 成正比，即：

$$M = J\beta \quad (3-1)$$

式中，比例系数 J 为刚体绕定轴转动的转动惯量，单位：$kg \cdot m^2$。当刚体的转轴被确定后，其转动惯量为一常数。

如图3-1所示，由于砝码6的重力作用，使绕在动盘3圆柱上的软细线4产生张力 T，在张力的作用下动盘将产生一转动力矩 M。

假定动盘圆柱直径为 D_1（图3-2），则当气动阻力可忽略时，外力矩：

$$M = TD_1 \quad (3-2)$$

在力矩 M 的作用下，动盘将做匀角加速运动，砝码随之下落，由牛顿第二定律可知，张力 T 与砝码下落的加速度 $a = \beta D_1/2$ 之间满足如下关系：

$$T = m(g - a) \quad (3-3)$$

由式（3-1）、式（3-2）、式（3-3）可得：

$$J\beta = mD_1(g - a) \quad (3-4)$$

当 m、D_1 与动盘质量及半径相比很小时，$a \ll g$，此时：

$$J\beta = mD_1 g \quad (3-5)$$

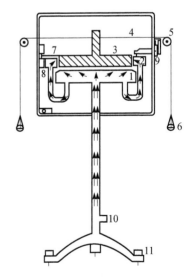

图3-1 气垫转盘

1—气室；2—定盘；3—动盘；
4—细线；5—气垫滑轮；6—砝码盘；
7—挡光片；8—光电门；
9—定位发放开关；
10—进气口；11—底脚螺丝

设动盘初速度为 ω_0，转过 $\theta_1 = 2\pi$ 与 $\theta_2 = 4\pi$ 所用时间分别为 t_1、t_2，由刚体运动学公式可得：

$$\theta_1 = \omega_0 t_1 + \frac{1}{2}\beta t_1^2 \quad (3-6)$$

$$\theta_2 = \omega_0 t_2 + \frac{1}{2}\beta t_2^2 \quad (3-7)$$

消去 ω_0，可求得动盘在力矩 M 的作用下，绕定轴转动的角加速度：

$$\beta = 4\pi\left(\frac{2}{t_2} - \frac{1}{t_1}\right)/(t_2 - t_1)$$

若能够使得 $\omega_0 = 0$，只要记录 t_1 就可以求出 β：

$$\beta = 4\pi/t_1^2 \quad (3-8)$$

通过改变砝码质量 m，测量在不同外力矩 M 作用下，绕定轴转动的角加速度 β，作出 $M-\beta$ 的曲线，求斜率即为刚体绕固定轴的转动惯量。

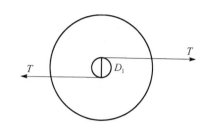

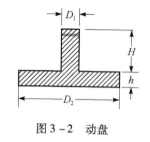

图 3-2 动盘

四、实验内容和要求

1. 调节底脚螺丝 12 使定盘 2 及气室 1 的上表面处于水平状态。

2. 将仪器各部分均调到正常状态。主要包括：气垫滑轮运转自如、且无外加力矩；细线自然缠绕于动盘圆柱时，细线应与动盘平面平行，且细线应分别与气垫滑轮轴向垂直；两端砝码盘基本等高，光控计时正常。

3. 依次向两个砝码盘（其质量为 2.00 g）内放入等量砝码：1、2、3、5、6、7、8(g)，分别在不同力矩作用下用数字毫秒计测定动盘旋转一周的时间 t_1 和两周的时间 t_2 各三次（若挡光片在光电门附近时，动盘开始转动，$\omega_0 = 0$，可只测 t_1）。给动盘施加转动力矩的方法是逆时针在动盘圆柱上绕线三周左右。

4. 为采用对立影响法消除动盘可能的零转引起的系统误差，使动盘按相反方向旋转，并重复第 3 步中所述的测量。但在测量前，应重新调节气垫滑轮轴线与细线垂直。

5. 计算出在不同外力矩下的角加速度，在坐标图中描出外力矩与角加速度的关系曲线，用最小二乘法求出转动惯量。

五、注意事项

气泵的功率只要能够使气垫转盘正常运转即可，要保证出气通畅，以免烧坏气泵。

六、研究与思考

1. 一个特定物体，质量一定，它的转动惯量是否一定？
2. 如何改变动盘所受力矩？为什么必须在两个盘内加等量砝码？
3. 求力矩最大时由于忽略加速度 a 造成的误差数值。

实验 4　落球法测液体黏滞系数

【预习要点】

1. 什么是斯托克斯定律？
2. 如何保证小球挡光，计时器计时？

各种实际液体都具有不同程度的黏滞性。当液体流动时，平行于流动方向的各层流体的速度不相同，即存在着相对滑动，于是在各层之间就有摩擦力产生，这一内摩擦力称为黏滞阻力，它的方向平行于接触面，其大小与速度梯度及接触面积成正比，比例系数 η 称为黏度或者黏滞系数，它是表征液体黏（滞）性强弱的重要参数。

一、实验目的

1. 学习斯托克斯定律,了解影响液体黏滞系数的因素。
2. 掌握用落球法测量液体黏滞系数的原理和方法。

二、实验器材

落球法液体黏滞系数测定仪、蓖麻油、小钢球、螺旋测微器、密度计等。

三、实验原理

当金属小球在黏性液体中下落时,它受到三个铅直方向的力:小球的重力 mg、液体作用于小球的浮力 $f=\rho g V$(V 为小球体积,ρ 为液体密度)和黏滞阻力 F(其方向与小球运动方向相反)。如果液体无限深广,在小球下落速度 v 较小的情况下:

$$F = 6\pi\eta rv \qquad (4-1)$$

上式称为斯托克斯定律,式中 η 为液体的黏滞系数,单位是 Pa·s,r 为小球的半径。斯托克斯定律成立的条件为:

(1)液体必须是不包含悬浮物或弥散物的均匀液体;
(2)液体是无限广延的;
(3)球体是光滑且刚性的;
(4)媒质不会在球面上滑过;
(5)球体运动很慢,故运动时所遇的阻力是由媒质的黏滞性所致,而不是因球体运动所推向前行的媒质的惯性所产生——例如在常温的甘油中的速度一般不大于 0.1 m/s。

小球开始下落时,由于速度尚小,所以阻力不大,但是随着下落速度的增大,阻力也随之增大。最后,三个力达到平衡,即:

$$mg = \rho g V + 6\pi\eta rv \qquad (4-2)$$

于是小球开始做匀速直线运动,由上式可得:

$$\eta = \frac{(m - V\rho)g}{6\pi vr} \qquad (4-3)$$

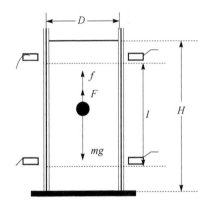

图 4-1 落球法则液体黏滞系数

令小球的直径为 d,并用 $r = \frac{d}{2}$,$m = \frac{\pi}{6}d^3\rho'$,$v = \frac{l}{t}$ 代入上式得:

$$\eta = \frac{(\rho' - \rho)gd^2 t}{18l} \qquad (4-4)$$

其中 ρ' 为小球材料的密度,l 为小球匀速下落的距离,t 为小球下落 l 距离所用的时间。实验时,待测液体盛于容器中,故不能满足无限深广的条件,实验证明上式应该进行修正。修正后的测量表达式为(D 为量筒的内径,H 为液体总深度):

$$\eta = \frac{(\rho' - \rho)gd^2 t}{18l} \cdot \frac{1}{\left(1 + 2.4\dfrac{d}{D}\right)\left(1 + 1.6\dfrac{d}{H}\right)} \qquad (4-5)$$

四、实验内容和要求

1. 调整底盘水平:在支架横梁中央放置重锤部件,调节底盘旋钮,使重锤对准底盘中心的圆点。
2. 接通激光器电源,调节上、下两个发射器(不应过近),使其红色激光束平行对准锤线。
3. 收回重锤部件,将盛有待测液体的量筒移至底盘中央,并在整个实验过程中保持位置不变。
5. 在横梁上安放对应的铜质导管,使小球自导管下落。观察其能否阻挡光线,如不能则适当调整量筒和发射器的位置。

6. 调节两个接收器的位置，准确对准激光束，激光信号指示灯变亮，仪器调整完毕。
7. 选定 3 个钢球，测量直径后落入油中，记录它们各自的直径和下落时间，每个钢球的直径测量 6 次，时间测量 1 次。
8. 读取激光束的间距，记录钢球密度、蓖麻油密度、量筒内径、液体总长度。
9. 设计表格计算 η 值及其平均值。

五、注意事项

1. 激光束不能直射人的眼睛。
2. 为了确保液体温度不变，实验中避免用手握玻璃量筒。
3. 小球的表面和投放小球的导管内表面必须清洁，不能有油污。
4. 实验结束后打捞钢球，并将其擦拭干净。

六、研究与思考

1. 为什么要对测量表达式（4-4）进行修正？
2. 根据实验参数估算小球何时、何处达到匀速（$v = 99.999\% v_g$，v_g 为收尾速度）？

实验 5　导热系数测量

【预习要点】
1. 导热系数的物理意义。
2. 稳态法测量导热系数的基本原理。

导热系数是表征物质热传导性质的物理量。材料结构的变化与所含杂质等因素都会对导热系数产生明显的影响，因此，材料的导热系数常常需要通过实验来具体测定。测量导热系数的方法比较多，但可以归并为两类基本方法：一类是稳态法，另一类为动态法。用稳态法时，先用热源对测试样品进行加热，并在样品内部形成稳定的温度分布，然后进行测量。而在动态法中，待测样品中的温度分布是随时间变化的，例如按周期性变化等。本实验采用稳态法测量。

一、实验目的

1. 掌握稳态法的测量条件和稳态法测导热系数的原理。
2. 会用稳态法测量导热系数。

二、实验器材

导热系数测定仪。

三、实验原理

根据傅立叶导热方程式，在物体内部，取两个垂直于热传导方向、彼此间相距为 h、温度分别为 T_1、T_2 的平行平面（设 $T_1 > T_2$），若平面面积均为 S，在 Δt 时间内通过面积 S 的热量 ΔQ 满足下述表达式：

$$\frac{\Delta Q}{\Delta t} = \lambda S \frac{(T_1 - T_2)}{h} \tag{5-1}$$

式中，$\frac{\Delta Q}{\Delta t}$ 为热流量，λ 即为该物质的热导率（又称作导热系数），λ 在数值上等于相距单位长度的两平面的温度相差 1 个单位时，单位时间内通过单位面积的热量，其单位是 $W \cdot m^{-1} \cdot K^{-1}$。

测量原理如图 5-1 所示：在支架上先放上圆铜盘 P，在 P 的上面放上待测样品 B，再把带发热器的圆铜盘 A 放在 B 上，发热器通电后，热量从 A 盘传到 B 盘，再传到 P 盘，由于 A、P 盘都是良导体，其温度即可以代表 B 盘上、下表面的温度 T_1、T_2，T_1、T_2 分别由插入 A、P 盘边缘小孔铂电阻温度传感器来测量。由式 (5-1) 可知，单位时间内通过待测样品 B 任一圆截面的热流量为：

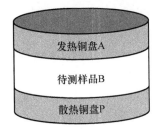

图 5-1 导热系数测量原理图

$$\frac{\Delta Q}{\Delta t} = \lambda \frac{(T_1 - T_2)}{h_B} \pi R_B^2 \qquad (5-2)$$

式中，R_B 为样品的半径，h_B 为样品的厚度，当热传导达到稳定状态时，T_1 和 T_2 的值不变，于是通过 B 盘上表面的热流量与由铜盘 P 向周围环境散热的速率相等，因此，可通过铜盘 P 在稳定温度 T_2 时的散热速率来求出热流量 $\frac{\Delta Q}{\Delta t}$。实验中，在读得稳定时的 T_1 和 T_2 后，即可将 B 盘移去，而使盘 A 的底面与铜盘 P 直接接触。当盘 P 的温度上升到高于稳定时的 T_2 值若干摄氏度后，再将圆盘 A 移开，让铜盘 P 自然冷却。观察其温度 T 随时间 t 变化情况，然后由此求出铜盘在 T_2 的冷却速率 $\frac{\Delta T}{\Delta t}\bigg|_{T=T_2}$，而 $mc\frac{\Delta T}{\Delta t}\bigg|_{T=T_2} = \frac{\Delta Q}{\Delta t}$（$m$ 为紫铜盘 P 的质量，c 为铜材的比热容），就是紫铜盘 P 在温度为 T_2 时的散热速率。但要注意，这样求出的 $\frac{\Delta T}{\Delta t}$ 是紫铜盘 P 的全部表面暴露于空气中的冷却速率，其散热表面积为 $2\pi R_P^2 + 2\pi R_P h_P$（其中 R_P 与 h_P 分别为紫铜盘的半径与厚度）。然而，在观察测试样品的稳态传热时，P 盘的上表面（面积为 πR_P^2）是被样品覆盖着的。考虑到物体的冷却速率与它的表面积成正比，则稳态时铜盘散热速率的表达式应作如下修正：

$$\frac{\Delta Q}{\Delta t} = mc\frac{\Delta T}{\Delta t}\frac{(pR_P^2 + 2pR_P h_P)}{(2pR_P^2 + 2pR_P h_P)} \qquad (5-3)$$

将式 (5-3) 代入式 (5-2)，得：

$$\lambda = mc\frac{\Delta T}{\Delta t}\frac{(R_P + 2h_P)h_B}{(2R_P + 2h_P)(T_1 - T_2)}\frac{1}{\pi R_B^2} \qquad (5-4)$$

四、实验内容和要求

在测量导热系数前应先对散热盘 P 和待测样品的直径、厚度进行测量。用游标卡尺测量待测样品直径和厚度，各测 5 次。用游标卡尺测量散热盘 P 的直径和厚度，测 5 次，按平均值计算 P 盘的质量，也可以由 P 盘上钢印数据获得质量。

1. 不良导体导热系数的测量

(1) 实验时，先将待测样品（例如硅橡胶圆片）放在散热盘 P 上面，然后将发热盘 A 放在样品盘 B 上方，并用固定螺母固定在机架上，再调节三个螺旋头，使样品盘的上下两个表面与发热盘和散热盘紧密接触。

(2) 将铂电阻温度传感器插入散热盘 P 侧面的小孔中，并将铂电阻温度传感器接线连接到仪器上面板的传感器上。用专用导线将仪器机箱后部插口与加热组件圆铝板上的插口加以连接。

(3) 接通电源，在"温度控制"仪表上设置加温的上限温度。打开加热开关，此时指示灯亮。

(4) 大约加热 1 小时后，上、下盘温度不再上升时，说明已达到稳态，这时每隔 3 分钟记录 T_1 和 T_2 的值，共测 5 次。

(5) 测量散热盘在稳态值 T_2 附近的散热速率 $\left(\frac{\Delta T}{\Delta t}\bigg|_{T=T_2}\right)$。移开铜盘 A，取下橡胶盘，并使铜盘 A 的底面与铜盘 P 直接接触，当 P 盘的温度上升到高于稳定态的 T_2 值若干度（3℃左右）后，再将铜盘 A 移开，让铜盘 P 自然冷却，每隔 30 秒（或自定）记录此时的 T_2 值，共测 8 次。根据测量值计算出散热速率

$\left.\dfrac{\Delta T}{\Delta t}\right|_{T=T_2}$。

(6) 根据实验数据，计算出不良导热体的导热系数。（铜的比热容 $c = 0.385 \text{ J} \cdot \text{kg}^{-1} \cdot \text{K}^{-1}$，密度 $\rho = 8.90 \times 10^3 \text{ kg/cm}^3$）

2. 金属导热系数的测量

将金属铝棒的上、下表面周围分别套一个绝热圆环，置于发热圆盘与散热圆盘之间，上下表面涂上导热硅脂。将铂电阻温度传感器插入金属圆柱体上的孔中，待铝棒达到稳定导热状态，T_1、T_2 是铝棒上下两个面的温度，此时散热盘 P 的温度为 T_3 值。移去样品，测量散热盘的冷却速率。

3. 空气导热系数的测量

当测量空气的导热系数时，通过调节三个螺旋头，使发热圆盘与散热圆盘平行，它们之间的距离为 h，并用塞尺进行测量（塞尺的厚度，一般为几个毫米），此距离即为待测空气层的厚度。注意：由于存在空气对流，所以此距离不宜过大。

五、注意事项

1. 放置铂电阻温度传感器到发热圆盘和散热圆盘侧面的小孔时应在铂电阻头部涂上导热硅脂，避免传感器接触不良，造成温度测量不准。

2. 实验中，抽出被测样品时，应先旋松加热圆筒侧面的固定螺钉。样品取出后，小心将加热圆筒降下，使发热盘与散热盘接触，注意防止高温烫伤。

六、研究与思考

1. 测量导热系数要满足哪些条件？
2. 讨论本实验的误差因素，说明导热系数可能偏小的原因。

实验 6　直流电桥应用

【预习要点】
1. 单臂电桥测电阻的原理。
2. 三端电桥测电阻的原理。

电桥电路在电磁测量技术中得到广泛的应用，利用桥式电路制成的电桥是一种用比较法进行测量的仪器。电桥可以测量电阻、电容、电感、频率、温度等许多物理量，也广泛应用于近代工业生产的自动控制中。根据用途不同，电桥有多种类型，其性能和结构也各有特点，但它们的共同点是基本原理相同。

一、实验目的

1. 掌握单臂电桥、三端电桥测电阻的工作原理。
2. 会用单臂电桥、三端电桥测电阻。

二、实验器材

箱式直流电桥、导线、待测电阻。

三、实验原理

1. 单臂电桥的原理

用单臂电桥（也称惠斯登电桥）测量未知电阻，是利用已知电阻（标准电阻）和未知电阻相比较而测得的，可以测量的电阻范围为 $10 \text{ Ω} \sim 11.111 \text{ MΩ}$。它的线路原理如图（6-1）所示。四个电阻 R_1、R_2、

R_3 和 R_x 连成一个四边形,每一条边称作电桥的一个臂;对角 A 和 C 上加上电源 E,对角 B 和 D 之间连接检流计 G(或电压表),所谓"桥"就是线路中的 BD,它的作用是将"桥"的两端点的电位直接进行比较,适当调整各臂的电阻值,可以使流过检流计的电流为零,即 $I_g=0$。这时称电桥达到平衡,B、D 两点电位相等。根据并联电路两端电压相等,于是有:

$$I_1 R_1 = I_2 R_2 \tag{6-1}$$
$$I_1 R_3 = I_2 R_x \tag{6-2}$$

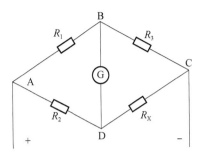

图 6-1 惠斯登电桥原理图

(6-1)、(6-2) 两式相除得:

$$R_x / R_3 = R_2 / R_1 \tag{6-3}$$

若 R_1、R_2、R_3 均为已知,R_x 可由 (6-3) 式求得:

$$R_x = \frac{R_2}{R_1} R_3 \tag{6-4}$$

式中,R_2/R_1 称为比率臂(或倍率)。

2. 三端电桥的原理

当用单臂电桥进行远距离测量、控制时,与 R_3、R_x 相连的导线都比较长,导线电阻不能忽略。例如太阳能热水器的温控系统:太阳能接收装置在楼顶,而温控调节装置在室内,中间用两根长度相同的导线连接,此时导线电阻相对于加热电阻丝的电阻不能忽略。这时单臂电桥不再适用,而必须采用三端电桥如图 6-2。三端电桥与单臂电桥不同的是,从 R_x 的一端引出两根线,靠近 R_x 的称电位端,连接到电桥的一个桥臂,在 R_x 外侧的引线称为电流端,连接到电桥的电源端。在图 6-2 中,由于接线方式、长度基本相同,因此导线电阻 $R_4 \approx R_5$。只要选 $R_1 = R_2$,在电桥平衡时 R_4、R_5 的作用相互抵消,导线电阻 R_6 因为串联在电源回路,对测量没有影响。由以上分析可知,三端电桥法测电阻能减小引线电阻的影响,有效降低测量误差。被测电阻的计算公式与单臂电桥相同。

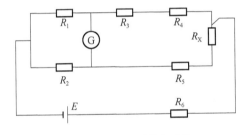

图 6-2 三端电桥原理图

四、实验内容和要求

1. 根据被测对象选择合适的电源电压,工作电压通过"电源调节"电位器调节,电压值可以用仪器自身的数字电压表测量。
2. 根据被测电阻的大小选择合适的 R_1、R_2 值,连接线路。
3. 检查无误后接通 G 按钮,再接通 B 按钮,调节 R_3 至数字电压表读数为零,表示电桥达到平衡。
4. 根据式 (6-4) 求出被测电阻值 R_x,并计算所测电阻 R_x 的不确定度 U_{R_x},正确表达测量结果。
5. 按照图 6-2 连接电路,用三端电桥测量被测电阻 R_x。

五、注意事项

1. 电源电压 E 不要太高,一般不大于 3 V。
2. 电桥的 B 按钮,内部已经与电源连接,用于接通桥路电源;电桥的 G 按钮,内部已经与数字电压表连接,用于接通数字电压表的通断。
3. R_1 的选择可以是 10 Ω、100 Ω、1 kΩ,测量时一般优先取 1 kΩ,再是 100 Ω,最后是 10 Ω。R_2 的选择可以是 0~11.111 kΩ 的任意值,习惯上为方便操作及计算,R_2 常选 10 Ω、100 Ω、1 kΩ、10 kΩ 等整数值。

六、研究与思考

1. 为什么精测电阻用电桥而不用伏安法或欧姆表?

2. 电桥有哪几个组成部分？电桥的平衡条件是什么？
3. 如何测量小电阻？查找资料后写出设计方案。

实验 7　用密立根油滴仪测基本电荷

【预习要点】
1. 什么是静态平衡法、动态非平衡法？如何确定静态平衡状态？
2. 静态平衡法是如何确定油滴电量的（公式推导）？
3. 通过油滴电量用什么方法确定电子电量？

密立根油滴实验是近代物理实验发展史上一个十分重要的实验。它证明了任何带电体所带的电荷都是某一最小电荷——基本电荷的整数倍，明确了电荷的不连续性，并精确地测定了基本电荷的数值，为从实验上测定其他一些基本物理量提供了可能性。由于这一实验的设计思想简明巧妙，实验方法简单，而结论却具有不容置疑的说服力，因而这一实验堪称物理实验的精华和典范，历来被认为是一个著名的富有启发性的物理实验。通过学习密立根油滴实验的设计思想和实验技巧，提高学生的实验能力和素质。

一、实验目的

1. 了解密立根油滴实验的设计思想、实验方法和实验技巧。
2. 掌握油滴仪的调整和使用方法。
3. 测定基本电荷的数值。

二、实验器材

密立根油滴仪（包括油滴盒、油滴照明装置、调平系统、CCD 电视显微镜、电路箱、喷雾器等）、计算机。

三、实验原理

利用密立根油滴仪测定电子电量关键在于测出油滴的带电量。基本设计思想是使带电油滴在测量范围内处于受力平衡状态。因而测定油滴带电量有两种方法：一种是静态（平衡）测量方法，即使油滴所受电场力与重力相互抵消而达到平衡，从而确定该油滴所带的电量；另一种为动态（非平衡）测量法，即测出受重力作用时下落的速度和受电场力作用时上升的速度，从而确定该油滴的电量。

1. 静态（平衡）测量法

质量为 m、带电量为 q 的油滴，处在两块水平放置的平行带电平板之间，如图 7-1 所示。此时油滴在平板之间将同时受到两个力的作用，一个是重力 mg，一个是静电力 qE。调节板间的电压，可使两力达到平衡，则有：

$$mg = qE = q\frac{U}{d} \qquad (7-1)$$

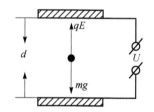

图 7-1　电场中的油滴受力

从上式可见，为了测出油滴所带的电量 q，除了测出平行板间电压 U 和距离 d 之外，还需测定油滴的质量 m。由于 m 很小，需要用如下的特殊方法来测定。

平行板不加电压时，油滴受重力而加速下降，但由于空气的黏滞阻力的作用，油滴下降一段距离达某一速度 v_g 后阻力 f 与重力 mg 平衡，如图 7-2 所示（空气浮力忽略不计），油滴将匀速下降。由斯托克斯定律知：

$$f = 6\pi a\eta v_g = mg \qquad (7-2)$$

式中，η 是空气的黏滞系数，a 是油滴的半径（由于表面张力的原因，油滴总是呈小球状）。设油的密度为 ρ，油滴的质量 m 可用下式表示：

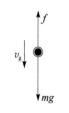

图 7-2　下落的油滴受力

$$m = \frac{4}{3}\pi a^3 \rho \tag{7-3}$$

由（7-2）、(7-3) 两式得油滴半径的大小为：

$$a = \sqrt{\frac{9\eta v_g}{2\rho g}} \tag{7-4}$$

对于半径小到 10^{-6} m 的小球，空气的黏滞系数 η 应作修正，此时的斯托克斯定律应修正为：

$$f = \frac{6\pi a \eta v_g}{1 + \frac{b}{pa}}$$

式中，b 为修正常数，$b = 6.17 \times 10^{-6}$ m·cm (Hg)，p 为大气压强，单位为 cm (Hg)。根据修正后的黏滞阻力公式，油滴半径为：

$$a = \sqrt{\frac{9\eta v_g}{2\rho g} \times \frac{1}{1 + \frac{b}{pa}}} \tag{7-5}$$

上式根号中还包括油滴的半径 a，由于它处于修正项中，故不需十分精确，因此它可用(7-4)式计算即可。

式 (7-5) 中的油滴匀速下降的速度 v_g 可用下法测出：在平行板未加电压时，测出油滴下降长度 l 时所用的时间 t，即可知：

$$v_g = \frac{l}{t_g} \tag{7-6}$$

将式 (7-6) 代入式 (7-5)，式 (7-5) 代入式 (7-3)，式 (7-3) 代入式 (7-1)，整理后得：

$$q = \frac{18\pi}{\sqrt{2\rho g}} \left[\frac{\eta l}{t_g \left(1 + \frac{b}{pa}\right)} \right]^{3/2} \frac{d}{U} \tag{7-7}$$

实验发现，对于某一颗油滴，如果我们改变它所带的电量 q，则能够使油滴达到平衡的电压必须是某些特定值 U_n，研究这些电压变化的规律时可发现，它们满足下列方程：

$$q = mg \frac{d}{U_n} = ne \tag{7-8}$$

式中，$n = \pm 1, \pm 2, \cdots$，而 e 则是一个不变的值。

对于不同的油滴，可以发现有同样的规律，而且值是共同的常数。由此可见，所有带电油滴所带电量 q 都是最小电量 e 的整数，这就证明了电荷的不连续性，且最小电量 e 就是电子的电荷值：

$$e = \frac{q}{n} \tag{7-9}$$

式 (7-7) 和式 (7-9) 是用平衡法测量电子电荷的理论公式。

2. 动态（非平衡）测量法

平衡测量法是在静电力 qE 和重力 mg 达到平衡时导出的公式 (7-7) 进行实验测量的。非平衡测量法是在平行板上加以适当的电压 U，但并不调节 U 使静电力和重力达到平衡，而是使油滴受静电力作用加速上升。由于空气阻力的作用，上升一段距离达到某一速度 v_e 后，空气阻力、重力与静电力达到平衡（空气浮力忽略不计），油滴将匀速上升，这时：

$$6\pi a \eta v_e = q\frac{U}{d} - mg \tag{7-10}$$

当去掉平行板所加的电压 U 后，油滴受重力作用而加速下降。当空气阻力与重力平衡时，油滴将以 v_g 匀速下降，这时：

$$6\pi a \eta v_g = mg \tag{7-11}$$

由 (7-10) 和 (7-11) 两式相除，可得：

$$q = mg\frac{d}{U}\left(\frac{v_g + v_e}{v_g}\right) \tag{7-12}$$

实验时取油滴匀速下降和匀速上升距离相等，都设为 l，测出油滴匀速下降的时间为 t_g，匀速上升的时间为 t_e，则：

$$v_g = \frac{l}{t_g}, \quad v_e = \frac{l}{t_e} \tag{7-13}$$

将式（7-6）油滴质量 m 和式（7-13）代入式（7-12），可得：

$$q = \frac{18\pi}{\sqrt{2\rho g}}\left(\frac{\eta l}{1 + \frac{b}{pa}}\right)^{\frac{3}{2}}\frac{d}{U}\left(\frac{1}{t_e} + \frac{1}{t_g}\right)\left(\frac{1}{t_g}\right)^{\frac{1}{2}}$$

令

$$k = \frac{18\pi}{\sqrt{2\rho g}}\left(\frac{\eta l}{1 + \frac{b}{pa}}\right)^{\frac{3}{2}} \cdot d$$

则

$$q = k\left(\frac{1}{t_e} + \frac{1}{t_g}\right)\left(\frac{1}{t_g}\right)^{\frac{1}{2}}\frac{1}{U} \tag{7-14}$$

从实验测得的结果，可以分析出 q 只能为某一数值的整数倍，由此可以得出油滴所带电子的总数 n，从而得到一个电子的电荷值为 $e = q/n$。

通过比较两种方法，可以发现用静态（平衡）测量法，原理简单、直观，且油滴有平衡不动的时候，实验节奏比较慢，便于操作，因而本实验采取静态测量法。

四、实验内容和要求

1. 仪器调节

（1）调整仪器底座上的三只调平手轮，使水准泡指示水平（气泡调至居中），这时油滴盒处于水平状态。

（2）打开油滴仪的电源和计算机采集系统，调节采集软件视频属性和显示格式，使亮度、对比度和窗口大小合适，在显示器上显示出分划板刻度线及电压和时间值。

（3）利用喷雾器快速向油雾室喷油一次，转动显微镜的调焦手轮，使显微镜聚焦，屏幕上出现清晰的油滴图像。

2. 测量

（1）将 S_2 拨向"平衡"挡，调节板极电压为 200～300 V。对准喷雾口向油雾室喷射油雾，注意观察监视器是否有油滴下落，若无油滴下落可再喷一次，如有油滴下落则应关上油雾孔开关。

（2）选择一颗合适的油滴十分重要。大而亮的必然质量大而匀速下降的时间则很短，增大了时间测量的相对误差；而很小的油滴因质量小，布朗运动将较为明显，同样造成很大的测量误差。通常选择平衡电压在 200～300 V，匀速下落 6 个格（$l = 1.5$ mm）的时间为 8～20 s 左右、目视直径约 0.5～1 mm 的油滴较为合适。

调节油滴平衡需要足够的耐心。用 S_2 将油滴移至刻度线上，仔细地反复地调节平衡电压，经过一段时间观察油滴确实不再移动，这时油滴处于平衡状态。测准油滴上升或下降某段距离所需的时间。如发现油滴散焦，可调节调焦手轮，使之重新聚焦。

（3）正式测量时可选用平衡测量法和动态测量法两种方法测量，如果用平衡法测量，可将已调平衡的油滴用 S_2 控制移动到某一线的起点上，将计时开关拨到联动状态，让计时器复零，然后将 S_2 拨向"0V"，油滴开始匀速下落的同时，计时器开始计时。到终点时迅速将 S_2 拨向"平衡"，油滴的运动立即停止，计时器也停止计时。对某颗油滴重复测量 3 次，选择 5～10 个油滴，求得电子电荷的平均值 e。注意每次测量时都要检查和调整平衡电压，以减少因偶然误差和油滴挥发导致的平衡电压变化。

3. 数据处理

根据式（7-7）得

$$q = \frac{18\pi}{\sqrt{2\rho g}} \left[\frac{\eta l}{t\left(1 + \dfrac{b}{pa}\right)} \right]^{3/2} \frac{d}{U} \tag{7-15}$$

式中，$a = \sqrt{\dfrac{9\eta l}{2pgt}}$

其中， 油的密度： $\rho = 981 \mathrm{kg \cdot m^{-3}}$

重力加速度： $g = 9.80 \mathrm{m \cdot s^{-2}}$

空气的黏滞系数： $\eta = 1.83 \times 10^{-5} \mathrm{kg \cdot m^{-1} \cdot s^{-1}}$

油滴匀速下降距离： $l = 1.50 \times 10^{-3} \mathrm{m}$

修正常数： $b = 6.17 \times 10^{-6} \mathrm{m \cdot cm}$（Hg）（约为 $8.23 \times 10^{-3} \mathrm{m \cdot Pa}$）

大气压强： $p = 76.0 \mathrm{cm}$（Hg）（约为 $101 \mathrm{kPa}$）

平行极板距离： $d = 5.00 \times 10^{-3} \mathrm{m}$

将以上数据带入公式得：

$$q = \frac{0.927 \times 10^{-14}}{\left[t(1 + 0.0226\sqrt{t})\right]^{3/2}} \frac{1}{U}$$

由于油的密度 ρ，空气的黏滞系数 η 都是温度的函数，重力加速度 g 和大气压强 p 又随实验地点和条件的变化而变化，因此，上式的计算是近似的，引起的误差约为 1%。

为了证明电荷的不连续性和所有电荷都是基本电荷 e 的整数倍，并得到基本电荷值，我们就应对实验测得的各个电荷值用差值法求出它们的最大公约数，此最大公约数就是基本电荷 e 值。但由于实验所带来的误差，求最大公约数比较困难，因此我们常用"倒过来验证"的办法进行数据处理即用实验测得的每个电荷值 q 除以公认的电子电荷值 $e = 1.60 \times 10^{-19} \mathrm{C}$，得到一个接近于某一个整数的数值，这个整数就是油滴所带的基本电荷的数目 n，再用实验测得的电荷值 q 除以相应的 n，即得到电子的电荷值 e。

五、注意事项

1. 极板间电压很高、危险，请不要带电触摸电极。
2. 喷雾器注油约 5 mm 深。喷雾时喷雾器要竖拿，喷口对准油雾室的喷雾口，切勿伸入油雾室内，按一下橡皮球即可。

六、研究与思考

1. 什么是平衡法？为什么必须使油滴做匀速运动或静止？实验中如何保证油滴在测量范围内做匀速运动？
2. 如何加平衡电压？升降电压指的是什么？
3. 何谓合适的待测油滴？如何选择？
4. 根据实验测得的各个电荷值，用什么方法确定电量的最小单位为好？
5. 对油滴进行跟踪测量时，有时油滴逐渐变得模糊，为什么？应如何避免在测量途中丢失油滴？

实验 8 霍尔效应及其应用

【预习要点】

1. 霍尔效应形成的机理。
2. 实验中消除副效应的原理。

1879 年，霍尔（E. H. Hall, 1855—1938）在研究载流导体在磁场中受力时，发现一种电磁效应，后来被称为霍尔效应。当时霍尔年仅 24 岁，是美国霍普金斯大学研究生院二年级的研究生。那时候，人们还不知道电子的存在,无法对霍尔效应作出正确的解释。18 年之后,即 1897 年汤姆逊(J. J. Thomson)发现了电子,人们知道了金属导电的机理,金属中的自由电子定向运动形成电流,以及运动电荷在磁场中受到洛仑兹力的作用,等等。1948 年以后,半导体材料相继问世,人们找到了霍尔效应较为显著的材料,如锗(Ge)、砷化铟(InAs)、锑化铟(InSb)等,制成了具有实用价值的霍尔元件,可应用于位移传感器、接近开关、测量磁场的高斯计等。

一、实验目的

1. 掌握霍尔效应原理及副效应的消除。
2. 会测量霍尔元件的灵敏度。
3. 学会一种测量磁场的方法。

二、实验器材

霍尔效应实验仪、霍尔效应测试仪。

三、实验原理

1. 霍尔效应

把一个半导体薄片放在磁场中(如图 8-1(a)),如果在 x 方向通以电流 I,z 方向加磁场 B 时,则在薄片 y 方向(横向端面 A、A' 间)上将产生一电动势 U_H,这种现象称为霍尔效应,横向端面 A、A' 间电势差 U_H 称为霍尔电压。

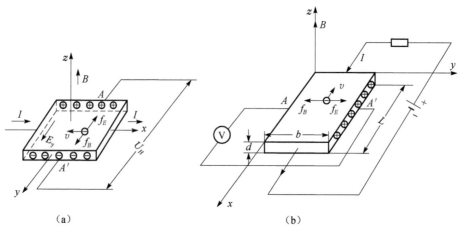

图 8-1 霍尔效应

霍尔效应是由于运动电荷在磁场中受到洛仑兹力作用而产生的。半导体中的电流是由载流子(电子、或空穴)的定向运动形成的,把一块厚度为 d,宽为 b,长为 L 的半导体材料(电子型或空穴型)制成的霍尔片放在垂直于它的磁场 B 中(如图 8-1(b))。设控制电流 I 沿 x 轴正向流过半导体,如果半导体内的载流子电荷为 e(电子型),平均迁移速度为 v,则载流子在磁场中受到洛仑兹力的作用,其大小为:

$$f_B = evB \tag{8-1}$$

在 f_B 作用下,电子流发生偏转,聚积到薄片的横向端面 A 上,而使横向端面 A' 上出现了剩余正电荷。由电荷的两边堆积形成了一个横向电场 E,方向由 A' 指向 A,电场对载流子产生了方向和 f_B 相反的静电力 f_E,其大小为:

$$f_E = eE \tag{8-2}$$

f_E 阻碍着电荷的进一步堆积,最后达到动态平衡状态时有 $f_E = f_B$,即:

$$evB = eE = eU_H/b \tag{8-3}$$

这时,A、A' 间的霍尔电势差为:

$$U_H = bvB \tag{8-4}$$

我们知道，控制电流 I 与载流子电荷 e、载流子浓度 n、迁移速度 v 及霍尔片的截面积 bd 之间的关系为：

$$I = nevbd \tag{8-5}$$

代入（8-4）式中，则：

$$U_H = IB/(nde) = K_H IB \tag{8-6}$$

K_H 称为霍尔元件的灵敏度。K_H 是一个重要参数，表示该元件在单位磁感应强度和单位控制电流时的霍尔电压大小。它的大小与材料特性、薄片的几何尺寸有关。对一定的霍尔元件在温度和磁场变化不大时，基本上可认为是常数，可用实验方法测得。K_H 的单位为 $mV/mA \cdot kGS$（或 $mV/mA \cdot T$）。

2. 利用霍尔效应测磁场

在磁场测量中，某点的磁场和缝隙中的磁场是一个难以直接测量的量，可以用霍尔效应原理来测量电磁铁间隙中的磁感应强度。由于霍尔元件的尺寸可以做得很小，用特殊工艺制作的微型霍尔探头的截面可小到 $10\ \mu m^2$，故使用这类仪器探测狭窄空间内磁场则十分方便。

K_H 由实验提供，U_H 可以测量出来，I 实验中不变，可以得到 B。

3. 实验中的副效应及其消除的原理

在测量霍尔电势差 U_H 时，实际上同时存在着各种副效应，产生附加电压叠加在霍尔电压上，形成了测量之中的系统误差，这些副效应有：

(1) 不等势电压降 U_0

由横向电极位置不对称而产生的电压 U_0，是因为在实际制作霍尔元件样品时，很难做到横向两个引出的电极 A、A' 在同一个等势面上，因此即使不加磁场，只要霍尔片上通以电流，A、A' 两引线间就有一个电势差 U_0，U_0 的方向与电流方向有关，与磁场的方向无关。U_0 的大小和霍尔电势 U_H 数量级相同或更大，在所有附加电势中居首位。

(2) 艾廷豪森效应 U_E

当放在磁场 B 中的霍尔片通以电流 I 后，由于载流子迁移速度的不同，载流子所受的洛仑兹力不相等，做圆周运动的轨道半径也不相等。速率较大的将沿较大半径的圆轨道运动，而速率小的载流子将沿较小半径的轨道运动。从而导致霍尔片一面出现快载流子多，温度高；另一面慢载流子多，温度低。两端面之间由于温度差，于是出现温度电场 U_E，U_E 的大小与 IB 乘积成正比，方向随 I、B 换向而改变。

(3) 能斯托效应 U_N

由于霍尔元件的电流引出线焊点的接触电阻不同，通以电流以后，发热程度不同，据帕示贴效应，一端吸热，温度升高；另一端放热，温度降低。于是出现温度差，在 x 轴方向引起热扩散电流，加入磁场后，会出现电势梯度，从而引起附加电势 U_N，U_N 的方向与磁场的方向有关，与电流方向无关。

(4) 里纪—勒杜克效应 U_{RL}

上述热扩散电流的载流子迁移速度不尽相同，在磁场作用下，类同于艾廷豪森效应，电压引线 A、A' 间同样会出现温度梯度，从而引起附加电势 U_{RL}，U_{RL} 的方向与磁场的方向有关，与电流方向无关。

(5) 附加电动势 U_T

样品所在空间如果沿 y 方向有温度梯度，在测量回路中会产生温差电动势，它和外电路由绝缘不足等原因在测量回路产生泄漏分压，一同使霍尔电压指示仪表产生一个定值附加电动势 U_T，U_T 也可能包含仪表零位调整不好且未加修正的系统误差部分。U_T 的方向与磁场和电流的方向都无关。

可见，由于上述五种副效应总是伴随着霍尔效应一起出现，实际测量的电压值只不过是综合效应结果，即 U_H、U_0、U_E、U_N、U_{RL}、U_T 的代数和，而并不只是 U_H。在做精确测量时应考虑这些副效应，并清除各种副效应引入的误差。本实验中对各种副效应的消除办法很巧妙：通过改变 I 和 B 方向，使 U_0、U_N、U_{RL} 从计算中消失。

因 U_E 与 U_H 随 I、B 同步地变化，故用改变直流磁场和电流方向的方法不能消去对 U_H 的影响。但由于 U_E 引起的误差很小，$U_E \ll U_H$，所以可以忽略。

综上所述，在确定磁场 B 和工作电流 I 的条件下，实验时需测量下列四组数据：

当 B 为正，I 为正时，测得电压（A、A' 间）

$$U_1 = U_H + U_0 + U_E + U_{RL} + U_N + U_T \tag{8-7}$$

当 B 为正，I 为负时，测得电压（A、A' 间）

$$U_2 = -U_H - U_0 - U_E + U_{RL} + U_N + U_T \tag{8-8}$$

当 B 为负，I 为负时，测得电压（A、A' 间）

$$U_3 = U_H - U_0 + U_E - U_{RL} - U_N + U_T \tag{8-9}$$

当 B 为负，I 为正时，测得电压（A、A' 间）

$$U_4 = -U_H + U_0 - U_E - U_{RL} - U_N + U_T \tag{8-10}$$

由上面可得：

$$U_H = [(U_1 - U_2 + U_3 - U_4)/4] - U_E \tag{8-11}$$

当 $U_E \ll U_H$ 时：

$$U_H = (U_1 - U_2 + U_3 - U_4)/4 \tag{8-12}$$

四、实验内容和要求

1. 测量霍尔器件的灵敏度 K_H。

（1）将霍尔片放在线圈矩形狭缝中央，令 $I_S = 2.00$ mA，$I_M = 0.500$ A。测 U_1、U_2、U_3、U_4，求得 U_H；

（2）通过公式 $U_H = K_H IB$ 算得 K_H（线圈矩形狭缝中央磁场 B 已知，标在线圈上）。

2. 测量 $I_S - U_H$ 曲线（$I_M = 0.500$ A）。

3. 测量 $I_M - U_H$ 曲线（$I_S = 2.00$ mA）。

4. 测量 $B - X$ 曲线（$I_S = 2.00$ mA，$I_M = 0.500$ A，$Y = 20.0$ mm）。

五、注意事项

1. 霍尔片为脆性半导体材料，严防撞击或用手去触摸！在调节霍尔片位置时，必须谨慎，以免霍尔片与磁极面摩擦而受损。

2. 决不允许将"I_M 输出"接到"I_S 输入"，否则，一旦通电，霍尔片即遭损坏。

3. 仪器开机前应将"I_S 调节"和"I_M 调节"旋钮逆时针方向旋到底，使其输出电流为最小。关机前，也应将"I_S 调节"和"I_M 调节"旋钮逆时针旋到底。

六、研究与思考

1. 在什么情况下会产生霍尔电压，它的方向与哪些因素有关？
2. 实验中，如何消除附加效应的影响，试由测量结果计算不等位电势 U_0。
3. 采用霍尔元件测磁场时具体要测量哪些物理量？

实验9　阿贝折射仪应用

【预习要点】

1. 阿贝折射仪测量折射率的原理。
2. 阿贝折射仪的结构及作用。

阿贝折射仪是测量物质折射率的专用仪器，它能快速而准确地测出透明、半透明液体和固体折射率及平均色散 $n_f - n_c$，仪器上接有恒温器，可测定温度为 10 ℃ ~50 ℃ 内的折射率 n_D。折射率和平均色散是物质的重要光学常数之一，能借以了解物质的光学性能、纯度、浓度及色散大小等。本仪器还能测出糖溶液内含糖量浓度的百分数从 0~95%（相当于折射率为 1.333~1.531）它是石油化工、光学仪器、食品工业等有关工厂、研究单位和学校的常用设备之一。

一、实验目的

1. 通过测量几种液体的折射率和平均色散，学会阿贝折射仪的使用。
2. 学会利用阿贝折射仪测量糖溶液浓度。

二、实验器材

阿贝折射仪的光学系统（如图9-1）是由望远系统和读数系统组成。

望远系统包括反射镜1和进光棱镜2、折射棱镜3、阿米西棱镜4和望远镜。待测液体放置在进光棱镜和折射棱镜之间，形成液层。阿贝折射仪采用白光照明。来自光源的光经反射镜1反射后进入进光棱镜2。进光棱镜的 E 面为磨砂面，起漫反射作用，产生各种方向的入射光线进入折射棱镜，阿米西棱镜起抵消待测物体和折射棱镜产生的色散作用，经物镜5、场镜6、目镜7使望远镜视场中呈现消色的明暗分界线。阿米西棱镜可绕望远系统的光轴旋转。

读数系统由小反射镜14、毛玻璃13、刻度盘12、转向棱镜11和读数镜场镜9及物镜10组成。光线由小反射镜14经毛玻璃13照明刻度盘，经转向棱镜及目镜成像在场镜9的平面上，经场镜9、目镜8放大后成像于观察者眼中。

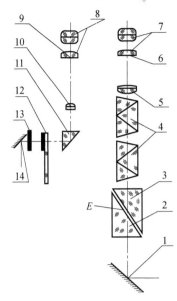

图9-1 阿贝折射仪的光学系统
1—反射镜；2—进光棱镜；3—折射棱镜；
4—阿米西棱镜；5，10—物镜；6，9—场镜；
7，8—目镜；11—转向棱镜；12—刻度盘；
13—毛玻璃；14—小反射镜

三、实验原理

全反射法属于比较测量。虽然测量准确度较低（大约 $\Delta n_D = 3 \times 10^{-4}$），被测折射率的大小受到限制（$n_D$ 大约为 1.3~1.7），对于固体材料也需要制成试件，但是全反射法具有操作方便迅速、环境条件要求低、不需要单色光源等优点。

设待测物体的折射率为 n，折射棱镜的折射率为 n_1，如图9-2所示，若 $n_1 > n$，根据折射定律，沿 AB 掠射的光线经 AB 面折射后以全反射临界角 α 进入折射棱镜，然后以折射角 i 从 AC 面出射至空气中。以这条光线为界，所有入射角小于90°的入射光线经 AB 面折射后的折射角都小于临界角，且在这条光线的下方。所有入射角大于90°的入射光线被金属套挡住，不能进入折射棱镜。因此，用阿贝折射仪的望远镜对准出射光线观察时，就会看到如图9-3所示的明暗分明的视场。明暗分界线对应于以 i 角出射的光线方向。不同折射率的物体有不同的临界角，因而出射角也不同。就是说一定的 i 角对应于一定的折射率值。由折射定律可知：

$$n = n_1 \sin \alpha \qquad (9-1)$$
$$n_1 \sin \beta = \sin i \qquad (9-2)$$

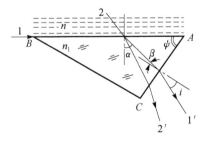

图9-2 全反射原理图

图9-3 望远镜中的明暗视场

由式（9-1）及角度关系 $\alpha = \psi - \beta$ 可得：

$$n = n_1 \sin(\psi - \beta) = n_1(\sin\psi\cos\beta - \cos\psi\sin\beta) = \sqrt{n_1^2 - \sin^2 i}\sin\psi - \cos\psi\sin i \qquad (9-3)$$

式中，ψ 为折射棱镜入射面与出射面之间的夹角。若 ψ 和 n_1 已知，则测出 i 角就可以由(9-3)式计算 n

值。阿贝折射仪的刻度盘上直接刻有与 i 角对应的 n 值，因此不必计算，只要用标准块校准刻度盘的读数后，可直接从刻度盘上读出 n 值。由于阿米西棱镜是按照让 D 谱线（589.3 nm）直通（偏向角为零）条件设计的，故用阿贝折射仪测得的折射率就是待测物体对 D 谱线的折射率 n_D。

应该指出，当对应于明暗分界线的光线出现在折射棱镜 AC 面法线右侧时，(9-3)式中 $\cos\psi$ 前的减号应改为加号。

测量固体的折射率和平均色散时，必须将透明固体制成具有两个互成 $90°$ 角的抛光面试件。测定时，不用反光镜 1 及进光棱镜 2，将固体一抛光面用折射率液溴代萘（其折射率大于或等于待测物体的折射率，而小于或等于折射棱镜的折射率）粘在折射棱镜的 AB 面上，另一抛光面向上（见图 9-4），其他操作与上同。若被测固体折射率大于 1.63，则不应用溴代萘而应改用二碘甲烷。

测量半透明固体时，固体上需有一个抛光平面，测量时将固体的抛光面用溴代萘粘在折射棱镜上，取下保护罩作为进光面（如图 9-5），利用反射光来测量，具体操作与上同。

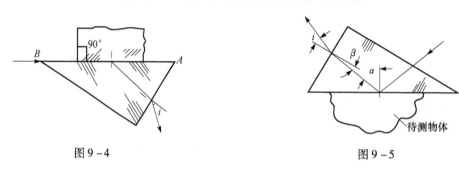

图 9-4　　　　　　　　　图 9-5

四、实验内容和要求

1. 准备工作

在开始测定前必须先用标准试样校对读数，将标准试样的抛光面上加一滴溴代萘，贴在折射棱镜的抛光面上，标准试样抛光的一端应向上，以接收光线（见图 9-6），当读数镜内指示于标准试样上的刻值时，观察望远镜内明暗分界线是否在十字线中间，若不在，用螺丝刀微转校正螺丝，将明暗分界线调整至中央（见图 9-7）。

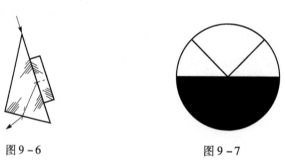

图 9-6　　　　　　　　　图 9-7

2. 测定工作

（1）内容

① 测定蒸馏水和酒精的折射率和平均色散。

② 测定糖溶液的折射率和浓度。

（2）要求

进行多次测量以减少随机误差。对蒸馏水测量 3 次并估算 n 的不确定度。

（3）步骤

① 将棱镜表面擦干净后用滴管吸取液体加在棱镜的磨砂面上，旋转棱镜锁紧手柄，要求液体均匀无气泡并充满视场。

② 调节两反光镜 1、14 使两镜筒视场明亮。

③ 旋转仪器下部的棱镜转动手轮使棱镜组转动，在望远镜中观察明暗分界线上下移动，同时旋转仪

器中部的阿米西棱镜手轮使视场中除黑白两色外无其他颜色,当视场中无色且分界线在十字线中心时,观察读数镜视场右边所指示刻度值(图9-8),即为测出的 n_D。

④ 测量糖溶液内含糖量浓度时,操作与测量液体折射率时相同,此时应以从读数镜视场左边所指示值读出,即为糖溶液含糖量的百分数。

⑤ 测定色散值时,转动阿米西棱镜手轮,直到视场中明暗分界线无颜色为止,此时在色散值刻度圈下指示出的刻度值 Z 再记下其折射率 n_D。根据折射率 n_D 值,在色散表(见附录)中用内插法求得其 A、B 值。再根据 Z 值在色散表中查出相应的 σ 值。Z 值大于 30 时 σ 值取负值,小于 30 时 σ 值取正值。按照所求出的 A、B、σ 值代入色散公式,就可求出平均色散值 $n_f - n_c = A + B\sigma$。

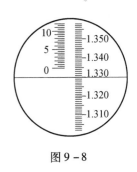

图 9-8

⑥ 若需测量在不同温度时的折射率,将温度计旋入温度计座内,接上恒温器,把恒温器的温度调节到所需测量温度,待温度稳定 10 分钟后,即可测量。

五、注意事项

1. 经常保持仪器清洁,严禁油手或汗手触及光学零件。使用仪器前应检查折射棱镜和标准块的光学面是否干净,如有污迹用乙醚或酒精棉擦拭干净。

2. 用标准块校准刻度盘读数或测量固体试件的折射率时,需要用折射率液将它粘附在折射棱镜上,但折射率液不宜多,只要折射率液能均匀地布满整个接触面即可。

3. 防止气泡进入待测液体或折射率液中,以免影响测量结果。仪器用毕,将有关元件的光学面用酒精棉擦洗干净,并将仪器放入箱内。

六、研究与思考

1. 进光棱镜的 E 面为什么磨砂?阿米西棱镜的作用是什么?
2. 如果待测液体折射率大于折射棱镜的折射率,能否用阿贝折射仪来测量?为什么?

实验 10　用牛顿环测透镜曲率半径

【预习要点】
1. 等厚干涉的原理。
2. 牛顿环形成的原理及公式。

光的干涉现象表明了光的波动性。干涉现象在科学研究和计量测量中有着广泛的应用。在干涉现象中,不论是何种干涉,相邻干涉条纹的光程差的改变等于相干光的波长。光的波长虽然很短,但干涉条纹间的距离或干涉条纹的数目是可以计量的,因而我们可以通过对干涉条纹的数目或干涉条纹移动数目的测量,得到以光的波长为单位的光程差。

一、实验目的

1. 观察光的等厚干涉现象,熟悉光的等厚干涉的特点。
2. 会用牛顿环测定平凸透镜的曲率半径。

二、实验器材

钠光灯及电源、牛顿环装置、读数显微镜、半透半反镜等。

三、实验原理

将一块平凸透镜的凸面放在一块光学平板玻璃上,因而在它们之间形成以接触点 O 为中心向四周逐渐增厚的空气薄膜,离 O 点等距离处厚度相同,如图 10-1(a)所示。当垂直入射时,其中有一部分光线在空气膜的上表面反射,一部分在空气膜的下表面反射,因此产生两束具有一定光程差的相干光,当它们相遇后就产生干涉现象。由于空气膜厚度相等处是以接触点为圆心的同心圆,即以接触点为圆心的同一圆周上各点的光程差相等,故干涉条纹是一系列以接触点为圆心的明暗相间的同心圆,如图 10-1(b)所示。这种干涉现象最早为牛顿所发现,故称为牛顿环。

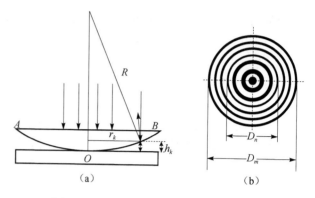

图 10-1 牛顿环的干涉原理和干涉条纹

设入射光是波长为 λ 的单色光,第 k 级干涉环的半径为 r_k,该处空气膜厚度为 h_k,则空气膜上、下表面反射光的光程差为:

$$\delta = 2nh_k + \frac{\lambda}{2}$$

其中,$\frac{\lambda}{2}$ 是由于光从光疏媒质射到光密媒质的交界面上反射时发生半波损失引起的。因空气膜折射率 n 近似为 1,故有:

$$\delta = 2h_k + \frac{\lambda}{2} \tag{10-1}$$

由图 10-1(a)的几何关系可知:

$$R^2 = (R - h_k)^2 + r_k^2 = R^2 - 2Rh_k + h_k^2 + r_k^2 \tag{10-2}$$

式中,R 是透镜凸面 AOB 的曲率半径。因 h_k 远小于 R,故得:

$$h_k = \frac{r_k^2}{2R} \tag{10-3}$$

当光程差为半波长的奇数倍时,干涉产生暗条纹,由(10-1)式有:

$$2h_k + \frac{\lambda}{2} = (2k+1)\frac{\lambda}{2} \tag{10-4}$$

式中,$k = 0, 1, 2, 3, \cdots$

将(10-3)式代入(10-4)式便得:

$$r_k = \sqrt{kR\lambda} \tag{10-5}$$

由(10-5)式可见,r_k 与 k 和 R 的平方根成正比,随 k 的增大,环纹愈来愈密,而且愈细。

同理可推得,亮环的半径为:

$$r_k' = \sqrt{(2k-1)R\frac{\lambda}{2}} \tag{10-6}$$

由(10-6)式可知,若入射光波长 λ 已知,测出各级暗环的半径,则可算出曲率半径 R。但实际观察牛顿环时发现,牛顿环的中心不是理想的一个接触点,而是一个不甚清晰的暗或亮的圆斑。其原因是透镜与平板玻璃接触处,由于接触压力引起形变,使接触处为一圆面;又因镜面上可能有尘埃存在,从而引起附加的光程差。这会导致前面推导公式并不适用。因此,我们改用两个暗环的半径 r_m 和 r_n 的平方差来计算 R,由(10-5)式可得:

$$R = \frac{r_m^2 - r_n^2}{\lambda(m-n)} \tag{10-7}$$

因暗环圆心不易确定,故可用暗环的直径代替半径,得:

$$R = \frac{D_m^2 - D_n^2}{4(m-n)\lambda} \tag{10-8}$$

四、实验内容和要求

1. 启动钠光灯,并预热,将物镜对准牛顿环装置的中心,调整凸透镜的位置,使显微镜的视场中亮度最大。
2. 调节半透半反镜与显微镜光轴成45°角并锁紧。调节显微镜调焦手轮,直至能同时看清干涉条纹和竖叉丝,并消除视差。先定性观察左右的14个环形干涉条纹,看是否都清晰,并在显微镜的读数范围内,以便做定量测量。
3. 转动目镜聚焦分划板,然后转动调焦手轮,直到视场清晰无视差。
4. 测量牛顿环直径,记录数据(读数由分划板和鼓轮组成,可估读至0.001 mm),将数据填入表10-1中,用逐差法求出 R。

表10-1 用逐差法求出 R

环的级数												
环位置	左											
	右											
环的直径 D												
D^2/mm^2												
R												

五、注意事项

1. 为保护仪器,不要将牛顿环调节螺丝旋得过紧。
2. 实验中钠光灯打开后,不要随意关闭,经常开、关将影响灯的寿命。
3. 防止空程误差。由于螺杆和螺母不可能完全密接,当螺旋转动方向改变时,它们的接触状态也将改变,因此移动显微镜使其从相反方向对准同一目标的两次读数将不同,由此产生的测量误差称为空程误差。为防止空程误差,在测量时应向同一方向转动测微鼓轮使叉丝和各目标对准,若移动叉丝超过目标时,应多退回一些,再重新向同一方向转动测微鼓轮去对准目标。

六、研究与思考

1. 牛顿环形成在哪一个面上(定域在何处),它们产生的条件是什么?
2. 如何调整读数显微镜,使用读数显微镜应注意哪些问题?
3. 牛顿环的干涉图样有哪些特点?
4. 测量时为什么不从第一个暗环测起?
5. 牛顿环的中心斑在什么情况下是暗的?什么情况下是亮的?
6. 透射光是否能形成牛顿环?它和反射光所形成的牛顿环有何区别?

实验11 用迈克尔逊干涉仪测激光波长

【预习要点】

1. 迈克尔逊干涉仪的光路图中, G_1 和 G_2 各起什么作用?
2. 什么叫"等倾干涉"?干涉产生的明暗条纹应满足什么条件?
3. 实验是根据什么测量公式测量激光波长的?

迈克尔逊干涉仪是迈克尔逊(1852—1931)在19世纪后期提出的,它是利用分振幅法产生双光束以实现干涉的一种仪器。迈克尔逊与其合作者曾用此仪器进行了三项著名的实验,即测光速实验、标定米尺及推断光谱线精细结构,迈克尔逊运用它进行的大量反复的实验,动摇了经典物理的以太说,为相对论的提出奠定了实验基础。迈克尔逊也因发明干涉仪和进行光速的测量而获得1907年诺贝尔物理学奖。如今，迈克尔逊干涉仪仍被广泛地应用于长度精密计量和光学平面的质量检验（可精确到1/10波长左右）及高分辨率的光谱分析中，并可用它测量光波的波长、微小长度、光源的相干长度以及研究温度、压力对光传播的影响等等。

一、实验目的

1. 了解迈克尔逊干涉仪的原理并掌握调节方法。
2. 会用迈克尔逊干涉仪测激光的波长。

二、实验器材

迈克尔逊干涉仪、多头光纤激光器。

三、实验原理

1. 迈克尔逊干涉仪的光路

迈克尔逊干涉仪是一种分振幅双光束干涉仪，它的光路图如图11-1，从光源S发出的激光束以45°角射向G_1，由于G_1板后表面镀有半反射膜，这个半反射膜将这束光分为两束光，一束为反射光（1），一束为透射光（2），两束光互相垂直，并且分别垂直射到反射镜M_1、M_2上，经反射后这两束光再回到G_1的半反射膜上，又重新会聚成一束光，由于反射光（1）和透射光（2）为两相干光束，因此，我们可在O方向观察到干涉条纹。G_2为一补偿板，保证了光束（1）和（2）在玻璃中的光程完全相同，且对不同的色光都完全可将M_2等效为M_2'。反射镜M_2是固定不动的，M_1可在精密导轨上前后移动，从而改变（1）（2）两光束之间的光程差。精密导轨与G_1成45°角，为了使光束（1）与导轨平行，激光应垂直导轨方向射向迈克尔逊干涉仪。

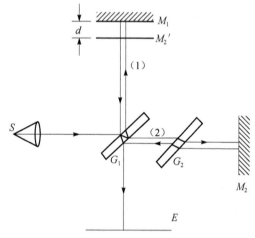

图11-1 迈克尔逊干涉仪的光路图

2. 干涉条纹的图样

图11-1中M_2'是M_2被G_1反射所成的虚像，从观察者看来，两相干光束是从M_1和M_2'而来的。因此我们把迈克尔逊干涉仪产生的干涉等效为M_1、M_2'间的空气膜所产生的干涉。

（1）点光源照明（非定域干涉）

激光束经短焦距凸透镜会聚后得到点光源S，它发出球面波照射迈克尔逊干涉仪，经G_1分束及M_1、M_2反射后射向屏E的光可以看成是由虚光源S_1、S_2'发出的，其中S_1为点光源S经G_1及M_1反射后成的像，S_2'为点光源S经G_1及M_2反射后成的像，等效于点光源S经G_1及M_2'反射后成的像。这两个虚光源S_1、S_2'所发出的两列球面波，在它们能够相遇的空间里处处相干，即各处都能产生干涉条纹。因此在这个光场中的任何地方放置毛玻璃都能看到干涉条纹，这种干涉称为非定域干涉。

随着S_1、S_2'与毛玻璃E的相对位置不同，干涉条纹的形状也不同。当毛玻璃E与S_1S_2'连线垂直且M_1与M_2'大体平行时，将得到圆心在S_1S_2'连线和E的交点O处的圆条纹，此时若M_1与M_2'以一小夹角相交且M_1、M_2与E距离大致相等，将得到直线条纹，将E放在其他地点将得到椭圆、双曲线干涉条纹。

下面研究当E垂直于S_1S_2'连线上得到的非定域圆条纹的特性。

如图11-2所示，M_1、M_2'距离为d，S_1、S_2'距离为$2d$，$z = |\overline{S_1O}|$，$z_1 = z - 2d$。S_1、S_2'到接收屏上任一点A的光程差：

$$\delta = \overline{S_1A} - \overline{S_2'A} = \frac{2z_1 d}{\sqrt{z_1^2 + r^2}}\left(1 + \frac{d}{z_1}\right) \approx \frac{2z_1 d}{\sqrt{z_1^2 + r^2}} = 2d\cos\theta \qquad (11-1)$$

而 $\cos\theta \approx 1 - \theta^2/2$，$\theta \approx r/z$，所以：
$$\delta = 2d\left(1 - \frac{r^2}{2z^2}\right) \quad (11-2)$$

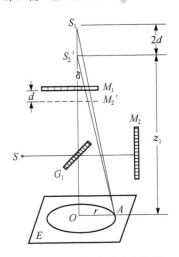

图 11-2 非定域干涉光路图

r 一定，则光程差相同，可知接收屏的干涉条纹为以 O 为圆心的圆环。

①亮纹条件：当光程差 $\delta = k\lambda$ 时，为亮纹，其轨迹为圆。若 z、d 不变，则 r 越小，k 越大，即靠中心的条纹干涉级次高，靠边缘（r 大）的条纹干涉级次低。

②条纹间距：令 r_k 及 r_{k-1} 分别为两个相邻干涉环的半径，根据式（11-2）得干涉条纹间距 $\Delta r = r_{k-1} - r_k \approx \frac{\lambda z^2}{2 r_k d}$。

③条纹的"吞吐"：缓慢移动 M_1 镜，改变 d，可看见干涉条纹"吞""吐"的现象。对于某一特定级次为 k_1 的干涉条纹（干涉环半径为 r_{k_1}）有 $2d\left(1 - \frac{r_{k_1}^2}{2z^2}\right) = k_1\lambda$。移动 M_1 镜，当 d 增大时，r_{k_1} 也增大，看见条纹"吐"的现象。当 d 减小时，r_{k_1} 也减小，看见条纹"吞"的现象。

在圆心处，有 $r=0$，式（11-2）变成 $2d = k_1\lambda$。若 M_1 镜移动了距离，所引起干涉条纹"吞"或"吐"的数目 $N = \Delta k$，则有：
$$2 \cdot \Delta d = N \cdot \lambda \quad (11-3)$$

所以，若已知波长 λ，就可以从条纹的"吞""吐"数目 N，求得 M_1 镜的移动距离，这就是干涉测长的基本原理。反之，若已知 M_1 镜的移动距离和条纹的"吞""吐"数目 N，由式（11-3）可求得波长 λ。

（2）扩展光源照明（定域干涉条纹）

①等倾干涉

如图 11-3 所示，设 M_1、M_2' 互相平行，用扩展光源照明，对倾角相同的各光束，它们由上、下两表面反射而形成的两光束，其光程差 $\delta = AB + BC - AD = 2d\cos\theta$。

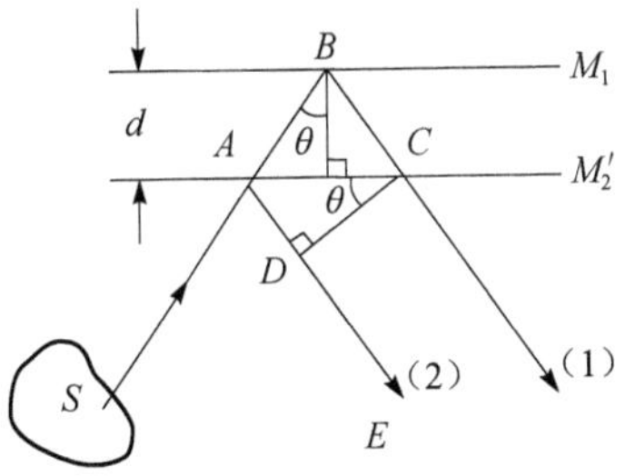

此时在 E 方，用人眼直接观察，或放一会聚透镜在其后焦面用屏去观察，可以看到一组同心圆，每一个圆各自对应一恒定倾角，所以称为等倾干涉条纹。等倾干涉条纹定域为无穷远。

图 11-3 定域等倾干涉

②等厚干涉条纹

如图 11-4 所示，当 M_1 与 M_2' 有一很小角度 α，且 M_1、M_2' 所形成的空气膜很薄时，用扩展光照明就出现等厚干涉条纹。等厚干涉条纹定域在镜面附近，若用眼睛观测，应将眼睛聚焦在镜面附近。经 M_1、M_2' 反射的两光束，光程差仍可近似地表示为：
$$\delta = 2d\cos\theta \approx 2d(1 - \theta^2/2)$$

在交棱镜（M_1、M_2' 相交处）附近，由于 θ 比较小，第二项可以忽略，光程差主要决定于厚度 d，所以在空气楔上厚度相同的地方光程差相同，观察到的干涉条纹是平行于两镜交棱的等间隔直线条纹。

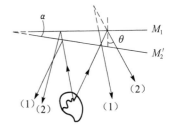

图 11-4 定域等厚干涉

四、实验内容和要求

1. 非定域干涉条纹的调节和激光波长的测量

（1）调水平，转动粗调手轮，停在主尺 3.2 cm 左右位置上。

（2）打开激光器，使激光投射在分光镜 G_1 和全反镜 M_1、M_2 的中部，激光束初步和 M_2 垂直。移开观察屏，向 M_2 方向可看到被分束板反射的两组平行光点。调节 M_2 镜后的三个螺丝，使屏上 M_2 反射的三

光点与 M_1 反射的三光点重合,主要是最亮点相重合。观察屏恢复到原位置,视场里会出现明暗相间的干涉条纹。

(3) 仔细调整 M_2 镜上的水平、竖直拉簧螺丝,当 M_1 和 M_2 平行时,在屏 E 上便可以看到非定域的圆条纹。移动细调手轮,观察条纹变化特点,从条纹的"吞"或"吐",条纹的粗细、疏密判断与 d、r_k 的变化关系,记录观察结果。

(4) 利用非定域圆条纹测激光波长

选定干涉圆环清晰的区域,调整仪器的零点,旋转微调鼓轮,每冒出(或缩进)50个干涉环记录一次 M_1 镜的位置,连续记录6次,根据式(11-3),用逐差法求出波长。

(5) 观察非定域等厚条纹

转动粗调手轮,使干涉圆环逐渐向圆心"缩"入,直到条纹变得粗且疏时,弯曲条纹往圆心方向转动,在视场中将出现直线干涉条纹,也就是等厚干涉条纹。

2. 定域干涉条纹的调节

(1) 定域等倾干涉条纹的调节

在 G_1 前放一毛玻璃,使光源成为面光源,在等倾条纹粗而疏时,用聚焦到无穷远的眼睛代替屏 E,这时可看到圆条纹,进一步调节 M_2 的微动螺丝,使眼睛上下左右移动时,各圆的大小不变,圆心不"吞"也不"吐",仅圆心随眼睛移动。移动 M_1 观察条纹变化情况。

(2) 等厚条纹

移动 M_1 和 M_2 大致重合,调节 M_2 后面的螺丝使 M_1 和 M_2' 有一个很小的夹角,这时视场中出现直线干涉条纹,这就是等厚干涉条纹。

五、注意事项

1. 做到"三不"

一不损伤镜面。不用手摸,不对镜面说话,不可以用纸、绢等乱擦,以防灰尘、油脂等污染镜面,腐蚀镀膜层。

二不乱拧螺丝。M_1、M_2 镜的调节螺丝既不能旋得过紧使镜片受压变形,并会减少调整范围,又不能将螺丝拧得太松卸下来。每次实验后将螺丝稍拧松以保证反射镜不受应力。若已将可动反射镜 M_1 调好(M_1 法线与导轨平行),那么无需再调节 M_1 镜后的螺丝。

三不振动。操作时动作要轻,严禁粗鲁、急躁,测试时不能振动仪器。

2. 做到"二要"

一要读数前调测微尺的零点。方法如下:将鼓轮13(见图11-5)沿某一方向(如顺时针方向)旋转至零,然后以同方向转动粗调手轮14使之对齐窗口内某一刻度,在测量时仍以同方向转动鼓轮使 M_1 镜移动,这样可使手轮与鼓轮二者读数相配合。

二要避免引入空程。实验中如需反向移动,要重新调整零点,将鼓轮按原方向转几圈,直到干涉条纹开始移动后才开始读数。

六、研究与思考

1. 调节圆条纹时,眼睛由左向右移动,看到条纹冒出三个,由右向左移动,则条纹缩进三个,此时 M_1、M_2 镜成什么关系?

2. 是否所有的圆形条纹组都是等倾条纹?若不是,请举例说明。

3. 在定域等倾条纹的观察中,若光改为白炽灯,能否看到等倾条纹?为什么?若 M_1 与 M_2' 重合时能看到吗?请试验。

附录:迈克尔逊干涉仪

图11-5为迈克尔逊干涉仪的外形图,由一套精密的机械传动系统和四片精磨的光学镜片固定在较重的底座10上,底座上有三个调节螺钉11,用来调节仪器水平。四片精磨的光学镜片为:1分光板 G_1、2

补偿板 G_2、3 固定反射镜 M_2、4 可动反射镜 M_1。G_1、G_2 是几何形状、物理性能相同的平行平面玻璃，G_1 的第二面镀半反射金属膜，可使入射光分成振幅（或光强度）近似相等的一束透射光和一束反射光，G_2 起补偿光程的作用，M_1、M_2 是两块镀金属膜（如银、铝、铅）并加保护膜（如氧化铝）的反射镜，M_2 固定在仪器上，M_1 装在导轨 7 的拖板 5 上，精密丝杠 6 可以带动拖板 5 前后移动。确定 M_1 的位置有三个读数装置①主尺：在导轨左侧，最小刻度为毫米；②读数窗口：从中可看到百分尺，将粗调手轮 14 转动一个分格，可读到 0.01 mm；③微调鼓轮 13：测微尺上有刻度，可读到 0.000 1 mm，估读到 10^{-5} mm，微调鼓轮每转一周，百分尺随之转一分格。M_1、M_2 镜的背后各有三个调节螺丝 8，用来调节镜面的倾斜度，M_2 镜台下面还有一个水平方向的拉簧螺丝 9 和垂直方向的拉簧螺丝 $9'$，调节它们的松紧可以对 M_2 的倾斜度做更精细的调节。

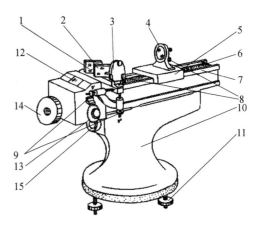

图 11-5 迈克尔逊干涉仪的外形图

实验 12　用分光计测棱镜玻璃折射率

【预习要点】

1. 分光计调整的步骤有哪些？
2. 什么是"各半调节法"？
3. 如何寻找最小偏向角？

测量折射率的方法有两类，一类是利用光波通过介质后，透射光的位相变化与折射率相关的物理方法；另一类则是基于折射定律，通过准确测量入、折射角度的几何方法。分光计是用来精确测量入射光和出射光之间偏转角度的一种仪器，可以用来测量折射率、色散率、光波波长等。分光计装置较精密，结构较复杂，调节要求也较高。

一、实验目的

1. 掌握分光计的调节原理和方法。
2. 学会用分光计测量三棱镜的顶角和折射率。

二、实验器材

JJY 型分光计、平面反射镜、汞灯光源、三棱镜。

三、实验原理

三棱镜的偏向角测定是利用光的折射，光线以入射角 i_1 入射到棱镜的 AB 面上（图 12-1），相继经棱镜两个面折射后，以 i_2 角从 AC 面出射，出射光线与入射光线的夹角称为偏向角，其大小随入射角 i_1 而改变。可以证明，当 $i_1 = i_2$ 时，偏向角为最小值，设 β 称为棱镜的最小偏向角，它与棱镜的顶角 α、折射率 n 之间有如下关系：

$$n = \frac{\sin\dfrac{\alpha+\beta}{2}}{\sin\dfrac{\alpha}{2}} \quad (12-1)$$

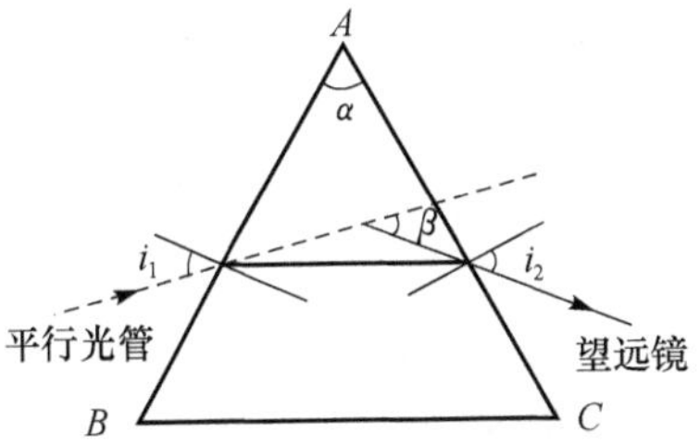

用分光计分别测量出棱镜的顶角 α、最小偏向角 β，即可用上式求得棱镜的折射率。

图 12-1　偏向角的测量

三棱镜顶角 α 的测定是利用光的反射，将三棱镜放在分光计载物台上使顶角对准平行光管，由平行光管出射的平行光照在三棱镜上，被两光学表面反射。由几何关系和反射原理可知，光线 1、2 间的夹角为 2α，如图 12 - 2 所示。用望远镜测出光线 1、2 的出射位置 θ_1、θ_1'、θ_2、θ_2'，有：

$$\alpha = \frac{1}{4}(|\theta_1 - \theta_2| + |\theta_1' - \theta_2'|) \qquad (12-2)$$

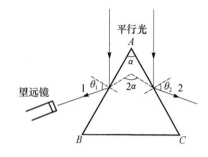

图 12 - 2 测三棱镜顶角

四、实验内容和要求

1. 分光计调整

（1）目测粗调

用眼睛粗略地估计，调节望远镜倾斜度调节螺丝 5 和平行光管倾斜度调节螺丝 9，使望远镜、平行光管大致呈水平状态；调节载物台下的三个水平调节螺丝 21，使载物台也大致呈水平状态。

（2）调节望远镜

调节望远镜聚焦于无穷远处，并使望远镜光轴垂直于仪器旋转主轴。

将平行平面反射镜放在载物台上（如图 12 - 3 所示，这样放置，调载物台时只需动螺丝 T_2 或 T_3，T_1 不再动），使望远镜对准平面镜某一面，旋转目镜 3 使分划板叉丝和十字窗口清晰。同时左右转动游标盘，眼睛通过望远镜观察，使视场中出现一个绿十字像。松开目镜筒制动螺丝 4 前后拉伸目镜，使绿十字像清晰，锁紧 4。如果望远镜光轴与中央垂轴垂直，且平面镜法线也垂直中央垂轴，则视场中的反射像（绿十字像）应在上叉丝上。将游标盘转动 180°后，另一面的反射像也在上叉丝处。此时说明望远镜筒已调好，即望远镜光轴已垂直于中央垂轴。

也有可能出现下面几种情况：

① 两面都找不到绿十字像：主要调节方法是用目测将望远镜筒和载物台调水平。

② 一面有像，另一面无像：这种情况产生的原因是虽然平面镜一反射面的法线方向与望远镜轴大致平行，但其连线不与中央垂轴垂直。调节分两部分，一是用目测调节载物台和望远镜螺丝，使人在目镜中看到两面都有绿十字像，二是在此基础上使用"各半法"做进一步调节。

③ 两面都有绿十字像，但都没有与上叉丝重合：调节方法仍用"各半法"。

图 12 - 3 平面镜放置

各半调节法的内容：如图 12 - 4 所示，C_1 是从望远镜中观察到的平面镜一个面反射的绿十字像。首先估计像与上叉丝之间的垂直距离，然后调节望远镜倾斜度调节螺丝 5 使得像与叉丝之间的距离减小一半至 C_2；再调节载物台水平调节螺丝 21 中的一个，使像与上叉丝重合至 C_3；将游标盘旋转 180°，使望远镜对准另一个反射面。用同样的方法调节，如此反复至平面镜两面反射的绿十字像都与上叉丝重合。

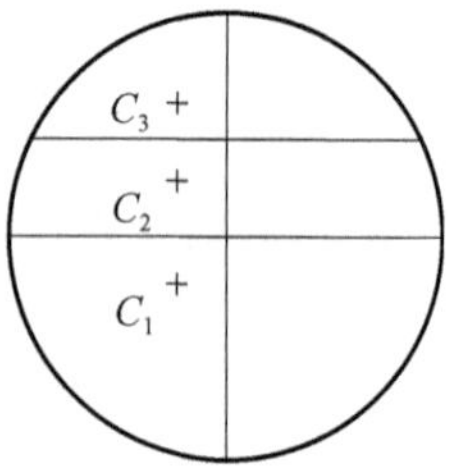

（3）调节平行光管

调节平行光管使之产生平行光且聚焦于望远镜焦平面。

图 12 - 4 各半调节法

将汞灯置于平行光管狭缝前面，开启汞灯电源。从望远镜的目镜中找到平行光管的平行狭缝，松开夹缝套筒制动螺丝 10 将狭缝筒前后拉伸，然后调节狭缝宽度调节手轮 11 使狭缝像细且清晰（注意：不要使狭缝关闭太紧）。将狭缝转动至水平，调节平行光管倾斜度调节螺丝 9，使狭缝处在中间叉丝上且左右对称，再将狭缝旋转 90°使狭缝垂直，锁紧 10。此刻，分光计处于正常工作状态，调节完毕。

2. 测三棱镜顶角 α（两光学面夹角）

（1）如图 12 - 5 放置三棱镜（使其三条棱与载物台上的三根刻线平行），转动载物台看到其两个光学面反射的绿十字像后调节相应的载物台水平调节螺丝 21，让它们均与分划板上叉丝重合。

（2）将三棱镜的顶角 A 对准平行光管，如图 12 - 2 所示。

(3) 旋转望远镜，使望远镜对准 AB 面。找到光线 1（通过狭缝的一条白竖线），对准竖叉丝，记录 θ_1、θ_1'；旋转望远镜，使望远镜对准 AC 面。再以同样的方法接收光线 2，记录 θ_2、θ_2'，重复三次。

(4) 自己设计表格，计算顶角 α 取平均值。

3. 最小偏向角 β 的测定

偏向角是入射光线与出射光线的夹角，如图 12 - 1 所示。一束白光经三棱镜折射，产生色散光谱，不同的谱线有不同的最小偏向角。

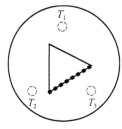

图 12 - 5 三棱镜放置

表 12 - 1 汞灯谱线

谱　线	紫 1	紫 2	蓝	绿	黄 1	黄 2
波长/Å	4 047	4 078	4 358	5 461	5 770	5 791

(1) 将 AB 面（或 AC 面）斜对平行光管，另一光学面为出射面。当从望远镜的目镜中找到谱线后，旋转游标盘，各色谱线随之转动，跟踪观察，当出现各色谱线同时往相反方向移动时，此位置为最小偏向角位置，精确找到最佳位置，停止转动游标盘 12 并将其锁紧。

(2) 用望远镜分别对准各色谱线，分别记下蓝、绿、黄 1、黄 2 等谱线对应的位置 θ、θ'；将三棱镜取下，记下平行光的入射位置 θ_0、θ_0'。由公式计算各色光的最小偏向角。

$$\beta = \frac{1}{2}(|\theta - \theta_0| + |\theta' - \theta_0'|) \tag{12-3}$$

(3) 自己设计表格、记录数据。把三棱镜顶角 α、谱线对应的最小偏 β，代入公式(12 - 1) 计算各单色光在三棱镜玻璃（材质重火石 ZF_1——见书后附录《典型光学玻璃的色散》）中的折射率 n。

五、注意事项

1. 拿光学元件时，轻拿轻放，切忌用手触摸光学仪器表面。
2. 分光计是较精密的光学仪器，调节、转动、紧固，力度要合适。
3. 汞灯点燃后不再移动，使用过程中不要关闭，因为再次启动出光要等一段时间。
4. 分光计调好后，切勿再次调节望远镜倾斜度调节螺丝 5。
5. 读取角度时，如果出现主刻度上的 0 刻线经过游标的 0 刻线，需对读数进行 360° 的修正。

六、研究与思考

1. 为什么要求平面反射镜两面反射的绿十字像都与上叉丝重合？
2. 平行光管狭缝的宽度过宽或过窄会有什么后果？
3. 折射率测量的误差来源有哪些？

附录：分光计的结构原理

分光计是一种常用的测定光线偏折方向的仪器。它由自准直望远镜、平行光管、刻度盘和游标盘、载物台等部分组成。图 12 - 6 是 JJY 型分光仪的构造原理图。

1. 自准直望远镜

望远镜是用来接受平行光以确定入射光方向的。自准直望远镜的结构如图 12 - 7 所示。它由目镜、分划板、物镜三部分组成。分划板上刻划有十字准线，在分划板的下方有一与光轴成 45° 角的全反射小棱镜，其表面上涂了不透明薄膜，薄膜上开了一个透绿光的十字窗口，光线从正下方入射后，分划板上的十字准线的下方形成一个绿十字，在分划板的对称位置有一黑色水平线。调节目镜上的微调旋钮，使分划板处于目镜的焦平面上，可在望远镜目镜视场中看到绿十字。若在物镜前放一平面镜，前后调节目镜（连同分划板）与物镜的间距，使分划板位于物镜焦平面上时，绿十字的反射光经物镜后在分划板上形成一个像。若平面镜镜面与望远镜光轴垂直，此像将落在分划板的黑色水平线上。

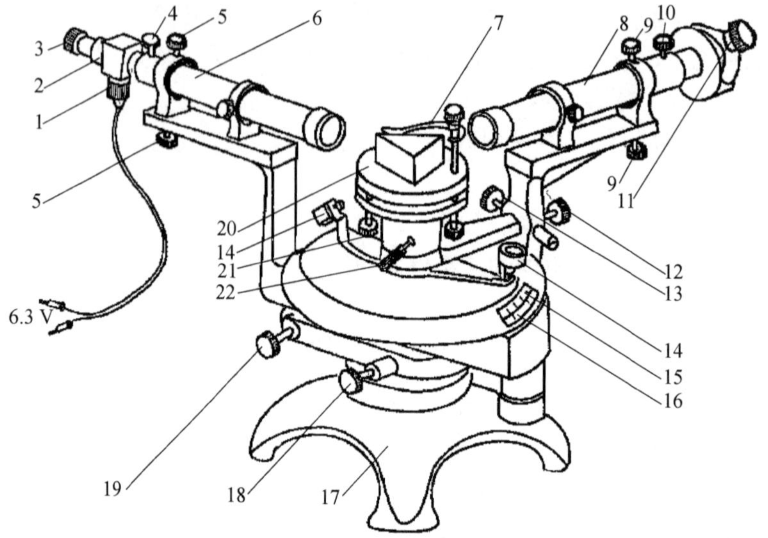

图 12-6 分光计结构图

1—小灯；2—分划板套筒；3—目镜；4—目镜筒制动螺丝；5—望远镜倾斜度调节螺丝；6—望远镜镜筒；7—夹持待测件弹簧片；8—平行光管；9—平行光管倾斜度调节螺丝；10—狭缝套筒制动螺丝；11—狭缝宽度调节手轮；12—游标圆盘制动螺丝；13—游标圆盘微调螺丝；14—放大镜；15—游标圆盘；16—刻度圆盘；17—底座；18—刻度圆盘制动螺丝；19—刻度圆盘微调螺丝；20—载物小平台；21—载物台水平调节螺丝；22—载物台紧固螺丝

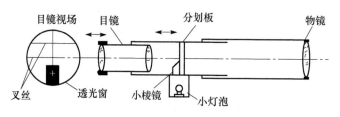

图 12-7 自准直望远镜

2. 平行光管

平行光管的作用是产生平行光。在前端装有会聚透镜。另一端内插入一套筒，其末端为一宽度可调的狭缝。当狭缝位于透镜的焦平面上时，就能使照在狭缝上的光经过透镜后成为平行光。整个平行光管与分光计的底座连接在一起，是不能转动的。

3. 刻度盘和游标盘

分光计的刻度盘垂直于分光计主轴并且可以绕主轴转动。为消除刻度盘的偏心差，采用两个相差 180°的双角游标读数，记录一个角度用左右两个读数，经过数据处理后，便完全消除了偏心误差。刻度盘的最小刻度为 0.5°，小于 0.5°的角度需用游标来读数。游标上的 30 格与刻度盘上的 29 格相等，故游标的最小分度值为 1′。读数时应先看游标零刻线所指的位置，例如，图 12-8 所示情形为 87°30′稍多一点，而游标上的第 15 格恰好与刻度盘上的某一刻度对齐，因而该读数为 87°45′。

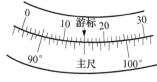

图 12-8 角度的读取

实验 13　衍射光栅测量

【预习要点】

1. 什么光栅？
2. 光栅衍射的特点是什么？

衍射光栅是一种分光元件，可用于光谱测量、计量、光通讯、信息处理等方面。光栅是由等宽等间距的互相平行的许多狭缝构成的光学元件。光栅有两种,一种是用作透射光衍射的透射光栅;另一种是用于反射光衍射的反射光栅。根据光栅制备工艺不同有刻划光栅、复制光栅与全息光栅等。

一、实验目的

1. 观察光栅衍射的现象及特点。
2. 学习利用分光计测量光栅常数和光的波长的原理和方法。

二、实验器材

分光计、汞灯光源、平面反射镜、光栅。

三、实验原理

一般的光栅在1毫米内刻有几百条至几千条狭缝,本实验中所用的是每毫米有300～600条狭缝的透射光栅。

若以单色平行光垂直照射在光栅面上,则透过各狭缝的光线因衍射将向各个方向传播,经透镜会聚后相互干涉,并在透镜焦平面上形成一系列被相当宽的暗区隔开、间距不同的明条纹。

按照光栅衍射理论,衍射光谱中明条纹的位置由下式决定:

$$d\sin\varphi_K = K\lambda \quad (K = 0, \pm 1, \pm 2, \pm 3, \cdots) \tag{13-1}$$

式中,$d = a + b$ 称为光栅常数,λ 为入射光波长,K 为明条纹(光谱线)级数,φ_K 是 K 级明条纹的衍射角(图13-1(a))。

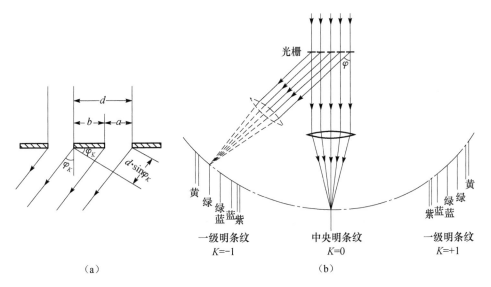

图13-1 光栅衍射光谱示意图

如果入射光是复色光,由式(13-1)可以看出,光的波长不同,其衍射角各不相同,于是复色光将被分解,其特点是在中央 $K = 0$,$\varphi_0 = 0$ 处,各色光仍重叠在一起,组成中央明条纹;在中央明条纹两侧对称地分布着 $K = \pm1$,±2,±3,…各级明条纹,各级明条纹按照波长大小的顺序依次排列成一组彩色条纹,称为光谱(图13-1(b))。

根据以上讨论,我们用分光计测得 K 级光谱线的衍射角后,若给定入射光波长 λ,便可用公式(13-1)求出光栅常数 d,反之,若已知光栅常数 d 又可求出入射光的波长 λ。

四、实验内容

1. 调整分光计:调整方法见《实验12 用分光计测棱镜玻璃折射率》

2. 调整光栅

（1）调节光栅平面垂直于平行光管光轴

按图 13-2 放置光栅，用自准直法调节光栅与望远镜光轴垂直，并使狭缝像、绿十字像的垂直线与分划板竖叉丝三者重合（说明：由于光栅上加了保护光栅面的玻璃片，往往会出现两个亮十字像，遇到这种情况以较暗的那个十字像为准）。

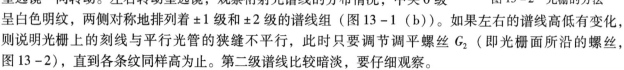

图 13-2 光栅的方法

（2）调节光栅刻线与分光计转轴平行

松开望远镜止动螺丝，并旋紧望远镜与刻度盘止动螺丝，使刻度盘能随望远镜一同转动。左右转动望远镜，观察衍射光谱线的分布情况，中央 0 级呈白色明纹，两侧对称地排列着 ±1 级和 ±2 级的谱线组（图 13-1（b））。如果左右的谱线高低有变化，则说明光栅上的刻线与平行光管的狭缝不平行，此时只要调节调平螺丝 G_2（即光栅面所沿的螺丝，图 13-2），直到各条纹同样高为止。第二级谱线比较暗淡，要仔细观察。

3. 测量汞灯各级谱线的衍射角

（1）由于衍射光谱对中央明纹是对称的，先测出 $-K$ 级光谱线相应的两游标读数 θ_1、θ_1'，再测出 $+K$ 级光谱线相应的两游标读数 θ_2、θ_2'，则有

$$\varphi = \frac{1}{4}(|\theta_1 - \theta_2| + |\theta_1' - \theta_2'|) \quad (13-2)$$

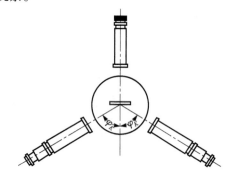

图 13-3 测量示意图

（2）将望远镜移至最左端，从 -2、-1 级至右边 +1、+2 级依次测量，记下各级谱线中黄（黄 2 和黄 1）、绿、蓝四条谱线位置的两游标读数（图 13-3）。

（3）为了使叉丝精确地对准谱线，必须使用望远镜调节微动螺旋 19。

4. 数据处理

（1）已知绿谱线的波长为 546.07 nm，求光栅常数 d。

（2）利用已测出的光栅常数，求 $\lambda_{蓝}$，$\lambda_{黄1}$，$\lambda_{黄2}$。

（3）已知各谱线波长的公认值分别为 $\varLambda_{蓝} = 435.83$ nm，$\varLambda_{黄1} = 576.96$ nm，$\varLambda_{黄2} = 579.07$ nm，求测量值的相对误差。

五、注意事项

1. 光栅是精密光学元件，严禁用手触摸其表面，不得擦拭表面，以免弄脏或损坏，轻拿轻放，严防跌落摔坏；

2. 汞灯紫外光很强，不可直视，以免灼伤眼睛；

3. 汞灯在关闭后不能立即再打开，要等灯管温度下降后，水银蒸气压降到一定程度才能重新点燃，一般约需等 10 分钟，否则损坏汞灯。

4. 分光计调好后，切勿再次调节望远镜倾斜度调节螺丝 5。

5. 读取角度时，如果出现主刻度上的 0 刻线经过游标的 0 刻线，需对读数进行 360° 的修正。

六、研究与思考

1. 用公式（13-1）测 d 或 λ 时，实验要保证什么条件？

2. 光栅调节时，放置光栅要求使光栅平面垂直平分 G_1G_3 连线（见图 13-2），这是为什么？如果光栅平面仅仅与 G_1G_3 连线垂直，但并不平分 G_1G_3 连线，是否可以？为什么？

3. 光栅衍射光谱和棱镜光谱有哪些不同之处？在上述的两种光谱中分别是哪一种颜色光的偏向角度最大？

实验 14　光偏振现象

【预习要点】

1. 马吕斯定律。
2. 说明偏振片和波片的作用。
3. 如何区别自然光、线偏振光、圆偏振光、部分偏振光、椭圆偏振光？

1808 年马吕斯（E. L. Malus，1775—1812）发现了光的偏振现象，对于光的偏振现象的深入研究，证明了光波是横波，使人们进一步认识了光的本质。随着技术的不断进步，偏振光元件、仪器、技术在很多领域都得到应用，尤其是在实验应力分析、计量测试、晶体材料分析、薄膜和表面研究、激光技术等方面的应用更为突出。

一、实验目的

1. 观察偏振现象，验证马吕斯定律。
2. 观察 1/4 波片和 1/2 波片对偏振光的作用。

二、实验器材

光源、偏振片 2 块、光功率计、1/4 波片、1/2 波片。

三、实验原理

1. 自然光与偏振光

光波是一种电磁波，电磁波是横波，相互垂直的振动矢量电场强度 E 和磁场强度 H 均垂直于波传播方向。常用 E 表征光波振动矢量，简称光矢量。一般光源发射的光波，E 的振动在垂直于传播方向上的各向分布几率相等，称为"自然光"。若 E 的振动只限于某一确定方向，大小随相位变化，这时在垂直于光波传播方向的平面上光矢量端点轨迹是一直线，那么这种光就称为"线偏振光（平面偏振光）"。一般称光矢量与光传播方向构成的平面为"振动面"。图 14 - 1 所示是光的振动面恰好平行于纸面（图 14 - 1（a））和垂直于纸面（图 14 - 1（b））的两种情况，图的下方是示意表示方法。如果光矢量的端点绕波的传播方向做螺旋形旋转，光矢量端点在垂直于传播方向的平面上的轨迹呈椭圆或圆，这样的光称为"椭圆偏振光"或"圆偏振光"。一个分子或原子一次所发的光是偏振光，介于偏振光与自然光之间的还有"部分偏振光"，其特点是光的电矢量在某一确定方向上较强，各类偏振示意图如表 14 - 1 所示。

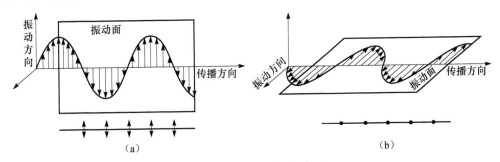

图 14 - 1　偏振光的振动面

表 14 - 1　各类偏振光示意图

类别	自然光	部分偏振光	线偏振光	圆偏振光	椭圆偏振光
E 的振动方向和振幅	※	※	↕	○ E	○ E

2. 偏振器

"偏振器"是产生偏振光的光学元件。其中有根据晶体双折射现象及全反射原理制成的尼科耳（Nicol）棱镜；应用某些物质微晶的二向色性制成的偏振片，二向色性物质（如电气石、碘化硫酸奎宁、硫酸金鸡钠碱等）有选择吸收寻常光（o 光）或非寻常光（e 光）的性质。当偏振器用于产生偏振光时，称为"起偏器"；用于检查偏振光时，则称为"检偏器"。

各种偏振器只允许某一方向偏振光通过，这一方向称为偏振器的"偏振化方向"，可称为"通光方向"。当起偏器和检偏器的通光方向互相平行时，通过的光强最大；当二者的通光方向互相垂直（即正交）时，光完全不能通过。

3. 马吕斯定律

1809 年马吕斯在实验中发现强度为 I_0 的偏振光通过检偏器后，强度为

$$I = I_0 \cos^2 \alpha \tag{14-1}$$

式中，α 是偏振光的振动方向（即起偏器通光方向）与检偏器通光方向间的夹角。

4. 双折射现象

对于各向异性介质，一束入射光线通常被分解成两束折射光线，这种现象称为双折射现象。其中一条折射光线满足折射定律，称为寻常光（o 光），它在介质中传播时，每个方向的速度相同。另一条光线即非寻常光（e 光）不满足折射定律，它在各向异性介质内的速度随方向而变，这就是产生双折射现象的原因。在一些双折射晶体中，有一个或几个方向的 o 光和 e 光的传播速度相同，这个方向称为晶体的光轴。光轴和光线构成的平面称为主截面。o 光和 e 光都是线偏振光。o 光的电矢量振动方向垂直于自己的主截面，e 光的电矢量振动方向在自己的主截面内（见图 14-2）。

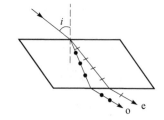

图 14-2 双折射现象

5. 波片

波片是光轴平行于晶面的各向异性的晶体片。两个同频率有固定位相差的相互垂直的振动同时作用于一点，则该点合成的轨迹是椭圆形。当线偏振光垂直入射到波片上时，晶体内的 o 光和 e 光传播方向相同，但传播速度不同，它们之间有固定的相位差，且频率相同。它们合成的光的电矢量末端轨迹一般为椭圆，称为椭圆偏振光。若 o 光和 e 光的振幅相等，则合成光的电矢量末端轨迹为圆，称为圆偏振光。

若 n_o 和 n_e 为晶体对在真空中波长为 λ_0 的 o 光和 e 光的主折射率，d 为光线穿过晶体的厚度，o 光和 e 光在波片中的光程差和相位差分别为

$$\delta = (n_o - n_e)d \tag{14-2}$$

$$\Delta = \frac{2\pi}{\lambda_0}(n_o - n_e)d \tag{14-3}$$

调节晶片厚度 d，可以做成 1/4 波片（$\lambda/4$ 片）、1/2 波片（$\lambda/2$ 片）。

当 $\delta = (2k+1)\dfrac{\lambda}{4}$ （$k=0, 1, \cdots$）时，为 $\lambda/4$ 片；

当 $\delta = (2k+1)\dfrac{\lambda}{2}$ （$k=0, 1, \cdots$）时，为 $\lambda/2$ 片。

线偏振光经 $\lambda/4$ 片一般合成椭圆偏振光，如图 14-3 所示，所合成的椭圆偏振光的长轴和短轴分别同 e 光和 o 光的振动方向重合。椭圆偏振光的长轴和短轴的取向决定于入射光的振动面与光在波片内的主截面间的夹角 θ。当 $\theta=0°$ 和 90°时，出射线偏振光，当 $\theta=45°$ 时，两轴相等，合成光为圆偏振光。反之，椭圆偏振光通过 1/4 波片后，有可能变为线偏振光。然而一个 $\lambda/4$ 片仅仅只能使某一给定波长的 o 光和 e 光的光程差 $(n_o - n_e)l$ 等于 $(2k+1)\lambda/4$。对于不同的波长，1/4 波片的厚度不同。

一束线偏光经过波片为 $\lambda/2$ 片时，o、e 两光所合成的出射光仍为线

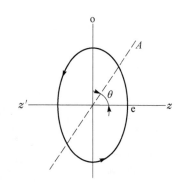

图 14-3 椭圆偏振光示意图

偏振光，但偏振方向旋转了 2θ 角。图 14-4（a）表示入射的偏振光在波片表面上分解为 e 光和 o 光，图 14-4（b）表示当 $\theta=45°$ 时，1/2 波片使线偏振光的振动面转过 $90°$，所以半波片常用于改变偏振光的振动方向。

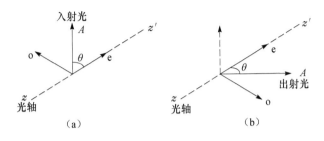

图 14-4 1/2 波片对偏振光的作用

四、实验内容和要求

1. 验证马吕斯定律本实验用光功率计探测透过检偏器的光的强度

（1）实验光路如图 14-5 所示。图中 P 为起偏器，A 为检偏器，C 为扩束镜。

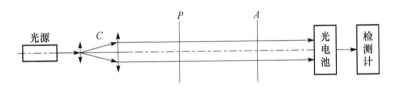

图 14-5 验证马吕斯实验光路

（2）调节两偏振器平行或正交，作为测量的起点。固定起偏器的通光方向不变，转动检偏振器，找到光强示值最大或最小（接近零）时刻度盘的方位角 θ_{max} 和 θ_{min}，此时对应的 α 角分别为 $0°$ 和 $90°$。

（3）改变角度，逐点测出 α 和 I。数据表格自拟。在坐标纸上做出 $I-\cos^2\alpha$ 实验曲线，由曲线得出正确结论。

2. 观察波片对偏振光的作用

（1）按图 14-6 摆好光路，图中 E 为投影屏，其他同图 14-5。

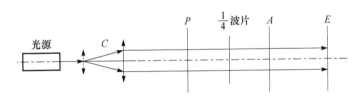

图 14-6 观察波片对偏振光作用实验光路图

（2）首先加入 1/4 波片，使其光轴和 P 的偏振化方向成 $45°$ 角，转动偏振片 A，记录屏上的光强变化情况，此时是否可根据光强的变化判断出射光是什么光？在此波片后再放入一个 1/4 波片，转动 A，记录光强的变化，由此判断由第一个 1/4 波片出射的光是什么光。

变化 1/4 波片的光轴与 P 的偏振化方向的角度 θ，然后转动 A，记录光强的变化。可否根据光强变化情况判断出射光的性质？在波片后放入第二个 1/4 波片，使两波片光轴平行，转动 A，记录光强变化情况。一般情况，线偏振光通过 1/4 波片变成什么光？

（3）把 1/4 波片换成 1/2 波片，使其光轴与 P 的偏振化方向成 $45°$ 角。转动偏振片 A，记录屏上光强的变化，指出 1/2 波片出射光的性质。

改变 1/2 波片与 P 的偏振化方向的夹角 θ，转动 A，记录光强变化情况。多取几个不同的 θ 值，然后指出线偏振光通过 1/2 波片后发生什么变化。

五、注意事项

探测光强度的设备需自选，如用光功率计、光电池加检流计或其他光电测量设备均可，注意各种仪器量程与测试光强匹配，勿超量程损坏仪器。

六、研究与思考

1. 验证马吕斯定律时实验结果和理论是否完全符合？若不是，分析原因。若在以下情况：（1）光源发出的是部分偏振光；（2）测量时有一次光源光强突变，对实验有何影响？
2. 如何区别自然光、线偏振光、圆偏振光、部分偏振光、椭圆偏振光？

实验15　氢原子光谱

【预习要点】
1. 氢光谱可见光部分有哪些明显的谱线？
2. 氢原子光谱的实验规律是什么？

光谱线系的规律与原子结构有内在的联系，因此，光谱是研究原子结构的一种重要的方法。氢原子的结构是所有原子中最简单的，一百多年来，对氢光谱和氢原子结构的研究从未中断，并且在量子论的发展中多次起过重要作用。

一、实验目的

1. 掌握 CCD 单色仪的结构、原理。
2. 学会用软件看谱线，测量波长。
3. 测量里德伯常数，加深对氢光谱的认识。

二、实验器材

CCD 单色仪（扫描控制箱）、氢灯、汞灯、电源箱及计算机。

三、实验原理

1885 年，瑞士科学家巴尔末根据实验结果总结出在可见光区的氢光谱分布规律的经验公式：

$$\lambda = B\frac{n^2}{n^2 - 2^2}$$

式中，B 是一常数，等于 3 645.6 Å，n 为大于 2 的正整数。当 $n=3$，4，5，6 时，上式即给出氢光谱中可见光部分的四条谱线的波长，分别称为 H_α，H_β，H_γ 和 H_δ 谱线。上式给出的一组谱线称为巴尔末线系。

瑞典物理学家里德伯在对许多元素光谱的研究中，整理了大量的光谱数据，首先采用波数来表示光谱，各谱线的波数可以用两个光谱项 $T(n)$ 的差值来表示，即

$$T(n) = \frac{R}{n^2}$$

$$\tilde{\nu} = T(n_1) - T(n_2) \tag{15-1}$$

式中，$R=4/B$；n_2 为大于 n_1 的正整数，当 $n_1=1$ 时，称为拉曼线系；$n_1=2$ 时，即为巴耳末线系；$n_1=3$ 时，称为帕邢线系；$n_1=4$ 时，称为布喇开线系；$n_1=6$ 时，称为普丰特线系。

当 $n_1=2$ 时，巴耳末线系为：

$$\tilde{\nu} = \frac{1}{\lambda} = R\left(\frac{1}{2^2} - \frac{1}{n^2}\right) \tag{15-2}$$

式中，R 称为里德伯常数。上式更好地显示了巴耳末线系的光谱规律。

1913 年 2 月，玻尔得知氢原子光谱线的经验表达式（巴耳末公式）后，在 1914 年连续发表了四篇关于氢原子理论的文章。根据玻尔的氢原子理论，即可证得式（15 - 2），里德伯常数不再是一个经验常数，而可以由基本物理常数精确地算得：

$$R = \frac{2\pi^2 e^4 m_e}{ch^3} \tag{15-3}$$

式中，m_e、e 分别是电子的质量和电荷；c、h 分别是真空中的光速与普朗克常数。假定氢原子是绕核与电子的质心运动，设核的质量为 m_H，则上式中的质量 m_e 用折合质量 $\left(\mu = \frac{m_e m_H}{m_e + m_H}\right)$ 来替代，因此氢原子的里德伯常数

$$R_H = \frac{2\pi^2 e^4}{ch^3} \mu$$

把式（15 - 3）代入上式得：

$$R_H = R \frac{1}{1 + \frac{m_e}{m_H}} \tag{15-4}$$

因此，巴耳末线系为：

$$\tilde{\nu} = \frac{1}{\lambda} = R \frac{1}{1 + \frac{m_e}{m_H}} \left(\frac{1}{2^2} - \frac{1}{n^2}\right) \tag{15-5}$$

四、实验内容和要求

1. 利用 CCD 单色仪测量氢光谱波长

打开扫描控制箱电源，打开电源开关，打开氢氖灯，利用扫描控制箱先大致观察各谱线波长。

（1）用已知波长的灯源校正光谱

将已知波长的光源（例如，汞灯在可见光区辐射光谱波长 577 nm、546 nm、436 nm、405 nm、365 nm）对准 CCD 单色仪的入射狭缝，在计算机上运行摄谱仪采集测量系统，根据已知光源波长进行定标。定标就是用光标从光谱中找出已知波长的采样点（谱峰）所处的位置。

①例如，放上汞灯，扫描控制箱设定为 436 nm 进行扫描，点击"开始采集"菜单，进入实时采集和显示状态，调节光路，直到采到满意的曲线后，点击"停止采集"；

②在局部放大区域（局部视窗）里，用鼠标控制拾取线来选取待定标的采样点（谱峰）位置，在弹出的对话框里把对应已知波长输入后确定，定标谱线即存入定标谱线库。

（2）进行测量

换上氢氖灯，光源对准 CCD 单色仪的入射狭缝，根据观察到的各谱线波长，用汞灯分段定标后进行测量。

①用汞灯定标后，换上待测的光源氢氖灯，采集得到某待测曲线，在局部放大区域（局部视窗）里，用鼠标控制拾取线来选取待测量计算的采样点（谱峰），按下鼠标右键后弹出"待测谱线计算"对话框。

②点击"由列表选定标谱线 1（或 2）"按钮，此时会弹出定标谱线库，在库里选定谱线后按确定即可；如果对选取的采样点不满意，点击"重取待测谱线"来更改。

③当以上工作完成后，点击"计算待测波长"即可得到测量结果，显示在"波长"一栏里。

2. 数据处理

（1）由测出的空气中的氢谱线波长求出真空中的波长 λ，作 $\tilde{\nu}$（λ 的倒数）$-1/n^2$ 曲线，寻求合适的 n 值，使 $\tilde{\nu}$ 与 $1/n^2$ 有直线关系。已知空气的折射率为 1.002 9。将 λ 及相应的 n 值代入巴耳末公式（15 - 2），分别求出里德伯常数后求其平均值，估计其误差，并与公认值比较，是否在误差范围内相符（R 的公认值为 10 967 758.306 ± 0.013 m^{-1}）。

（2）由式（15 - 4）或式（15 - 5）求氢核的质量比。

五、注意事项

1. 仪器应防尘、防锈、避免振动，光学零件表面不得任意擦拭并避免指纹和唾液侵害。
2. 氢灯输出时起辉电压为 8 000 V，工作电流为 15 mA，注意安全，使用完毕，应切断电源。
3. 先开电源开关，再开氢灯；关闭时，先关氢灯，再关电源开关。
4. 当电机声音不对时，应立即关掉控制箱电源。

六、研究与思考

画出氢原子巴尔末线系的能级图，并标出前四条谱线对应的能级跃迁和波长。

附录：XG 型扫描控制箱使用说明

复位键：按一次复位键相当于重新开一次电源。

归零键：按此键，单色仪回到零级光谱。

设定键：用来设定波长，按设定键，出现 C，再按数字键，输入要走到的波长（如果设定错误，按清除键，清除后重新输入），按确认键，仪器即走到设定的波长，设定值为 Å，显示为 nm。

快速键、慢速键：用来扫描波长，与方向键和确认键配合，慢速或快速扫描一个波段，按确认键，即停止扫描。

联机键：用来和计算机设备联机。

清除键：配合设定键来设定波长。

单步键：每按一次单步键，仪器波长前进或减少 0.1 nm，用于精确寻找波长。

方向键：配合单步键、慢速键、快速键用以扫描方向。

实验 16 光电效应及普朗克常数测量

【预习要点】

1. 光电效应有哪些实验规律？
2. 如何理解爱因斯坦方程对光电效应的解释？
3. 如何利用测量数据找截止电压后求普朗克常数和红限频率？

量子论是近代物理的基础之一，给量子论以直观、鲜明物理图像的是光电效应。随着科学技术的发展，光电效应已广泛应用于工农业生产、国防和许多科技领域。普朗克常数是自然界中一个很重要的普适常数，它可以用光电效应法简单而又较准确地求出。目前，普朗克常数的公认值是 $h = 6.626\ 19 \times 10^{-34}\ \text{J} \cdot \text{S}$。进行光电效应实验，并测出普朗克常量，有助于学生了解光的量子性及量子理论的相关知识。

一、实验目的

1. 测试光电管的伏安特性曲线。
2. 用爱因斯坦光电效应方程求出普朗克常数。
3. 求光电管阴极材料的红限频率。

二、实验器材

普朗克常数测定仪。

三、实验原理

1887 年，赫兹在验证电磁波存在时意外地发现，当一束入射光照射到金属表面时，会有电子从金属表面逸出，这个物理现象被称为光电效应。随后科学家们总结出光电效应的实验规律：

① 光电发射率（光电流）与光强成正比（图 16-1 (a)，图 16-1 (b)）；

② 光电效应存在一个阈频率（或称截止频率），当入射光的频率低于阈值时，不论光的强度如何，都没有光电子产生（图 16-1 (c)）；

③ 光电子的动能与光强无关，但与入射光的频率成正比（图 16-1 (d)）；

④ 光电效应是瞬时效应，一经光线照射，立即产生光电子。

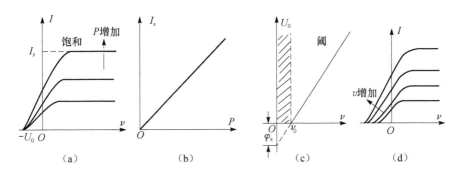

图 16-1 光电效应实验规律

然而用经典电磁理论无法对上述实验事实做出圆满解释。1905 年，爱因斯坦提出了"光电子"的概念，认为从一点发出的光不是按麦克斯韦电磁理论指出的那样以连续分布的形式把能量传播到空间，而是频率为 ν 的光以 $h\nu$ 为能量单位（光量子）的形式一份一份地向外辐射。光电效应是一个具有能量 $h\nu$ 的光子作用于金属中的一个自由电子，把全部能量都传递给这个电子而造成的。如果电子脱离金属表面耗费的能量为 W_s 的话，则由于光电效应逸出金属表面的电子动能为：

$$E = h\nu - W_s \text{或} \frac{1}{2}mV^2 = h\nu - W_s \tag{16-1}$$

式中，h 是普朗克常数；ν 是入射光的频率；m 是电子的质量；V 是光电子逸出金属表面的初速度；W_s 是受光线照射的金属材料的逸出功；$\frac{1}{2}mV^2$ 是没有受到空间电荷的阻止，从金属中逸出的光电子的最大初动能。入射到金属表面的光频率（$\nu = c/\lambda$）越高，逸出电子最大初动能必然也越大（W_s 不变），如图 16-1 (d) 所示。正因为光电子具有最大初动能，所以即使在加速电位差 $U_{AK} = U_A - U_K = 0$ 时，仍然有光电子落到阳极而形成光电流，甚至当阳极的电位低于阴极的电位时也会有光电子落到阳极，直到加速电位差为某一负值 U_s 时，所有光电子都不能到达阳极，光电流才会为零（图 16-1 (a)）。这个 U_s 被称为光电效应的截止电压。

显然，此时有
$$eU_s - \frac{1}{2}mV^2 = 0 \tag{16-2}$$

代入 (16-1) 式得：
$$eU_s = h\nu - W_s \tag{16-3}$$

由于金属材料的逸出功 W_s 是金属的固有属性，对于给定的金属材料 W_s 是一个定值，它与入射光的频率无关，令 $W_s = h\nu_0$，ν_0 是阈频率（红限频率），即具有"红限"频率 ν_0 的光子的能量恰恰等于逸出功 W_s，而没有多余的能量。将 (16-3) 式写为

$$U_s = \frac{h}{e}\nu - \frac{W_s}{e} = \frac{h}{e}(\nu - \nu_0) \tag{16-4}$$

(16-4) 式表明，截止电压 U_s 是入射频率 ν 的线性函数。当入射光的频率 $\nu = \nu_0$ 时，截止电压 $U_s = 0$，没有光电子逸出，上式的斜率 $k = \frac{h}{e}$ 是一个正常数。

故
$$h = ek \tag{16-5}$$

可见，只要用实验方法作出不同频率下的 $U_s(\nu)$ 直线，并求出直线的斜率，就可以通过频率为 ν，强度为 P 的光线照射到光电管阴极 K 上，即有光电子从阴极逸出，如图 16-2 所示，在阴极 K 和阳极 A 之间加有反向电位 U_{KA}，它使电极 K，A 之间建立起的电场对阴极逸出的光电子起减速作用，随着电位 U_{KA}

的增加,到达阳极的光电子将逐渐减少。当 $U_{KA}=U_s$ 时,光电流降为零。

然而,由于阴极材料在使用中常会沉积到阳极上,在可见光照射下会发射光电子而形成反向饱和电流。封闭的暗盒中的光电管在外加电压下因阴极和阳极之间绝缘电阻漏电而有微弱的暗电流流过,暗电流基本上与外加电压成线性变化。因此实测的光电管伏安曲线与理想曲线有区别。图 16-3 中的点画线表示反向电流与暗电流曲线,实际上实测曲线上的每一点的电流值是另外三个电流值的代数和。显然曲线上光电流为零的点所对应的电压值并不是截止电压,真正的截止电压应是实测曲线的 C 点,即斜直线部分与曲线部分相接处的点(拐点)。

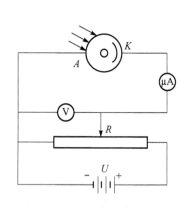 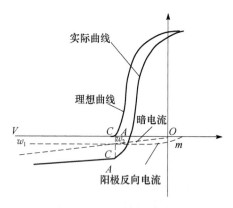

图 16-2 实验原理图　　　　　　图 16-3 光电管的伏安特性曲线图

图 16-4 表示实验装置的光电原理。卤钨灯 S 发出的光束经透镜 L 会聚到单色仪 M 的入射狭缝 S_1 上,从单色仪出射狭缝 S_2 发出的单色光(200~800 nm)投射到光电管 PT 的阴极金属板 K,释放光电子(发生光电效应),A 是集电极(阳极)。由光电子形成的光电流经放大器 AM 放大后可以被微安表测量。在 AK 之间施加反向电压(集电极为负电位),光电子就会受到电场阻挡(减速)作用。当反向电压足够大,达到 U_s,光电流降到零,U_s 就是截止电压。

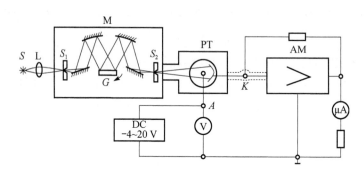

图 16-4 普朗克常量实验装置光电原理

S—卤钨灯;L—透镜;M—单色仪;S_1—入射狭缝;G—光栅;S_2—出射狭缝;PT—光电管;AM—放大器

四、实验内容和要求

1. 正式测量前仪器的调整

(1) 光源预热。将单色仪狭缝前的挡板置于挡光位置,打开卤钨灯电源开关预热 20~30 min。

(2) 调节测量放大器的零点。先将电压表调至"零"伏,然后微调零点调节钮,使各量程的电流表指示为零。

(3) 单色仪的调整。单色仪由入射狭缝、出射狭缝和螺旋测微器组成,其中螺旋测微器的高精度测微螺杆位移量可转化为光栅台的转动位移并与输出波长相对应,测微螺杆位移一个分度即 0.01 mm 时,输出波长变化 1 nm。若无零位偏差,当微分筒上的零位与固定套筒的示数 5 重合时,波长示值是 500 nm。若发生零位偏差,实验中应精确矫正零级光谱位置,方法如下:将螺旋测微器的微分筒转到"0"位左右,电压置于零位观察微安表指示值,轻微左右转动微分筒,使微安表(在合适的倍率)的指示值最大,然后读出测微器的示值。若微分筒上的零线与固定套筒的横线在"零"上重合时指示值最大,说明零级光谱位置正确,当二者不重合时,要判断误差的正负,在实验中予以修正。

2. 选定波长,测量光电管的伏安($I-V$)特性

(1) 观察加负向电压时光电流的变化

将微安表正负转换开关置于"-",逆时针转动微分筒到选定的波长位置 λ_1,转动电压调节旋钮,从 $-4 \sim -0.5$ V 逐步改变光电管截止电压,观察电流变化情况,电流表的倍率选择一般在 10^{-4} μA 挡或 10^{-5} μA 挡,注意电流开始明显升高的电压值。

(2) 测量四种波长的伏安特性数据

记录电压 $-4 \sim 20$ V 的光电流。要求针对电流变化情况,分别以不同的间隔施加电压,读取对应的电流值。拐点附近减小数据采集间隔。电流指示到正后应调整正负转换开关,加大测试间隔。

3. 数据处理要求

作 $\nu - U_s$ 的关系曲线,计算 h 值并与公认值进行比较。计算光电管阴级材料的逸出功和红限频率。

(1) 画出伏安特性曲线,确定各个光电流曲线的截止电压

找出实测曲线的斜直线部分与曲线部分的相接处,其对应的电压值即为该光电流曲线的"拐点"即该频率下的截止电压。填入下表:

波长 λ/nm				
频率 $\nu \times 10^{14}$/Hz				
截止电压 U_s/V				

(2) 作 $U_s(\nu)$ 关系图,$U_s = f(\nu)$ 关系曲线应该是一条直线,用最小二乘法求出直线的斜率后,求出普朗克常数($h = ek$)(建议利用计算机作图并求解),计算测量值与公认值之间的相对误差。

(3) 利用爱因斯坦公式求逸出功和红限频率,或者将 $U_s = f(\nu)$ 关系曲线在 $U_s = 0$ 处的频率直接读出。

五、注意事项

1. 测微螺杆位移 0.01 mm,恰好对应波长为 1 nm,逆时针转动微分筒,波长向长波方向移动,波长增加,反之则减小。

2. 电流表的零位一旦调好,不能再动此钮。

3. 注意电流表倍率选择,勿超量程使用。一般在 10^{-4} μA 或 10^{-5} μA 挡,使指示值在满刻度的 30% ~ 100% 范围内。

4. 实验完毕关闭挡板,将电压调回零位。

六、研究与思考

1. 爱因斯坦光电效应方程的物理意义是什么?
2. 影响测量光电流的因素有哪些?
3. 什么是截止频率(即红限频率)、截止电压?

实验 17 光速测量

【预习要点】

1. 位相法测定调制波的波长的原理。
2. 差频法测位相的原理。

光速测量实验大致经历了三百多年的时间,光速测量方法和精度的每一步提高都反映和促进了相应时期物理学的发展。从 16 世纪伽利略第一次尝试测量光速以来,许多科学家采用不同的技术手段对光速进

行测量。现在，光在一定时间中走过的距离已经成为一切长度测量的单位标准，即"米的长度等于真空中光在 1/299 792 458 秒的时间间隔中所传播的距离"。光速是物理学中一个重要的基本常数，许多其他常数都与它相关。例如光谱学中的里德堡常数，电磁学中真空磁导率与真空电导率之间的关系，普朗克黑体辐射公式中的第一辐射常数、第二辐射常数、质子、中子、电子、μ子等基本粒子的质量等常数都与光速 c 相关。正因为如此，许多科学工作者都致力于提高光速测量精度的研究。

一、实验目的

1. 了解光调制的基本原理。
2. 掌握差频法测相位的原理。
3. 学会一种测量光速的方法。

二、实验器材

光源、反射棱镜、导轨、示波器等。

三、实验原理

1. 利用波长和频率测速度

任何波的波速等于波长 λ 和频率 f 的乘积，即：

$$c = \lambda f \tag{17-1}$$

利用这种方法，很容易测得声波的传播速度。但直接用来测量光波的传播速度，还存在很多技术上的困难，主要是光的频率高达 10^{14} Hz，目前的光电接收器中无法响应频率如此高的光强变化，迄今响应频率最高只能响应 10^8 Hz 左右的光强变化并产生相应的光电流。

2. 利用调制波波长和频率测速度

如果直接测量河中水流的速度有困难，可以采用一种方法，周期性地向河中投放小木块（f），再设法测量出相邻两小木块间的距离（λ），则依据公式（17-1）即可算出水流的速度。周期性地向河中投放小木块，为的是在水流上作一特殊标记。我们也可以在光波上作一些特殊标记，称作"调制"。调制波的频率可以比光波的频率低很多，可以用常规器件来接收。与木块的移动速度就是水流流动的速度一样，调制波的传播速度就是光波传播的速度。调制波的频率可以用频率计精确的测定，所以测量光速就转化为如何测量调制波的波长，然后利用公式（17-1）即可算得光传播的速度。

3. 位相法测定调制波的波长

光波的强度受频率为 f 的正弦型调制波的调制，表达式为：

$$I = I_0 \left[1 + m\cos 2\pi f \left(t - \frac{x}{c}\right)\right] \tag{17-2}$$

式中，m 为调制度，$\cos 2\pi f(t-x/c)$ 表示光在测线上传播的过程中，其强度的变化犹如一个频率为 f 的正弦波以光速 c 沿 x 方向传播，我们称这个波为调制波。调制波在传播过程中其位相是以 2π 为周期变化的。设测线上两点 A 和 B 的位置坐标分别为 x_1 和 x_2，当这两点之间的距离为调制波波长 λ 的整数倍时，该两点间的位相差为：

$$\varphi_1 - \varphi_2 = \frac{2\pi}{\lambda} 2(x_2 - x_1) = 2n\pi \tag{17-3}$$

式中，n 为整数。反过来，如果我们能在光的传播路径中找到调制波的等位相点，并准确测量它们之间的距离，那么这距离一定是波长的整数倍。

设调制波由 A 点出发，经时间 t 后传播到 A' 点，AA' 之间的距离为 $2D$，则 A' 点相对于 A 点的相移为 $\varphi = \omega t = 2\pi ft$（图 17-1（a））。然而用一台测相系统对 AA' 间的这个相移量进行直接测量是不可能的。为了解决这个问题，较方便的办法是在 AA' 的中点 B 设置一个反射器，由 A 点发出的调制波经反射器反射返回 A 点（图 17-1（b））。由图可见，光线由 $A \rightarrow B \rightarrow A$ 所走过的光程亦为 $2D$，而且在 A 点，反射波的位

相落后 $\varphi = \omega t$。如果我们以发射波作为参考信号（以下称之为基准信号），将它与反射波（以下称之为被测信号）分别输入到位相计的两个输入端，则由位相计可以直接读出基准信号和被测信号之间的位相差。当反射镜相对于 B 点的位置前后移动半个波长时，这个位相差的数值改变 2π。因此只要前后移动反射镜，相继找到在位相计中读数相同的两点，该两点之间的距离即为半个波长。

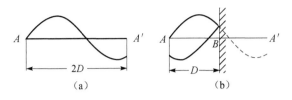

图 17-1　相位法测波长的原理

调制波的频率可由数字式频率计精确地测定，由 $c = \lambda f$ 可以获得光速值。

4. 差频法测位相

在实际测相过程中，为了避免高频下测相的困难，通常采用差频的办法，把待测高频信号转化为中、低频信号处理。

将两频率不同的正弦波同时作用于一个非线性元件（如二极管、三极管）时，其输出端包含有两个信号的差频成分。非线性元件对输入信号 X 的响应可以表示为

$$y(x) = A_0 + A_1 x + A_2 x^2 + \cdots \tag{17-4}$$

忽略上式中的高次项，我们将看到二次项产生混频效应。

设基准高频信号为

$$u_1 = U_{10}\cos(\omega t + \varphi_0) \tag{17-5}$$

被测高频信号为

$$u_2 = U_{20}\cos(\omega t + \varphi_0 + \varphi) \tag{17-6}$$

现在我们引入一个本振高频信号

$$u' = U_0'\cos(\omega' t + \varphi_0') \tag{17-7}$$

式（17-5）～式（17-7）中，φ_0 为基准高频信号的初位相，φ_0' 为本振高频信号的初位相，φ 为调制波在测线上往返一次产生的相移量。将式（17-6）和式（17-7）代入式（17-4）有（略去高次项）：

$$y(u_2 + u') \approx A_0 + A_1 u_2 + A_1 u' + A_2 u_2^2 + A_2 u'^2 + 2A_2 u_2 u'$$

展开交叉项

$$2A_2 u_2 u' = 2A_2 U_{20} U_0' \cos(\omega t + \varphi_0 + \varphi)\cos(\varphi' t + \varphi_0')$$
$$= A_2 U_{20} U_0' \{\cos[(\omega + \omega')t + (\varphi_0 + \varphi_0') + \varphi] + \cos[(\omega + \omega')t + (\varphi_0 - \varphi_0') + \varphi]\}$$

由上面推导可以看出，当两个不同频率的正弦信号同时作用于一个非线性元件时，在其输出端除了可以得到原来两种频率的基波信号以及它们的二次和高次谐波之外，还可以得到差频以及和频信号，其中差频信号很容易和其他的高频成分或直流成分分开。

被测信号与本振信号混频后所得差频信号为

$$A_2 U_{20} U_0' \cos[(\omega + \omega')t + (\varphi_0 - \varphi_0') + \varphi] \tag{17-8}$$

同样的推导，基准高频信号 u_1 与本振高频信号 u' 混频，其差频项为

$$A_2 U_{10} U_0' \cos[(\omega + \omega')t + (\varphi_0 - \varphi_0')] \tag{17-9}$$

比较以上两式可见，当基准信号、被测信号分别与本振信号混频后，所得到的两个差频信号之间的位相差仍保持为 φ。

本实验就是利用差频检相的方法，将高频基准信号和高频被测信号分别与本机振荡器产生的高频振荡信号混频，得到两个位相差依然为 φ 的低频信号，然后送到位相计或示波器中求得相位差 φ。

四、实验内容和要求

1. 光速仪和频率计预热半小时。
2. 调棱镜小车"左右调节"旋钮，使发射光能完全射入棱镜（借助纸片）；调棱镜小车"上下调节"旋钮，使接收光能完全射入光电二极管的光敏面上；前后移动小车观察光斑位置，调整至光斑位置变化最小。

3. 示波器定标：将示波器调整至适合的测相波形。
4. 测调制频率。
5. 等相位测 λ 法：在示波器上或相位计上取若干个等间距度数的相位点；在导轨上任取一点为 x_0，并在示波器上找出信号相位波形上一特征点作为相位差 0°位，移动棱镜至某个整相位数时停，迅速读取此时的距离值作为 x_1，并尽快将棱镜返回至 0°处，再读取一次 x_0。依次读取相移量 φ_i 对应的 D_i 值。求出 $\lambda\left(\lambda=\dfrac{2\pi}{\varphi_i}2D_i\right)$，进而计算出光速值 c。

五、注意事项

1. 为了减小由于电路系统附加相移量的变化给位相测量带来的误差，应采取 $x_0-x_1-x_0$ 及 $x_0-x_2-x_0$ 等顺序进行测量。
2. 操作时移动反射棱镜要快、准，如果两次 0°时的距离读数误差太大，需重测。
3. 我们所测得的是光在大气中的传播速度，为了得到光在真空中传播速度，要精密地测定空气折射率后作相应修正。

六、研究与思考

1. 本实验所测定的是 100 MHz 调制波的波长和频率，能否把实验装置改成直接发射频率为 100 MHz 的无线电波并对它的波长和频率进行绝对测量，为什么？
2. 如何将光速仪改成测距仪？

实验 18 核磁共振

【预习要点】
1. 核磁共振的定义及共振条件是什么？
2. 实现核磁共振的两种方法是什么？

核磁共振（Nuclear Magnetic Resonance，NMR）是重要的物理现象。1945 年发现核磁共振现象的美国科学家铂塞耳（Purcell）和布洛赫（Bloch）分享了 1952 年的诺贝尔物理学奖。在改进核磁共振技术方面作出重要贡献的瑞士科学家恩斯特（Ernst）于 1991 年获得诺贝尔化学奖。核磁共振实验技术在物理、化学、生物、临床诊断、计量科学和石油分析与勘探等许多领域得到重要应用。

一、实验目的

1. 了解核磁共振的实验原理。
2. 学习利用核磁共振校准磁场和测量 g 因子的方法。

二、实验器材

永久磁铁（含扫场线圈）、探头两个（样品分别为水和聚四氟乙烯）、数字频率计、示波器。

三、实验原理

所谓磁共振，是指磁矩不为零的原子或原子核处于恒定磁场中，由射频或微波电磁场引起塞曼能级之间的共振跃迁现象，这种共振现象若为原子核磁矩的能级跃迁便是核磁共振；若为电子自旋磁矩的能级跃迁则为电子自旋共振（也称电子顺磁共振）。

1. 量子力学解释

大家知道，氢原子中电子的能量不能连续变化，只能取离散的数值。本实验涉及的原子核自旋角动量也不能连续变化，只能取离散值 $p = \sqrt{I(I+1)}\hbar$，其中 I 称为自旋量子数，只能取整数或半整数值，由原子核的性质决定。本实验涉及的质子和氟核 ^{19}F 的自旋量子数 I 都等于 $1/2$。类似地，原子核的自旋角动量在空间某一方向，例如 z 方向的分量也不能连续变化，只能取离散的数值 $p_z = m\hbar$，其中量子数 m 只能取 I，$I-1$，$\cdots$，$-I+1$，$-I$ 共 $(2I+1)$ 个数值。

自旋角动量不为零的原子核具有与之相联系的核自旋磁矩，简称核磁矩，其大小为

$$\mu = g\frac{e}{2M}p \tag{18-1}$$

其中，g 称为原子核的 g 因子，由原子核结构决定，e 为质子的电荷，M 为质子的质量。

核磁矩在 z 方向也只能取 $(2I+1)$ 个离散的数值

$$\mu_z = g\frac{e}{2M}p_z \tag{18-2}$$

原子核的磁矩通常用 $\mu_N = e\hbar/(2M)$ 作为单位，称为核磁子。则 μ_z 可记为 $\mu_z = gm\mu_N$，核磁矩本身的大小为 $g\sqrt{I(I+1)}\mu_N$。除了用 g 因子表征核的磁性质外，通常引入另一个可以由实验测量的物理量 γ，γ 定义为原子核的磁矩与自旋角动量之比：

$$\gamma = \mu/p = ge/(2M) \tag{18-3}$$

可写成 $\mu = \gamma P$，相应地有 $\mu_z = \gamma P_z$。

当施加一个外磁场 B 后，外磁场 B 与磁矩的相互作用能为（把 B 方向规定为 z 方向）

$$E = -\mu \cdot B = -\mu_z B = -\gamma P_z B = -\gamma m\hbar B \tag{18-4}$$

由此可见，由于量子数 m 取值不同，核磁矩的能量同一能级分裂为 $(2I+1)$ 个子能级。这些不同子能级的能量虽然不同，但相邻能级之间的能量间隔 $\Delta E = \gamma\hbar B$ 却是一样的。

2. 产生核磁共振的条件

若再在与 B 垂直的方向上施加一个射频场，当其频率满足 $h\nu = \Delta E$ 时，即可引起原子核在上下能级之间产生共振跃迁，简称为共振。显然共振时要求 $h\nu = \Delta E = \gamma\hbar B$，从而要求射频场的频率满足共振条件：$\nu = \frac{\gamma}{2\pi}B$，如果用角频率 $\omega = 2\pi\nu$ 表示，共振条件可写成

$$\omega = \gamma B \tag{18-5}$$

对于 25 ℃ 球形容器中水样品的质子，$\gamma/(2\pi) = 42.576\,375$ MHz/T，本实验可采用这个数值作为很好的近似值。通过测量质子在磁场 B 中的共振频率 ν_H 可实现对磁场的校准，即

$$B = \frac{\nu_H}{\gamma/(2\pi)} \tag{18-6}$$

反之，若 B 已经校准，通过测量未知原子核的共振频率 ν 便可求出原子核的 γ 值（通常用 $\gamma/2\pi$ 值表征）或 g 因子：

$$\frac{\gamma}{2\pi} = \frac{\nu}{B} \tag{18-7}$$

$$g = \frac{\nu/B}{\mu_N/h} \tag{18-8}$$

其中，$\mu_N/h = 7.622\,591\,4$ MHz/T。

由公式 (18-5) 可知，为了实现核磁共振有两种实验方法：

(1) 固定外磁场 B，连续改变射频场的频率，此为扫频法。

(2) 固定射频场频率 ν，连续改变磁场的大小，此为扫场法。

本实验用的是第二种实验方法，即扫场法。图 18-1 (a) 所示为固态的聚四氟乙烯样品的吸收信号，图 18-1 (b) 所示为液态水样品的吸收信号。

3. 共振信号的检测

实验装置由永久磁铁、扫场线圈、DH2002 型核磁共振仪（简称测试仪，含探头）、DH2002 型核磁共振仪电源、数字频率计、示波器构成，如图 18-2 所示，各部分的作用如下：

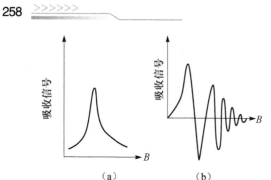

图 18-1 共振吸收信号图

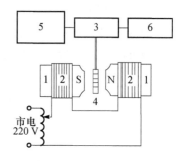

图 18-2 实验装置图

1—永久磁铁；2—扫场线圈；3—可调边限振荡器；
4—振荡线圈及样品；5—数字频率计；6—示波器

（1）永久磁铁：对永久磁铁的要求是有较强的磁场、足够大的均匀区以及均匀性好。

（2）扫场线圈：用来产生一个幅度在 $10^{-5} \sim 10^{-3}$ T 的可调交变磁场用于观察共振信号。扫场线圈的电流由变压器隔离降压后输出交流 6 V 的电压。扫场的幅度的大小可通过调节核磁共振仪电源面板上的"扫场调节"旋钮来调节。

（3）探头：提供两个探头，一个为水（掺有硫酸铜），另一个为固态的聚四氟乙烯。

测试仪由探头和边限振荡器组成，在样品上缠绕的线圈是一个电感 L，将这个线圈插入磁场中，线圈的取向与 B_0 垂直。线圈两端的引线与测试仪中处于反向接法的变容二极管（充当可变电容）并联构成 LC 电路并与晶体管等非线性元件组成振荡电路。当电路振荡时，线圈中即有射频场产生并作用于样品上。改变二极管两端反向电压的大小可改变二极管两个电极之间的电容 C，由此来达到调节频率的目的。这个线圈兼作探测共振信号线圈。

四、实验内容和要求

1. 校准永久磁铁中心的磁场 B_0

将"扫场电源输出"接磁铁底座上的扫场线圈电源输入；"X 轴偏转输出"与示波器的 X 轴（外接）连接；将测试仪上的"电压输入"与电源上的"电源输出"连接；"NMR 输出"用 Q9 线与示波器的 Y 轴连接；"频率测量"用 Q9 线接频率计的 A 通道（Function 选择：FA；GATE TIME 选择 1s）。将"扫场调节"旋钮顺时针调至最大后再往回旋半圈，以避免电阻器为零时对仪器造成损伤，同时可以加大捕捉信号的范围。打开各部分的电源开关，这时频率计应有读数。将示波器扫描速度旋钮放在 1ms/格位置，纵向放大旋钮放在 0.5V/格或 1V/格位置。

把样品为水（掺有硫酸铜）的探头插入到磁铁中心，并使测试仪前端的探测杆与磁场在同一水平方向上，左右移动测试仪使它大致处于磁场的中间位置。调节"频率调节"旋钮，将频率调节至磁铁标志的 ^{1}H 共振频率附近，在此频率附近 ±1 MHz 的范围捕捉信号；调节"扫场调节"旋钮，旋转时要慢，因为共振非常小，很容易跳过。

总磁场是永久磁铁的磁场 B_0 和一个 50 Hz 的交变磁场叠加的结果，表达式为

$$B = B_0 + B'\cos \omega' t \tag{18-9}$$

其中 B' 是交变磁场的幅度，ω' 是市电的角频率。总磁场在 $B_0 - B' \sim B_0 + B'$ 的范围内按图 18-3 的正弦曲线随时间变化。由 (18-5) 式可知，只有 ω/γ 落在这个范围内才能发生共振。

为了容易找到共振信号，要加大 B'，使可能发生共振的磁场变化范围增大；另一方面要调节射频场的频率，使 ω/γ 落在这个范围。一旦 ω/γ 落在这个范围，就能观察到共振信号，即共振发生在图 18-3 所示的水平虚线与正弦曲线交点对应的时刻。水的共振信号如图 18-1（b）所示，而且磁场越均匀，尾波中的振荡次数越多。调出共振信号后，适当逆时针转动"扫场调节"旋

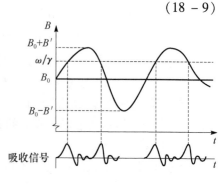

图 18-3 共振吸收信号

钮，以降低扫描磁场的幅度，再调节频率大小，使共振发生在交变磁场过零时刻，即示波器上的 NMR 信号的间距等宽（10 ms）。这时频率计的读数就是与 B_0 对应的质子的共振频率，则可由公式（18-6）求 B_0。可通过调节探头在磁铁中的空间位置得到最强、尾波最多的共振信号。

选做实验：保持扫场的幅度不变，调节射频场的频率，使共振先后发生在 $B_0 + B'$ 与 $B_0 - B'$ 处，即共振分别发生在正弦波的峰顶和谷底附近。从示波器看到的共振信号均匀排列，但时间间隔为 20 ms，记下这两次的共振频率 ν_H 和 ν'_H，利用公式 $B' = \dfrac{(\nu'_H - \nu''_H)/2}{\gamma/(2\pi)}$ 求扫场幅度。

2. 测量 ^{19}F 的 g 因子

把样品为水的探头换为样品为聚四氟乙烯的探头，并把测试仪摆在相同的位置。示波器的纵向放大旋钮调节到 50 mV/格或 20 mV/格，用与校准磁场过程相同的方法和步骤测量聚四氟乙烯中 ^{19}F 与 B_0 对应的共振频率 ν_F，利用 ν_F 和公式（18-8）求出 ^{19}F 的 g 因子。

观测聚四氟乙烯中氟的共振信号，比较它与掺有硫酸铜的水样品中质子的共振信号波形的差别。

五、注意事项

1. 捕捉核磁共振信号时，要仔细注视示波器，调节磁场时要缓慢，因为磁铁的磁场强度随温度的变化而变化（成反比关系），所以应在标志频率附近 ±1 MHz 的范围进行信号的捕捉。为了避免聚四氟乙烯样品弛豫时间过长导致饱和现象而使信号变小，扫场幅度不能过大。

2. 多功能等精度频率计在使用之前先预热 20 分钟，以使内部晶体振荡达到稳定状态。

六、研究与思考

1. 观察核磁共振信号需要提供哪些磁场？各起什么作用？
2. 实验中对恒定磁场加了一正弦调制。如果不加，从原理上说能否探测到核磁共振现象？
3. 在找到水中质子的共振信号后，分别观察射频场的频率和扫场幅度对共振信号波形和分布的影响并讨论其原因。

第 2 章

化 学 实 验

本章包括2个基本实验项目，侧重于培养学生对化学基本实验方法、基本实验仪器、器皿原理和操作的理解和掌握能力。希望同学们在完成这些基础实验过程中，认真体会和掌握每一个实验项目的内涵。

实验 19　物质的精确称量

【预习要点】

重点预习电光分析天平的结构、性能、使用方法及在使用过程中的注意事项。

分析天平是基础化学实验最主要、最常用的精密衡量仪器之一。特别是进行定量分析时所不可缺少的仪器。化学工作者尤其是分析工作者都必须熟练掌握正确使用分析天平的方法。

一、实验目的

1. 掌握分析天平的结构和工作原理。
2. 学会如何称量微小物品的精确质量，正确使用电光分析天平。
3. 掌握差减称量法的操作及注意事项。
4. 通过本实验培养学员严谨的工作作风和一丝不苟的科学态度。

二、实验器材

1. 仪器：全机械电光分析天平、称量瓶、烧杯、表面皿。
2. 试样：金属条（镁条）、固体粉末（沙子、氧化锌、氯化钠等）。

三、实验原理

天平是按杠杆原理制成的。按结构的特点可分为等臂和不等臂两类。等臂天平又可分为等臂单盘天平、等臂双盘天平；不等臂天平有不等臂单盘天平。单盘天平一般都有光学读数、机械减码和阻尼等装置。具有微分标尺的双盘天平，一般都有阻尼器和光学读数装置。

等臂双盘天平分为半机械加码电光天平（简称半自动电光天平），全机械加码电光天平（简称全自动电光天平）和单盘天平，其中全机械加码电光天平和单盘天平是基础化学实验常用的两种天平。

具体天平结构及使用方法详见《第三篇 实验仪器与器材》的第11讲—— 通用器材中"11.5 分析天平的使用"。

四、实验内容

根据试样的不同性质和分析工作中的不同要求，分别用直接称量法、指定称量法和差减称量法进行称量练习。

1. 学习用直接称量法称量出所给镁条的重量。
2. 学习用指定质量称量法称量出三份2.5 g的氯化钠，每份要求误差在±2%以内。
3. 学习用差减称量法称量出三份2.5 g的氧化锌，每份要求误差在±1%以内。

五、实验要求（数据处理）

表 19-1　直接法和差减法称量记录

称量物	砝码及圈码质量		光幕读数/mg	称量物质量/mg	烧杯编号	试样质量/g
	/g	/mg				
称量瓶盖 $m_{盖}$						
称量瓶 $m_{瓶}$					$\Delta m = (m_{盖} + m_{瓶}) - m_{总}$	
盖+瓶 $m_{总}$						
金属片						
称量瓶+试样 m_1						
倒出第一份试样后 m_2					1	$m_1 - m_2 =$
倒出第一份试样后 m_3					2	$m_2 - m_3 =$

表 19-2　指定质量称量法

称量物	砝码及圈码质量		光幕读数/mg	称量物质量/g
	/g	/mg		
表面皿				
表面皿+指定量试样				
指定试样	—	—	—	
与指定质量相差（±mg）	—	—	—	

六、注意事项

1. 使用分析天平时，要认真、仔细。一切操作必须轻拿轻放，轻开轻关。
2. 不要任意移动天平位置。如果天平发生故障，应立即报告指导教员，切忌自己不能随意修理天平。
3. 取放物体或加、减圈码时，必须先休止天平再进行操作。绝对不允许在天平摆动时取放物体或加减圈码。
4. 开关升降枢时，动作要缓慢，防止天平过于剧烈摇摆而损坏天平刀口。
5. 称量时，为避免发生超载和在天平上更快地称量，可在天平称量之前先在台式天平上预称，样品质量不得超过天平的最大载重量。

七、研究与思考

1. 分析天平的使用规则有哪些？在操作中如何养成良好的实验习惯？
2. 保护刀口要注意哪些事项？使用砝码、圈码要注意哪些事项？
3. 直接称量法和差减法应用范围如何？用差减法称量时为何称量瓶不能直接用手拿？
4. 用差减法称量三份 0.4~0.5 g 试样，若称量瓶加试样的质量是 15.043 5 g，试问：15 g 是用 10 g 和 5 g 的砝码好，还是用 10 g、2 g、2 g、1 g 砝码好？为什么？

实验 20　醋酸电离常数及电离度的测定

【预习要点】

预习弱电解质在水溶液中的电离平衡以及电离度和电离常数的关系。

根据阿伦尼乌斯理论，弱电解质在水溶液中是部分电离的，在水溶液中存在着已电离的弱电解质的组分离子和未电离的弱电解质的分子之间的平衡，这种平衡称为电离平衡。一般以 K_a 和 α 分别表示弱电解质的电离常数和电离度。它们是表征弱电解质电离程度大小的特征常数。测量电离常数和电离度的方法很多，如酸度计法、电导率仪法、电位滴定法、目视比色法，也可以利用热力学数据计算求得。

一、实验目的

1. 掌握用 pH 计法测定醋酸电离常数和电离度的原理和方法。
2. 巩固、加深对弱电解质溶液电离平衡的理解。
3. 了解用电导率仪测定醋酸电离常数和电离度的原理及方法。
4. 了解电位滴定法、目视比色法及热力学数据法测定醋酸电离常数和电离度原理及方法。

二、实验器材

1. 仪器：酸度计、电导率仪、酸碱式滴定管、容量瓶（50 mL）、烧杯（50 mL）、温度计。
2. 药品：HAc（约 0.1 mol·L^{-1}）。

酸度计及电导率仪的使用方法详见《第三篇 实验仪器与器材》的第 14 讲——常用化学仪器器材中 "14.1——酸度计；14.2——DDS-12A 型电导率仪"。

三、实验原理

1. 利用酸度计测定溶液的电离常数和电离度

HAc 是弱电解质，在水溶液中部分电离，存在下列平衡：

$$HAc(aq) \Leftrightarrow H^+ + Ac^-(aq)$$

离子平衡常数表达式为：

$$K_a^{\ominus}(HAc) = \frac{c(H^+)c(Ac^-)}{c(HAc)} = \frac{(c\alpha)^2}{c(1-\alpha)} = \frac{c\alpha^2}{1-\alpha}$$

当 $\alpha < 5\%$ 时，$K_a^{\ominus}(HAc) = c\alpha^2$

$$\alpha = \frac{c(H^+)}{c(HAc)}$$

式中，$K_a^{\ominus}(HAc)$——HAc 的标准电离常数；

c（HAc）——HAc 的平衡浓度；

$c(H^+)$——H^+ 的平衡浓度；

α——HAc 的电离度。

根据 $pH = -\lg[H^+]$ 可知，只要测定已知浓度溶液的 pH 值，就可以计算它的电离度和电离常数。

2. 利用电导率仪测定溶液的电离常数和电离度

通过上面介绍可知，在一定的温度下，醋酸在水中的电离常数 $K_a^{\ominus}$ 和醋酸的起始浓度 c 及电离度 α 的关系为：

$$K_a^{\ominus}(HAc) = \frac{c\alpha^2}{1-\alpha}$$

而醋酸的电离度 α 又等于浓度为 c 时的醋酸溶液的摩尔电导率 $\Lambda_m(HAc)$ 和极限摩尔电导率 $\Lambda_m^{\infty}(HAc)$ 之比，即为：$\alpha = \Lambda_m(HAc)/\Lambda_m^{\infty}(HAc)$，所以有如下关系：

$$K_a = c(\Lambda_m)^2/[\Lambda_m^{\infty}(\Lambda_m^{\infty} - \Lambda_m)]$$

整理后为：$c\Lambda_m = [(\Lambda_m^{\infty})^2 K_a/\Lambda_m] - \Lambda_m^{\infty} K_a$

可见，若一系列不同浓度的醋酸溶液的摩尔电导率，以 $c\Lambda_m(HAc)$ 对 $1/\Lambda_m(HAc)$ 作图应得一条直线，其斜率为 $[\Lambda_m^{\infty}(HAc)]^2 K_a$，如果知道 $\Lambda_m^{\infty}(HAc)$ 的数值，即可求得 K_a。$\Lambda_m^{\infty}(HAc)$ 可由文献中查出 $\Lambda_m^{\infty}(H^+)$ 和 $\Lambda_m^{\infty}(Ac^{-1})$ 加和得到，而 $\Lambda_m(HAc)$ 的数值可由实验测定。Λ_m 与溶液浓度 c 及电导率 κ 的关系为：

$$\Lambda_m = \kappa/c$$

$$\kappa = GL/A = K_{cell} G$$

其中，L 是电导池两极间的距离，A 是电极面积，G 是所测溶液的电导，K_{cell} 是电导池的电池常数。若将已知摩尔电导率的电解质溶液（通常用 KCl 溶液）放入电导池，测得其电导，算出该电导池的电池常数。然后利用该电导池测定浓度为 c 的醋酸溶液的电导，运用以上关系式算出该醋酸溶液的摩尔电导率。

3. 利用电位滴定法（半中和法）测定溶液的电离常数及电离度

通过上面介绍可知在一定的温度下，醋酸的电离平衡常数表达式为：

$$K_a^\ominus(\text{HAc}) = \frac{c(\text{H}^+)c(\text{Ac}^-)}{c(\text{HAc})} \tag{20-1}$$

将（20-1）式两边取对数，得到：

$$\lg K_a^\ominus = \lg c(\text{H}^+) + \lg \frac{c(\text{Ac}^-)}{c(\text{HAc})} \tag{20-2}$$

用 NaOH 溶液滴定 HAc 时，根据反应式：

$$\text{OH}^- + \text{HAc} \rightarrow \text{Ac}^- + \text{H}_2\text{O}$$

当原有的醋酸一半被中和时，则剩余的 HAc 的浓度恰好等于 Ac^- 的浓度，即 $c(\text{Ac}^-) = c(\text{HAc})$，代入（20-2）式得：

$$\lg K_a^\ominus = \lg c(\text{H}^+)$$

即：
$$pK_a = \text{pH}$$

因此，只要测出醋酸一半中和时溶液的 pH，即可求得醋酸的电离常数 K_a。实际上酸度计测得 pH 时溶液中 H^+ 的活度，而不是浓度。本实验方法忽略了活度与浓度的差别。

本实验采用电位滴定法确定半中和点的 pH。在 NaOH 标准溶液滴定醋酸过程中，用酸度计测量溶液的 pH。通过绘制 pH-V 曲线、$\Delta\text{pH}/\Delta V$-V 曲线或微商法可确定滴定中点的体积 V_e，根据 V_e 从 pH-V 曲线查出 HAc 被中和一半（$V_e/2$）的 pH，此时 pH = pK_a，从而计算出 K_a。再利用 $K_a^\ominus(\text{HAc}) = c\alpha^2$，从而可以计算出 α。

4. 利用目视比色法测定溶液的电离常数和电离度

配置一系列标准缓冲溶液，加入甲基橙试剂，这时标准缓冲溶液由于 pH 值不同而显出不同的颜色。将配置好的待测溶液也加入甲基橙试剂，与标准缓冲溶液进行颜色比较，待测溶液的 pH 值就与其颜色相近的标准缓冲溶液的 pH 值相同。由此 pH 值再计算出待测溶液的电离度和电离常数。（这种实验方法比较粗略，有精度要求时，不用此法。）

5. 利用热力学数据法测定溶液的电离常数和电离度

由标准吉布斯函数变 $\Delta_r G_m$ 求出 K，再由 K 求出 α。但由此方法求出的是标准状况下 K 和 α，如果溶液和环境不是标准状况下，则无法用此种方法求出溶液的电离度和电离常数。

四、实验内容

1. 酸度计法

用酸度计测定醋酸溶液的 pH 值，并计算醋酸的电离常数和电离度。

2. 电导率仪法

用电导率仪测定醋酸溶液的摩尔电导率，并计算醋酸的电离常数和电离度。

五、实验要求（数据记录）

1. 酸度计法

表 20-1

序号	醋酸体积/mL	蒸馏水体积/mL	$c(\text{HAc})/(\text{mol}\cdot\text{L}^{-1})$	$c(\text{H}^+)/(\text{mol}\cdot\text{L}^{-1})$	pH	α	K_a
1	24.00	24.00					
2	12.00	36.00					平均值
3	6.00	32.00					
4	3.00	45.00					

2. 电导率法

醋酸溶液的浓度（mol/L）_____，室温（℃）_____，醋酸的极限摩尔电导率 Λ_m^∞（室温）$(S \cdot m^2 \cdot mol^{-1})$ _____。

表 20-2

实验序号	1	2	3	4	5	6	7
$10^2 c(HAc)/(mol \cdot L^{-1})$							
$10^2 \kappa(HAc, aq)/(S \cdot m^{-1})$							
$10^2 \{\kappa(HAc, aq) - \kappa(H_2O)\}/(S \cdot m^{-1})$							
$10^2 \kappa/(S \cdot m^{-1})$							
$10^2 \Lambda_m(HAc)/(S \cdot m^2 \cdot mol^{-1})$							
$10^4 \{1/\Lambda_m(HAc)\}/(S^{-1} \cdot m^{-2} \cdot mol)$							
$10^2 c\Lambda_m(HAc)/(S \cdot m^{-1})$							

以 $c\Lambda_m(HAc)$ 对 $1/\Lambda_m(HAc)$ 作图，并根据所得直线的斜率求出 K_a。

六、注意事项

1. 读数时应注意有效位数的统一，小数点后保留两位。
2. 测量 pH 值时应按溶液浓度从由稀到浓的顺序在 pH 计上进行测量，否则会造成较大的实验误差。
3. 注意烧杯要保持干燥，否则会影响溶液的实际浓度。
4. 在用蒸馏水淋洗铂黑电极（电导率仪法中使用）时，不要直接冲洗铂黑；用滤纸吸干电极上的水时，切勿触及铂黑。

七、研究与思考

1. 本实验的原理是什么？为何测得醋酸的起始浓度及其溶液的 pH 值，便可计算求得醋酸的电离常数和电离度值？实验中 $c(HAc)$ 和 $c(Ac^-)$ 浓度是怎样测得的？要做好本实验，操作的关键是什么？
2. 改变醋酸溶液温度和浓度，电离常数和电离度有无变化？若有变化，会有怎样的变化？
3. 若所用醋酸溶液的浓度极稀，是否还能用 $K_a = c[H^+]^2/c$ 求电离常数，为什么？
4. 测定醋酸溶液的电导率时，溶液的浓度为什么由稀到浓？
5. 在计算醋酸溶液的电导率时，为什么要考虑蒸馏水的电导率？测量蒸馏水的电导率时，动作缓慢可能给实验带来什么误差？
6. 本实验忽略了温度的影响，请讨论这将给醋酸电导率的测定带来什么影响。
7. 查文献可知，298 K 时醋酸电离常数为 $1.754 \times 10^{-5} mol \cdot L^{-1}$，求实验测定值的相对误差，并分析误差原因。

第 3 章

电 学 实 验

本章包括9个基本实验项目,侧重于培养和提高学生对基本方法、基本电路和基本仪器的理解和操作能力,包括直交流测量、瞬态响应测量以及模电、数电方面的内容。希望同学们认真体会和掌握每个实验涉及的方法、电路和仪器,为后继综合研究性、自主设计性实验打好基础。

实验 21　直流电路测量

【预习要点】
1. 归纳表述基尔霍夫定律、叠加定理、戴维南定理和最大功率传输定理。
2. 参考方向正负极与测量仪表正负极的关系如何?
3. 戴维南定理的等效方法有哪几种?
4. 列出恰当的实验数据记录表格。

基尔霍夫定律、欧姆定律构成了电路分析的基本理论基础。叠加定理、戴维南定理、诺顿定理是基本分析方法。最大功率传输定理则是从功率角度研究电路的工作状态。

一、实验目的

1. 学习直流电路中电压、电流、功率等电路参数的测量方法;
2. 理解电路中电压、电流参考方向的意义和在测量时的应用;
3. 加深对基尔霍夫定律、叠加定理、戴维南定理和最大功率传输定理的理解;
4. 熟悉直流稳压电源、直流电流表、电压表的使用方法。

二、实验器材

电工实验台(直流稳压电源、直流电流表、电压表、元器件、连线)。

三、实验原理

1. 基尔霍夫定律

基尔霍夫(Gustav Robert Kirchhoff,1824—1887),德国物理学家,1847年在柯尼斯堡大学学习期间,总结出基尔霍夫电路定律,简称基尔霍夫定律。基尔霍夫定律是电路普遍适用的基本定律,不论是线性电路还是非线性电路、直流电路还是交流电路。

基尔霍夫电流定律指出:在任意时刻,任一节点上电流代数和为零,即 $\sum I = 0$;基尔霍夫电压定律指出:在任意时刻,任一回路各电压代数和为零,即 $\sum U = 0$。其节点和回路可以是狭义的也可以是广义的,甚至对于分布参数电路也是成立的。

实验测量关键点是参考方向与测量仪表正负极的方向要一致,并且正确记录测量示值的正负。

电流、电压参考方向都可用箭头表示,电压也有用双下标表示的,如 U_{AB},其参考方向就是由 A 指向 B。对任何电路进行测量时,都要先标定各处电流和电压的参考方向。

2. 叠加定理

由线性元件（包括线性受控源）和独立源组成的电路为线性电路。独立源是非线性单口元件，但它们是电路的输入，对电路起激励作用，其他线性元件则是对独立电源的激励起响应作用。因此，尽管电源是非线性的，但只要电路的其他部分由线性元件组成，响应和激励之间将存在线性关系，在数学上称为"齐次性"。

在任何由线性电阻、线性受控源及独立源组成的电路中，每一个元件的电流或电压可以看成是每一个独立源单独作用于电路时，在该元件上所产生的电流或电压的代数和，这就是叠加定理。当某一独立源单独作用时，其他独立源应当"置零"，即独立电压源"短路"，独立电流源"开路"。

实验测量的关键点除了参考方向与测量仪表的方向要一致，并且正确记录测量量的正负以外，在等效和测量过程中"参考方向"不能改变。

3. 戴维南定理

戴维南（Leon Charles Thevenin，1857—1926），是法国电报工程师。1883 年提出戴维南等效公式，并于 1883 年 12 月发表在法国科学院的刊物上。由于早在 1853 年德国人 H·L·F·亥姆霍兹就曾提出过这种电路分析方法，因而戴维南定理又称亥姆霍兹 – 戴维南定理。

线性含源单口网络，就其端口来看，可等效为一个电压源和一个电阻的串联支路。电压源的电压等于该网络的端口开路电压，电阻等于该网络中所有独立源置零时从端口看进去的等效电阻，这就是戴维南定理。

这一电压源与电阻的串联支路称为戴维南等效电路，其中串联电阻在电子电路中有时也称为该网络的"输出电阻"，记为 R_0。

实验中确定等效电压源的方法一般有两种：

① 直接测量法：当万用表电压挡内阻 R_i 远大于等效电阻时，可以用万用表（直流电压表）直接测得端口开路电压。

② 补偿法：当直接测量法条件不满足时，在端口上外加一个反方向电压源，当端口电流等于零时，外加电压即为等效电压源的电压。

实验中确定等效电阻的方法一般有四种：

① 直接测量法：若被测网络内部去掉独立源后，仅由电阻元件组成，可直接用万用表电阻挡去测端口等效电阻。

② 开路短路法：分别测量有源二端口网络的开路电压 U 和短路电流 I，则：$R_0 = U/I$。

③ 外加电源法：在除源后的网络端口加一给定的电源电压 U，测量流入网络的电流 I，计算等效电阻：$R_0 = U/I$。

④ 半偏法：先测出网络端口开路电压 U，然后接一个负载电阻 R_L，改变电阻值使输出电压等于开路电压的一半，此时应有：$R_0 = R_L$。

当然，不是任何单口网络都有戴维南等效电路，如等效电阻为无穷大时就不能做戴维南等效，这时可以用诺顿定理，这种情况本实验不再研究。

4. 最大功率传输定理

给定一线性含源单口网络，接在它两端的负载电阻大小不同，单口网络传递给负载的功率也不同。下面我们举两种极端的情况：一是负载等于零，输出功率因此等于零；二是负载无穷大，输出功率也等于零。所以在 $R_L = 0$ 和 $R_L = \infty$ 之间应该存在一个负载值，使输出功率最大。要解决这一 R_L 值究竟为多大的问题，可以先写出 R_L 为任意值时的功率：

$$P = I^2 R_L = \left(\frac{U}{R_0 + R_L}\right)^2 R_L$$

要使 P 为最大，应使 $dP/dR_L = 0$，即

$$\frac{dP}{dR_L} = U^2 \left[\frac{(R_0 + R_L)^2 - 2(R_0 + R_L)R_L}{(R_0 + R_L)^4}\right] = \frac{U^2(R_0 - R_L)}{(R_0 + R_L)^3} = 0$$

由此可得 $R_L = R_0$。

又由于 $\left.\dfrac{d^2 P}{dR_L^2}\right|_{R_L=R_0} = -\dfrac{U^2}{8R_0^3} < 0$，

所以，$R_L = R_0$ 即为使负载上得到最大功率 P_{max} 的条件。

因此，当线性含源单口网络的戴维南（或诺顿）等效电阻与负载电阻相等时，单口网络传递给负载的功率最大，这就是最大功率传输定理。

$R_L = R_0$ 称为电阻匹配（Match），此时最大功率为：$P_{max} = \dfrac{U_2}{4R_0}$。

需要注意的是，$R_L = R_0$ 时负载从网络得到的功率最大，但是电路效率并不是最高，不难计算只有 50%，负载 R_L 越大，效率越高。

实际上，最大功率传输定理是有前提的，也就是假定网络已经固定，也就是等效电阻 R_0 已经固定。如果是 R_0 可变，R_L 固定，则 R_0 应尽量减小，才能使 R_L 获得的功率增大。当 $R_0 = 0$ 时，R_L 上获得的功率最大，效率也最高（100%）。

基于这种考虑，在电路设计时我们总是希望，如果是激励电路，等效电阻（也叫输出电阻）应尽量小；如果是响应电路，等效电阻（也叫输入电阻）应尽量大。

四、实验内容和要求

1. 根据图 21-1 验证基尔霍夫定律和叠加定理。要求：
① 标明被测支路的电压电流参考方向。
② 列出一个科学、简明的表格。
③ 测量并在表格中记录原始数据。
④ 通过测得的数据，计算并验证基尔霍夫定律和叠加定理，说明结论。

2. 根据图 21-2 验证戴维南定理和最大功率传输定理。要求：
① 作出端口的戴维南等效电路（求等效电压和等效电阻，方法不限）。
② 列表测量单口网络和等效电路的外特性，比较分析单口网络和等效电路的外特性（电压、电流、功率）是否一致。设负载 R_L 分别为 51 Ω、100 Ω、150 Ω、200 Ω、330 Ω、1 kΩ、2 kΩ。
③ 通过测量结果验证最大功率传输定理，并在图纸上画出负载 R_L（横轴）与输出功率 P（纵轴）、负载 R_L（横轴）与效率 η（纵轴）的关系图。

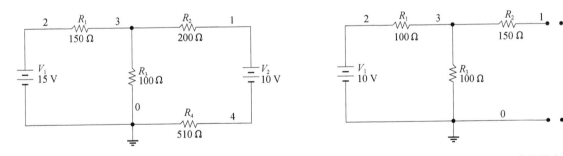

图 21-1 基尔霍夫定律和叠加定理　　　　图 21-2 戴维南定理和最大功率传输定理

五、注意事项

1. 元件、接线布局科学、合理、美观，便于施测。
2. 电压源输出不得短路，表头示值仅供参考，输出值以电压表测量值为准。
3. 测量数据要根据给定的参考方向标明正负号。

六、研究与思考

1. 图 21-1 中，若 V_1、V_2 均扩大一倍，各量如何变化？若 V_1 扩大一倍，V_2 减小一半，各量又如何变化？

2. 戴维南等效只对"外电路"成立，对"内电路"不成立，结合图 21-2 的等效测量举例说明对"内电路"不成立。

实验 22　交流电路测量

【预习要点】

1. 在频率为 f 的交流电路中，电感 L、电容 C 上的电压、电流相位关系是怎样的？
2. 说明式子 $P = UI\cos\varphi$ 中各部分的含义。
3. 传统日光灯电路有哪几部分组成，作用是什么？
4. 列出恰当的实验数据记录表格。

我们日常生活用电大多是由电网通过降压变压器提供的低压工频交流电，其电压和电流都随时间近似按正弦规律变化。因此，正弦交流电在现实生活中有着广泛的应用。电阻 R、电感 L、电容 C 是交流电路中最常用的器件，传统日光灯电路就是一个典型的 RLC 电路。

一、实验目的

1. 了解传统日光灯电路的组成和工作原理。
2. 掌握日光灯电路电压、电流、功率和功率因数的测量方法。
3. 通过实验会估测灯管电阻、镇流器电阻和镇流器感量 L。
4. 了解感性负载电路功率因数提高的意义和方法。

二、实验器材

电工实验台（220 V 交流电源、日光灯管、镇流器、启辉器、电量仪、开关、连线）。

注：电量仪可以测量交流电路的电压有效值、电流有效值、频率（Hz）、视在功率（VA）、有功功率（W）、无功功率（VAR）、功率因数（PF）、相位角（φ）等参数。

三、实验原理

1. 日光灯电路组成及工作原理

传统日光灯电路组成如图 22-1 所示，主要组成部件有三个。

镇流器：电感线圈，电路通断时产生自感电动势。

日光灯管：两头有钨灯丝，内充惰性气体氩和稀薄的汞（水银）蒸气，内壁涂有荧光物质如钨酸镁、钨酸钙、硅酸锌等。

启辉器：内有充有惰性气体的氖泡，氖泡的电极是由受热形变金属片构成的常断开关，氖泡两极并联一个小电容器。

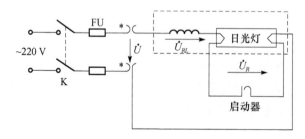

图 22-1　传统日光灯电路组成

工作原理是：当电源接通后（图 22-1，假设上正下负），220 V 的电压加在启辉器两端，启辉器氖泡导通发热，金属片受热伸展，电路接通。接通后启辉器短路，220 V 电压主要降在镇流器上（左正右负），与此同时灯丝有较大电流通过，发射阴极热电子。启辉器氖泡熄灭金属片冷却断开，电路被突然切断，镇流器产生一个与原有电压方向相反的自感电动势，该自感电动势与电源电压进行正叠加形成瞬时高压，远高于 220 V，并且全部加在尚未点亮的灯管两端（左正右负，未点亮的灯管近似开路），灯管两端形成一个强电场（左正右负），灯丝热电子被电场加速，与氩气分子碰撞使后者电离生成热量，管内温度升高，水银蒸发，水银蒸气与带电粒子碰撞发生弧光放电，辐射紫外线，打到灯管内壁荧光物质上使其发出可见光。点亮后的日光灯管相当于一个一二百欧姆的电阻器，与镇流器形成串联分压电路，分得的电压一般不到 100 V，这个电压足够维持灯管发光，但不足于使启辉器再动作，日光灯进入稳定照明状态。

传统日光灯损坏主要是日光灯管损坏或启辉器损坏。日光灯管损坏原因一般有：一边或两边的灯丝被烧断，灯管内壁荧光物质老化脱落，惰性气体或水银蒸气损失实效。启辉器损坏原因一般为惰性气体损失实效，启辉器中电容器避免启辉过程中产生电火花。

2. 日光灯电路的交流测量

根据以上分析，点亮以后的日光灯电路相当于一个简单的 RL 串联电路。

图 22-2 是点亮以后的日光灯等效电路，其中 R 是灯管等效电阻，X_L 是镇流器线圈的等效感抗，R_L 是镇流器线圈的等效电阻。$X_L = 2\pi f L$，其中 L 是镇流器线圈的等效电感，f 是交流电的频率。

用电量仪可以直接测得总电流、总电压、灯管上的电压、镇流器上的电压和电源频率，还可以间接测得总电路的视在功率（VA）、有功功率（W）、无功功率（VAR）、功率因数（PF）和相位角（φ）等参数。当然根据理论可知，三类功率之间、功率与功率因数、功率因数与相位角是相关参量。

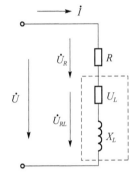

图 22-2 日光灯等效电路

3. 日光灯电路的功率因数提高

日光灯电路明显的缺点是功率因数 $\cos\varphi$ 比较低，一般只有 0.5 左右，功率因数低说明电路的无功功率比较高，即电路损耗比较大，这是感性（或容性）交流电路的普遍问题。要提高感性电路功率因数，解决办法是在电路中接入互补元件电容器，使电路趋于中性（电阻性）。理论上并联或串联电容器都可以达到目的，但是串联电容器有可能降低日光灯工作电压，影响日光灯正常工作。所以一般采用并联电容器，如图 22-3 所示。

图 22-3（a）是电路原理图，图 22-3（b）是电压、电流向量示意图。设并联电容器前总电流是 I_1，落后总电压 U 的相位角是 φ_1，并联电容器 C 后有一分流 I_C，相位超前电压 90°，与 I_1 进行矢量叠加后的总电流是 I，由向量图看出总电流 I 在数值变小的同时相位角 φ 也在变小，从而使 $\cos\varphi$ 变大，功率因数提高。

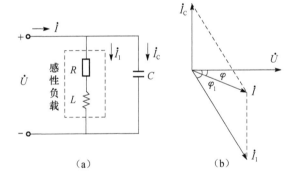

图 22-3 并联电容器提高功率因数

一般来说电容值大一些，容抗就小一些，I_C 则大一些，由向量图看出 φ 就更小一些，也就是功率因数就更大一些。但是同样从图上可以看出，并联的电容器也不能过大，过大将使 φ 角由正变负，功率因数逐步降低，这种情况称为"过补偿"。因此理论上存在一个最佳补偿电容值，它使 φ 角近似为零，即 $\cos\varphi$ 近似为 1。

不难理解，并联电容器后，在功率因数提高的同时，有功功率是不变的，而无功功率和视在功率相应变小，也就是电路损耗减少。

四、实验内容和要求

1. 搭电路。要求：在实验台上参考图 22-1 连接一个日光灯电路（建议串入一个电源开关，保险丝可以省略），电路检查无误后打开电源开关，使日光灯点亮。如果不亮，请分别检查线路、灯管、启辉器，发现问题，排除故障，直到日光灯管稳定发光。

2. 交流测量。要求：

① 用电量仪分别测量总电路、日光灯管、镇流器上的电压、电流、有功功率、无功功率和功率因数，并将数值填入恰当的表格。

② 根据学过的理论知识，对测量结果逐项进行分析，得出必要的实验结论。

③ 通过测得的数据，估算灯管电阻 R、镇流器电阻 R_L、镇流器感抗 X_L 和感量 $L(f=50\ \text{Hz})$。

3. 提高功率因数。要求：

① 分别并联 1 μF、2 μF、3 μF、4 μF、5 μF、6 μF、7 μF 的电容器，测量总电路的电压、电流、有功功率、无功功率和功率因数，并将数值填入恰当的表格。

② 根据测量结果讨论电容大小对各个参量的影响。

③ 根据测量结果，以电容值 C 为横轴，以功率因数 $\cos\varphi$ 为纵轴，在坐标纸上作图，用图解法求出最佳补偿电容值。

五、注意事项

1. 禁止带电操作，遵守先接线检查后开电源，先关电源后拆线的原则。
2. 注意电量仪电压、电流端子的接法。
3. 测量时注意仪表量程选择、读数原则和有效数字。

六、研究与思考

1. 在 RL 电路中串入电容能否达到提高功率因数的目的？为什么不采用？
2. 收集一些有代表性的电子日光灯资料，说明工作原理与传统日光灯有哪些不同。

实验 23　RC 电路瞬态响应

【预习要点】

1. 用信号发生器产生规定频率和幅度的方波信号并用数字示波器观测。
2. 什么是零输入响应、零状态响应、暂态、稳态？
3. 写出三要素法表达式，说明适用条件和"三要素"的含义。
4. 准备绘图用的直角坐标纸。

在实际工作中我们经常遇到只含一个动态元件电容或电感的线性、非时变电路，这种电路是用线性、常系数一阶常微分方程来描述的，称为一阶电路（First Order Circuit）。RC 电路是最基本的一阶电路，也是波形变化产生的基本电路。

一、实验目的

1. 研究一阶电路的零输入响应、零状态响应与全响应的基本规律及特点。
2. 掌握示波器与信号发生器的使用，学习一阶电路时间常数的测定方法。
3. 掌握实现微分、积分电路的条件，进一步了解 RC 电路的实际应用。

二、实验器材

双踪示波器、函数信号发生器、通用电工实验台。

三、实验原理

1. 一阶电路的激励和响应

含有 L、C 储能元件的电路，其响应可由微分方程求解得到。凡是用一阶微分方程描述的电路，称为一阶电路。通常一阶电路由一个储能元件和若干电阻元件组成。

所有储能元件初始值为零的电路对输入激励的响应称为零状态相应。电路在无激励情况下，由储能元件的初始状态引起的响应为零输入响应。电路在输入激励和初始状态共同作用下引起的响应，称为全响应。全响应是零状态和零输入响应之和。

2. 响应波形的观察方法

动态网络的过渡过程是十分短暂的单次变化过程。若要用一般的示波器观察过渡过程，测量有关参数，则必须使这种单次变化的过程重复出现。故实验中用信号发生器的输出方波来模拟阶跃激励信号，如图 23-1（a）所示。设方波周期为 T，幅值为 U_m，RC 电路时常数为 τ。当 $T \geqslant 10\tau$ 时，则电路在 $0 \sim t_1$ 时间内输入信号幅值为 U_m，相当于直流电压 U_m 在激励，出现电容被充电的一次过渡过程，电路输出为零状态响应；在 $t_1 \sim t_2$ 期间，电路输入信号幅值为 0，输入端相当短路，电容在 $0 \sim t_1$ 期间所充电荷经 R 放电，形成 C 经 R 放电的过渡过程，电路输出为零输入响应。响应波形如图 23-1（b）所示。

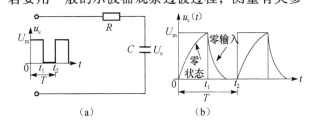

图 23-1 一阶电路的响应

由于输入方波周期性地重复出现，所以上述充、放电过程也周期性地进行，这种周期性变化的波形可以用普通示波器稳定地显示出来。

3. 时间常数 τ 及其测定方法

RC 一阶电路的零输入响应和零状态响应分别按指数规律衰减和增长，其变化的快慢决定于 RC 电路的时常数 τ。τ 越大，过渡过程时间越长，τ 越小，过渡过程时间越短。改变电路中 R、C 大小即可观察到元件参数对过渡过程的影响。

对图 23-1 所示电路，在 $t_1 \sim t_2$ 期间为零输入响应波形，根据一阶微分方程的求解得：

$$u_c = U_m e^{-t/RC} = U_m e^{-t/\tau}$$

当 $t = \tau$ 时，$u_c(\tau) = 0.368 U_m$，即 u_c 幅值下降到终值的 36.8% 所对应的时间为一个 τ，如图 23-2（b）。亦可用零状态响应波形增长到 $0.632 U_m$ 所对应的时间测得，如图 23-2（a）。

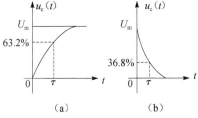

图 23-2 时常数 τ 的测定

4. RC 电路的应用

（1）RC 微分电路

在图 23-3 的 RC 串联电路中，当 $\tau = RC \ll t_1$ 且 $R \ll X_c$ 时，则 $u_R \ll u_c$，于是

$$u_i = u_c + u_R \approx u_c;$$

$$u_o = u_R = Ri = RC \frac{du_c}{dt} \approx RC \frac{du_i}{dt}$$

输出电压 u_o 近似等于输入电压 u_i 的导数，故该电路又叫微分电路。这种电路常用来把矩形脉冲变成尖脉冲，作触发信号，波形如图 23-4 所示。

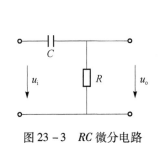

图 23-3 RC 微分电路

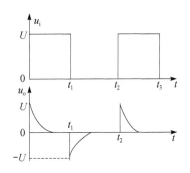

图 23-4 微分电路输入与输出波形

(2) RC 积分电路

在如图 23-5 所示 RC 串联电路中，如果从电容两端输出信号，当 $\tau = RC \gg t_1$，$R \gg Xc$ 时，则 $u_R \gg u_c$，于是

$$u_i = u_c + u_R \approx u_R;$$
$$u_o = \frac{1}{C}\int i dt = \frac{1}{C}\int \frac{u_R}{R}dt \approx \frac{1}{RC}\int u_i dt$$

输出电压 u_o 近似等于输入电压 u_i 的积分，所以该电路又叫积分电路。它常用来将矩形脉冲变成波形稳定的三角波，其波形如图 23-6 所示。

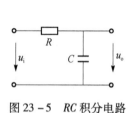

图 23-5 RC 积分电路　　　　图 23-6 积分电路输入与输出波形

四、实验内容和要求

1. 微分电路测量

电路如图 23-3 所示，已知输入信号 u_i 为 5 V/1 000 Hz 的方波，$C = 0.01$ μF。当电阻 R 分别为 1 kΩ、10 kΩ、100 kΩ 时，用示波器观测并画出电容 C 上对应输入信号 u_i 的波形 u_o，计算并分析各个波形是否满足微分条件。

2. 积分电路测量

电路如图 23-5 所示，已知输入信号 u_i 为 5 V/1 000 Hz 的方波，$R = 10$ kΩ。当电容 C 分别为 1 μF、0.1 μF、0.01 μF 时，用示波器观测并画出电阻 R 上对应输入信号 u_i 的波形 u_o，计算并分析各个波形是否满足积分条件。

五、注意事项

1. 为了便于观察和比较，测量三个波形时示波器的时间、电压灵敏度量程应一致。
2. 图纸坐标选择科学、合理。
3. 分析响应波形应考虑高低、宽窄、形状三个方面。
4. 观察记录积分、微分波形时，要注意其正负波在坐标中的正确位置。

六、研究与思考

1. 由 RC 组成的微分或积分电路，若 τ 值不变，改变输入脉冲的频率，其输出波形会有什么变化？为什么？
2. 由 RC 组成的微分或积分电路，若 τ 值不变，改变输入脉冲的幅度，其输出波形会有什么变化？为什么？

实验 24　单管放大器

【预习要点】

1. 三极管及单管放大电路工作原理。

2. 放大电路静态和动态测量方法。

单管放大电路是电子电路中最基本的一种电路，是构成其他类型放大器和多级放大器的基本单元，在信号的产生、检测、放大、变换、整形等方面都有着广泛的应用。本实验学习单管电压放大器的电路设计和晶体管参数、静态工作点、电压放大倍数、输入输出电阻、幅频特性、非线性失真的测量方法和相关测量技术。

一、实验目的

1. 掌握常用分压式单管放大器的实现。
2. 掌握放大电路静态工作点的调试方法及其对放大电路性能的影响。
3. 学习测量放大电路 Q 点、A_u、R_i、R_o，幅频特性的方法，了解共射极电路特性。
4. 熟悉有关测量仪器的使用方法。

二、实验器材

TPE – AD 模数电路实验箱、函数信号发生器、示波器、晶体管毫伏表、万用表。

三、实验原理

图 24 – 1 为典型的单管低频电压放大电路，也是这次实验的电路。给定参数标于图中，放大电路的核心元件为三极管，考虑到产品参数 β 和 V_{BE} 的离散性，需要在实验中测量。

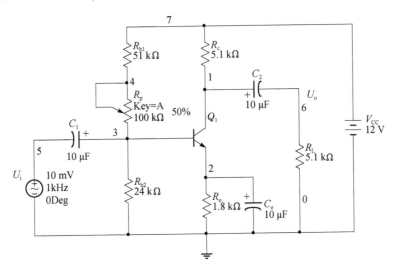

图 24 – 1 单管电压放大电路

1. 关于电路

按照图 24 – 1 搭接电路，注意三极管 Q_1 和电解电容 C_1、C_2、C_e 的极性。

2. 关于放大器静态工作点 I_B、I_C、V_{CE} 和三极管参数 β 和 V_{BE} 的测量

由于测量电流时需要把支路断开，串入电流表，这样不但麻烦而且可能引入其他测量误差，所以一般不用电流表直接测量电流，而是通过测量电阻和电阻两端的电压间接得到电流。电路中的 I_C、I_E 可以按照这种方法求得，基极电流 I_B 由 $(I_E - I_C)$ 得到，三极管的电流放大倍数 β 则可以通过 24 – 1 式得到，V_{CE}、V_{BE} 可以直接测量。

$$\beta = \frac{I_C}{I_B} = \frac{I_C}{I_E - I_C} \qquad (24-1)$$

3. 关于电压放大倍数 A_u 的测量

在放大器的输入端接入一定大小、频率的正弦交流信号，在保证输出信号不失真的情况下，用交流毫

伏表测量输入信号电压 U_i 和输出信号电压 U_o，则电压放大倍数为：

$$|A_u| = \frac{U_o}{U_i}$$

4. 研究非线性失真

放大器的非线性失真是由放大器中三极管的非线性区（饱和区和截止区）导致的电压输出波形的失真，也称为饱和失真和截止失真。根据相关理论知识可以知道，对于图 24-1 所示的放大器，若静态工作点 Q 在三极管放大区的中间位置，有最大不失真输出电压；当 Q 较低时容易出现截止失真（输入信号充分大时），当 Q 较高时容易出现饱和失真（输入信号充分大时）。因此改变 Q 的位置高低，可以通过示波器观察到输出波形的饱和失真和截止失真。

5. 交流输入电阻 R_i 和输出电阻 R_o 的测量

一个放大器电路，相对信号源而言，相当于一个电阻（不忽略容抗时为阻抗）；相对负载而言，相当于一个实际电压源（即一个理想电压源和一个电阻的串联），如图 24-2 所示。R_i、R_o 就是放大器电路的交流输入电阻和输出电阻。

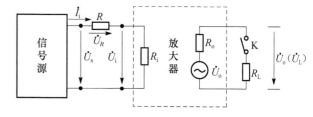

图 24-2 输入、输出电阻测量电路

（1）输入电阻 R_i 的测量（图 24-2）

在被测放大器输入端与信号源之间串入一已知电阻 R。在放大器正常工作的情况下，用交流毫伏表测出 U_S 和 U_i（忽略容抗时可以不用复数表示），则根据输入电阻的定义可得：

$$R_i = \frac{U_i}{I_i} = \frac{U_i}{\frac{U_R}{R}} = \frac{U_i}{U_S - U_i}R$$

测量时应注意下列几点：

① 由于电阻 R 两端没有电路公共接地点，所以测量 R 两端电压 U_R 时必须分别测出 U_S 和 U_i，然后按 $U_R = U_S - U_i$ 求出 U_R 值。

② 电阻 R 的值取得过大或过小，都会导致较大的测量误差，通常取 R 与 R_i 同一数量级，本实验可取 $R = 5.1 \text{ k}\Omega$。

（2）输出电阻 R_o 的测量

测量电路如图 24-2 所示，在放大器正常工作条件下，分别测出输出端不接负载 R_L 的输出电压 U_O 和接入负载后的输出电压 U_L，根据

$$U_L = \frac{R_L}{R_O + R_L}U_O$$

即可求出

$$R_O = \left(\frac{U_O}{U_L} - 1\right)R_L$$

在测试中应注意，必须保持 R_L 接入前、后输入信号的大小不变。

6. 放大器幅频特性的测量

放大器的幅频特性是指放大器的电压放大倍数 A_u 与输入信号频率 f 之间的关系曲线。单管阻容耦合放大电路的幅频特性曲线如图 24-3 所示，A_{um} 为中频电压放大倍数，通常规定电压放大倍数随频率变化下降到中频放大倍数的 $1/\sqrt{2}$ 倍，即 $0.707 A_{um}$ 所对应的频率分别称为下限频率 f_L 和上限频率 f_H，则通频带 $f_{BW} = f_H - f_L$。

放大器的幅频特性就是测量不同频率信号时的电压放大倍数 A_u。为此，可采用前述测 A_u 的方法，每改变一个信号频率，测量其相应的电压放大倍数。测量时应注意取点要恰当，在低频段与高频段的拐弯处应多测几个点，在中频段可以少测几点。此

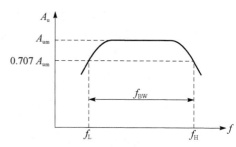

图 24-3 幅频特性曲线

外，在改变频率时，要保持输入信号的幅度不变，且输出波形不得失真。

四、实验内容和要求

1. 根据图 24-1 连接电路
2. 测量放大器静态工作点 I_B、I_C、V_{CE} 和三极管参数 β 和 V_{BE}

断开信号源，接通电路 12 V 电源，调整电位器 R_P 使 $V_C = 6$ V 左右，分别测量得到静态工作点 I_B、I_C、V_{CE} 和三极管参数 β 和 V_{BE}。

3. 测量电压放大倍数

静态工作点不变，接通信号源，将输出信号调到频率 $f = 1$ kHz 左右，有效值 10 mV 左右，在保证输出信号不失真的情况下，用交流毫伏表测量输入信号电压 U_i 和输出信号电压 U_o，计算电压放大倍数。

4. 观察非线性失真

在上一步的基础上，分别增大和减小 R_P，用示波器观察输出波形的非线性失真，若失真不明显可适当增大 U_i 幅值。要求：根据示波器的显示画出非线性失真波形，指明失真类型（饱和失真或截止失真）。

5. 测量输入电阻和输出电阻

（1）输入 $f = 1$ kHz 的正弦信号，在输出电压 U_o 不失真的情况下，用交流毫伏表测出 U_S、U_i 和 U_o、U_L 记入表 24-1。

（2）保持 U_S 不变，断开 R_L，测量输出电压 U_o，记入表 24-1。

表 24-1 测量输入电阻和输出电阻

U_S/mV	U_i/mV	R_i/kΩ		U_L/V	U_o/V	R_o/kΩ	
		测量值	理论值			测量值	理论值

注：计算理论值时，晶体管发射结交流电阻 $r_{be} = 300 + (1+\beta)26/I_{EQ}$，晶体管集电结交流电阻 $r_{ce} \to \infty$。

要求：分析测量值和理论值的误差原因。

6. 测量幅频特性曲线

按图 24-1 接通电路，使信号源输出电压有效值等于 10 mV（用晶体管毫伏表测量），即 $U_i = 10$ mV（此时能保证输出波形不失真）。保持输入信号 U_i 的幅度不变，改变信号源频率 f，逐点测出相应的输出电压 U_o，记入表 24-2。为了信号源频率 f 取值范围合适，可先粗测一下，找出中频范围（如何找？），然后再仔细测量。

表 24-2 测量幅频特性曲线（$U_i = 10$ mV）

序 号	1	2	3	4	5	6	7	8	9	10	11
f/kHz											
U_o/mV											
$A_u = U_o/U_i$											

要求：用坐标纸作图，拟合曲线，求出上限频率、下限频率和通频带宽度。

五、注意事项

因为交流电压放大倍数的测量是在输出电压波形不失真的前提下进行的，所以在动态参数测量过程中，应始终用示波器同时对输入、输出信号的波形进行监视。

六、研究与思考

1. 负载电阻 R_L 和旁路电容 C_E 的大小对静态工作点和电压放大倍数有无影响？

2. 研究并通过实验观察如何改变下限频率、上限频率从而改变通频带宽度。
3. 研究发射极旁路电容 C_E 的有无，对非线性失真的影响，说明原因。

实验 25　集成运算放大器

【预习要点】
1. 复习集成运放的线性应用、非线性应用的工作原理。
2. 完成表格中理论值以及比较器临界值的计算。

集成运算放大器简称集成运放，是具有高电压放大倍数的多级直接耦合放大电路，是模拟集成电路中发展最早、应用最广的一种集成器件。当外部接入不同的线性或非线性元器件时，可以灵活地实现各种特定的功能电路。在线性应用方面，可组成比例、加法、减法、积分、微分、对数等模拟运算电路。集成运放工作在非线性区时，可构成各种各样的幅值比较器。比较器在信号幅度比较、模数转换、超限报警、波形产生和变换等电路中得到广泛应用。

一、实验目的

1. 掌握由集成运算放大器组成的比例、加法、减法、积分等基本运算电路的特点。
2. 掌握比较器的电路构成及性能。
3. 了解集成运算放大器的线性及非线性应用，学会上述电路的测试和分析方法。

二、实验仪器

TPE – AD 模数电路实验箱、函数信号发生器、示波器、万用表、集成运算放大器。

三、实验原理

1. 集成运放的理想特性

在大多数情况下，可将集成运放理想化，理想运放在线性应用时有两个重要特性：
（1）输出电压 U_o 与输入电压之间满足关系式

$$U_o = A_{ud}(U_+ - U_-)$$

由于 $A_{ud} = \infty$，而 U_o 为有限值，因此，$U_+ - U_- \approx 0$。即 $U_+ \approx U_-$，称为"虚短"。
（2）由于 $r_i = \infty$，故流进运放两个输入端的电流可视为零，即 $I_{IB} = 0$，称为"虚断"。这说明运放对其前级吸取电流极小。

上述两个特性是分析理想运放应用电路的基本原则，可简化运放电路的计算。

2. 基本运算电路

（1）反相比例运算电路

电路如图 25 – 1 所示。对于理想运放，该电路的输出电压与输入电压之间的关系为

$$U_o = -\frac{R_F}{R_1}U_i$$

为了减小输入级偏置电流引起的运算误差，在同相输入端应接入平衡电阻 $R_2 = R_1 /\!/ R_F$。

（2）反相加法电路

电路如图 25 – 2 所示，输出电压与输入电压之间的关系为

$$U_o = -\left(\frac{R_F}{R_1}U_{i1} + \frac{R_F}{R_2}U_{i2}\right)$$

平衡电阻 $R_3 = R_1 /\!/ R_2 /\!/ R_F$。

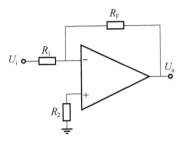
图 25 – 1 反相比例运算电路

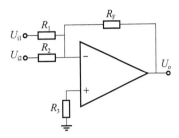
图 25 – 2 反相加法运算电路

(3) 同相比例运算电路

图 25 – 3（a）是同相比例运算电路，它的输出电压与输入电压之间的关系为：

$$U_o = \left(1 + \frac{R_F}{R_1}\right)U_i$$

平衡电阻 $R_2 = R_1 /\!/ R_F$。

当 $R_1 \to \infty$ 时，$U_o = U_i$，即得到如图 25 – 3（b）所示的电压跟随器。图中 $R_2 = R_F$，用以减小漂移和起保护作用。一般 R_F 取 10 kΩ，R_F 太小起不到保护作用，太大则影响跟随性。

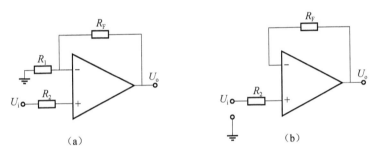

图 25 – 3 同相比例运算电路

(4) 减法器（差动放大电路）

图 25 – 4 所示为运放构成的减法器电路原理图，当 $R_1 = R_2$，$R_3 = R_F$ 时，有如下关系式

$$U_o = \frac{R_F}{R_1}(U_{i2} - U_{i1})$$

即输出电压正比于两个输入信号电压之差。

(5) 积分运算电路

反相积分电路如图 25 – 5 所示。在理想化条件下，输出电压 U_o 等于 $U_o(t) = -\frac{1}{R_1 C}\int_0^t U_i dt + U_C(0)$。

式中，$U_C(0)$ 是 $t = 0$ 时刻电容 C 两端的电压值，即初始值。

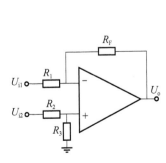
图 25 – 4 减法运算电路图

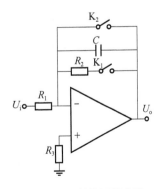
图 25 – 5 积分运算电路

如果 $U_i(t)$ 是幅值为 E 的阶跃电压，并设 $U_C(0)=0$，则：

$$U_o(t) = -\frac{1}{R_1C}\int_0^t E\,\mathrm{d}t = -\frac{E}{R_1C}t$$

即输出电压 $U_o(t)$ 随时间增长而线性下降。显然 RC 的数值越大，达到给定的 U_o 值所需的时间就越长。积分输出电压所能达到的最大值受集成运放最大输出范围的限值。

为了减少积分误差，在进行积分运算之前首先应对运放调零。调零方法是使输入信号 $U_i=0$，将图中 K_1 闭合，调整运放外接电位器（图中未画出，本实验不要求调零），使输出直流电压 $U_o=0$。完成调零后，应将 K_1 打开，以免因 R_2 的接入造成新的积分误差。K_2 的设置一方面为积分电容放电提供通路，实现积分电容初始电压 $U_C(0)=0$，另一方面，可控制积分起始点，即在加入信号 U_i 后，只要 K_2 一打开，电容就将被恒流充电，电路也就开始进行积分运算。

3. 集成运放的非线性应用

（1）过零比较器

信号幅度比较就是将一个模拟量的电压信号和一个参考电压相比较，在二者幅度相等的附近，输出电压将产生跃变。

图 25-6 所示是由集成运放构成的简单比较器及其理想电压传输特性。由图可见，集成运放处于开环状态，由于电压放大倍数极高，因而输入端之间只要有微小电压，运算放大器便进入非线性工作区域，输出电压 u_o 达到最大值。当 $u_i<u_R$ 时，$u_o=U_{OM}$；当 $u_i>u_R$ 时，$u_o=-U_{OM}$。根据输出电压 u_o 的状态，便可以判断输入电压 u_i 相对 u_R 的大小。

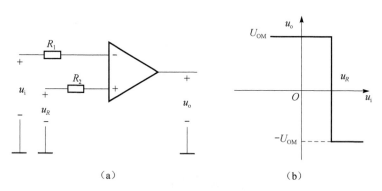

图 25-6 比较器及理想电压传输特性

为了限制输出电压的大小，以便和输出端连接的负载电平相配合，通常可以在集成运放的输出端接稳压管，起到限幅作用。

当基准电压 $u_R=0$ 时，称为过零比较器，输入电压 u_i 与零电位比较。当输入电压 u_i 过零时，输出电压 u_o 产生跃变，电路图和电压传输特性如图 25-7 所示。

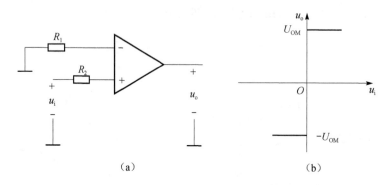

图 25-7 过零比较器及理想电压传输特性

显然，当过零比较器的输入电压为正弦波时，每过零一次，比较器的输出电压就产生一次跃变。因此,利用过零比较器可以将正弦波变换为方波。

当过零比较器的输入信号在过零时受到外部干扰或其他因数的影响,使其在零值附近产生波动,则输出电压 u_o 将不断跃变,造成输出不稳定。为了提高电路的性能,一般采用具有正反馈的滞回比较器。

(2) 滞回比较器

滞回比较器如图 25 - 8(a)所示,其输出电压通过电阻 R_F 和 R_2 分别加到同相端而形成正反馈,以加速比较器输出从一种状态到另一种状态的转换过程。

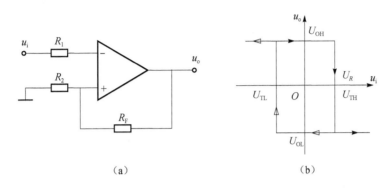

图 25 - 8 滞回比较器及其理想电压传输特性

由于电路加正反馈,因此接通电源后,集成运放便工作在非线性区(饱和区)。图 25 - 8(b)所示是滞回比较器的理想电压传输特性。

四、实验内容和要求

1. 反相比例运算电路

(1) 按照图 25 - 1 插接好实验电路,$R_1 = R_2 = 10\ \text{k}\Omega$,$R_F = 100\ \text{k}\Omega$,检查无误后,接通总电源。

(2) 输入 $f = 1\ \text{kHz}$,U_i 大小适当的正弦交流信号,用示波器观察 u_o 波形,在输出不失真情况下测量 U_i、U_o,将测量结果和 u_o、u_i 的波形(定性)记入表 25 - 1 中。

表 25 - 1 反相比例运算电路 ($f = 1\ \text{kHz}$,U_i 大小适当)

U_i/V	U_o/V	u_i 波形	u_o 波形	A_u	
				实测值	计算值

2. 同相比例运算电路

(1) 按图 25 - 3(a)插接好实验电路,$R_1 = R_2 = 10\ \text{k}\Omega$,$R_F = 100\ \text{k}\Omega$,接通总电源。

(2) 输入 $f = 1\ \text{kHz}$,U_i 大小适当的正弦交流信号,用示波器观察 u_o 波形,在输出不失真情况下测量 U_i、U_o,将测量结果和 u_o、u_i 的波形(定性)记入表 25 - 2 中。

表 25 - 2 同相比例运算电路 ($f = 1\ \text{kHz}$,U_i 大小适当)

U_i/V	U_o/V	u_i 波形	u_o 波形	A_u	
				实测值	计算值

(3) 将图 25 - 3(a) 中的 R_1 断开,得图 25 - 3(b) 电路(电压跟随器),重复以上测量。

3. 反相加法运算电路

(1) 按图 25 - 2 连接实验电路,$R_1 = R_2 = R_3 = 10\ \text{k}\Omega$,$R_F = 10\ \text{k}\Omega$。

(2) 电路输入直流电压信号,其大小 U_{i1}、U_{i2} 如表 25 - 3 所示,测量相应的输出电压 U_o,记入表中。

表 25-3 反相加法运算电路

U_{i1}/V	5	3	3	-3	-3	2
U_{i2}/V	3	5	-2	2	3	-2
U_o/V						

4. 减法运算电路

（1）按图 25-4 连接实验电路，$R_1 = R_2 = R_3 = 10\ \text{k}\Omega$，$R_F = 10\ \text{k}\Omega$，接通总电源。

（2）电路输入直流电压信号，其大小 U_{i1}、U_{i2} 如表 25-4 所示，测量相应的输出电压 U_o，记入表中。

表 25-4 减法运算电路

U_{i1}/V	5	3	3	-3	-3	2
U_{i2}/V	3	5	-2	2	3	-2
U_o/V						

5. 积分运算电路

按照图 25-5 连接电路，$R_1 = 10\ \text{k}\Omega$，R_2、K_1 省略，$R_3 = 10\ \text{k}\Omega$，$C = 10\ \mu\text{F}$，接通总电源。

（1）输入直流电压 $U_i = 0.1\ \text{V}$，用万用表测量并仔细观察输出端电压 U_o 的变化情况，并叙述（提示：输出端电压 U_o 的变化过程就是电容 C 的积分充电过程，可以通过闭合和打开 K_2，反复观察这一过程）。

（2）输入一个 10 Hz/1V 的矩形波，用示波器观察并定性画出对应的输入、输出波形，分析结果。

（3）输入一个 10 Hz/1V 的正弦波，用示波器观察并定性画出对应的输入、输出波形，分析结果。

6. 过零比较器

实验电路如图 25-9 所示。

（1）按图接线。

（2）U_i 悬空时测 U_o 电压。

（3）U_i 输入 500 Hz 有效值为 1 V 的正弦波，观察 $U_i \sim U_o$ 波形并记录。

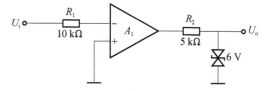

图 25-9 过零比较器

（4）改变 U_i 幅值，观察 U_o 变化。

7. 反相滞回比较器

实验电路如图 25-10 所示。

（1）按图接线，并将 R_F 调为 100 kΩ，U_i 接 DC 电压源，测出 U_o 由 $+U_{om} \rightarrow -U_{om}$ 时 U_i 的临界值。

（2）同上，测出 U_o 由 $-U_{om} \rightarrow +U_{om}$ 时 U_i 的临界值。

（3）U_i 接入 500 Hz 有效值为 1 V 的正弦信号，观察并记录 $U_i \sim U_o$ 的波形。

（4）将电路中 R_F 调为 200 kΩ，重复上述实验。

8. 同相滞回比较器

实验电路如图 25-11 所示。

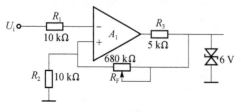

图 25-10 反相滞回比较器图

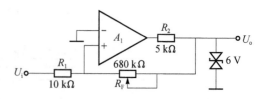

图 25-11 同相滞回比较器

参看实验内容 7，自拟步骤完成实验。

五、注意事项

1. 实验前要看清运放组件各管脚的位置，切忌正、负电源极性接反和输出端短路。

2. 电路元器件要插接正确、牢靠，注意电源地、电路地、输入输出地一定要连接好，特别是±12V电源是对"地"而言的。

3. 实验箱上运放的电源（±12 V）和"地"已经接好。

4. 在每一次改变实验电路时，都要先关闭电源，否则将会损坏集成块。

六、研究与思考

1. 在反相加法器中，如 U_{i1} 和 U_{i2} 均采用直流信号，并选定 $U_{i2} = -1$ V，当考虑到运算放大器的最大输出幅度（±12 V）时，$|U_{i1}|$ 的大小不应超过多少伏？

2. 通过查资料分别画出用一个运放实现比例加积分（PI）、比例加微分（PD）、比例加积分加微分（PID）电路。当输入信号为方波时，定性画出输出波形。

3. 比较器是否需要调零？比较器两个输入端电阻是否要求对称，为什么？

4. 举例说明滞回比较器的应用。

实验 26 线性直流稳压电源

【预习要点】

1. 复习直流稳压电源的组成及各部分作用、工作原理。
2. 了解三端可调集成稳压器的工作原理及使用方法。

直流稳压电源就是将交流电转换为稳定的直流电的装置。在日常生活和生产中，我们经常使用的都是交流电，但是在很多的电子设备和自动控制系统中，都需要电压稳定的直流电源。为了得到直流电，除了用直流发电机外，目前广泛使用的就是利用直流稳压电源。对应线性直流稳压电源，还有一种开关直流稳压电源，主要用于较大功率场合。

一、实验目的

1. 掌握直流稳压电源的组成、作用以及工作原理。
2. 掌握三端可调集成稳压器的功能及使用。
3. 观察滤波电路的滤波作用，加深对电容滤波原理的理解。

二、实验仪器

TPE-AD 模数电路实验箱、示波器、万用表。

三、实验原理

直流稳压电源一般由变压器、整流电路、滤波电路和稳压电路等部分组成。其原理框图如图 26-1 所示。

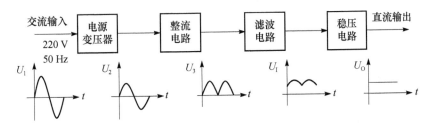

图 26-1 直流稳压电源框图

变压器：将 220 V、50 Hz 的市电变换为符合整流需要的电压，一般是降低。

整流电路：利用二极管单向导电性，把交流电变成单向脉动的直流电，目前广泛采用的是桥式整流电路，如图 26-2 所示。单相桥式整流电路的输出电压 $U_L = 0.9 U_2$（U_2 是变压器次级绕组交流电压的有效值）。

整流电路虽然可以把交流电转变为直流电，但是脉动较大。在多数电子设备中需要平稳的直流电源，因此，整流电路中要加接滤波器。

滤波电路：滤波电路的作用是将脉动直流电压中的交流成分滤掉，减小整流电压的脉动程度。其电路形式有单电容滤波和由电阻、电容构成的复式滤波电路，其中，最常用的是单电容滤波，如图 26-3 所示。滤波电容一般选择体积小，容量大的电解电容器。

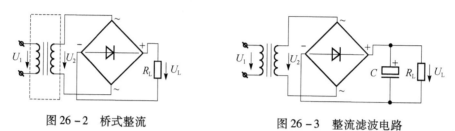

图 26-2　桥式整流　　　　　图 26-3　整流滤波电路

滤波作用是通过电容器的充放电来完成的。加滤波电路后，不但输出电压变得更平滑，输出的直流电压也有所增大。对于桥式整流电路，一般 $U_L = (1.0 \sim 1.4)U_2$。

稳压电路：经过整流和滤波之后的电压往往会随着交流电源电压的波动和负载的变化而变化，稳压性能较差。所以还需要加接一个稳压电路。

这里采用三端可调集成稳压模块组成的稳压电路，如图 26-4 所示。当负载 R_L 变化或当稳压电路的输入电压 U_{C_1} 变化时，甚至两者同时发生变化时，输出电压 U_L 基本不变。

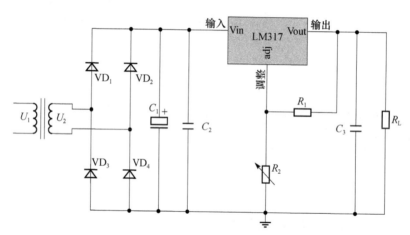

图 26-4　直流稳压电源实验电路

元件参数：$C_1 = 1\,000\ \mu F$；$C_2 = 0.1\ \mu F$；$C_3 = 1\ \mu F$

LM317 三端可调集成稳压器的输出电压是可以进行调整的，输出正极性电压，输出电压范围是 1.2~37 V，负载电流最大为 1.5 A。它的使用非常简单，仅需两个外接电阻来设置输出电压。此外它的线性调整率和负载调整率也比标准的固定稳压器好。LM317 内置有过载保护、安全区保护等多种保护电路。若要获得负输出电压选用 LM337 即可。

四、实验内容和要求

1. 观察桥式整流电路

按图 26-2 连接电路，接通电源后，用示波器观察 u_2、u_L，用万用表测出 U_2、U_L 之值记入表 26-1 中。

2. 观察单相桥式整流滤波电路

在上一步的基础上，按图 26-3 连接电路，用示波器观察 u_L 的波形，用万用表测量 U_L 的大小，记入

表 26-1 中,并与理论值相比较,检验测量值是否正确。

表 26-1 桥式整流电路

条件＼项目	U_2/V	U_L/V	波形图
单相桥式整流			
加滤波电容后			

3. 观察稳压电路的稳压作用

按图 26-4 将电路完整地连接好,组成单相桥式单电容滤波的三端可调集成稳压电路。

(1) 保持负载 R_L 不变,调节电阻 R_2,测量输出电压范围。

(2) 调节电阻 R_2,使输出电压 U_L 保持在 15 V。然后改变 U_2 大小,测量 U_2 变化前后 U_{C_1}、U_L 的值,记入表 26-2 中。

(3) 保持 U_2 不变,将负载 R_L 分别断开和接通,测量 U_L 的值,记入表 26-2 中。整理上述实验数据,分析该电路的稳压效果。

表 26-2 稳压电路的稳压作用

测试条件	测试项目	U_2/V	U_{C_1}/V	U_L/V
负载不变（R_L 接通）	U_2 变化前			
	U_2 变化后			
U_2 不变	R_L 接通			
	R_L 断开			

4. 分析测量结果

五、注意事项

1. 搭接、检查电路时不得带电操作。
2. 稳压功能块的 out、in、adj 三端要连接正确。
3. 为确保输出电压的稳定性,应保证稳压块的最小输入/输出压差不低于 3 V;为确保元器件安全,又要注意最大输入/输出压差不超过规定范围。
4. 实验中需要测量交流电压、直流电压及电流的大小,注意万用表的挡位和量程。
5. 分清桥式整流电路的输入输出端,注意电解电容器的极性。

实验 27　逻辑门和竞争冒险

【预习要点】

1. 复习门电路工作原理及相应逻辑表达式。
2. 说明 TTL 门电路和 CMOS 门电路有什么特点,总结它们多余端的处理方法。
3. 什么叫组合电路的竞争冒险现象?它是怎样产生的?通常有哪几种消除的办法?

逻辑门电路是数字电路中最基本的逻辑元件,所谓门就是一种开关,它能按照一定的条件去控制信号的通过或不通过。数字信号经过逻辑门电路都会发生程度不同的延迟,当某逻辑门电路的多个输入信号由于延迟时间不等可能导致该逻辑门输出不期望的逻辑状态,这种现象称为竞争冒险。

一、实验目的

1. 熟悉门电路的外形和管脚排列及其使用方法。
2. 熟悉各种门电路参数和逻辑功能的测试方法。

3. 观察组合逻辑电路设计中常见的竞争冒险现象，学会用实验方法消除竞争冒险。

二、实验仪器

TPE - AD 模数电路实验箱、函数信号发生器、示波器、万用表。

集成电路：74LS04（六非门）、74LS20（四 - 2 输入与非门）。

三、实验原理

1. 逻辑门

用来实现基本逻辑运算和复合逻辑运算的单元电路称为门电路。门电路的作用是实现某种因果关系——逻辑关系。门电路可以有一个或多个输入端，但只有一个输出端。基本的逻辑门有"与"门、"或"门和"非"门三种。除此之外，是由它们组合而成的复合门，如与非门、或非门、异或门等。

逻辑门电路按其内部有源器件的不同可以分为三大类。第一类为双极型晶体管逻辑门电路，包括 TTL、ECL 电路和 I^2L 电路等几种类型；第二类为单极型 MOS 逻辑门电路，包括 NMOS、PMOS、LDMOS、VDMOS、VVMOS、IGT 等几种类型；第三类则是二者的组合 BICMOS 门电路。

74 系列 TTL 数字逻辑电路是国际上通用的标准电路，其品种之一：74LS××为低功耗肖特基电路，也是比较常用的 TTL 电路。TTL 集成门电路的工作电压为"5 V ± 10%"。本实验中使用的 TTL 集成门电路是双列直插型的集成电路，其管脚识别方法：将 TTL 集成门电路正面（印有集成门电路型号标记）正对自己，有缺口或有圆点的一端置向左方，左下方第一管脚即为管脚"1"，按逆时针方向数，依次为 1，2，3，4，…如图 27 - 1 所示。具体的各个管脚的功能可通过查找相关 datasheet 得知。

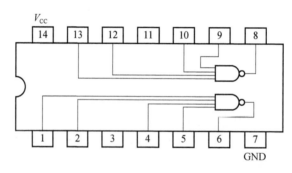

图 27 - 1 74LS20 集成电路引脚排列

2. 测试门电路逻辑功能的两种方法：

（1）静态测试法：给门电路输入端加固定高、低电平，用万用表、发光二极管等测输出电平。

（2）动态测试法：给门电路输入端加一串脉冲信号，用示波器观测输入波形与输出波形的关系。

3. 竞争与冒险

在数字电路工作中，常出现一些从本身逻辑关系来说不该出现的尖峰脉冲，它们可能干扰电路的正常工作，我们将这种现象称为竞争冒险。

如图 27 - 2（a）所示是一个简单的组合逻辑电路，由于与非门的两个输入信号为互补信号，在理想情况下，与非门的输出 Y 应该始终为高电平"1"。实际情况是，信号 A 经过一个非门（反相器）变为 $\bar{A}$，由于非门对信号有一个延迟，导致 $\bar{A}$ 信号相对 A 信号有一个延迟时间，如图 27 - 2（b）所示，因此就进一步导致与非门的输出信号 Y 在 A 的上升沿和 $\bar{A}$ 的下降沿之间出现低电平，这种现象称为组合逻辑电路中的竞争与冒险现象。由于这个低电平持续的时间非常短（纳秒级），再加上信号的上升沿、下降沿并不是垂直的，所以从示波器看到的低电平是一个倒尖脉冲，俗称"毛刺"（图 27 - 2（b）中 Y'），这个"毛刺"如不加注意，通过示波器观察时容易被漏掉。

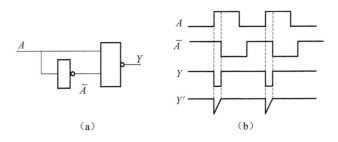

图 27-2 组合逻辑电路中的竞争与冒险

根据以上分析,产生竞争与冒险的原因一般来说有两个,即门电路的延迟和互补信号输入,从这两点入手可以消除电路中的竞争与冒险。

4. 常用来消除竞争冒险的方法

(1) 加封锁脉冲或选通脉冲

由于组合电路的竞争冒险现象是在输入信号变化过程中发生的,因此可以设法避开这一段时间,待电路稳定后再让电路正常输出。

加封锁脉冲——在引起竞争冒险现象的有关门的输入端引进封锁脉冲,当输入信号变化时,将该门封锁。

引入选通脉冲——在存在竞争冒险现象的有关门的输入端引入选通脉冲,平时将该门封锁,只有在电路接收信号到达新的稳定状态之后,选通脉冲才将该门打开,允许电路输出。

(2) 接滤波电容

由于竞争冒险现象中出现的干扰脉冲宽度一般很窄,所以可在门的输出端并接一个几百 pF 的滤波电容加以消除。但这样做将导致输出波形的边沿变坏,在某些情况下是不允许的。

(3) 修改逻辑设计

如果输出端门电路的两个输入信号 A_1 和 A_2 是输入变量 A 经过两个不同的传输途径而来的,那么当输入变量 A 的状态发生突变时,输出端便有可能产生干扰脉冲。这种情况下,可以通过增加冗余项的方法,修改逻辑设计,消除竞争冒险现象。

值得指出的是,现代大规模集成电路设计中,CAD 软件一般都具有避免竞争冒险消除"毛刺"的功能,但是在中小规模集成电路的设计中还需要设计者人为避免。

四、实验内容和要求

1. 测试门电路逻辑功能

(1) 选用双四输入与非门 74LS20 一只,插入对应的插座或面包板,按图 27-3 接线,四个输入端分别接电平开关,输出端接电平显示指示灯。

(2) 按表 27-1 所显示的输入状态,分别测量对应的输出逻辑状态及输出电压。

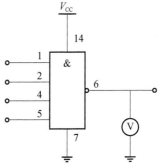

图 27-3 测试门电路逻辑功能

表 27-1

输 入				输 出	
1	2	3	4	Y	电压/V
H	H	H	H		
L	H	H	H		
L	L	H	H		
L	L	L	H		
L	L	L	L		

2. 逻辑门传输延迟时间的测量

74LS04(六非门)管脚排列如图 27-4 所示。按图 27-5 接线,输入 10~20 kHz 连续脉冲,用双踪波器观察并画出对应的输入、输出波形，测量输出信号相对输入信号的延迟时间，并计算单个门的平均传输延迟时间 t_{pd} 值。

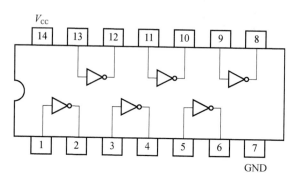

图 27-4　74LS04 的管脚排列

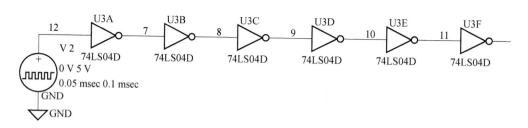

图 27-5　逻辑门传输延迟时间测量

3. 组合电路竞争冒险现象的观察及消除

将图 27-5 的输入信号与第五个反相器的输出信号"相与"（如图 27-6 所示），用示波器观察并画出对应的输入、输出波形，分析有无竞争冒险现象发生。如果有，在输出端并联一个 0.01 μF 的小电容，观察冒险现象的消除。（提示："与"逻辑用 74LS20 实现。）

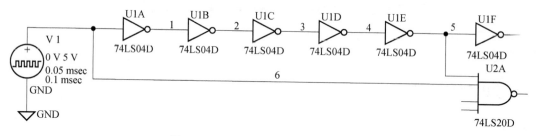

图 27-6　组合电路的竞争与冒险现象

五、注意事项

1. 认真选择实验用的 IC 型号，按实验接线图接线，特别注意 V_{cc} 及 GND 不能接错。
2. 线接好后仔细检查无误后方可通电实验。
3. 实验中需要改动接线时，必须先断开电源，接好后再通电实验。
4. 观察竞争冒险现象时输入信号频率尽量高一些，示波器显示波形尽量展开，以显示 2~3 个周期为宜。

六、研究与思考

1. 与非门的一个输入接连续脉冲，其余端是什么状态时允许脉冲通过？什么状态时禁止脉冲通过？
2. 异或门又称可控反相门，为什么？
3. 为什么 TTL 门电路的输入端经过电阻接地，其状态与阻值有关？
4. 分别就消除竞争冒险现象的三种方法进行举例，画出电路图。

实验 28　编码器和译码器

【预习要点】

1. 复习有关编码器和译码器的原理，实验所用芯片的结构图、管脚图和功能表。

2. 用两片 8-3 线译码器 74LS138 组成 16-4 线译码器，试画出实验接线图及记录表格，并在 Multisim 中实现。

数字系统中，往往需要将具有特定意义的信息（如文字、数字或字符等），赋予相应的二进制代码，这一过程称为编码。实现编码操作的电路，称为编码器（Encoder）。译码是编码的逆过程，即把表示特定信号或对象的代码"翻译"出来的过程。能实现译码操作的电路，称为译码器（Decoder）。编码器和译码器是数字电路中的常用器件。

一、实验目的

1. 掌握编码器和译码器的工作原理和特点。
2. 熟悉常用编码器和译码器的管脚排列、逻辑功能和典型应用。
3. 了解 IC 信号的输入输出和控制。

二、实验器材

TPE - AD 模数电路实验箱、万用表、集成电路：74LS148、74LS138、74LS247。

三、实验原理

1. 集成编码器

用二进制代码表示某种特定含义的信息称为编码；实现编码功能的逻辑电路称为编码器。

按照被编码信号的不同特点和要求，编码器分为三类：（1）二进制编码器：如用门电路构成的 4-2 线，8-3 线编码器等；（2）二-十进制编码器：将十进制的 0~9 变成 BCD 码，如 10 线十进制-4 线 BCD 码编码器 74LS147 等；（3）优先编码器，如 8-3 线优先编码器 74LS148 等。

74LS148 是 8-3 线 BCD 集成优先编码器，优先编码器不需对输入变量施加约束条件。它允许几个输入端同时为有效电平。当几个输入端同时出现有效电平时，电路只对其中优先级别最高的一个进行编码。74LS148 引脚排列如图 28-1，逻辑功能表见表 28-1。

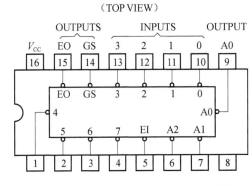

图 28-1　74LS148 8-3 线集成优先编码器

表 28-1　74LS148 优先编码器逻辑功能表

	INPUTS									OUTPUTS				
EI	0	1	2	3	4	5	6	7		A2	A1	A0	GS	EO
H	X	X	X	X	X	X	X	X		H	H	H	H	H
L	H	H	H	H	H	H	H	H		H	H	H	H	L
L	X	X	X	X	X	X	X	L		L	L	L	L	H
L	X	X	X	X	X	X	L	H		L	L	H	L	H
L	X	X	X	X	X	L	H	H		L	H	L	L	H
L	X	X	X	X	L	H	H	H		L	H	H	L	H
L	X	X	X	L	H	H	H	H		H	L	L	L	H
L	X	X	L	H	H	H	H	H		H	L	H	L	H
L	X	L	H	H	H	H	H	H		H	H	L	L	H
L	L	H	H	H	H	H	H	H		H	H	H	L	H
H = HIGH Logic Level，L = LOW Logic Level，X = Irrelevant														

74LS148 引脚功能说明：

0~7（I0~I7）：数据输入端（低电平有效）。

EI：输入使能端，EI=0 允许编码，EI=1 禁止编码。

A2~A0：编码输出端。

GS：扩展输出端，GS=0 时，表示 A2、A1、A0 有编码输出。

EO：级联控制选通输出端，EO 与优先级别低的相邻编码器的 EI 端相连。EO=0 时，允许优先级别低的相邻编码器工作；否则禁止优先级别低的相邻编码器工作。

2. 集成译码器

译码是编码的反过程，是将给定的二进制代码翻译成编码时赋予的原意。译码器即为把某种编码转化为对应信息的组合逻辑电路。

译码器特点：（1）多输入、多输出组合逻辑电路；（2）输入是以 n 位二进制代码形式出现，输出是与之对应的电位信息。译码器也分为三类：①二进制译码器：如中规模 2-4 线译码器 74LS139，8-3 线译码器 74LS138 等；②二-十进制译码器：实现各种代码之间的转换，如 BCD 码-十进制译码器 74LS145 等；③显示译码器：用来驱动各种数字显示器，如共阳数码显示译码驱动 74LS47、74LS247，共阴极译码驱动 74LS48 等。

74LS138 是 8-3 线通用译码器，其引脚排列如图 28-2，功能表见表 28-2。74LS138 的工作原理：当一个选通端（G1）为高电平，另两个选通端（G2A 或 G2B）为低电平时，可将地址端（A、B、C）的二进制编码在一个对应的输出端以低电平送出。利用 G1、G2A 和 G2B 可级联扩展成 24 线译码器；若外接一个反相器还可级联扩展成 32 线译码器。若将选通端中的一个作为数据输入端时，74LS138 还可作数据分配器。

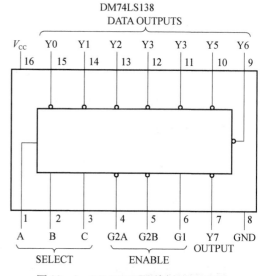

图 28-2　74LS138 通用译码器引脚图

表 28-2　74LS138 通用译码器功能表

Inputs					Outputs							
Enable		Select										
G1	G2（Note1）	C	B	A	Y0	Y1	Y2	Y3	Y4	Y5	Y6	Y7
X	H	X	X	X	H	H	H	H	H	H	H	H
L	X	X	X	X	H	H	H	H	H	H	H	H
H	L	L	L	L	L	H	H	H	H	H	H	H
H	L	L	L	H	H	L	H	H	H	H	H	H
H	L	L	H	L	H	H	L	H	H	H	H	H
H	L	L	H	H	H	H	H	L	H	H	H	H
H	L	H	L	L	H	H	H	H	L	H	H	H
H	L	H	L	H	H	H	H	H	H	L	H	H
H	L	H	H	L	H	H	H	H	H	H	L	H
H	L	H	H	H	H	H	H	H	H	H	H	L

H = HGH Level　　L = Low Level　　X = Don't Care
Note1：G2 = G2A + G2B

74LS138 引脚功能说明：

A、B、C：二进制译码输入端（A 是低位）。

G1：选通控制端，当 G1=1 时，译码器处于工作状态；当 G1=0 时，译码器处于禁止状态。

G2A、G2B：选通端（低电平有效）。

Y0~Y7：输出端。

3. 显示译码器

(1) 七段显示器件

常用的显示器件有半导体数码管、液晶数码管和荧光数码管。半导体数码管又称 LED 数码管，它的基本单元是 PN 结，当外加正向电压时，就能发出清晰的光。LED 数码管是目前最常用的数字显示器，可用来显示一位 0～9 十进制数和一个小数点，由于每个显示器分为七个段位（不算小数点），所以也称为七段显示器。图 28-3（a）、(b) 为七段显示器的共阴极和共阳极两种电路接法，(c) 为对应两种接法显示模块的引脚图。小型数码管每段发光二极管的正向压降，随显示光（通常为红、绿、黄、橙色）的颜色不同略有差别，通常约为 2～2.5 V，每个发光二极管的点亮电流在 5～10 mA。

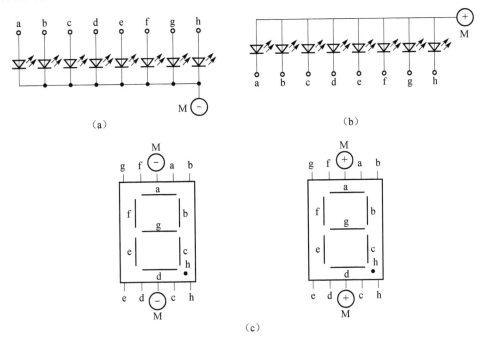

图 28-3 LED 数码管

(a) 共阴连接（"1"电平驱动）；(b) 共阳连接（"0"电平驱动）；(c) 符号及引脚功能

(2) BCD 七段译码驱动器

LED 数码管要显示 BCD 码所表示的十进制数字就需要有一个专门的译码器，该译码器不但有 BCD 七段译码功能，还得有一定的电流驱动功能，能使七段显示器发光，所以一般称为 BCD 七段译码驱动器。

与七段显示器对应，BCD 七段译码驱动器也分为共阳极和共阴极两类，常用型号有共阳极 74LS47、74LS247 等，共阴极 74LS48、74LS248 等。本实验采用 74LS247 共阳极 BCD 七段译码驱动器和对应的共阳极 LED 数码管。其引脚排列如图 28-4，逻辑功能表见表 28-3。

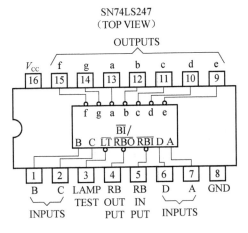

图 28-4 74LS247 引脚图

表 28-3 74LS247 逻辑功能表

	输入						BI/RBO	输出 a b c d e f g	显示
	$\overline{LT}$	$\overline{RBI}$	D	C	B	A			
0	1	1	0	0	0	0	1	0 0 0 0 0 0 1	0
1	1	1	0	0	0	1	1	1 0 0 1 1 1 1	1
2	1	X	0	0	1	0	1	0 0 1 0 0 1 0	2
3	1	X	0	0	1	1	1	0 0 0 0 1 1 0	3
4	1	X	0	1	0	0	1	1 0 0 1 1 0 0	4
5	1	X	0	1	0	1	1	0 1 0 0 1 0 0	5
6	1	X	0	1	1	0	1	1 1 0 0 0 0 0	6
7	1	X	0	1	1	1	1	0 0 0 1 1 1 1	7
8	1	X	1	0	0	0	1	0 0 0 0 0 0 0	8
9	1	X	1	0	0	1	1	0 0 0 1 1 0 0	9
10	1	X	1	0	1	0	1	1 1 1 0 0 1 0	c
11	1	X	1	0	1	1	1	1 1 0 0 1 1 0	⊐
12	1	X	1	2	0	0	1	1 0 1 1 1 0 0	u
13	1	X	1	1	0	1	1	0 1 1 0 1 0 0	c
14	1	X	1	1	1	0	1	1 1 1 0 0 0 0	t
15	1	X	1	1	1	1	1	1 1 1 1 1 1 1	
$\overline{BI}$	X	X	X	X	X	X	0	1 1 1 1 1 1 1	消隐
$\overline{RBI}$	1	0	0	0	0	0	0	1 1 1 1 1 1 1	灭零
$\overline{LT}$	0	X	X	X	X	X	1	0 0 0 0 0 0 0	8

74LS247 引脚功能说明：

A、B、C、D：BCD 码输入端。

a、b、c、d、e、f、g：译码输出端，输出"0"有效。

$\overline{BI}$：消隐输入端，$\overline{BI}=0$ 时，译码输出全为 1，实现"消隐"功能。此时 $\overline{BI}/\overline{RBO}$ 引脚作为输入端使用，其他情况下该引脚均作为输出端使用。

$\overline{LT}$：测试输入端，当 $\overline{LT}=0$，且 $\overline{BI}=1$ 时，译码输出全为 0，显示数字"8"。

$\overline{RBI}$：当 $\overline{RBI}=0$，且 $\overline{LT}=1$ 时，若输入 DCBA 为 0000，则译码输出全为 1，且 $\overline{RBO}=0$，实现"灭零"功能，它主要用来熄灭无效的前零和后零，此时 $\overline{BI}/\overline{RBO}$ 引脚作为输出端使用；若 DCBA 为其他各种组合时，正常显示，则 $\overline{RBO}=1$。

$\overline{RBO}$：当本位的 0 熄灭时，$\overline{RBO}=0$，在多位显示系统中，它与下一位 $\overline{RBI}$ 的相连，通知下位如果是零也可熄灭。

四、实验内容和要求

1. 测试 8-3 线编码器 74LS148 的逻辑功能，画出功能表。

参照图 28-1 完成接线，I0~I7 接高低电平开关，A2~A0 接 LED 指示灯，按表 28-1 进行测试。

2. 测试 8-3 线译码器 74LS138 的逻辑功能，画出功能表。

参照图 28-2 完成接线，A、B、C 接高低电平开关（A 是低位），Y0~Y7 接 LED 指示灯，按表 28-2 进行测试。

3. 将一片 BCD 七段译码驱动器 74LS247 与一位 LED 七段显示器正确连接，74LS247 的输入端 A、B、C、D 接高低电平开关（A 是低位），适当设置电平开关，使七段显示器分别显示 0~9 等十个数字，并测试三个控制端子的功能。

五、注意事项

1. 集成电路一定要跨接在中央凹槽两边，一般缺口朝左。
2. 不要带电接线和插拔集成电路。
3. 注意集成芯片使能端的设置，当使能端有效时，芯片才能正常工作。
4. 电源 V_{cc} 接 +5 V。
5. 对于 TTL 电路输入端悬空为 1。

六、研究与思考

1. 当 G2A = G2B = 0 且 G1 = 0 时，译码器 74LS138 处于什么状态？当 G2A = G2B = 0 并且 G1 = 1 时，74LS138 又处于什么状态？
2. 用两片 8 – 3 线译码器 74LS138 组成 16 – 4 线译码器，画出电路图。
3. 用一片 8 – 3 线译码器 74LS138 及一片双四输入与非门 74LS20 组成一位全加器，全加器的三个输入端为被加数 X、加数 Y、进位 Ci – 1，输出 Si 及本位进位输出为 Ci，画出电路图。

实验 29　触发器和计数器

【预习要点】
1. 基本 RS 触发器有哪些缺点？
2. 主从 JK 触发器为什么能避免空翻现象？又为什么能免除不定状态？
3. 同步计数器与异步计数器有何不同？

触发器（Flip Flop）是一种可以存储电路逻辑状态的电子元件，也是最基本的时序逻辑单元，广泛应用于计数器、运算器、存储器等电子部件中，其中计数器是数字系统中用得最多的时序电路之一。

一、实验目的

1. 熟悉并掌握 D、JK 触发器的构成，工作原理和功能测试方法。
2. 熟悉集成计数器逻辑功能和各控制端作用。
3. 掌握计数器使用方法，能够利用给定计数器实现任意模数计数器。

二、实验仪器

TPE – AD 模数电路实验箱、函数信号发生器、示波器、万用表。
集成电路：74LS74、74LS112、74LS90、74LS247。

三、实验原理

1. 触发器

触发器是具有记忆功能并能存储数字信息的最常用的一种基本单元电路，是构成时序逻辑电路的基本逻辑部件。触发器具有两个稳定的状态。0 状态和 1 状态。在触发信号作用下，触发器的状态发生翻转，即触发器可由一个稳态转换到另一个稳态。当触发信号消失后，触发器翻转后的状态保持不变（记忆功能）。根据电路结构和功能的不同，触发器有 RS 触发器、D 触发器、JK 触发器、T 触发器、T′触发器等类型。集成触发器的主要产品是 D 触发器和 JK 触发器，其他功能的触发器可由 D、JK 触发器进行转换。

（1）D 触发器

D 触发器有一个状态输入端，其状态方程为 $Q_{n+1} = D$，其输出状态的更新发生在 CP 脉冲的上升沿，故又称为上升沿触发的边沿触发器,触发器的状态只取决于时钟到来前 D 端的状态。D 触发器的应用很广,可用作数信号的寄存,位移寄存,分频和波形发生等。D 触发器图形符号如图 29-1 所示。状态表见表 29-1。

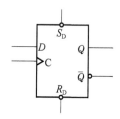

图 29-1 D 触发器

表 29-1 D 触发器状态表

D	Q_{n+1}
0	0
1	1

(2) JK 触发器

JK 触发器有两个状态输入端,JK 触发器图形符号如图 29-2 所示。其特征方程 $Q_{n+1} = J\bar{Q}_N + \bar{K}Q_n$,状态表见表 29-2。

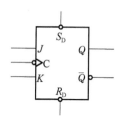

图 29-2 JK 触发器

表 29-2 JK 触发器状态表

J	K	Q_{n+1}
0	0	Q_n
0	1	0
1	0	1
1	1	$\bar{Q}$

2. 计数器

计数器是一个用以实现计数功能的时序逻辑部件,它不仅可以用来对脉冲进行计数,还常用做数字系统的定时、分频和执行数字运算以及其他特定的逻辑功能,构成计数器的基本单元就是触发器。计数器的种类很多,按计数器中各触发器是否使用一个时钟脉冲源来分有:同步计数器和异步计数器;根据计数进制的不同分为:二进制、十进制和任意进制计数器;根据计数的增减趋势分为:加法、减法和可逆计数器;还有可预置数和可编程功能计数器等。

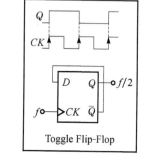

图 29-3 二进制计数器

(1) 用 D 触发器构成计数器

如上所述,构成计数器的基本单元就是触发器。一位触发器经过简单连线就成了一个二进制计数器(图 29-3);两位触发器经过简单连线就成了一个四进制计数器;以此类推,四位触发器经过简单连线就成了一个十六进制计数器(图 29-4)。从另一个角度来说,计数器也称为分频器,二进制计数器也称为二分频器,从图 29-3 中的时序图(波形)来看,输出 Q 端波形频率是输入 CK 端波形频率的二分之一倍,称为二分频,分频器常用于数字信号的波形变换。

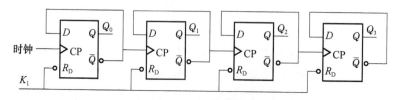

图 29-4 四位二进制计数器

(2) 集成计数器

集成计数器种类很多,使用很广泛,常见的如四位二进制计数器 74LS93,可预置二进制计数器 74LS197,二—十进制同步可预置计数器 74LS160,十进制同步可逆计数器 74LS190,二—五—十进制异步计数器 74LS90，十二位二进制串行异步计数器/分频器 CD4040，四位二进制同步加/减计数器 CD4516，还有与锁存器、译码器、显示器组合在一起的计数/锁存/译码/驱动/显示器，如 ZCL102 等等。本实验介绍二—五—十进制异步计数器 74LS90，通过外部接线，可以实现二、五、十进制等多种制式的异步计数。

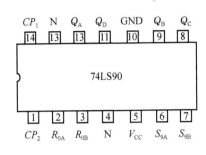

图 29 - 5　74LS90 引脚分布图

图 29 - 5 和表 29 - 3 示出了 74LS90 的引脚排列和逻辑功能表。其中 S_{9A}、S_{9B} 称为置 9 端，R_{0A}、R_{0B} 称为置 0 端。当 $S_{9A} = S_{9B} = 1$ 时，不论其他输入端状态如何，计数器输出 $Q_3 Q_2 Q_1 Q_0 = 1\,001$，实现置 9 功能；当 S_{9A} 和 S_{9B} 不全为 1，且 $R_{0A} = R_{0B} = 1$ 时，不论其他输入端状态如何，计数器输出 $Q_3 Q_2 Q_1 Q_0 = 0\,000$，实现异步清零功能；当 S_{9A} 和 S_{9B} 不全为 1，且 R_{0A} 和 R_{0B} 不全为 1 时，输入计数脉冲 CP 时，计数器实现计数功能。

表 29 - 3　74LS90 逻辑功能表

输　　入				输　　出			
R_{0A}	R_{0B}	S_{9A}	S_{9B}	Q_D	Q_C	Q_B	Q_A
1	1	0	×	0	0	0	0
1	1	×	0	0	0	0	0
×	×	1	1	1	0	0	1
×	0	×	0	计		数	
×	0	0	×	计		数	
0	×	×	0	计		数	
0	×	0	×	计		数	

计数脉冲由 $\overline{CP_1}$ 输入，Q_A 作为输出，构成二进制计数器；计数脉冲由 $\overline{CP_2}$ 输入，Q_D、Q_C、Q_B 作为输出，构成五进制计数器；若将输出 Q_A 与输入 $\overline{CP_2}$ 相连，计数脉冲从 $\overline{CP_1}$ 输入，$Q_D \sim Q_A$ 作为输出，则构成 8421 码十进制计数器。若将输出 Q_D 与输入 $\overline{CP_1}$ 相连，计数脉冲从 $\overline{CP_2}$ 输入，Q_A、Q_D、Q_C、Q_B 作为输出，则构成 5421 码的十进制计数器。

（3）集成计数器构成任意（N）进制计数器

在数字集成电路中有许多型号的计数器产品，可以用这些数字集成电路来实现所需要的计数功能和时序逻辑功能。在设计时序逻辑电路时有两种方法，一种为反馈清零法，另一种为反馈置数法。

① 反馈清零法

反馈清零法是利用反馈电路产生一个给集成计数器的复位信号，当计数器输出满足一定条件时，产生一个"清零"窄脉冲，使计数器各输出端为零（清零）。反馈电路一般是组合逻辑电路，计数器输出部分或全部作为其输入。反馈清零法的逻辑框图见图 29 - 6。

② 反馈置数法

反馈置数法将反馈逻辑电路产生的信号送到计数电路的置位端，在满足条件时，计数电路输出状态为给定的二进制码。反馈置数法的逻辑框图如图 29 - 7 所示。

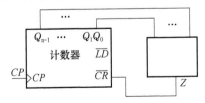

图 29 - 6　反馈清零法框图

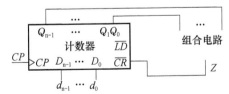

图 29 - 7　反馈置数法框图

四、实验内容和要求

1. 验证触发器功能

参照图 29 - 8、图 29 - 9 接线，验证双 D 触发器 74LS74 和双 JK 触发器 74LS112 的逻辑功能，画出状态转换真值表。

2. 参照图 29-4，用一片 74LS74 接成一个四进制异步计数器（两位二进制计数器），输出端接发光二极管，要求：

① 画出电路图，从 CP 端输入单脉冲，观察 Q_0Q_1 输出状态；

② 从 CP 端输入 1kHz 脉冲，用示波器分别观察 Q_0Q_1 的输出波形，并画出时序图。

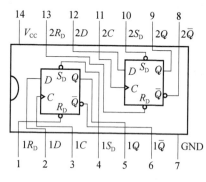

图 29-8　74LS74 引脚排列

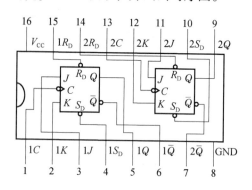

图 29-9　74LS112 引脚排列

3. 集成计数器 74LS90 的功能测试

用一片 74LS90、一片 74LS247（见实验 28 编码器和译码器）和一位七段 LED 数码管（共阳极）组成一位十进制计数器及一位六进制计数器，要求：

① 画出电路图，输入单脉冲，观察数码管的输出状态；

② 验证 74LS90 的"置零""置 9"功能。

五、研究与思考

1. 将 JK 触发器的 J 和 K 端悬空，那么触发器会处于什么状态？

2. 实现十以上进制的计数器时可将多片级连使用，试用集成计数器 74LS90 设计一个六十进制计数电路，画出电路连线图，并用实验验证其功能。

3. 查手册，用反馈清零法将十四位二进制串行异步计数器 CD4060 实现一个 16 384（16K）分频器，画出原理电路。

第 4 章

力 学 实 验

本章包括 5 个基本实验项目,侧重于培养和提高学生对基本材料的力学性能、实验方法、实验器材的理解和操作能力。希望同学们认真体会和掌握每个实验涉及的方法和器材。

实验 30　材料拉伸与压缩

【预习要点】
1. 万能材料试验机的构造、原理和操作。
2. 低碳钢拉伸曲线。
3. 塑性、脆性金属材料拉伸、压缩实验原理及相关性能指标。

常温下的拉伸与压缩实验是测定材料力学性能最基本的实验之一。所选的低碳钢为典型的塑性金属材料,铸铁为典型的脆性金属材料。本节以低碳钢的拉伸、铸铁的拉伸和压缩为例,主要介绍了利用万能材料试验机,测定材料基本力学性能参数的方法。

一、实验目的

1. 测量低碳钢拉伸时的屈服极限 σ_s、强度极限 σ_b、延伸率 δ、断面收缩率 ψ 和铸铁的拉伸强度极限 σ_{bz}、压缩强度极限 σ_{-bz};
2. 通过观察和分析低碳钢、铸铁的拉伸,以及铸铁的压缩破坏过程中的各种力学现象,了解两种不同材料的力学性能和特点;
3. 了解万能材料试验机的构造、原理和操作。

二、实验器材

1. 游标卡尺;
2. 万能材料试验机;
3. 试件:如图 30-1 所示。

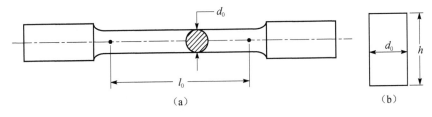

图 30-1
(a) 低碳钢、铸铁拉伸试件;(b) 铸铁压缩试件

三、实验原理

常温下的拉伸与压缩实验,是测定材料的力学性能指标的基本实验。本次实验利用万能材料试验机测量低碳钢拉伸时的屈服极限 σ_s、强度极限 σ_b、延伸率 δ、截面收缩率 ψ 和铸铁的拉伸强度极限 σ_{bz}、压缩

强度极限 σ_{-bz}。这些力学性能指标是工程结构设计的重要依据。

1. 低碳钢的拉伸

低碳钢是工程上使用最广泛的一种金属材料,其力学性质具有一定的典型性,因此,常选择用它来阐明塑性材料的某些特性。

图 30-2 所示的是低碳钢 $P-\Delta L$ 曲线,其描绘了低碳钢试件从开始加载,直至断裂的全过程中力与变形之间的关系。根据其变形特点,大致可以分为四个阶段。

弹性阶段 从 O 到 A' 为弹性阶段,在弹性阶段内卸载,材料的变形将完全消失。OA 段为直线段,说明在 OA 段内,载荷 P 与变形 ΔL 成正比,与 A 点对应的应力值 $\sigma_p = \dfrac{P_p}{A_0}$ 称为比例极限,低碳钢的

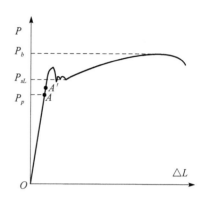

图 30-2 低碳钢的拉伸 $P-\Delta L$ 曲线

比例极限一般为 $\sigma_p = (190 \sim 200)$ MPa。图中的 A 点比点 A' 略低,AA' 段不成直线,略有弯曲,但仍然属于弹性阶段。与 A' 点对应的应力 $\sigma_p = \dfrac{P_p}{A_0}$ 称为弹性极限。比例极限与弹性极限的物理意义不同,但二者数值接近,有时也把二者不加区别地统称为弹性极限。在工程实际中,构件一般均在弹性变形范围内工作。

屈服阶段 弹性阶段后,低碳钢的 $P-\Delta L$ 曲线呈锯齿形,此时施加在试件上的载荷基本上没有变化,但变形却迅速增长,说明材料暂时失去了抵抗变形的能力。与此阶段内的最高载荷 P_{sU} 对应的应力称为上屈服点,它受变形速度和试件形状的影响,一般不作为强度指标。同样,载荷首次下降的最低点(初始瞬时效应)也不作为强度指标。一般将初始瞬时效应以后的最低载荷 P_{sL} 除以试件的初始横截面面积 A_0,作为屈服极限 σ_s,即

$$\sigma_s = \dfrac{P_{sL}}{A_0} \tag{30-1}$$

强化阶段 屈服阶段过后,试件又恢复了抵抗继续变形的能力,欲使试件继续变形就必须增加载荷。这种现象称为材料的强化。低碳钢的 $P-\Delta L$ 曲线逐渐上升,载荷达到最大值。这个最大载荷除以试件的初始横截面面积 A_0 而得到的应力值,称为强度极限,以符号 σ_b 表示。

$$\sigma_b = \dfrac{P_b}{A_0} \tag{30-2}$$

颈缩阶段 应力达到强度极限后,试件的变形开始集中在标距段内某一局部区域,这时该区域内的横截面逐渐收缩,出现颈缩现象。由于局部截面收缩,试件变形时,所需的拉力也逐渐减小,直至最后试件在颈缩处被拉断为止。

断后延伸率 δ 及断面收缩率 ψ 的测量:试件的原标距为 l_0,拉断后,将两部分试件紧密地对接在一起,测量出拉断后的标距长度 l_1,断后延伸率即为

$$\delta = \dfrac{l_1 - l_0}{l_0} \times 100\% \tag{30-3}$$

断口附近塑性变形最大,所以,l_1 的量取与断口的部位有关。若断口发生于 l_0 的两端或 l_0 之外,则实验无效,应重做。若断口距 l_0 的一端的距离小于或等于 $\dfrac{l_0}{3}$(图 30-3(b)和(c)),则按下述断口移中法则来测定 l_1。在拉断后的长段上,由断口处取约等于短段的格数得 B 点,若剩余格数为偶数时(图 30-3(b)),则取其一半得 C 点,设 AB 长为 a,BC 长为 b,则 $l_1 = a + 2b$。当长段剩余格数为奇数时(图 30-3(c)),则取剩余格数减 1 后的一半得 C 点,加 1 后的一半得 C_1 点,设 AB、BC 和 BC_1 的长度分别为 a_1、b_1 和 b_2,则 $l_1 = a_1 + b_1 + b_2$。

试件拉断后,设颈缩处的最小横截面面积为 A_1,由于断口是不规则的圆形,所以,应在两个相互垂直的方向上量取最小截面的直径,以其平均值计算 A_1,然后按下式计算断面收缩率:

$$\psi = \dfrac{A_0 - A_1}{A_0} \times 100\% \tag{30-4}$$

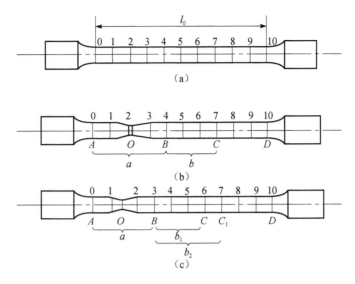

图 30-3 拉伸试件示意图

2. 铸铁的拉伸

图 30-4 中的曲线 1 是铸铁拉伸时的 $P-\Delta L$ 曲线。该曲线没有明显的直线部分，力与变形不再成正比例关系。在工程计算中，通常取曲线的某一根割线来近似地代替开始部分的曲线，从而认为材料服从胡克定律。铸铁在拉伸过程中没有屈服阶段，也没有颈缩现象，在较小变形下就突然断裂。拉断时的应力称为强度极限 σ_{bz}，其计算公式为：

$$\sigma_{bz} = \frac{P_{bz}}{A_0} \qquad (30-5)$$

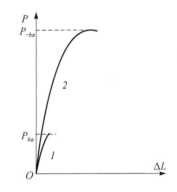

图 30-4 铸铁的拉伸和压缩曲线

式中，P_{bz} 为铸铁试件拉断时的最大拉力，A_0 为试件的初始横截面面积。

测量断裂后试件的直径和长度，可以发现 $\delta \approx 0$，$\psi \approx 0$。

一般地，常用的铸铁的抗拉强度较低，约为 120~180 MPa，延伸率约为 0.5%~0.6%，所以，铸铁是典型的脆性金属材料。

3. 铸铁的压缩

图 30-4 中的曲线 2 为铸铁压缩时的 $P-\Delta L$ 曲线。与拉伸时相比较，压缩时铸铁试件有较大的变形。随着压力的增大，试件呈鼓形，最后在较小的塑性变形下突然断裂。破坏断面与横截面大致成 45°~55° 的倾角，以 σ_{-bz} 表示材料压缩时的强度极限，其等于压缩破坏时的载荷与铸铁原始截面面积的比值

$$\sigma_{-bz} = \frac{P_{-bz}}{A_0} \qquad (30-6)$$

铸铁压缩时的 σ_{-bz} 比拉伸时的强度极限 σ_{bz} 高，大约 $\sigma_{-bz} = (3-4)\sigma_{bz}$。

一般地，脆性金属材料拉伸时的强度极限较低，塑性差，但抗压能力较强，因此铸铁一类的金属脆性材料多用作承压构件。

四、实验内容和要求

在实验过程中注意观察实验现象，准确记录初始实验数据，计算出低碳钢拉伸时的屈服极限 σ_s、强度极限 σ_b、延伸率 δ、断面收缩率 ψ 和铸铁的拉伸强度极限 σ_{bz}、压缩强度极限 σ_{-bz}。低碳钢的拉伸、铸铁的拉伸和压缩实验步骤大致相同，简述如下：

1. 试验机准备：接通电源，参阅试验机的操作说明，熟悉试验机的操作，试运行试验机。

2. 测量试件尺寸：拉伸试件要求用游标卡尺在标距 l_0 的两端及中部三个位置上，每个位置沿两个相互垂直的方向测量试件的直径，以其平均值来计算各位置横截面面积，取三者中的最小值作为初始横截面

面积 A_0。

3. 安装试件。
4. 在软件上设置实验参数。
5. 进行实验。
6. 实验完成后,取下试件,对破坏后的试件进行测量、记录。
7. 对实验数据进行分析和打印,结束实验。

五、注意事项

1. 实验时要根据实验项目在软件中选择相应的实验方法;
2. 夹持拉伸试件时,应注意先上夹具后下夹具,慢速操作,下钳口开到最大;
3. 压缩试件应尽量准确地放在承垫中心上,要求试件两端面平行,并与轴线相垂直;
4. 实验过程中请不要拧动限位旋钮。

六、研究与思考

1. 实验时,加载速度为什么不能太快?
2. 试件材料相同、截面直径相同,但标距长度不同（$5d$ 和 $10d$ 两种）时,其延伸率和断面收缩率是否相同?
3. 实验时,如何观察记录低碳钢的屈服极限?
4. 根据低碳钢和铸铁拉伸、压缩实验结果,比较塑性金属材料和脆性金属材料的力学性质。
5. 预制楼板中的钢筋应加在什么位置?

实验 31　材料扭转

【预习要点】

扭转试验机;低碳钢和铸铁的扭转实验原理;剪切模量、剪切屈服极限、剪切强度极限的概念。

工程实际中的许多构件,如轴类零件、弹簧、钻杆等,都承受扭转变形。材料在扭转变形下的力学性能,如剪切模量、剪切屈服极限和剪切强度极限等,都是进行扭转强度和刚度计算的重要依据。此外,由扭转变形得到的纯剪切应力状态,是一个重要的应力状态,对研究材料的强度有着重要的意义。这里介绍的是低碳钢和铸铁的扭转实验。

一、实验目的

1. 了解扭转试验机的结构、操作和扭转试验过程;
2. 测定低碳钢的剪切屈服极限 τ_s、剪切强度极限 τ_b 和铸铁的剪切强度极限 τ_b;
3. 观察和比较低碳钢与铸铁的扭转破坏现象。

二、实验设备和仪器

1. 游标卡尺;
2. 圆形截面试件,标距 $l_0 = 50$ mm,标距部分的直径 $d = 70 \pm 0.1$ mm,如图 31-1 所示。亦可采用标距 $l_0 = 100$ mm,$d = 10.0 \pm 0.1$ mm 的长试件;
3. 扭转试验机。

三、实验原理

将试件夹装在扭转试验机的夹具上,启动电动机低速施加扭矩 M_n。计算机软件会自动绘出以扭矩 M_n

为纵坐标、扭转角 φ 为横坐标的扭转图，它能全面地显示材料抗扭的不同阶段及其力学性能。

图 31-2 给出的低碳钢的 $M_n - \varphi$ 图，包括了较短的弹性直线段（OA），具有明显的屈服阶段（AB）和几乎占全曲线绝大部分的强化阶段（BC）。图中 OA 直线部分 $M_n \leqslant M_p$，为比例极限阶段，材料服从胡克定律。试件横截面上的剪应力呈线性分布（图 31-3（a））。此阶段计算公式为：

$$\tau = \frac{M_n}{W_n} \quad \left(\text{式中} \quad W_n = \frac{\pi D^3}{16} \right)$$

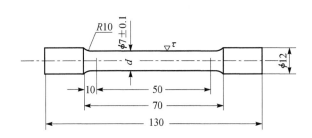

图 31-1 扭转试件

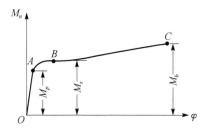

图 31-2 低碳钢 $M_n - \varphi$ 曲线

在屈服阶段 AB 的起点 A，$M_n = M_p$，对应于横截面上周边的剪应力达到了材料的剪切屈服极限 τ_s，材料发生屈服。随着外力偶矩的增大，试件横截面上剪应力分布发生变化。剪应力达到屈服阶段的塑性区逐步向圆心伸展，形成环形塑性区（图 31-3（b）），但中心部分仍然是弹性的，所以 M_n 仍可增加。$M_n - \varphi$ 的关系变成曲线，直到整个截面几乎全是塑性区，$M_n - \varphi$ 的曲线上出现屈服平台，扭矩几乎不再增加，整个试件达到屈服，剪应力变化的极限情况将是截面上各点处的剪应力值达到 τ_s（图 31-3（c）），与此相应的扭矩就是材料屈服时试件的极限扭矩 M_s。

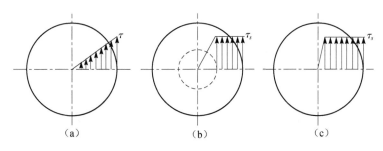

图 31-3 低碳钢截面应力分布图

屈服极限计算公式为：

$$\tau_s = \frac{3M_s}{4W_n}$$

继续加载，越过屈服阶段后，试件继续变形，进入强化阶段，当到达 $M_n - \varphi$ 曲线上的某一点 C 时，试件最后断裂，此时达到试件承受的最大扭矩 M_b。

强度极限的计算公式为：

$$\tau_b = \frac{3M_b}{4W_n}$$

铸铁试件从开始受扭直至破坏，其 $M_n - \varphi$ 的曲线近似为一直线（图 31-4）。因为铸铁是脆性金属材料，没有塑性阶段，故：

$$\tau_b = \frac{M_b}{W_n}$$

试件受扭时，材料处于纯剪应力状态。在与轴线成 $\pm 45°$ 角的螺旋面上，分别有主应力 $\sigma_1 = \tau$，$\sigma_3 = -\tau$ 的作用，低碳钢的抗拉能力大于抗剪能力，因此试件从横截面被剪断，如图 31-5（a）所示。而铸铁的抗拉能力小于抗剪能力，故沿 45°方向拉断，如图 31-5（b）所示。

图 31-4 铸铁 M_n-φ 曲线　　图 31-5 试件扭转破坏断口形状
（a）低碳钢；（b）铸铁

四、实验内容和要求

1. 试验机准备：接通电源，参阅试验机的操作说明，熟悉试验机的操作，试运行试验机。
2. 测量试件尺寸。分别在试件的中央和两端三个截面上，按两个互相垂直方向测量直径，取最小的平均值作为计算直径 d。
3. 安装试件。先将试件一端放在试验机固定夹头中，移动活动夹头，将试件另一端插入活动夹头，然后均匀、逐次夹紧、夹牢。注意：两夹头的中心线与试件的轴线应重合，避免试件受扭后发生翘曲。
4. 选择相应的实验方法，设置软件参数。
5. 进行实验。
6. 实验完成后，取下试件，对破坏后的试件进行测量、记录。
7. 对实验数据进行分析和打印，结束实验。

五、研究与思考

1. 综合拉伸、压缩和扭转三种实验结果，分析低碳钢与铸铁的力学性质和特点。
2. 应用应力理论，分析低碳钢与铸铁扭转破坏的原因。

实验 32　纯弯曲梁正应力测量

【预习要点】
电测法、纯弯曲梁正应力计算公式的推导。

实验应力分析，就是通过实验对构件或结构进行应力分析的一种方法。电测法是一种在工程实际中广泛应用的应力分析方法。实验应力分析的方法很多，有电测法、光弹性法、全息光测法、云纹法、散斑干涉法、焦散线法和脆性涂层法等，目前以电测法和光弹性法应用较广。本实验介绍的是利用电测法测量纯弯曲梁某横截面上的正应力分布。

一、实验目的

1. 测量纯弯曲梁横截面上的正应力，感性认识正应力沿梁高度的分布规律，并与弯曲正应力理论公式的计算值进行比较；
2. 了解应用电测法测量应力的基本原理，初步掌握静态电阻应变仪的使用方法。

二、实验设备和仪器

1. XL3418 组合式材料力学多功能实验台中的纯弯曲梁实验装置；
2. 电阻应变片；
3. 力传感器；
4. XL2118C 型力 & 应变综合参数测试仪。

三、实验原理

1. 电测原理

用电阻应变仪和电阻应变片,测量构件表面的应变和应力,是实验应力分析中的一种常用方法。它有许多优点:应变片尺寸小,重量轻,便于安装,不会影响构件原有的应力状态;测量的灵敏度与精度较高,在小变形范围内、一般条件下的常温静态应变的,测量精度可达1‰;能在水下、蒸气中、混凝土内部和远距离进行测量,等等。它的基本原理是:将反应灵敏的电阻应变片,牢固地粘贴在待测构件的测点上。当应变片随构件一起变形时,其电阻值会发生相应的改变,电阻应变仪可将这种改变测量出来,并转换成应变量。通过应变和应力的关系,即可计算出应变片所在位置的应力。其主要有两部分,一是应变片,应变的感应部分;二是电阻应变仪,应变电阻值变化的测量部分。本实验中,电阻应变仪采用半桥单臂接线法(参见第15讲——电阻应变仪)。

2. 实验原理

图32-1为纯弯曲梁受力及测点布置示意图。在纯弯曲条件下,根据平面假设和纵向纤维间无挤压的假设,可得到梁横截面上任一点的正应力,计算公式为

$$\sigma = \frac{My}{I_Z}$$

式中,M 为弯矩,I_Z 为横截面对中性轴的惯性矩;y 为所求应力点至中性轴的距离。

为了测量梁在纯弯曲时横截面上正应力的分布规律,在梁的纯弯曲段沿梁侧面不同高度、平行于轴线处贴有应变片(如图32-1)。

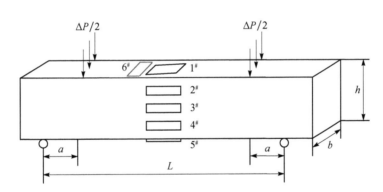

图32-1 纯弯曲梁受力及测点布置示意图

实验可采用半桥单臂、公共补偿、多点测量方法。加载采用增量法,即每增加等量的载荷 ΔP,测出各点的应变增量 $\Delta \varepsilon$,然后采用逐差法计算应变增量 $\Delta \varepsilon_{i实}$($i=1,2,3,4,5$)的均值,依次求出各点的应力增量

$$\sigma_{i实} = E \Delta \varepsilon_{i实}, \quad (i=1,2,3,4,5)$$

将实测应力值与理论应力值进行比较,以验证弯曲正应力公式。

四、实验内容和要求

1. 设计好本实验所需的各类数据表格。
2. 测量矩形截面梁的宽度 b 和高度 h、载荷作用点到梁支点距离 a 及各应变片到中性层的距离 y_i。
3. 按实验要求,将梁上各测点的工作应变片逐点连接到应变仪的 A、B 接线柱上,接好线,调整好仪器,检查整个测试系统是否处于正常工作状态。
4. 拟订加载方案。先选取适当的初载荷 P_0(一般取 $P_0=10\% P_{max}$ 左右,本实验载荷范围 $P_{max} \leq 4\,000$ N),分8级加载。
5. 根据加载方案,调整好实验加载装置。

6. 加载。均匀缓慢加载至初载荷 P_0，记下各点应变的初始读数；然后分级等增量加载，每增加一级载荷，依次记录各点电阻应变片的应变值 ε_i，直到最终载荷。实验重复三次，每次卸载后，注意记录各测点的零点漂移。

7. 检查实验数据是否与离开中性轴的距离成正比，是否与载荷呈线性关系，结束工作。

8. 做完实验后，卸掉载荷，关闭电源，整理好所用仪器设备，清理实验现场，将所用仪器设备复原，实验资料、设备使用记录本交指导教师检查签字。

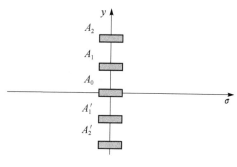

图 32-2 应力分布图

五、实验结果处理

1. 实验应力值计算

根据测得的不同载荷下各点应变值 $\varepsilon_{i实}$，求出应变增量平均值 $\Delta\varepsilon_{i实}$（$i=1,2,3,4,5$），代入胡克定律计算各点的实验应力值，注意 $1\mu\varepsilon = 10^{-6}\varepsilon$，各点实验应力值计算：

$$\sigma_{i实} = E\Delta\varepsilon_{i实}, (i=1,2,3,4,5)$$

2. 理论应力值计算

由设定的载荷增量 ΔP 计算弯矩增量 ΔM，

各点理论应力值计算：

$$\sigma_{i理} = \frac{\Delta M \cdot y}{I_z}$$

3. 绘出实验应力值和理论应力值的分布图

分别以横坐标轴表示各测点的应力 $\sigma_{i实}$ 和 $\sigma_{i理}$，以纵坐标轴表示各测点距梁中性层位置 y_i，选用合适的比例绘出应力分布图。

4. 实验应力值与理论应力值的比较

相对误差

$$\eta = \frac{\Delta\sigma_实 - \Delta\sigma_理}{\Delta\sigma_理}$$

5. 计算实测泊松比 μ，与给定值比较。

六、研究与思考

1. 实验值与理论值的误差原因有哪些？
2. 采用等量加载的目的是什么？
3. 弯曲正应力的大小是否会受到弹性模量 E 的影响，其应变值与弹性模量有关吗？
4. 如考虑梁的自重，所得梁上各点的应力是否有变化？
5. 尺寸完全相同的钢梁和木梁，如果距中性层等远处纤维层的应变对应相等，问二梁相应截面的应力是否相同，所加载荷是否相同？

实验33 压杆稳定

【预习要点】

1. 压杆稳定现象；
2. 临界载荷。

工程实际中，承受压力的细长杆（压杆）是比较多见的。例如，螺旋千斤顶的丝杆，内燃机或压缩机的连杆，以及各种桁架或托架中的受压杆件。压杆失稳是工程机械和建筑中发生故障和事故的原因之一，例如北美洲魁北克大桥在1907年和1916年两次发生倒塌，就是因受压杆件失稳而引起的。用实验方法测定两端铰支压杆的临界载荷，可对工程结构的安全评估，提供有效的、可靠的实验依据。

一、实验目的

1. 观察细长中心受压杆件丧失稳定的现象；
2. 用电测法测定两端铰支压杆的临界力 P_{lj}，并与理论计算的结果进行比较。

二、实验设备和仪器

1. XL3418 组合式材料力学多功能实验台中的压杆实验装置；
2. 电阻应变片；
3. 力传感器；
4. XL2118C 型力 & 应变综合参数测试仪。

三、实验原理

两端铰支、中心受压的细长杆，其欧拉临界力为：

$$P_{lj} = \frac{\pi^2 E I_{\min}}{L^2}$$

式中，L 为压杆的长度；$I_{\min}$ 为截面的最小惯性矩。

当压杆所受的载荷 P 小于试件的临界力 P_{lj} 时，中心受压的细长杆在理论上应保持直线，杆件处于稳定平衡状态。当 $P \geqslant P_{lj}$ 时，杆件因丧失稳定而弯曲，若以载荷 P 为纵坐标，压杆中点挠度 f 为横坐标，按小挠度理论绘出的 $P-f$ 图形即为折线 OCD，如图 33-1（b）所示。

由于试件可能有初曲率，压力可能偏心，以及材料的不均匀等因素，实际的压杆不可能完全符合中心受压的理想情况。在实验过程中，即使压力很小时，杆件也会发生微小弯曲，中点挠度随荷载的增加而逐渐增大。若令杆件轴线为坐标轴，杆件下端点为 x 坐标轴原点，则 $x = \frac{L}{2}$ 横截面上的内力（如图 33-1（a））。

$$M_{x=\frac{L}{2}} = P \cdot f; \qquad N = -P$$

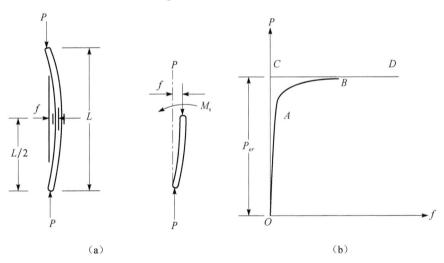

图 33-1 杆件受力示意图及受压 $P-f$ 图
（a）杆件受力示意图；（b）杆件受压 $P-f$ 图

横截面上的应力：

$$\sigma = -\frac{P}{A} \pm \frac{M \cdot y}{I_{\min}}$$

当用半桥温度自补偿的方法将电阻应变片接到静态电阻应变仪后，可消除由轴向力产生的应变读数，这样应变仪上的读数就是测点处由弯矩 M 产生的真实应变的 2 倍，我们把应变仪读数记为 ε_{ds}，把真实应变记为 ε，则 $\varepsilon_{ds} = 2\varepsilon$。杆上测点处的弯曲正应力为：

$$\sigma = E \cdot \varepsilon = E \cdot \frac{\varepsilon_{ds}}{2}$$

因为由弯矩产生的测点处的弯曲正应力还可表达为：

$$\sigma = \frac{M \cdot \frac{t}{2}}{I_{\min}} = \frac{P \cdot f \cdot \frac{t}{2}}{I_{\min}}$$

所以

$$\frac{P \cdot f \cdot \frac{t}{2}}{I_{\min}} = E \cdot \frac{\varepsilon_{ds}}{2}$$

即

$$f = \left(\frac{E \cdot I_{\min}}{tP}\right)\varepsilon_{ds}$$

由上式可见，在一定的载荷 P 作用下，应变仪读数 ε_{ds} 的大小反映了压杆挠度 f 的大小，ε_{ds} 越大，表示 f 越大。所以用电测法测定 P_{lj} 时，图 33-1（b）的横坐标 f 可用 ε_{ds} 来代替。当 P 远小于 P_{lj} 时，随载荷的增加 ε_{ds} 也增加，但增长极为缓慢（OA 段）；而当 P 趋近于临界力 P_{lj} 时，虽然载荷增加量不断减小，但 ε_{ds} 都会迅速增大（AB 段），曲线 AB 是以直线 CD 为渐近线的。试件的初曲率与偏心等因素的影响越小，则曲线 OAB 越靠近折线 OCD。所以可根据渐近线 CD 的位置确定临界荷载 P_{lj}。

四、实验内容和要求

本实验采用矩形截面薄杆试件，试件两端做成带有一定圆弧的尖端，将试件放在试验架支座的 V 形槽口中，当试件发生弯曲变形时，试件的两端能自由地绕 V 形槽口转动，因此可把试件视为两端铰支压杆。在压杆长度的中间部分两个侧面沿轴线方向各贴一片电阻应变片，采用半桥温度自补偿的方法进行测量（电测原理见第二篇第 13 讲）。

可先作出 $P-\varepsilon_{ds}$ 实验曲线，再换算作出 $P-f$ 曲线，$P-f$ 的水平渐近线与 P 轴的交点即为实验临界力 P_{lj}。亦可采用千分表确定 $P-f$ 曲线。

五、注意事项

1. 为了保证压杆上所贴电阻应变片都不受损，使试件可以反复使用，试件的弯曲变形不能过大，故本实验要求将应变量控制在 1 500 $\mu\varepsilon$ 以内。

2. 实验要求采用非等量加载，实验开始时我们可选用 $\Delta Q = 1$ N 的载荷增量等量加载，但随着 $\Delta\varepsilon_{ds}$ 的不断变大，ΔQ 应该逐渐减小，到 ΔQ 很小而 $\Delta\varepsilon_{ds}$ 突然变得很大时应立即停止加载。

3. 加载需缓慢均匀，严禁用手随意掀压试件。

六、研究与思考

1. 如已知试件尺寸：厚度 $t = 1.20$ mm，宽度 $b = 10.00$ mm，长度 $L = 300$ mm，弹性模量 $E = 2.10 \times 10^6$ MPa，试求两端铰支压杆的临界力 P_{lj}。

2. 如果在实验初期按照每增加 $\Delta Q = 1$ N 测读杆件中点应变值，请问在接近临界力时这种加载方法是否仍然可行？为什么？试根据上题算得的临界力值 P_{lj} 并参考图 33-1（b）所示的曲线特征设计一个确定临界力的加载方案。

实验 34 材料冲击

【预习要点】

1. 冲击实验机构造、使用。

2. 冲击韧度值概念。
3. 冲击实验原理。

构件或结构受到冲击载荷的现象非常普遍，如气动凿岩机械、锻造机械等。在冲击载荷作用下，若材料处于弹性阶段，其力学性能与静载下基本相同，但在进入塑性阶段后，则其力学性能与静载下有显著的不同，例如，塑性性能良好的材料，在冲击载荷下，会呈现脆化倾向，发生突然断裂。由于冲击问题的理论分析较为复杂，因而在工程实际中，常采用实验手段检验材料的抗冲击性能。

一、实验目的

测定低碳钢和铸铁的冲击韧度值，观察冲击破坏现象，进行比较。

二、实验设备和仪器

1. 摆锤式冲击实验机（图 34-1）。
2. 低碳钢和铸铁试件。材料的冲击韧度与试件的尺寸、缺口形状和支撑方式有关。为了便于比较，国家标准规定了两种试件：（1）U 形缺口的试件（称为梅氏试件），尺寸形状见图 34-2；（2）V 形缺口试件（夏比试件），尺寸形状见图 34-3。

图 34-1　指针式金属摆锤冲击试验机

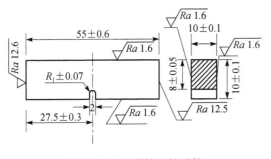

图 34-2　U 形缺口的试件

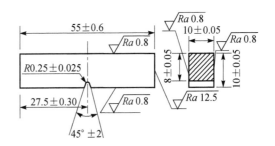

图 34-3　V 形缺口试件

三、实验原理

冲击实验是常规的动载荷实验之一，是在冲击负荷作用下，检验材料的动态力学性能的重要手段。国际上大多数国家使用的常规实验有两种类型：一种为简支梁式的冲击弯曲实验，另一种为悬臂梁式的冲击弯曲实验。图 34-2 和图 34-3 给出的试件均为简支梁式。试件上的缺口是为了使在缺口区形成应力的高度集中，以吸收较多的能量。缺口底部越尖锐就越能体现这一要求，所以，较多的采用了 V 形缺口试件。为保证尺寸的准确，加工缺口应采用铣削或磨削，要求底部光滑、无平行于缺口轴线的刻痕。

冲击载荷，是指载荷在与承载构件接触的瞬间，速度发生急剧变化的情况。汽动凿岩机械、锻造机械等所承受的载荷即为冲击载荷。因此，冲击载荷作用的特点是，负荷以较大的速率施加于材料上，且发生较大的变形速率。变形速率对材料的性能有较大的影响，如在静负荷下塑性很好的材料，在动载作用下会呈现出脆性性质，强度也会明显提高。由于上述原因，冲击实验在工程应用中有着重要意义和作用。冲击实验的另一用途是，能暴露出金属材料在静负荷下检验不出的内部缺陷，例如：有无金属杂质、收缩孔、晶粒等。此外，在低温或高温条件下也具有重要用途，如在低温状态下冲击实验能显示出临界温度和韧脆转变温度，这两个指标是从不同角度考察材料在低温下承受冲击时由韧性向脆性转变的温度区域。

按照不同的实验温度、实验受力方式、实验打击能量等来区分，冲击实验的类型繁多，不下十余种。现在介绍常温、简支梁式、大能量一次冲击实验，采用的是 V 形缺口试件。

实验时，将试件安放在试验机的支座上（图 34-4），举起摆锤使其自由下落，将试件冲断。若摆锤重量为 G，冲击中摆锤的质心高度由 H_0 变为 H_1，势能变化为 $G(H_0 - H_1)$，它等于冲断试件所消耗的功

W，即冲击中试件所吸收的功：
$$A_k = W = G(H_0 - H_1)$$

A_k 的值由指针指示的位置从度盘上读出。因为试件缺口处应力高度集中，A_k 的大部分为缺口局部所吸收。将试件在缺口处的最小横截面面积 A_0 除 A_k 定义为材料的冲击韧性 α_k，即

$$\alpha_k = \frac{A_k}{A_0} \qquad (34-1)$$

α_k 的单位为 J/cm^2。

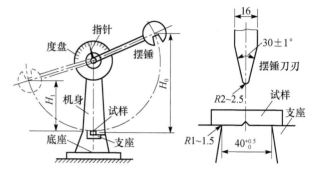

图 34-4 冲击实验示意图

α_k 的数值越大，表明材料的冲击韧性越好。α_k 是一个综合性的参数，不能直接应用于设计，但可作为抗冲击构件选择材料的重要指标。因为能量 A_k 是被试件内发生塑性变形的材料吸收的，它与发生塑性变形的材料的体积有关，而公式（34-1）中却是除以缺口处的面积，所以 α_k 的含义并不确切。因此，有时就直接用 A_k 值来衡量材料的抗冲击能力，其有较明确的物理含义。

值得指出的是，冲击过程中所消耗的能量，除大部分为试件断裂所吸收外，还有一小部分消耗于机座振动等方面，只因为这部分能量相对较小，一般可以忽略。但它却随实验初始能量的增大而增大，故对 α_k 值原先就较小的脆性材料，宜选用冲击能量较小的试验机，否则，将影响实验结果的真实性。

四、实验内容和要求

1. 熟悉冲击实验机的使用及操作规程。
2. 根据材料的性质，选择不同能量等级的冲击摆（30 千克力·米和 15 千克力·米两种）。
3. 按"摆臂下降"按钮，使摆臂抬升至冲击前的预备位置，再用手将指针拨至刻度的最大读数处。
4. 将试件安装在机座上，用中心板对好，使缺口正好处于中间位置。
5. 安装好试件后，应在确认试验机无不正常的情况下，才可按动"冲击"按钮，释放摆锤冲击试件。
6. 在摆锤冲断试件，并指示出冲击值后，便可按"夹紧"按钮，对摆锤进行制动。按"夹紧"按钮时，应采用点动按法，并记录冲断所需的能量。
7. 在分别做完低碳钢和铸铁两种试件的实验后，试验机恢复原状、整理现场。

五、注意事项

1. 应严格按照试验机的操作规程操作。
2. 实验之前，必须检查试验机和电器设备是否正常。
3. 摆锤抬起后，任何人绝对不许进入摆锤的摆动范围内，并必须保持前后距离在一米以上，以免发生人身伤害事故。在摆动范围内，也不得有任何障碍物品。

六、研究与思考

1. 用冲击低碳钢的大能量试验机冲击铸铁试件，能否得到准确的结果？
2. 冲击韧度的单位是什么？它的物理意义是什么？
3. 比较低碳钢和铸铁冲击破坏的特点。

第五篇

综合研究性实验

　　本篇内容涉及物理学、化学、电学和力学的 29 个综合研究性实验。与基础性实验相比，它们更加注重多知识点的综合应用和对实验原理、现象、技术的研究，以此提高同学们对实验的探究能力和综合运用所学知识解决实际问题的能力。

实验 35　振动模式研究

【预习要点】
1. 阻尼情况下，物体共振的条件是什么？
2. 受迫振动的相位差与什么有关？为何值时达到共振？

在机械制造和建筑工程等科技领域中，受迫振动所导致的共振现象引起了工程技术人员的极大关注——既有破坏作用，也有许多实用价值：如众多电声器件是运用共振原理设计制作的；而在微观科学研究中，"共振"也是一种重要的研究手段，例如利用核磁共振和顺磁共振研究物质结构等。本实验采用波尔共振仪定量测量机械受迫振动的幅频特性和相频特性，并利用频闪方法来测定动态的物理量——相位差。

一、实验目的

1. 研究波尔共振仪中摆轮的各种振动情况，观察共振现象。
2. 测量摆轮受迫振动的幅频特性和相频特性。

二、实验器材

ZKY-BG 型波尔共振仪，参见图 35-1。

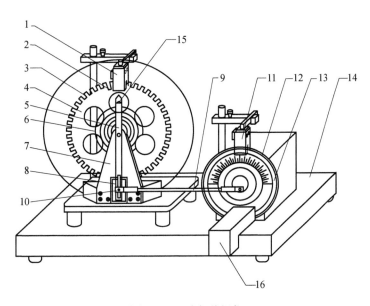

图 35-1　波尔共振仪

1—光电门 H；2—长凹槽 G；3—短凹槽 D；4—铜质摆轮 A；5—摇杆 M；6—蜗卷弹簧 B；7—支承架；8—阻尼线圈 K；9—连杆 E；10—摇杆调节螺丝；11—光电门 I；12—角度盘 G；13—有机玻璃转盘 F；14—底座；15—弹簧夹持螺钉 L；16—闪光灯

三、实验原理

物体在周期性外力的持续作用下发生的振动称为受迫振动，这种周期性的外力称为强迫力。如果外力是按简谐运动规律变化的，那么稳定状态时的受迫振动也是简谐振动。此时，振幅保持恒定，振幅的大小与强迫力的频率和原振动系统无阻尼时的固有振动频率以及阻尼系数有关。在受迫振动状态下，系统除了受到强迫力的作用外，同时还受到回复力和阻尼的作用。所以在稳定状态时物体的位移、速度变化与强迫力变化不是同相位的，存在一个相位差。

当摆轮受到周期性强迫外力矩 $M = M_0\cos\omega t$ 的作用，并在有空气阻尼和电磁阻尼的媒质中运动时（阻

尼力矩为 $-b\dfrac{\mathrm{d}\theta}{\mathrm{d}t}$），其运动方程为：

$$J\frac{\mathrm{d}^2\theta}{\mathrm{d}t^2} = -k\theta - b\frac{\mathrm{d}\theta}{\mathrm{d}t} + M_0\cos\omega t \tag{35-1}$$

式中，J 为摆轮的转动惯量，$-k\theta$ 为弹性回复力矩，M_0 为强迫力矩的幅值，ω 为强迫力的圆频率。

令 $\omega_0^2 = \dfrac{k}{J}$，$2\beta = \dfrac{b}{J}$，$m = \dfrac{M_0}{J}$，则式（35-1）变为：

$$\frac{\mathrm{d}^2\theta}{\mathrm{d}t^2} + 2\beta\frac{\mathrm{d}\theta}{\mathrm{d}t} + \omega_0^2\theta = m\cos\omega t \tag{35-2}$$

当 $m\cos\omega t = 0$ 时，式（35-2）即为阻尼振动方程；若再有 $\beta = 0$，即在无阻尼情况时，式（35-2）变为简谐振动方程，系统的固有频率为 ω_0。方程（35-2）的通解为：

$$\theta = \theta_1 \mathrm{e}^{-\beta t}\cos(\sqrt{\omega_0^2 - \beta^2}\cdot t + \alpha) + \theta_2\cos(\omega t + \varphi) \tag{35-3}$$

由式（35-3）可见，受迫振动可分成两部分：

第一部分，$\theta_1 \mathrm{e}^{-\beta t}\cos(\sqrt{\omega_0^2 - \beta^2}\cdot t + \alpha)$ 和初始条件有关，经过一定时间后衰减消失。

第二部分，说明强迫力矩对摆轮做功，向振动体传送能量，最后达到一个稳定的振动状态。振幅为：

$$\theta_2 = \frac{M}{\sqrt{(\omega_0^2 - \omega^2)^2 + 4\beta^2\omega^2}} \tag{35-4}$$

它与强迫力矩之间的相位差为：

$$\varphi = -\arccos\frac{\omega_0^2 - \omega^2}{\sqrt{(\omega_0^2 - \omega^2)^2 + 4\beta^2\omega^2}} \tag{35-5}$$

由式（35-4）和式（35-5）可看出，振幅 θ_2 与相位差 φ 的数值取决于强迫力矩 M、频率 ω、系统的固有频率 ω_0 和阻尼系数 β 四个因素，而与振动初始状态无关。

由 $\dfrac{\partial}{\partial\omega}[(\omega_0^2 - \omega^2)^2 + 4\beta^2\omega^2]$ 极值条件可得出，当强迫力的频率 $\omega = \sqrt{\omega_0^2 - 2\beta^2}$ 时，系统产生共振，θ_2 有极大值。若共振时频率、振幅和相位差分别用 ω_r、θ_r、φ_r 表示，则：

$$\omega_r = \sqrt{\omega_0^2 - 2\beta^2} \tag{35-6}$$

$$\theta_r = \frac{m}{2\beta\sqrt{\omega_0^2 - \beta^2}} \tag{35-7}$$

$$\varphi_r = -\arccos\frac{\beta}{\sqrt{\omega_0^2 - \beta^2}} \tag{35-8}$$

式（35-6）、式（35-7）、式（35-8）表明，阻尼系数 β 越小，共振时频率越接近于系统固有频率，振幅 θ_r 也越大；当阻尼系数 $\beta = 0$ 时，系统在固有频率处共振，此时振幅趋向无穷，相位差为 $-90°$。

四、实验内容和要求

1. 自由振荡实验——测量摆轮的固有振动周期 T_0 与振幅 θ 的关系

系统模式选择"联网模式"，实验步骤选择"自由振荡"，用手转动摆轮 $160°$ 左右，放开手后按"▲"或"▼"键，测量状态由"关"变为"开"，控制箱开始记录实验数据，振幅的有效数值范围为 $50° \sim 160°$（振幅小于 $160°$ 测量开，小于 $50°$ 测量自动关闭）。测量显示"关"时，此时数据已保存并发送至主机。查询实验数据，可按"◄"或"►"键，选中"回查"再按确认键，然后按"▲"或"▼"键查看所有记录的数据，该数据为每次测量振幅相对应的周期数值，回查完毕后按确认键返回。若进行多次测量可重复操作，用此法作出振幅 θ 与 T_0 的对应表。该对应表将在稍后的"幅频特性和相频特性"数据处理过程中使用。（注：因电器控制箱只记录每次摆轮周期变化时所对应的振幅值，因此，有时转盘转过光电门几次，测量才记录一次）

2. 测阻尼系数 β

"返回"实验步骤，选择"阻尼振荡"，阻尼分三个挡次，阻尼 1 最小，根据自己实验要求选择阻尼挡后按确认键，开始实验。将角度盘指针（图 35-1）放在 0°位置，用手转动摆轮 160°左右，按"▲"或"▼"键，测量由"关"变为"开"并记录数据，仪器记录十组数据后，测量自动关闭，此时振幅大小还在变化，但仪器已经停止记数。阻尼振荡的回查同自由振荡，若改变阻尼挡，重复上面的操作步骤即可。

读出摆轮做阻尼振动时的振幅数值 θ_1，θ_2，θ_3，…，θ_n，利用公式：

$$\ln \frac{\theta_0 e^{-\beta t}}{\theta_0 e^{-\beta(t+nT)}} = n\beta T = \ln \frac{\theta_0}{\theta_n} \tag{35-9}$$

求出 β 值。式中，n 为阻尼振动的周期次数，θ_n 为第 n 次振动时的振幅，T 为阻尼振动的周期（等于 10 个摆轮振动周期的平均值）。

3. 测定受迫振动的幅频特性和相频特性

"返回"实验步骤，选择"强迫振荡"。选中"电机"后，按"▲"或"▼"键，让电机启动。此时保持周期为 1，待摆轮和电机的周期相同，特别是振幅已稳定，变化不大于 1，表明两者已经稳定了，方可开始测量。在进行强迫振荡前必须先做阻尼振荡，否则无法实验。

测量前应先选中"周期"，按"▲"或"▼"键把周期由 1 改为 10（目的是为了减少误差，但若不改变周期，测量无法打开）。再选中"测量"，按下"▲"或"▼"键，测量打开并记录数据。一次测量完成，显示测量"关"后，读取电机周期、摆轮的振幅值，并利用闪光灯测定受迫振动位移与强迫力间的相位差。

调节强迫力矩周期电位器，改变电机的转速，即改变强迫外力矩频率 ω，从而改变电机转动周期。电机转速的改变可按照 $\Delta\varphi$ 控制在 10°左右来定，需进行多次这样的测量。每次改变了强迫力矩的周期，都需要将"周期"调为 1 等待系统稳定，约需两分钟，等待摆轮和电机的周期相同，然后再将"周期"调为 10 进行测量。在共振点附近由于曲线变化较大，因此测量数据应相对密集些，此时电机转速极小变化就会引起 φ 很大改变。电机转速旋钮上的读数是一参考数值，建议在不同 ω 时记下此值，以便实验中快速寻找，供重新测量时参考。测量相位时应把闪光灯放在电动机转盘前方，按住闪光灯按钮，根据频闪现象来测量，仔细观察相位位置。强迫振荡测量完毕，按"◀"或"▶"键，选中"返回"，按确定键返回。（每次启动电机前均需将角度盘指针 F 放在 0°位置）

4. 数据记录和处理

(1) 列表记录摆轮振幅 θ 与系统固有周期 T_0（50°~160°），如表 35-1 所示。

表 35-1 阻尼系数 β 的测量

$10T =$ ___ s　　　$\overline{T} =$ ___ s　　　阻尼挡位_____

序 号	振幅 θ	序 号	振幅 θ	$\ln \dfrac{\theta_i}{\theta_{i+5}}$
θ_1		θ_6		
θ_2		θ_7		
θ_3		θ_8		
θ_4		θ_9		
θ_5		θ_{10}		
		$\overline{\ln \dfrac{\theta_i}{\theta_{i+5}}}$		

(2) 阻尼系数 β 的计算：根据公式（35-10）对所测数据按对数逐差法处理，求出 β 值。

$$5\beta\overline{T} = \overline{\ln \frac{\theta_i}{\theta_{i+5}}} \tag{35-10}$$

(3) 幅频特性和相频特性测量

以 ω/ω_r 为横轴，分别以 θ 和 φ 为纵轴，作幅频特性曲线和相频特性曲线（至少各取 10 个点）。其中，$\omega_r = \sqrt{\omega_0^2 - 2\beta^2}$，$\omega_0$ 由摆轮振幅 θ 与系统固有周期 T_0 关系表查得。

五、注意事项

1. 在强迫振荡实验时，需待电机与摆轮的周期相同（末位数差异不大于2），即系统稳定后，方可记录实验数据。且每次改变了强迫力矩的周期，都需要先将角度盘指针放在0°位置再启动电机，然后重新等待系统稳定。
2. 闪光灯的高压电路及强光会干扰光电门采集数据，因此需待一次测量完成，显示测量关后，才可使用闪光灯读取相位差。
3. 实验结束后返回实验步骤菜单，按住复位按钮保持不动，几秒钟后仪器自动复位，此时所做实验数据全部清除，然后按下电源按钮，结束实验。
4. 学生做完实验，需保存测量数据后，才可在主机上查看特性曲线及振幅比值。

六、研究与思考

1. 受迫振动的振幅和相位差与哪些因素有关？
2. 共振时受迫振动系统的频率、振幅和相位差分别为多少？
3. 举出在实践中利用和避免共振的例子。

实验36 超声波声速测量

【预习要点】

1. 什么是超声波，它都有哪些特性？
2. 驻波法测量声速的原理是什么？
3. 时差法测量声速在实际中有什么应用？

声波是一种在弹性媒质中传播的机械波，频率低于 20 Hz 的声波称为次声波；频率在 20 Hz～20kHz 的声波可以被人听到，称为可闻声波；频率在 20 kHz 以上的声波称为超声波。超声波在媒质中的传播速度与媒质的特性及状态因素有关。因而通过媒质中声速的测定，可以了解媒质的特性或状态变化。例如，测量氯气（气体）、蔗糖（溶液）的浓度、氯丁橡胶乳液的比重以及输油管中不同油品的分界面，等等，这些问题都可以通过测定这些物质中的声速来解决。可见，声速测定在工业生产上具有一定的实用意义。同时，通过液体中声速的测量，还可以了解水下声呐技术应用的基本概念。

一、实验目的

1. 了解压电换能器的功能，加深对驻波及振动合成等理论知识的理解。
2. 学习用驻波法和时差法测定超声波的传播速度。
3. 熟悉数字示波器的使用。

二、实验器材

声速测量组合仪、专用信号源、数字示波器、介质棒、游标卡尺。

三、实验原理

在波动过程中，波速 v、波长 λ 和频率 f 之间存在着下列关系：$v=f\lambda$，实验中可通过测定声波的波长 λ 和频率 f 来求得声速 v。常用的方法有驻波法与相位比较法。

声波传播的距离 L 与传播的时间 t 存在下列关系：$v=L/t$，只要测出 L 和 t 就可测出声波传播的速度 v，这就是时差法测量声速的原理。

1. 压电陶瓷换能器

本实验采用压电陶瓷换能器来实现声压与电压之间的转换，结构示意图见图 36-1。压电陶瓷片（如钛酸钡、锆钛酸铅等）是由一种多晶结构的压电材料做成，在一定的温度下经极化处理后，具有压电效应。在简单情况下，压电材料受到与极化方向一致的应力 T 时，在极化方向上产生一定的电场强度 E，它们之间有一简单的线性关系：$E = gT$；另外，当与极化方向一致的外加电压 U 加在压电材料上时，材料的伸缩形变 S 与电压 U 也呈线性关系：$S = dU$。比例常数 g、d 称为压电常数，与材料性质有关。由于 E、T、S、U 之间具有简单的线性关系，因此我们可以将正弦交流电信号转变成压电材料纵向长度的伸缩，成为声波的声源；同样也可以使声压变化转变为电压的变化，用来接收声信号。在压电陶瓷片的头尾两端胶粘两块金属，组成夹心形振子，头部用轻金属做成喇叭形，尾部用重金属做成柱形，中部为压电陶瓷圆环，紧固螺钉穿过圆环中心。这种结构增大了辐射面积，增强了振子与介质的耦合作用，由于振子是以纵向长度的伸缩直接影响头部轻金属做同样的纵向长度伸缩（对尾部重金属作用小），这样所发射的波方向性强，平面性好。

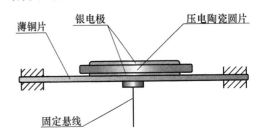

图 36-1　压电陶瓷换能器结构图

2. 驻波法测量声速的原理

当两束频率、幅度相同、方向相反的声波沿直线相遇时，产生干涉现象，出现驻波。

对于波束 1、2：

$$F_1 = A\cos(\omega t - 2\pi X/\lambda + \varphi_1); \quad F_2 = A\cos(\omega t + 2\pi X/\lambda + \varphi_2)$$

当它们相交会时，叠加后形成波束 3：

$$F_3 = 2A\cos[2\pi X/\lambda - (\varphi_1 - \varphi_2)/2]\cos[\omega t + (\varphi_1 + \varphi_2)/2]$$

这里，ω 为声波的角频率，t 为经过的时间，X 为经过的距离。由此可见，叠加后的声波幅度，随距离按 $\cos(2\pi X/\lambda)$ 变化。如图 36-2 所示，压电陶瓷换能器 S_1 作为声波发射器，它由信号源提供频率为数万赫兹的交流电信号，发出平面超声波；而换能器 S_2 则作为声波的接收器，将接收到的声压转换成电信号输入示波器后，我们在示波器上可看到一组由声压信号产生的正弦波形。声源 S_1 发出的声波，经介质传播到 S_2，在接收声波信号的同时反射部分声波信号，如果接收面 S_2 与发射面 S_1 严格平行，入射波即在接收面上垂直反射，与自身相干涉形成驻波——我们在示波器上观察到的实际上是这两个相干波合成后在声波接收器 S_2 处的振动情况。移动 S_2 位置（即改变 S_1 与 S_2 之间的距离 X），从示波器显示上会发现，当 S_2 在某些位置时振幅有最小值或最大值。由 $\cos(2\pi X/\lambda)$ 可知，任何两相邻的振幅最大值的位置之间（或两相邻的振幅最小值的位置之间）的距离均为 $\lambda/2$。超声换能器 S_2 至 S_1 之间的距离的改变可通过转动螺杆的鼓轮来实现，而超声波的频率又可由专用信号源直接读出。在连续多次测量相隔半波长的 S_2 的位置变化及声波频率 f 后，我们可据此计算出声速。

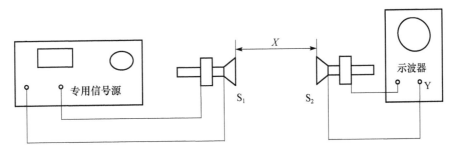

图 36-2　驻波法测声速

3. 时差法测量原理

使用驻波法测量声速是用示波器观察波形的变化，原理是正确的，但存在较大的读数误差。较精确测量声速的方法是采用时差法，它在工程中得到了广泛的应用。时差法（图 36-3）是将经脉冲调制的电信号加到发射换能器上，声波在介质中传播，经过时间 t 后，到达距离为 L 处的接收换能器，根据 $v = L/t$ 求出声波在介质中传播的速度。

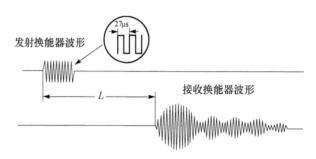

图 36-3　用时差法测量声速的波形图

四、实验内容和要求

1. 驻波法测空气（液体）声速

调节示波器显示稳定波形。调节系统至共振频率（34.5~39.5 kHz）后，连续改变接收器 S_2 到 S_1 的距离，测出相继出现 10 个振幅极大值的位置 X_i，记录频率读数 f。用最小二乘法计算声速，按图 36-4 接线。

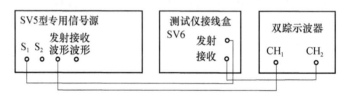

图 36-4　驻波法连线图

2. 时差法测量固体声速

（1）将专用信号源上的"测试方法"置于"脉冲波"位置，"声速传播介质"按测试材质的不同，置于"非金属"或"金属"位置。

（2）先拔出接收换能器尾部的连接插头，将待测测试棒的一端面小螺柱旋入发射换能器中心螺孔内，再将另一端面的小螺柱旋入能旋转的接收换能器上，使固体棒的两端面与两换能器的平面可靠、紧密接触。注意：旋紧时，应用力均匀，不要用力过猛，以免损坏螺纹，拧紧程度要求两只换能器端面与测试棒两端紧密接触即可；调换测试棒时，应先拔出接收换能器尾部的连接插头，然后旋出发射换能器的一端，再旋出接收换能器的一端。

（3）把接收换能器尾部的连接插头插入接线盒的插座中，按图 36-5 接线，即可开始测量。

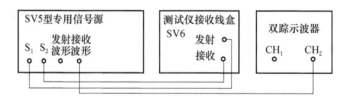

图 36-5　时差法连线图

（4）用游标卡尺测量介质棒的长度 L，并记录超声波传播时间 t。

（5）根据不同介质棒的长度差和测得的时间差计算出介质棒中声速。

五、注意事项

1. 驻波法测量时，要保持信号源频率稳定；两换能器避免相碰。
2. 时差法测量时，安装、更换、取下介质棒时要先拔下尾部插头。

六、研究与思考

1. 如何将系统调节至共振频率？为什么要在此频率下进行测量？
2. 为什么发射换能器的发射面与接收换能器的接收面要保持互相平行？
3. 声音在不同介质中传播有何区别？声速为什么不同？

附录：声波在空气中的传播速度

在理想气体中，声波的传播过程可以认为是一个绝热过程，它的传播速度可表示为 $v = \sqrt{RT\gamma/\mu}$，式中，$\gamma = C_P/C_V$，称为热容比，即气体定压比热容与定容比热容的比值；μ 是气体的摩尔质量；T 是绝对温度；$R = 8.31441\ \text{J/(mol·K)}$，为普适气体常数。可见声速与温度有关，又与气体的摩尔质量及热容比有关，而后两个因素与气体成分有关。在标准状态下，干燥空气成分按重量比为氮∶氧∶氩∶二氧化碳 = 78.084∶20.946∶0.934∶0.033，它的平均摩尔质量为 $\mu_a = 28.964 \times 10^{-3}\ \text{kg/mol}$，干燥空气中的声速为 $v_0 = 331.45\ \text{m/s}$。在室温 t 下，干燥空气中的声速为 $v = v_0\sqrt{1 + t/T_0}$，式中 $T_0 = 273.15\text{K}$。由于空气实际上并不是干燥的，总含有一些水蒸气，经过对空气平均摩尔质量和热容比的修正，在温度为 t、相对湿度为 H 的空气中，声速为：$v = 331.45\sqrt{\left(1 + \dfrac{t}{T_0}\right)\left(1 + 0.3192\dfrac{HP_s}{P}\right)}$ (m/s)，式中，P_s 是温度为 t 时空气的饱和蒸气压，可从饱和蒸气压和温度的关系表中查出；大气压 $P = 1.013 \times 10^5\ \text{Pa}$；相对湿度 H 可从干湿温度计上读出。由这些气体参量可计算出声速。此式可作为空气中声速的理论计算公式，不同温度下干燥空气中的声速查相关表得到。

实验 37　非平衡电桥应用研究

【预习要点】

1. 了解非平衡电桥输出电压与变化电阻的关系。
2. 了解非平衡电桥测量温度的设计原理。

直流电桥是一种重要的测量线路。直流电桥可分为平衡电桥和非平衡电桥，随着测量技术的发展，电桥的应用不再局限于平衡电桥的范围，非平衡电桥在非电量的测量中已得到广泛应用。将各种电阻型传感器接入电桥回路，桥路的非平衡电压就能反映出桥臂电阻的微小变化，因此，通过测量非平衡电压就可以检测出外界物理量的变化，例如温度、压力、湿度等。

一、实验目的

1. 掌握非平衡电桥的工作原理以及与平衡电桥的异同。
2. 掌握利用非平衡电桥的输出电压来测量变化电阻的原理和方法。
3. 设计一个数显温度计，掌握非平衡电桥测量温度的方法，并类推至测其他非电量。

二、实验器材

非平衡电桥装置、温度传感实验装置。

三、实验原理

热敏电阻的电阻温度特性可以用下述指数函数来描述：

$$R_T = Ae^{\frac{B}{T}} \tag{37-1}$$

式中，A 是与材料性质、电阻器几何形状有关的常数，B 为与半导体材料性质有关的常数，T 为绝对温度。

为了求得准确的 A 和 B，可将式（37-1）两边取对数：

$$\ln R_T = \ln A + \frac{B}{T} \tag{37-2}$$

选取不同的温度 T，得到不同的 R_T，根据式（37-2），当 $T = T_1$ 时有：

$$\ln R_{T_1} = \ln A + \frac{B}{T_1}$$

$T = T_2$ 时有：

$$\ln R_{T_2} = \ln A + \frac{B}{T_2}$$

将上两式相减后得到：

$$B = \frac{\ln R_{T_1} - \ln R_{T_2}}{1/T_1 - 1/T_2} \tag{37-3}$$

将式（37-3）代入式（37-1）可得

$$A = R_{T_1} e^{-\frac{B}{T_1}} \tag{37-4}$$

不同的温度时，R_T 有不同的值，电桥的 U_0 也会有相应的变化。可以根据 U_0 与 T 的函数关系，经标定后，用 U_0 测量温度 T，但这时 U_0 与 T 的关系是非线性的，显示和使用不是很方便。这就需要对热敏电阻进行线性化。线性化的方法很多，这里我们重点讲述一下用非平衡电桥进行线性化设计的方法。

在图（37-1）中，R_1、R_2、R_3 为桥臂测量电阻，具有很小的温度系数，R_X 为热敏电阻，由于只检测电桥的输出电压，故 R_L 开路。

在电压输出的情况下，$R_L \to \infty$ 时有：

$$U_0 = \left(\frac{R_X}{R_2 + R_X} - \frac{R_3}{R_1 + R_3} \right) E \tag{37-5}$$

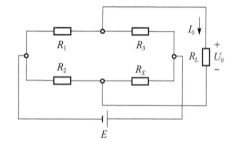

图 37-1 非平衡电桥的原理图

式中，$R_X = A e^{\frac{B}{T}}$。可见 U_0 是温度 T 的函数，将 U_0 在需要测量的温度范围的中点温度 T_1 处，按泰勒级数展开：

$$U_0 = U_{01} + U_0'(T - T_1) + U_n \tag{37-6}$$

其中，$U_n = \frac{1}{2} U_0''(T - T_1)^2 + \sum_{n=3}^{\infty} \frac{1}{n!} U_0^{(n)} (T - T_1)^n$。式中，$U_{01}$ 为常数项，不随温度变化，$U_0'(T - T_1)$ 为线性项，U_n 代表所有的非线性项，它的值越小越好，为此令 $U_0'' = 0$。

式（37-6）中，U_0 的一阶导数为：

$$U_0' = \left(\frac{R_X}{R_2 + R_X} - \frac{R_3}{R_1 + R_3} \right)' E$$

将 $R_X = A e^{\frac{B}{T}}$ 代入上式并展开求导可得：

$$U_0' = - \frac{B R_2 A e^{\frac{B}{T}}}{(R_2 + A e^{\frac{B}{T}})^2 T^2} E$$

U_0 的二阶导数为：

$$U_0'' = \left\{ - \frac{B R_2 A e^{\frac{B}{T}}}{(R_2 + A e^{\frac{B}{T}})^2 T^2} \cdot E \right\}'$$

$$= \frac{B R_2 A e^{\frac{B}{T}}}{(R_2 + A e^{\frac{B}{T}})^3 T^4} \{ R_2 (B + 2T) - (B - 2T) A e^{\frac{B}{T}} \} E$$

令 $U_0'' = 0$，可得：

$$R_2 (B + 2T) - (B - 2T) A e^{\frac{B}{T}} = 0$$

即 $A e^{\frac{B}{T}} = \frac{B + 2T}{B - 2T} R_2$，也就是：

$$R_X = \frac{B + 2T}{B - 2T} R_2 \tag{37-7}$$

根据以上的分析，将式（37-6）改为如下表达式：

$$U_0 = \lambda + m(t - t_1) + n(t - t_1)^3 \tag{37-8}$$

式中，t 和 t_1 分别为 T 和 T_1 对应的摄氏温度，线性函数部分为：

$$U_0 = \lambda + m(t - t_1) \tag{37-9}$$

式（37-9）中的 λ 为 U_0 在温度 T_1 时的值：

$$\lambda = U_{0(T_1)} = \left(\frac{R_X(T_1)}{R_2 + R_X(T_1)} - \frac{R_3}{R_1 + R_3}\right)E$$

将 $R_X(T_1) = Ae^{\frac{B}{T_1}} = \frac{B + 2T_1}{B - 2T_1}R_2$ 代入上式，可得：

$$\lambda = \left(\frac{B + 2T_1}{2B} - \frac{R_3}{R_1 + R_3}\right)E \tag{37-10}$$

式（37-9）中 m 的值为 U'_0 在温度 T_1 时的值：

$$m = U'_{0(T_1)} = -\frac{BR_2 Ae^{\frac{B}{T_1}}}{(R_2 + Ae^{\frac{B}{T}})^2 T_1^2}E$$

将 $R_X(T_1) = Ae^{\frac{B}{T_1}} = \frac{B + 2T_1}{B - 2T_1}R_2$ 代入上式，可得：

$$m = \left(\frac{4T_1^2 - B^2}{4BT_1^2}\right)E \tag{37-11}$$

非线性部分为 $n(t - t_1)^3$ 是系统误差，这里忽略不计。线性化设计的过程如下：

根据给定的温度范围确定 T_1 的值，一般为温度中间值，例如设计一个 30.0 ℃ ~ 50.0 ℃ 的数字表，则 T_1 选 313K，即 $t_1 = 40.0$ ℃。B 值由热敏电阻的特性决定，可根据式（37-10）所述求得。

根据非平衡电桥的显示表头适当选取 λ 和 m 的值，可使表头的显示数正好为摄氏温度值，λ 为测温范围的中心值 mt_1（mV），这样 λ 为数字温度计测量范围的中心温度，m 就是测温的灵敏度。确定 m 值后，E 的值由公式（37-11）可求得：

$$E = \left(\frac{4BT_1^2}{4T_1^2 - B^2}\right)m \tag{37-12}$$

由公式（37-7）可得：$R_2 = \frac{B - 2T}{B + 2T}R_X$，$R_2$ 的值可取 T_1 温度时的 $R_{X(T_1)}$ 值计算：

$$R_2 = \frac{B - 2T_1}{B + 2T_1}R_{X(T_1)} \tag{37-13}$$

由公式（37-10）可得：

$$\frac{R_1}{R_3} = \frac{2BE}{(B + 2T_1)E - 2B\lambda} - 1 \tag{37-14}$$

这样选定 λ 值后，就可求得 R_1 与 R_3 的比值。选好 R_1 与 R_3 的比值后，根据 R_1 与 R_3 的阻值可调范围，确定 R_1 与 R_3 的值。

四、实验内容和要求

用非平衡电桥和热敏电阻测温度（例如，设计温度测量范围为 30.0 ℃ ~ 50.0 ℃）。

1. 在测量温度之前，先要获得热敏电阻的温度特性。为了获得较为准确的电阻测量值，可以用单臂电桥测量不同温度下的热敏电阻值。

2. 绘制 $\ln R_T - 1/T$ 曲线，利用热敏电阻的温度特性 $R_T = Ae^{\frac{B}{T}}$，求得热敏电阻温度特性常数 A 和 B（注意：这里的 $T = (273 + t)$K）。

3. 根据非平衡电桥的表头，选择 λ（测量范围的中心温度）和 m（测温灵敏度）。根据公式（37-11）计算可知，m 为负值，相应的 λ 也为负值。本实验如使用 2V 表头，可选 m 为 -10 mV/℃，λ 为测温范围的中心值 -400 mV，这样该数字温度计的分辨率为 0.01 ℃。

4. 根据公式（37-12）求出 E，调节电源电压 E 为所需值，并保持不变。

5. 根据公式（37-13）求出 R_2，根据公式（37-14）求出 R_1/R_3，根据 R_1、R_3 的阻值范围确定 R_1、R_3 的值。

6. 按求得的 R_1、R_2、R_3 值，接好非平衡电桥电路，设定中心温度，并微调 R_2、R_3 值，使输出电压与中心温度值相等，得出最后 R_1、R_2、R_3 阻值。

7. 在某一温度测量范围内（例如 30 ℃ ~ 50 ℃）测量 U_0 与 t 的关系，记录数据。

8. 对 $U_0 - t$ 关系作图并直线拟合，检查该温度测量系统的线性度和误差。

五、注意事项

1. 设计温度测量范围可以根据实际条件进行调整。例如，夏天室温较高时，可以将设计温度适当提高，改为 35 ℃ ~ 55 ℃ 或 40 ℃ ~ 60 ℃。

2. 测热敏电阻的温度特性时，温度变化较快，测量要迅速。

六、研究与思考

1. 非平衡电桥和平衡电桥有何异同？
2. 如何使非平衡电桥的输出电压 U_0 与温度 t 线性化？

实验 38　传感器应用研究

【预习要点】
1. 传感器的定义是什么？有哪些应用？
2. 差动放大器在实验中起什么作用？
3. 光纤传感器电压-位移曲线如何理解？

传感器是能感受规定的被测量并按一定的规律转换成可用信号的器件或装置，通常由敏感元件和转换元件组成。CSY 系列传感器系统实验仪是用于检测仪表类课程教学实验的多功能教学仪器，其特点是集被测体、各种传感器、信号激励源、处理电路和显示器于一体，可以组成一个完整的测试系统。通过实验指导书所提供的数十种实验举例，能完成包含光、磁、电、温度、位移、振动、转速等内容的测试实验。通过这些实验，实验者可对各种不同的传感器及测量电路原理和组成有直观的感性认识，并可在本仪器上举一反三开发出新的实验内容。

一、实验目的

1. 了解部分传感器的性能、结构、原理、应用。
2. 掌握用计算机进行数据采集及分析的方法。

二、实验器材

CSY10 型传感器系统实验仪、导线、计算机。

三、实验原理

1. 应变传感器

半导体应变片及单臂电桥的原理和工作情况如下：

应变片是最常用的测力传感元件。当用应变片测试时，应变片要牢固地粘贴在测试体表面，当测件受力发生形变时，应变片的敏感栅随同变形，其电阻值随之发生相应的变化（ΔR）。通过测量电路，转换成电信号输出显示。

电桥电路是最常用的非电量电测电路中的一种，当电桥平衡时，桥路对臂电阻乘积相等，电桥输出为零（$U=0$）。图 38-1 是单臂电桥的电路图，其中，R_x 是应变片，R_1 是定值电阻，W_D 是电位器，可以把它分为两部分，一部分与 R_2 并联，另一部分与 R_3 并联，调节它可以使电桥平衡。

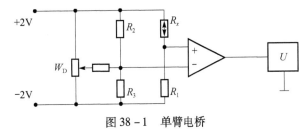

图 38-1 单臂电桥

电桥电路输出电压 U 与桥臂电阻的关系为（设电源电压为 U_0）：

$$U = U_0 \left(\frac{R_x}{R_x + R_1} - \frac{R_2}{R_2 + R_3} \right)$$

设 $R_x = R + \Delta R$，由于应变电阻变化 ΔR 导致的输出传感电压为：

$$\Delta U = \frac{U_0 R_1}{(R_x + R_1)^2} \Delta R_x$$

由于电桥处于平衡状态时，输出电压为 0，因此 $\Delta U = U$，即应变片输出传感电压就是电桥输出电压。可以看到，当应变片电阻变化不太大时，输出传感电压与应变片电阻变化成正比。

2. 气敏传感器

气敏传感器的核心器件是半导体气敏元件，不同的气敏元件对不同的气体敏感度不同，当传感器暴露于使其敏感的气体之中时，电导率会发生变化，由此可测得被测气体浓度的变化。本实验所用传感器对酒精气体较敏感，特性曲线和实验接线如图 38-2 所示。

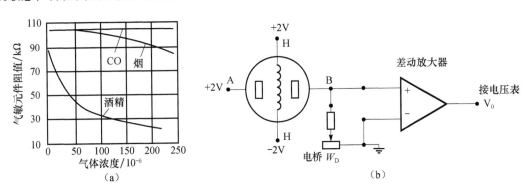

图 38-2 特性曲线和实验接线图
(a) 特性曲线；(b) 实验接线图

3. 光纤传感器

光纤传感器是 20 世纪 70 年代开始发展起来的一种基于光导纤维的传感器。光纤传感器一般由光源、光探测器和光导纤维组成。光纤传感器原理基于待测量对光的调制效应，常见的调制方式有幅度调制、相位调制、偏振调制、频率调制和波长调制。

（1）位移测量

反射式光纤位移传感器的工作原理如图 38-3 所示，光纤采用 Y 形结构，两束多模光纤一端合并组成光纤探头（图 38-4），在传感系统中，一支为接收光纤，另一支为光源光纤，光纤只起传输信号的作

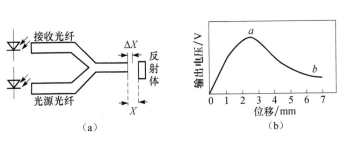

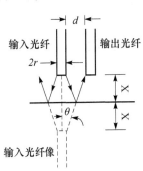

图 38-3 反射式光纤位移传感器原理图及输出特性曲线
(a) 原理图；(b) 输出特性曲线

图 38-4 光纤探头原理

用。当光发射器发生的红外光,经光源光纤照射至反射体,被反射的光经接收光纤至光电转换器,光电元件将接收到的光信号转换为电信号。其输出的光强取决于反射体距光纤探头的距离,通过对光强的检测而得到位移量。

光纤传感器接收光纤接收光能愈大,输出电压愈大。光纤探头端面光源光纤和接收光纤呈一定规律分布,光源光纤和接收光纤相互之间存在位移(d),光源光纤出射光线张角不会大于光纤数值孔径决定的角度。因此,当光纤探头与反射面距离很小时,反射光不能进入或者只能部分进入接收光纤;当距离较大时,接收光纤处反射光截面变大,单位面积上光密度变小,接收光纤接收到的光能也减小。故输出电压随位移变化的关系为先上升后下降。

(2) 转速测量

当光纤探头与反射面的相对位置发生周期性变化,光电变换器输出电量也发生相应的变化(图38-5),经 V/F 电路变换,成方波频率信号输出。转速 n 与方波频率的关系为 $n=f_0/2$。

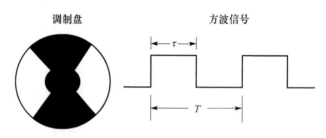

图 38-5 转速测量原理

4. 电涡流传感器

当平面线圈与金属被测体的相对位置发生周期性变化时,电涡流及线圈阻抗的变化经涡流变换器转换为周期性的电压信号变化。

5. 光电传感器

光电开关由红外发射、接收及整形电路组成,为遮断式工作方式。

四、实验内容和要求

1. 应变传感器

实验所需部件:直流稳压电源(±2 V 挡)、电桥、差动放大器、半导体应变片、测微头、数字电压表(20 V 挡)、计算机。

(1) 差动放大器调零。"+""-"输入端用导线对地短路,输出端接数字电压表。开启仪器电源,差动放大器增益置 100 倍(顺时针方向旋到底),用"调零"电位器调整差动放大器输出电压为零。关掉电源,拔掉导线,调零后电位器位置不要变化。

(2) 按图 38-1 连接测试桥路。桥路中 R_1、R_2、R_3、W_D 为电桥中的固定电阻和直流调平衡电位器,R 为应变片(可任选上、下梁中的一片)。测微头装于悬臂梁前端的永久磁钢上,调节它使应变梁处于基本水平状态。

(3) 确认接线无误后开启仪器电源,并预热数分钟。调整电桥 W_D 电位器,使测试系统输出为零。

(4) 旋动测微头,带动悬臂梁分别作向上和向下的运动,以水平状态下输出电压为零,并将该位置位移记为 0 mm,测量位移从 -5.000 mm(向下为负)到 5.000 mm 的输出电压,每 0.500 mm 记录一个数值,作出电压位移关系曲线。本实验还可以利用 CSY 传感器实验仪数据采集系统通过计算机采集数据。

2. 气敏传感器

实验所需部件:气敏传感器(MQ$_3$)、差动放大器、酒精、数字电压表。

(1) 差动放大器调零。

(2) 按图 38-2 的实验接线图连接线路,观察气敏传感器探头,探头 6 个管脚中 2 个是加热电极,另 4 个管脚接敏感元件,即 H、A、B、H 端口。

(3) 差动放大器的"增益"按钮左旋到底调至最小。

(4) 开启电源,待稳定几分钟后记录初始电压值。将酒精棉棒慢慢接近传感器,观察输出电压上升情况,当酒精棉棒最靠近气敏传感器时,电压上升到最高点并记录此时的电压值;移开酒精棉棒,传感器输出电压立刻下降,这说明传感器的灵敏度是非常高的。记录实验现象并分析原因。

3. 光纤传感器

实验所需部件:光纤、光电转换器、光电变换器、支架、反射片、测微头、测速电机及转盘、电压/频率表、计算机。

(1) 静态位移测量

① 在仪器支架上装上光纤传感器探头,探头对准镀铬反射片中心(即电涡流片),光纤传感器的另一端与光电变换器中的输入插座相接。

② 使测微头能够带动反射片产生位移。

③ 光电变换器 V_0 端接电压/频率表(没有 V_0 输出端的设备,将光纤输出端接电压/频率表)。调节测微头,带动振动平台,使光纤探头端面紧贴反射镜面(必要时可稍许调整探头角度)。此时 V_0 输出为最小(因为很难完全重合,所以总是有些许微小电压,这是正常的)。在测量过程中根据 V_0 大小合理选择 2 V 挡或 20 V 挡。

④ 保证仪器左下角的开关置于打开位置。

⑤ 旋动测微头,使反射镜面离开探头,从 0.000 mm 到 4.000 mm,每隔 0.250 mm 记录一个电压值,作出关系曲线。得出输出电压特性曲线如图 38-3 所示,分前坡和后坡,通常测量是采用线性较好的前坡。

(2) 测量转速

① 将光纤探头转一角度置于测速电机上方,并调整探头高度使其距转盘面 1 mm 左右,光纤探头以对准转盘边缘内 1~3 mm 处为宜。

② 光电变换器 F_0 端分别接电压/频率表 2kHz 挡(或者"光纤输出"接"转速输入","转速输出"接电压/频率表 2 kHz 挡)。开启电机开关,调节转盘转速,在电压/频率表上读出频率。电机转速 = $F_0/2$(每个周期两个方波信号)。

③ 打开配套软件,在参数设置里选择实验二十五,点击"自动获取参数",观察波形,画出波形,标上周期。读出软件给出的转速,与电压/频率表的测量值进行比较。

4. 电涡流传感器

实验所需部件:电涡流传感器、电涡流变换器、测速电机及转盘、电压/频率表、计算机。

(1) 电涡流线圈支架转一角度,安装于电机转盘上方,线圈与转盘面平行,在不碰擦的情况下相距越近越好。

(2) 电涡流线圈与涡流变换器相接,涡流变换器输出端接电压/频率表 2 kHz 挡,开启电机开关,调节转速,调整平面线圈在转盘上方的位置,用配套软件观察,使变换器输出的脉动波较为对称。软件设置选择"连续","采集速度"选"1k"。

(3) 仔细观察配套软件图形中两相邻波形的峰值是否一样,如有差异则说明线圈与转盘面或是不平行,或是电机有振动现象。

(4) 由配套软件图形读取脉动波形变化周期数值。转盘的转速 = 脉动波形数/2。

5. 光电传感器

实验所需部件:光电传感器、光电变换器、测速电机及转盘、电压/频率表 2 kHz 挡。

(1) 光电传感器"光电"端接光电变换器一端,VF 端接电压/频率表 2 kHz。(接法参照光纤传感器测速实验)

(2) 安装好光电传感器位置,勿与转盘面相擦。

(3) 开启电源,打开电机开关,调节电机转速。用软件观察光电转换器 VF 端(转速信号出端),并读出波形频率,与频率表所示频率比较。

(4) 电机转速 = 方波频率/2。

（5）用一较强光源照射仪器转盘上方，观察测试方波是否正常。

（6）由此可以得出结论，光电开关受外界影响较小，工作可靠性较高。

6. 传感器实验仪数据采集系统介绍

以应变传感器实验为例，在主界面上，有"帮助""设置""开始""打印"等功能按钮。单击"设置"，进入设置窗口，可以输入实验者姓名、实验名称、选择采集模式（本实验选择单次）、采集速度、量程选择（本实验选择10 V）、单次采集间隔（本实验设置位移0.500 mm），"确认"后设置完成。

单击"开始"，进入数据采集界面，上半部分是采集的曲线，旁边有"采集""清除"按钮，单击"采集"按钮，采集一个数据（采集模式为单次）。单击"清除"按钮，所有数据都被清除。下半部分有数据分析。

五、注意事项

1. 实验前检查实验接插线是否完好，连接电路时应尽量使用较短接插线，以免引入干扰。接插线插入插孔时轻轻地做一小角度的转动，以保证接触良好，拔出时轻轻地转动一下，握住底部固定端拔出，切忌用力拉扯接插线尾部，以免造成线内导线断裂。

2. 稳压电源不要对地短路，连接线路前要关闭电源。

3. 气敏传感器实验，不要将棉棒直接接触到传感器，酒精气已足够。

4. 光纤传感器实验，光电变换器工作时V_0最大输出电压以2 V左右为好，可通过调节增益电位器控制；光纤勿成锐角弯折；工作时光纤端面不宜长时间直照强光，以免内部电路受损；光纤探头在支架上固定时应保持与转盘面平行，切不可相擦，以免使光纤端面受损；电机开关平时应置关闭状态，以保证稳压电源正常工作。

六、研究与思考

1. 利用单臂电桥测应变的原理是什么？W_D有什么作用？
2. 应变传感器实验，利用采集出来的曲线说明测微头位移与电阻变化的关系。
3. 利用你所学过的知识结合气敏传感器实验设计一个酒精测试装置，画出电路图并详细说明。
4. 调制盘反光面的粗糙程度对反射光强是否有影响？为什么？

实验39 地磁场测量

【预习要点】

1. 用哪些参量可表示地磁场的大小与方向？
2. 磁阻传感器的工作原理是什么？
3. 亥姆霍兹线圈在本实验中起什么作用？

地磁场的数值比较小，约10^{-5}T量级，但在直流磁场测量，特别是弱磁场测量中，往往需要知道其数值，并设法消除其影响。地磁场作为一种天然磁源，在军事、工业、医学、探矿等科研中也有着重要用途。本实验采用新型坡莫合金磁阻传感器测量地磁场。由于磁阻传感器体积小、灵敏度高、易安装，因而在弱磁场测量方面有广泛应用前景。

一、实验目的

1. 了解坡莫合金磁阻传感器的结构特点及应用。
2. 测量地磁场磁感应强度及其水平分量和垂直分量。
3. 测量地磁场的磁倾角。

二、实验器材

磁阻传感器和地磁场测定仪（包括亥姆霍磁线圈、带角刻度的转盘、水准仪等）。

三、实验原理

1. 地磁场

地球本身具有磁性，地球和近地空间之间存在的磁场称为地磁场。地磁场的强度和方向随地点（甚至随时间）而异。地磁场的北极、南极分别在地理南极、北极附近，彼此并不重合，如图 39 - 1 所示，而且两者间的偏差随时间不断地缓慢变化。地磁轴与地球自转轴之间约有 11°交角。在一个不太大的范围内，地磁场基本上是均匀的，可用三个参量来表示地磁场的方向和大小（如图 39 - 2 所示）。

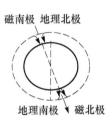

图 39 - 1　地磁场

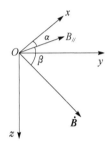

图 39 - 2　磁偏角和磁倾角

（1）磁偏角 α：地球表面任一点的地磁场矢量所在垂直平面（图 39 - 2 中 $OB_{//}$ 与 Oz 构成的平面，称地磁子午面）与地理子午面（图 39 - 2 中 Ox、Oz 构成的平面）之间的夹角。

（2）磁倾角 β：磁场强度矢量 $\vec{B}$ 与水平面（即图 39 - 2 的 xOy 平面）之间的夹角。

（3）水平分量 $B_{//}$：地磁场矢量 $\vec{B}$ 在水平面上的投影。

2. 磁阻传感器

HMC1021Z 型磁阻传感器由长而薄的坡莫合金（铁镍合金）制成一维磁阻微电路集成芯片。它利用通常的半导体工艺，将铁镍合金薄膜附着在硅片上，如图 39 - 3 所示。薄膜的电阻率 $\rho(\theta)$ 依赖于磁化强度 M 和电流 I 方向间的夹角 θ，具有以下关系式：

$$\rho(\theta) = \rho_{\perp} + (\rho_{//} - \rho_{\perp})\cos^2\theta \qquad (39 - 1)$$

其中，$\rho_{//}$、$\rho_{\perp}$ 分别是电流 I 平行于 M 和垂直于 M 时的电阻率。当沿着铁镍合金带的长度方向通以一定的直流电流，而垂直于电流方向施加一个

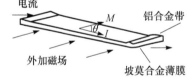

图 39 - 3　磁电阻的构造示意图

外界磁场时，合金带自身的阻值会产生较大的变化，利用合金带阻值这一变化，可以测量磁场大小和方向。这种物质在磁场中电阻率发生变化的现象称为磁阻效应。在制作 HMC1021Z 型磁阻传感器时，还在硅片上设计了两条铝制电流带，一条是置位与复位带，该传感器遇到强磁场感应时，将产生磁畴饱和现象，也可以用来置位或复位极性；另一条是偏置磁场带，用于产生一个偏置磁场，补偿环境磁场中的弱磁场部分（当外加磁场较弱时，磁阻相对变化值与磁感应强度成平方关系），使磁阻传感器输出显示线性关系。

HMC1021Z 型磁阻传感器是一种单边封装的磁场传感器，它能测量与管脚平行方向的磁场。传感器由四条铁镍合金磁电阻组成一个非平衡电桥，非平衡电桥输出部分接集成运算放大器，将信号放大输出。传感器内部结构如图 39 - 4 所示。图中，由于适当配置的四个磁电阻电流方向不相同，当存在外界磁场时，引起电阻值变化有增有减。

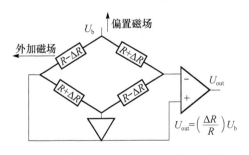

图 39 - 4　磁阻传感器内的惠斯通电桥

对于一定的工作电压，如 $U_b = 5.00$ V，HMC1021Z 型磁阻传感器输出电压 U_{out} 与外界磁场的磁感应强度成正比关系：

$$U_{out} = U_0 + KB \tag{39-2}$$

式中，K 为传感器的灵敏度，B 为待测磁感应强度，U_0 为外加磁场为零时传感器的输出量。

由于亥姆霍磁线圈的特点是能在其轴线中心点附近产生较宽范围的均匀磁场区，所以常用作弱磁场的标准磁场。亥姆霍磁线圈公共轴线中心点位置的磁感应强度为：

$$B = \frac{\mu_0 NI}{r} \frac{8}{5^{3/2}} \tag{39-3}$$

其中，N 为线圈匝数，I 为线圈流过的电流强度，r 为亥姆霍磁线圈的平均半径，μ_0 为真空磁导率。本实验中 $N = 500$ 匝，$r = 0.10$ m，$\mu_0 = 4\pi \times 10^{-7}$ N/A²。

四、实验内容和要求

1. 测量传感器的灵敏度 K

调整转盘至水平，将亥姆霍兹线圈与直流电源相连，使磁阻传感器管脚和线圈中磁感应强度方向平行，即把转盘刻度调整到角度 $\theta = 0°$，此时传感器的感应面与亥姆霍磁线圈轴线垂直。调节励磁电流的大小（10.00~60.00 mA，间隔 10.00 mA），测量相应的电压值 U_1（当传感器遇强磁场时，灵敏度会降低，需读数前按复位键）。为消除地磁场沿亥姆霍兹线圈方向分量的影响，改变励磁电流的方向，再次测出电压值 U_2，则传感器输出电压 $\overline{U} = (U_1 - U_2)/2$。用亥姆霍兹线圈产生磁场作为已知量求出 K 值。

2. 测量地磁场水平分量 $B_{//}$

将亥姆霍兹线圈与直流电源的连接线拆去。调整转盘至水平（可用水准器指示），旋转游标盘，找到传感器输出电压最大方向，这个方向就是地磁场磁感应强度的水平分量的方向。记录此时传感器输出电压 U_1 后，再旋转游标盘，记录传感器输出最小电压 U_2，重复测量，由 $|U_1 - U_2|/2 = KB_{//}$，求得当地地磁场水平分量 $B_{//}$。

3. 测量磁倾角

水平转动装置底座，使亥姆霍兹线圈轴线指向前面测出的 $B_{//}$ 方向，再将转盘平面调整为铅直，此时转盘面处于地磁子午面的方向。分别记下传感器输出最大时的电压 U_1' 及对应的转盘转角 β_1 和输出最小时的电压 U_2' 及对应的角度 β_2。重复测量，由公式 $\beta = (\beta_1 + \beta_2)/2$ 计算磁倾角 β 的值。

4. 测量地磁场磁感应强度 B 及其垂直分量 $B_\perp$

由 $|U_1' - U_2'|/2 = KB$，计算地磁场磁感应强度 B 及磁场垂直分量 $B_\perp$（$B_\perp = B\sin\beta$）值。

五、注意事项

1. 实验仪器周围的一定范围内不应存在铁磁金属物体，以保证测量结果的准确性。
2. 测量地磁场水平分量时，需将转盘调节至水平；测量磁倾角 β 时，需将转盘面调整为处于地磁子午面方向。
3. 测量传感器灵敏度 K 的过程中，电流换向时需将电流调为零后再换向。

六、研究与思考

1. 如果在测量地磁场时，在磁阻传感器周围较近处，放一个铁钉，对测量结果将产生什么影响？
2. 为何坡莫合金磁阻传感器遇到较强磁场时，其灵敏度会降低？用什么方法来恢复其原来的灵敏度？

实验 40　光纤音频传输特性研究

【预习要点】

1. 了解音频信号光强调制光纤传输系统的组成。
2. 了解 LED 调制电流的最佳工作点的确定方法。

光纤通信是光导纤维传送信号的一种通信手段，1966 年由美籍华人高锟博士根据介质波导理论首次提出，我国从 1972 年开始了此项技术的研究。随着信息技术的发展，光纤通信已经成为现代通信的主流。

一、实验目的

1. 了解音频信号光纤传输系统的结构及选配各主要部件的原则。
2. 熟悉半导体电光/光电器件的基本性能及主要特性的测试方法。
3. 掌握音频信号光纤传输系统的调试技术。

二、实验器材

YOF-D 型音频信号光纤传输技术实验仪、数字示波器、数字万用表、收音机。

三、实验原理

1. 系统的组成

图 40-1 表示出了一个音频信号光强调制光纤传输系统的结构原理图，它主要包括 LED 及其调制、驱动电路组成的光信号发送器、传输光纤和由光电转换、I-V 变换及功放电路组成的光信号接收器三个部分。实验采用中心波长在 0.85 μm 附近的 GaAs 半导体发光二极管作光源，峰值响应波长为 0.8~0.9 μm 的硅光电二极管（SPD）作光电检测元件。

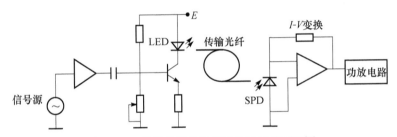

图 40-1 音频信号光纤传输实验系统原理图

2. 光纤的结构及传光原理

光纤是由纤芯、包层、起保护作用的涂敷层组成的同心圆形结构，纤芯折射率较包层折射率大，其直径一般在几微米到几十微米。光纤按其模式性质可分为单模光纤和多模光纤，按其折射率沿光纤截面的径向分布状况又分成阶跃型和渐变型两种光纤。本实验采用阶跃型多模光纤作为信道，它的纤芯折射率为 n_1，包层折射率为 n_2，其中 $n_1 > n_2$，可用简单的几何光学的全反射理论解释它的导光原理。

数值孔径是光纤的主要参数之一，通常把 $\sin\theta_{max} = \sqrt{n_1^2 - n_2^2}$ 定义为光纤的理论数值孔径（Numerical Aperture），用 NA 表示，θ_{max} 为光纤捕捉光线的最大入射角。纤芯和包层之间的相对折射率差越大，表明光纤捕获光线的能力越强。也就是说，只要光线从空气入射到光纤端面的入射角小于 θ_{max}，光线就可以在纤芯和包层的界面上产生全反射，通过连续不断地全反射，光波就可以曲折的从光纤的一端向另一端传输，这就是光线在光纤中传输的基本原理。

3. 半导体发光二极管

光纤通讯系统中对光源器件在发光波长、电光效率、工作寿命、光谱宽度和调制性能等许多方面均有特殊要求。目前，在以上各个方面都能较好满足要求的光源器件主要有半导体发光二极管（LED）和半导体激光二极管（LD）。本实验采用 LED 作光源器件。

光纤通信系统中常用的半导体发光二极管是一个 NPP 三层结构的半导体器件，中间层通常是由 GaAs（砷化镓）P 型半导体材料组成，称有源层，其带隙宽度较窄，两侧分别由 GaAlAs 的 N 型和 P 型半导体材料组成，与有源层相比，它们都具有较宽的带隙。具有不同带隙宽度的两种半导体单晶之间的结构称为异质结。在图 40-2 中，有源层与左

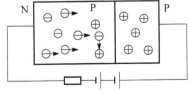

图 40-2 半导体发光二极管及工作原理

侧的 N 层之间形成的是 PN 异质结，而与右侧 P 层之间形成的是 PP 异质结，故这种结构又称 NPP 双异质结构。当给这种结构加上正向偏压时，就能使 N 层向有源层注入导电电子，这些导电电子一旦进入有源层后，因受到右边 PP 异质结的阻挡作用不能再进入右侧的 P 层，它们只能被限制在有源层与空穴复合，导电电子在有源层与空穴复合过程中，把所具有的能量以光子的形式释放出来，因此 LED 是将电能转换为光能的转换器件，根据所用材料禁带宽度的不同，能发出不同颜色的光。LED 发光波长与各层材料及其组分的选取等多种因素有关。在制作 LED 时，对不同的材料组分进行选取和适当控制，即可使得 LED 发光中心波长与传输光纤低损耗波长一致。

实验中通过调制 LED 的驱动电流即可改变其发光光强。半导体发光二极管经光纤输出的光功率与其驱动电流的关系成为 LED 的电光特性，为了使传输系统的发送端能够产生一个无非线性失真、而峰-峰值又最大的光信号，使用 LED 时应先给它一个适当的偏置电流，其值等于这一特性曲线线性部分中点对应的电流值，而调制电流的峰-峰值应尽可能大地处于这一电光特性的线性范围内。对于非线性失真要求不高的情况下，也可把偏置电流选为 LED 最大允许工作电流的一半，这样可使 LED 获得无截止畸变幅度最大的调制，有利于信号的远距离传输，如图 40-3 所示。

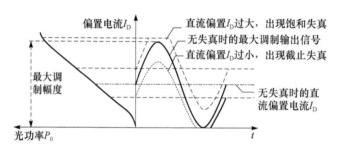

图 40-3 LED 的电光特性及信号调制输出

实验中，传输信号经放大后加在 LED 调制电路的基极，以实现对驱动电流的调制。根据 LED 电流调制电路输入特性曲线 $I_D - U_B$（如图 40-4 所示）可知，只有当传输信号位于输入特性曲线的线性区，才能获得不失真的调制电流信号。信号太大，调制电流信号将失真，调制光信号也失真。由于直流电流表显示的是待测信号的平均电流，因此当信号不失真时，电流信号不变，为 LED 偏置电流；当信号失真时，直流电流表示数会发生变化。

4. 半导体光电二极管

硅光电二极管（SPD）和发光二极管类似，核心仍是 PN 结，但在管壳上有一能让光射入其光敏区的窗口，经常工作在反向偏压状态或无偏压状态，如图 40-5 所示。

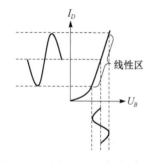

图 40-4 调制电路输入特性曲线

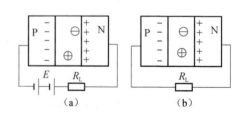

图 40-5 光电二极管的结构及工作原理
（a）反向偏压；（b）无偏压

在反偏电压下，PN 结的空间电荷区的势垒增高、宽度加大、结电阻增加、结电容减小，有利于提高光电二极管的高频响应性能。无光照时，反向偏置的 PN 结只有很小的反向漏电流，称为暗电流。当有光子能量大于 PN 结半导体材料的带隙宽度的光波照射时，PN 结各区域中的价电子吸收光能后将挣脱价键的束缚而成为自由电子，同时产生一个自由空穴，这些由光照产生的自由电子空穴对称为光生载流子。在远离空间电荷区的 P 区和 N 区内，电场强度很弱，光生载流子只能做扩散运动，在扩散途中会因复合而消失，不可能形成光电流。形成光电流主要靠空间电荷区的光生载流子，在空间电荷区内强电场作用下，光生自由电子空穴对将以很高的速度分别向 N 区和 P 区运动，并到达电极沿外电路闭合形成光电流，光电流的方向是从二极管的负极流向它的正极，并且在无偏压短路的情况下与入射的光功率成正比。因此，可采用在 PN 结中增加空间电荷区宽度的方法来提高光电转换效率。实验所用的 PIN 光电二极管的 PN 结除了具有较宽的空间电荷区外，还具有很大的结电阻和很小的结电容。这些特点使得 PIN 管在光电转换效率和高频响应特性方面与普通光电管相比均得到了很大的改善。

四、实验内容和要求

1. 测定 LED 与传输光纤组件的电光特性

（1）把两端均为单声道插头的电缆线分别插入光纤信道的"LED"插口和仪器面板的"LED"插孔；把光电探头一端插入光纤信道的光纤出光端插口，另一端插入仪器面板的"SPD"插孔。

（2）调制信号开关拨向"语音"一侧；直流电压表的切换开关拨向"$I-V$"一侧；"SPD"切换开关拨向"光功率计"一侧。

（3）调节"偏流调节"电位器，使直流电流表读数 I_D 从 0 开始慢慢增加，每增加 5mA 读取并记录一次光功率计的读数 P_0，直到直流电流表读数为 50mA 为止。

（4）绘制 $P_0 - I_D$ 曲线，并确定 LED 的线性工作区。

2. 测定光电二极管的光电特性

测定光电二极管光电特性的电路如图 40 – 6 所示。由 IC1 为主构成的电路是一个电流 – 电压变换电路，它的作用是把流过光电二极管的光电流 I_f 转换成由 IC1 输出端 c 点的输出电压 V_0，它与光电流成正比，即：

$$V_0 = I_f R_f \quad (40-1)$$

已知 R_f 后，就可根据上式由 V_0 计算出相应的光电流 I_f。

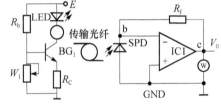

图 40 – 6　光电二极管光电特性的测定

测定过程中，首先在不通电的情况下，用数字万用表测量并记录前面板 R_f 的阻值；然后将 SPD 切换开关保持在"光功率计"一侧，调节"偏流调节"电位器使光功率计读数从 0 开始慢慢增加，每增加 5 μW 读取并记录一次光功率计的读数 P_0 后，再把 SPD 切换开关拨向 $I-V$ 变换电路一侧，并记录一次直流电压表的读数 V_0，直到功率计的读数为 50 μW 止。

根据 $V_0 - P_0$ 之间的关系，可得 $I_f - P_0$ 关系，这就是光电二极管的光电特性，作 $I_f - P_0$ 关系曲线图，求光电管的响应度 $R = \Delta I_f / \Delta P_0$。

3. LED 偏置电流与无截止畸变最大调制幅度关系的测定

将"调制信号切换"开关拨向"正弦"，并把"输入衰减"沿逆时针方向转动到零位；直流电压表和"SPD"切换开关拨向"$I-V$"；"音箱切换"开关拨向"外接"；调节"偏流调节"电位器，使直流电流表读数为 LED 最佳工作点的偏置电流（LED 电光特性线性段中点对应的电流）；把示波器接到"波形监测"插孔并把"波形监测"插孔的切换开关拨向"$I-V$"。

把"输入衰减"电位器沿顺时针方向慢慢转动，直到示波器上显示的正弦波形有明显的非线性失真为止；记录此偏置电流下示波器输出波形的峰—峰值（毫伏数）；根据已测得的 R_f 值和 SPD 的光电特性，计算发送端无非线性失真的最大光信号幅度。

4. 传输系统接收端允许的最小光信号幅值的测定

在保持第 3 项实验连接不变的情况下，首先把 LED 的偏置电流调节为其电光特性光功率为 0.5 μW 对应的电流值，然后从零开始逐渐加大正弦信号输出幅度，考察接收端的示波器是否能清晰辨别出所接收的正弦信号，若能，继续减小 LED 的偏置电流重复以上实验，直至不能清晰辨别出接收信号为止，记下这一状态之前对应的 LED 的偏置电流 I_{min} 值；若不能，适当增大 LED 偏置电流，重复上述步骤。由 LED 的电光特性曲线确定出 $0 \sim 2I_{min}$ 对应的光功率的变化量 ΔP_{min}，则接收器允许的最小光信号的峰—峰值，不会大于 ΔP_{min}，故 ΔP_{min} 可以作为实验系统接收器允许的最小光信号的幅值。

5. 语音信号的传输

"调制信号切换"开关拨向"语音"一侧、"音箱切换"开关拨向"内设"一侧;用电缆线单声道一端把外接语音信号源接入"语音信号输入"插孔,双声道一端接收音机。

实验时,调节"偏流调节"电位器和"输入衰减"(或收音机音量)旋钮,用示波器检测输入和输出波形的变化。考察并讨论音频信号在光纤通信系统中的传输效果。

五、注意事项

正式测量之前,需调节光电探头与光纤端口处于最佳耦合状态,即在同一偏置电流下光功率计读数值为最大,在以后的测量中要注意保持光电探头的位置不变。

六、研究与思考

在 LED 偏置电流一定情况下,当调制信号幅度较小时,指示 LED 偏置电流的毫安表读数与调制信号幅度无关,当调制信号幅度增加到某一程度后,毫安表读数将随着调制信号的幅度而变化,为什么?

实验 41 用 CCD 测量单缝衍射的光强分布

【预习要点】

1. CCD 的工作原理是什么?
2. 夫琅和费单缝衍射光强分布特点是什么?

光的衍射现象是光的波动性的重要特征。单缝衍射是最简单也是最典型的衍射现象。光的衍射已广泛应用于如光谱分析、晶体分析、光信息处理等重要领域。特别是 20 世纪 60 年代激光问世之后,光的衍射应用得到很大发展,和光的干涉法、偏振法等一起,形成了新兴的现代光学测试技术。由于激光衍射测量是一种高精度的非直接测量,其测量细丝直径的精度高达 $0.05~\mu m$ 以下,因此被广泛用于测量各种金属细丝、光导纤维和钟表游丝的直径等等。而对激光单缝衍射现象的研究,可以帮助我们深刻理解并掌握衍射现象的规律及其应用。

电荷耦合器件(CCD,Charged Coupled Device)是 1969 年由美国贝尔实验室首先研制出来用于存储和传输信息的新型固体多功能器件,在工业、军事、科研、生活等方面有广泛的应用,如光学测量、遥感测量、图像制导、数码摄影等。本实验利用线阵 CCD 测量相对光强。

一、实验目的

1. 了解 CCD 器件的工作原理。
2. 观察、测量单缝衍射的光强分布。
3. 测量单缝缝宽。

二、实验器材

光学实验平台(含可调单缝/细丝、连续减光器、小孔光阑)、激光器、CCD 实时光强测量仪、微机等。

三、实验原理

夫琅和费衍射要求光源和接收屏离单缝的距离都是无限远,即入射光和衍射光都是平行光。如图 41-1 所示,将单色光源置于透镜 L_1 的前焦面上,光束经 L_1 后变成平行光,垂直照射于宽度为 a 的单缝 AB 上。根据惠更斯-菲涅耳原理,狭缝上每一点都可看成是向各个方向发射球面次波的新波源,这些次波经会聚透镜 L_2 后,由于相干叠加,在 L_2 的后焦面上可以看到一组平行于狭缝、明暗相间的衍射条纹。

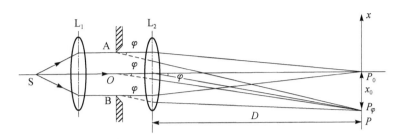

图 41-1 夫琅和费衍射的光路图

由惠更斯-菲涅耳原理可以推导出单缝衍射图像的光强分布规律。图 41-1 中，平行于主光轴的衍射光束会聚于屏幕的 P_0 处，是中央亮纹（或称中央主极大、零级）的中心，此处光强度记为 I_0，与光轴夹角为 φ 的衍射光束会聚于屏上 P_φ 处，由计算可得出 P_φ 处的光强为：

$$I_\varphi = I_0 \left(\frac{\sin u}{u}\right)^2, \quad u = \pi \frac{a\sin\varphi}{\lambda} \tag{41-1}$$

式中，φ 为衍射角，a 为单缝宽度，λ 为入射光波长。由该式可知：

（1）当 $\varphi = 0$ 时，$u = 0$，这时光强为 I_0 是最大值，在其他条件不变的情况下，此光强最大值 I_0 与狭缝宽度 a 的平方成正比。

（2）当 $\sin\varphi = k\lambda/a (k = \pm 1, \pm 2, \pm 3, \cdots)$ 时，$I_\varphi = 0$，出现暗条纹。实际上衍射角 φ 往往很小，可近似认为各级暗条纹对应的衍射角满足 $\varphi = k\lambda/a$。由此可见，主极大两侧暗纹之间的半角宽 $\Delta\varphi = \lambda/a$，而其他相邻暗纹之间的角宽度为 $\Delta\varphi = \lambda/a$，如图 41-2 所示。

（3）除了中央主极大外，两相邻暗条纹之间都有一次极大。数学计算指出，这些次极大的位置在 $\sin\varphi = \pm 1.43\lambda/a$，$\pm 2.46\lambda/a$，$\pm 3.47\lambda/a$，…，这些极大值的相对光强为：$I_\varphi/I_0 = 0.047, 0.017, 0.008, \cdots$。

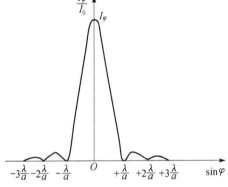

图 41-2 单缝衍射的分布曲线

总之，夫琅和费单缝衍射图样的特点是：中央明纹宽度等于其他明纹宽度的两倍，其光强最强，绝大部分光能都落在中央明纹内；衍射暗条纹是等间隔的，以中央明纹为对称轴均匀分布；而次极大分布是不等间隔的，但随着级次的增高次极大逐渐趋于等间隔。

四、实验内容和要求

1. 将 CCD 光强仪与计算机正确连接

2. 光路调整

按图 41-3 布置光路，由于采用激光光源，对于单缝可近似看作平行光入射。当单缝与 CCD 光强仪之间的距离 D 满足远场条件 $D \gg a^2/(4\lambda)$ 时（a 为缝宽），图 41-1 中的 L_1、L_2 可以不用。对光路的要求为：

（1）各元件同轴等高；

（2）激光器与单缝距离为 $0.5 \sim 1$ m，$D > 50$ cm；

（3）激光束垂直于单缝表面和 CCD 表面，单缝与光强仪采光窗的水平方向垂直。

3. 数据采集与分析

（1）点击开始采集后，则能在显示器主视窗上显示出光强分布曲线（图 41-4）。从图形视窗观察模拟黑白底片曝光效果图。

（2）进行数据测量时首先停止采集，然后移动鼠标，在主视窗选取读数范围后，在局部视窗（局部放大区域）读取衍射光强分布曲线上的几个特殊点，如中央明纹、一级暗纹、一级亮纹、二级暗纹、二级亮纹、三级暗纹、三级亮纹等。每指向一点，屏上会显示两个数值，一个为 CH 值，表示所指处是 CCD

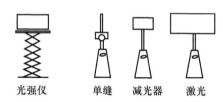

图 41-3　实验光路图

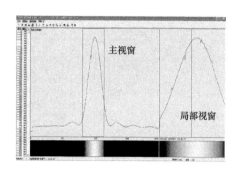

图 41-4　光强分布曲线

上第几个光敏单元（任意两个光敏元间的距离为两光敏元 CH 之差乘以该 CCD 的光敏元中心距 d）；另一个为 A/D 值，表示的该采样点电压的模数转换值，即可代表该点光强。记录几个特殊点的 CH 值、A/D 值，填入表 41-1。

表 41-1　数据记录

激光波长 λ：　　光敏元中心距 d：　　狭缝到 CCD 间距 D：

	-2级暗纹	-1级明纹	-1级暗纹	0级	1级暗纹	1级明纹	2级暗纹
CH							
A/D							

表中，D 是单缝距 CCD 光敏面的距离，测量时要注意到 CCD 光强仪采光窗离光敏面相距 4.5 mm，$D = L + 4.5$ mm。

（3）计算狭缝宽度

由暗纹衍射角和远场近似情况有 $a = 2\lambda D/[d(CH_1 - CH_{-1})] = 4\lambda D/[d(CH_2 - CH_{-2})]$。$CH_{-2}$、$CH_{-1}$、$CH_1$、$CH_2$，对应 -2、-1、1、2 级暗纹 CH 值。

（4）画单缝衍射光强分布曲线

按照 $\dfrac{da(CH_\varphi - CH_0)}{D\lambda}$ 和 $\dfrac{A/D_\varphi - A/D_底}{A/D_0 - A/D_底}$ 计算横、纵坐标（填入表 41-2 中），描点作单缝衍射光强分布曲线。

表 41-2　数据处理

	-2级暗纹	-1级明纹	-1级暗纹	0级	1级暗纹	1级明纹	2级暗纹
横坐标							
纵坐标							

表中，$A/D_底$ 为 CCD 初始读数，CH_0、A/D_0 对应中央明纹。

4. 利用 CCD 光强仪，设计测量单丝直径实验（选作）

五、注意事项

1. 初次使用 CCD 光强仪时，应从弱光到亮光进行光路调节，以免光强仪饱和。若只出现直线或光强曲线出现平顶，可调节由两片偏振膜组成的减光器减弱光强。若发现衍射图样左右不对称，这是由于光学元件未调节好所致，按 2（3）要求重新调整光路。

2. 衍射曲线主极大顶部出现凹陷，说明单缝的黑度不够，有漏光现象。若曲线不圆滑漂亮，原因是狭缝的边缘不直或者刀口、光强仪采光窗上有灰尘。解决的方法是可用软毛刷清洁，或左右移动光强仪，寻找较好的工作区间，另外还可以在激光器前加上小孔光阑，滤掉大部分"高频"成分。

六、研究与思考

1. 当缝宽增加 1 倍时，衍射花样的光强和条纹宽度将会怎样改变？如缝宽减半，又会怎样改变？
2. 激光输出的光强如有变动，对单缝衍射图像和光强分布区间有无影响？有何影响？

实验 42　薄膜厚度测量

【预习要点】
1. 测量薄膜厚度可以用什么方法和仪器？
2. 椭圆偏振消光法的原理。

随着人们对薄膜的研究和应用日益广泛，更加精确和迅速地测定薄膜的光学参数变得更加重要。椭圆偏振法是一种同时测量薄膜厚度、折射率和吸收系数的无损检测方法，具有精度较高的优点，利用椭圆偏振法测量已在光学、半导体、生物、医学等领域得到应用。

一、实验目的

1. 进一步了解偏振片和 1/4 波片的应用。
2. 利用椭圆偏振消光法测定透明薄膜厚度 d 和折射率 n。

二、实验器材

激光椭圆偏振仪、激光器、镀膜片。

三、实验原理

1. 激光椭圆偏振仪工作原理

激光椭圆偏振仪由分光计和激光椭圆偏振装置（简称椭偏装置）两部分组成。它具有以下用途：（1）测量透明薄膜厚度（0~3 000 Å）和折射率（1.30~2.49）；（2）测量布儒斯特角，验证马吕斯定律以及偏光分析等偏振实验。

椭偏仪测量薄膜厚度及光学常数的基本依据是：当一束光以一定的入射角照射到薄膜介质样品上时，光要在多层介质膜的交界处发生多次折射和反射。在薄膜的反射方向得到的光束的振幅和位相变化情况与膜的厚度和光学常数有关，因而可根据反射光的特性来确定膜的光学特性。若入射光是椭圆偏振光，则只要测量反射光的偏振态的变化，就可以确定出薄膜的厚度及折射率。利用椭圆偏振消光法，测定透明薄膜厚度 d 和折射率 n 的原理如图 42-1、图 42-2 所示。

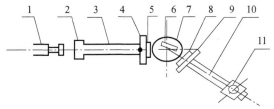

图 42-1　椭圆偏振消光法仪器图
1—He-Ne 激光管；2—小孔光阑；3—平行光管；4—起偏器读数头；5—1/4 波片读数头；6—被测样品；7—载物台；8—光孔盘；9—检偏器读数头；10—望远镜筒；11—白屏目镜

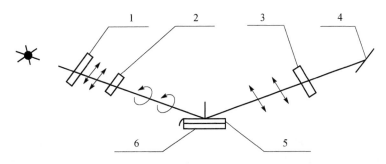

图 42-2　椭圆偏振消光法光路图
1—起偏器 P；2—1/4 波片；3—检偏器 A；4—白屏；5—被测膜层 S；6—基片（材料 K9）

入射单色平行光束经起偏器变成线偏振光，通过 1/4 波片后变为等幅的椭圆偏振光入射至样品上，光束经透明样品薄膜 S 反射后，其偏振态即振幅与相位发生变化，对于给定的透明薄膜，只要调节起偏器 P

和 1/4 波片的相对方位，可使透明薄膜反射后的椭圆偏振光补偿成线偏振光。调节检偏器 A 至消光位置，以确定振幅衰减量。最后在 P·A～n·d 数表中查得透明薄膜的厚度 d 和折射率 n。

测量时被测样品放在载物台的中央，旋转载物台达到预定的入射角 70°，使反射光在白屏上形成一亮点。

为了尽量减少系统误差，采用四点测量。先置 1/4 波片快轴于 45°，仔细调节检偏器 A 和起偏器 P，使白屏上的亮点消失，记下 A 和 P 值。这样可以测得两组消光位置数值，其中 A 值分别为大于 90°和小于 90°，分别定为 A_1（>90°）和 A_2（<90°），所对应的 P 值为 P_1 和 P_2，然后将 1/4 波片快轴转到 -45°，也可找到两组消光位置数值，A 值分别记为 A_3（>90°）和 A_4（<90°），所对应的 P 值为 P_3 和 P_4。将测得的 4 组数据经下列公式换算后取平均值，就得到所要求的 A 和 P 值：

(1) $A_1 - 90° = A_{(1)}$ $P_1 = P_{(1)}$
(2) $90° - A_2 = A_{(2)}$ $P_2 + 90° = P_{(2)}$
(3) $A_3 - 90° = A_{(3)}$ $270° - P_3 = P_{(3)}$
(4) $90° - A_4 = A_{(4)}$ $180° - P_4 = P_{(4)}$

$A = [A_{(1)} + A_{(2)} + A_{(3)} + A_{(4)}]/4$
$P = [P_{(1)} + P_{(2)} + P_{(3)} + P_{(4)}]/4$

上述公式仅适用于 A 值和 P 值在 0～180°范围的数值，若出现大于 180°的数值时应减去 180°后再换算。由 A、P 值再查椭偏仪数据表就可得出薄膜厚度 d 和折射率 n。

四、实验内容和要求

1. 用实验室提供的分光计、激光椭圆偏振装置和激光器，按照使用手册，完成以下各种的组合和调整：
（1）调整分光计；
（2）调整载物台与游标盘的旋转轴，使之垂直于望远镜的光轴；
（3）检偏器读数头位置的调整与固定；
（4）起偏器读数头的调整；
（5）1/4 波片零位的调整。

2. 按照实验原理，记录相关数据，测算薄膜的 A、P 值，分别在 A 值数表和 P 值数表的同一个纵、横位置上找出一组与测算值近似的 A 和 P 值，得出薄膜厚度 d 和折射率 n。

五、研究与思考

1. 简述实验中测薄膜厚度的方法。
2. 椭圆偏振仪包括哪些部件？

实验 43 显微镜、望远镜组装

【预习要点】
1. 显微镜、望远镜的放大原理。
2. 光路共轴等高调节方法。

人眼的最小分辨力为 1′，当视角小于最小分辨力时，须借助放大镜、显微镜、望远镜等光学仪器帮助观察。它们的作用都是使被测物体最终成虚像，而这虚像对眼睛的张角（视角）被放大从而达到能够观察清楚的程度。本实验用两片薄透镜组成简单的显微镜和望远镜，并测定其放大率，从而加深对它们的光学原理和性能的理解，并且掌握光学系统的设计和调节的方法。

一、实验目的

1. 了解显微镜、望远镜的构造及放大原理。

2. 设计组装显微镜、望远镜，并掌握其视角放大率的测定。

二、实验器材

光具座、照明光源、物屏、像屏、凸透镜、凹透镜、平面镜、标尺等。

三、实验原理

1. 显微镜及其视角放大率

显微镜由物镜和目镜组成，但为了说明其原理可以把结构复杂的目镜和物镜都简单地看作是单个薄凸透镜，如图 43-1 所示。物镜的焦距很短，待观察的物体 AB 置于物镜焦点外少许，经物镜成一个放大的倒立实像 $A'B'$，然后再用目镜作为放大镜来观察这个中间像。此实像应成在目镜的第一焦点 f_e 以内，经目镜后在明视距离（$d = 25$ cm）处形成一个放大虚像 $A''B''$。

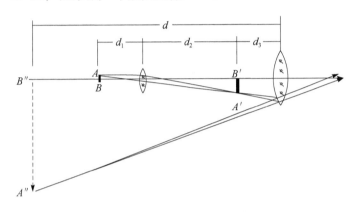

图 43-1 简单显微镜的光路图

助视仪器的放大率以其视角放大率来衡量。显微镜的视角放大率定义为 $M = \omega'/\omega$，式中，ω' 和 ω 分别是最后的像和物在明视距离处对眼睛所张的视角。

$$\omega' = \frac{A''B''}{d}, \omega = \frac{A'B'}{d}, M = \frac{\omega'}{\omega} = \frac{A''B''}{AB} = \beta$$

式中，$\beta \left(\beta = \frac{A''B''}{AB}\right)$ 正是显微镜的横向放大率。因此对显微镜系统来说，最后虚像成在明视距离时的视角放大率与横向放大率数值相等。

假如物镜的放大率 $\beta_o = \frac{A'B'}{AB}$，目镜的放大率 $\beta_e = \frac{A''B''}{A'B'}$，则 $\beta = \beta_o \cdot \beta_e$。令 Δ 表示物镜的第二焦点 f'_o 至目镜的第一焦点 f_e 之间的距离，称之为光学间隔。由于显微镜的物镜焦距（f_o）和目镜焦距（f_e）都很短，故有 $d_1 \approx f_o$、$d_3 \approx f_e$。

因为 $\frac{1}{d_3} + \frac{1}{d} = \frac{1}{f_e}$，所以：

$$\beta_e = \left|\frac{d}{d_3}\right| = \left|d\left(\frac{1}{f_e} - \frac{1}{d}\right)\right| = \left|\frac{d}{f_e} - 1\right| \approx \frac{d}{f_e} \tag{43-1}$$

因为 $\frac{1}{d_1} + \frac{1}{d_2} = \frac{1}{f_o}$，所以：

$$\begin{aligned}\beta_o &= \frac{d_2}{d_1} = d_2\left(\frac{1}{f_o} - \frac{1}{d_2}\right) = \frac{d_2}{f_o} - 1 \\ &= \frac{1}{f_o}[(f_o + \Delta + f_e) - d_3] - 1 = \frac{\Delta + f_e - d_3}{f_o} \approx \frac{\Delta}{f_o}\end{aligned} \tag{43-2}$$

从公式（43-1）和（43-2）可以计算物镜、目镜放大率。显微镜的视角放大率为：

$$M = \beta = \beta_o \cdot \beta_e = \frac{d \cdot \Delta}{f_o \cdot f_e} \tag{43-3}$$

2. 望远镜及其视角放大率

望远镜也是由物镜和目镜组成。物镜通常是复合的消色差正透镜组，焦距较长，它把远处的物体成像（缩小、倒立、实像）在其焦点附近。目镜也是一个透镜组，焦距较短，它把物镜所成的像再次成像，在离目镜距离约等于明视距离（25 cm）处获得放大虚像，如图 43-2 所示。当眼睛贴近目镜观察就能看到远处物体移近了的像。

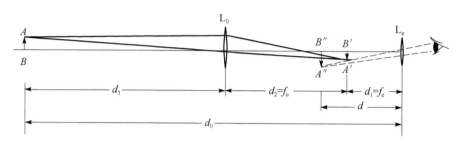

图 43-2 简单望远镜的光路图

望远镜的主要作用是增大视角，我们也引入视角放大率 M 来表示。角放大率定义为像对眼睛的张角 ω' 与远处物体直接对眼睛的张角 ω 之比。观察时眼睛靠近目镜 L_e，从图 43-2 可知：

$$M = \frac{\omega'}{\omega} = \frac{A''B''/d}{AB/d_0} = \frac{A''B''}{AB} \cdot \frac{d_0}{d} \tag{43-4}$$

又

$$\frac{A'B'}{AB} = \frac{d_2}{d_3}, \frac{A''B''}{A'B'} = \frac{d}{d_1} \tag{43-5}$$

实际上物体离望远镜的距离远大于望远镜的长度，故有 $d_3 \approx d_0$，且 $d_2 \approx f_o$，$d_1 \approx f_e$，于是（43-4）式则变为：

$$M = \frac{d}{d_1} \cdot \frac{d_2}{d_3} \cdot \frac{d_0}{d} \approx \frac{f_o}{f_e} \tag{43-6}$$

由此可见，望远镜放大率仅决定于物镜焦距 f_o 和目镜焦距 f_e 之比，f_o 值愈大，f_e 值愈小，则其角放大倍数愈大。

3. 光路的共轴等高调节

光具座是一种多功能的通用光学实验仪器，由导轨、滑块及各种支架组成，在这些支架上可以安置光源、透镜等多种光学实验器件。如图 43-3 所示。

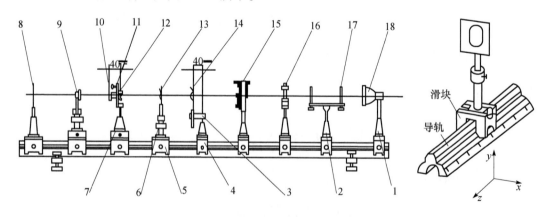

图 43-3 光具座

1，2—高度不同的支架；3—弯头支架；4，5—不同宽度的光具凳；6—垂直微调支架；7—横向微调组件；8—像屏；9—测微目镜；10—可调狭缝；11—可转圆盘；12—偏振片圈；13，14—大小弹簧夹片屏；15，16—透镜夹；17—激光管架；18—光源

光路共轴调节常分为粗调和细调两步进行：

（1）粗调：先将所用的光学元器件，例如物、屏、透镜等，在光具座的滑块上，然后将滑块放在导

轨上将他们靠拢，用眼睛观察，调节各元件的高矮及左右，使得光源、物、屏的中心和透镜中心大致在一条直线上。

（2）细调：打开光源照亮物体，利用透镜成像规律来进一步调节光学元件的共轴。

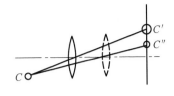

图 43-4　光路共轴细调

以单透镜成像为例，提供一种调节方法，如图 43-4 所示。设物与屏相距足够远。若已共轴，则移动透镜所得大像和小像的中心将重合（两者都在光轴上），否则便表明物的中心不在光轴上。

若物中心 C 不在光轴上，大、小像的中心便都不会在光轴上，而是偏在光轴的同一侧，且大像中心 C' 离轴较远，小像中心 C'' 离轴较近。若发现 C' 高于 C''，说明透镜位置偏高（物偏低），这时应将透镜降低；若 C' 低于 C''，便应将透镜升高。

具体作法：成小像，调光屏，使屏中心与使 C'' 重合；成大像，调透镜，使 C' 位于屏中心（即使 C' 与前次的 C'' 重合）。如此反复几次，便可调好。

上述的调节只是就高低方向而言，至于横向上的调节，其道理和方法与前述是一样的。

四、实验内容和要求

1. 光路的共轴等高调节。
2. 选择合适方法精确测量透镜焦距。
3. 根据 2 的实验结果选择合适的镜片组装成显微镜。调共轴，调整镜片距离。在目镜处放置标尺，以 30 cm 直尺为物，用显微镜观察，将像调在明视距离，测量放大率。记录所用镜片，写明选择镜片的理由。
4. 根据 2 的实验结果选择合适的镜片组成望远镜。调共轴，调整镜片距离，观察远方物体成清晰的像。用望远镜观察远方明亮处的物体，将标尺贴在目镜上方作为测量工具，两眼分别由望远镜内及镜外观察，目测经过望远镜及不经过望远镜的物体高度，测量放大率。记录所用镜片，写明选择镜片的理由。
5. 根据 2 测出的焦距计算显微镜、望远镜的放大率及误差。

五、注意事项

1. 透镜和光学元件的镜面均不能用手触摸，应用擦镜头纸轻揩灰尘。
2. 共轴调节必须重视，否则会带来很大误差。
3. 组装显微镜、望远镜时，必须将眼睛贴在目镜上做调焦，否则会带来较大误差。
4. 为了准确地找到像的最清晰位置，可先使透镜自左向右移动，到成像清晰为止，记下透镜位置，再自右向左移动透镜，到像清晰再记录透镜位置，取其平均作为最清晰的像位。

六、研究与思考

1. 实验中如何调整使光学系统共轴等高？
2. 在望远镜中如果把目镜更换成一只凹透镜，即为伽利略望远镜，试说明此望远镜成像原理，并画出光路图。

实验 44　全息照相

【预习要点】

1. 什么是全息照相，与普通照相有何异同？
2. 全息照相的主要过程、全息照相拍摄系统的特殊要求及光路中各元件的作用分别是什么？
3. 全息图的特点有哪些？

全息照相的基本原理是英国科学家 D. Gabor 在 1948 年提出的，D. Gabor 并因此于 1971 年获得诺贝尔物理学奖。1960 年激光的发现促进了全息术的发展，1964 年 E. N. Leith. J. Upatnieks 发明了离轴全息图，提出了漫射照明全息术的概念，并成功地获得了三维图像。目前从光学发展到微波、声波、X 射线等其他波动过程，在干涉计量、信息存储、无损检测、光学信息处理、立体显示、国防科学技术的等领域中有广泛的应用。

一、实验目的

1. 了解全息照相的基本原理；初步掌握全息照相的实验技术。
2. 制作全息照片或全息元件（全息光栅或透镜）。

二、实验器材

全息实验台、He – Ne 激光器、光电快门、分束镜、平面反射镜、扩束镜、载物台、底片夹、曝光定时器、全息干板（Ⅰ型、光致聚合物）、暗房设备及冲洗药水等（由实验者根据实验室条件和需要选定）。

三、实验原理

1. 概述

任意波面的光波的复数表达式为：

$$U(x,y,z,t) = A(x,y,z)\exp\{-i[\omega t - \varphi(x,y,z)]\} \tag{44-1}$$

式中，A 为振幅，$e^{-i[\omega t - \varphi(x,y,z)]}$ 为位相，由于任何一定频率的光波都包括含振幅和位相两大信息，其中振幅平方的大小表示光波的强弱分布，位相是确定光波的传播方向和传播的先后。光在传播过程中，借助于它们的频率、振幅和位相来区别物体的颜色（频率）、明暗（振幅平方）、形状和远近（位相）。

人眼通过接收发自物体的光波强度、频率和位相，能从整体上辨认物体的全部特征。但是，感光乳胶和一切光敏元件都是"位相盲"，底片上记录的只是物体上各点的光强信息，而丢掉了物表面各点漫射光波的位相信息，得到的只是物、像之间有点点对应关系的二维图像，失去了立体感。全息照相必须借助于一束相干参考光，通过拍摄物光和参考光的干涉条纹，间接地记录下物光的振幅和位相。直接拍好的全息图，当照明光按照一定方向照射在全息图上，通过全息图的衍射，才能重现物光的波前，看到物的三维图像。

2. 全息照相原理

全息照相的全过程可分为两个步骤：第一，设法把物体光波的全部信息记录在感光材料上，也称之为制备（造图）；第二，照明已被记录下全部信息的感光材料，使其再现原物的光波，也称之为再现（建像）。根据现有记录介质的特点，必须将物光波的相位变化转换成光波的强度变化，这样才有可能使记录介质记录下光波振幅变化的同时也记录下其位相的变化，从而一并记录下物光波的全部信息。这就是全息照相的重要物理思想。

简而言之，全息照相是利用干涉的方法，以干涉条纹的形式就可以记录物光波的全部信息，再利用光波衍射把物光波的全部信息再现，从而获得逼真的物体三维像。

根据再现光的照射情况可将全息照相分为两大类：利用激光透射记录介质再现全息图的透射式全息照相；利用白光在全息记录介质上的反射光再现全息图的白光再现全息。后者包括反射式全息、像面全息、一步彩虹全息、二步彩虹全息等。下面以透射式和反射式全息（简称白光全息）为例说明全息照相原理。

（1）透射全息图的制备

图 44 – 1 是制备透射全息图的原理光路。由 He – Ne 激光器 S 发出的激光束通过分束镜 BS 分成两束，其中透过分束镜的一束光经反射镜 M_1 反射、扩束镜 SP_1 扩束后均匀照射到被摄物体上，经物体表面反射（或透射）后再照射到感光材料（全息干板）H 上，一般称这束光为物

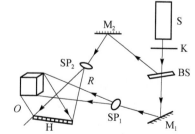

图 44 – 1 全息图拍摄光路

光 O；另一束从分束镜反射后经反射镜 M_2 反射、扩束镜 SP_2 扩束后直接均匀地照射到全息干板上，称这束光为参考光 R。由同一束激光分成的这两束光具有高度的时间相干性和空间相干性，它们在全息干板上相遇而产生干涉，形成干涉条纹。由于被摄物体发出的光波是不规则的，这种复杂的物光波是由无数物点发出的球面波叠加而成。因此，在全息干板上记录的干涉图样，是一个十分复杂的干涉条纹的集合，最后形成一个人眼不能识别的全息图。

对单色光由公式（44-1）可改写为复振幅的形式：$\tilde{U}=A(x,y,z)\mathrm{e}^{\mathrm{i}\varphi(x,y,z)}$，它表达了波传播至某位置时的振幅和位相。物光可看作由物体上各点所发出的球面波的叠加。令感光底片所在平面 $z=0$，则此平面上物光、参考光波前为：

$$O(x,y) = A_O(x,y)\mathrm{e}^{\mathrm{i}\varphi_O(x,y)}; \quad R(x,y) = A_R(x,y)\mathrm{e}^{\mathrm{i}\varphi_R(x,y)}$$

其光强分布应是合成光复振幅的平方，即：

$$\begin{aligned} I(x,y) &= \tilde{U}(x,y) \cdot \tilde{U}^*(x,y) = (O+R) \cdot (O+R)^* \\ &= A_O^2 + A_R^2 + 2A_O A_R\cos(\varphi_O - \varphi_R) = I_O + I_R + 2A_O A_R\cos(\varphi_O - \varphi_R) \end{aligned} \quad (44-2)$$

上式中，第一项和第二项与位相无关，它们只取决于物光和参考光的强度分布，在干板上的反映是一个均匀背景，相当于一个常数，第三项不但与幅值有关，还和位相有关。由此可见，参考光存在的情况下，物光波的振幅和位相均被记录了，这种位相记录是将位相因子转换为控制干涉图样的调制因子，从而把它记录下来。显然，式（44-2）中找不到物光波波前项，也找不到参考光波波前项，它表示的是一组明暗相间的干涉条纹，而不是某个确切的像。全息图上干涉条纹的间距由布喇格条件可以推得：

$$d = \lambda/(2\sin 0.5\theta) \quad (44-3)$$

式中，θ 为参考光束和物光束之间的夹角，λ 为入射光波长。在物光和参考光夹角大的地方，条纹细密；夹角小的地方，条纹稀疏。由波的叠加原理可知，干涉条纹的明暗主要取决于两列光波在相干处的位相关系（和两光波的振幅也有关），若位相相同，两列光波的振幅相加，形成亮条纹；若位相相反，则两列光波的振幅的相减，形成暗条纹；如果二者的位相即不相同又不相反，则条纹的明暗程度便介于上述两种极限情形之间，干涉条纹的明暗对比度（即反差）和两相干光的振幅有关：如果物光和参考光两光束的振幅相等，则反差最大；如振幅一大一小，则反差最小。由此可见，物光波中的振幅和位相信息以干涉条纹的反差和明暗变化被记录下来，物光波的位相以条纹的间距和走向被记录下来，所以物光波的全部信息均以干涉条纹的形式被记录下来。

曝光后的全息干板经显影、定影处理，成为全息图。干涉条纹的对比度（可见度）为

$$\gamma = \frac{I_{\max} - I_{\min}}{I_{\max} + I_{\min}} = \frac{2A_O A_R}{A_R^2 + A_O^2} = \frac{2(A_O/A_R)}{1 + (A_O/A_R)^2} \quad (44-4)$$

当 $A_O = A_R$ 时，干涉条纹的可见度有最大值，所以照射在干板上的物光和参考光相差不应过大。

上面讨论了物光作为一个点光源所产生的球面波和参考光的干涉。整个物是由无数个点光源所组成的。因而整个全息图就是无穷多个球面波与参考光波干涉所组成的复杂条纹，物上每一点发出的球面波照在整个底片上，底片上每一点又记录了所有物点发出的光波。

（2）物像的再现

全息图再现即建像。这一过程所利用是光栅衍射原理。再现过程的观察光路如图 44-2 所示。用一束与参考光相同的相干波（复现波）从一定方向照射全息图，全息底片仍放回原来记录时的位置上，全息图透射光的复振幅分布为：

$$\begin{aligned} \tilde{U}_t(x,y) &= T(x,y)\tilde{U}_R(x,y) \\ &= (T_0 - KA_R^2 - KA_O^2)\tilde{U}_R(x,y) - KA_R^2 A_O \mathrm{e}^{\mathrm{i}\varphi_O} - KA_R^2 A_O \mathrm{e}^{\mathrm{i}(2\varphi_R - \varphi_O)} \end{aligned} \quad (44-5)$$

式中，T 为透射率分布函数；T_0 为未曝光部分的透射率；$K=\beta t$，β 是取决于干板感光特性和显影过程的常数，t 是曝光时间。第一项是近似地看作衰减了的照明光波前，这就是 0 级衍射；第二项是代表 +1 级衍射，是原物光在 $z=0$ 平面上的波前，物取走后能在全息图后面原物处依然有一个与原物一样的三维物体存在，+1 级衍射光是发散的，其延长线汇聚于原物位置上，成为一个没有畸变、放大率为 1 的虚像，若再现光不是原来的参考光，产生的像就会有畸变，大小也会有变化；第三项代表 -1 级衍射，它包含物光的共轭光，这是一束汇聚光，形成一个深度、左右、上下均相反且产生畸变的实像，用毛玻璃可以接收

到实像(参见图 44-2),在一定条件下,-1 级衍射有可能也是虚像。

如果要得到无畸变的实像,应以参考光的共轭光即一束汇聚在原参考光源的汇聚光照射底片,从玻璃面进入底片,在原来被拍物的地方,形成一无像差的实像,而虚像角度有偏离。

(3) 反射全息(白光全息)制备

反射全息(白光全息)可以在白天室内的光线下(无太阳光、灯光直射,采用光致聚合物干板作为全息记录介质)进行拍照、显影;拍出的全息图经处理后,在白光(阳光或溴钨灯灯光)下再现,呈现出彩色的全息图像,光路如图 44-3 所示,扩束后的激光投射到全息干板上,部分激光透过干板照射到被拍物上,由被拍物散射回干板的光即为物光。物光和原入射光(参考光)分别从全息干板两侧入射到聚合物的乳胶层中。

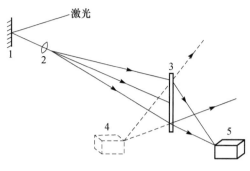

图 44-2 全息再现光路

在乳胶层内形成干涉图样,导致聚合物中的光敏剂曝光,与引发剂之间发生能量转移或电子转换后产生自由基或离子,引发亮区部分单体聚合,进而形成单体的浓度梯度,暗区的单体向亮区扩散后产生浓度和密度的梯度,随后黏性的凝胶变得坚硬,扩散被抑制,全息记录停止,用均匀曝光定影,残余的单体完全聚合,最终形成折射率调制的位相型全息图。这是一种复杂的三维光栅,峰值条纹面的间距 Λ、照明光束的波长 λ、照明光束与峰值条纹面之间的夹角 θ 满足布拉格条件 $2\Lambda\sin\theta = \lambda$(图 44-4)。光栅经处理之后即可得到白光反射再现全息图。

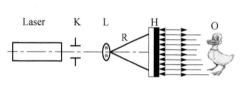

图 44-3 反射全息照相光路
光源—半导体激光器,功率 >40 mW;K—曝光定时器;L—扩束镜;H—光致聚合物;O—小物体

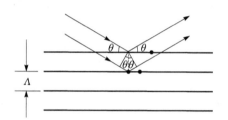

图 44-4 布拉格条件原理

该实验光路适合于拍摄物体线度不太大、表面平坦且散射能力较强的物体。反射全息图在再现时,对应于某一个角度,只有一种波长的光能获得最大亮度,也就是只有再现光的波长和方向满足布拉格条件时,才能再现物像。所以,这种全息图可以从含有多种波长的复色光源中选择一种波长再现物像,从而实现了复色光再现。用白光再现时,若从不同角度观察,因不同的角度对应着不同的光波波长,再现像的颜色将有所变化。

3. 对拍摄系统的要求

(1) 对光源的要求:具有高度空间和时间相干性的光源。在光全息中用激光光源。

(2) 对系统稳定性的要求:要求工作台的防震性能好,即它本身固有频率跟外界干扰的策动力频率相差比较大,不致引起共振。一般要求用弹性系数较小的材料作减震器,如沙袋、泡沫塑料、船用减震器、充气轮胎等,并用较重的平台。全息工作台系统中所有光学元件和支架都要用磁性座牢固地吸在工作台面钢板上,在曝光过程中,必须保持肃静,不得随意走动,避免因气流、声波、温度变化造成的干扰。

(3) 对光路的要求:透射式全息参考光和物光两者的光程差要尽量小,两者之间的夹角为 45°~90°,物光和参考光之光强比要适当,漫反射物光,一般以 1:3~1:10 为宜。制作反射白光全息照片时,物体尽量靠近干板,物光、参考光夹角为 180°。此外,为了减少光的损失及干扰,使用的光学元件不宜过多。

(4) 对记录介质的要求:要制作优良的全息图,一定要有合适的记录介质。因为全息图中所记录的干涉条间距很小,需要高分辨率的感光材料。常用的国产 I 型干板适用 He-Ne 激光,II 型干板适用红宝石脉冲激光,III 型干板适用 Ar^+ 离子激光,光致聚合物干板适合白光全息。其中,I 型全息干板的分辨率可达3 000条/mm，能满足全息实验要求，它专门用于632.8 nm He－Ne 激光，因它对绿光不敏感，所以可以在暗绿灯下操作；光致聚合物干板具有明室操作、衍射效率高等优点，衍射效率可达80%～90%（一般的银盐板衍射效率最高不超过30%～40%），分辨率可达>4 000条/mm，干板厚度10～20 μm。但是，光致聚合物干板存在灵敏度较低的问题，解决灵敏度低可以采用提高光源功率、加大为摄物体的反光强度、选择较稳定的工作台、增大曝光量等措施。

4. 全息照相的特点

（1）全息照相记录的不是物体的直观形象，要通过再现才能观察到物体的像。

（2）立体感强：再现像是逼真的三维图像，从不同角度观察，可以看到物体的不同侧面，而且有视差效应。

（3）具有可分割性：用全息图的一个局部也能够再现全部图像。

（4）再现图像的亮度随再现光的强弱而变化，再现光愈强，像的亮度愈大，而且其大小随再现光的扩展程度和波长不同而变化。

（5）全息照片再现像的景深范围较大，原因是激光的相干长度较大。这一特性在全息显微术中特别重要。

（6）一张全息片可以多次曝光，改变参考光的入射方向、或物体的位置、或底片的角度拍摄多次，就可以在同一底片上重叠记录，并且每一再现象可做到不受其他再现像的干扰而显示出来。若物体在外力作用下产生微小位移或形变，并在变化前后曝光，再现时将形成反映物体形态变化特征的干涉条纹，这就是全息干涉计量的基础。

（7）全息照片无正、负片之分，翻印的全息照片具有相同的再现效果。

四、实验内容和要求

查阅相关资料，设计制作全息照片的光路，计算各种参数，拟订操作步骤和实验方法（写在预习报告上）。正确选择仪器后，完成全息照片的拍摄、洗相、再现及检验的过程。

1. 全息图的制备

（1）在熟悉光学元件支架的调整和使用方法后，按图44－1或图44－3，自主完成透射式全息或白光全息的光路摆放，做到各元件中心等高；光程差、分束比、夹角按拍摄系统的要求进行，并检查磁座的稳定性。

（2）曝光

① 曝光时间视物的大小、表面情况、干板感光灵敏度和光源的强弱而定。

② 关闭光源，把全息干板夹在干板架上，注意感光乳剂面应朝向被摄物体。

③ 连通激光器电源，肃静两分钟消除应力后曝光。

（3）全息干板冲洗

① 透射式全息I型干板需在暗室安全灯下进行显影（D19）、停影、定影（F5，5 min，20 ℃）、水冲洗和烘干的工作。按需要确定是否进一步漂白。

② 白光全息光致聚合物干板的冲洗步骤。

步骤	1	2	3	4	5	6	7
	蒸馏水浸泡	异丙醇脱水				吹风机吹干	玻璃、密封胶密封
		40%	60%	80%	100%		
时间/s	5～30	60	60	15	60～120		

其中，聚合物干板在蒸馏水里浸泡的目的是使曝光后的分子充分吸水，完全溶解干板中多余试剂，使折射率调制度达到最大值；放入浓度为100%的异丙醇中脱水到图像清晰、明亮，颜色为浅红或黄绿色为止；用热吹风机迅速将干板吹干到全息图变成金黄色、清晰、明亮；封装保存时，用一块与全息图尺寸一样大小的玻璃片，洗净、擦干，覆盖在全息图乳胶面上，用密封胶密封固化后可较长时间保存全息图。

(4) 观察再现像并记录全息照相的特点。

2. 全息光栅的制作（选作）

在查阅相关资料的基础上，设计制作二维正交光栅（如 200～300 线对/毫米）的光路，确定各种参数，进行拍摄、冲洗后，自选方法检验实际的光栅常数是否符合设计要求。制作过程与要求和全息元件的制作相同。

实验 45　太阳能电池特性测量

【预习要点】

1. 太阳能电池的种类。
2. 太阳能电池的工作原理是什么？
3. 本实验要测量哪些特性参数？

太阳能是各种可再生能源中最重要的基本能源，通过转换装置把太阳辐射能转换成电能，属于太阳能光发电技术，光电转换装置通常是利用半导体器件的光伏效应原理进行光电转换的，因此又称太阳能光伏技术。20 世纪 50 年代，太阳能利用领域出现了两项重大技术突破：一是 1954 年美国贝尔实验室研制出实用型单晶硅电池，二是 1955 年以色列 Tabor 提出选择性吸收表面概念和理论，并研制成功选择性太阳能吸收涂层。这两项技术突破为太阳能利用进入现代发展时期奠定了技术基础。在生产和生活中，太阳能电池已得到了广泛应用，人们成功制造了太阳能飞机、太阳能汽车。在远离输电线路的地方，建造太阳能电池发电站，使用太阳能电池给电器供电是节约能源、降低成本的好办法。20 多年来，太阳能技术在研究开发、商业化生产、市场开拓方面都获得了长足发展，成为世界快速、稳定发展的新兴产业之一。

一、实验目的

1. 了解太阳能电池的工作原理。
2. 测量太阳能电池特征参数。
3. 掌握太阳能电池的简单应用技术。

二、实验器材

太阳能电池、实验箱（电源、负载、电流表、电压表）、光功率计、导轨、氙灯光源。

三、实验原理

1. 太阳能电池原理

太阳能电池发电的原理主要是半导体的光电效应，一般的半导体主要结构如图 45-1 所示，图中，正电荷表示硅原子，负电荷表示围绕在硅原子旁边的四个电子。当硅晶体中掺入其他的杂质，如硼、磷等，当掺入硼时，硅晶体中就会存在着一个空穴，它的形成可以参照图 45-2，图中，正电荷表示硅原子，负电荷表示围绕在硅原子旁边的 4 个电子，而浅色圆形的表示掺入的硼原子，因为硼原子周围只有 3 个电子，所以就会产生如图所示的深色圆形的空穴，这个空穴因为没有电子而变得很不稳定，容易吸收电子而中和，形成 P（Positive）型半导体。同样，掺入磷原子以后，因为磷原子有 5 个电子，所以就会有一个电子变得非常活跃，形成 N（Negative）型半导体，如图 45-3 所示，浅色圆形的为磷原子核，深色的为多余的电子。

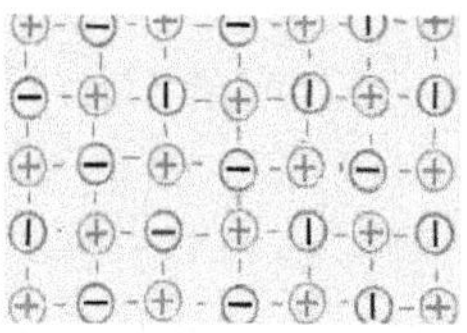

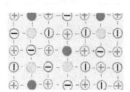

图 45-1　半导体

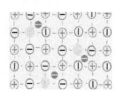

图 45-2　P 型半导体

图 45-3　N 型半导体

当 P 型和 N 型半导体结合在一起时,在两种半导体的交界面区域里会形成一个特殊的薄层,界面的 P 型一侧带负电,N 型一侧带正电,如图 45-4 所示。这是由于 P 型半导体空穴多,N 型半导体自由电子多,出现了浓度差。N 区的电子会扩散到 P 区,P 区的空穴会扩散到 N 区,一旦扩散就形成了一个由 N 指向 P 的"内电场",会使载流子向扩散的反方向作漂移运动,最终扩散与漂移达到平衡,使流过 PN 结的净电流为零,这样一个特殊的薄层形成电势差,这就是 PN 结。在空间电荷区内,在电场作用下 P 区的空穴被来自 N 区的电子复合,N 区的电子被来自 P 区的空穴复合,使该区内几乎没有能导电的载流子,又称为结区或耗尽区。

图 45-4 PN 结的形成

当晶片受到光照后,PN 结中,部分电子被激发而产生电子—空穴对,在结区激发的电子和空穴分别被电场推向 N 区和 P 区,使 N 区有过量的电子而带负电,P 区有过量的空穴而带正电,在 PN 结中形成电势差,这就是光伏效应。若将 PN 结两端接入外电路,就可向负载输出电能,如图 45-5 所示。

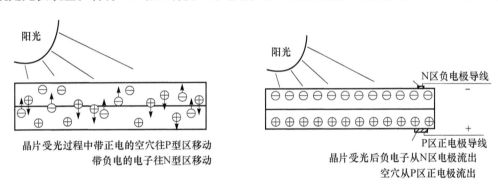

图 45-5 晶片的 PN 结光照后形成电势差

由于半导体不是电的良导体,电子在通过 PN 结后如果在半导体中流动,电阻非常大,损耗也就非常大。但如果在上层全部涂上金属,阳光就不能通过,电流就不能产生,因此一般用金属网格覆盖 PN 结,以增加入射光的面积。

另外,硅表面非常光亮,会反射掉大量的太阳光,不能被电池利用。为此,科学家们给它涂上了一层反射系数非常小的保护膜,将反射损失减小到 5%,甚至更小。一个电池所能提供的电流和电压毕竟有限,于是人们又将很多电池(通常是 36 个)并联或串联起来使用,形成太阳能光电板。

2. 太阳能电池的特征参数介绍

(1) 开路电压 U_{OC}:光照下的 PN 结外电路开路时,P 端对 N 端的电压。

(2) 短路电流 I_{SC}:光照下的 PN 结外电路短路时,从 P 端流出,经过外电路,从 N 端流入的电流称为短路电流。

(3) 转换效率 η:评估太阳能电池好坏的重要因素。

$$\eta = \frac{U_M I_M}{P_0} \qquad (45-1)$$

其中,U_M 为最佳工作电压,指太阳能电池输出功率最大时的电压;I_M 为最佳工作电流,指太阳能电池输出功率最大时的电流;P_0 为入射到整个太阳能电池上的光功率。

(4) 填充因子 FF:评估太阳电池负载能力的重要因素。

$$FF = \frac{U_M I_M}{U_{OC} I_{SC}} \qquad (45-2)$$

四、实验内容和要求

1. 光功率密度随距离的变化关系

将光源固定在导轨的一端,用功率计每隔 1 cm 测量一次功率,为了减少温度对功率计的影响,从距离光源前端 65 cm 以外处开始测量。绘出光功率密度 J 随距离 L 的变化曲线(J–L 图)。功率计圆形探头的直径是 10 mm。

2. 短路电流随入射功率的变换关系

将功率计换成太阳能电池,用红黑线连接好太阳能电池和实验机箱,测量短路电流随距离的变化关系,与内容 1 中起点和间隔相同。再结合内容 1 中 J–L 关系可得到短路电流随入射功率的变化关系,绘出短路电流 I 随入射功率 P_0 的变化曲线(I–P_0 图)。太阳能电池板的面积是 86 mm × 86 mm。

3. 开路电压随入射功率的变换关系

将功率计换成太阳能电池,用红黑线连接好太阳能电池和实验机箱,测量开路电压随距离的变化关系,与内容 1 中起点和间隔相同。再结合内容 1 中 J–L 关系可得到开路电压随入射功率的变化关系,绘出开路电压 U 随入射功率 P_0 的变化曲线(U–P_0 图)。

4. 伏安特性

连接好伏安特性测量电路,将可调电阻调节到最小,并将太阳能电池固定在距光源 65 cm 外的某一位置,打开电源,调节可调电阻旋钮,记录电压表和电流表上的数据(根据变化确定间隔),直到可调电阻调节到最大为止,绘制出伏安特性曲线(I–U 图)。改变太阳能电池的位置,重复上述实验操作。

5. 求内阻及最佳负载

由 4 中测量得到的电压和电流实验数据计算出相应的电阻值 R 和输出功率值 P_1:

$$R = \frac{U}{I}; \quad P_1 = UI$$

绘制出输出功率 P_1 随电阻 R 的变化曲线(P_1–R 图)。在图中找出输出功率的最大值 P_{max},再找出其对应的电阻值 R_0,R_0 和该太阳能电池的内阻相等。由此可以估算出该太阳能电池的内阻。

再根据 4 中所得到的另一组实验数据重复上述实验操作。观察两次获得内阻的变化情况,分析其原因。(内阻随入射光功率的减小而增大)

6. 估算转换效率

从实验内容 5 中可以得到在太阳能电池在固定入射光强(距离光源距离 L_0 确定)的条件下的最大输出功率值 P_{max}(最佳输出电压 U_m 和最佳输出电流 I_m 的乘积),再由实验内容 1 可以得到在该确定距离 L_0 处的入射到整块太阳能电池上的光功率 P_0。整块太阳能电池的面积是 86 mm × 86 mm。由此可以估算出该太阳能电池的光电转换效率:

$$\eta = P_{max}/P_0$$

7. 估算填充因子

从实验内容 5 中得到的最大输出功率值 P_{max},再根据实验内容 2 和实验内容 3 中所测量得到的实验数据,可以得到在该确定距离 L_0 处的短路电流 I_{SC} 和开路电压 U_{OC} 的值,由此估算出该太阳能电池的填充因子 FF:

$$FF = P_{max}/(U_{OC} \times I_{SC})$$

8. 设计充电器(选作)

① 原理图如图 45–6 所示,二极管的作用是防止逆向充电。

② 太阳能电池的输出电压估算:

$$U_0 = U_1 + U_2$$

其中,U_1 为被充电蓄电池的浮充电压,应比额定电压稍高,如对于每个镍氢电池为 1.3 V(额定电压为 1.2 V),锂电池额定电压见电池上的标示;U_2 为线路损耗压降,主要是二极管压降,对于锗二极管一般为 0.3~0.4 V,硅二极管一般为 0.5~0.7 V。

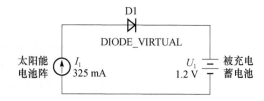

图 45–6 太阳能充电器原理图

五、注意事项

1. 太阳能电池与光源前端保持距离 65 cm 以上，否则会因光源过热损害太阳能电池。
2. 更换元件时，轻拿轻放光探头和太阳能电池，防止损坏。
3. 由于实验数据较多，建议使用计算机处理。

六、研究与思考

1. 简述半导体太阳能电池原理。
2. 证明当输出功率的最大时，负载电阻与太阳能电池内阻相等。

实验46　液晶电光效应研究

【预习要点】

1. 液晶的电光效应是什么？
2. 什么是常白模式？什么是常黑模式？
3. 什么是阈值电压？什么是关断电压？
4. 什么是上升时间？什么是下降时间？

液晶是介于液体与晶体之间的一种物质状态。一般的液体内部分子排列是无序的，而液晶既具有液体的流动性，其分子又按一定规律有序排列，使它呈现晶体的各向异性。当光通过液晶时，会产生偏振面旋转、双折射等效应。液晶分子是含有极性基团的极性分子，在电场作用下，偶极子会按电场方向取向，导致分子原有的排列方式发生变化，从而液晶的光学性质也随之发生改变，这种因外电场引起的液晶光学性质的改变称为液晶的电光效应。1888年，奥地利植物学家Reinitzer在做有机物溶解实验时，在一定的温度范围内观察到液晶。1961年，美国RCA公司的Heimeier发现了液晶的一系列电光效应，并制成了显示器件。从70年代开始，日本公司将液晶与集成电路技术结合，制成了一系列的液晶显示器件。液晶显示器件由于具有驱动电压低（一般为几伏）、功耗小、体积小、寿命长、环保无辐射等优点，在当今各种显示器件的竞争中有独领风骚之势。

一、实验目的

1. 测量液晶光开关的电光特性曲线，得到液晶的阈值电压和关断电压。
2. 测量液晶光开关的时间响应曲线，得到液晶的上升时间和下降时间。
3. 测量液晶光开关的视角特性以及在不同视角下的对比度。
4. 了解液晶光开关构成图像矩阵的方法，了解一般液晶显示器显示原理。

二、实验器材

液晶电光特性综合实验仪、液晶板、示波器。

三、实验原理

1. 液晶光开关的工作原理

液晶的种类很多，对于常用的TN（扭曲向列）型液晶，如图46-1所示，在两块玻璃板之间夹有正性向列相液晶，液晶分子的形状为棍状，棍的长度在十几埃，直径为4~6埃，液晶层厚度一般为5~8微米。玻璃板的内表面涂有透明电极，电极的表面预先做了定向处理，这样，液晶分子在透明电极表面就会躺倒在摩擦所形成的微沟槽里；电极表面的液晶分子按一定方向排列，且上下电极上的定向方向相互垂直。上下电极之间的那些液晶分子因范德瓦尔斯力的作用，趋向于平行排列。由于上下电极上液晶的定向方向相互垂直，所以从俯视方向看，液晶分子的排列从上电极的沿 -45°方向排列逐步地、均匀地扭曲到

下电极的沿 +45°方向排列，整个扭曲了90°。

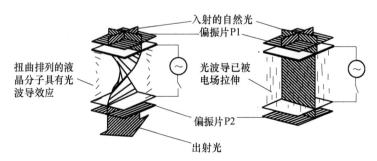

图46-1 液晶光开关的工作原理

理论和实验证明，上述均匀扭曲排列起来的结构具有光波导性质，即偏振光从上电极表面透过扭曲排列起来的液晶传播到下电极表面时，偏振方向旋转90°。

取两张偏振片贴在玻璃的两面，P1 的透光轴与上电极的定向方向相同，P2 的透光轴与下电极的定向方向相同，于是 P1 和 P2 的透光轴相互正交。在未加驱动电压的情况下，来自光源的自然光经过偏振片 P1 后，只剩下平行于透光轴的线偏振光，该线偏振光到达输出面时，其偏振面旋转了90°，这时光的偏振面与 P2 的透光轴平行，因而有光通过。在施加足够电压情况下（一般为1~2伏），在静电场的作用下，除了基片附近的液晶分子被基片"锚定"以外，其他液晶分子趋于平行于电场方向排列，原来的扭曲结构被破坏，成了均匀结构，从 P1 透射出来的偏振光的偏振方向在液晶中传播时不再旋转，保持原来的偏振方向到达下电极，这时光的偏振方向与 P2 正交，光被关断。

由于上述光开关在没有电场的情况下让光透过，加上电场的时候光被关断，因此叫做常通型光开关，又叫常白模式。若 P1 和 P2 的透光轴相互平行，则构成常黑模式。

2. 液晶光开关的电光特性

图46-2 为光线垂直液晶面入射时本实验所用液晶相对透过率（以不加电场时的透过率为100%）与外加电压的关系。

对于常白模式的液晶，透过率随外加电压的升高逐渐降低，在一定电压下达到最低点，此后略有变化。可以根据电光特性曲线得出液晶的阈值电压和关断电压。

阈值电压：透过率为90%时的驱动电压。

关断电压：透过率为10%时的驱动电压。

液晶的电光特性曲线越陡，即阈值电压与关断电压的差值越小，由液晶开关单元构成的显示器件允许的驱动路数就越多。TN 型液晶最多允许16路驱动，故常用于数码显示。在电脑、电视等需要高分辨率的显示器件中，常采用 STN（超扭曲向列）型液晶，以改善电光特性曲线的陡度，增加驱动路数。

3. 液晶光开关的时间响应特性

加上（或去掉）驱动电压能使液晶的开关状态发生改变，是因为液晶的分子排序发生了改变，这种重新排序需要一定时间，反映在时间响应曲线上，用上升时间 t_r 和下降时间 t_d 描述。给液晶开关加上一个如图46-3上图所示的周期性变化的电压，就可以得到液晶的时间响应曲线、上升时间和下降时间。

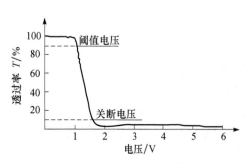

图46-2 液晶光开关的电光特性曲线

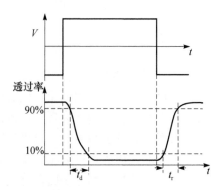

图46-3 液晶时间响应图

上升时间：透过率由 10% 升到 90% 所需时间。

下降时间：透过率由 90% 降到 10% 所需时间。

液晶的响应时间越短，显示动态图像的效果越好，是液晶显示器的重要指标。

4. 液晶光开关的视角特性

液晶光开关的视角特性表示对比度与视角的关系。对比度定义为光开关打开和关断时透射光强度之比，对比度大于 5 时，可以获得满意的图像，对比度小于 2，图像就模糊不清了。

图 46 - 4 表示了某种液晶视角特性的理论计算结果。用与原点的距离表示垂直视角（入射光线方向与液晶屏法线方向的夹角）的大小。3 个同心圆分别表示垂直视角为 30°、60° 和 90°。90° 同心圆外面标注的数字表示水平视角（入射光线在液晶屏上投影与 0° 方向之间的夹角）的大小。闭合曲线为不同对比度时的等对比度曲线。

由图 46 - 4 可以看出，液晶的对比度与垂直、水平视角都有关，而且具有非对称性。若把具有图 46 - 4 所示视角特性的液晶开关逆时针旋转，以 220° 方向向下，并由多个显示开关组成液晶显示屏，则该液晶显示屏的左右视角特性对称，在左、右和俯视 3 个方向，垂直视角接近 60° 时对比度为 5，观看效果较好。在仰视方向，对比度随着垂直视角的加大迅速降低，观看效果差。

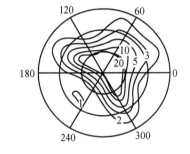

图 46 - 4 液晶的视角特性

5. 液晶光开关构成图像显示矩阵方法

除了液晶显示器以外，其他显示器靠自身发光来实现信息显示功能，这些显示器因为要发光，所以要消耗大量的能量。

液晶显示器通过对外界光线的开关控制来完成信息显示任务，为非主动发光型显示，其最大的优点在于能耗极低。所以，液晶显示器在便携式装置的显示方面，例如电子表、万用表、手机等，具有不可代替地位。下面介绍液晶光开关如何显示图形的任务。

矩阵显示方式，是把图 46 - 5（a）所示的横条形状的透明电极做在一块玻璃片上，叫做行驱动电极，简称行电极（常用 Xi 表示），而把竖条形状的电极制在另一块玻璃片上，叫做列驱动电极，简称列电极（常用 Si 表示）。把这两块玻璃片面对面组合起来，把液晶灌注在这两片玻璃之间构成液晶盒。通常将横条形状和竖条形状的 ITO 电极抽象为横线和竖线，分别代表扫描电极和信号电极，如图 46 - 5（b）所示。

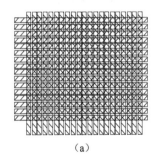
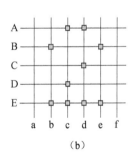

（a）　　　　　　（b）

图 46 - 5 液晶光开关组成的矩阵式图形显示器

矩阵型显示器的工作方式为扫描方式。欲显示图 46 - 5（b）的那些有方块的像素，首先，在第 A 行加上高电平，其余行加上低电平，同时在列电极的对应电极 c、d 上加上低电平，于是 A 行的那些带有方块的像素就被显示出来了。然后，第 B 行加上高电平，其余行加上低电平，同时在列电极的对应电极 b、e 上加上低电平，因而 B 行的那些带有方块的像素被显示出来了。然后是第 C 行、第 D 行……以此类推，最后显示出一整场的图像。

这种分时间扫描每一行的方式是平板显示器的共同的寻址方式，依这种方式，可以让每个液晶光开关按照其上的电压的幅值让外界光关断或通过，从而显示出任意文字、图形。

四、实验内容和要求

准备：将液晶板水平方向插入转盘上的插槽，凸起面正对光源发射方向；打开电源，点亮光源，预热

10 分钟左右；检查发射器光线是否垂直入射到接收器；在模式转换开关置于静态、液晶转盘转角置于 0°、供电电压为 0 V 的条件下，透过率需校准为 100%，透过率显示若大于"250"时，按住透过率校准按键 3 秒以上，透过率可校准为 100%。

1. 液晶光开关电光特性的测量

在静态、0 度、0 V 条件下，将透过率校准为 100%。调节"供电电压调节"按键，记录相应电压 0 V、0.5 V、0.8 V、1.0 V、1.2 V、1.3 V、1.4 V、1.5 V、1.6 V、1.7 V、2.0 V、3.0 V、4.0 V、5.0 V、6.0 V 下的透过率。将供电电压重新调回 0 V（此时若透过率不为 100%，需重新校准），重复测 3 次，计算透过率的平均值，绘制电光特性曲线，并测出阈值电压和关断电压。

2. 液晶光开关时间响应特性的测量

将"液晶驱动输出"和"光功率输出"与示波器的通道 1 和通道 2 用线连接，打开实验仪和示波器。在静态、0 度、0 V 条件下，将透过率校准为 100%。供电电压调到 2 V，按动"静态闪烁/动态清屏"按键，使液晶处于静态闪烁状态。调节示波器，使通道 1 和通道 2 均以直流方式耦合；调节电压和周期按钮，直到出现合适的波形为止。用示波器观察此光开关时间响应特性曲线，根据曲线测出液晶的上升时间 t_r 和下降时间 t_d。

3. 液晶光开关视角特性的测量

① 水平方向视角特性的测量

确认液晶板以水平方向插入插槽。在静态、0°、0 V 条件下，将透过率校准为 100%。调节液晶屏与入射光的角度，从 −75°到 75°每隔 5°，记录一次光强透过率值 T_{max}。将转盘固定在 0°位置，供电电压调为 2 V，从 −75°到 75°每隔 5°，记录一次光强透过率值 T_{min}。计算其对比度，绘制水平方向对比度随入射角变化的曲线，并找出比较好的水平视角显示范围。

② 垂直方向视角特性的测量

关断电源，取下液晶屏，以垂直方向插入转盘。打开电源，按照与①相同的方法，测量垂直方向的视角特性。计算其对比度，绘制垂直方向对比度随入射角变化的曲线，并找出比较好的垂直视角显示范围。

4. 液晶显示器显示原理

将模式转换开关置于动态模式。转盘置于 0°，供电电压调到 5 V 左右。此时矩阵开关面板上的每个按键对应一个液晶光开关像素。初始时各像素都处于开通状态，按动矩阵开关面板上的按键，改变相应液晶像素的通断状态，观察由暗像素（或亮像素）组成的字符或图像，体会液晶显示器的成像原理。实验完成后，关闭电源开关，取下液晶板。

五、注意事项

1. 在进行液晶视角特性实验中，更换液晶板方向时，务必断开总电源后，再进行插取，否则将会损坏液晶板。

2. 液晶板凸起面必须朝向光源发射方向，否则实验记录的数据为错误数据。

3. 在调节透过率 100% 时，如果透过率显示不稳定，则可能是光源预热时间不够，或光路没有对准，需要仔细检查，调好光路。

4. 在校准透过率 100% 前，必须将液晶供电电压调到 0.00 V 或显示大于"250"，否则无法实现校准透过率为 100%。在实验中，电压为 0.00 V 时，不要长时间按住"透过率校准"按键，否则透过率显示将进入非工作状态，本组测试的数据为错误数据，需要重新进行本组实验数据记录。

实验 47 　金属材料腐蚀与防止技术研究

【预习要点】

重点预习金属腐蚀的机理（化学腐蚀、电化学腐蚀）。

据估计，世界上每年因腐蚀而遭破坏的钢铁制品大约相当于钢铁年产量的 20%~40%，金属腐蚀不仅造成巨大的经济损失，而且由于金属设备腐蚀导致停工、停产、产品质量下降，大量有用物质泄漏、污染环境，有时甚至造成火灾、爆炸等重大事故，给生产带来严重损失。因此，每一个工程技术人员都应在了解腐蚀机理的基础上，懂得如何防止金属腐蚀和了解如何进行金属材料的化学保护。了解腐蚀发生的原因并采取相应的防护措施，有着十分重要的意义。

一、实验目的

1. 掌握金属腐蚀的分类及原理。
2. 了解并掌握防止金属材料腐蚀的一般措施。

二、实验器材

1. 仪器：烧杯、盐桥、锌片、铜片、导线、铜丝、试管、砂纸、白口铁、马口铁、小铁钉、滤纸。
2. 药品：$CuSO_4$(0.1 mol/L)、$ZnSO_4$(0.1 mol/L)、环六次甲基四胺、HCl(0.1 mol/L)、H_2SO_4(1 mol/L)、$K_3[Fe(CN)_6]$(0.1 mol/L)。

三、实验原理

所谓金属腐蚀，就是当金属和周围介质接触时，由于发生化学作用或电化学作用而引起的破坏过程。

1. 金属腐蚀的分类

化学腐蚀：单纯由化学作用而引起的腐蚀称为化学腐蚀（直接发生化学反应）。主要发生在非电解质溶液或干燥的气体环境中，腐蚀过程不产生电流。

电化学腐蚀：由于形成原电池发生化学作用而引起的腐蚀称为电化学腐蚀。主要发生在电解质溶液存在条件下（如食盐水、氯水等）。

2. 金属腐蚀的防止方法（主要从化学角度分析）
(1) 隔绝介质与材料的接触。
(2) 控制和改善环境气体介质。
(3) 控制和改善环境液体介质（缓蚀剂法）。
(4) 电化学保护（牺牲阳极、外加电流保护法）也称阴极保护法。

四、实验内容

1. 组装铜–锌原电池，形成腐蚀原电池，并测其电动势。
2. 鉴别白口铁与马口铁。
3. 观察缓蚀剂（环六次甲基四胺）法对防腐蚀的作用。
4. 观察阴极保护法对金属铁的腐蚀情况。

五、实验要求

用伏特计测铜–锌原电池电动势，并记录数据，数据要求保留两位有效数字并求相对误差。

六、注意事项

1. 注意在实验过程加入试剂应有一定的顺序，如先加酸，再加入环六次甲基四胺缓蚀剂，否则会影响正常现象的产生。
2. 在实验时，要及时记录实验现象，切忌以自己的想象去记录现象。
3. 注意节约，使用药品时要适量，避免浪费。

七、研究与思考

1. 为什么含杂质的金属较纯金属易被腐蚀？
2. 在生活中经常会遇到哪些腐蚀？举例说明。从做过的实验经历总结防腐措施。

实验 48　阳极极化曲线测定研究

【预习要点】

重点预习电极极化的基本知识，影响金属钝化过程的几个因素，探索电极过程的机理及影响电极过程的各种因素。

金属阳极过程直接与电能消耗、电流效率、甚至金属电沉积过程能否顺利进行有关。金属极化现象或钝化的研究不仅在理论上，而且在实践上也有重要意义。处于钝化状态下的金属，其溶解速率缓慢。当金属在防腐蚀以及电镀中作为不溶性电极，先使其在致钝电流密度下表面处于钝化状态，然后用很小的维钝电流密度使金属保持在钝化状态从而使其腐蚀速率大大降低，达到保护金属的目的，但是在另一种情况下，如化学电源和电镀中金属作为可溶性阳极时，其钝化就非常有害。极化曲线的测定除应用于防腐蚀外，在电镀中有重要应用。一般凡能增加阳极极化的因素，都可以提高电镀层的致密性和光亮度。为此，通过测定不同条件下的阳极极化曲线，可以选择较佳的镀液组成、pH 值以及电镀温度等工艺参数。

一、实验目的

1. 掌握稳态恒电位法测定金属极化曲线的基本原理和测试方法。
2. 了解极化曲线的意义和应用。
3. 掌握恒电位仪的使用方法。

二、实验器材

1. 仪器：DJS-292 型双显恒电位仪一台（使用方法详见《第三篇实验仪器器材》的第 14 讲，常用化学仪器器材——14.3 恒电位仪）、LK98-Ⅱ型恒电位仪工作站。
2. 药品：2 mol/L（NH_4）$_2CO_3$ 溶液、0.5 mol/L H_2SO_4 液、0.5 mol/L H_2SO_4 + 5.0 × 10^{-3} mol/L KCl 混合溶液、0.5 mol/L H_2SO_4 + 0.1 mol/L KCl 混合溶液。

三、实验原理

1. 极化现象与极化曲线

为了探索电极过程机理及影响电极过程的各种因素，必须对电极过程进行研究，其中极化曲线的测定是重要方法之一。我们知道，在研究可逆电池的电动势和电池反应时，电极上几乎没有电流通过，每个电极反应都是在接近于平衡状态下进行的，因此电极反应是可逆的。但当有电流明显地通过电池时，电极的平衡状态被破坏，电极电势偏离平衡值，电极反应处于不可逆状态，而且随着电极上电流密度的增加，电极反应的不可逆程度也随之增大。由于电流通过电极而导致电极电势偏离平衡值的现象称为电极的极化，描述电流密度与电极电势之间关系的曲线称作极化曲线，如图 48-1 所示。

金属的阳极过程，是指金属作为阳极时在一定的外电势下发生的阳极溶解过程，如下式所示：

$$M \rightarrow M^{n+} + ne^-$$

此过程只有在电极电势正于其热力学电势时才能发生。阳极的溶解速度随

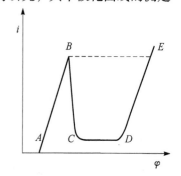

图 48-1　金属极化曲线

$A-B$：活性溶解区；B：临界钝化点；$B-C$：过渡钝化区；$C-D$：稳定钝化区；$D-E$：超（过）钝化区

电位变正而逐渐增大，这是正常的阳极溶出，但当阳极电势达到某一数值时，其溶解速度达到最大值，此后阳极溶解速度随电势变正反而大幅度降低，这种现象称为金属的钝化现象。图 48-1 中曲线表明，从 A 点开始，随着电位向正方向移动，电流密度也随之增加，电势超过 B 点后，电流密度随电势增加迅速减至最小，这是因为在金属表面产生了一层电阻高、耐腐蚀的钝化膜。B 点对应的电势称为临界钝化电势，对应的电流称为临界钝化电流。电势到达 C 点以后，随着电势的继续增加，电流却保持在一个基本不变的很小的数值上，该电流称为维钝电流，直到电势升到 D 点，电流才随着电势的上升而增大，表示阳极又发生了氧化过程，可能是高价金属离子产生，也可能是水分子放电析出氧气，DE 段称为过钝化区。

2. 极化曲线的测定

(1) 恒电位法

恒电位法就是将研究电极依次恒定在不同的数值上，然后测量对应于各电位下的电流。极化曲线的测量应尽可能接近稳态体系。稳态体系指被研究体系的极化电流、电极电势、电极表面状态等基本上不随时间而改变。在实际测量中，常用的控制电位测量方法有以下两种。

静态法：将电极电势恒定在某一数值，测定相应的稳定电流值，如此逐点地测量一系列各个电极电势下的稳定电流值，以获得完整的极化曲线。对某些体系，达到稳态可能需要很长时间，为节省时间，提高测量重现性，人们往往自行规定每次电势恒定的时间。

动态法：控制电极电势以较慢的速度连续地改变（扫描），并测量对应电位下的瞬时电流值，以瞬时电流与对应的电极电势作图，获得整个的极化曲线。一般来说，电极表面建立稳态的速度愈慢，则电位扫描速度也应愈慢。因此，对不同的电极体系，扫描速度也不相同。为测得稳态极化曲线，人们通常依次减小扫描速度测定若干条极化曲线，当测至极化曲线不再明显变化时，可确定此扫描速度下测得的极化曲线即为稳态极化曲线。同样，为节省时间，对于那些只是为了比较不同因素对电极过程影响的极化曲线，则选取适当的扫描速度绘制准稳态极化曲线就可以了。

上述两种方法都已经获得了广泛应用，尤其是动态法，由于可以自动测绘，扫描速度可控制，因而测量结果重现性好，特别适用于对比实验。

(2) 恒电流法

恒电流法就是控制研究电极上的电流密度依次恒定在不同的数值下，同时测定相应的稳定电极电势值。采用恒电流法测定极化曲线时，由于种种原因，给定电流后，电极电势往往不能立即达到稳态，不同的体系，电势趋于稳态所需要的时间也不相同，因此在实际测量时一般电势接近稳定（如 1～3 min 内无大的变化）即可读值，或人为自行规定每次电流恒定的时间。

四、实验内容

方法一 测定碳钢在碳酸铵溶液中的极化曲线

1. 碳钢预处理：用金相砂纸将碳钢研究电极打磨至镜面光亮，在丙酮中除油后，留出 1 cm² 面积，用石蜡涂封其余部分。以另一碳钢电极为阳极，处理后的碳钢电极为阴极，在 0.5 mol/L H_2SO_4 溶液中控制电流密度为 5 mA/cm²，电解 10 min，去除电极上的氧化膜，然后用蒸馏水洗净备用。

2. 电解线路连接：将 2 mol/L $(NH_4)_2CO_3$ 溶液倒入电解池中，按照图 48-2 中所示安装好电极并与相应恒电位仪上的接线柱相接，将电流表串联在电流回路中。通电前在溶液中通入氮气 5～10 min，以除去电解液中的氧。为保证除氧效果，可打开电磁搅拌器。

3. 恒电位法测定阳极和阴极极化曲线

静态法：

开启恒电位仪，先测参比电极对研究电极的自腐电位（电压表

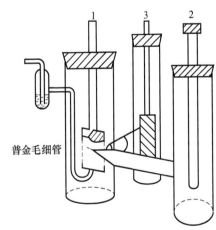

图 48-2 三室电解槽

1—研究电极；2—参比电极；3—辅助电极

示数应该在 0.8 V 以上方为合格，否则需要重新处理研究电极），然后调节恒电位仪从 +1.2 V 开始，每次减小 0.02 V，逐点调节电位值，同时记录其相应的电流值，直到电位达到 -1.0 V 为止。

动态法：

测试仪器以 LK98 - Ⅱ 为例。

（1）将测试体系的研究电极、辅助电极和参比电极分别和仪器上对应的接线柱相连。

（2）在 Windows 98 操作平台下运行"LK98 - BⅡ"，进入主控菜单；打开主机电源开关，按下主机前面板的"RESET"键，主控菜单显示"系统自检通过"。否则应重新检查各连接线。

（3）选择仪器所提供的方法中的"线性扫描伏安法"。"参数设定"中，"初始电位"设为 -1.2 V，"终止电位"设为 1.0 V，"扫描速度"设为 10 mV/s，"等待时间"设为 120 s。选择"控制"子菜单中的"开始实验"，记录并保存实验结果。

（4）依次降低扫描速度至所得曲线不再明显变化。保存该曲线为实验测定的稳态极化曲线。

4. 恒电流法测定阳极极化曲线

采用恒电位仪，电路连接同上静态法。恒定电流值从 0mA 开始，每次变化 0.5mA，并测量相应的电极电势值，直到所测电极电势突变后，再测定数个点为止。

方法二 测定镍在硫酸溶液中的钝化曲线

1. 镍电极预处理：用金相砂纸将镍棒电极端面打磨至镜面光亮，在丙酮中除油后，在 0.5 mol/L H_2SO_4 溶液中浸泡片刻，然后用蒸馏水洗净备用。

2. 电解线路连接：将 0.5 mol/L H_2SO_4 溶液倒入电解池中，按照图 48 - 2 中所示安装好电极并与相应恒电位仪上的接线柱相接，将电流表串联在电流回路中。通电前在溶液中通入氮气 5~10min，以除去电解液中的氧。为保证除氧效果，可打开电磁搅拌器。

3. 恒电位法测定镍在硫酸溶液中的钝化曲线

静态法：

开启恒电位仪，给定电位从自腐电位开始，连续逐点改变阳极电势，同时记录其相应的电流值，直到 O_2 在阳极上大量析出为止。

动态法：

测试仪器以 LK98 - Ⅱ 为例。

（1）将测试体系的研究电极、辅助电极和参比电极分别和仪器上对应的接线柱相连。

（2）在 Windows 98 操作平台下运行"LK98 - BⅡ"，进入主控菜单；打开主机电源开关，按下主机前面板的"RESET"键，主控菜单显示"系统自检通过"。否则应重新检查各连接线。

（3）选择仪器所提供的方法中的"线性扫描伏安法"。"参数设定"中，"初始电位"设为 -0.2 V，"终止电位"设为 1.7 V，"扫描速度"设为 10 mV/s，"等待时间"设为 120 s。选择"控制"子菜单中的"开始实验"，记录并保存实验结果。

（4）重新处理电极，依次降低扫描速度至所得曲线不再明显变化。保存该曲线为实验测定的稳态极化曲线。

4. 考察 Cl^- 对镍阳极钝化的影响

重新处理电极，依次更换 0.5 mol/L H_2SO_4 + 5.0×10^{-3} mol/L KCl 混合溶液和 0.5 mol/L H_2SO_4 + 0.1 mol/L KCl 混合溶液，采用静态法或动态法（动态法在以上实验中选定的扫描速度下）进行钝化曲线的测量。

五、实验要求

1. 对静态法测试的数据列出表格。
2. 以电流密度为纵坐标，电极电势（相对饱和甘汞）为横坐标，绘制极化曲线。
3. 讨论所得实验结果及曲线的意义，指出钝化曲线中的活性溶解区、过渡钝化区、稳定钝化区、过钝化区，并标出临界钝化电流密度（电势），维钝电流密度等数值。

4. 讨论 Cl^- 对镍阳极钝化的影响。

六、注意事项

1. 按照实验要求，严格进行电极处理。
2. 将研究电极置于电解槽时，要注意与鲁金毛细管之间的距离每次应保持一致。研究电极与鲁金毛细管应尽量靠近，但管口离电极表面的距离不能小于毛细管本身的直径。
3. 考察 Cl^- 对镍阳极钝化的影响时，测试方式和测试条件等应保持一致。
4. 每次做完测试后，应在确认恒电位仪或电化学综合测试系统在非工作的状态下，关闭电源，取出电极。

七、研究与思考

1. 比较恒电流法和恒电位法测定极化曲线有何异同，并说明原因。
2. 测定阳极钝化曲线为何要用恒电位法？
3. 做好本实验的关键有哪些？

实验 49　水箱防冻液制备及其凝固点测定

【预习要点】
重点预习稀溶液依数性原理；了解防冻液组成、性能及工作原理。

在冬季，汽车发动机冷却水常因为结冰而影响冷却系统的正常工作，有时甚至造成冷却水套、水箱等冻裂，从而影响冷却系统的正常运行。因此，需在冷却水中加入一些化学物质，以降低水的冰点，阻止冷却水结冰，保证发动机的正常工作。

一、实验目的

1. 查阅防冻相关资料，了解其作用、性能和组成。
2. 掌握防冻液和冷冻剂的工作原理。
3. 通过实验加深对稀溶液依数性原理的认识，并了解其在实际生活和生产中的应用。

二、实验器材

1. 仪器：凝固点测定装置（简易）、放大镜、精密温度计（-30 ℃ ~20 ℃）、滴定管（50 mL）。
2. 药品：冰、食盐、乙二醇、去离子水。

三、实验原理

1. 防冻液的作用、性能及基本要求

防冻液的质量规格国外较多，但国内尚无统一的标准，但作为防冻液，必须具备下列特性：
（1）冰点低，黏度小，流动性良好；
（2）热容量大，有良好的导热性；
（3）沸点高，蒸发损失小，在冷却系统中不产生气阻；
（4）对铜、黄铜、钢、铝合金、铸铁等金属不腐蚀，防锈性好；
（5）不易燃烧着火；
（6）对橡胶不侵蚀；
（7）不产生泡沫；
（8）无毒或低毒；
（9）安全性好，长期贮存不产生沉淀，受热后不易分解而产生水垢。

2. 稀溶液依数性原理（凝固点降低原理）

稀溶液具有依数性，稀溶液的凝固点降低就是依数性的一种表现。

对于二组分稀溶液，其凝固点低于纯溶剂的凝固点，当溶剂的种类和数量确定后，凝固点降低值只与溶质粒子的数目有关，而与溶质的本质无关。

稀溶液的凝固点降低值 ΔT_{fp} 与溶质的质量摩尔质量浓度之间的关系为：

$$\Delta T_{fp} = T_{fp}^* - T_{fp} = K_{fp} \cdot m$$

式中，ΔT_{fp}——稀溶液的凝固点降低值；

T_{fp}^*——纯溶剂的凝固点；

T_{fp}——稀溶液的凝固点；

K_{fp}——溶剂的摩尔凝固点降低常数；

m——溶液的质量摩尔浓度。

3. 防冻液凝固点的测定方法及技术［Beckmann 法（即过冷法）、平衡法等］

凝固点降低的测定方法有多种，常用的是 Beckmann 法，即过冷法。所谓过冷法是将溶液逐渐冷却，当溶液温度达到或稍低于其凝固点时，由于新相形成需要一定的能量，故结晶并不析出，这就是过冷现象。如果此时加以搅拌或加入晶种，促使晶核产生，则会很快产生晶体，并放出凝固热，使系统温度迅速回升。对于纯溶剂而言，凝固点是不变的，在一定压力下，将纯溶剂逐渐降温至过冷，然后结晶。晶体生成时，放出的热量使体系温度回升，而后，温度保持相对恒定，只有当纯溶剂全部凝固后，即全部液体变成固体时，温度才会下降，相对恒定的温度点（即温度上升到最高点）即为凝固点。对于溶液来说，凝固点不是一个恒定值，其冷却曲线与纯溶剂的不同，如图 49-1 所示。

对于溶剂来说，只要固液两相平衡，体系的温度均匀，理论上各次测量的凝固点就应该一致。但实际上略有差别，因为体系温度可能不均匀，尤其是过冷程度不同，析出晶体多少不一致时，回升温度不易相同。对于溶液来说，除温度外，还有溶液浓度逐渐增大，凝固点会逐渐降低。因此，溶液温度回升后没有一个相对恒定的阶段，只能把回升的最高温度作为凝固点（图 49-1（a））。尽管少量溶剂晶体析出，溶液浓度已大于起始浓度，但如果过冷程度不严重，晶体析出较少，加之溶剂量较多，可将起始浓度视为凝固点时的溶液浓度，一般不会产生很大误差。

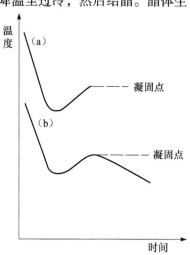

图 49-1　冷却曲线图
(a) 纯物质（溶剂）；(b) 溶液

四、实验内容

1. 配制防冻能力为 -1.6 ℃、-3.2 ℃、-4.8 ℃、-6.4 ℃、-8.0 ℃、-9.6 ℃的防冻液。
2. 测定以上防冻液的实际凝固点，并做误差分析。

五、注意事项

1. 要用吸量管量取乙二醇，做到精确量取，不能用量筒量取，否则会造成实验误差。
2. 在读取温度时，注意最低温度和拐点温度。

六、研究与思考

1. 冷冻剂和防冻液的工作原理是否相同？试说明之。
2. 防冻液在实际生活中如何正确使用？
3. 影响凝固点准确测定的因素有哪些？
4. 若环境气温为 -8 ℃，为使汽车水箱不受冻，应在水箱中加入多少克乙二醇（假设水箱容器为 10 升）？

实验 50　燃烧热测定

【预习要点】

预习氧弹式量热计构造、原理和使用方法；理解燃烧热的定义，了解测定燃烧热的意义；明确所测定的温差为什么要进行雷诺图校正；了解氧气钢瓶的使用及注意事项。

弹式量热计，由 M. Berthelot 于 1881 年率先报道，时称伯塞洛特（Berthlot bomb）氧弹，目的是测 U、H 等热力学性质。绝热量热法，于 1905 年由 Richards 提出，后由 Daniels 等人发展并最终被采用。初时通过电加热外筒维持绝热，并使用光电池自动完成控制外套温度跟踪反应温升进程，达到绝热的目的。现代实验除了在此基础上发展绝热法外，还有用先进科技设计半自动、自动的夹套恒温式量热计，测定物质的燃烧热，配以微机处理打印结果。利用雷诺图解法或奔特公式计算量热计热交换校正值 ΔT，使经典的量热法焕发青春。

一、实验目的

1. 通过萘（蔗糖）等物质燃烧热的测定，掌握有关热化学实验的一般知识和测量技术，了解氧弹式量热计的原理、构造和使用方法。
2. 了解恒压燃烧热与恒容燃烧热的差别和相互关系。
3. 学会应用图解法校正温度改变值。

二、实验器材

1. 仪器：氧弹式量热计 1 套、氧气钢瓶（带氧气表）、台称 1 台（0.1 g）、分析天平 1 台（0.000 1 g）。
2. 药品：苯甲酸（A.R）、萘（A.R）（或蔗糖）。

三、实验原理

1. 燃烧热的定义

燃烧热是指 1 摩尔物质完全燃烧时所放出的热量。在恒容条件下测得的燃烧热称为恒容燃烧热（Q_V），恒容燃烧热等于这个过程的内能变化（ΔU）。在恒压条件下测得的燃烧热称为恒压燃烧热（Q_P），恒压燃烧热等于这个过程的热焓变化（ΔH）。若把参加反应的气体和反应生成的气体作为理想气体处理，则有下列关系式：

$$Q_P = Q_V + \Delta n RT$$

燃烧热的定义：在指定的温度和压力下，1 摩尔物质完全燃烧生成指定产物的热变，称该物质在此温度下的摩尔燃烧热，记作 $\Delta_c H_m$。

本实验是在等容的条件下测定的。等压热效应与等容热效应关系为

$$\Delta_c H_m = \Delta_c U_m + \Delta n RT \tag{50-1}$$

Δn 是燃烧反应方程式中气体物质的化学计量数之和，产物取正值，反应物取负值。燃烧热可在恒容或恒压条件下测定，又热力学第一定律可知，在不做非膨胀功时，$\Delta_c U_m = Q_V$，$\Delta_c H_m = Q_P$。在氧弹式量热计中测定的燃烧热是 Q_V，则

$$Q_P = Q_V + \Delta n RT \tag{50-2}$$

在盛有水的容器中放入装有 W 克样品和氧气的密闭氧弹，使样品完全燃烧，放出的热量引起体系温度的上升。根据能量守恒原理，用温度计测量温度的改变量，由下式求得 Q_V：

$$Q_V = \frac{M}{W} C (T_\text{终} - T_\text{始}) \tag{50-3}$$

式中，M 是样品的摩尔质量（g/L）；C 为样品燃烧放热使水和仪器每升高 1 ℃所需要的热量，称为水当量（J/℃）。水当量的求法，是用已知燃烧热的物质（本实验用苯甲酸）放在量热计中，测定 $T_\text{始}$ 和 $T_\text{终}$，然后测得萘、蔗糖等固体物质的燃烧热而求得。本实验装置也可用来测定可燃液体样品的燃烧热。以药用

胶囊作为样品管,并用内径比胶囊外径大 0.5~1.0 mm 的薄壁软玻璃管套住。胶囊的平均燃烧热热值应预先标定以便扣除。

2. SF-GR3500G-SR1 氧弹式量热计及测量原理

测量热效应的仪器称作量热计,量热计的种类很多,本实验采用 SF-GR3500G-SR1 氧弹式量热计(恒温式量热计)(图 50-1)进行萘和蔗糖的燃烧热的测定。其构造、测量原理及使用方法详见《第三篇实验仪器器材》的第 14 讲——GR3500G 型氧弹量热计使用方法。

3. 温度校正

本实验采用氧弹式量热计测量燃烧热。测量的基本原理是将一定量待测物质样品在氧弹中完全燃烧,燃烧时放出的热量使量热计本身及氧弹周围介质(本实验用水)的温度升高。

氧弹是一个特制的不锈钢容器(图 50-2),为了保证物质在此完全燃烧,氧弹中应充以高压氧气(或者其他氧化剂),还必须使燃烧后放出的热量尽可能全部传递给量热计本身和其中盛放的水,而几乎不与周围环境发生热交换。

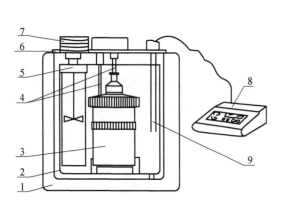

图 50-1 氧弹式量热计装置
1—外筒;2—内筒;3—氧弹;4—电极;5—搅拌器;
6—盖;7—搅拌电机;8—竖线控制器;9—测温探头

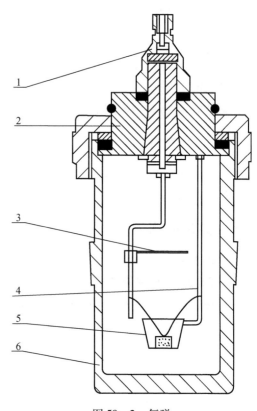

图 50-2 氧弹
1—阀体;2—弹头;3—遮罩;
4—干锅架;5—坩埚;6—弹筒

但是,热量的散失仍然无法完全避免,这可能是由于环境向量热计辐射进热量而使其温度升高,也可能是由于量热计向环境辐射出热量而使量热计的温度降低。因此,燃烧前后温度的变化值不能直接准确测量,而必须经过温度校正。校正方法有以下两种。

(1)雷诺(Renolds)温度校正图

由于量热计与周围环境的热交换无法完全避免,它对温差测量值的影响可用雷诺(Renolds)温度校正图校正。具体方法为:将燃烧热测定过程中观察所得的一系列水温和时间关系作图,得一曲线,如图 50-3 所示。图中,H 点意味着燃烧开始,热传入介质;D 点为观察到 FH、GD 线延长并交 ab 线于 A、C 两点,其间的温度差值即为经过校正的 ΔT。图中,AA' 为开始燃烧到温度上升至室温这一段时间 Δt_1 内,由环境辐射和搅拌引进的能量所造成的升温,故应予以扣除。CC' 为由室温升高到最高点 D 这一段时间 Δt_2 内,量热计向环境辐射出热量造成的温度降低,计算时必须考虑在内。故可认为,AC 两点的差值较客观地表示了样品燃烧引起的升温数值。

在某些情况下，量热计的绝热性能很好，热泄漏很小，而搅拌器功率较大，不断引进的能量使得曲线不出现极高温度点，如图50-4所示。校正方法相似。

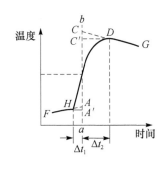

图50-3　绝热较差时的雷诺校正图

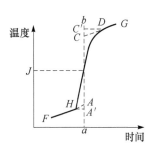

图50-4　绝热良好情况下的雷诺校正图

（2）奔特公式温度校正法

对于热量的泄漏问题还可以用奔特公式计算量热计热交换校正值 ΔT。

$$\Delta T = \frac{V + V_1}{2}m + V_1 \times r$$

式中，V——初期温度变化；

V_1——末期温度变化；

m——在主期中每半分钟温度上升不小于0.3 ℃的间隔数，第一个间隔不管温度升多少都计入 m 中；

r——在主期每半分钟温度上升小于0.3 ℃的间隔数。

四、实验内容

1. 量热计水当量的标定。
2. 萘（蔗糖）燃烧热的测定。

五、实验要求

1. 原始数据记录（见表50-1）

表50-1　原始数据

样品重_____ g；外筒水温_____ ℃，苯甲酸热值为26 460 J/g。

反应前期		反应期		反应后期	
时间	温度	时间	温度	时间	温度
⋮	⋮	⋮	⋮	⋮	⋮

2. 由实验记录的时间和相应的温度读数作苯甲酸和萘（蔗糖）的雷诺温度校正图，准确求出二者的 ΔT，由此计算量热计的水当量 C。

3. 求出萘（蔗糖）的燃烧热 Q_V，换算成 Q_P。

4. 将所测萘（蔗糖）的燃烧热值与文献值比较，求出误差，分析误差产生的原因。

六、注意事项

1. 本实验所用仪器比较复杂和精密，操作技术要求较高，所有操作环节中，稍有疏忽易引入误差，甚至导致失败。实验前必须了解它们的性能及使用方法，严格遵守操作规程。

2. 注意压片的紧实程度，太紧不易燃烧。燃烧丝需压在片内，如浮在片子面上会引起样品熔化而脱落，不发生燃烧。

3. 将点火丝的两端缠绕在两电极的下端时，点火丝不应与燃烧杯相接触，防止短路。
4. 在点火前务必要检查氧弹的两电极间的导通情况。
5. 往水桶内添水时，应注意避免把水溅到氧弹的电极，使其短路。
6. 每次燃烧结束后，一定要擦干氧弹内部的水，否则会影响实验结果。整个实验做完后，不仅要擦干氧弹内部的水，氧弹外部也要擦干，以防生锈。

七、研究与思考

1. 在燃烧热测定实验中，哪些因素容易造成实验误差？
2. 在本实验中，哪些是系统，哪些是环境？系统和环境间有无热交换？这些热交换对实验结果有何影响，如何校正？
3. 实验测得的温度差为何要用雷诺作图法校正？还有哪些误差影响测量的结果？
4. 苯甲酸物质在本实验中起到什么作用？
5. 在使用氧气钢瓶及减压器时，应注意哪些规则？

实验 51　NE555 电路应用研究

【预习要点】

1. 预习 555 定时器的工作原理及基本结构。
2. 设计用 555 定时器与外设 R、C 元件构成单稳态触发器、多谐振荡器电路。熟悉其工作原理及有关参数的计算公式。

555 定时器是由模拟和数字电路相混合构成的集成电路。可以组成单稳态触发器、多谐振荡器、多种波形发生器等。由于电路中使用了三个 $5\mathrm{k}\Omega$ 的电阻，故取名为 555 电路。

一、实验目的

1. 熟悉 555 定时器电路结构、工作原理、特点及基本应用。
2. 熟悉用示波器测量 555 定时器的脉冲幅度、周期和脉冲宽度。

二、实验器材

TPE - AD 模数电路实验箱、函数信号发生器、示波器、万用表、集成芯片 555。

三、实验原理

1. 555 定时器构成单稳态电路

单稳态电路也称为定时器，它是一个外触发延时电路，原理图如图 51-1 所示，其工作波形如图 51-2 所示。

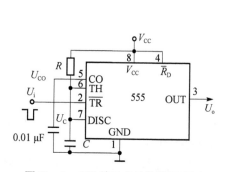

图 51-1　555 单稳态触发器原理图

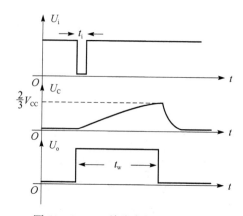

图 51-2　555 单稳态触发器时序图

当CO端不外接控制电压时，该单稳态电路的输出脉冲宽度 t_w 为：

$$t_w = RC\ln\frac{V_{CC}}{V_{CC}-\frac{2}{3}V_{CC}} \approx 1.1RC$$

改变 R、C 值，可以控制输出波形的宽度，常用于定时、延迟或整形电路。

2. 用NE555定时器构成多谐振荡器

图51-3是555定时器构成多振荡器电路原理图，电路没有稳态，也不需外加触发信号，电源通过 R_A、R_B 向 C 充电以及 C 通过 R_B 向DISC端（7）放电，使电路自动在两个暂稳态之间变化，形成振荡信号输出。

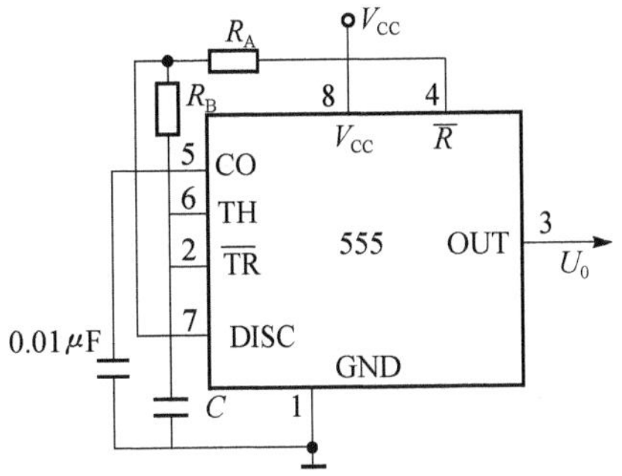

在电容充电时，电路的暂稳态持续时间为：

$$t_{w_1} = 0.7(R_A+R_B)C$$

在电容 C 放电时，暂稳态持续时间为：

$$t_{w_2} = 0.7R_B C$$

因此，电路输出矩形脉冲信号的周期为：

$$T = t_{w_1} + t_{w_2} = 0.7(R_A+2R_B)C$$

输出矩形脉冲的占空比为：

$$q = \frac{t_{w_1}}{T} = \frac{R_A+R_B}{R_A+2R_B}$$

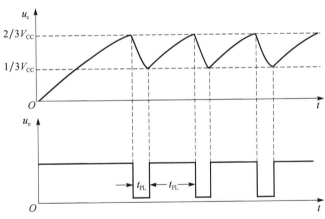

图51-3　555多谐振荡器电原理图

图51-4为占空比在50%以下的范围可调的电路。图51-5是多谐振荡器工作波形图。

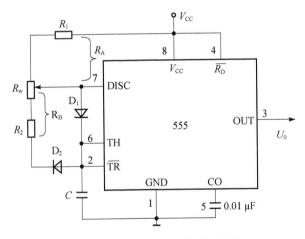

图51-4　占空比可调多谐振荡器

图51-5　555多谐振荡器工作波形

四、实验内容和要求

1. 用555设计一个定时器电路

① 搭建单稳态电路，要求 $V_{CC}=5$ V，R 由100 kΩ电位器和10 kΩ电阻串联构成，C 为10 μF的电解电容。

② 在不外加输入信号，测量输出端 U_o、控制端CO的电压 U_{CO} 及电容 C 两端电压值 U_C。

③ 输入单次脉冲，调节电位器 R_w 的阻值，观察电路输出现象。

④ 将电路中的电容 C 取值由10 μF换为0.1 μF，输入端 U_i 施加由函数信号发生器产生1kHz的脉冲信号，用示波器观察 U_i、U_C、U_o 波形，改变电位器 R_w 的阻值，测量输出脉冲宽度 t_w 的变化范围，并与理论值相比较。

2. 555 构成多谐振荡器

① 搭建多谐振荡器电路，要求 R_A 为 10 kΩ 电阻，R_B 由 100 kΩ 电位器和 10 kΩ 电阻串联构成，电容 C 为 10μF 的电解电容。

② 研究输出与电位器 R_w 的关系。

③ 设计一个频率为 1 kHz 的多谐振荡器，研究电路的 R、C 值与输出波形周期的关系。

3. 占空比可调脉冲信号发生器（PWM）

① 搭建的占空比在 50% 以下可调的多谐振荡器电路，要求 $R_1 = R_2 = 10$ kΩ，$R_w = 100$ kΩ。研究输出与电位器 R_w 的关系。

② 改变电位器 R_w 值，组成一个占空比为 50% 的脉冲信号发生器，用示波器记录输出端 U_o 波形。切断电源后用万用表测电阻 R_A 和 R_B 的阻值。

五、注意事项

在实验过程中，不能在电源接通情况下连接导线和拆装集成芯片及元器件。

六、研究与思考

1. 555 定时器构成的单稳态触发器的脉冲宽度和周期由什么决定？R、C 的取值应怎样分配？若希望单稳态触发器的输入脉宽 t_i 大于 t_w 时，电路应怎样改进？

2. 555 定时器构成的多谐振荡器，其振荡周期和占空比的改变与哪些因素有关？

实验 52　波形发生器研究

【预习要点】

1. 认真预习本实验内容，弄清各电路工作原理及各元件作用。
2. 分析图 52-2 电路的工作原理，定性画出 U_o 和 U_c 波形。
3. 若图 52-2 电路中 $R = 10$ kΩ，计算 U_o 的频率。
4. 图 52-3 电路中，如何改变输出频率？设计两种方案并画图表示。

集成运放是一种高增益放大器，只要加入适当的反馈网络，利用正反馈原理，满足振荡的条件，就可以构成正弦波、方波、三角波和锯齿波等各种振荡电路。但由于受集成运放带宽的限制，其产生的信号频率一般都在低频范围。

一、实验目的

1. 加深对集成运算放大器工作原理的理解。
2. 学习用集成运放构成正弦波、方波和三角波发生器。
3. 熟悉波形发生器的调整和主要性能指标的测试方法。

二、实验仪器

TPE-AD 模数电路实验箱、示波器、万用表、运算放大器。

三、实验原理

由集成运放构成的正弦波、方波和三角波发生器有多种形式，本实验选用最常用的、线路比较简单的几种电路加以分析。

1. RC 桥式正弦波振荡器（文氏电桥振荡器）

图 52-1 为 RC 桥式正弦波振荡器。其中 RC 串、并联电路构成正反馈支路，同时兼作选频网络，R_1、R_2、R_w 及二极管等元件构成负反馈和稳幅环节。调节电位器 R_w，可以改变负反馈深度，以满足振荡的振

幅条件和改善波形。利用两个反向并联二极管 D_1、D_2 正向电阻的非线性特性来实现稳幅。D_1、D_2 采用硅管（温度稳定性好），且要求特性匹配，才能保证输出波形正、负半周对称。R_3 的接入是为了削弱二极管非线性的影响，以改善波形失真。

调整反馈电阻 R_f（调 R_W），使电路起振，且波形失真最小。如不能起振，则说明负反馈太强，应适当加大 R_f。如波形失真严重，则应适当减小 R_f。

改变选频网络的参数 C 或 R，即可调节振荡频率。一般采用改变电容 C 作频率量程切换，而调节 R 做量程内的频率细调。

2. 方波发生器

由集成运放构成的方波发生器和三角波发生器，一般均包括比较器和 RC 积分器两大部分，方波发生器电路如图 52-2 所示。由图可见，由 R_1、R_2 组成了正反馈网络，而负反馈网络是由 R、C 组成的充、放电回路，运放在此仅起着比较器的作用。它利用电容两端电压 U_C 和 U_+ 比较，决定着 U_o 的极性是正或是负，U_o 的极性又决定着通过电容的电流是充电（使 U_C 增加）还是放电（使 U_C 减小），而 U_C 的高低，再次和 U_+ 比较决定 U_o 的极性，如此不断反复，就在输出端产生周期性的方波。可以证明方波的频率为：

$$f_o = \frac{1}{T} = \frac{1}{2RC\ln\left(1 + 2\dfrac{R_1}{R_2}\right)}$$

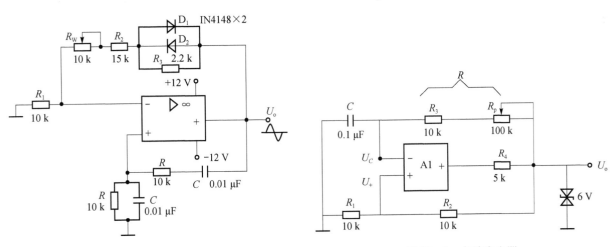

图 52-1　RC 桥式正弦波振荡器　　　　图 52-2　方波发生器

可知，方波频率不仅与 RC 有关，还与正反馈网络的 R_1、R_2 比值有关，调节电位器 R_p 改变 R 值，从而改变方波信号的频率。实验电路中使用两个稳压二极管，以保证方波的正负对称性。R_3 是稳压管的限流电阻。在考虑正反馈支路 R_1 和 R_2 的取值时，必须注意，不能使 U_o 反馈到同相端 U_+ 的峰峰值超过运放的共模输入电压范围 V_{ICR}，否则将会使运放损坏。

3. 三角波发生器

如把滞回比较器和积分器首尾相接形成正反馈闭环系统，如图 52-3 所示，则比较器 A1 输出的方波

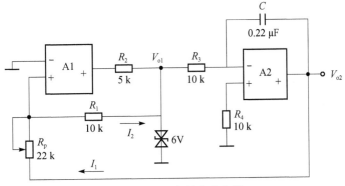

图 52-3　三角波发生电路

经积分器 A2 积分可得到三角波，由于采用运放组成的积分电路，因此可实现恒流充电，使三角波线性大大改善。

4. 锯齿波发生电路

对三角波发生器电路作适当修改，使积分电路具有不同的充放电时间常数，便可构成锯齿波发生器电路（图52-4）。

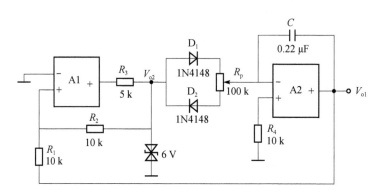

图 52-4　锯齿波发生器电路

四、实验内容

1. RC 桥式正弦波振荡器

按图 52-1 连接实验电路。

（1）接通 ±12 V 电源，调节电位器 R_W，使输出波形从无到有，从正弦波到出现失真。描绘 U_o 的波形，记下临界起振、正弦波输出及失真情况下的 R_W 值，分析负反馈强弱对起振条件及输出波形的影响。

（2）调节电位器 R_W，使输出电压 U_o 幅值最大且不失真，用交流毫伏表分别测量输出电压 U_o、反馈电压 U_+ 和 U_-，分析研究振荡的幅值条件。

（3）断开二极管 D_1、D_2，重复（2）的内容，将测试结果与（2）进行比较，分析 D_1、D_2 的稳幅作用。

2. 方波发生器

（1）按电路图 52-2 接线，观察 U_C、U_o 波形及频率，与预习比较。

（2）分别测出 $R = 10\ \text{k}\Omega$、$110\ \text{k}\Omega$ 时的频率，输出幅值，与预习比较。

（3）要想获得更低的频率应如何选择电路参数？试利用实验箱上给出的元器件进行条件实验并观测之。

3. 三角波发生电路

（1）按图 52-3 接线，分别观测 V_{o1} 及 V_{o2} 的波形并记录。

（2）如何改变输出波形的频率？按预习方案分别实验并记录。

4. 锯齿波发生电路（选做）

（1）按图 52-4 接线，观测电路输出波形和频率。

（2）电路 52-4 中，如何连续改变振荡频率？画出电路图，改变锯齿波频率并测量变化范围。

五、注意事项

1. 仔细检查电路连线，以防接错。
2. 通电调试时，可以适当改变电容、电阻参数值，使波形达到最佳效果。
3. 可以预先在 Multisim 软件中仿真实验内容。

六、研究与思考

1. 画出预习要求的设计方案、电路图以及各实验的波形图。
2. 方波、三角波发生电路中，它们的幅度决定于电路哪些参数？频率决定于哪些参数？（或者：怎样改变图 52-2、图 52-3 电路中方波及三角波的频率及幅值?)

3. 总结波形发生电路的特点,并回答:

(1) 在波形发生器各电路中,"相位补偿"和"调零"是否需要? 为什么?

(2) 波形产生电路有没有输入端?

七、深度阅读

波形发生器亦称信号发生器,又称信号源或振荡器,在生产实践和科技领域中有着广泛的应用。波形发生器电路可采用不同电路形式和元器件来实现。具体电路可以采用运算放大器和分立元件构成,也可以采用专用集成芯片设计。

1. 采用运算放大器和分立元件构成

用运算放大器设计波形发生器电路的关键部分是振荡器,而设计振荡器电路的关键是选择器件、确立振荡器电路的形式,以及确定元件参数值等,下面电路供参考。

(1) 用正弦波振荡器实现多种波形发生器

该法就是本实验所选用的方法。如用正弦波发生器产生正弦波信号,然后用过零比较器产生方波,再经过积分电路产生三角波,其电路框图如图 52-5 所示。

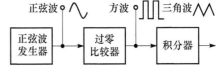

图 52-5 模拟电路实现方案框图

(2) 用多谐振荡器实现多种波形发生器

如图 52-6 所示,555 定时器接成多谐振荡器工作形式,电路可同时产生方波、三角波、正弦波并输出,电路简单、成本低廉、调整方便,也特别适合学生用示波器来做观察信号波形的实验。

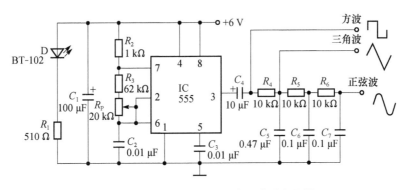

图 52-6 多谐振荡器实现多种波形发生器

2. 用单片函数发生器 ICL8038 组成多功能信号发生器

ICL8038 是一种具有多种波形输出的精密振荡集成电路,只需调整个别的外部组件就能产生从 0.001 Hz~300 kHz 的低失真正弦波、三角波、矩形波等脉冲信号。输出波形的频率和占空比还可以由电流或电阻控制。另外由于该芯片具有调频信号输入端,所以可以用来对低频信号进行频率调制。由于 ICL8038 价格便宜、使用方便、性能优异,在遥控遥测、通信传呼、计量仪表、计算机通信等领域有广泛的应用。其典型应用电路如图 56-7 所示。

此外,还可以选用美国马克西姆公司的函数信号发生器 ICMAX038,或者国产的单片集成函数发生器 5G8038 来实现。

3. 基于 DDS 的波形发生器

直接数字频率综合技术,即 DDS 技术,是一种新型的频率合成技术和信号产生方法。基于 DDS 的函数发生器现在不仅可移植函数发生器的功能,还可以执行任意波形发生器的功能。其电路系统具有较高的频率分辨率,可以实现快速的频率切换,并且在改变时能保持相位的连续,很容易实现频率、相位和幅度的数控调制。实现基于 DDS 的波形发生器也有以下方案:(1) 采用高性能 DDS 单片电路;(2) 采用低频正弦波 DDS 单片电路;(3) 自行设计的基于 CPLD/FPGA 芯片的解决方案。

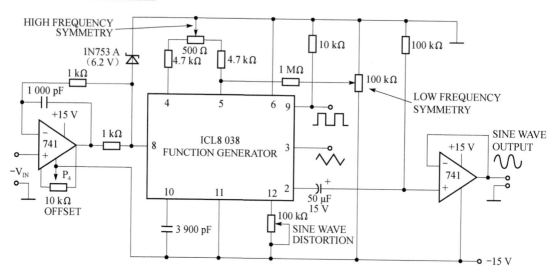

图 52-7 ICL8038 构成线性电压控制振荡器

实验 53　ADC 电路研究

【预习要点】

预习 A/D 转换器 ADC0809 和 D/A 转换器 DAC0832 的特性和应用。

A/D（模/数）转换器和 D/A（数/模）转换器是联系数字系统和模拟系统的桥梁。A/D 转换器将模拟系统输出的电压或电流转换成数值上与之成比例的二进制数，D/A 转换器将数字系统输出的数字量转换成相应的模拟电压或电流，用以控制设备。

一、实验目的

1. 掌握 A/D、D/A 转换电路的工作原理。
2. 了解常用 A/D、D/A 转换电路的使用方法。

二、实验器材

数字电路实验箱 THD-1、万用表、集成电路、ADC0809、DAC0832、LM224。

三、实验原理

1. A/D 转换器 ADC0809

ADC0809 是以逐次逼近法作为转换技术的 COMS 型 8 位单片模拟/数字转换器件。它由 8 路模拟开关、8 位 A/D 转换器和三态输出锁存缓冲器三部分组成，并有与微处理器兼容的控制逻辑，可直接和微处理器相接。其内部逻辑框图和外引线排列图如图 53-1 所示。

引脚功能说明：

IN0 - IN7：8 路模拟量输入端。

ADDC、ADDB、ADDA：地址输入端。

ALE：地址锁存输入端。

VCC：+5V。

REF（+）、REF（-）：参考电压输入端。

OUTEN：输出使能端，OUTEN = 1 时，变换结果从 DB7 ~ DB0 输出。

DB7 ~ DB0：8 位 A/D 变换结果输出端。

CP：时钟信号输入（640kHz）。

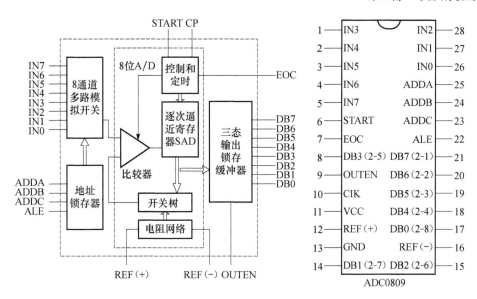

图 53-1 ADC0809 的内部框图和外引脚排列

START：启动信号输入端。在正脉冲作用下，当上升沿到达时内部逐次逼近（SAR）复位，在下降沿到达时即开始转换。

EOC：转换结束输出。EOC = 0 表示正在转换；EOC = 1 表示转换结束。START 与 EOC 连接实现连续转换，EOC 的上升沿就是 START 的上升沿，EOC 的下降沿必须滞后上升沿 8 个时钟脉冲后才能出现。

转换原理：

具有锁存控制的 8 路模拟开关选通 8 路模拟输入中的任何一路信号，送至 A/D 转换器，三位地址码 ADDC、ADDB、ADDA 与模拟通道的选通对应关系见表 53-1 所示。

表 53-1 模拟信号选通

地址			被选通的模拟信号
ADDC	ADDB	ADDA	
L	L	L	IN0
L	L	H	IN1
L	H	L	IN2
L	H	H	IN3
H	L	L	IN4
H	L	H	IN5
H	H	L	IN6
H	H	H	IN7

8 位 A/D 转换器是 ADC0809 的核心部分，它采用逐次逼近转换技术，并需要外接时钟。8 位 A/D 转换器包括一个比较器，一个带有树状模拟开关的电阻分压器，一个 8 位逐次逼近寄存器（SAR）及必要的时序控制电路。

比较器是 8 位 A/D 转换器的重要部分，它决定整个转换器的精度。在 ADC0809 中，采用削波式比较器电路，它首先把直流输入信号转换为交流信号，经高增益交流放大器放大后，再恢复成直流电平信号，其目的是克服漂移的影响，这大大提高了转换器的精度。带有树状模拟开关的电阻分压器是将 8 位逐次逼近寄存器中的 8 位数字量转换成模拟电压再送至比较器，与外加的模拟输入电压（经取样/保持的）进行比较。比较结果决定最后输出的数字量。

2. D/A 转换器 DAC0832

DAC0832 是采用 CMOS 工艺制成的单片电流输出型 8 位数/模转换器。器件的核心部分是采用倒 T 形电阻网络的 8 位 D/A 转换器，内部框图及引脚排列如图 53-2 所示。

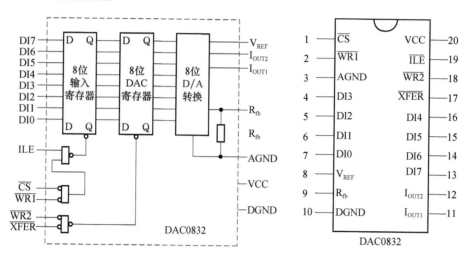

图 53-2 DAC0832 内部框图和引脚排列

引脚功能：

DI0~DI7：数字信号输入端。

$\overline{\text{ILE}}$：输入寄存器允许，高电平有效 CS，片选信号，低电平有效。

$\overline{\text{WR1}}$：写信号 1，低电平有效，将 DI 端数据送入输入寄存器。

$\overline{\text{XFER}}$：传送控制信号，低电平有效，$\overline{\text{XFER}}$ 使能 $\overline{\text{WR2}}$。

$\overline{\text{WR2}}$：写信号 2，低电平有效，将输入寄存器的数据转移到 DAC 寄存器。

I_{OUT1}、I_{OUT2}：DAC 电流输出端。

R_{fb}：反馈电阻，是集成在片内的外接运放的反馈电阻。

V_{REF}：基准电压（-10~+10）V。

VCC：电源电压（+5~+15）V。

AGND：模拟地，与 DGND 相连。

DGND：数字地。

转换原理：

DAC0832 采用倒 T 形 $R-2R$ 电阻网络实现 D/A 转换，如图 53-3 所示。

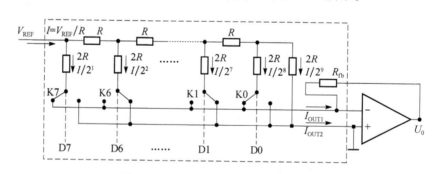

图 53-3 DAC0832 中的 D/A 转换电路

由图可知，流经参考电源的电流：$I = V_{REF}/R$，而且此电流流经一个节点，即按 1/2 的关系分流，容易得到：

$$I_{OUT1} = \frac{I}{2^8}\sum_{i=0}^{7} D_i \times 2^i \qquad I_{OUT2} = \frac{I}{2^8}\sum_{i=0}^{7} \overline{D_i} \times 2^i$$

$$I_{OUT1} + I_{OUT2} = I = V_{REF}/R \qquad U_0 = -I_{OUT1} \cdot R_{fb}$$

所以，若取 $R_{fb} = R$，则有：

$$U_0 = -\frac{1}{2^8} V_{REF} \sum_{i=0}^{7} D_i \times 2^i$$

可见，输出电压数值上与参考电压绝对值成正比，与输入的数字量成正比，其极性总是与参考电压的极性相反。

一个 8 位 D/A 转换器有 8 个输入端，有一个输出端，输入可有 $2^8 = 256$ 个不同的二进制组态，输出为 256 个电压之一，即输出电压不是整个电压范围内任意值，而是 256 个可能值。

图 53-4 和图 53-5 为 ADC 与 DAC 的常用电路接线图。

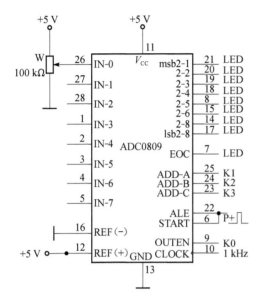

图 53-4　A/D 转换实验电路

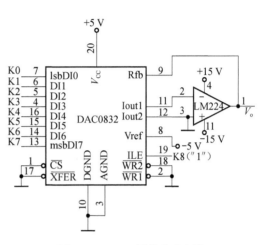

图 53-5　D/A 转换实验电路

四、实验内容和要求

1. A/D 转换

（1）搭建 ADC0809 的 A/D 转换电路。注意 REF（+）接至实验箱参考电压源，调整输出电压至 5V，REF（−）接地（接至实验箱参考电压源的接地端）。

（2）选取 IN0 输入。将 K0 置 1，输出允许。

（3）调整电位器 W，使输入为 0。

（4）按下 P + 单次脉冲源输出一个正脉冲，一方面通过 ALE 将通道地址锁入 ADC 芯片，另一方面发出启动信号（START）使 ADC 自动进行转换，转换结束后 EOC 输出逻辑 1，说明转换结束，读出记录转换结果。

（5）调整 W，使输入分别为 1 V、2 V、3 V、4 V、5 V，测量输出并填表。

（6）扳动 K1、K2、K3 改变输入通道，检验其他通道输入时的 A/D 转换情况。

2. D/A 转换

（1）搭建 DAC0832 的 D/A 转换电路。

（2）调整参考电压源至 −5 V。

（3）分别输入 00000000 至 11111111 的二进制数，用万用表测量输出模拟电压 V_o 并记入表中。

3. A/D、D/A 连接

将 A/D、D/A 电路级联在一起，观察输出与输入测量模拟信号的一致性。

五、注意事项

1. A/D 转换电路中的 REF（+）、REF（−），即参考电压输入端，和 D/A 电路中的 V_{REF} 基准电压是输入时信号转换精度的关键，在实际使用时要配合专用参考源电路使用，实验中一定要使用实验箱中的参考电压源，经过仔细调整校正后可以得到较精准的复原信号。

2. A/D 转换需要启动信号输入，启动输入端在正脉冲作用下，当上升沿到达时内部逐次逼近（SAR）

复位,在下降沿到达时即开始转换。因此每次转换要给一个启动脉冲。

六、研究与思考

将 DAC0832 和 ADC0809 级联后,复位模拟信号与输入信号有什么关系?

实验 54　电子温度计研究

【预习要点】
图 54-2 电路由哪几部分组成?作用、特点是什么?

温度的测量涉及传感器、电桥、差动放大器、显示单元等实验知识,还涉及电桥的调整、温度/电压量的标定和显示单元输入信号变换等技术。

一、实验目的

1. 了解常用传感器、电桥、差动放大器、显示单元的使用方法。
2. 了解电桥的调整、温度/电压量的标定和显示单元输入信号的变换等实验技术。
3. 掌握温度测量的一种方法。

二、实验器材

热电阻温度传感器、运算放大器、数码显示单元、直流电源（+1.5 V、+5 V、±12 V）、标定用的基准温度源（冰水混合物、沸水）、万用表。

三、实验原理

1. 热电阻温度传感器（图 54-1）

导体的电阻值随着导体温度的变化而变化,如果测得导体电阻值的变化,就可以推算出温度的高低,利用这个原理构成的传感器称为热电阻温度传感器。这种传感器的温度测量范围一般为 $-200\ ℃ \sim 500\ ℃$。

纯金属铜（Cu）、铂（Pt）是制作热电阻的主要材料,一般称为铜电阻、铂电阻。

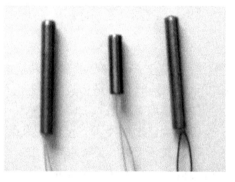

图 54-1　热电阻温度传感器

(1) 铜电阻

在 $-50\ ℃ \sim 150\ ℃$,铜电阻与温度呈线性关系,表达式为:

$$R_t = R_0(1 + At)$$

式中,R_0、R_t 分别为 0 ℃ 和 t ℃时的阻值,$A = (4.25 \times 10^{-3} \sim 4.28 \times 10^{-3})/℃$,为温度系数。目前国内铜电阻的 R_0 一般制成 50 Ω 和 100 Ω 两种,分别称为 Cu50 和 Cu100。

(2) 铂电阻

在 0 ℃ ~ 630 ℃,铂电阻与温度的关系为:

$$R_t = R_0(1 + At + Bt^2)$$

在 $-190\ ℃ \sim 0\ ℃$,铂电阻与温度的关系为:

$$R_t = R_0(1 + At + Bt^2 + Ct^3)$$

式中,R_0、R_t 分别为 0 ℃ 和 t ℃时的阻值,温度系数:

$A = 3.9684 \times 10^{-3}/℃$

$B = -5.847 \times 10^{-7}/℃$

$C = -4.22 \times 10^{-12}/℃$

目前国内铂电阻的 R_0 一般制成 100 Ω 和 500 Ω 两种，分别称为 Pt100 和 Pt500。

2. 电子温度计电路（图 54-2）

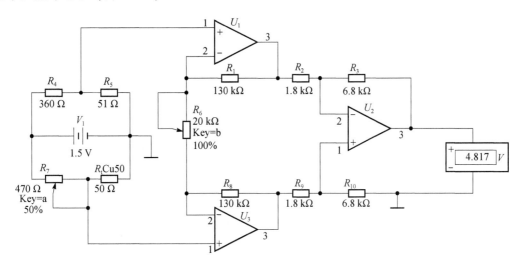

图 54-2　温度采样放大电路原理图

电路分为三部分，即采样单元、放大单元和显示单元。

（1）采样单元

$R_4 R_5 R_7 R_t$ 组成一个平衡电桥，以提高采样的灵敏度。R_t 为 Cu50 热电阻温度传感器，R_7 是精密电位器，当 R_t 置入 0 ℃ 的冰水混合物中时，调整 R_7 使电桥平衡，电桥输出为零，从而使数据放大器（又称差动放大器）输出为零。$V_1 = 1.5$ V 是一个基准电压源（实验中可用普通电源代替），它一方面是电桥的电源，另一方面设置了热电阻温度传感器的静态工作点，实验中采用的 Cu50 热电阻温度传感器的静态工作点大约为 3～6 mA（此时线性度好，且自身产生的热量可以忽略不计），由电路可知：

$$I_{t0} = \frac{V_1}{R_7 + R_t} = \frac{1.5}{360 + 50} = 3.66(\text{mA})$$

当 R_t 的温度高于 0℃ 时，R_t 阻值增大，电桥失去平衡，温度的变化表现为电桥输出电压的变化，该电压被差动放大器放大。

（2）放大单元

$U_1 U_2 U_3$ 是三个运算放大器，组成一个高输入阻抗数据放大器（差动放大器）。$U_1 U_2 U_3$ 采用一块 TL084 集成运算放大器实现。TL084 属于双电源（±12 V）、高输入阻抗、低漂移四运算放大器（图 54-3），由图 54-2 电路可知：

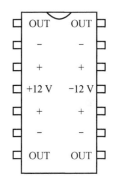

图 54-3　TL084 管脚分布图

$$V = \frac{R_3}{R_2}\left(1 + \frac{2R_1}{R_6}\right)(U_{3+} - U_{1+})$$

电位器 R_6 用以调整差动放大器的电压放大倍数。由上式可知，R_6 越大，输出电压 V 越小。TCL084 工作时需要 ±12 V 电源供电。

（3）显示单元

图 54-4 是 $3\frac{1}{2}$ 位（读做三位半，满量程显示 199.9，即最高位最大显示为 1，相当于半位）LED 数码显示模块，它由 40 脚大规模集成电路 ICL7107 和相关外围电路组成。ICL7107 是用于驱动 LED 数码显示器的 $3\frac{1}{2}$ 位 A/D 转换器，具有自稳零、功耗低、精度高等特点，它可以很方便地实现数码显示电路，所以也称为数字表头电路，它的电源电压为 +5 V（模块不同，所需电源不同）。整个显示单元共

图 54-4　数码显示模块

有三个有效输入端，除了 +5 V 电源端子外，还有信号输入端子和公共地端子。零输入对应的显示读数为 000.0（小数点位置可以人为设定）。

3. 电路调试原理

该电路的调试过程也称为温度测量电路的标定，标定步骤如下：

（1）检查电桥、放大器、显示单元接线是否无误；

（2）接通电源（+1.5 V、+5 V、±12 V），将电位器 R_6 置最大（为什么？），将电位器 R_7 置 360 Ω 左右（为什么？）；

（3）将热电阻温度传感器 Cu50 放入准备好的冰水混合物中，待显示稳定后调整 R_7，使显示为 0 ℃；

（4）将热电阻温度传感器 Cu50 放入准备好的沸水中，待显示稳定后调整 R_6，使显示为 100 ℃。

四、实验内容

1. 设计一个由单臂电桥、差动放大器、显示单元组成的温度测量电路。
2. 对电路进行标定。
3. 测量显示环境温度（室温）。
4. 测量自己的体温。

五、实验要求

1. 记录测得的环境温度（室温）并与标准温度计的显示温度进行比较，其差值记为 $\Delta_仪$。
2. 测量体温 6 次，记录结果，求算术平均值、实验标准偏差。
3. 求测得体温的合成标准不确定度和扩展不确定度（置信概率为 0.95）。
4. 正确表示体温的测量结果。

六、注意事项

1. 电桥、放大器、显示单元的电源不能接错。
2. 温度传感器对温度的反应有一定的滞后，标定电路时应当在显示值稳定以后进行。

实验 55　PLC - 与或非自锁控制

【预习要点】

1. 将与、或、非、自锁四种控制统一考虑，写出 PLC 的资源分配表，画出梯形图。
2. 预习 CX - Programmer 编程软件的相关内容。

与、或、非逻辑是可编程控制器（PLC）中最常用到的控制逻辑，自锁是机电控制中的一种重要控制方式。

一、实验目的

1. 掌握 CX - Programmer 编程软件的使用方法，了解写入和编辑用户程序的方法。
2. 熟练掌握与（AND）、或（OR）、非（NOT）及装入（LD）、输出（OUT）等基本指令。
3. 掌握"自锁控制"的编程技巧。
4. 掌握 PLC 输入、输出端子接线和实验箱使用方法。

二、实验器材

CP1E - E40DR - A PLC 主机、PLC 实验箱、计算机及 CX - Programmer 编程软件。

三、实验原理

1. 与、或、非逻辑控制

用 PLC 实现逻辑控制,就是通过 PLC 程序建立输出端口与输入端口的控制关系。与、或、非逻辑是数字电路中最基本的逻辑,也是 PLC 应用中最常用到的逻辑。在编写 PLC 逻辑控制程序以前,首先需要明确有几个输入量,有几个输出量,然后根据 PLC 的选型分配输入量、输出量对应的输入、输出端口,实现既定的逻辑控制。

2. "自锁"控制原理

在机电控制中,经常需要"失压"保护。所谓"失压"保护就是当电源突然断电时,电机应自动从电源切除,以避免电源恢复时电机自行启动造成事故。为了进行"失压"保护,经常用到"自锁"控制。

"自锁"控制电路如图 55-1 所示。其中 SB_1 是常断按钮,SB_2 是常闭按钮,KM 是用于控制电机的接触器的主线圈,KM_1 是 KM 的一组常开主触点,用于启动电机,KM_2 是 KM 的一组常开辅助触点,用于"自锁",M 是电机。

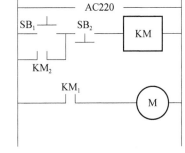

图 55-1 "自锁"控制电路

控制原理:

(1) 启动

按 S_{B1}→KM 得电→KM_1、KM_2→闭合   电机启动(自锁)

(2) 停止

按 S_{B2}→KM 失电→KM_1、KM_2→断开   电机停止(解除自锁)

四、实验内容和要求

1. 用 PLC 同时实现二输入与逻辑、二输入或逻辑、非逻辑和"自锁"控制,写出 PLC 的资源分配表,画出梯形图。
2. 用 USB 电缆连接计算机和 PLC,根据 PLC 资源分配表,在实验箱上搭接实验电路。
3. 启动 CX - Programmer 编程软件,画出梯形图。
4. 打开实验箱电源,分别启动 CX - Programmer 的"编译""在线工作""(程序)传送(下载到 PLC)"等步骤,根据提示顺序执行,直至"运行"程序。
5. 通过 PLC 实验箱电路验证程序,观察结果,记录问题、错误、故障和解决方法。

五、注意事项

1. 正确使用实验箱,了解各部分的作用。
2. 将与、或、非、自锁对应的 PLC 输入端口接按钮 S_1 ~ S_7,输出端口接 LED_1 ~ LED_4;
3. 将按钮 S_1 ~ S_8 的公共端口 $COMS_1$ 接 24 V,将 PLC 输入公共端(线排上的 1 M 口)、输出公共端(线排上的 1L 口)接 GND。

六、研究与讨论

结合实验程序研究 CX - Programmer 编程软件:
1. 该程序包括多少"条"? 多少"步"? 如何插入"条"?
2. 如何显示梯形图对应的助记符语言?
3. 如何对程序进行在线模拟?

实验 56 PLC - 定时器与计数器

【预习要点】

1. 预习定时器、计数器的功能。

2. 写出 PLC 的资源分配表，画出梯形图。

3. 预习 CX – Programmer 编程软件的相关内容。

"定时器""计数器"是可编程控制器（PLC）应用中最常用到的器件，主要用于定时和计数，也可结合其他指令使用，从而完成一些比较复杂的控制过程。

一、实验目的

1. 进一步熟悉 CX – Programmer 编程软件的使用方法。
2. 熟悉写入和编辑用户程序的方法。
3. 掌握定时器（TIM）、计数器（CNT）的编程方法和使用技巧。

二、实验器材

CP1E – E40DR – APLC 主机、PLC 实验箱、计算机及 CX – Programmer 编程软件。

三、实验任务

设计一个控制程序，有启动和停止按钮，功能包含三个部分：
（1）启动后指示灯 LED_1 亮，5 秒后熄灭；
（2）启动后指示灯 LED_2 灭，5 秒后点亮；
（3）启动后指示灯 LED_3 交替闪烁，灭亮时间均为 0.5 秒，达到 10 次后熄灭。

四、实验要求

1. 要求程序中包含定时器、计数器，每次启动前计数器自动复位。
2. 写出 PLC 资源分配表，画出梯形图，写出指令表。
3. 用 USB 电缆连接计算机和 PLC，根据 PLC 的资源分配表，在实验箱上搭接电路。
4. 启动 CX – Programmer 编程软件，画出梯形图。
5. 打开实验箱电源，分别启动 CX – Programmer 的"编译""在线工作""（程序）传送（下载到 PLC）"等步骤，根据提示顺序执行，直至"运行"程序。
6. 通过 PLC 实验箱上搭接的电路验证程序，观察结果，记录问题、错误、故障和解决方法，并对照梯形图写出助记符程序表，体会书写方法。

提示：编程可以使用 1 秒时钟脉冲（CF102——参见表 8 – 2 – 4）。

五、注意事项

1. 正确使用实验箱，了解各部分的作用。
2. 将启动、停止对应的 PLC 输入端口接按钮 $S_1 \sim S_2$，输出端口接 $LED_1 \sim LED_3$。
3. 将按钮 $S_1 \sim S_2$ 的公共端口 $COMS_1$ 接 24 V，将 PLC 输入公共端（线排上的 1 M 口）、输出公共端（线排上的 1 L 口）接 GND。

六、研究与思考

结合实验程序研究 CX – Programmer 编程软件：
1. 该程序包括多少"条"？多少"步"？如何插入"条"？
2. 如何显示梯形图对应的助记符语言？
3. 如何对程序进行在线模拟？

实验 57　PLC – 交通灯控制

【预习要点】
1. 了解交通灯控制原理。
2. 预习实验箱上交通灯应用单元。
3. 写出 PLC 资源分配表，画出梯形图。
3. 预习 CX – Programmer 编程软件相关内容。

十字路口交通灯控制是 PLC 的典型应用，这里用到了顺序控制编程方法，体现了把一个实际控制任务转化为 PLC 应用程序的能力，编程过程需要一定的逻辑思维能力。

一、实验目的

1. 进一步熟悉 CX – Programmer 编程软件及方法。
2. 熟悉顺序控制编程原理及方法。
3. 进一步掌握定时器使用方法。
4. 了解 PLC 在实际控制系统中的应用。

二、实验器材

CP1E – E40DR – APLC 主机、PLC 实验箱、计算机及 CX – Programmer 编程软件。

三、实验原理

1. 控制原理

十字交通路口交通灯工作原理是：在 0~10 秒内，南北红灯亮，东西红灯亮，两个方向上车辆都停止运行；在 10~40 秒内，南北红灯亮，东西绿灯亮，南北方向车辆不能行驶，而东西方向可以；在 40~50 秒内，南北红灯，东西黄灯，南北和东西都等待；在 50~60 秒内，南北红灯亮，东西红灯亮，南北和东西车辆都等待；60~90 秒内，南北绿灯亮，东西红灯亮，南北车辆容许行驶，东西等待；在 90~100 秒内，南北黄灯亮，东西红灯亮，东西，南北车辆都不能行驶。

2. 实验箱交通灯应用单元信号说明

输入信号：TL_7 是交通灯启动按钮；S_1 是交通灯停止按钮。

输出信号：TL_1 是东西方向红灯指示信号；TL_2 是东西方向黄灯指示信号；TL_3 是东西方向绿灯指示信号；TL_4 是南北方向红灯指示信号；TL_5 是南北方向黄灯指示信号；TL_6 是南北方向绿灯指示信号。控制原理如表 57 – 1 所示。

表 57 – 1　交通灯控制列表

	0~10 s	TL_4/TL_1 ON，即南北方向和东西方向均等待
	10~40 s	TL_4/TL_3 ON，即南北方向等待，东西方向行驶
启动开关合上	40~50 s	TL_4/TL_2 ON，即南北方向和东西方向均等待
	50~60 s	TL_4/TL_1 ON，即南北方向和东西方向均等待
	60~90 s	TL_6/TL_1 ON，即南北方向行使，东西方向等待
	90~100 s	TL_5/TL_1 ON，即南北方向和东西方向均等待
备注	COMS1、1L、2L 接 GND；1 M 接 24 V	

四、实验内容

1. 根据控制原理分配 PLC 的资源，画出梯形图。

2. 用 USB 电缆连接计算机和 PLC，根据 PLC 的资源分配表，在实验箱上搭接实验电路。

3. 启动 CX – Programmer 编程软件，画出梯形图。

4. 打开实验箱电源，分别启动 CX – Programmer 的"编译""在线工作""（程序）传送（下载到 PLC）"等步骤，根据提示顺序执行，直至"运行"程序。

5. 通过 PLC 实验箱电路验证程序，观察结果，记录问题、错误、故障和解决方法。

五、实验要求

程序中编入一个 1 秒脉冲计时器，通过 LED_1 输出，每秒闪烁一次。

提示：可以使用 1 秒时钟脉冲（CF102——参见表 8 – 2 – 4）。

六、注意事项

1. 正确使用实验箱，了解各部分的作用。

2. 将停止按钮 S_1 公共端 $COMS_1$、PLC 输出公共端（线排上的 1L、2L 口）接 GND；将 PLC 输入公共端（线排上的 1 M 口）接 24 V。

实验 58　变频器应用研究

【预习要点】
1. 详细阅读本实验所有内容。
2. 利用变频器后电机的旋转速度为什么能够自由改变？
3. 为什么变频器的电压与电流成比例改变？变频器改变频率同时必须改变电压？

三相异步电动机以其结构简单、输出功率大、效率高而得到广泛的应用。但是三相异步电动机不能有效平滑调速是制约其进一步应用的瓶颈，变频器的出现很好地解决了这个问题。

一、实验目的

1. 了解三相异步电动机的变频控制技术。
2. 掌握松下通用型 VF0 系列变频器常用参数设置方法。
3. 熟悉松下通用型 VF0 系列变频器控制模式和控制方法。

二、实验器材

三相异步电动机、变频器（Panasonic BFV00042GK 型）。

三、实验原理

1. 三相异步电动机

三相异步电动机转子的转速低于旋转磁场的转速，转子绕组因与磁场间存在着相对运动而感生电动势和电流，并与磁场相互作用产生电磁转矩，实现能量变换。其工作原理（图 58 – 1）为：在从接线盒输入的频率为 f 的三相电作用下，在三相定子绕组与转子的缝隙中形成转速为 n_0 的旋转磁场，从而带动转子以转速 n 同方向旋转。

转子转速 n 的表达式为：

$$n = (1 - s)\frac{60f}{p}$$

式中，n 是额定转数，单位为 r/min；$s = \dfrac{n_0 - n}{n_0}$，称为转差率；n_0 是旋转磁场的转速，也称为同步转速；电机启动瞬间 $s=1$，空载运行 $s=0$，一般有载情况下为 $s=0.01 \sim 0.09$；f 是三相交流电流频率，单位为

Hz；p 是磁极对数，取决于三相定子绕组的分布方式，一般为 1，2，3，4，等等。

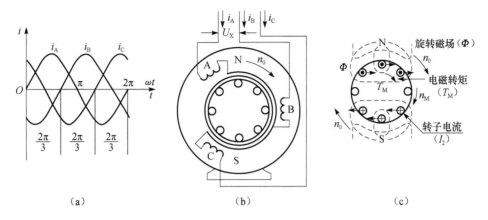

图 58-1　三相交流异步电动机的旋转原理
(a) 三相交变电流；(b) 三相绕组；(c) 旋转原理

因此，三相异步电动机的额定转速与电流的频率成正比例，与转差率和磁极对数成反比。由此可见，改变三相交流电的频率 f，或改变三相异步电动机的转差率 s，或改变三相异步电动机的磁极对数 p，都可以实现对三相异步电动机转速的调节，它们构成了三相异步电动机的三种调速模式。各种调速方式的特点如表 58-1 所示。

表 58-1　调速方式特点

调速方式	控制对象	特　点
变极调速		有级调速，系统简单，最多4段速
转子串电阻调速 （调压调速）	交流异步电动机	无级调速，调速范围窄 电机最大出力能力下降，效率低 系统简单，性能较差
变频调速	交流异步电动机 交流同步电动机	真正无级调速，调速范围宽 电机最大出力能力不变，效率高 系统复杂，性能好 可以和直流调速系统相媲美

2. 变频器基础

变频器（表 58-2）是交流电气传动系统的一种，是将交流工频电源转换成电压、频率均可变的适合交流电机调速的电力电子变换装置，英文简称 VVVF（Variable Voltage Variable Frequency）。变频技术是应交流电机无级调速的需要而诞生的。20 世纪 60 年代以后，电力电子器件经历了 SCR（晶闸管）、BJT（双极型功率晶体管）、MOSFET（金属氧化物场效应管）、IGBT（绝缘栅双极型晶体管）的发展过程，器件的更新促进了电力电子变换技术的不断发展。20 世纪 70 年代开始，作为变频技术核心的脉宽调制变压变频（PWM-VVVF）调速和优化研究引起了人们的高度重视。20 世纪 80 年代后半期开始，美、日、德等发达国家的 VVVF 变频器已投入市场并获得了广泛应用。

表 58-2　变频器分类

供电电源	低压	220 V/1PH、220 V/3PH、380 V/3PH
	高压	3 000、6 000、10 000 V/3PH
控制算法	通用	内置 V/F 控制方式，简单，性能一般
	高性能	内置矢量控制方式，复杂，高性能
变换方法（拓扑结构）	交直交	电压型（储能环节为电解电容）
		电流型（储能环节为电抗器）
	交交	无储能环节
注：交直交电压型变频器因结构简单，功率因素高，目前广泛使用。		

变频器是运动控制系统中的功率变换器，它总的发展趋势是：驱动的交流化，功率变换器的高频化，

控制的数字化、智能化和网络化。各变频器企业仍然在不断地提高可靠性实现变频器的进一步小型轻量化、高性能化和多功能化以及无公害化而做着新的努力。

3. 松下 VF0 系列变频器概述

松下变频器 VF0 系列是一款小巧、操作简单、可由 PLC 直接调节频率的小型产品，主要参数如表 58-3 所示。图 58-2 为变频器面板，图 58-3 为变频器操作板，各按钮说明如表 58-4 所示，图 58-4 为主回路端子接线方式，图 58-5 控制回路端子（远程控制端子）的接线方式，各接线端子的功能说明如表 58-5 所示。

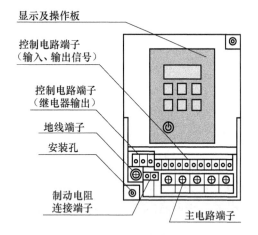

图 58-2 VF0 系列变频器面板示意图

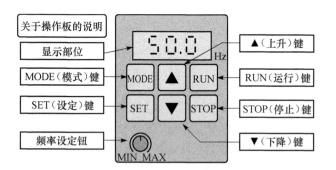

图 58-3 VF0 系列变频器操作板

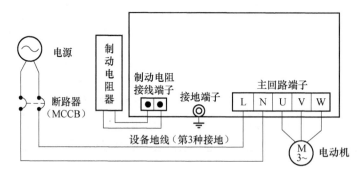

图 58-4 主回路端子接线方式

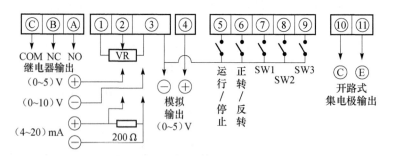

图 58-5 控制回路端子（远程控制端子）的接线方式

4. 松下 VF0 系列变频器参数设置与使用

（1）VF0 系列变频器各种模式的关系

VF0 由下列四种模式构成：

① 输出频率·电流显示模式【000/0.0A】

② 频率设定·监控模式【Fr】

③ 旋转方向设定模式【dr】

表58-3　Panasonic BFV00042GK 型变频器主要参数

输入电压	输出电压	适配马达	输出容量	输出频率范围	控制方式	频率间隔
单相 200~230 V AC.50/60 Hz	三相 200~230 V AC	0.4 kW	1.0 kV·A	0.5~250 Hz	高载波频率正弦波 PWM 控制（V/f 控制）	0.1 Hz

表58-4　操作板各按钮说明

显示部位	显示输出频率、电流、线速度、异常内容、设定功能时的数据及其参数 No.
RUN（运行）键	使变频器运行键
STOP（停止）键	使变频器运行停止的键
MODE（模式）键	切换"输出频率－电流显示""频率设定－监控""旋转方向设定""功能设定"等各种模式以及将数据显示切换为模式显示所用的键
SET（设定）键	切换模式和数据显示以及存储数据所用键。在"输出频率－电流显示模式"下，进行频率显示和电流显示的切换
UP（上升）键	改变数据或输出频率以及利用操作板使其正转运行时，用于设定正转方向
DOWN（下降）键	改变数据或输出频率以及利用操作板使其反转运行时，用于设定反转方向
频率设定钮	用操作板设定运行频率而使用的旋钮

表58-5　控制电路的接线端子功能说明

端子号	端子功能	关联数据
1	频率设定电位器连接端子（+5）	P09
2	频率设定模拟信号的输入端子	P09
3	(1)、(2)、(4)~(9) 输入信号的共用端子	
4	多功能模拟信号输出端子（0~5）	P58, 59
5	运行/停止、正转运行信号的输入端子	P08
6	正转/反转、反转运行信号的输入端子	P08
7	多功能控制信号 SW1 的输入端子	P19, 20, 21
8	多功能控制信号 SW2 的输入端子 PWM 控制的频率切换用输入端子	P19~21 P22~24
9	多功能控制信号 SW3 的输入端子 PWM 控制时的 PWM 信号输入端子	P19~21 P22~24
10	开路式集电极输出端子（C：集电极）	P25
11	开路式集电极输出端子（E：集电极）	P25
A	继电器接点输出端子（NO：出厂配置）	P26
B	继电器接点输出端子（NO：出厂配置）	P26
C	继电器接点输出端子（COM）	P26

④ 功能设定模式【P01】

通常情况下使用输出频率电流显示模式，施加电源时即是这种模式。

(2) 利用操作面板设定频率及正/反转功能（表58-6、表58-7）

在操作面板上设定频率和正转/反转功能有两种方式：

设定频率：[电位器设定方式]、[数字设定方式]。

正/反转运行：[正转运行/反转运行方式]、[运行/停止·旋转方向模式设定方式]。

设定频率功能：

◆电位器设定方式（将参数 P09 设定为"0"）

旋转操作板上的频率设定钮的角度进行设定。Min 的位置是停止，Max 的位置是最大设定频率。

◆数字设定方式（将参数 P09 设定为"1"）

按下操作面板上的"MODE"键，选择频率设定模式（Fr），按下"SET"键之后，显示出用▲上升键或▼下降键所设定的频率，按下"SET"键进行设定确定。另外，在运行过程中可以通过持续按着上升键或下降键而改变频率（而称为 MOP 功能）。但是，当参数 P08 为"1"时，MOP 功能不能使用。

正转/反转功能：

◆正转运行/反转运行方式（将参数 P08 设定为"1"）

按下操作面板上的▲键（正转）或▼（反转）来选择旋转方向，按下"RUN"键则开始运行，按下"STOP"键为停止运行。◆仅按下"RUN"键时不会运行。◆当频率设定为数字设定方式，MOP 功能不能使用。◆运行/停止·旋转方向模式设定方式（参数 P08 设定为"0"）。◆最初按两次"MODE"键使其变为旋转方向设定模式，用"SET"键显示旋转方向数据。◆用▲上升键或▼下降键改变旋转方向，用"SET"键进行设定。

▶然后，按下"RUN"键使用开始运行，按下"STOP"键使用停止运行。

表 58-6　选择运行指令（参数 P08）

设定数据	面板外控	复位功能	操作方法-控制端子连接图
0	面控	有	运行：RUN，停止：STOP，正转/反转：用 dr 模式设定
1	面控	有	正转：UPRUN，反转：DOWNRUN，停止：STOP
2	外控	无	共用端子 ON：运行，OFF：停止 ON：反转，OFF：正转
4	外控	有	
3	外控	无	共用端子 ON：正转运行，OFF：停止 ON：反转运行，OFF：停止
5	外控	有	

表 58-7　频率设定信号（参数 P09）

设定数据	面板外控	设定信号内容	操作方法-控制端子连接图
0	面板外控	电位器设定（操作板）	Max：最大频率，Min：最低频率
1		数字设定（操作板）	用 MODE，UP，DOWN，SET，
2		电位器	端子 No.1，2，3
3		0~5 V（电压信号）	端子 No.2，3
4		0~10 V（电压信号）	端子 No.2，3
5		4~20 mA（电压信号）	端子 No.2，3，在 2~3 之间连接 200 Ω

（3）松下 VF0 系列变频器的特性参数

变频器的输出频率（电动机的转速）、启动加速时间、制动减速时间等所有功能以及控制端子的使用，都和特性参数相关联，对于松下 VF0 系列变频器，这类特性参数一共有 70 个。其参数内容可以通过变频器面板上的功能按钮设定，设定方法参考按钮使用说明和下面的举例。部分常用特性参数见表 58-8。

表 58-8　部分特性参数列表

参数编码	功能名称	设置范围	出厂数据
P01	第 1 加速时间/s	0.1~999	05.0
P02	第 1 减速时间/s	0.1~999	05.0
P03	V/f 方式	50/60/FF	50
P08	选择运行指令	0~5	0
P09	频率设定信号	0~5	0
P15	最大输出频率/Hz	50~250	50.0
P16	基底频率/Hz	45~250	50.0
P19	选择 SW1 功能	0~7	0
P20	选择 SW2 功能	0~7	0
P21	选择 SW3 功能	0~7	0
P29	点动频率/Hz	0.5~250	10.0
P30	点动加速时间/s	0.1~999	05.0
P31	点动减速时间/s	0.1~999	05.0
P32	第二速度频率/Hz	0.5~250	20.0
P33	第三速度频率/Hz	0.5~250	30.0
P34	第四速度频率/Hz	0.5~250	40.0
P35	第五速度频率/Hz	0.5~250	15.0
P36	第六速度频率/Hz	0.5~250	25.0
P37	第七速度频率/Hz	0.5~250	35.0
P38	第八速度频率/Hz	0.5~250	45.0
P53	下限频率/Hz	0.5~250	00.5
P54	上限频率/Hz	0.5~250	250
P66	设定数据清除（初始化）	0/1	0

(4) SW 功能选择（参数 P19、P20、P21）

设定 SW_1、SW_2、SW_3（控制电路端子 No.7、8、9）的控制功能，详见表 58-9。

表 58-9　部分特性参数列表

设定数据		多速 SW_1 输入	多速 SW_2 输入	多速 SW_3 输入
	0	多速 SW_1 输入	多速 SW_2 输入	多速 SW_3 输入
	1	输入复位	输入复位	输入复位
	2	输入复位锁定	输入复位锁定	输入复位锁定
	3	输入点动选择	输入点动选择	输入点动选择
	4	输入外部异常停止	输入外部异常停止	输入外部异常停止
	5	输入惯性停止	输入惯性停止	输入惯性停止
	6	输入频率信号切换	输入频率信号切换	输入频率信号切换
	7	输入第二特性选择	输入第二特性选择	输入第二特性选择
	8	—	—	设定频率▲·▼

将 SW 功能设定为多速功能时的 SW 输入组合动作如表 58-10 所示。

表 58-10　多速 SW 功能设置

SW_1（端子 No.7）	SW_2（端子 No.8）	SW_3（端子 No.9）	运行频率
OFF	OFF	OFF	第 1 速
ON	OFF	OFF	第 2 速
OFF	ON	OFF	第 3 速
ON	ON	OFF	第 4 速
OFF	OFF	ON	第 5 速
ON	OFF	ON	第 6 速
OFF	ON	ON	第 7 速
ON	ON	ON	第 8 速

(5) VF0 系列变频器变频控制示例

例 1　变频器"选择运行指令"功能代码 P08 的参数设置为"1"，其他功能代码保持出厂设置，频率设定旋钮已处于"MAX"位置。由操作板控制反转运行、25 Hz 输出频率；一段时间后变为正转运行，输出频率 25 Hz。设定如下：

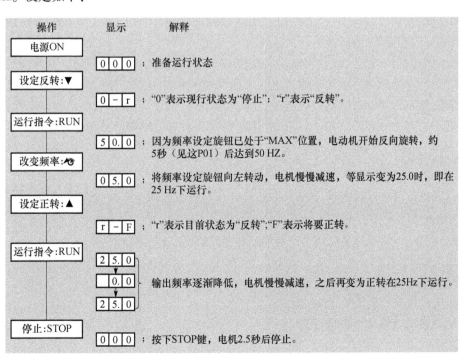

例2 多段速度设定（图58-6），1速为50 Hz，2~8速频率为出厂数据的情况。

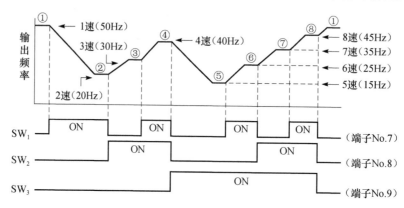

图58-6 用SW开关信号实现8种频率切换

◆第1速为用参数P09所设定的频率设定信号的指令值；
◆第2~8速为用参数P32~P38所设定的频率；
◆异常跳闸时，一旦使SW信号进入ON状态，然后OFF既可解除异常跳闸状态。

四、实验内容

1. 通过变频器面板控制电机

采用数字式设定方式设定输出频率，代码P09=1，用操作板进行运行/停止控制，旋转方向设定模式代码P08=0时，控制变频系统先按50Hz正转启动运行，一段时间后，再变为反转运行，输出频率为25 Hz。加速和减速时间分别为3 s和5 s。

2. 通过变频器输入端子控制电机

完成例2多速控制过程。

五、注意事项

1. 接线、拆线一定请确认电源处于断开状况下再进行。
2. 电源连接到输入端子（L，N）上，电动机连接到输出端子（U，V，W）上。在输出端子U、V、W处连接交流电源，变频器将被损坏。
3. 在频率设定中使用4~20 mA信号时，一定要连接200 Ω、1/4 W的电阻，否则变频器可能损坏。
4. 一定要在盖上端子罩以后再接通输入电源，运行时不要触摸变频器的端子和内部。
5. 请勿触摸散热片、制动电阻器，以避免烫伤。
6. 使用中更多的问题可参阅《Panasonic通用型VF0系列变频器使用手册》。

六、研究与讨论

将VF0变频器与可编程序控制器结合，用来模拟一个平面运动小车变频调速的基本控制过程。

实验59 变频器的PLC控制研究

【预习要点】

1. 三相异步电动机有哪几种调速方式？
2. 说明三相异步电动机变频调速原理。
3. 预习变频器和PLC的相关知识。

将PLC与变频器结合，实现三相异步电机的自动化控制，是工业生产线、仓库自动化控制中经常用到的控制模式。

一、实验目的

1. 了解 PLC、变频器的实际应用。
2. 掌握 PLC 与变频器的连接方法。
3. 进一步熟悉 PLC 的编程与变频器的设置。

二、实验器材

PLC 实验箱、计算机、变频器、三相异步电动机。

三、实验任务

电机以初段频率正转启动，10 秒后到达第 1 速度，又 10 秒转到第 2 速度，依次到第 4 速度；第 4 速度停留 10 秒后再以第 4 速度反转，然后到第 3 速度，依次直到初段速度，然后停车。四段速度的频率设置分别为 5Hz、15Hz、45 Hz、90Hz。

四、注意事项

1. 接线、拆线一定请确认电源处于断开状况下再进行。
2. 电源连接到输入端子（L, N）上，电动机连接到输出端子（U, V, W）上。在输出端子 U, V, W 处连接交流电源，变频器将被损坏。
3. 一定要在盖上端子罩以后再接通输入电源，运行时不要触摸变频器的端子和内部。
4. 更多的问题可参阅本书第 8 讲"PLC 应用技术"和实验 58 "电机控制与变频器应用研究"，也可参阅相关 PLC 和变频器使用手册。

五、实验要求

1. 写出变频器的参数设置表。
2. 画出控制电路连线图。
3. 写出 PLC 的资源分配表、梯形图和指令表，并运行程序。

六、研究与讨论

进一步研究变频器的特性参数和控制模式，用 PLC 实现其他的过程控制。

实验 60　电子工艺基础

【预习要点】
1. 熟悉实验涉及的元器件、电路图、印刷版图以及所用实验器材。
2. 认真阅读本书 11.6、12.1 等章节。

许多院校的电学专业开设电子工艺实习课程，电子系统的组装与焊接技术是电子工艺实习的基本内容，它包括电阻、电容、电感等元器件、组件识别，电路图、印刷电路板图识别，手工焊接技术等内容。

一、实验目的

1. 掌握常用元器件的参数和应用。
2. 掌握电路图、印刷电路板图识别方法。

3. 掌握手工焊接技术。

二、实验器材

电子系统套件（如收音机等）、电烙铁、电焊台、焊锡丝、万用表、直流稳压电源、信号源、示波器等。

三、实验任务

完成一个指定简单电子系统的组装、焊接与调试工作。

四、实验要求

1. 认真预习相关知识。
2. 电路元器件组装正确、整齐、合理，焊点大小均匀、光滑。
3. 能够实现预期功能，并将调试完毕的作品送教员检验。

五、注意事项

1. 焊接前认真阅读说明书、电路图、印刷板图，逐个核对元器件，有缺损元器件当场声明。
2. 正确使用电烙铁、焊锡丝、万用表，注意安全用电。
3. 分清印刷板图的焊点面、元件面，一般按照先小后大、先低后高、逐个进行的原则焊接元器件。
4. 焊接带有方向的元器件，如 LED、电解电容、集成块、二极管、三极管时，要特别注意焊点位置。
5. 各元器件力争一次焊接到位，尽量避免拆焊。
6. 每个实验限 1~2 天完成，可以在课外进行。

实验 61　薄壁圆筒弯扭组合变形下主应力测定

【预习要点】

弯扭组合变形下一点主应力测定的理论解法与实验测量方法；电测实验技术相关内容。

在大多数情况下，工程机械构件或结构不仅仅只受单一载荷作用，而且受两种或多种载荷的共同作用，比如大多数机械设备的传动轴和曲柄等。本实验介绍了圆管在弯扭组合变形下，某点处主应力和主方向的实验测定及其误差分析。

一、实验目的

1. 用电测法测定平面应力状态下主应力大小及方向，与理论值比较，验证叠加原理。
2. 进一步掌握电测法。

二、实验器材

XL3418 组合式材料力学多功能实验台中的弯扭组合实验装置、XL2118 系列力与应变综合参数测试仪、电阻应变片、力传感器、游标卡尺、钢板尺。

三、实验任务

1. 理论方法确定主应力和主方向

薄壁圆筒受弯扭组合作用，使圆筒发生组合变形，圆筒的 m 点处于平面应力状态（图 61-1）。

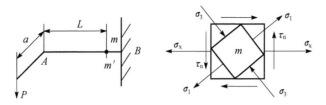

图 61-1 圆筒 m 点应力状态

在 m 点单元体上作用有由弯矩引起的正应力 σ_x，由扭矩引起的剪应力 τ_n，主应力是一对拉应力 σ_1 和一对压应力 σ_3，单元体上的正应力 σ_x 和剪应力 τ_n 可按下式计算：

$$\sigma_x = \frac{M}{W_z}, \quad \tau_n = \frac{M_n}{W_T}$$

式中，M——弯矩，$M = P \cdot L$；

M_n——扭矩，$M_n = P \cdot a$；

W_z——抗弯截面模量，对空心圆筒：

$$W_z = \frac{\pi D^3}{32}\left[1 - \left(\frac{d}{D}\right)^4\right]$$

W_T——抗扭截面模量，对空心圆筒：

$$W_T = \frac{\pi D^3}{16}\left[1 - \left(\frac{d}{D}\right)^4\right]$$

由二向应力状态分析可得到主应力及其方向为：

$$\sigma_3^1 = \frac{\sigma_x}{2} \pm \sqrt{\left(\frac{\sigma_x}{2}\right)^2 + \tau_n^2}$$

$$\tan 2\alpha_0 = \frac{-2\tau_n}{\sigma_x}$$

2. 电测法确定主应力和主方向

如图 61-1 所示，圆管的 m 点处于平面应力状态。若在 xy 平面内，沿 x、y 方向的线应变为 ε_x、ε_y，切应变为 γ_{xy}，根据应变分析，沿与 x 轴成 α 角的方向 n（从 x 到 n 顺时针的 α 为正）线应变为：

$$\varepsilon_\alpha = \frac{\varepsilon_x + \varepsilon_y}{2} + \frac{\varepsilon_x - \varepsilon_y}{2}\cos 2\alpha - \frac{1}{2}\gamma_{xy}\sin 2\alpha \qquad (61-1)$$

ε_α 随着 α 的变化而改变，在两个互相垂直的主方向上，ε_α 达到极值，称为主应变。主应变由下式计算：

$$\left.\begin{array}{c}\varepsilon_1 \\ \varepsilon_2\end{array}\right\} = \frac{\varepsilon_x + \varepsilon_y}{2} \pm \frac{1}{2}\sqrt{(\varepsilon_x - \varepsilon_y)^2 + \gamma_{xy}^2} \qquad (61-2)$$

主方向 α_0 由下式确定：

$$\tan 2\alpha_0 = -\frac{\gamma_{xy}}{\varepsilon_x - \varepsilon_y} \qquad (61-3)$$

对线弹性的各向同性材料，主应变 ε_1、ε_2 和主应力 σ_1、σ_2 的方向一致，由下列广义胡克定律建立联系：

$$\left.\begin{array}{l}\sigma_1 = \dfrac{E}{1-\mu^2}(\varepsilon_1 + \mu\varepsilon_2) \\ \sigma_2 = \dfrac{E}{1-\mu^2}(\varepsilon_2 + \mu\varepsilon_1)\end{array}\right\} \qquad (61-4)$$

实测时由 a、b、c 三枚应变片，组成直角应变花（图 61-2），将其粘贴在圆筒固定端附近的上表面点 m。如图，选定 x 轴，则 a、b、c 三枚应变片的 α 角分别为 $-45°$、$0°$、$45°$，代入式（61-1），得出沿这三个方向的线应变，分别是：

$$\varepsilon_{-45°} = \frac{\varepsilon_x + \varepsilon_y}{2} + \frac{\gamma_{xy}}{2}, \quad \varepsilon_{0°} = \varepsilon_x, \quad \varepsilon_{45°} = \frac{\varepsilon_x + \varepsilon_y}{2} - \frac{\gamma_{xy}}{2}$$

从以上三式中解出：

$$\varepsilon_x = \varepsilon_{0°},$$
$$\varepsilon_y = \varepsilon_{45°} + \varepsilon_{-45°} - \varepsilon_{0°},$$
$$\gamma_{xy} = \varepsilon_{-45°} - \varepsilon_{45°} \tag{a}$$

由于 $\varepsilon_{0°}$、$\varepsilon_{45°}$ 和 $\varepsilon_{-45°}$ 可以直接测定，所以，ε_x、ε_y 和 γ_{xy} 可由测量的结果求出。将它们代入式（61-2），得主应变：

$$\left.\begin{array}{c}\varepsilon_1\\ \varepsilon_2\end{array}\right\} = \frac{\varepsilon_{-45°} + \varepsilon_{45°}}{2} \pm \frac{\sqrt{2}}{2}\sqrt{(\varepsilon_{-45°} - \varepsilon_{0°})^2 + (\varepsilon_{45°} - \varepsilon_{0°})^2} \tag{61-5}$$

将 ε_1 和 ε_2 代入胡克定律式（61-4），便可确定 m 点的主应力。将式（a）代入（61-3），可得：

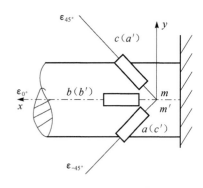

图 61-2 测点应变花布置图

$$\tan 2\alpha_0 = \frac{\varepsilon_{45°} - \varepsilon_{-45°}}{2\varepsilon_{0°} - \varepsilon_{-45°} - \varepsilon_{45°}} \tag{61-6}$$

由上式可解出相差 $\frac{\pi}{2}$ 的两个 α_0，以确定两个相互垂直的主方向。找出 $\varepsilon_{0°}$、$\varepsilon_{45°}$ 和 $\varepsilon_{-45°}$ 中测量应变值最大的，则两个主方向中与其最靠近的为最大主应力方向。

四、实验要求

1. 设计好本实验所需的各类数据表格。
2. 测量 a，L（如图 61-1 所示）。
3. 按实验任务，贴片并连线。
4. 拟订加载方案。先选取适当的初载荷 P_0（一般取 $P_0 = 10\% P_{max}$ 左右），本实验载荷范围 $P_{max} \leq 500$ N，分 8 级加载。
5. 实验重复 3 次。
6. 理论值与实验值比较。

五、研究与思考

主应力测量中，应变花是否可以沿任意方向粘贴？

实验 62　光测弹性研究

【预习要点】

预习光弹性仪的构造和光路布置；光测弹性法的原理。

光测弹性法，与电测法一样，也是实验应力分析中经常使用的方法。光测弹性法直观性强，可以测量模型内部和表面各点处的应力和应变，能够较准确地反映应力和应变的各种变化的分布，但是，该实验的周期较长，影响测量精度的因素较多。

一、实验目的

1. 熟悉光弹性实验仪，了解用偏振光测定应力的基本原理。
2. 观察几种受力模型的等差线和等倾线。

二、实验器材

409-2 型光弹性实验仪（参阅 15.1 节）、光弹性受力模型。

三、实验任务

利用光弹性实验仪观测给定试件的等差线和等倾线。

四、实验要求

1. 了解光弹性实验仪的各个元件名称与作用。
2. 布置圆偏振光场,并调出几种受力模型的等差线和等倾线(参考图62-1)。

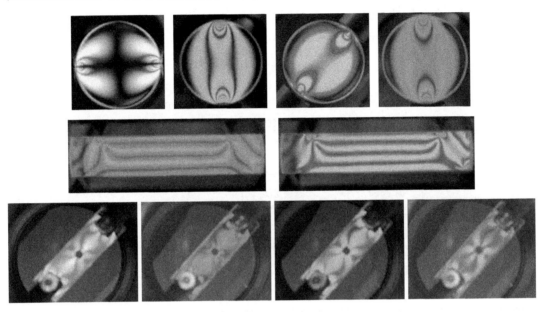

图62-1 受力模型等倾线图

3. 分析几种受力模型的条纹特点及原因。

五、研究和思考

1. 实验中,仔细观察成像图,当载荷逐渐增加时,构件的条纹会发生什么变化?
2. 光弹实验是一种什么性质的力学实验?在工程实际中有哪些作用?

实验63 材料动态力学性能研究

【预习要点】

利用SHPB试验装置进行材料动态力学性能测试的原理及装置使用;动态信号测试分析系统软件、硬件的使用。

本实验为自主研究性实验项目,利用分离式Hopkinson压杆试验装置可研究材料在高应变率($10^2 \sim 10^4 \text{ s}^{-1}$)下的力学性能,也可将装置作为提供冲击载荷的设备研究更多的冲击问题。

一、实验目的

1. 了解Hopkinson压杆试验装置的基本原理、构造和操作。
2. 了解动态应变测试方法及动态信号测试分析系统软件、硬件的使用。
3. 自主选择研究材料,在教师协助下完成其动态力学性能的测试分析,书写论文。

二、实验器材

Hopkinson压杆试验装置、动态信号测试分析系统、电阻应变片、接线盒、电烙铁等。

三、实验原理

1. Hopkinson 压杆试验装置基本原理

摆锤、落锤以及飞轮式或凸轮式的冲击试验装置所施加的冲击载荷,只能用于研究应变率在 $10^{-1} \sim 10^2 \mathrm{s}^{-1}$ 范围内材料的变形行为。对于应变率在 $10^2 \sim 10^4 \mathrm{s}^{-1}$ 的高应变率试验,必须考虑装置和试件本身的惯性效应。1914 年,Hopkinson 提出 Hopkinson 压杆试验装置,当时仅用于测量脉冲的波形。1949 年,Kolsky 将压杆分为两段,试件置于其中,这样便改进成一种分离式 Hopkinson 压杆,简称 SHPB,从而可以直接测量试件在高应变率下的应力、应变与应变率之间的关系。至今,分离式 Hopkinson 压杆实验已成为材料动态力学性能的测量与研究的有力工具,针对所研究问题性质的不同,分离式 Hopkinson 压杆装置的形式也是多种多样的,有可以直接撞击的 Hopkinson 压杆试验,也有可以进行动态拉伸的试验。典型的 Hopkinson 压杆装置如图 63-1 所示。

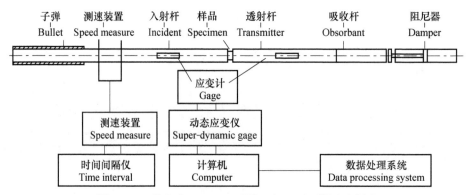

图 63-1 分离式 Hopkinson 压杆(SHPB)装置示意图

分离式 Hopkinson 压杆实验是目前测量材料在高应变率($10^2 \sim 10^4 \mathrm{s}^{-1}$)下动态应力-应变曲线的最好方法,根据实验中波导杆为弹性以及波导杆和试件均保持一维应力状态的假设,可以由波导杆上测试得到入射波、反射波和透射波,可以求得试件上的应变率、应变和应力,进而获得某一应变率下试件材料的动态压缩应力应变关系曲线。

根据一维应力波理论,假设 E、c 和 A 分别为压杆的弹性模量、波速和横截面积,试样的初始横截面积和初始长度分别为 A_0、l_0,试样受力均匀,平面假设成立,则有(式中,下标 I、R、T 分别表示入射、反射、透射):

$$\varepsilon_\mathrm{I}(t) + \varepsilon_\mathrm{R}(t) = \varepsilon_\mathrm{T}(t) \tag{63-1}$$

试样材料的平均应变:

$$\varepsilon(t) = \frac{c}{l_0} \int_0^t [\varepsilon_\mathrm{I}(t) - \varepsilon_\mathrm{R}(t) - \varepsilon_\mathrm{T}(t)] \mathrm{d}t \tag{63-2}$$

应变率:

$$\dot{\varepsilon}(t) = \frac{c}{l_0} [\varepsilon_I(t) - \varepsilon_\mathrm{R}(t) - \varepsilon_\mathrm{T}(t)] \tag{63-3}$$

应力:

$$\sigma(t) = \frac{A}{2A_0} E[\varepsilon_\mathrm{I}(t) + \varepsilon_\mathrm{R}(t) + \varepsilon_\mathrm{T}(t)] \tag{63-4}$$

式(63-2)、式(63-3)、式(63-4)称为三波法公式。式中,应力、应变均以压为正。将式(63-1)代入式(63-2)、式(63-3)、式(63-4),可将此三式分别简化为:

$$\left. \begin{array}{l} \varepsilon(t) = -\dfrac{2c}{l_0} \int_0^t \varepsilon_\mathrm{R}(t) \mathrm{d}t \\[2mm] \dot{\varepsilon}(t) = -\dfrac{2c}{l_0} \varepsilon_\mathrm{R}(t) \\[2mm] \sigma(t) = \dfrac{A}{A_0} E \varepsilon_\mathrm{R}(t) \end{array} \right\} \tag{63-5}$$

式（63-5）即为经典的二波法测试数据处理公式，根据它可以得到试样材料的应力应变关系，计算出试件材料的动态弹性模量。

由于 SHPB 中兼备冲击加载和动态测量作用的入射杆、透射杆始终处于弹性状态，允许忽略应变率效应而只计应力波之传播；另一方面，夹在入射杆和透射杆之间的试件由于长度足够短，使得应力波在试件两端间传播所需时间与加载总历时相比小得足以可把试件视为处于均匀变形状态，从而允许忽略试件中的应力波效应而只计其应变率效应。这样，压杆和试件中的应力波效应和应变率效应都得到解决，试件材料力学响应的应变率相关性可以通过弹性杆中应力波传播的信息来确定。对于试件而言，这相当于高应变率下的"准静态"试验；而对于压杆而言，这相当于由波传播信息反求相邻材料的本构响应。由此可见，研究材料动态本构特性，应力波传播的分析都起着关键作用。这是与准静态试验研究最大的区别所在。

2. 动态信号测试分析系统

动态信号的采集需要采用动态测量系统。动态电阻应变测量的基本原理与静态测量相同，有关应变测量的点位及方位的确定、测量电桥的组成、温度效应的补偿、应变片的粘贴及防护、测量导线的连接与固定等工作，均可按与静态测量时相同的方法进行。值得注意的是，选择应变片时，应考虑应变片的频率响应与疲劳寿命。动态测量仪器的选用，应根据被测信号的类型、特点及测量要求来确定。对于一般的机械工程中频率在十千赫以下的动应变，均可以采用动态电阻应变仪进行测量。而超动态电阻应变仪可以测量应变变化高达几千赫兹至几个兆赫的动态应变，如高速冲击、爆炸等。本实验室提供的仪器为 DH5920N 动态信号测试分析系统，包括动态信号测试所需的信号调理器等集成化的硬件系统和控制分析软件，其使用方法请参看仪器说明书。

四、实验任务和要求

实验应选择实际使用的或具有一定使用前景的材料，加工成标准的试件，进行测试。实验前，学生应熟悉仪器系统的使用，并制订出实验方案，在与指导教师充分讨论的基础上，完成实验内容，撰写实验论文。

五、注意事项

SHPB 试验装置采用气炮发射冲击杆，因此实验前，一定要熟悉装置的开启顺序和操作规程，做好安全防护工作。

六、研究和思考

1. 研究材料动静态力学特性的实验方法有哪些？各有哪些指标参数？
2. 材料动静态力学性能各有什么特点？

第六篇

自主设计性实验

本篇编写了 25 个实验项目，它们绝大多数是设计性、应用性较强的实验，一般要求学生利用业余时间自主完成，进一步提高同学们的自主设计能力，拓展知识面。

实验 64 混沌现象

【预习要点】
1. 什么是混沌，如何实现电路的混沌现象？
2. 分析讨论你所观察到的混沌现象有哪些特征，并列举一些其他的混沌现象。

长期以来，人们在认识和描述运动时，大多只局限于线性动力学描述方法，即确定的运动有一个完美确定的解析解。直到 1963 年，美国气象学家 Lorenz 在分析天气预报模型时，首先发现空气动力学中的混沌现象，该现象只能用非线性动力学来解释。如今，非线性科学已成为 21 世纪科学研究的一个重要方向。非线性科学的研究对了解生物、物理、化学、气象等学科都有重要意义。混沌作为非线性科学中的主要研究对象之一，在许多领域都得到了证实和应用。混沌作为一门新学科，填补了自然界决定论和概率论的鸿沟。混沌是对经典决定论的否定，但本身有它特有的规律。研究混沌的目的是要揭示貌似随机的现象背后所隐藏的规律。

本实验通过建立一个非线性电路，该电路包括有源非线性电阻、LC 振荡器和 RC 移相器三部分；采用物理实验方法研究 LC 振荡器产生的波函数与经过 RC 移相器移相的波函数合成的相图（李萨如图），观测非线性电路中倍周期分岔产生混沌的全过程；同时了解混沌现象的一些基本特征。

一、实验目的

1. 通过对非线性电路的分析，了解产生混沌现象的基本条件。
2. 通过调整蔡氏电路的参数，学习用示波器观察倍周期分岔走向混沌的过程。
3. 用示波器观察非线性电阻的 $I-U$ 特性曲线。

二、实验器材

示波器、函数信号发生器、FB715 - I 型物理设计性实验装置。

	名　称	数　量	型号规格
1	交流电源	1 台	$0 \sim 6 \sim 12 \sim 18$ V 可选
2	整流二极管	4 只	$1N4007 \times 4$
3	集成运放	1 块	LF353
4	集成块座	1 只	双运放座
5	电容	4 只	$22 \text{ nF} \times 1, 0.1 \text{ μF} \times 1, 470 \text{ μF}/35 \text{ V} \times 2$
6	电位器	2 只	$220 \text{ Ω} \times 1, 1\text{k} \text{ Ω} \times 1$
7	电阻	7 只	$100 \text{ Ω} \times 2, 1\text{k} \text{ Ω} \times 1, 2\text{k} \text{ Ω} \times 1, 10\text{k} \text{ Ω} \times 2, 200 \text{ Ω} \times 1$
8	线圈	1 只	1 000 匝
9	短接桥和导线	若干	短接桥 $\times 10$, 导线 $\times 19$
10	9 孔用插件板	1 块	$297 \text{ mm} \times 300 \text{ mm}$

三、实验任务

1. 观察倍周期现象、单吸引子和双吸引子等电路混沌现象；
2. 测量有源非线性负阻的伏安特性。

四、实验要求

1. **倍周期现象、单吸引子和双吸引子的观察、记录和描述**

按图 64 - 1、图 64 - 2 连接电路，将电容 C_1，C_2 上的电压输入到示波器的 CH1，CH2 通道上，在示波器上观测图 64-3 所示的相图（李萨如图）。先把 ($R_7 + R_8$) 调到最小，示波器屏上可观察到一条直线，而后先反向调节 R_8（微调）至最大，可看到直线变为椭圆，再反向调节 R_7（粗调），图形会变得更圆，但到某一位置时，图形会突然缩为一点。此时应增大示波器的倍率，正向缓慢微调 R_8（调小），可见曲线作倍周期变化，曲线由一周期增为二周期，由二周期倍增至四周期，……直至一系列难以计数的无首尾的环状曲线，这是一个单涡旋吸引子集。继续正向细微调节 R_8，单吸引子突然变成了双吸引子，只见环状曲线在两个向外涡旋的吸引子之间不断填充与跳跃，这就是混沌研究文献中所描述的"蝴蝶"图像，也是一种奇怪吸引子，它的特点是整体上的稳定性和局域上的不稳定性同时存在。观察并记录不同倍周期时 U_{c1}-U_{c2} 相图及它们各自的波形曲线。

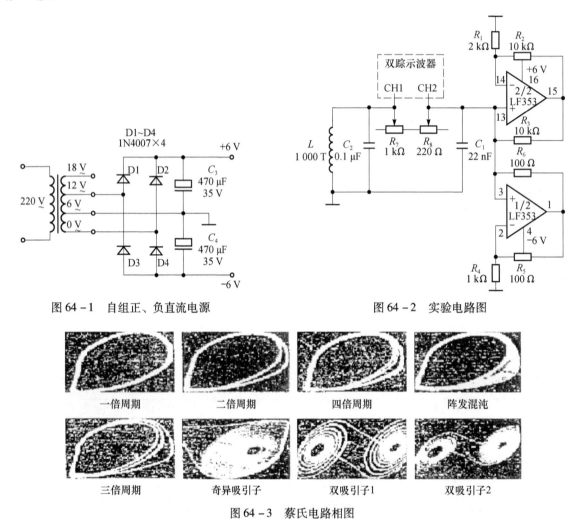

图 64-1 自组正、负直流电源　　　　图 64-2 实验电路图

图 64-3 蔡氏电路相图

2. 观察有源非线性电阻的伏安特性

按图 64-4 接线，图中 R 是图 64-2 所示 C_1 右侧的等效非线性电阻，信号源 U_S 为三角波，其输出峰值为 15 V，频率为 30 Hz。为测量电流 i，在电路中串联了一个 200 Ω 的取样电阻 R_t，其电压 $U_2 = -200 i$。让 U_1、U_2 分别接入数字示波器的 CH1、CH2 通道，示波器工作于 X-Y 模式，即可在显示屏直接看到该非线性电阻的伏安特性曲线。

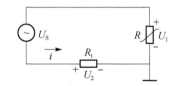

图 64-4 测非线性电阻电路图

实验 65　图像处理

【预习要点】

1. 几何变换有几种类型？灰度变换有什么优点？

2. 图像增强和图像分割有什么区别？
3. 数学形态学有什么优点？
4. 图像复原为什么要建立退化模型？

随着人工智能和多媒体技术的发展，图像处理技术的应用越来越广泛。图像处理具有理论性强、内容多、跨度大、覆盖面广等特点，采用 THRPM–型图像内容监控实验系统教学，学员可以与本系统的计算机图像处理软件交互，可直观地了解到图像处理的过程，算法编程及运行方式，有利于学员深入了解图像处理的原理和方法。

一、实验目的

1. 理解图像处理的原理和处理手段。
2. 学会用图像内容监控实验系统采集并处理图像。

二、实验器材

THRPM–1 型图像内容监控实验系统、计算机、摄像头。

三、实验任务

1. 查阅相关资料，了解图像处理的基本原理及方法，拟定实验内容。
2. 自选摄像对象，采用适合的图像处理方法对原图像进行处理。

四、实验要求

1. 熟悉 THRPM–1 型图像内容监控实验系统软件界面和功能。
2. 利用系统采集图像，掌握不同格式的图像采集转换。
3. 利用图像处理操作菜单对捕获图像进行处理并比较处理效果。
4. 将原图及处理过的图片复制到电子实验报告上，并说明做了哪些处理。

五、研究与思考

1. 灰度变换是否属于图像增强？举几种典型类型。
2. 图像分割算法具备哪些特点？
3. 图像复原有几种典型类型？比较其优缺点。

实验 66　PN 结物理特性

【预习要点】
1. 说明 PN 结电流与电压关系的分布规律。
2. 如何求得玻尔兹曼常数？
3. 说明 PN 结的温度特性。
4. 什么是禁带宽度？

电子技术发展到今天的水平，首先要归功于半导体材料的发现和半导体器件制造工艺的不断完善。无论是制造单个半导体器件，还是制造大规模集成电路，都需要用半导体材料作为芯片，并且都以 PN 结作为器件的核心。半导体 PN 结的物理特性是物理学和电子学的重要基础内容，掌握 PN 结基本特性和工作机理，有助于对半导体器件外部特性的理解。

一、实验目的

1. 学会测量 PN 结伏安特性曲线及玻尔兹曼常数。
2. 学会测量 PN 结温度特性。
3. 学习用运算放大器组成电流－电压变换器测量弱电流。

二、实验器材

FD－PN－4 型 PN 结特性测定仪（直流电源、数字电压表、实验板以及干井测温控温装置）。

三、实验任务

1. 查阅相关资料，明确 PN 结的物理特性参数，设计实验内容，拟定步骤和数据表格（写在预习报告上）；
2. 正确选择仪器，熟悉仪器操作，自主完成参数测量。

四、实验要求

1. 测量 PN 结扩散电流与结电压关系，证明此关系遵循指数分布规律，并较精确地测出玻尔兹曼常数。

（1）实验线路如图 66－1 所示。TIP31 型三极管带散热板，调节电压调至低点位，为保持 PN 结与周围环境一致，把 TIP31 型三极管置放于干井槽中，干井槽的温度由温度显示读取。

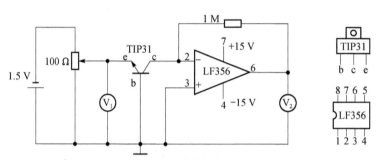

图 66－1　PN 结扩散电流与结电压关系测量线路图

（2）在室温情况下，测量三极管发射极与基极之间电压 U_1 和相应电压 U_2。在常温下 U_1 的值约从 0.300 V 开始每隔 0.010 V 测一次数据，至 U_2 值达到饱和时（U_2 值变化较小或基本不变），结束测量。在开始和结束时都要记录干井槽内温度 θ，取温度平均值 $\bar{\theta}$。

（3）改变干井恒温器温度，待 PN 结与干井槽温度一致时，重复测量 U_1 和 U_2 的关系数据，并与室温测得的结果进行比较。

（4）曲线拟合求经验公式，计算 e/k 常数，将电子的电量作为标准值代入，求出玻尔兹曼常数并与公认值进行比较。（$k = 1.380\ 658 \times 10^{-23}\,\mathrm{J \cdot K^{-1}}$）

2. 测量 PN 结电压 U_{be} 与热力学温度 T 的关系，求得该传感器的灵敏度 S，并近似求得硅材料 0K 时的禁带宽度 E_{go}。（$U_{\mathrm{be}} = ST + E_{\mathrm{go}}$）

（1）实验线路如图 66－2 所示，测温电路如图 66－3 所示。其中数字电压表 V_2 通过双向开关，既作测温电桥指零用，又作监测 PN 结电流用，保持电流 $I = 100\,\mu\mathrm{A}$。

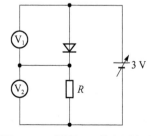　　　　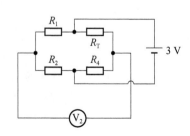

图 66－2　测量 PN 结电压电路　　　　图 66－3　测温电路

(2) 通过调节图 66-2 电路中电源电压，使电阻 $R = 10 \text{ k}\Omega$ 通恒定电流 $I = 100 \text{ μA}$。从室温开始每隔 5 ℃~10 ℃测一次 U_{be} 值（即 U_1）与温度 T（℃）关系，求得 $U_{be} - T$ 关系（至少测 6 组以上数据）。

(3) 用最小二乘法对 $U_{be} - T$ 关系进行直线拟合，求出 PN 结测温灵敏度 S 及近似求得温度为 0K 时硅材料禁带宽度 E_{go}。

(4) 同时用电桥测量铂电阻 R_T 的电阻值（V_2 开关拨到测温状态），由铂电阻 R_T 与温度的关系表查找实际温度。（选做）

五、研究与思考

1. PN 结温度特性实验中，如何保证电路电流保持不变？
2. 利用该仪器，如何设计一个温度传感器？

实验 67　微波分光

【预习要点】

1. 微波的特点是什么？
2. 什么是偏振现象？法布里-贝罗干涉仪测波长的原理是什么？布拉格衍射原理是什么？

微波在科学研究、工程技术、交通管理、医疗诊断、国防工业等方面都有广泛的应用。研究微波，了解它的特性具有十分重要的意义。微波和光都是电磁波，都具有波动这一共性，都能产生反射、折射、干涉和衍射等现象，因此用微波做波动实验与用光做波动实验所说明的波动现象及规律是一致的。微波的波长为 2.844 59 cm，由于微波的波长与光波的波长在数量级上相差一万倍左右，用微波来做波动实验比光学实验更直观、方便和安全。

一、实验目的

1. 了解微波光学系统。
2. 观察偏振现象，了解微波经喇叭极化后的偏振特性。
3. 了解法布里-贝罗干涉仪原理，并计算微波波长。
4. 了解微波在纤维中的传播特性。
5. 了解布拉格衍射实验原理，并测量立方晶格内的晶面间距。

二、实验器材

微波信号源、发射器组件、接收器组件、中心平台及其他配件。

三、实验任务

1. 认识微波光学系统。
2. 测量并分析微波的偏振特性。
3. 组装法布里-贝罗干涉仪，并测量微波的波长。
4. 测量微波在纤维中的传播特性。
5. 根据布拉格衍射原理，测量晶面间距。

四、实验要求

1. 阅读教材并查找资料，了解与实验有关的微波、偏振、法布里-贝罗干涉仪、纤维光学、布拉格衍射原理的相关知识。
2. 独立设计并完成实验。

实验 68　晶体声光效应

【预习要点】
1. 超声波的产生原理及驻波原理。
2. 超声光栅的形成及衍射特性。
3. 如何测量超声波的速度？

声光效应是指光通过受到超声波扰动的介质时发生的衍射现象。1921 年，布里渊曾预言：有压缩波存在的液体，当光束沿垂直于压缩波传播方向以一定角度通过时，将产生类似于光栅产生的衍射现象。布里渊的预言，不久被实验所证实。后来，人们不仅在液体中，而且在透明固体中也发现了这种现象。利用压电换能器在透明固体中激发超声波，让光通过，观察到了超声波中的光衍射现象。目前在激光、通信技术等领域声光效应已发挥着重要作用，得到了广泛的应用。

一、实验目的

1. 了解声光效应原理，观察光的衍射现象。
2. 学会利用超声光栅测量衍射特性及超声声速。

二、实验器材

激光器、声光调制器（声光晶体、驱动源）、透镜、小孔屏、观察屏、光强分布测量系统（光探头、功率计）。

三、实验任务

1. 查阅相关资料，明确声光效应原理，设计实验内容，拟定步骤和数据表格（写在预习报告上）；
2. 正确选择仪器，熟悉仪器操作，自主完成参数测量。

四、实验要求

1. *超声驻波场中光衍射的实验观察*

实验仪器如图 68 - 1 所示，仪器由安装在光学导轨上的激光器、驻波声光调制器、观察屏组成。

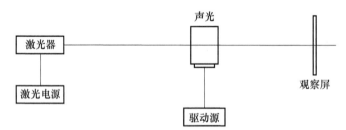

图 68 - 1　超声驻波场中光衍射观察

（1）开启激光电源，点亮激光器。
（2）令激光束垂直于声光介质的通光面入射（防止反射光又进入激光器，这样会引起激光器工作不稳定）。
（3）打开电源，开启声光调制器驱动源，观察衍射光斑，同时调节驱动电压和频率，令衍射最强，观察衍射光斑形状。
（4）改变声光调制器的方位角，观察不同入射角情况下的衍射光斑。

2. *观察超声驻波场的像，测量声波的传播速度。*

实验仪器如图 68 - 2 所示，仪器由安装在光学导轨上的激光器、小孔屏、声光调制器、透镜、观察屏组成。

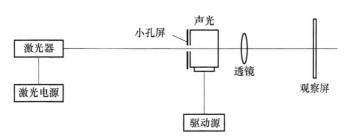

图 68 – 2　超声驻波的像测声速

（1）移开透镜，重复第 1 个实验的步骤，令观察屏上的衍射光点最多。

（2）安上透镜，改变透镜与调制器之间的位置，用小孔屏限定声光调制器前表面入射光斑的尺寸。当入射光充满通光面时，数出衍射条纹的数目 N，利用下式计算声光介质中的声速 v：

$$v = 2df/N$$

式中，d 是光斑直径，f 为超声波的频率，$d = 2.5$ mm，$f = 10$ MHz。

3．超声驻波衍射光强和超声声速测量

实验仪器如图 68 – 3 所示，仪器由安装在光学导轨上的激光器、驻波声光调制器、观察屏、光强分布测量系统组成。

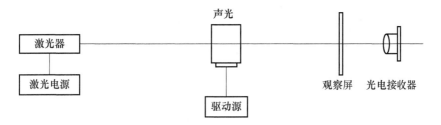

图 68 – 3　超声光栅衍射光强测量

（1）用激光功率计测出入射光强 I_0。

（2）重复第 1 个实验的步骤，令观察屏上的衍射光点最多。

（3）移开观察屏，分别让 0，±1，±2，±3，…级衍射光打到激光功率计的光敏面上，测出各级衍射光的强度 I_m，衍射效率为

$$\eta_1 = \frac{I_m}{I_0}$$

（4）改变驱动电压，测出对应的衍射效率，作出各衍射效率与驱动电压的关系曲线。

（5）用光强分布测量系统，选择适当个光阑测量点上的光强，绘出光强分布曲线。

（6）利用光栅公式 $\Lambda\sin\theta_i = k\lambda$ 求出光栅常数，求出声波传播速度，并与第 2 个实验比较。激光波长为 635 nm。

4．衍射光强波形的测量

实验仪器如图 68 – 4 所示，仪器由安装在光学导轨上的激光器、驻波声光调制器、小孔屏、光电接收器、示波器组成。

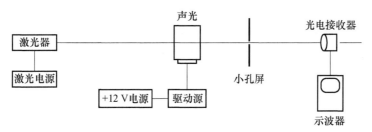

图 68 – 4　衍射光强波形的测量

（1）重复第 1 个实验的步骤，令观察屏上的衍射光点最多。
（2）光电接收器分别接收不同级衍射光，改变驱动电压，用示波器观察调制光强波形。
（3）分析驱动电压与衍射光强波形的关系。
（4）调制声音信号，观察其效果。

五、研究与思考

1. 为什么调节驱动电压和频率能使衍射光强改变？
2. 测量各级衍射光强时，引起误差的原因是什么，如何改进？

实验 69　超导材料磁浮力测量

【预习要点】
1. 超导磁悬浮原理。
2. 超导磁浮力特点。

1911 年昂尼斯发现汞在 4.2 K 时电阻消失，他把这种现象称为超导，具有超导特性的材料叫做超导体。1933 年，荷兰的迈斯纳和奥森菲尔德发现超导体具有完全抗磁性。超导体处于外磁场中时，由于抗磁性，超导体表面会产生持续电流，对于第二类超导体，由于磁通钉扎，会在内部感应出持续流动的环形电流。这些电流与外磁场相互作用产生超导磁悬浮现象。超导磁悬浮技术在能源（飞轮储能）、交通（磁浮车）、机械工业（无摩擦轴承）等领域具有巨大的潜在应用价值。本实验利用液氮制冷技术，使 YBCO（90 K）超导体进入超导态，从而产生超导磁悬浮现象。

一、实验目的

1. 了解超导磁悬浮原理。
2. 测量超导材料磁浮力。
3. 分析超导材料磁浮力随悬浮间隙的变化特点。

二、实验器材

超导材料磁浮力测量仪（含测力仪）、液氮。

三、实验任务

利用超导材料磁浮力测量仪测量超导块的在零场冷和场冷时的磁浮力特性。

四、实验要求

1. 查阅相关资料，学习超导磁悬浮原理，摘录与本实验有关联的术语及原理。
2. 设计测量超导体磁浮力的实验内容、操作步骤（提前写在预习报告上，并与教员讨论通过后方可进行实验）。
3. 自主完成各种仪器的调整、操作，记录相关数据，绘制样品磁浮力与悬浮间隙的曲线，分析超导块和永久磁铁之间的作用力与相对距离的关系，说明零场冷与场冷实验的意义。

五、研究与思考

1. 超导磁浮力是如何产生的？
2. 超导体与理想导体有什么区别？

实验 70 超声成像

【预习要点】
1. 脉冲回波型声成像的原理是什么？
2. 超声成像实验仪的工作原理是什么？

超声成像即使用超声波的声成像，包括脉冲回波型声成像和透射型声成像。目前，在临床应用的超声诊断仪都是采用脉冲回波型声成像，而透射型声成像的一些成像方法仍处于研究之中，如某些类型的超声 CT 成像。目前研究较多的有声速 CT 成像和声衰减 CT 成像。

一、实验目的

1. 了解脉冲回波型声成像的原理。
2. 掌握脉冲回波型声成像实验仪的使用方法。
3. 利用脉冲回波型声成像实验仪对给定物体进行成像实验。

二、实验器材

DH6002 超声成像综合实验仪、超声换能器、圆形旋转水槽、VC++电脑数据处理软件、数据线以及计算机。

三、实验任务

1. 观察成像物体的回波波形

改变物体离超声传感器的距离，观察回波波形变化；水平旋转换能器探头，改变换能器的入射角，观察回波波形。

2. 回波型声成像实验（旋转成像）

让超声换能器对准物体中心位置，旋转水槽使刻度对准 0°，设定旋转角度（采样度数间隔）$t°$。每隔 $t°$，旋转水槽，对物体进行成像；依次旋转一周，做完 360°测量。测量完毕显示的数据图像即为采集的全部信息。通过成像处理，可以对采集的数据进行处理，得出物体的剖面图；对轮廓进行成像，可以得出物体的表面形貌图。本仪器还可以对测量数据进行存储。对存储的数据，可通过成像操作框对成像进行调整。

四、实验要求

1. 要正确选择通信时的串口才能进行数据交换。仪器有 COM1~COM4 共 4 个端口可供选择，具体选择哪个端口应从"我的电脑 - 属性 - 硬件 - 设备管理器 - 端口"查看。
2. 单击串口通信按钮时，串口状态框出现"OK!!"，然后变成"END"，才说明计算机的串口已打开，可以与实验仪进行数据和命令通信。
3. 通电工作时，一定确保换能器置于水中。

实验 71 超声三维声呐定位

【预习要点】
1. 时差法测声速和距离的原理。
2. 声呐的工作原理。

振动频率高于 20 kHz 的声波称之为超声波。超声波是一种弹性机械波，具有方向性强、反射性强和功率大的特点，因此超声技术的应用几乎遍及工农业生产、医疗卫生、科学研究及国防建设等方面。利用超声波作为定位技术也是蝙蝠等生物作为防御及捕捉猎物的手段。超声波在水中可实现远距离传播，所以在声呐、超声波潜艇探测等得到了广泛的研究和应用，近来在机器人的障碍探测等方面的应用也相当普遍。

一、实验目的

1. 用时差法测量声速和距离。
2. 了解声呐的工作原理。
3. 会用超声波对被测目标进行三维坐标定位。

二、实验器材

超声（三维声呐）定位实验仪、专用连接线、计算机（配数据处理软件）。

三、实验任务

1. 定标：求声波在水中的传播速度，传感器到圆柱体容器中心的长度为 P。
2. 测试物体运动轨迹跟踪。

四、实验要求

1. 测量实验室的温度，并计算出在当前温度下，声波在水中的传播速度。也可以在 $\Phi = \theta = 0°$ 时，被测物每移动 10.0 mm 测量一次时间，至少测量 10 次，然后用逐差法通过实测的方法来求得该温度下的速度。用仪器所带的钢皮尺挂在圆柱体容器中心下面的螺钉上，测量时间，计算出长度 P。

2. 确定好被测物的运动轨迹、起点坐标、终点坐标、角度步长 $\Delta\theta$ 和长度步长 Δr，利用计算软件可给出被测物的运动轨迹上每一个测量点对应坐标的理论值 r 与 θ，将被测物每放置一个位置测量一次时间和角度 φ。利用被测物、换能器的位置与角度以及圆柱体容器中心三点构成的三角形，求得 r' 和 θ'。

（1）被测物作直线运动：自拟表格，求出运动轨迹坐标的理论值 (r, θ) 和根据实测结果利用软件计算所得的实验值 (r', θ')，再把参数坐标转变为直角坐标，绘出实验与理论计算所得的运动轨迹。

（2）被测物沿圆周运动（实际为半圆周）：自拟表格，求出运动轨迹坐标的理论值 (r_i, θ_i) 和根据实测结果利用软件计算所得的实验值 (r_i', θ_i')，把参数坐标转变为直角坐标，绘出实验与理论计算所得的运动轨迹图。

五、研究与思考

1. 实验中由远到近改变被测物到探测器之间的距离会增大测量结果与理论值的相对误差，试分析其原因。
2. 如何在该实验仪器的基础上，实现超声探测器成像？

实验 72 燃料电池

【预习要点】
1. 燃料电池的原理是什么？质子交换膜的作用是什么？
2. 电解电池产生氢气的原理是什么？结构上与燃料电池有何异同？
3. 各电池最高转换效率产生的条件是什么？如何计算各环节的能量转换效率？

1839 年，英国人格罗夫（W. R. Grove）发明了燃料电池，燃料电池以氢和氧为燃料，通过电化学反应直接产生电能，能量转换效率高于燃烧燃料的热机。燃料电池的燃料氢（反应所需的氧可从空气中获得）可通过电解水获得，也可由矿物或生物原料转化制成。按燃料电池使用的电解质或燃料类型，可将燃料电池分为碱性燃料电池、质子交换膜燃料电池、直接甲醇燃料电池、磷酸燃料电池、熔融碳酸盐燃料电池和固体氧化物燃料电池6种主要类型。燃料电池的反应生成物为水，对环境无污染，单位体积氢的储能密度远高于现有的其他电池。燃料电池将成为取代汽油、柴油和化学电池的清洁能源，它可以应用于宇航等特殊领域，还可以将其应用到电动汽车、手机电池等日常生活的各个方面。本实验研究其中的质子交换膜燃料电池。

一、实验目的

1. 了解燃料电池的工作原理。
2. 测量燃料电池综合特性。

二、实验器材

燃料电池、电解池、去离子水、光源、太阳能电池、测试仪、气水塔、负载、风扇。

三、实验任务

1. 测量燃料电池的输出特性。
3. 测量质子交换膜电解池的特性。
4. 测量太阳能电池的特性。
5. 估算能量转换效率。

四、实验要求

1. 测量燃料电池输出特性，作出所测燃料电池的伏安特性（极化）曲线、电池输出功率随输出电压的变化曲线，计算燃料电池的最大输出功率及效率。
2. 测量质子交换膜电解池的特性，验证法拉第电解定律。
3. 测量太阳能电池的特性，作出所测太阳能电池的伏安特性曲线、电池输出功率随输出电压的变化曲线，获取太阳能电池开路电压、短路电流、最大输出功率、填充因子等特性参数。
4. 观察光能→太阳能电池→电能→电解池→氢能（能量储存）→燃料电池→电能的能量转换过程，根据各环节中的能量变化，估算各种电池的能量转换效率。

五、研究与思考

1. PEM 电解池在电解电流为 I，经过时间 t 生产的氢气体积与氧气体积是否相同？请进行理论解释。
2. PEM 燃料电池工作原理是什么？其构造与 PEM 电解池有何异同？

实验73　全息无损检测

【预习要点】
1. 全息无损检测的基本原理是什么？
2. 如何根据拍摄出来的全息照片分析样品的缺陷情况？

全息照相无损检验，就是对物体变形前后的两种状态的波前进行比较，根据建像时物体的表面（或像面）形成的一组干涉条纹来判定缺陷的位置及大小。一般的，先拍一张待测物体的全息像，然后通过一定的加载方式（如热载、力载、激振、真空减压等）使物体产生一个相对于第一个物体状态的微小变形。然后在同一张底片上进行第二次曝光，两次全息像叠加产生一组干涉条纹。当待测物体是完好无损时，干涉条纹呈现出有规律的变化，如间距大致相等的平行条纹（或一组同心圆环）。这种条纹是由于待测物体均匀变形引起的。但如果待测物体内部有缺陷，则在对应的物体表面变形量与其他完好的部位变形量不同，反映在干涉条纹的形状上不再是平行条纹（或同心圆环），而在条纹上出现凸起，称之为特征条纹。实验证明，这种特征条纹所在的位置及覆盖的面积大致代表待测物体内部的缺陷的位置及大小。

全息无损检验关键的地方就是采取什么样的方法，把物体内部缺陷反映到物体表面上来。不同形状结构的物体适用的方法也不同，有的几种方法都适合，有的则不行。总之，对不同的物质应采取不同的方法。

一、实验目的

1. 了解全息无损检测原理。
2. 学习全息无损检测技术。

二、实验器材

全息实验台、He - Ne 激光器、样品、干版、暗房设备、冲洗药水、全息无损检测配套设备（玻璃罩、真空泵、蜂鸣器、便携式照度计等）。

三、实验任务

使用加力法测蜂窝板的缺陷。

四、实验要求

1. 按光路图 73 - 1 排布光路，将所用光具座与激光器调成等高。光路中让物体光程尽量等于参考光程；物光与参考光光强比约 1∶1；夹角大约 20°~40°。

2. 光路调好后，在暗室中装上干版，稳定 2 分钟（消除应力），在物体静止时曝光一次，曝光时间 1.5~2.5 秒。然后给干版原地（实时）处理显影、水洗、定影、水洗，为提高衍射效率也可漂白、水洗、晾干。

3. 再现时，眼睛通过全息图看物体，用条纹调试法（调节物光扩束镜螺钉）使条纹变成清晰的平行条纹（或同心圆）。给物体均匀加力，一边加力，一边观察条纹变化，直至有缺陷的条纹出现，进步加力，缺陷条纹越来越清晰，在最清晰的地方记下加力的大小。如果再加力，条纹变细变得模糊，再加力条纹从模糊细条纹变无条纹，这说明力加的过大，物体变形量太大，不产生干涉。记录缺陷条纹最清晰时所用的力大小或背后旋紧螺丝的位置。

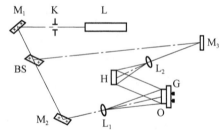

图 73 - 1 加力法测蜂窝板缺陷缺陷
L—He - Ne 激光器；K—曝光定时器；
BS—分束器；M_1，M_2，M_3—平面反射镜；
L_1，L_2—扩束镜；H—全息干版；
O—蜂窝板；G—加力装置

4. 用二次曝光法在物体静止时曝光一次，曝光时间 1.5 秒；然后给物体加力至记录位置，稳定 2 分钟。曝光第二次，曝光时间仍 1.5 秒，取下干版进行冲洗（显影、水洗、定影、水洗，为提高衍射效率还可以漂白、水洗、晾干）。

5. 将处理好的全息图放在原光路上，挡住物光（或用另一束激光），透过全息图会看到在物体上有干涉条纹。如果物体有缺陷，干涉条纹有异常，条纹出现凸包的地方就是要检验的缺陷。

6. 注意事项

①采用实时法时，从曝光到全息图处理（显影、水洗、定影、水洗，及其漂白、水洗、晾干等），所有操作都不要碰（或动）干版和台面上所有光具座，否则看不到条纹。

②在给物体加力时，拧螺钉要慢，一边加力，一边观察条纹的变化，不要加的太大、太快，受力过大会造成无条纹。

实验 74　激光音频调制监听

【预习要点】

1. 光线照射到固体表面时，可能有下面三种情况：（1）物体的电子逸出表面向外发射，此为外光电效应；（2）固体材料内载流子的特性发生变化，引起材料电阻率的变化，此为内光电效应；（3）固体材料产生一定方向的电动势，此为光致电压效应。本实验采用的是以上光电效应中的哪一类？

2. 实验中引起监听音质失真的因素有哪些？

从最初的把线圈接在某通讯线路上进行监听，直到现在的全球无线手机监听，监听系统的发展经历了漫长的阶段。而在战争、间谍和公安侦破领域中不让对方知道的监听——窃听技术的使用已经相当普遍。

一、实验目的

1. 了解激光监听原理。
2. 初步实践激光监听技术。

二、实验器材

FD – LMT – A 型激光监听实验仪。

三、实验任务

1. 搭建激光监听光路，试验监听效果。
2. 根据提示进行拓展实验。

四、实验要求

1. 将装有镜子的木箱放在远处（4～8 m），将收音机调至合适的电台，使声音清晰无杂音，并放入木箱内关上箱门。
2. 调整光路：接通激光器电源，使光束以约45°照射到小镜子上，并使探测器能够接收到反射光，接通探测器与主机，以及实验主机与音箱。
3. 敲击玻璃，在扬声器上应能听到敲击声，说明此时光路已调好、线路已接通。
4. 打开木箱内收音机，仔细调节探测器与激光光斑之间的相互位置，使光斑移动的中心在探测器的边缘，此时应可听到扬声器发出的声音。
5. 拓展实验提示

（1）探测器前加上透镜，重复实验，给出结论。

（2）本实验中木箱的玻璃窗与木框间是有间隙的。如果玻璃窗四周严密固定，情况会如何？用什么办法可以判断玻璃窗四周的固定情况？

（3）如果以铁筒、塑料盒等代替木箱，能否做此实验？可试验，并给出相应的结论。

（4）设计实验，用示波器、信号发生器、扬声器等对实验内容进行半定量的测量，改变声波频率，观测监听到的波形大小，找出音质优劣的原因。

实验 75　纯水制备与水质检测

【预习要点】

预习水的不同制备方法、各种离子的鉴定方法和水质的常用检测技术。

水的纯度与科研和工业生产关系很大，在化学实验中，水的纯度直接影响实验结果的准确度。因此了解水的纯度,掌握净化水的方法是每个相关专业工作者应具有的基本知识。天然水经过简单的物理、化学方法处理后得到的自来水,虽然除去了悬浮物及部分无机盐类,但仍含有较多的杂质(气体及无机盐等)。因此,在化学实验中,自来水不能作为纯水使用。但我们可以通过蒸馏、电渗析、离子交换等方法制取净化水(经过净化得到的只是干净水而不是纯水,因为水中还含有一些化学物质,在需要用纯水的场合,比如药剂和注射用水、超纯水物质制备中用水等场合,水中的这些化学杂质是绝对不允许的,纯水的获得一般通过蒸馏和离子交换)。

一、实验目的

1. 熟悉自来水中含有的常见杂质离子及相关离子的鉴定方法。
2. 掌握测定水质的方法,学会使用电导率仪测定水的纯净度。
3. 了解制备蒸馏水、电渗析水、去离子水的原理、方法及技术。

二、实验器材

1. 仪器:DDS-12A 型电导率仪(详见第 14 讲"常用化学仪器器材"),DJS-1 型铂黑电极,DJS-1 型铂光亮电极,烧杯(50mL、4 只),洗瓶,试管,试管架,滤纸。
2. 药品:铬黑 T 指示剂,钙指示剂,HNO_3(0.2 mol/L),$AgNO_3$(0.2 mol/L),$NH_3 \cdot H_2O$(0.2 mol/L),$BaCl_2$(0.2 mol/L)。

三、实验任务

1. 制备去离子水与蒸馏水

(1)组装制备去离子水简易装置并分别采集阳柱流出水、阴柱流出水、混合柱流出水各 500 mL。
(2)组装制备蒸馏水装置采集蒸馏水 500 mL。
(3)利用电渗析器采集电渗析水 500 mL。

2. 水样的定性检验

分别对自来水、去离子水(阳柱流出水、阴柱流出水、混合柱流出水)、蒸馏水、电渗析水四种水样进行下列几项定性检验。

(1)Mg^{2+} 离子的检验
(2)Ca^{2+} 离子的检验
(3)Cl^- 离子的检验
(4)SO_4^{2-} 离子的检验

3. 水质的定量检测

(1)用 DDS-12A 型电导率仪测定水样的电导率。分别测定自来水、去离子水(阳柱流出水、阴柱流出水、混合柱流出水)、蒸馏水、电渗析水的电导率值。
(2)用 DZS-708 型水质多参数分析仪测量电位值、pH 值、离子浓度、电阻、TDS、盐度值、电极电流、溶解氧浓度等。

四、实验要求

1. 分析实验结果并得出结论,讨论实验中出现的各种问题。
2. 在做定性检测实验时,几种水样要求做平行实验,以便于比较。
3. 指示剂的加量要少,否则影响实验现象,导致指示剂的颜色掩盖实验应该出现的颜色。
4. 在实验时,注意要正确使用电导率仪,如不按要求操作,会导致电导率仪短路毁坏以及电导电极损害。

五、研究与思考

1. 硬水、软水、去离子水三者有什么区别？制备去离子水和蒸馏水的原理各是什么？
2. 离子交换法制取去离子水的质量与哪些操作因素有关？
3. 电导率数值越大，水样的纯度是否越高？

实验76　常用无机颜料制备

【预习要点】

要求重点预习无机颜料的种类、特点及成分；并熟悉恒温水浴加热、沉淀的洗涤、结晶的干燥和减压过滤等技术方法。

研究用人工方法制取无机化合物的学科称为无机合成化学。目前已知的化学物质大约700万种以上，其中绝大多数并不存在于自然界而是人工方法合成的。自然界只能提供原料，化学合成是对自然物质深度加工的过程。它能彻底改变物质的面貌，附加较高价值。无机合成不仅制造许多一般化学物质，还能为新技术和高科技合成出新材料。无机合成化学的发展及应用涉及国民经济、国防建设、资源开发、新技术发展以及人们衣食住行的各个方面。

一、实验目的

1. 学习利用亚铁盐制备氧化铁黄的原理。
2. 进一步掌握恒温水浴加热方法、溶液pH值的调节、沉淀的洗涤、结晶的干燥和减压过滤等技术。

二、实验器材

1. 仪器：恒温水浴装置、烧杯、玻璃棒、pH试纸、蒸发皿、物理天平。
2. 药品：$(NH_4)_2Fe(SO_4)_2 \cdot 6H_2O$、$KClO_3$、$BaCl_2$（$0.10 \ mol \cdot L^{-1}$）、$NaOH$（$2.00 \ mol \cdot L^{-1}$）。

三、实验任务

采用湿法亚铁盐氧化法制取铁黄，除空气参加氧化外，用氯酸钾作为主要的氧化剂。

四、实验要求

将制取的氧化铁黄称重并计算产率。

1. 在称取$(NH_4)_2Fe(SO_4)_2 \cdot 6H_2O$晶体10.00 g时，注意精确度，可用电子天平或分析天平称取。
2. 注意用氢氧化钠溶液调节溶液的pH值，接近所需氢氧化钠溶液体积时，每加1滴氢氧化钠溶液后应立即检验溶液的当时pH值，避免加入的氢氧化钠溶液过量，导致实验失败。

五、研究与思考

1. 铁黄制备过程中，随着氧化反应进行，不断滴加碱的溶液为何其pH值还逐渐降低？
2. 在洗涤黄色颜料过程中如何检验溶液中基本无SO_4^{2-}，目视观察达到什么程度合格？
3. 如何从铁黄制备铁红、铁绿、铁棕和铁黑？

实验77　香烟有害成分检验

【预习要点】

重点预习香烟中尼古丁、联苯胺等对人体有害的成分的检验方法。

香烟是由烟草的叶经加工制作而成，烟草制品在燃烧时所产生的烟雾中，包含的单体化学成分就达4 200多种，其中烟焦油、烟碱、一氧化碳、醛类等多种化学成分已确认对人体健康有很大的危害。

一、目的要求

1. 了解香烟中对人体有害的成分。
2. 掌握尼古丁、联苯胺、一氧化碳等物质的化学检验方法。

二、实验器材

1. 仪器：具支试管，试管，量筒，滴管，洗耳球，香烟（无过滤嘴和有过滤嘴两种）若干只。
2. 药品：乙醇（95%），氯化汞溶液（1 mol/L），碳酸钠饱和溶液，亚铁氰化钠饱和溶液，新鲜的动物血，银氨溶液。

三、实验任务

香烟中部分对人体有害的成分的提取和检验。

四、实验要求

分别对有过滤嘴和无过滤嘴香烟中的以下成分进行提取和检验：
（1）尼古丁；（2）联苯胺；（3）一氧化碳；（4）醛类。

五、研究与思考

1. 吸烟对人体健康有什么危害？
2. 烟草中都有哪些有害成分？会诱发什么疾病？

实验78　固体酒精制备

【预习要点】

查阅资料了解酒精的性质；预习水浴加热等技术。

由于液体酒精携带不便，易流出容器造成危险，可以将酒精制成豆腐一样的块状固体，然后将其储存在铁罐中。使用时将固体酒精用火柴直接点燃，较液体酒精安全且携带方便。本实验是将工业酒精制成固体酒精，用火柴即可点燃，燃烧时无毒、无味、无烟。用塑料袋包装密封，可常年保存。固体酒精携带方便，是家庭、饭店及旅游时使用的方便固体燃料；制作方便，产品具有广阔的市场。

一、实验目的

1. 掌握制备固体酒精的方法。
2. 学习水浴加热技术和掌握安全操作方法。

二、实验仪器和药品

1. 仪器：水浴锅、温度可调电炉（或酒精灯）、烧杯（500 mL、150 mL）、搅拌棒、蒸发皿、试管夹、台秤、温度计（100 ℃）、量筒（100 mL）、火柴。
2. 药品：硬脂酸、工业酒精、氢氧化钠（固体）。

三、实验任务

分别用硬脂酸法和醋酸钠（或醋酸钙）法制备固体酒精。

四、实验要求

对两种方法制成的固体酒精进行对比实验。

用 500 mL 的大烧杯盛 400 g 水，垫上石棉网置于三脚架上，点燃蒸发皿里的两种固体酒精，放于三脚架下，调整其高度，秒表记录烧杯中水至沸腾的时间，用托盘天平称量完全燃烧后固体燃料残渣质量，将实验结果填入表 78-1 中。

表 78-1　实验数据与处理

产品质量/g	水的质量/g	产品燃烧时间/min	水的温度/℃	残渣质量/g

五、研究与思考

1. 硬脂酸与 NaOH 的配比应为多少合适？加大 NaOH 用量可能有什么现象？
2. 在固体酒精中硬脂酸起什么作用？如果硬脂酸加入量不足可能有什么后果？
3. 固体酒精是固态的酒精吗？

实验 79　病房呼叫系统

【预习要点】

1. 复习集成优先编码器 74LS148 的工作原理。
2. 复习 BCD 七段译码器 74LS247 的工作原理。

通过本实验不但可以综合学习集成优先编码器、BCD 七段译码器应用的有关知识，而且可以进一步加深对于数字信号的传输和控制的理解。

一、实验目的

1. 熟练掌握常用集成电路的使用方法。
2. 初步掌握电路的调试技能和故障排除方法。

二、实验器材

自主实验箱、万用表、74LS148、74LS00、74LS04、74LS47、七段显示器（共阳极）、发光二极管、蜂鸣器、拨码开关、电阻、电容、导线等。

三、实验任务

设计一个病房呼叫系统，实现护士在值班室内对多间病房的病人的呼叫进行及时响应并准确定位病人的位置。

电路功能：假设某医院共有病房 7 间，并对这 7 间病房按照优先级别进行排序：一号病室的优先级别最高，其他病室优先级依次递减，七号病室最低。每间病房门口设有呼叫显示灯，病房内设有紧急呼叫开关，同时在护士值班室设有呼叫音响和 1 个七段数码显示器，可显示病房呼叫号码。当这 7 间病房中有若干个请求呼叫（即开关合上）时，护士值班室内的呼叫音响开始呼叫，且数码管所显示的号码为当前相对优先级别最高的病室呼叫的号码，同时在所有呼叫的病房门口的指示灯闪烁。待护士按相对优先级处理完后，将该病房的呼叫开关打开（即开路），再去处理下一个相对最高优先级的病房的事务。全部处理完毕后，即没有病室呼叫，此时值班室的呼叫音响停止呼叫，且数码管应显示"0"。

试用编码器和必要的门电路实现该功能。

四、实验要求

1. 参考系统原理图 79-1，用自主实验箱完成实验设计任务。
2. 分析电路各个部分的功能，说明工作原理，列出所采用的元件清单。

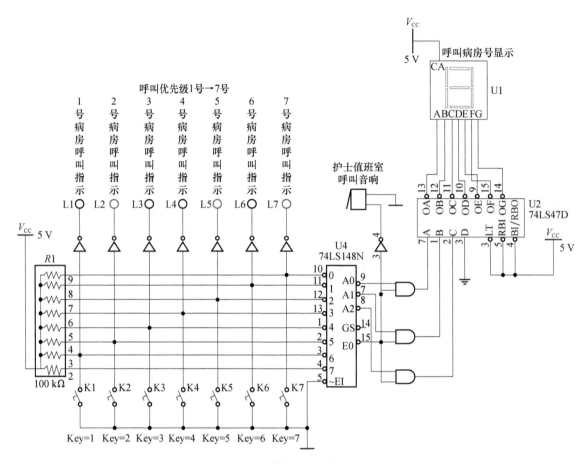

图 79-1 病房呼叫系统原理图

实验 80 电声蛐蛐

【预习要点】
数字电路中门电路多谐振荡器的原理。

振荡器广泛用于产生各种频率信号和时钟信号，在音频范围内改变信号频率可以得到各种各样的模拟声音，应用非常广泛。

一、实验目的

1. 掌握门电路多谐振荡器。
2. 了解音频信号特性和扬声器发声的方法。

二、实验器材

自主实验箱、万用表、集成电路 CD4069、三极管 9013、二极管 4007、电阻、电位器、电容、扬声器、导线等。

三、实验任务

利用 CMOS 反相器形成自激振荡，设计模拟蛐蛐叫的电声装置。完成电路插接、调试，并完成相关报告。

四、实验要求

1. 本实验要求采用 1 片 CD4069（六非门）构成 3 个自激振荡电路。
2. 合理选取电阻、电容等元件，选取不同的振荡频率。两级低频振荡形成不同的发声节奏，第三级高频确定声调。
3. 调整低频两级，选择适当的节奏，模拟蛐蛐叫声。

五、研究与思考

蛐蛐声音的节奏和音调在电路中是怎样实现的，如何调节才能形成不同的发声？

六、深度阅读

1. 由 CMOS 反向器组成的多谐振荡器

所谓多谐振荡器是产生矩形波的自激振荡器电路，可以由 CMOS 反相器和电阻、电容构成，其电路原理如图 80-1 所示。

由于 CMOS 反相器 G_1 在输入和输出端之间并接电阻 R，又在 G_1 的输入端和 G_2 的输出端安有电容 C，电容 C 的充放电和 G_1 及 G_2 的反相作用使得电路不能处于稳定状态，每当电容 C 的充电或放电使 G_1 的输入电压超过 CMOS 反相器的阈值电平 U_{TH}（即 $1/2\ V_{DD}$）时，u_{O1} 和 u_{O2} 的状态在高低电平间翻转一次，于是产生一系列矩形波，波形如图 80-2 所示，矩形波的周期 T 与 R、C 的数值大小成正比，$T \approx 1.4 RC$。

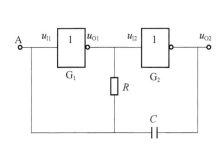

图 80-1 多谐振荡器原理图

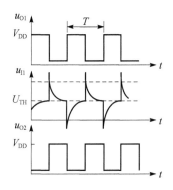

图 80-2 多谐振荡器波形图

该电路也可接成可控多谐振荡器。当 A 点悬空时，电路为自由振荡；当 A 点接固定的高或低电平时，输出电压 u_{O2} 亦为高或低电平，电路停止振荡。

在实际中，为了减少电容充放电过程中 CMOS 内部保护电路所承受的冲击电流，防止锁定效应，还经常在图 80-1 电路的 G_1 输入端串接一个较大的电阻 R_1，如图 80-3 所示。R_1 的加入，使矩形波的周期有所增大。

当 $R_1 \approx R$ 时，$T \approx 1.8 RC$；当 $R_1 \gg R$ 时，$T \approx 2.2 RC$。

用 CMOS 反相器组成的多谐振荡器的详细原理请参见《数字电子技术基础》有关章节。

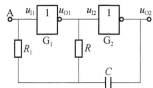

图 80-3 串接较大电阻的震荡电路

2. 脉冲音频电路工作原理

脉冲音频电路原理如图 80-4 所示。该电路成本低廉、可靠性高，由 CD4069 构成的 3 个不同频率的多谐振荡器和扬声器及其驱动电路组成。CD4069 的管脚图如图 80-5 所示，第 14 管脚电源 V_{DD} 接 +5 V，第 7 管脚 V_{SS} 接"地"。

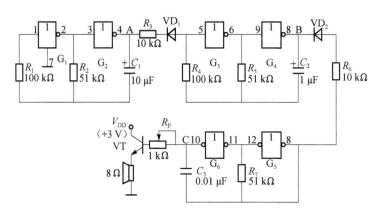

图 80-4 脉冲音频电路原理

图 80-4 中，G_5、G_6 构成音频多谐振荡器；G_3、G_4 构成低频多谐振荡器，控制音频振荡间隔；G_1、G_2 构成超低频多谐振荡器，控制低频振荡间隔。其中，VD_1、R_3 和 VD_2、R_6 起隔离和控制作用，音频振荡器受低频振荡器的控制，而低频振荡器又受超低频振荡器的控制。当 G_1、G_2 构成的超低频多谐振荡器输出低电平时，VD_1 的钳位作用使 G_3 输入为低电平，低频多谐振荡器停振，B 为低电平，音频振荡器也停振，扬声器不发声；而超低频多谐振荡器输出高电平时，VD_1 截止，G_3、G_4 构成的低频多谐振荡器产生振荡，而它又通过 VD_2 控制着 G_5、G_6 构成的音频振荡器工作。因此，C 点输出一个调制的音频信号，使扬声器发出"蛐——蛐——"的声响。各级多谐振荡器的输出波形见图 80-6。调节 C_3、R_7 可改变音频声调；改变 R_5、C_2 可调节节奏缓急；改变 R_2、C_1 调节每段发声之间的间隔；改变 R_P 改变可以调节三极管的导通程度从而改变音量大小。

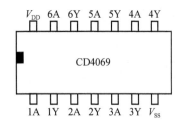

图 80-5 CD4069 六非门管脚图

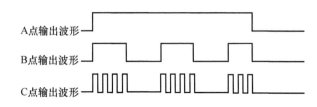

图 80-6 各级多谐振荡器的输出波形

实验 81 航标灯

【预习要点】
1. 555 的内部电路和 555 定时器的构成。
2. 光敏电阻和三极管构成的电子开关电路的工作原理。

航标灯（navigation mark light），是为保证船舶在夜间安全航行而安装在某些航标上的一类交通灯。它在夜间发出规定的灯光颜色和闪光频率，达到规定的照射角度和能见距离。航标灯有固定灯标、灯浮标、灯船和灯塔 4 种。固定灯标、灯浮标和灯船是作导航和警告用的信标。灯塔在海上昼夜发出可识信号，供船舶测定位置和向船舶提供危险警告，起到警示作用。

一、实验目的

1. 掌握由 555 定时器构成的电路及原理。
2. 完成超低频振荡器和电子开关电路的设计。

3. 学习调试电子电路的方法，提高实际动手能力。

二、实验器材

自主实验箱、万用表、555 集成电路、光敏电阻、三极管 9013、发光二极管、电阻、电位器、电容器、导线等。

三、实验任务

设计完成一个模拟的自动航标灯超低频振荡器和电子开关电路。完成电路调试，并完成相关报告。

四、实验要求

1. 本实验要求采用 555 集成定时器组成的控制电频，光敏电阻组成的开关构成一个简易航标灯。整个电路由主振荡器、控制开关等部分组成。主振荡器由 555 定时器、3 个电阻、2 个电容等元件组成，颤音振荡器振荡频率较低。控制开关由光敏电阻，三极管，1 个电阻组成，控制灯的开关。

2. 该实验为模拟功能实验，主要完成光控条件下的振荡控制开关设计即可，在实验中未考虑灯光的功率及驱动因素，鼓励有兴趣的同学课外了解相关内容。

3. 实验之前要先将实验原理理解，认真了解一些元件的用法，特别是一些元件管脚要清楚，元件的正负极要有所区分，接好电路后调试时要耐心，仔细查找原因，要将原理弄懂，找对方法，努力将实验结果做出。

五、研究与思考

1. 光敏电阻在不同光强照射下的阻值不同，如何利用其阻值变化转换为开关控制？
2. 振荡信号的周期与哪些元件的参数有关？

六、深度阅读

自动航标灯的参考电路如图 81-1 所示。

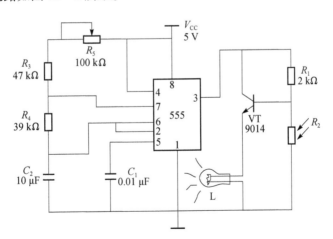

图 81-1 自动航标灯参考电路图

1. 光敏电阻

光电器件是将光能转换为电能的一种传感器件，它是构成光电式传感器最主要的部件。光电器件响应快、结构简单、使用方便，而且有较高的可靠性，因此在自动检测、计算机和控制系统中，应用非常广泛。光电器件工作的物理基础是光电效应。在光线作用下，物体的电导性能改变的现象称为内光电效应，如光敏电阻等。在光线作用下，能使电子逸出物体表面的现象称为外光电效应，如光电管、光电倍增管等。在光线作用下,能使物体产生一定方向的电动势的现象称为光生伏特效应,即阻挡层光电效应,如光电池、光敏晶体管等。

(1) 光敏电阻的结构与工作原理

光敏电阻又称光导管,它几乎都是用半导体材料制成的光电器件。光敏电阻没有极性,纯粹是一个电阻器件,使用时既可加直流电压,也可以加交流电压。无光照时,光敏电阻值(暗电阻)很大,电路中电流(暗电流)很小。

当光敏电阻受到一定波长范围的光照时,它的亮电阻急剧减少,电路中电流迅速增大。一般希望暗电阻越大越好,亮电阻越小越好,此时光敏电阻的灵敏度高。实际光敏电阻的暗电阻值一般在兆欧级,亮电阻在几千欧以下。图81-2为光敏电阻的原理结构。它是涂于玻璃底板上的一薄层半导体物质,半导体的两端装有金属电极,金属电极与引出线端相连接,光敏电阻就通过引出线端接入电路。为了防止周围介质的影响,在半导体光敏层上覆盖了一层漆膜,漆膜的成分应使它在光敏层最敏感的波长范围内透射率最大。

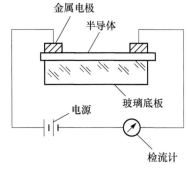

图81-2 光敏电阻的结构图

(2) 光敏电阻的主要参数

① 暗电阻:光敏电阻不受光时的阻值称为暗电阻,此时流过的电流称为暗电流。

② 亮电阻:光敏电阻在受光照射时的电阻称为亮电阻,此时流过的电流称为亮电流。

③ 光电流:亮电流与暗电流之差称为光电流。

(3) 光敏电阻的基本特性

① 伏安特性 在一定照度下,流过光敏电阻的电流与光敏电阻两端的电压的关系称为光敏电阻的伏安特性。图81-3为硫化镉光敏电阻的伏安特性曲线。由图可见,电阻在一定的电压范围内,其$I-U$曲线为直线,说明其阻值与入射光量有关,而与电压、电流无关。

② 光谱特性 光敏电阻的相对光敏灵敏度与入射波长的关系称为光谱特性,亦称为光谱响应。对应于不同波长,光敏电阻的灵敏度是不同的。从图中可见硫化镉光敏电阻的光谱响应的峰值在可见光区域,常被用作光度量测量(照度计)的探头。而硫化铅光敏电阻响应于近红外和中红外区,常用作火焰探测器的探头。

③ 温度特性 温度变化影响光敏电阻的光谱响应,同时,光敏电阻的灵敏度和暗电阻都要改变,尤其是响应于红外区的硫化铅光敏电阻受温度影响更大。图81-4为硫化铅光敏电阻的光谱温度特性曲线,它的峰值随着温度上升向波长短的方向移动。因此,硫化铅光敏电阻要在低温、恒温的条件下使用。对于可见光的光敏电阻,其温度影响要小一些。

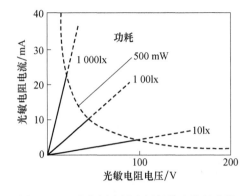

图81-3 硫化镉光敏电阻的伏安特性曲线

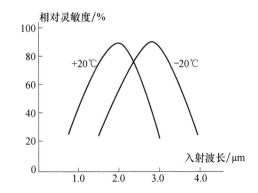

图81-4 硫化铅光敏电阻的光谱温度特性曲线

2. 555定时器

555定时器的具体内容参见实验51。在本实验中由555定时器构成的多谐振荡器如图81-5(a)所示,R_1、R_2和C是外接定时元件,电路中将高电平触发端(6脚)和低电平触发端(2脚)并接后接到R_2和C的连接处,将放电端(7脚)接到R_1、R_2的连接处。

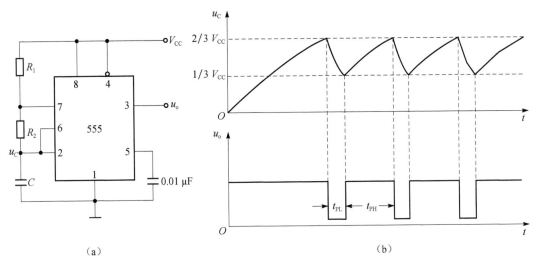

图 81-5 555 定时器构成的多谐振荡器电路及工作波形
(a) 电路图；(b) 波形图

由于接通电源瞬间，电容 C 来不及充电，电容器两端电压 u_C 为低电平，小于 $(1/3)V_{CC}$，故高电平触发端与低电平触发端均为低电平，输出 u_o 为高电平，放电管 VT 截止。这时，电源经 R_1、R_2 对电容 C 充电，使电压 u_C 按指数规律上升，当 u_C 上升到 $(2/3)V_{CC}$ 时，输出 u_o 为低电平，放电管 VT 导通，把 u_C 从 $(1/3)V_{CC}$ 上升到 $(2/3)V_{CC}$ 这段时间内电路的状态称为第一暂稳态，其维持时间 t_{PH} 的长短与电容的充电时间有关，充电时间 $t_充 = (R_1 + R_2)C$。

由于放电管 VT 导通，电容 C 通过电阻 R_2 和放电管放电，电路进入第二暂稳态。其维持时间 t_{PL} 的长短与电容的放电时间有关，放电时间常数 $t_放 = R_2 C$。随着 C 的放电，u_C 下降，当 u_C 下降到 $(1/3)V_{CC}$ 时，输出 u_o 为高电平，放电管 VT 截止，V_{CC} 再次对电容 C 充电，电路又翻转到第一暂稳态。不难理解，接通电源后，电路就在两个暂稳态之间来回翻转，则输出可得矩形波。电路一旦起振后，u_C 电压总是在 $(1/3 \sim 2/3)V_{CC}$ 之间变化。

根据 u_C 的波形图可以确定振荡周期为 $t = t_{PH} + t_{PL}$。

t_{PH} 为充电时间　　　　$t_{PH} = 0.7(R_1 + R_2)C$

t_{PL} 为放电时间　　　　$t_{PL} = 0.7 R_2 C$

振荡周期　　　　　　　$t = t_{PH} + t_{PL} = 0.7(R_1 + 2R_2)C$

振荡频率　　　　　　　$f = 1/T$

图 81-5 (b) 所示为工作波形。

3. 光控开关

光控开关主要由光敏电阻和三极管组成。主要原理如下（图 81-1）：

（1）晶体管 C、E 与指示灯（发光二极管）串联后接到电源上（图 81-1 中接到 555 的第 3 端也可），当三极管处于导通（饱和状态）时，指示灯亮；当三极管处于不导通（截止状态）时，指示灯不亮。

（2）三极管处于导通还是不导通取决于三极管的上偏置电阻 R_1 和下偏置电阻 R_2（即光敏电阻）的大小，$R_2/(R_1 + R_2)$ 的比值越大，三极管越容易导通。当白天有光照时，R_2 较小，三极管不导通，指示灯不亮；当夜间无光照时，R_2 变大，三极管导通，指示灯亮。

考虑到构成光控开关的三极管、指示灯、光敏电阻以及上偏置电阻 R_1 等元器件电参数的离散性，有时电路工作可能异常，这时一般通过调整 R_1 的阻值来解决。

实验 82　集成功率放大器

【预习要点】

1. 电压放大电路和功率放大电路有什么区别？Q 点如何设定？

2. 什么是晶体管的甲类、乙类和甲乙类工作状态？
3. 互补式功放电路的输出功率是否为单管功放电路的二倍？
4. 甲类、乙类、甲乙类功放电路的最大输出电压、最大输出功率和效率如何计算？

功率放大器是提供负载有足够大的信号功率的放大器，如推动扬声器等，它和小信号电压放大器的相同点都是利用晶体管的控制作用将直流转换成交流能量，不同点是电压放大器着重电压放大（或电流放大），而功率放大器着重于功率放大（即输出电流与输出电压乘积的放大），以提高输出功率为目的。集成功放除了具有分立元件 OTL 或 OCL 电路的优点，还具有体积小、工作稳定可靠、使用方便等优点，因而获得了广泛的应用。

一、实验目的

1. 了解集成功率放大器的工作原理及使用方法。
2. 了解功率放大器主要性能指标。

二、实验器材

自主实验箱、万用表、LM386、话筒、扬声器、电阻、电容、导线等。

三、实验任务

设计一个功率放大电路，实现对音频信号的放大。

四、实验要求

1. 按图 82-1 电路在实验板上插装电路。
2. 用驻极话筒输出的信号作为 LM386 的输入信号 U_i，扬声器作为 R_L（8 Ω），检验该电路工作效果。驻极话筒电路原理图如图 82-2 所示。

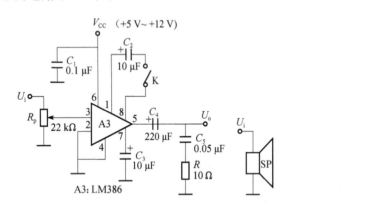

图 82-1 LM386 电路原理图

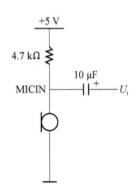

图 82-2 驻极话筒电路原理图

（1）电源电压 $V_{CC}=5$ V，分别在开关 K 断开和闭合时，调节 R_P，检验该电路工作效果。
（2）改变电源电压为 $V_{CC}=12$ V，分别在开关 K 断开和闭合时，调节 R_P，检验该电路工作效果。
（3）去掉话筒，尝试通过实验箱的音频信号输入口接入其他音频源（如手机等），检验放大效果。

五、深度阅读

LM386 是一种低电压通用型低频集成功率放大器。该电路功耗低、电压增益可调整、允许的电源电压范围宽（4~12 V）、通频带宽、外接元件少、总谐波失真少，广泛用于收录音机、对讲机、电视伴音等系统中。

LM386 主要应用于低电压消费类产品。为减少外围元件，电压增益内置为 20 倍。在 1 脚和 8 脚之间增加一只外接电阻和电容，便可使电压增益在20~200倍之间连续可调。输入端以地为参考电位，同时输出端被自动偏置到电源电压的一半。在6 V电源电压下，它的静态功耗仅为24 mW，使得LM386特别适用于电池供电的场合。LM386的封装形式有塑封8引线双列直插式和贴片式。

LM386内部电路如图82-3（a）所示，共有3级。$VT_1 \sim VT_6$组成有源负载单端输出差动放大器作输入级，VT_5、VT_6构成镜像电流源作差放的有源负载以提高单端输出时差动放大器的放大倍数。中间级是由VT_7构成的共射放大器，也采用恒流源I作负载以提高增益。输出级由$VT_8 \sim VT_{10}$组成准互补推挽功放，VD_1、VD_2组成功放的偏置电路以利于消除交越失真。电路是单电源供电，故为OTL（无输出变压器的功放电路），所以输出端应接大电容隔直再带负载。

LM386的管脚排列如图82-3（b）所示，为双列直插塑料封装。管脚功能为：2、3脚分别为反相、同相输入端；5脚为输出端；6脚为正电源端；4脚接地；7脚为旁路端，可外接旁路电容以抑制纹波；1、8脚为电压增益设定端。

（1）当1、8脚开路时，负反馈最深，电压放大倍数最小，设定为$A_{uf} = 20$（26 dB）。

（2）当1、8脚间接入10 μF电容时，内部1.35 kΩ电阻被旁路，负反馈最弱，电压放大倍数最大，$A_{uf} = 200$（46 dB）。

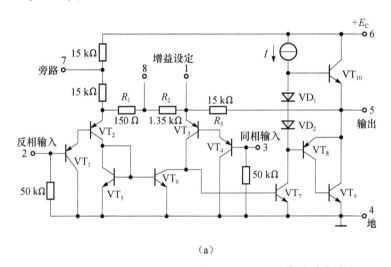

图82-3 LM386集成功率放大器
(a) 内部结构图；(b) 管脚排列

（3）当1、8脚间接入电阻R_2和10 μF电容串接支路时，调整R_2可使电压放大倍数A_{uf}在20~200间连续可调，且R越大，放大倍数越小。LM386典型电路如图82-4所示。

参照上面的说明，我们可以知道：

5脚输出：R_3、C_3构成串联补偿网络与感性负载（扬声器）相并，使等效负载近似呈纯阻，以防止高频自激和过压现象。

7脚旁路：外接C_2去耦电容，用以提高纹波抑制能力，消除低频自激。

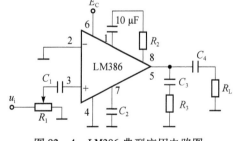

图82-4 LM386典型应用电路图

1、8脚电压增益设定：其间接R_2、10μF串联支路，R_2用以调整电压增益。

将上述电路稍作变动，如在1、5脚间接入R、C串接支路，则可以构成带低音提升的功率放大电路，读者可参阅有关书籍。

实验83　三人表决电路

【预习要点】

1. 熟悉实验箱的电源、按钮、指示灯、蜂鸣器、喇叭、面包板和相关集成块。

2. 实验前写好"设计实验报告",重点是设计原则、设计方法、设计结论。
3. 预习教材中深度阅读部分的内容和必要的参考资料。

三人表决电路是用基本逻辑门实现的应用电路,也是组合逻辑电路设计的典型电路。理论设计结果和实际应用往往存在不小的差距,本实验要求"三人表决电路"在实验箱上能够达到实际应用的程度。

一、实验目的

1. 掌握基本逻辑门的应用。
2. 掌握组合逻辑电路的设计方法和步骤。
3. 了解"理论电路"和"实际电路"的差别。

二、实验器材

自主实验箱(包括按钮、指示灯、蜂鸣器等)、万用表、74LS00、74LS20、电阻等。

三、实验任务

设计一个三人表决电路,每人有一个按钮,若赞成,按下按钮;若不赞成,不按按钮。表决结果用指示灯(LED)显示,多数赞成,指示灯亮;反之则不亮。

四、实验要求

1. 写出实验设计报告,包括实验设计过程。
2. 借助自主实验箱提供的器材完成电路,用 TTL 与非门实现。
3. 研究拓展其他功能。

五、深度阅读

组合逻辑电路设计一般分为四步:第一步根据设计任务列出真值表;第二步根据真值表画出卡诺图;第三步对卡诺图进行必要的化简,写出逻辑函数表达式;第四步根据逻辑函数表达式设计逻辑电路。

根据组合逻辑电路设计原理,在卡诺图中圈"1"和圈"0"实现的逻辑功能是一样的。

圈"1"得到输出函数的"与或"表达式:

$$Y = AB + BC + CA \tag{83-1}$$

圈"0"得到输出函数的"或与"表达式:

$$Y = (A+B)(B+C)(C+A) \tag{83-2}$$

单从数字逻辑上来看,式(83-1)需要 3 个与门和 1 个或门,式(83-2)需要 3 个或门和 1 个与门,两种逻辑都可以实现"三人表决电路",但是在数字逻辑电路设计中还需要进一步注意以下问题:

1. 一般用与非门和或非门设计电路

由于集成电路设计技术的原因,一般最常用的逻辑门是与非门(常见于 TTL 集成电路)和或非门(常见于 CMOS 集成电路)。如果本实验采用与非门实现,需要对式(83-1)使用反演律,得:

$$Y = \overline{\overline{AB}\ \overline{BC}\ \overline{CA}} \tag{83-3}$$

显然它需要 3 个二输入的与非门和 1 个三输入的与非门,共 4 个与非门,如图 83-1 所示。

如果本实验采用或非门实现,需要对式(83-2)使用反演律,得:

$$Y = \overline{\overline{A+B} + \overline{B+C} + \overline{C+A}} \tag{83-4}$$

显然它需要 3 个二输入的或非门和 1 个三输入的或非门,共 4 个或非门。

2. 门电路输入端开路相当于加高电平"1"

数字电路设计中需要注意的另一个问题是空闲输入端的处理问题,空闲输入端如果"悬空",相当于接入高电平"1"。所以,本实验中(图 83-1)3 个输入端 A、B、C "空闲"时(未表决或者不"同意"），应该通过1个数百至数千欧姆的电阻"接地"，否则3个输入端处在"悬空"状态，相当于加高电平，等同于"同意"，与要求不符。对于 TTL 电路，在不影响输出状态的情况下，空闲输入端可以按照"悬空"处理。但是对于 CMOS 电路，它属于电压控制器件，输入电阻很大，"悬空"的输入端相当于接收天线，有可能造成输入端电荷累积，产生内部电压，轻则影响数字逻辑，重则损坏集成电路。所以对于 CMOS 电路的闲置输入端不能"悬空"，应该根据逻辑控制需要或者接高电平，或者接低电平（如对于与门应该接高电平，对于或门则应该接低电平）。本实验可以使用1个4-2输入与非门和一个双4输入与非门实现，常用的 TTL 电路有 74LS00（图 83-2）和 74LS20（图 83-3）。

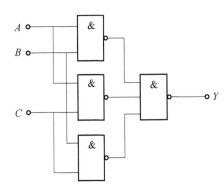

图 83-1 用与非门实现三人表决

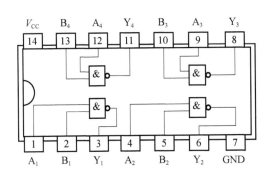

图 83-2 74LS00 4-2 输入与非门

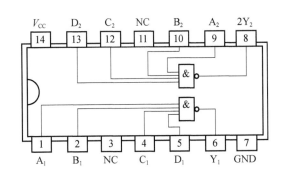

图 83-3 74LS20 双 4 输入与非门

3. 逻辑门输出驱动电路

由于门电路的输出电压、电流、功率受集成电路低能耗制作要求限制，一般是很小的，例如输出电流一般最大只有毫安级。因此如果数字电子系统需要通过声、光、电等物理量输出，就需要增加相应的驱动电路，常用驱动电路如图 83-4 所示。

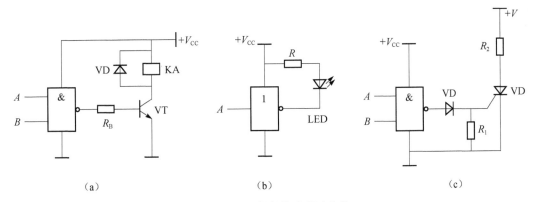

图 83-4 逻辑门输出驱动电路
（a）继电器输出；（b）发光二极管输出；（c）晶闸管输出

实验 84 石英钟

【预习要点】
1. 集成计数器 74LS90 的工作原理。
2. 译码器 74LS247 和七段 LED 数码管工作原理及使用方法。
3. 石英晶体振荡器的组成。

计数、译码和显示在各种类型的数字仪表、检测设备及其他数字化系统中都是不可缺少的组成部分，了解它们的工作原理是非常必要的。

一、实验目的

1. 掌握集成 74LS74、74LS90、74LS247、CD4060 和七段 LED 数码管工作原理及使用方法。
2. 初步掌握中规模数字电路的设计方法和调试技巧。

二、实验器材

自主实验箱、万用表、74LS74、74LS90、74LS247、CD4060、七段 LED 数码管（共阳极）、晶体（32 768 Hz）、电阻、电容、导线等。

三、实验原理

六十进制计数、译码、显示电路是由计数器、译码器、显示器和标准秒脉冲发生电路四部分电路组成的逻辑电路，实验原理如图 84 – 1 所示。下面分别介绍。

1. 六十进制计数器

用两个十进制异步计数器 74LS90 分别组成 8421 码十进制计数器和六进制计数器，然后连接成一个六十进制计数器（六进制为高位、十进制为低位），如图 84 – 2 所示（74LS90 的介绍参见实验 29）。IC1 的 QA_1 与 INB_1 相连构成 8421 十进制计数器（参见实验 29），QD_1 作为十进制的进位信号，其下降沿通过 INA_2 作为 IC2 的计数脉冲。IC2 和与非门 IC3A 和反相器 IC4A 组成六进制计数器。QA_2 和 QC_2 相与，当 IC2 输出 0101（十进制 5）时，IC3A 输出 0，IC4A 输出 1；当 IC2 的下一个计数脉

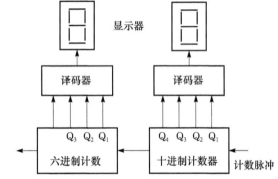

图 84 – 1 实验原理图

冲到来时，IC2 输出 0110（十进制 6），IC3A 的输出由 0 变 1，IC4A 的输出由 1 变 0，该下降沿提供给下一位计数器作为计数信号。与此同时，由于 IC2 的 QB_2 和 QC_2 端同时连接到了 IC1 和 IC2 的清零端 R01、R02，所以 R01、R02 都为高电平 1，计数器 IC1 和 IC2 清零，由此 IC1 和 IC2 串联实现了六十进制计数（即第六十个脉冲下降沿到来时进位并清零，最高显示 59）。需要说明的是，若只设计六十进制计数器，则更高位的进位信号产生电路 IC3A 和 IC4A 可以不用。

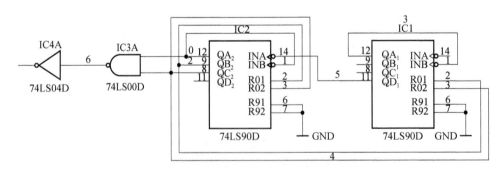

图 84 – 2 六十进制计数器

2. BCD 七段译码驱动显示器

上述用两个 74LS90 实现的六十进制计数器输出的是 8421BCD 码，而人们习惯用两位十进制数显示，这就需要在计数器的输出端增加其他电路，实现这个功能的电路称为 8421BCD 七段译码驱动器，它一方面可以把计数器输出的 8421BCD 码翻译成用七段数码显示器显示的 0~9 等十个数字，另一方面还具有驱动功能，能够直接驱动七段数码显示器发光。本实验采用共阳极的 BCD 码七段译码驱动器 74LS247（参见实验 28），需要两个，每个对应一个 74LS90。两个 74LS247 驱动两个七段数码显示器，七段数码显示器也需采用共阳极的（参见实验 28）。

3. 石英晶体振荡器

产生计数器初始计数脉冲的电路称为多谐振荡器，它输出的是矩形波。石英是一种具有晶体结构的矿物质，利用它的固有振荡频率稳定性好这一特点构成的振荡器称为石英晶体振荡器。每一小块经过精心切割的石英晶体具有不同的固有振荡频率，石英钟等计时仪器一般采用固有振荡频率为 32 768 Hz 的石英晶体构成多谐振荡器。它经过 15 级二分频（$2^{15}=32\,768$）后，输出脉冲的频率为 1 Hz，即周期为 1 s，此脉冲即为标准秒脉冲（图 84-3 (a)）。图 84-3 (b) 是标准秒脉冲发生电路，一个反相器、两个电容、一个电阻和一个石英晶体组成一个多谐振荡器，输出方波 u_O 的频率等于石英晶体的固有谐振频率，为 32 768 Hz，该频率经 32 768 分频得到 1 Hz 的方波秒脉冲。谐振频率与外接电阻、电容的参数无关，电阻的作用是使反相器工作在线性放大区，电容的作用是抑制高次谐波，使输出稳定。图 84-3 (c) 是 CD4060 分频示意图，图 84-3 (d) 是 CD4060 的引脚图。CD4060 是一个 14 级串行进位异步计数器/分频器，属于 CMOS 电路，它内部还设计有两个反相器，第一个反相器（管脚 11 输入，10 输出）构成石英晶体振荡器，第二个反相器（管脚 10 和 9 之间）作用是改善输出波形，并提高负载能力。由于 CD4060 的内部分频器最高分频数为 2^{14}（从管脚 3 端输出），所以最后只能得到频率为 2Hz 的信号，要得到标准秒脉冲信号，应再加 1 级二分频器来完成，二分频器可以用一个 D 触发器实现（如用一个 74LS74 或一个 74LS90，参见实验 29）。此外，CD4060 工作时，8 和 12 引脚应接地，16 引脚为供电电源引脚（供电电源范围为 +1 ~ +15 V），一般用 +5 V，外接元件 $R_f = 10$ MΩ，$C_1 = 5 \sim 50$ pF，$C_2 = 20$ pF。

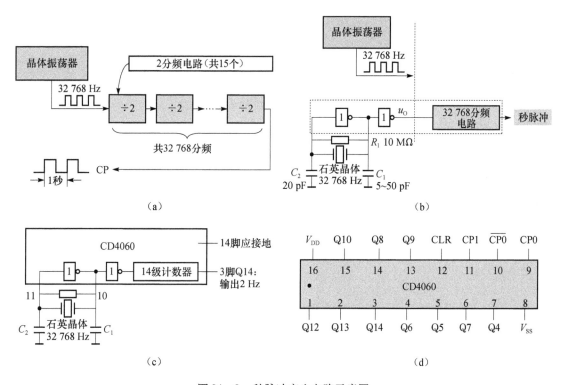

图 84-3 秒脉冲产生电路示意图

(a) 标准秒脉冲发生电路原理图；(b) 标准秒脉冲发生电路图；
(c) CD4060 分频示意图；(d) CD4060 引脚图

四、实验内容和要求

设计一个用两位七段数码管显示的六十进制计数/译码/显示器。要求：
1. 计数器的时钟脉冲采用石英晶体产生的标准秒信号。
2. 高位七段数码管显示的无效"0"被消隐。
3. 按照实现功能的不同，画出原理总框图，并阐述各部分的作用。
4. 列出所用元器件清单（从自主实验箱提供的器材中选用）。

五、注意事项

1. 该电路一般应该按照从前到后的顺序分单元设计、调试，如振荡分频器、计数器、译码显示器等。
2. 本实验常见错误有振荡器没有起振、集成电路损坏、集成块引脚连线错误、集成电块控制端子接线错误、逻辑电平不正常、连线内部折断、面包板金属插孔松弛等。
3. 电路的调试和故障排查也是本实验的重点内容之一，必要时尽量借助便携式自主实验箱和随箱提供的数字万用表完成。
4. 系统各个部分的供电电源应该尽量一致，建议统一采用 +5 V，"接地"要可靠。
5. 不能带电插拔电路，遇有异常情况立即关闭实验箱电源，故障排除后再加电。

实验 85　抢答器

【预习要点】
1. 认真阅读本实验说明，分析电路工作原理。
2. 拟定实验步骤。
3. 画出电路原理图，并在 Multisim 仿真软件上进行仿真。

数字电路具有电路简单、可靠性高、成本低等优点。本设计以数字电路为核心设计四路抢答器，可以用于比赛、娱乐抢答、知识竞赛等活动。

一、实验目的

1. 掌握四路锁存器、NE555 电路、与非门等数字逻辑基本电路原理及应用。
2. 掌握四路抢答器电路功能的分析与调试方法。
3. 锻炼和提高分析故障及排除故障的能力。

二、实验器材

自主实验箱，万用表，按键开关，复位开关，电阻，电容，LED，蜂鸣器，集成电路：74LS00、74LS20、74LS175、NE555，导线等。

三、实验任务

设计一款具有清零装置和抢答控制的四路抢答器。

四、实验要求

1. 四路优先抢答器是通过逻辑电路判断哪一个预定状态优先发生的一个装置。外围组件包括：四个抢答按钮 S1、S2、S3、S4，一个控制开关 S，四个抢答成功显示指示灯 LED1~LED4，一个抢答成功扬声器（喇叭或蜂鸣器）。
2. 控制开关 S 在"复位"位置时，S1、S2、S3、S4 处于无效的状态。
3. 控制开关 S 在"开启"位置时：
   （1）S1~S4 无人按下时 LED 不亮，扬声器不发声；
   （2）S1~S4 有一个按下，对应 LED 亮，扬声器发声，其余按钮再按则无效。
4. 控制开关打到"复位"时，电路恢复等待状态，准备下一次抢答。

五、研究与思考

1. NE555 在电路中起什么作用？产生的时钟脉冲频率如何确定？多大合适？

2. 如果要求用一个七段数码管显示抢答成功的按钮编号（1～4），电路如何扩展？（参考实验28、实验29）

六、深度阅读

1. 四路抢答器的组成框图

数字抢答器的参考方案如图85-1所示，它由四人抢答按钮电路、主持人复位电路、触发锁存电路、时钟电路、判断电路、LED显示电路和蜂鸣器报警电路等七部分组成。

2. 74LS175芯片介绍

四路抢答器电路中最核心的芯片是74LS175，它是一个四路锁存器。图85-2为74LS175外引线排列图，图85-3为74LS175逻辑电路图。其中，$\bar{R}_D$是异步清零控制端，$D_0\sim D_3$是并行数据输入端，CP为时钟脉冲端，$Q_0\sim Q_3$是并行数据输出端，$\bar{Q}_0\sim\bar{Q}_3$是$Q_0\sim Q_3$的反码数据输出端。表85-1为74LS175的真值表。

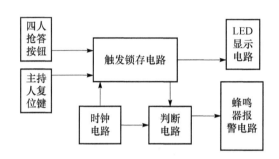

图85-1 数字抢答器的总体参考方案

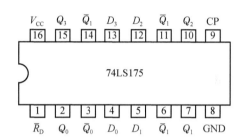

图85-2 74LS175外引线排列图

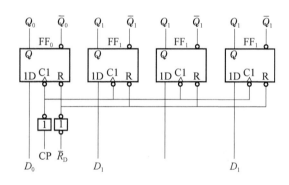

图85-3 74LS175逻辑电路图

表85-1 74LS175真值表

清零 $\overline{CR}$	时钟 CP	输入 1D	2D	3D	4D	输出 1Q	2Q	3Q	4Q	工作模式
0	×	×	×	×	×	0	0	0	0	异步清零
1	↑	1D	2D	3D	4D	1D	2D	3D	4D	数码寄存
1	1	×	×	×	×	保持				数据保持
1	0	×	×	×	×	保持				数据保持

3. 四路抢答器原理简介

图85-4是四路抢答器电路图，图中的主要器件74LS175是四路触发锁存电路，它的清零端$\bar{R}_D$和时钟脉冲CP是四个D锁存器共用的。当所有抢答按钮均未按下时，锁存器输出全为高电平，经4输入与非门和非门后的反馈信号仍为高电平，该信号作为锁存器使能端控制信号，使锁存器处于等待接收触发输入状态；当任一按钮按下时，输出信号中必有一路为低电平，则反馈信号变为低电平，锁存器

刚刚接收到的开关被锁存，这时其他开关信息的输入将被封锁。触发锁存电路具有时序电路的特征，是实现抢答器功能的关键。

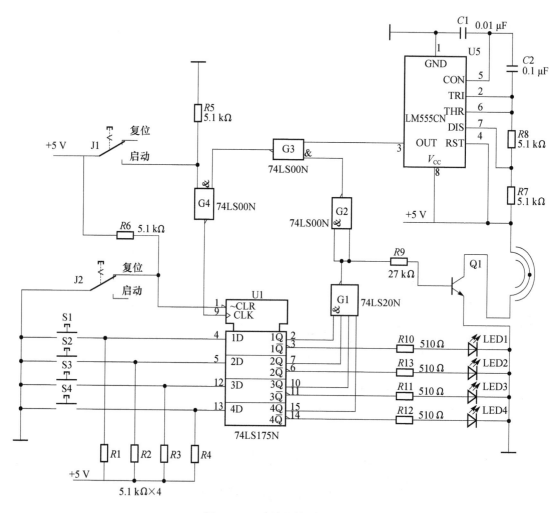

图 85-4　四路抢答器电路图

抢答前先清零。$1\bar{Q} \sim 4\bar{Q}$ 均为"0"，相应的发光二极管 LED1～LED4 都不亮；$1Q \sim 4Q$ 均为"1"，"与非"门 G1 输出为"0"，扬声器不响。同时，G2 输出为"1"，将 G3 打开，时钟脉冲 CP 可以经过 G3、G4 进入 D 触发器的 CP 端。此时，由于 S1～S4 均未按下，$1\bar{Q} \sim 4\bar{Q}$ 均为"0"，所以触发器的状态不变。

抢答开始。若 S1 首先被按下，$1D$ 和 $1\bar{Q}$ 均变为"1"，相应的发光二极管 LED1 亮；$1Q$ 变为"0"，G1 的输出为"1"，扬声器发响。同时，G2 输出为"0"，将 G3 封闭，时钟脉冲 CP 便不能经过 G3、G4 进入 D 触发器。由于没有时钟脉冲，因此再接着按其他按钮，就不起作用了，触发器的状态不会改变。抢答判断完毕，清零，准备下次抢答。

实验 86　电子琴

【预习要点】

1. 熟悉 NE555 时基电路构成的多谐振荡器。
2. 了解声音音高与频率关系。

用不同频率的正弦波（方波）去驱动扬声器，能产生不同的音高，即只要知道某一音高的频率，就可以用电路来模拟产生这种声音。本实验基于 NE555 时基电路构成的多谐振荡器，设计制作一个简易中央 C 大调七音阶电子琴。

一、实验目的

1. 掌握用 NE555 构成的多谐振荡器的电路组成和工作原理。
2. 了解音高和频率的关系及产生方法。

二、实验器材

自主实验箱、万用表、时基电路 NE555、电容、电阻、按键开关、小功率扬声器等。

三、实验任务

利用 NE555 时基电路构成的多谐振荡器,设计一款简易中央 C 大调七音阶电子琴。

四、实验要求

1. 理解各个模块的功能。
2. 先用 Multisim 软件进行仿真,用示波器代替扬声器,观察输出波形。
3. 在自主实验箱上连接电路。
4. 调试电路。

五、研究与思考

1. 若将电路扩展为中央 C 大调低八度到高八度的电子琴,电路和元件参数如何改动?
2. 如何改进电路,提高电子琴的音量?
3. 如何为电子琴添加节拍?

六、深度阅读

1. 基本乐理知识

音高是听觉赖以分辨乐音高低的一种特性,音阶是音高按次序排列而成的音列,音调(调式)则是指音阶的不同组合形式。如 C 大调的音阶为简谱的 1234567,而 1234567 七个音符对应不同的音高。

音高主要由声音的基音频率决定,只要知道某一音高的频率,就可以用电路产生同频率的正弦波(方波)驱动扬声器来模拟产生这种声音。国际通行的划分方法是,将音频频段 16.352 Hz ~ 15.804 kHz 分成 10 个八度区(0 ~ 9),每个八度区由低到高又分成 12 个音高,用 C、C#、D、D#、E、F、F#、G、G#、A、A#、B 表示。每相邻音高之间的频率间隔称为"半音",相邻音高的频率比为 $\sqrt[12]{2}$,约等于 1.059 46 倍;而相邻八度音高之间的频率比为 2 倍,这种音高划分方法称为 12 平均律。其中 C、D、E、F、G、A、B 称为主音,对应简谱中的 1、2、3、4、5、6、7,而其余 C#、D#、F#、G#、A#称为辅音,对应简谱中的 1#、2#、4#、5#、6#,"#"表示比对应主音高一个"半音"。若某一主音作为起始音的音高,这个主音的音名,就是这个调式的调名。比如 C 大调是 C、D、E、F、G、A、B,对应简谱中的 1、2、3、4、5、6、7,D 大调是 D、E、F#、G、A、B、C#,对应简谱中的 2、3、4#、5、6、7、1#。标准钢琴是 88 个琴键,从 A0 到 C8,频率范围是 27.500 Hz ~ 4.186 kHz,白色琴键是主音,黑色琴键是主音升降一个半音后的辅音,如图 86-1 所示。

图 86-1 标准钢琴键盘

键盘中 C4 称 Middle C（中央 C 或中音 C），是中音八度（C 大调）的开始，频率为 261.63 Hz，对应简谱中的 1。键盘中 A4 又称为国际标准音高，频率为 440 Hz，对应简谱中的 6。

中央 C 大调的七音阶频率和周期分别为：

$$"1" = 440 \times (\sqrt[12]{2})^3/2 \approx 261.6 \text{Hz}, \quad T_{"1"} = 3.82 \text{ms}$$
$$"2" = 440 \times (\sqrt[12]{2})^5/2 \approx 293 \text{Hz}, \quad T_{"2"} = 3.41 \text{ms}$$
$$"3" = 440 \times (\sqrt[12]{2})^7/2 \approx 329.6 \text{Hz}, \quad T_{"3"} = 3.03 \text{ms}$$
$$"4" = 440 \times (\sqrt[12]{2})^8/2 \approx 349.2 \text{Hz}, \quad T_{"4"} = 2.86 \text{ms} \quad (86-1)$$
$$"5" = 440 \times (\sqrt[12]{2})^{10}/2 \approx 392 \text{Hz}, \quad T_{"5"} = 2.55 \text{ms}$$
$$"6" = 440 \times (\sqrt[12]{2})^{12}/2 \approx 440 \text{Hz}, \quad T_{"6"} = 2.27 \text{ms}$$
$$"7" = 440 \times (\sqrt[12]{2})^{14}/2 \approx 493.9 \text{Hz}, \quad T_{"7"} = 2.02 \text{ms}$$

2. 总体框图

简易电子琴框图如图 86-2 所示，它主要由输入单元（键盘）、多谐振荡器单元和声音输出单元（扬声器）三部分组成。

输入单元：由七个按键开关与各自的定值电阻串联后组成。

多谐振荡器单元：根据定值电阻的不同，由 555 产生不同频率的多谐振荡信号。

声音输出单元：由输出耦合电容和扬声器组成，输出耦合电容起隔直流通交流的作用，阻断振荡信号中的直流成分。

3. 用 555 时基电路构成多谐振荡器

由图 86-3 并参考实验 51 可知，电容 C 充、放电时间表达式为：

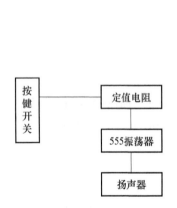
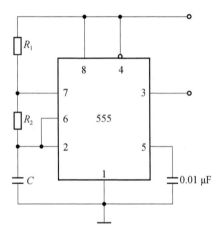

图 86-2　简易电子琴总体框图　　　图 86-3　555 多谐振荡器

$$T_{充电} = 0.7 \times (R_1 + R_2)C \quad (86-2)$$
$$T_{放电} = 0.7 \times R_2 C \quad (86-3)$$

所以多谐振荡电路输出矩形波的周期为：

$$T = T_{充电} + T_{放电} = 0.7 \times (R_1 + 2R_2)C \quad (86-4)$$

因此，改变周期 T 即可得到不同的音高。如上所述，音高主要由声音的基音频率决定，当输出波形为方波，即占空比接近 50% 时（充电时间等于放电时间），根据傅里叶变换基波分量的幅度最大，扬声器发出的声音最好听。从式（86-2）、式（86-3）看出，R_1 相对 R_2 越小，占空比越趋近 50%。

4. 简易电子琴电路

利用 555 时基电路构成的简易电子琴电路如图 86-4 所示，七个开关控制七个电阻 $R_{21} \sim R_{27}$，每个电阻相当于图 86-3 中的 R_2，它和电阻 R_1、电容 C 一起构成多谐振荡器的充、放电电路，七个不同的电阻对应七个不同的音高，电阻越大，对应音高越低，电阻越小，对应音高越高。接在管脚 5 端 0.01 μF 的电容作用是滤除输出信号的高频干扰，接在管脚 3 端 100 μF 的电容作用是阻断振荡信号中的直流成分，使扬声器正常工作。电阻 $R_{21} \sim R_{27}$ 的具体阻值根据式（86-1）和式（86-4）计算得到。由于 $R_{21} \sim R_{27}$ 的取值不可能十分精确，个别音高需要反复调整电阻阻值。

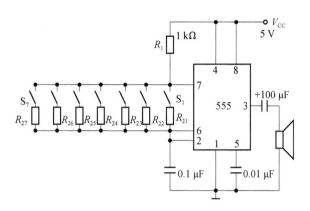

图 86-4 简易电子琴电路

实验 87 电阻应变片粘贴与电桥连接

【预习要点】

电阻应变片粘贴的方法步骤；电桥电路的几种连接方式。

在电测技术中，应变片粘贴质量的优劣对测量的可靠性影响很大，是一个非常关键的环节。采用合理的桥路连接方式，也对提高测量的精度有益。

一、实验目的

1. 了解电阻应变片的结构、规格、用途等。
2. 初步掌握常温用电阻应变片的粘贴技术。
3. 熟悉几种接桥方式。

二、实验器材

1. 常温用电阻应变片；
2. 数字式万用表；
3. 502 粘结剂（氰基丙烯酸酯粘结剂）；
4. 电烙铁、镊子、铁砂纸、玻璃纸等工具；
5. 等强度梁试件、温度补偿块；
6. 丙酮、药棉等清洗器材；
7. 防潮用硅胶；
8. 测量导线若干；
9. 低碳钢弹性常数测量试件；
10. YJ-28A 静态电阻应变仪。

三、实验任务

根据测试要求选择应变片，并粘贴到测点位置，用静态电阻应变仪试做 1/4 桥、半桥、全桥三种接桥方式。

四、实验要求

1. 选择和检测出待用的应变片。

2. 按步骤将应变片粘贴在构件的设定位置上，并做好测试和防护。

3. 将应变片与静态电阻应变仪分别采用三种接桥方式连接。

4. 加载测量，观察应变仪读数与接桥方式的关系。

5. 书写实验报告，要求：（1）简述整个操作过程及注意事项；（2）简单分析故障原因和排除方法；（3）画布线图和编号图；（4）体会与建议。

五、注意事项

1. 在选电阻片和粘贴的过程中，不要用手接触片身，要用镊子夹取引线。

2. 清洗后的被测点不要用手接触，已防粘上油渍和汗渍。

3. 固化的电阻片及引线要用防潮剂（石蜡、松香）或胶布防护。

实验88　材料弹性常数 E、μ 测量

【预习要点】

电子引伸计；电测法；弹性模量；胡克定律。

弹性模量是材料的一个重要的力学性能参数，可以采用拉伸实验来测量。本实验介绍利用引伸计法和电测法测定低碳钢弹性模量的原理和方法。

一、实验目的

1. 采用两种方法测定弹性模量 E。
2. 验证胡克定律。
3. 了解电子引伸计的使用。
4. 掌握电测法的应用。

二、实验器材

1. 万能材料试验机；
2. 电子引伸计；
3. 电阻应变片、静态电阻应变仪、导线、胶水、电烙铁等；
4. 游标卡尺；
5. 矩形截面低碳钢板试件。

三、实验任务

1. 用引伸计测弹性模量

测量钢材的弹性模量 E 值，一般采用比例极限内的拉伸实验。低碳钢在比例极限内服从胡克定律，其关系式为

$$\Delta L = \frac{PL_0}{EA_0} \tag{88-1}$$

由式（88-1）可得

$$E = \frac{PL_0}{\Delta L A_0} \tag{88-2}$$

实验采用矩形截面低碳钢板试件，试件的加工要求比较高。在试件的中部装上引伸计，施加拉力 P，即可从引伸计上测量得到其在标距 L_0 范围内的轴向伸长量 ΔL，再依据式（88-2）即可算出低碳钢的弹性模量 E。也可在电子万能试验机控制软件中，根据采集绘制的应力应变曲线直线段的斜率计算弹性模量。

为了验证胡克定律，并避免偶然误差的发生，一般采用等量加载法。所谓等量加载法，就是把初载荷 P_0 至最终载荷 P 的数值分成若干相等的份，逐级加载来测试件的变形。设试件的横截面积为 A_0，引伸计标距为 L_0，各级载荷的增量相同并等于 ΔP，各级伸长的增量为 $\delta(\Delta L)_i$，则各级的弹性模量为

$$E_i = \frac{\Delta P L_0}{\delta(\Delta L)_i A_0} \qquad (88-3)$$

式中，i 为加载级数（$i = 1, 2, \cdots, n$），则被测材料的弹性模量为：

$$E = \frac{\sum_{i=1}^{n} E_i}{n} \qquad (88-4)$$

若由实验数据发现，在各级载荷增量 ΔP 相等时，相应地由引伸计测量出的伸长增量 $\delta(\Delta L)_i$ 也基本相等，这就验证了胡克定律是正确的。

由于实验开始时引伸计的机构之间存在一定的间隙，其刀刃往往在试件表面上有微小的滑动，从而影响读数的准确性，所以，为了消除机构之间间隙的影响，同时也为了夹牢试件，必须施加一定量的初载荷。实验前要拟定加载方案。拟定时应根据上述要求，主要考虑以下几点：

（1）由于实验是在比例极限内进行，故最大应力值不能超过比例极限，一般地，低碳钢取屈服极限 σ_s 的 60%~80%。

（2）初载荷的数值，通常约为屈服载荷的 10%，即 $P_0 = 0.1\sigma_s A_0$。

（3）至少应有 4~5 级的加载（不包括初载荷），每级加载应使引伸计的读数有明显的变化。若用 n 表示加载的次数，则各载荷的增量为

$$\Delta P = \frac{P - P_0}{n}$$

为了方便加载，最好把 ΔP 取为整数。

2. 用电测法测弹性模量

合理设计贴片位置、方式，接桥方式；完成从贴片开始到测量弹性模量的全部实验过程。

四、实验要求

1. 熟悉万能材料试验机、电子引伸计、静态电阻应变仪。
2. 分别使用引伸计和电测法测弹性模量。
3. 设计电阻应变片的粘贴位置、接桥方式。
4. 贴片、接桥正确。
5. 比较两种方式的测量的弹性模量值。
6. 验证胡克定律。

五、注意事项

1. 认真检查试件、引伸计装夹是否牢固，以免打滑或脱落而损坏仪表。
2. 启动试验机，加载至接近最终载荷数值，然后卸载至 P_0 以下（保持一小量的载荷），以检查试验机和引伸计的工作是否正常。
3. 本实验应在学习完成实验 87 后进行。

六、研究与思考

1. 为什么要用增量法进行实验？由初载荷一次加到最大载荷能不能测出弹性模量？
2. 为什么要加初载荷？开始时，引伸计是否一定要对准零？
3. 试件截面尺寸和形状对测定弹性模量有无影响？
4. 测量弹性模量 E 值，有何实际意义？

第七篇

虚拟仿真实验

对虚拟仿真实验的认识一定要超出测量方法的范畴，它是一种科学的实验方法，特别是在科学研究中可以起到事半功倍的效果，因此希望同学们养成乐于仿真、善于仿真的良好的科研工作习惯。本篇设计了 13 个仿真实验项目。

实验89　低真空获得与测量

【预习要点】
1. 真空的概念。
2. 旋片机械泵的工作原理。
3. 热偶真空计的工作原理。

在真空实用技术中，真空的获得和测量是最重要的两个方面，在一个真空系统中，真空获得的设备和测量仪器是必不可少的。目前常用的真空获得设备主要有旋片式机械真空泵、油扩散泵、涡轮分子泵、低温泵等。真空测量仪器主要有U形真空计、热传导真空计、电离真空计等。随着电子技术和计算机技术的发展，各种真空获得设备向高抽速、高极限真空、无污染方向发展。各种真空测量设备与微型计算机相结合，具有数字显示、数据打印、自动监控和自动切换量程等功能。

低真空的应用主要涉及真空疏松、真空过滤、真空成型、真空装卸、真空干燥及振动浓缩等，在纺织、粮食加工、矿山、铸造、医药等部门有着广泛的应用。

一、实验目的

1. 理解真空的概念以及真空的获得和测量的原理。
2. 学会用机械泵获得低真空。
3. 学会用U形计和热偶计测量真空以及观测不同真空度时的辉光放电现象。

二、实验器材

计算机及仿真软件（热偶真空计、旋片式机械泵、热偶规管、高频电火花真空测定仪、复合真空计）。

三、实验原理

1. 真空技术的基本概念

自从1643年，意大利物理学家托里拆利（E. Torricelli）首创著名的大气压实验获得真空以来，人们对真空的获得和测量的研究不断深入。真空是指低于一个大气压的给定空间。真空度量的国际单位是Pa（1标准大气压 = 1.013×10^5 Pa）；常用单位还有mmHg（Torr），1 Torr = 133.3 Pa。

真空区域可以划分为：

(1) 粗真空：$10^5 \sim 10^3$ Pa，以分子相互碰撞为主。
(2) 低真空：$10^3 \sim 10^{-1}$ Pa，分子相互碰撞和分子与器壁碰撞不相上下。
(3) 高真空：$10^{-1} \sim 10^{-6}$ Pa，主要是分子与器壁碰撞。
(4) 超高真空：$10^{-6} \sim 10^{-10}$ Pa，分子碰撞器壁的次数减少，而形成一个单分子层的时间已达到数分钟以上。
(5) 极高真空：$< 10^{-10}$ Pa，分子数目极为稀少，以致统计涨落现象比较严重（大于5%），经典统计规律产生了偏差。

2. 真空的获得——真空泵

1654年，德国物理学家葛利克发明了抽气泵，做了著名的马德堡半球试验。真空泵按工作性质可以分为两类：气体传输泵、气体捕集泵。气体传输泵是一种能将气体不断地吸入并排出泵外以达到抽气目的的真空泵，例如旋片机械泵、油扩散泵、涡轮分子泵；气体捕集泵是一种使气体分子短期或永久吸附、凝结在泵内表面的真空泵，例如分子筛吸附泵、钛升华泵、溅射离子泵、低温泵和吸气剂泵。

真空泵的主要参数包括：抽气速率（单位时间内泵从被抽容器抽出气体的体积）、极限压强（真空泵所能抽到的最高真空）、最高工作压强、工作压强范围。

几种常用真空泵的工作压强范围如下：旋片机械泵$10^5 \sim 10^{-2}$ Pa，吸附泵$10^5 \sim 10^{-2}$ Pa，扩散泵$10^0 \sim 10^{-5}$ Pa，涡轮分子泵$10^1 \sim 10^{-8}$ Pa，溅射离子泵$10^0 \sim 10^{-10}$ Pa，低温泵$10^{-1} \sim 10^{-11}$ Pa。旋片机械泵由于价格便宜、操作简便，是最常用的真空泵，由于它极限压强较高，常用作其他真空泵的前级泵（预抽泵），下面简要介绍旋片机械泵的工作原理。

图89-1是一种旋片式机械泵的结构示意图。它的圆筒形的泵腔1内，偏心地安装了一个圆柱形转子3。当转子旋转时，它的上部始终与泵腔紧密相切，两个旋片S和S'横嵌在转子的径向上，由于受到夹在它们中间的弹簧4的弹力作用，旋片的端面将始终紧贴泵壁，并与转子一起将泵内部空间分割为吸气区Ⅰ、排气区Ⅱ和过渡区Ⅲ等几个部分。当转子在电机带动下转动时，吸气区容积不断扩大，因而从被抽容器中吸入气体。而排气区Ⅱ内的气体则不断压缩，待压力达到一定数值时，气体推开排气阀5，从排气口6排出。转子不断转动，使这一过程不断重复，因而达到了排气的目的，其工作过程如图89-2所示。转子全部浸没在油箱内。一方面油密封了微小的漏气孔道，另一方面又使转子得到了润滑和冷却。

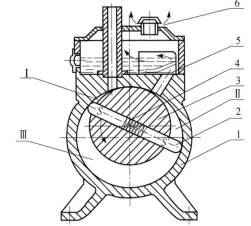

图89-1　旋片式机械泵结构示意图
1—泵腔；2—旋片；3—转子；4—弹簧；
5—排气阀；6—排气口

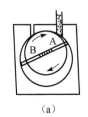   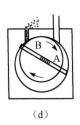

(a)　　　　(b)　　　　(c)　　　　(d)

图89-2　旋片旋转时的几个典型位置

3. 真空的测量

(1) U形压力计

水银U形压力计构造简单，无需校准，可以在气压不太低时使用。一般压力计一端封闭，另一端接入真空系统，封闭端为真空，这样压力计可直接指示总压力（两边水银柱的高度差即为总压力）。对于精密工作则需进行温度修正。对于压力较低（低于10^3 Pa）的测量，油压力计比水银压力计更精确，因为油的密度低得多。

(2) 高频电火花真空测定仪

高频电火花真空测定仪（又叫检漏仪）是一种粗略测量玻璃真空系统的仪器。接通电源后，调节放电火花间隙G，当产生击穿放电时，将高频放电探头在被抽容器处不停地移动。随着压强的变化，系统内放电辉光的颜色不断变化，从放电颜色可粗略地估计真空系统的气压。

(3) 热偶真空计

热偶真空计是利用气体的热传导系数在低压强时随压强而变化的原理制成的。其结构如图89-3所示。一根热丝aob与一对热偶cod在o点焊接在一起。给热丝通一固定大小的电流时，热丝的温度可用热偶测定。当气体压强p较高时，气体分子平均自由程λ远远小于管泡的几何尺寸D。在这种条件下，压强的变化对气体导热系数的影响很小，因此热丝温度T几乎不随P而变；当压强降低到某一范围内（0.1～100 Pa），λ与D逐渐可相比拟，这时气体导热系数将随气体压强下降而变小，致使热丝温度T上升，而且P与T将有一一对应的关系。测出热丝o点温度所对应的热电动势，即可间接测出管内的真空度。随P继续下降，以致$\lambda > D$时，气体的导热已不再是热丝热量散失的主要因素，因此，热丝温度又不再随P而变。由此可见，热偶计的测量范围在0.1～100 Pa之内。图89-4为热偶真空计原理电路图。使用前，必须先把加热电流调到规定数值，然后从已刻度好的毫伏表上直接读出系统真空度的数值。

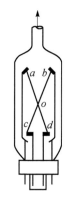

图 89-3 热偶真空计电路

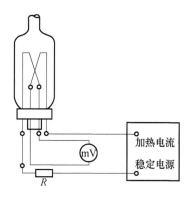

图 89-4 热偶真空计原理电路

四、实验内容和要求

1. 调节热电偶真空计：单击热偶真空计，出现仪器的面板；单击"开关"，使之朝向"开"；单击"测量、加热"，使之朝向"加热"；调节"电流调节"（右键往右调）；单击"测量、加热"，使之朝向"测量"；单击"完成"。

2. 单击竖直管活塞，使其打开，放大气进入，直到 U 形真空计不变为止；单击水平管活塞，使之关闭，防止大气入内。

3. 单击真空泵电源，弹出电源开关后再单击，真空泵开始工作；开始计时，U 形真空计液面持平时，真空计开始显示容器中的真空度。

4. 记录数据，测量 $P-t$ 关系曲线；并用高频电火花真空测定仪观测系统内辉光的变化。

5. 实验完毕后，停止计时，关闭竖直管的活塞，关闭真空泵电源，打开水平管活塞。

五、注意事项

1. 机械泵使用完毕后，进气口必须与大气接通；否则，由于进气口与排气口之间的压力差，将把泵腔内的油由进气口压进真空系统，造成"返油"事故。

2. 高频火花仪的探头要离开玻璃管壁 1cm 左右的位置，不可与管壁接触，也不可以停在一处，以免打裂玻璃。

六、研究与思考

1. 什么是真空，真空分为几个区段？
2. 关机时，为何要放大气进入机械泵？

实验 90　G-M 计数管与核衰变统计规律

【预习要点】

1. 什么是雪崩现象？其原理是什么？
2. 什么是坪区？如何理解坪曲线？
3. 核衰变统计规律有哪两种分布？

盖革-米勒计数管（G-M 计数管）是核辐射气体探测器的一种，它是由盖革和米勒两位科学家发明的，由于它具有结构简单、使用方便、成本低廉、可以做成便携式仪器等特点，至今仍是放射性同位素应用和剂量监测工作中常用的探测元件。

本实验要求了解盖革-米勒计数管的工作原理及特点，学会如何测量其特性参数及确定管子的工作电压，掌握测量物质吸收系数的方法，并验证核衰变的统计规律。

一、实验目的

1. 了解 G-M 计数管的工作原理及特点。
2. 学会测量 G-M 计数管的特性参数及工作电压。
3. 掌握测量物质吸收系数的方法，验证核衰变的统计规律。

二、实验仪器

计算机（仿真软件）。

三、实验原理

1. G-M 管的结构和工作原理

G-M 管的结构类型很多，最常见的有圆柱形和钟罩形两种，它们都是由同轴圆柱形电极构成。图 90-1 是其结构示意图，中心的金属丝为阳极，管内壁圆筒状的金属套（或一层金属粉末）为阴极，管内充有一定量的混合气体（通常为惰性气体及少量的淬灭气体），钟罩形的入射窗在管底部，一般用薄的云母片做成，圆柱形的入射窗就是玻璃管壁。测量时，根据射线的性质和测量环境来确定选择哪种类型的管子。对于 α 和 β 等穿透力弱的射线，用薄窗的管子来探测；对于穿透力较强的 γ 射线，一般可用圆柱形计数管。

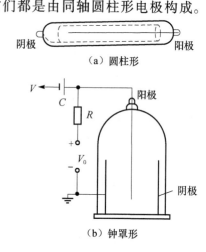

图 90-1　G-M 计数管

G-M 管工作时，阳极上的直流高压由高压电源供给，于是在计数管内形成一个柱状对称电场。带电粒子进入计数管，与管内气体分子发生碰撞，使气体分子电离，即初电离（γ 粒子不能直接使气体分子电离，但它在阴极上打出的光电子可使气体分子发生电离）。初电离产生的电子在电场的加速下向阳极运动，同时获得能量。当能量增加到一定值时，又可使气体分子电离产生新的离子对，这些新离子对中的电子又在电场中被加速，再次发生电离碰撞而产生更多的离子对。由于阳极附近很小区域内电场最强，故此区间内发生电离碰撞几率最大，从而倍增出大量的电子和正离子，这个现象称为雪崩，雪崩产生的大量电子很快被阳极收集，而正离子由于质量大、运动速度慢，便在阳极周围形成一层"正离子鞘"，阳极附近的电场随着正离子鞘的形成而逐渐减弱，使雪崩放电停止，此后，正离子鞘在电场作用下慢慢移向阴极，由于途中电场越来越弱，只能与低电离电位的淬灭气体交换电荷，之后被中和，使正离子在阴极上打不出电子，从而避免了再次雪崩。在雪崩过程中，由于受激原子的退激和正负离子的复合而发射的紫外光光子也被多原子的淬灭气体所吸收。这样，一个粒子入射就只能引起一次雪崩。

计数管可看成是一个电容器，雪崩放电前加有高压，因而在两极上有一定量的电荷存在，放电后电子中和了阳极上一部分电荷，使阳极电位降低。随着正离子向阴极运动，高压电源便通过电阻 R 向计数管充电，使阳极电位恢复，在阳极上就得到一个负的电压脉冲，因此，一次雪崩放电就得到一个脉冲，即一个入射粒子入射只形成一个脉冲，脉冲幅度的大小由高压电源电压和电阻决定，与入射粒子的能量和带电量无关。

2. G-M 管的特性

在强度不变的放射源照射下，G-M 管的计数率 n 随外加电压变化的曲线如图 90-2 所示，由于该曲线存在一段随外加电压变化而变化的较小的区间即坪区，因此把它叫做坪曲线。坪曲线的主要参数有起始电压、坪长和坪斜，起始电压即计数

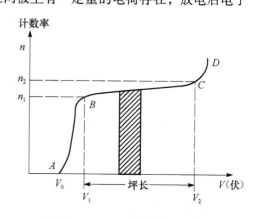

图 90-2　G-M 计数管的坪曲线

管开始放电时的起始电压,图中用 V_0 表示;坪长即坪区的长度,图中为 V_2 与 V_1 之差;坪斜即坪区的坡度,通常用坪区内电压每增加100V时计数率增长的百分比表示:

$$T = \frac{n_2 - n_1}{\frac{1}{2}(n_1 + n_2)(V_2 - V_1)} \times 10^4 \quad [\text{单位}:\%/(100\text{V})] \tag{90-1}$$

式中,T 表示坪斜;n_1、n_2 分别对应于 V_1 和 V_2 时的计数率。

坪曲线是衡量G-M管性能的重要指标,在使用前必须进行测量,以鉴别计数管的质量并确定工作电压。一般工作电压选在离坪区起始点1/3~1/2坪长处。坪曲线的形状可作如下解释:

外加电压低于 V_0 时,加速电场太弱不足以引起雪崩放电,不能形成脉冲,因此计数管没有计数;电压高于 V_0,加速电场可使入射的部分粒子产生雪崩,此时虽有计数但计数率较小;随着电压升高,计数率迅速增大;电压超过 V_1 后,计数率随电压变化很小,这是因为此时无论入射粒子在管内何处发生初电离,加速电场均可使其产生雪崩放电,外加电压的升高只是使脉冲幅度增大而不影响脉冲的个数,所以计数率几乎不变,但因淬灭不完全和负离子的形成造成的乱真放电会随电压的升高而增多,因而产生坪斜。当电压继续升高使淬灭气体失去淬灭作用时,一个粒子入射可引起多次雪崩,使计数率急剧增加,即进入连续放电区。这时管内的淬灭气体会被大量耗损,使管子寿命缩短。使用时应尽量避免出现此种情况,当发现计数率明显增大时,应立即降低高压。

3. 核衰变的统计规律

放射性原子核要发生衰变,但在某一时刻究竟哪些核要发生衰变却并不知道,它们衰变完全是随机独立的。由于任一放射性样品都含有大量的放射性原子核,而大量的随机过程又服从统计分布的,即核衰变服从统计规律。也就是说,在放射性测量中,即使所有测量条件都不变,多次重复测量的结果却各不相同,有时甚至相差很大,但却总是围绕着某一平均值上下涨落。

(1)泊松分布

大量实验表明,若某时间间隔内的平均计数 $\bar{N}$ 小于10,则某次测量(相同时间间隔)的计数为 N 的概率 $P(N)$ 服从不对称的泊松分布:

$$P(N) = \frac{(\bar{N})^N}{N!} e^{-\bar{N}} \tag{90-2}$$

可以证明,泊松分布的方均根差为 $\sigma_N = \sqrt{N}$。

(2)高斯分布(即正态分布)

当 $\bar{N} > 20$ 时,泊松分布可用高斯分布来代替:

$$P(N) = \frac{1}{\sqrt{2\pi N}} e^{-\frac{(N-\bar{N})^2}{2N}} \tag{90-3}$$

可以证明,高斯分布的方均根差同样为 $\sigma_N = \sqrt{N}$。

由此看出,无论是哪种分布,其方均根差一样,这里应是无数次重复测量的平均值。在放射性测量中,由于 N 较大,$\bar{N}$ 与 N 相差不多,因此,可用一次计数值 N 来代替平均值 $\bar{N}$。习惯上,方均根差又称标准差,所以标准差:

$$\sigma_N \approx \sqrt{N} \tag{90-4}$$

由分布函数可以计算出平均值 $\bar{N}$ 落在 $N - \sigma_N$ 到 $N + \sigma_N$ 区间的概率为68.3%。由式(90-4)可以看出,标准差随计数 N 增大而增大,但不要误认为 N 越大,测量反而越不精确。事实上,N 越大,测量精确越高。通常测量精度用相对误差来直接反映,按定义,相对误差:

$$E_N = \frac{\sigma_N}{N} \approx \frac{1}{\sqrt{N}} \tag{90-5}$$

所以 N 越大,相对误差越小,测量精度越高。因此,当放射源较弱时,为了保证测量精度,可延长测量时间以增大计数。

设 t 时间内测得的计数为 N,则计数率 n 为 $n = N/t$,所以计数率的标准差及相对误差分别为:

$$\sigma_n = \frac{\sqrt{N}}{t} = \sqrt{\frac{n}{t}} \qquad (90-6)$$

$$E_n = \frac{\sigma_n}{n} = \frac{1}{\sqrt{N}} \qquad (90-7)$$

四、实验内容和要求

开始实验时，先是连接线路，就是把 G-M 计数管安装到管架上去，安装时要注意计数管的极性（鼠标放在计数管两端时，能够显示极性），当计数管右端为正极时（双击计数管可以改变两端的极性），双击管架右端，计数管便安装完毕。

单击"实验内容"中的"G-M 计数管坪曲线"，出现一个记数仪、一个数字电压表，一个数据窗口。打开计数器（单击"电源"开关），电压表打开（单击左边中上部的按钮）。先让计数器自检，"工作选择"旋钮通过单击右键处于"半自动"状态，"自检、工作"按钮通过单击处于"自检"一边，单击"记数"，如果开始记数，则仪器工作正常。单击"自检、工作"按钮处于"工作"状态。

1. 测坪曲线

调节输入电压每增加 1 伏，"计数"一次，直到开始记数为止。开始记数的电压为起始电压，单击"记录"便可。"确定"后，根据提示，按一定的电压间隔测量各个电压对应的计数率，直到计数率显著增长为止，要求每次测量的相对误差小于 2%（其计数应为多少？计数时间如何选择？$n > 250$），然后测完后将高压降到零，根据记录数据绘出坪曲线，确定 V_0、V_1 及 V_2，计算出坪长和坪斜，并选定工作电压。

2. 泊松分布

固定高压、计数时间及源位置（使得记数率在 4~7 之间），重复测量 300 次以上计数，用计算机画出分布曲线。

3. 高斯分布

固定高压、计数时间及源位置，重复测量 300 次以上计数，记录数据并用计算机统计。

五、注意事项

1. 当连续放电时，应立即降低电压。
2. 测量结束，应将电压降到零。

六、研究与思考

1. 计数管在什么情况下出现连续放电？出现连续放电怎么处理？
2. G-M 计数管计记数与哪些因素有关？能否用它来测能量和区分射线种类？
3. 在测坪曲线时，若要求每次测量的相对误差小于 1%，其计数应为多少？计数时间如何选择？（$n > 250$）

实验 91 塞曼效应与电子荷质比测量

【预习要点】
1. 什么是塞曼分裂谱线？
2. 法布里-珀罗（F-P）标准具的工作原理。

塞曼效应实验是物理学史上一个著名的实验。荷兰物理学家塞曼在 1896 年发现：把产生光谱的光源置于足够强的磁场中，磁场作用于发光体，使光谱发生变化，一条谱线会分裂成几条偏振化的谱线，分裂的条数随能级的类别不同而不同，这就是塞曼效应。1902 年，塞曼与洛仑兹因这一发现共同获得了诺贝尔物理学奖。至今，塞曼效应依然是研究原子内部能级结构的重要方法。本实验通过观察并拍摄 Hg 546.1 nm 谱线在磁场中的分裂情况，研究塞曼分裂谱的特征，学习应用塞曼效应测量电子荷质比和研究原子能级结构的方法。

一、实验目的

1. 观察塞曼效应现象。
2. 学习用法布里 – 珀罗（F – P）标准具测量波长差的方法。
3. 测量塞曼分裂的裂距，并测定电子荷质比。

二、实验器材

计算机及仿真软件（电磁铁、毫特斯拉计、汞辉光放电灯、滤光片、法布里 – 珀罗标准具（$d = 5$ mm）、偏振片、1/4 波晶片、透镜、观察镜）。

三、实验原理

1. 谱线在磁场中的能级分裂

原子内电子的自旋和轨道运动使原子具有一定的磁矩，在磁场中，该磁矩受到磁场 B 作用，使原子系统获得附加磁作用能 ΔE。由于电子自旋和轨道运动的空间量子化，使得 ΔE 也只能取有限的分立值，即

$$\Delta E = Mg\mu_B B \tag{91 – 1}$$

式（91 – 1）中，波尔磁子：

$$\mu_B = \frac{he}{4\pi m}$$

式中，h 为普朗克常数；e 为电子电荷；m 为电子质量；磁量子数 $M = J, J – 1, \cdots, – J$，共有 $2J + 1$ 个值；g 为郎德因子，对于 $L – S$ 耦合有

$$g = 1 + \frac{J(J+1) - L(L+1) + S(S+1)}{2J(J+1)} \tag{91 – 2}$$

其中，J，L 和 S 分别表示总角动量量子数、轨道量子数和自旋量子数。由式（91 – 1）可以看出原子的某一能级在外磁场作用下将会分裂为 $(2J + 1)$ 个子能级，相邻能级间的间隔为 $g\mu_B B$，由式（91 – 2）可知，g 因子也不相同，因而不同能级分裂的子能级间隔也不同。光谱是能级跃迁产生的，所以能级的分裂必引起光谱的分裂。设频率为 ν 的谱线是由原子的上能级 E_2 跃迁到下能级 E_1 产生的，则

$$h\nu = E_2 - E_1$$

磁场中能级 E_2 和 E_1 分别分裂为 $(2J_2 + 1)$ 和 $(2J_1 + 1)$ 个子能级，附加的能量分别为 ΔE_2 和 ΔE_1，新谱线频率为 ν'，则

$$h\nu' = (E_2 + \Delta E_2) - (E_1 + \Delta E_1)$$

分裂后的谱线与原谱线的频率差为

$$\Delta\nu = \nu' - \nu = (\Delta E_2 - \Delta E_1)/h = (M_2 g_2 - M_1 g_1)eB/(4\pi m)$$

用波数差来表示，有

$$\Delta\tilde{\nu} = (M_2 g_2 - M_1 g_1)eB/(4\pi mc) = (M_2 g_2 - M_1 g_1)L \tag{91 – 3}$$

上式中 $L = eB/(4\pi mc) = 0.467B$，称为洛仑兹单位。其中 B 的单位为 T（特斯拉），L 的单位为 cm^{-1}。实验中若测得 $\Delta\tilde{\nu}$，即可根据（91 – 3）求出电子荷质比。表 91 – 1 是 $^3S_1$ 和 $^3P_2$ 能级的各项量子数值。

2. 选择定则及谱线的偏振特征

跃迁时满足选择定则：$(\Delta M = M_2 - M_1 = 0, \pm 1$，当 $\Delta J = 0$ 时 $\Delta M = 0$ 的跃迁是禁戒的）。

当 $\Delta M = 0$ 时，垂直于磁场方向观察时产生线偏振光，线偏振光的振动方向平行于磁场，叫做 π 线；当平行于磁场方向观察时 π 成分不出现。当 $\Delta M = \pm 1$ 时，垂直于磁场方向观察产生线偏振光，线偏振光的振动方向垂直于磁场方向，成为 σ 线；当平行于磁场方向观察时，产生圆偏振光，圆偏振光的转向依赖于 ΔM 的正负、磁场方向以及观察者相对磁场的方向。当 $\Delta M = +1$ 时偏振转向是沿磁场方向前进的螺

旋转动方向，磁场指向观察者时为左旋偏振光；当 $\Delta M = -1$ 时偏振转向是沿磁场方向倒退的螺旋转动方向，磁场指向观察者时为右旋偏振光。电磁波电矢量绕顺时针方向转动，在光学上称为右旋圆偏振光。

表 91-1 $^3S_1$ 和 $^3P_2$ 能级的各项量子数值表

	$^3S_1$			$^3P_2$				
L	0			1				
S	1			1				
J	1			2				
g	2			3/2				
M	1	0	−1	2	1	0	−1	−2
M_g	2	0	−2	3	3/2	0	−3/2	−3

3. Hg 546.1 nm 谱线的塞曼效应

本实验中 Hg 546.1 nm 谱线是由 $\{6S7S\}^3S_1 \to \{6S6P\}^3P_2$ 能级跃迁产生的。其能级分裂如图 91-1 所示。546.1 nm 一条谱线在磁场中分裂成 9 条线，垂直于磁场观察，中间三条谱线为 π 成分，两边各三条谱线为 σ 成分；沿着磁场方向观察，π 成分不出现，对应的 6 条 σ 线分别为右旋圆偏振光和左旋圆偏振光。

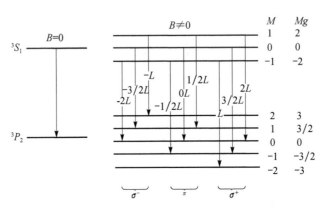

图 91-1 Hg 546.1 nm 谱线在磁场中的分裂图

4. 利用法布里-珀罗标准具（F-P 标准具）测定波长差

塞曼分裂的波长差很小，要观察如此小的波长差，用一般的棱镜摄谱仪是不可能实现的，因此本实验需要用高分辨率的仪器 F-P 标准具。F-P 标准具是 1887 年法布里-珀罗首先制造和使用的，是利用多光束干涉的原理制成的，其结构及具体工作原理参见软件《大物理设计性仿真实验——塞曼效应与电子荷质比测量》实验原理部分。由 F-P 标准具的原理可推出塞曼分裂后两相邻谱线的波数差 $\Delta\sigma$ 的表达式为：

$$\Delta\sigma = \frac{1}{2d}\left(\frac{D_b^2 - D_a^2}{D_{K-1}^2 - D_K^2}\right) \qquad (91-4)$$

这一过程的推导过程见软件原理部分，上式中，d 为标准具两个平行表面的间距 5mm，K 为干涉级次，D_a 和 D_b 分别为波长 λ_a 和 λ_b 的第 K 级干涉圆环直径（见图 91-3），B 为磁感应强度，c 为真空中的光速，D_{K-1} 和 D_K 为同一波长的相邻两级干涉圆环直径。

此时垂直于磁场方向观察，选择合适的磁感应强度，可知当波数差 $\Delta\sigma = L = \frac{eB}{4\pi mc}$ 时有

$$\frac{e}{m} = \frac{4\pi c}{dB}\left(\frac{D_b^2 - D_a^2}{D_{K-1}^2 - D_K^2}\right) \qquad (91-5)$$

四、实验内容和要求

如图 91-2，N、S 为电磁铁的磁极，O 为 546.1 nm 的汞光源，P 为偏振片，F-P 为法布里-珀罗标

准具，L_1 为成像透镜，D 为观察镜，K 为 1/4 波晶片。

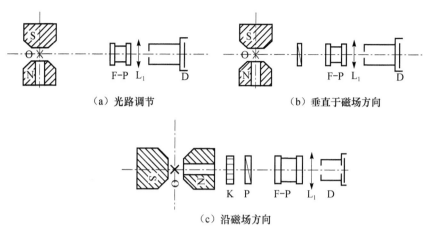

图 91-2

1. 调节光路共轴及 F-P 标准具平行

参见图 91-2（a）选择仪器并搭建光路。打开观察窗并调节 L_1 的位置、高低，使观察到的干涉图像清晰、明亮。仔细调节 F-P 标准具到最佳状态，即要求两个镀膜面完全平行。此时观察干涉图像，当视线上下左右移动时，圆环中心没有吞吐现象。调节磁感应强度，观察塞曼分裂现象。

2. 按照图 91-2（b）搭建光路，在垂直于磁场方向观察 Hg 546.1 nm 谱线在磁场中的分裂，用偏振片区分谱线中 π 和 σ 成分。

3. 参见图 91-2（c）平行于磁场方向观察 Hg 546.1 nm 谱线在磁场中的分裂，用偏振片和 1/4 波晶片区分谱线中 $\sigma+$ 和 $\sigma-$ 成分。此时磁场方向指向观察者。

4. 按照图 91-2（b）搭建光路，垂直于磁场方向观察，用塞曼分裂计算电子荷质比 e/m 并与理论值比较求出相对误差，方法参见实验原理部分公式（91-5）。

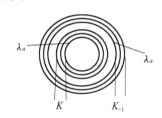

图 91-3 分裂图示

五、注意事项

1. 要熟练掌握光路的调节，否则会导致观察到的干涉图像模糊、暗淡。
2. F-P 标准具使用时一定要调平。
3. 调节仪器位置时，出现精细移动标志要用鼠标点中标志的尖端。

六、研究与思考

1. 简述如何利用塞曼效应测定电子的荷质比。
2. 如何鉴别 F-P 标准具的两反射面是否严格平行，如发现不平行应该如何调节？

实验 92　喇曼光谱

【预习要点】
1. 喇曼光谱的特点及其应用。
2. 喇曼光谱仪中各器件的作用。

喇曼散射效应是印度物理学家喇曼（C. V. Raman，1888—1970）于 1928 年发现的，1930 年获诺贝尔物理学奖。喇曼效应是分子或凝聚态物质的散射光谱中含有相当弱的有频率增减的光，带有散射体结构和状态的信息。每一种分子都有其特别的喇曼光谱，利用喇曼光谱可以鉴别和分析样品的化学成分，便于分析有机物、高分子、生物制品、药物等，已成为化学、农业、医药、环保及商检等行业的重要分析技术。在凝聚态物理学中，喇曼光谱与分子结构和振动有关，是取得分子结构、对称性和状态信息的重要手段，此外，外界条件的变化对分子结构和运动产生不同程度的影响，喇曼光谱也常被用来研究物质的浓度、温度和压力等效应。

一、实验目的

1. 掌握喇曼光谱原理。
2. 了解喇曼光谱仪结构。
3. 利用仿真方法完成 CCl_4 喇曼光谱的测量。

二、实验器材

大学物理仿真实验 V2.0 第三部分，激光喇曼光谱仪（结构及光路见图 92-1、图 92-2）。

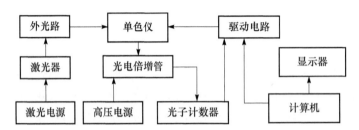

图 92-1 激光拉曼/光谱仪的结构示意图

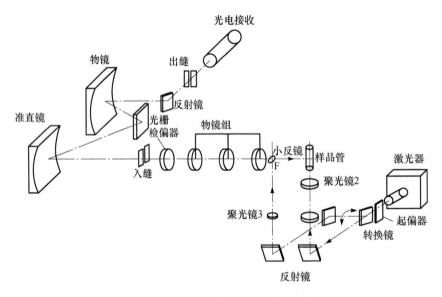

图 92-2 喇曼光谱实验的光学原理图

三、实验原理

1. 喇曼效应和喇曼光谱

当光照射到物质上时会发生非弹性散射，散射光中除有与激发光波长相同的弹性成分（瑞利散射）外，还有比激发光波长长的和短的成分，后一现象统称为喇曼效应。由分子振动、固体中的光学声子等元激发与激发光相互作用产生的非弹性散射称为喇曼散射，一般把瑞利散射和喇曼散射合起来所形成的光谱称为喇曼光谱。

2. 喇曼光谱基本原理

设散射物分子原来处于基电子态，振动能级如图 92-3 所示，当受到入射光照射时，激发光与此分子的作用引起的极化可以看作为虚的吸收,表述为电子跃迁到虚态,虚能级上的电子立即跃迁到下能级而发光,即为散射光。设仍回到初始的电子态,则有三种情况。因而散射光中既有与入射光频率相同的谱线,也有与入射光频率不同的谱线,前者称为瑞利线,后者称为喇曼线。在喇曼线中,频率小于入射光频率的谱线为斯托克斯线,频率大于入射光频率的谱线为反斯托克斯线。瑞利线与喇曼线的波数差称为喇曼位移,因此喇曼位移是分子振动能级的直接量度。

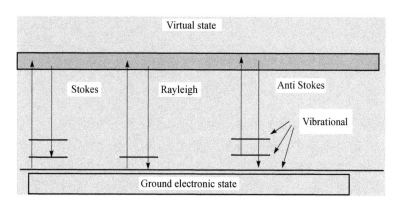

图 92 - 3 喇曼光谱形成能级示意图

喇曼光谱在外观上有三个明显的特征:
(1) 对同一样品,同一拉曼线的波数差与入射光波长无关;
(2) 在以波数为变量的拉曼光谱图上,如果以入射光波数为中心点,则斯托克斯线和反斯托克斯线对称地分裂在入射光的两边;
(3) 斯托克斯的强度一般都大于反斯托克斯线的强度。拉曼光谱的上述特点是散射体内部结构和运动状态的反映,也是拉曼散射固有机制的体现。

图 92 - 4 给出的是一个喇曼光谱强度示意图。

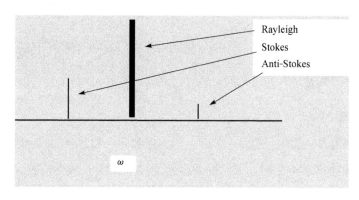

图 92 - 4 喇曼光谱强度示意图

3. 喇曼效应的经典电磁解释

如分子,在激发光的交变场作用下发生感生极化,也就是正负电中心从相合变为相离,成为电偶极子。这感生电偶极子是随激发场而交变的,因此它也就是成了辐射体。简单地与激光同步的发射,就成为瑞利散射。然而分子本身有振动和转动,各有其特种频率。这些频率比激发光的频率低一两个数量级或更多些,于是激发光的每一周期所遇的分子振动和转动相位不同,相应的极化率也不同。当光入射到样品上时有三种情况:

(1) 光子同样品分子发生了弹性碰撞,没有能量交换,只是改变了光子的运动方向,此时散射光频率 = 入射光频率: $\hbar\omega_R = \hbar\omega_1$,见图 92 - 5;
(2) 如频率为 ω_1 的入射光子被样品吸收,样品分子被激发到能量为 $\hbar\omega_L$ 的振动能级 $L = 1$ 上,同时发生频率为 $\omega_s = \omega_1 - \omega_L$ 的斯托克斯散射,见图 92 - 6;

(3) 如果分子处于振动能级为 $L=1$ 的激发态，入射光子吸收了这一振动能级的的能量就会发生频率为 $\omega_{as}=\omega_1+\omega_L$ 的反斯托克斯散射，见图 92-7。

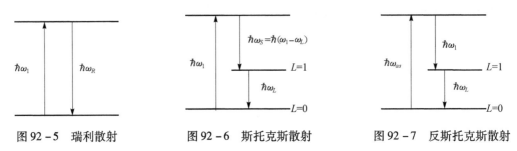

图 92-5　瑞利散射　　　　　图 92-6　斯托克斯散射　　　　　图 92-7　反斯托克斯散射

4. CCl_4 的结构分析

CCl_4 分子由一个碳原子和四个氯原子组成，四个氯原子位于正四面体的四个顶点，碳原子在正四面体的中心（图 92-8）。而 N 个原子构成的分子，当 $N \geq 3$ 时，有 $(3N-6)$ 个内部振动自由度，因此 CCl_4 分子具有 9 个简正振动方式（图 92-9）。每类振动所具有的振动方式数目对应于量子力学中能级简并的重数，所以如果某一类振动有 g 个振动方式，就称为该类振动是 g 重简并的。

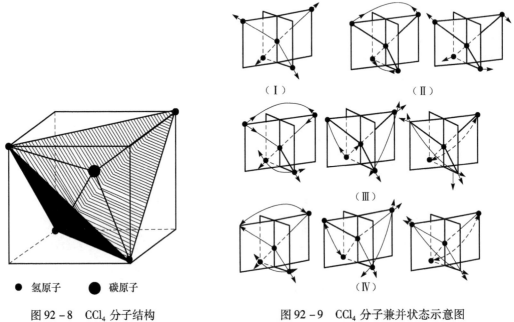

● 氢原子　● 碳原子

图 92-8　CCl_4 分子结构　　　　　图 92-9　CCl_4 分子兼并状态示意图

根据以上讨论的拉曼光谱基本原理，可以推测出分子拉曼光谱的基本概貌，如谱线数目、大致位置、偏振性质和它们的相对强度；可以从实验上确切知道谱线的数目和每条线的波数、强度及其应对应的振动方式（为此有时需辅以红外光谱等手段）。以上两个方面工作的结合和对比，就可以利用拉曼光谱获得有关分子的结构和对称性的信息。

四、实验内容和要求

实验样品为四氯化碳，开始实验后选择鼠标右键菜单的"打开激光器"，鼠标左键点击样品试管，将样品放大显示，开始调整光路，要求完成试管架水平和垂直调整、聚光透镜及外光路聚光凹面镜调整。选择鼠标右键菜单的"拍摄喇曼光谱"，在阈值分析中选定阈值之后，关闭阈值分析界面，点击"扫描光谱"按钮，开始拍摄 CCl_4（四氯化碳），计算喇曼线波长。

五、注意事项

自学仿真实验简介、原理、仪器、内容、指导、补充材料等介绍后再进行仿真实验。

六、研究与思考

1. 在喇曼光谱实验中为了得到高质量的谱图，除了选用性能优异的光谱仪外，正确的使用光谱仪，控制和提高仪器的分辨率和信噪比是很重要的。提高仪器的分辨率和信噪比的主要因素是什么？实验中如何实现和鉴别？
2. 研究单光子计数器的作用以及实验中如何选取脉冲幅度甄别器的甄别电平（域值）。
3. 分析喇曼光谱的特点及其应用。

实验 93　γ 能谱测量

【预习要点】
1. 测量 ^{137}Cs 和 ^{60}Co 能谱时，哪些工作条件必须相同？
2. 为什么选择放大倍数时，要让 Cs 的光电峰位置在 4 V 左右，而不为 6 V 或 2 V 等值？

和原子的能级间跃迁产生原子光谱类似，原子核的能级间产生 γ 射线谱。测量 γ 射线强度按能量的分布即 γ 射线谱，简称 γ 能谱，研究 γ 能谱可确定原子核激发态的能级，研究核衰变纲图等，对放射性分析、同位素应用及鉴定核素等方面都有重要的意义。在科研、生产、医疗和环境保护等方面，用 γ 射线的能谱测量技术可以分析活化以后的物质各种微量元素的含量。测量 γ 射线的能谱最常用的仪器是闪烁谱仪，该谱仪在核物理、高能离子物理和空间辐射物理的探测中都占有重要地位。

一、实验目的

1. 学习用闪烁谱仪测量 γ 射线能谱的方法，掌握闪烁谱仪的工作原理和实验方法。
2. 学习闪烁谱仪的能量标定方法，并测量 γ 射线的能谱。

二、实验器材

计算机及仿真软件。

三、实验原理

原子核由高能级向低能级跃迁时会放出 γ 射线，它是一种波长极短（0.1~1 nm）的电磁波。放出的 γ 射线的能量 $E_\gamma = h\nu = E_2 - E_1$，由此看出原子核放出的 γ 射线的能量反映了核激发态间的能级差。因此测量 γ 射线的能量就可以了解原子核的能级结构。测量 γ 射线能谱就是测量核素发射的 γ 射线按能量的分布。

1. γ 射线与物质相互作用的三种方式

（1）光电效应

当能量为 E_γ 的入射 γ 光子与物质中原子的束缚电子相互作用时，光子可以把全部能量转移给某个束缚电子，使电子脱离原子束缚而发射出去，光子本身消失，发射出去的电子称为光电子，这种过程称为光电效应。发射出光电子的动能：

$$E_e = E_\gamma - E_i \tag{93-1}$$

式中，E_i 为束缚电子所在壳层的结合能。

（2）康普顿效应

γ 光子与自由静止的电子发生碰撞，将一部分能量转移给电子，使电子成为反冲电子，γ 光子被散射改变了原来的能量和方向，计算给出反冲电子的动能为：

$$E_e = \frac{E_r^2(1-\cos\theta)}{m_0 c^2 + E_r(1-\cos\theta)} = \frac{E_r}{1 + \dfrac{m_0 c^2}{E_r(1-\cos\theta)}} \tag{93-2}$$

式中，m_0c^2 为电子静止质量，角度 θ 是 γ 光子的散射角，由图 93-1 看出，反冲电子以角度 ϕ 出射，ϕ 与 θ 间有以下关系：

$$\cot\phi = \left(1 + \frac{E_\gamma}{m_0c^2}\right)\tan\frac{\theta}{2} \tag{93-3}$$

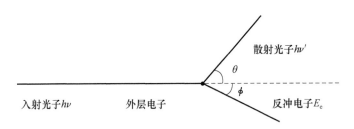

图 93-1 康普顿效应示意图

由式（93-2）给出，当 $\theta = 180°$ 时，反冲电子的动能 E_e 有最大值，此时：

$$E_{max} = \frac{E_\gamma}{1 + \frac{m_0c^2}{2E_\gamma}} \tag{93-4}$$

这说明康普顿效应的反冲电子的能量有一上限最大值，称为康普顿边界 E_C。

（3）电子对效应

当 γ 光子能量大于 $2m_0c^2$ 时，γ 光子从原子核旁经过并受到核的库仑场作用，可能转化为一个正电子和一个负电子，称为电子对效应。此时：

$$E_\gamma = E_e^+ + E_e^- + 2m_0c^2 \tag{93-5}$$

其中，静止能量 $2m_0c^2 = 1.02 \text{ MeV}$。

综上所述，γ 光子与物质相遇时，通过与物质原子发生光电效应、康普顿效应或电子对效应而损失能量，其结果是产生次级带电粒子，如光电子、反冲电子或正负电子对，次级带电粒子的能量与入射 γ 光子的能量直接相关。因此，可通过测量次级带电粒子的能量求得 γ 光子的能量。

闪烁谱仪正是利用 γ 光子与闪烁体相互作用时产生次级带电粒子，进而由次级带电粒子引起闪烁体发射荧光光子，通过这些荧光光子的数目来推出次级带电粒子的能量，再推出 γ 光子的能量，以达到测量 γ 射线能谱的目的。

闪烁谱仪的结构框图及各部分的功能如图 93-2 所示，其工作过程是当 γ 射线射入探头内的 NaI（Tl）闪烁晶体时在晶体内部产生电离，把能量交给次级电子，在闪烁体内引起的荧光，照射光电倍增管的阴极时，打出光电子，再经光电倍增管次阴极多次倍增被阳极收集，在光电倍增管阴极负载上输出电压脉冲，此脉冲幅度大小与被测的 γ 射线能量成正比。脉冲信号通过放大器放大后进入单道或多道分析器，从而获得 γ 射线的能谱。本仿真实验用的是单道分析器，它可以测得不同幅度的脉冲数目。

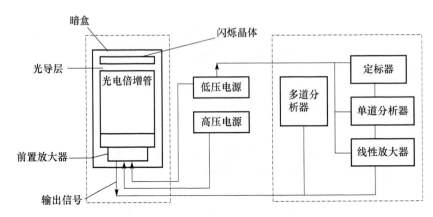

图 93-2 闪烁谱仪的结构框图

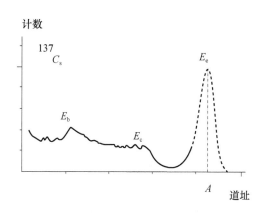

图 93-3 ^{137}Cs 的 γ 射线能谱

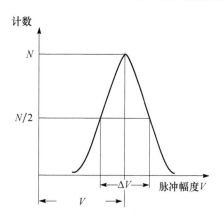

图 93-4 能量分辨率的意义

^{137}Cs 的 γ 射线能谱中，E_b 为背散射峰，一般很小，E_c 为康普顿散射边界，E_e 为光电峰，又称全能峰，对于 ^{137}Cs 此能量为 0.661 MeV。

能量分辨率是 γ 能谱仪的重要参数，其意义如图 93-4，定义能量分辨率 η 为 $\eta = \dfrac{\Delta E}{E} = \dfrac{\Delta V}{V} \times 100\%$，其中，$\Delta V$ 为半高宽度，V 为光电峰脉冲幅度。

四、实验内容和要求

1. 参照仿真软件的实验指导进行实验，记录数据。
2. 画出 ^{137}Cs 和 ^{60}Co 源的 γ 能谱图，标明 ^{137}Cs 的光电峰、背散射峰及康普顿边界。用已知的光电峰能量值（^{137}Cs 光电峰能量为 0.661 MeV）来标定谱仪的能量刻度（画计数-能量曲线），并计算 ^{60}Co 源的 γ 射线能量。

五、研究与思考

1. 在测量同一材料的能谱时，每次改变的阈值与道宽的关系是？
2. 应怎样选择谱仪的工作条件，使谱仪的能量分辨率本领能充分发挥作用？

实验 94　扫描隧道显微镜（STM）

【预习要点】
1. 什么是隧道效应？
2. 扫描隧道显微镜（STM）的工作原理。

1982 年，IBM 瑞士苏黎世实验室的葛·宾尼和海·罗雷尔研制出世界上第一台扫描隧道显微镜（Scanning Tunneling Microscope，简称 STM）。STM 使人类第一次能够实时地观察单个原子在物质表面的排列状态和与表面电子行为有关的物化性质，在表面科学、材料科学、生命科学等领域的研究中有着重大的意义和广泛的应用前景，被国际科学界公认为 20 世纪 80 年代世界十大科技成就之一。为表彰 STM 的发明者们对科学研究所做出的杰出贡献，1986 年宾尼和罗雷尔被授予诺贝尔物理学奖金。

一、实验目的

1. 学习和了解扫描隧道显微镜的原理和结构。
2. 观测和验证量子力学中的隧道效应。
3. 学习扫描隧道显微镜的操作和调试过程，并以之来观测样品的表面形貌。
4. 学习用计算机软件处理原始图像数据。

二、实验仪器

计算机及仿真软件（STM 扫描隧道显微镜、STM 控制器、STM 控制软件）。

三、实验原理

与其他表面分析技术相比，STM 具有如下独特的优点：

（1）具有原子级高分辨率，STM 在平行于样品表面方向上的分辨率分别可达 0.1 nm 和 0.01 nm，即可以分辨出单个原子。

（2）可实时得到实空间中样品表面的三维图像，可用于具有周期性或不具备周期性的表面结构的研究，这种可实时观察的性能可用于表面扩散等动态过程的研究。

（3）可以观察单个原子层的局部表面结构，而不是对体相或整个表面的平均性质的观察，因而可直接观察到表面缺陷。表面重构、表面吸附体的形态和位置，以及由吸附体引起的表面重构等。

（4）可在真空、大气、常温等不同环境下工作，样品甚至可浸在水和其他溶液中不需要特别的制样技术并且探测过程对样品无损伤。这些特点特别适用于研究生物样品和在不同实验条件下对样品表面的评价，例如对于多相催化机理、电化学反应过程中电极表面变化的监测等。

（5）配合扫描隧道谱（STS）可以得到有关表面电子结构的信息，例如表面不同层次的态密度。表面电子阱、电荷密度波、表面势垒的变化和能隙结构等。

（6）利用 STM 针尖，可实现对原子和分子的移动和操纵，这为纳米科技的全面发展奠定了基础。

1. 隧道电流

扫描隧道显微镜（STM）的工作原理是基于量子力学中的隧道效应。对于经典物理学来说，当一个粒子的动能 E 低于前方势垒的高度 V_0 时，它不可能越过此势垒，即透射系数等于零，粒子将完全被弹回。而按照量子力学的计算，在一般情况下，其透射系数不为零，也就是说，粒子可以穿过比它能量更高的势垒（如图 94-1），这个现象称为隧道效应。

隧道效应是由于粒子的波动性而引起的，只有在一定的条件下，隧道效应才会显著。经计算，透射系数 T 为：

$$T \approx \frac{16E(V_0 - E)}{V_0^2} e^{-\frac{2a}{\hbar}\sqrt{2m(V_0-E)}} \quad (94-1)$$

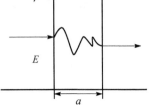

图 94-1 隧道效应

由式（94-1）可见，T 与势垒宽度 a，能量差 $(V_0 - E)$ 以及粒子的质量 m 有着很敏感的关系。随着势垒厚（宽）度 a 的增加，T 将指数衰减，因此在一般的宏观实验中，很难观察到粒子隧穿势垒的现象。

STM 的基本原理是将原子线度的极细探针和被研究物质的表面作为两个电极，当样品与针尖的距离非常接近（通常小于 1 nm）时，在外加电场的作用下，电子会穿过两个电极之间的势垒流向另一电极。隧道电流 I 是电子波函数重叠的量度，与针尖和样品之间距离 S 以及平均功函数 Φ 有关：

$$i \propto V_b \exp(-A\phi^{\frac{1}{2}} S) \quad (94-2)$$

式中，V_b 是加在针尖和样品之间的偏置电压，平均功函数：

$$\Phi = \frac{1}{2}(\Phi_1 + \Phi_2)$$

Φ_1 和 Φ_2 分别为针尖和样品的功函数，A 为常数，在真空条件下约等于 1。隧道探针一般采用直径小于 1 nm 的细金属丝，如钨丝、铂-铱丝等，被观测样品应具有一定的导电性才可以产生隧道电流。

2. 扫描隧道显微镜的工作原理

由式（94-2）可知，隧道电流强度对针尖和样品之间的距离有着指数依赖关系，当距离减小 0.1 nm，隧道电流即增加约一个数量级。因此，根据隧道电流的变化，我们可以得到样品表面微小的高低起伏变化的信息，如果同时对 x-y 方向进行扫描，就可以直接得到三维的样品表面形貌图，这就是扫描隧道显微镜的工作原理。

扫描隧道显微镜主要有两种工作模式：恒电流模式和恒高度模式。

(1) 恒电流模式：如图 94-2 (a) 所示，x-y 方向进行扫描，在 z 方向加上电子反馈系统，初始隧道电流为一恒定值，当样品表面凸起时，针尖就向后退；反之，样品表面凹进时，反馈系统就使针尖向前移动，以控制隧道电流的恒定。将针尖在样品表面扫描时的运动轨迹在记录纸或荧光屏上显示出来，就得到了样品表面的态密度的分布或原子排列的图像。此模式可用来观察表面形貌起伏较大的样品，而且可以通过加在 z 方向上驱动的电压值推算表面起伏高度的数值。

(2) 恒高度模式：如图 94-2 (b) 所示，在扫描过程中保持针尖的高度不变，通过记录隧道电流变化得到样品的表面形貌信息。这种模式通常用来测量表面形貌起伏不大的样品。

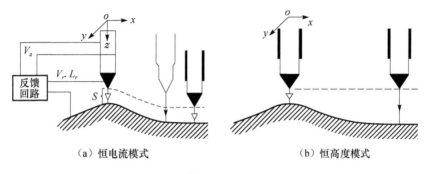

图 94-2

四、实验内容和要求

1. 打开软件，出现主界面后，单击鼠标右键弹出菜单，选择"开始实验"。
2. 单击鼠标右键，选择"操作 STM"。
3. 在样品承载台上单击鼠标左键，选择合适的样品（高序石墨）。
4. 鼠标点击承载台下面的调节旋钮进行调节，让针尖尽量接近样品表面，注意不要损坏针尖。若调节过程中针尖已损坏则需要使针尖远离样品表面后点击鼠标右键换针并重新调节。
5. 双击 STM 控制器，单击电源按钮，打开 STM 控制器开关。
6. 双击电脑，打开 STM 控制软件。
7. 打开"Z 高度"和"马达高级控制面板"。
8. 点击"连续进"，找到扫描控制区。
9. 使用"单步进"，让"Z 高度"窗口中的示值在 -30~30 V 之间并观察不同参数下的 $I(Z)$ 和 $I(V)$ 曲线。
10. 关闭高级马达控制面板，点击"新建高度图像"。
11. 设置"高度控制"的显示范围为 1 nm，"扫描控制面板"的扫描范围为 5 nm。
12. 点击"开始/停止扫描图像"，即可扫出高序石墨的原子图谱，改变参数如：扫描控制面板中的"旋转角度"，反馈控制面板中的"比例增益、积分增益"，高度控制面板中的"显示范围"等，直至找到合适的图像。
13. 退针。扫描完成后打开高级马达控制面板，选择连续退，并同时观察"Z 高度"窗口中的示值变化。然后打开 STM 窗口手动调节，使针尖远离样品，完成后取下样品。

五、注意事项

1. 操作时，尽量让针尖接近样品表面，注意不要损坏针尖。
2. 扫描完成后一定要退针。

六、研究与思考

1. 扫描隧道显微镜的工作原理是什么？什么是量子隧道效应？
2. 扫描隧道显微镜主要常用的有哪几种扫描模式？各有什么特点？

实验 95　水中化学耗氧量（COD）测定

【预习要点】（1）明确水中化学耗氧量的测定意义。（2）了解水质指标中 COD 和 BOD 的含义。（3）查阅资料了解水体中耗氧有机污染物的测定技术，并学习配合物滴定。

化学耗氧量是指在一定条件下，用强氧化剂处理废水样时所耗氧化剂的量，用 COD 表示，它是量度废水中还原性物质的重要指标。还原性物质主要包括有机物和亚硝酸盐、亚铁盐、硫化物等无机物。化学耗氧量的测定，分为重铬酸钾法和高锰酸钾法。重铬酸钾法记为 COD_{Cr}（酸性），酸性高锰酸钾法记为 COD_{Mn}，碱性高锰酸钾法记为 COD_{OH}。目前我国在废水检测中主要采用 COD_{Cr} 法。COD 值越大，水体污染越严重。

一、实验目的

1. 了解化学耗氧量法的含义。
2. 掌握用重铬酸钾法和高锰酸钾法测定水中化学耗氧量的原理和方法。
3. 学会计算机虚拟实验。

二、实验器材

计算机，虚拟软件。

三、实验原理

水中的有机物由于发生降解过程，需要耗用水体中的溶解氧，这类有机物称为好氧污染物。水中耗氧量标志着水被污染的程度。它分为化学耗氧量（COD）和生物耗氧量（BOD）两种。本实验主要介绍化学耗氧量（COD）的测定方法和原理。COD 是环境水体质量及污水排放标准的控制项目之一，是量度水体受还原性物质（主要是有机物）污染程度的综合性指标。污水综合排放标准（GB 8978—1988）规定，新建和扩建厂 COD 允许排放浓度为：一级标准 100 mg·L^{-1}，二级标准 150 mg·L^{-1}，三级标准 100 mg·L^{-1}。对向地面水域排放的污水执行一、二级标准，其中城镇集中式水源地、重点风景名胜区等执行一级标准，一般工业用水区和农业用水区执行二级标准，排入下水道进污水处理厂的才能执行三级标准。COD 测定方法有很多如重铬酸钾法、高锰酸钾法，对于地表水、河水等污染不十分严重的水质，一般情况下多采用酸性高锰酸钾法测定，此法简便快速。

1. 重铬酸钾法（COD_{Cr}）的原理

在强酸性溶液中，一定重铬酸钾氧化水中还原性物质，过量的重铬酸钾以试亚铁灵作指示剂，用硫酸亚铁铵回滴。根据用量，算出水中还原性物质消耗氧的量。加入硫酸银作指示剂时，直链脂肪族化合物可完全被氧化，二芳香族有机物却不易被氧化。对于氯离子的影响，采用在回流前向废水中加入硫酸汞。

$$COD_{Cr} = [(v_0 - v_1)N \times 8 \times 1000]/v(mg \cdot L)$$

式中，N 为硫酸亚铁铵标准溶液的当量浓度 [N =（1 mol/L）×离子价数]；v_0 为空白滴定时硫酸亚铁铵标准溶液用量（mL）；v_1 为废水样滴定时硫酸亚铁铵标准溶液的用量（mL）；v 为废水样的体积（mL）。

2. 高锰酸钾法（COD_{Mn}）的原理

在酸性和加热条件下，用高锰酸钾将废水中某些有机及无机还原性物质氧化，反应后，剩余的高锰酸钾用过量的草酸钠还原，再以高锰酸钾标准溶液回滴过量的草酸钠。算出废水中所含有机和无机还原性物质所消耗的高锰酸钾的量。

$$COD_{Mn} = \{[(10.00 + v_1)K - 10.00]N \times 8 \times 1000\}/100 (mg \cdot L)$$

式中，v_1 为废水样滴定时 $0.01N$ 高锰酸钾溶液的用量（mL）；K 为 $0.01N$ 高锰酸钾溶液的校正系数；N 为草酸钠标准溶液的当量浓度。

在实验室一般采用在水中加入还原性物质的方法，供学员进行实验操作练习。

在室温稀硫酸溶液中，高锰酸钾能定量氧化 H_2O_2，可用于溶液中 H_2O_2 含量的测定。反应如下：

$$5H_2O_2 + 2KMnO_4 + 3H_2SO_4 = K_2SO_4 + 2MnSO_4 + 8H_2O$$

本虚拟实验是在水中加入一定量的双氧水进行测定。

四、实验内容

利用虚拟软件采用重铬酸钾法模拟测定水中的化学耗氧量。

五、注意事项

进行实验之前要仔细阅读虚拟软件说明，按要求进行实验操作。

六、研究与思考

1. 水中化学耗氧量和生物耗氧量的测定和意义是什么？测定水中化学耗氧量和生物耗氧量有哪些方法？
2. 水中化学耗氧量的测定是属于何种滴定方式？为何要采用这样方式测定呢？
3. COD 表示什么？
4. 本实验中测定 COD 两种方法的异同点是什么？

实验 96　分光光度计使用与试样测量

【预习要点】分光光度计的测量原理及使用方法。

分光光度计是利用物质对单色光的选择性吸收来测定物质含量的仪器。实验室常用的国产分光光度计有 72 型、721 型和 722 型等。这些仪器型号和结构虽然不同，但工作原理基本相同。

一、实验目的

1. 了解分光光度计的性能、结构及使用方法。
2. 掌握用分光光度计测定物质含量的方法。

二、实验器材

计算机、虚拟软件。

三、实验原理

1. 测量原理

当一束波长一定的单色光通过有色溶液时，一部分光被溶液吸收，一部分光则透过溶液，吸收程度越大，透过溶液的光就越少。如果入射光的强度为 I_0，透过光的强度为 I_t，则 I_t/I_0 称为透光率，以 T 表示，即

$$T = I_t/I_0$$

有色溶液对光的吸收程度还可用吸光度表示为

$$A = \lg(I_0/I_t)$$

吸光度 A 与透光率 T 关系为

$$A = -\lg T$$

实验证明，当一束单色光通过一定浓度范围的有色溶液时，溶液对光的吸收程度与溶液的浓度 c（$mol·L^{-1}$）（溶液较稀时，浓度用 c（$mol·L^{-1}$）或 b（$mol·kg^{-1}$）的数值表示几乎相等。如果不涉及平衡常数，浓度用 c 表示，操作比较方便）和液层厚度 b（cm）的乘积成正比

$$A = \varepsilon bc$$

这就是朗伯-比耳（Lambert-Beer）定律的数学表达式。式中比例常数 ε 称为摩尔吸光系数，其单位为 $L·(mol^{-1}·cm)^{-1}$。它与入射光的波长以及溶液的性质、温度等因素有关。当入射光波长一定时，ε 即为溶液中有色物质的一个特征常数。

由朗伯-比耳定律知，当液层的厚度 b 一定时，吸光度 A 只与溶液浓度 c 成正比，这是分光光度计法测物质含量的理论基础。

2. 721型分光光度计

721型分光光度计是72型分光光度计的改进型。其特点是用体积小的晶体管稳压电源代替了笨重的磁饱和稳压器，用光电管代替了硒光电池作为光电转换元件，光电管配合放大线路，将微弱光电流放大后推动指针式微安表，以代替易损坏的灵敏光点检流计。由于电子系统进行了很大的改进，因而721型分光光度计可以将所有的部件组装成一个整件，装置紧凑、操作方便。仪器结构示意图96-1和外形结构图96-2。

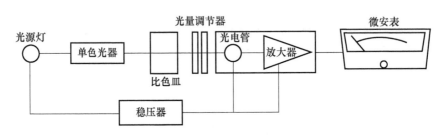

图96-1　721型分光光度计结构示意图

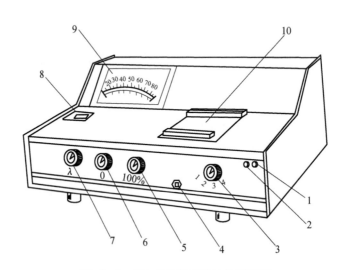

图96-2　721型分光光度计的外形图

1—电源指示灯；2—电源开关；3—灵敏度选择旋钮；4—比色皿定位拉杆；5—"100%"调节旋钮；
6—"0"调节旋钮；7—波长调节旋钮；8—波长读数盘；9—读数电表；10—比色皿暗箱盖

721型分光光度计的操作和使用方法如下：

（1）仪器电源接通之前，应检查"0"和"100%"调节旋钮是否处在起始位置，如不是应分别按反时针方向轻轻旋转钮至不能再动。电表指针是否指"0"，如不指"0"可调节电表上的调整螺钉使指针指"0"。灵敏度选择旋钮处于"1"挡（最低挡）。

（2）开启电源开关，打开比色皿暗箱盖（光闸关闭），使电表指针位于"0"位。仪器预热20 min。

旋动波长调节旋钮,选择需要的单色光波长,其波长数可由读数窗口显示。调节"0"调节旋钮,使电表指针重新处于"0"位。

(3) 将盛有参比溶液和待测溶液的比色皿加上,盛放参比溶液的比色皿放在第一个格内,待测溶液放在其他格内。

(4) 将比色皿暗箱盖盖上,此时与盖子联动的光闸被推开,占据第一格的参比溶液恰好对准光路,使光电管受到透射光的照射,旋转"100%"调节旋钮,使指针在透光率为"100%"处。

(5) 如果旋动"100%"调节旋钮,电表的指针不能指在"100%"处,可把灵敏度选择旋钮,旋至"2"挡或"3"挡,重新调"0"和"100%"。灵敏度挡选择的原则是保证能调到"100%"的情况下,尽可能采用灵敏度较低挡,使仪器有更高的稳定性。

(6) 反复几次调节"0"和"100%",即打开比色皿暗箱盖,调整"0"调节旋钮,使电表的指针"0";盖上暗箱盖,旋动"100%"调节旋钮,使电表指针指"100%",仪器稳定后即可测量。

(7) 拉出比色皿定位拉杆,使待测溶液进入光路,从读数电表上读出溶液的吸收光度值。

(8) 测量完毕,将各调节钮恢复至初始位置,关闭电源,取出比色皿,洗净后到置晾干。

3. 722 型光栅分光光度计

722 型光栅分光光度计的外形结构如图 96-3、图 96-4 所示。

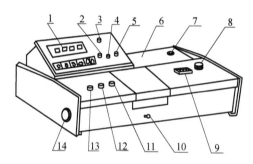

图 96-3　722 型光栅分光光度计外形图
1—数字显示器;2—吸光度调零旋钮;3—选择开关;
4—吸光度调斜率电位器;5—浓度旋钮;6 光源室;
7—电源开关;8—波长手枪;9—波长刻度窗;
10—试样架拉手;11—"100%"T 旋钮;12—"0%"
T 旋钮;13—灵敏度调节旋钮;14—干燥器

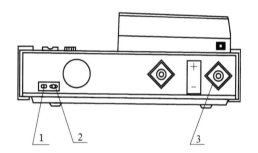

图 96-4　722 型光栅分光光度计后视图
1— 1.5 A 保险丝;2—电源插头;3—外接插头

722 型光栅分光光度计的操作和使用方法如下:

(1) 使用仪器前,应先了解本仪器的结构和工作原理,以及各操作旋钮的功能。在未接通电源前,应该对仪器的安全性进行检查,电源线接线应牢固,通地要良好,各个调节旋钮的起始位置应该正确。然后再接通电源开关。

(2) 将灵敏度旋钮调至"1"挡(即放大倍率最小)。

(3) 开启电源,指示灯亮,选择开关置于"T",波长调至测试用波长,预热 20 min。

(4) 打开试样室盖(此时光门自动关闭),调节"0"旋钮,使数字显示为"0.00",盖上试样室盖,将比色皿架处于去离子水校正位置,使光电管受光,调节透过率"100%"旋钮,使数字显示为"100.0"。

(5) 如果显示不到"100.0",则可适当增加微电流放大器的倍率挡数,但尽可能将倍率置于低挡使用,这样仪器才有较高的稳定性,但改变倍率后必须按步骤(4)重新校正"0"和"100%"。

(6) 吸光度 A 的测量:按步骤(4)调整仪器的"0""100%",将选择开关置于"A",调节吸光度调零旋钮,使得数字显示为"0.00",然后将被测样品移入光路,显示值即为被测样品的吸光度值。

(7) 浓度 c 的测量:选择开关由"A"旋至"C",将以标定浓度的样品放入光路,调节浓度旋钮,使得数字显示为标定值,再将被测样品移入光路,显示值即为被测样品的浓度值。

(8) 如果大幅度改变测试波长时,在调整仪器的"0"和"100%"后应稍等片刻(因为光能量变化急剧，光电管受光照后应缓慢，需一段光响应平衡时间），当稳定后，重新调整仪器的"0"和"100%"即可工作。

（9）每台仪器所配套的比色皿不能与其他仪器上得比色皿单个条换。

（10）本仪器数字表后盖，有信号输出 0～1 000 mV，插座 1 脚为正，2 脚为负，接地线。

（11）测量完毕，打开试样室盖，使"0"和"100%"调节旋钮恢复至初始位置，灵敏度旋钮调至"1"挡，关闭电源，取出比色皿，洗干净后倒置晾干，关好试样室盖。

四、实验内容

利用虚拟软件学习 721 型分光光度计的正确使用方法。

五、注意事项

1. 为了避免光电管（或光电池）长时间受光照射引起的疲劳现象，应尽可能减少光电管受光照射的时间，不测定时应打开暗室盖，特别应避免光电管（或光电池）受强光照射。

2. 使用前若发现仪器上所附硅胶管已变红应及时更换硅胶。

3. 比色皿盛取溶液时只需装至比色皿的 2/3 即可，不要过满，避免在测定的拉动过程中溅出，使仪器受湿、被腐蚀。

4. 比色皿的光学面一定要注意保护，不得用手拿光学面，在擦干光学面上的水分时，只能用绸布或擦镜纸按一个方向轻轻擦拭，不得用力来回摩擦。

5. 仪器上各旋钮应细心操作，不要用劲拧动，以免损坏。若发现仪器工作有异常，应及时报告指导老师，不得自行处理。

6. 仪器调节"0"及调节"100%"可反复多次进行，特别是外电压不稳定时更应如此。

7. 若大幅度调整波长，应稍等一段时间在测定，让光电管有一定的适应时间。

8. 每改变一个波长，就得重新调"0"和"100%"。

另外进行实验之前要仔细阅读虚拟软件说明，按要求进行实验操作。

六、研究与思考

1. 分光光度计工作原理是什么？
2. 分光光度计的分类有哪些？
3. 如何调节分光光度计的零点？

实验 97　气相色谱的基本流程与操作

【预习要点】气相色谱的测量原理及使用方法。

气相色谱仪是现代分析中最常用的仪器之一。色谱法的最早应用是用于分离植物色素，其方法是这样的：在玻璃管中放入碳酸钙，将含有植物色素（植物叶的提取液）的石油醚倒入玻璃管中。此时，玻璃管的上端立即出现几种颜色的混合谱带。然后用纯石油醚冲洗，随着石油醚的加入，谱带不断地向下移动，并逐渐分开成几个不同颜色的谱带，继续冲洗就可分别接得各种颜色的色素，并可分别进行鉴定，色谱法也由此而得名。

一、实验目的

1. 了解气相色谱仪的性能、结构及使用方法；
2. 掌握气相色谱仪分离和检测的方法。

二、实验器材

计算机、虚拟软件。

三、实验原理

色谱法也叫层析法,它是一种高效能的物理分离技术,将它用于分析化学并配合适当的检测手段,就称为色谱分析法。

1. 气相色谱分离基本工作原理

在色谱法中存在两相,其中一相是固定不动的,我们把它叫做固定相;另一相则不断流过固定相,我们把它叫做流动相。

色谱法的分离原理就是利用待分离的各种物质在两相中的分配系数、吸附能力等亲和能力的不同来进行分离的。

气相色谱使用外力使含有样品的流动相(气体)通过固定于柱中或平板上、与流动相(气体)互不相溶的固定相表面。当流动相(气体)中携带的混合物流经固定相时,混合物中的各组分与固定相发生相互作用。由于混合物中各组分在性质和结构上的差异,与固定相之间产生的作用力的大小、强弱不同,随着流动相的移动,混合物在两相间经过反复多次的分配平衡,使得各组分被固定相保留的时间不同,从而按一定次序由固定相中先后流出。与适当的柱后检测方法结合,实现混合物中各组分的分离与检测。

2. 气相色谱的结构

气相色谱仪由五大系统组成:气路系统、进样系统、分离系统、控温系统以及检测和记录系统。

(1) 气路系统

气相色谱仪具有一个让载气连续运行、管路密闭的气路系统。通过该系统,可以获得纯净的、流速稳定的载气。它的气密性、载气流速的稳定性以及测量流量的准确性,对色谱结果均有很大的影响,因此必须注意控制。图 97-1 为双柱双气路气相色谱仪气路流程。高压气瓶中载气经减压、净化、稳压后分成两路,分别进入两根色谱柱。每个色谱柱前装有进样-汽化室,柱后连接检测器。双气路能够补偿气流不稳及固定液流失对检测器产生的影响。

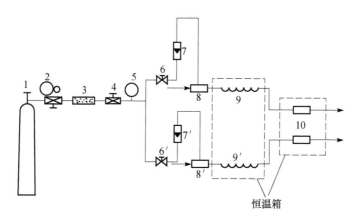

图 97-1 双柱双气路气相色谱仪气路流程

1—载气钢瓶;2—减压阀;3—气体净化器;4—稳压阀;5—压力表;6—针形阀;7—转子流量计;
8—进样-汽化室;9—色谱柱;10—检测器

常用的载气有 N_2、H_2、He、Ar 和空气等。载气的净化,需经过装有活性炭或分子筛的净化器,以除去载气中的水、氧等不利的杂质。流速的调节和稳定是通过减压阀、稳压阀和针形阀串联使用后达到。一般载气的变化程度小于 1%。气相色谱的载气是专门用来载送试样进行分离的惰性气体。载气系统包括以下几个部件。

① 高压气瓶。是载气及其他辅助气体的储存器。

② 减压阀。起降低气压的作用。

③ 净化管。金属圆筒内依次装填活性炭、5A 分子筛和变色硅胶，用于除去载气中的有机杂质和水分。

④ 稳压阀和稳流阀。当载气进入色谱仪后，通过稳压阀和稳流阀的作用使载气的流速和压力都稳定下来，并能方便地在小范围内精确调节。

⑤ 皂膜流量计。是测量气体流速的标准测量工具，由计量管和橡皮帽组成，内装肥皂水，当色谱柱流出的载气通入肥皂水时，就顶起一个个皂膜，皂膜被载气顶着上升，用秒表计量某一个皂膜流经一定体积所需要的时间，便可以计算出体积流速。

（2）进样系统

进样系统包括进样器和汽化室两部分。进样系统的作用是将液体或固体试样，在进入色谱柱之前瞬间汽化，然后快速定量地转入到色谱柱中。进样的大小，进样时间的长短，试样的汽化速度等都会影响色谱的分离效果和分析结果的准确性和重现性。

进样器液体样品的进样一般采用微量注射器。气体样品的进样常用色谱仪本身配置的推拉式六通阀或旋转式六通阀定量进样，首先将阀置于取样位置，使气体充满定量管，然后将阀瓣旋转 60°，载气便将样品送入色谱柱中。进样量由定量管决定，有 0.5 mL、1 mL、3 mL、5 mL 等规格，可根据需要进行选择。

对于液体样品可用微量注射器进样。将液体样品吸入 1 μL 或 5 μL 注射器中，用注射器的针头刺穿进样器口的硅橡胶垫，迅速注入样品，经汽化室瞬间汽化后，进入色谱柱。

汽化室为了让样品在汽化室中瞬间汽化而不分解，因此要求汽化室热容量大，无催化效应。为了尽量减少柱前谱峰变宽，汽化室的死体积应尽可能小。简单的汽化室就是一段金属管，外面套有加热块。

（3）分离系统

分离系统由色谱柱组成。色谱柱主要有两类：填充柱和毛细管柱。

填充柱由不锈钢或玻璃材料制成，内装固定相，一般内径为 2～4 mm，长 1～3 m。填充柱的形状有 U 形和螺旋形两种。

毛细管柱又叫空心柱，分为涂壁、多孔层和涂载体空心柱。空心毛细管柱材质为玻璃或石英。内径一般为 0.2～0.5 mm，长度 30～300 m，呈螺旋形。

色谱柱的分离效果除与柱长、柱径和柱形有关外，还与所选用的固定相和柱内填料的制备技术以及操作条件等许多因素有关。

（4）控制温度系统

温度直接影响色谱柱的选择分离、检测器的灵敏度和稳定性。控制温度主要指对色谱柱炉、汽化室、检测室的温度控制。色谱柱的温度控制方式有恒温和程序升温二种。

对于沸点范围很宽的混合物，一般采用程序升温法进行。程序升温指在一个分析周期内柱温随时间由低温向高温作线性或非线性变化，以达到用最短时间获得最佳分离目的。

（5）检测和放大记录系统

① 检测系统

根据检测原理的差别，气相色谱检测器可分为浓度型和质量型两类。浓度型检测器测量的是载气中组分浓度的瞬间变化，即检测器的响应值正比于组分的浓度。如热导检测器（TCD）、电子捕获检测器（ECD）。质量型检测器测量的是载气中所携带的样品进入检测器的速度变化，即检测器的响应信号正比于单位时间内组分进入检测器的质量。如氢焰离子化检测器（FID）和火焰光度检测器（FPD）。

② 记录系统

记录系统是一种能自动记录由检测器输出的电信号的装置。气相色谱记录仪描绘的峰形曲线称为色谱图。图 97-2 表示典型的二组分试样的色谱图。

3. 测试条件的设定

色谱条件的设定要根据不同化合物的不同性质选择柱子，一般情况极性化合物选择极性柱。非极性化合物选择非极性柱。色谱柱柱温的确定主要由样品的复杂程度决定。对于混合物一般采用程序升温法。柱温的设定要同时兼顾高低沸点或熔点化合物。以下提供几种方法，仅供参考。

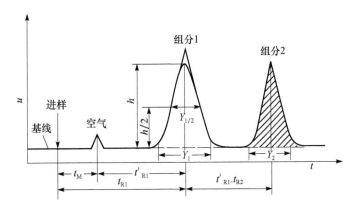

图 97-2 二组分试样的色谱图

（1）柱温 60 ℃ ~ 80 ℃，恒温 5 min，升温速率 10 ~ 15 ℃/min，最终温度 200 ℃，进口温度 200 ℃，检测温度 220 ℃。

（2）柱温 100 ℃ ~ 160 ℃，速率不变，最终温度 230 ℃，进样口温度 250 ℃，检测器温度 250 ℃。

（3）对于高沸点（高溶点）的化合物可采用柱温 200 ℃ 升至 240 ℃，进样口温度 250 ℃，检测温度 260 ℃。

以上条件可根据不同的化合物任意改动，其目的要达到在最短的时间里，使每个化合物的组分完全分离。

一般测试化合物有两种测试方法：

① 毛细管柱分流法：样品被直接进入色谱柱，不需稀释进样量要少于 0.1 μL。若为固体化合物，则尽可能用少量溶剂稀释，进样量为 0.2 ~ 0.4 μL。

② 口径毛细管法不分流：无论固体或液体，一定要稀释后，方可进样，进样量为 0.2 ~ 0.4 μL（1 mL/mg）。

四、实验内容

1. 正确选择实验所需要用到的仪器和药品，进入实验界面。
2. 打开气瓶阀及分压阀手柄，并调节流量计的流量，使气相色谱处于工作状态。
3. 选择不同试样，选择进样器，将进样器插入汽化室进行进样分析。
4. 实验完毕，清洗仪器，关闭实验界面，退出实验操作。

五、注意事项

1. 操作过程中，一定要先通载气再加热，以防损坏检测器。
2. 在使用微量进样器取样时要注意不可将进样器的针芯完全拔出，以防损坏进样器。
3. 检测器温度不能低于进样口温度，否则会污染检测器。进样口温度应高于柱温的最高值，同时化合物在此温度下不分解。
4. 含酸、碱、盐、水、金属离子的化合物不能分析，要经过处理方可进行。
5. 进样器所取样品要避免带有气泡以保证进样重现性。
6. 取样前用溶剂反复洗针，再用要分析的样品至少洗 2 ~ 5 次以避免样品间的相互干扰。
7. 直接进样品，要将注射器洗净后，将针筒抽干避免外来杂质的干扰。

六、研究与思考

1. 气相色谱仪工作原理是什么？
2. 气相色谱仪的柱温如何选择？

实验 98　自来水总硬度测定

【预习要点】水的硬度及测定方法。

水的硬度最初是指钙、镁离子沉淀肥皂的能力。水分为软水、硬水，凡不含或含有少量钙、镁离子的水为软水，反之称为硬水。水的硬度成分，如果是由碳酸氢钠或碳酸氢镁所引起的，系暂时性硬水（煮沸暂时性硬水，其中的碳酸氢钠分解成不溶性的碳酸盐沉淀，暂时性硬水变为软水）；如果是由含有钙、镁的硫酸盐或氯化物引起的，系永久性硬水。

一、实验目的

1. 掌握 EDTA 标准溶液的配制和标定方法。
2. 掌握 K–B 指示剂和 EBT 指示剂的使用条件和终点变化。
3. 掌握 EDTA 法测定水的总硬度的方法和原理。
4. 了解水的硬度的表示方法。

二、实验仪器及药品

计算机、虚拟软件。

三、实验原理

水的硬度对饮用和工业用水关系极大，是水质分析的常规项目。水的硬度主要来源于水中所含的 Ca^{2+} 和 Mg^{2+}，另外还有微量的 Fe^{3+}、Al^{3+} 等离子。由于 Ca^{2+} 和 Mg^{2+} 含量远比其他几种离子的含量高，所以通常采用 Ca^{2+}、Mg^{2+} 总量来表示水的硬度。

水硬度的表示方法很多，在我国主要采用两种表示方法：（1）以度（°）计时，以每升水中含 10 mg CaO 为 1 度（°），一般饮用水的总硬度不超过 25 度；（2）用 $CaCO_3$ 含量表示。

目前主要用 EDTA 滴定法测定水中钙和镁总量，并折合成 CaO 或 $CaCO_3$ 含量来确定水的总硬度。用 EDTA 测定 Ca、Mg 总量，一般是在 pH = 10 或 pH > 10 的氨性缓冲溶液中进行。铬黑 T（EBT）作指示剂，计量点时 Ca^{2+} 和 Mg^{2+} 与 EBT 形成紫红色络合物，滴至计量点后游离出的指示剂使溶液呈纯蓝色。

由于 EBT 与 Mg^{2+} 显色灵敏度高，与 Ca^{2+} 显色灵敏度低，故当水中 Mg 含量较低时，使用 EBT 作指示剂往往得不到敏锐的终点。这时可在 EDTA 标定之前加入适量 Mg^{2+}（计量），或在缓冲溶液中加入一些 Mg–EDTA 络合物，利用置换滴定原理来提高终点变色的敏锐性。

测定时水中含有其他干扰离子时，可选用掩蔽方法消除，如 Fe^{3+}、Al^{3+} 可用三乙醇胺掩蔽，Cu^{2+}、Pb^{2+}、Zn^{2+} 等可用 KCN 或 Na_2S 掩蔽。

四、实验内容

1. 正确选择实验所需要用到的仪器和药品，进入实验界面。
所需试剂及药品：①乙二胺四乙酸二钠盐（EDTA）；②pH = 10 的氨性缓冲溶液；③铬黑 T（EBT）。
2. 取出水样待测。
3. 加入缓冲溶液及指示剂。
4. 选择滴定速度并开始滴定，至滴定终点时停止。
5. 点击数据记录按钮，记录滴定终点体积数据。
6. 实验完毕，清洗仪器，关闭实验界面，退出实验操作。

五、数据处理

由原始数据计算水的总硬度的方法如下：

（1）用度表示：

$$x 度(°) = \frac{C_{EDTA} \cdot V_{EDTA} \cdot M(CaO) \cdot 10^2}{V_{水样}}$$

（2）用 CaCO$_3$（mg·L^{-1}）表示：

$$CaCO_3 = \frac{C_{EDTA} \cdot V_{EDTA} \cdot M(CaCO_3) \cdot 10^3}{V_{水样}}$$

（3）用 CaO（mg·L^{-1}）表示：

$$CaO = \frac{C_{EDTA} \cdot V_{EDTA} \cdot M(CaO) \cdot 10^3}{V_{水样}}$$

六、注意事项

1. 测定总硬度时用氨性缓冲溶液调节 pH 值；
2. 注意加入掩蔽剂掩蔽干扰离子，掩蔽剂要在指示剂之前加入；
3. 测定总硬度在临近终点时应慢滴多摇；
4. 测定时要是水温过低，应将水样加热到 30 ℃ ~40 ℃再进行测定。

七、研究与思考

1、我国通常用什么来表示水的硬度？
2、本实验为什么采用铬黑 T 指示剂？能用二甲酚橙指示剂吗？为什么？
3、水中若有 Fe^{3+}、Al^{3+}，会干扰测定吗？为什么？如有影响如何削除？

实验 99　Multisim - 日光灯电路测量

【预习要点】
1. 预习真实日光灯电路的实验知识。
2. 预习 Multisim 软件。

Multisim 是 Interactive Image Technologies（Electronics Workbench）公司推出的以 Windows 为基础的电子仿真工具。它是一个完整的设计工具系统，提供了非常大的元器件数据库和虚拟仪表库，提供了电路的多种仿真分析方法，如直流工作点分析、直流扫描分析、交流频率特性分析、瞬态分析、参数扫描分析、傅立叶分析、批处理分析等等。

日光灯电路是一个典型的 RLC 电路，在实际的日光灯实验中不但存在安全问题，灯管损耗也很大，用 Multisim 仿真软件对日光灯电路进行研究具有重要意义。

一、实验目的

1. 掌握 Multisim 设计仿真软件的应用。
2. 掌握虚拟仪表的使用方法。
3. 掌握日光灯电路的参数测量及功率因数的提高方法。

二、实验器材

计算机、Multisim 设计仿真软件。

三、实验原理

1. Multisim 设计仿真软件应用简介

Multisim 设计仿真软件是一个集原理图输入、全部的数模 Spice 仿真功能、VHDL/Verilog 设计与仿真、

PCB 布线工具包（Ultiboard）直到 PCB 雕刻控制的功能强大的软件包，它不是一个简单的仿真软件，而是一个商用的电路设计、分析、研发和制作工具。它的最突出特点是具有一个界面非常友好的虚拟仪表组合。

本实验只涉及电路的设计和分析（仿真）。对相关功能的使用作简要介绍，更多的东西需要同学们自己摸索。Multisim 用户界面如图 99－1。

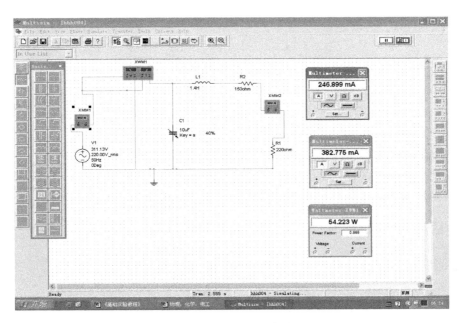

图 99－1　Multisim 基本界面

（1）取用元件

在 Multisim 里，元件可分为电虚拟元件和真实元件两种，它们可以通过元件工具栏方便地取用。所谓虚拟元件是指用此类元件的典型值来代表其模型参数，且某些参数可以任意确定，为电路设计提供了方便；真实元件就是我们在实际工作中使用的具体型号元件，在 Multisim Database 库里提供了大量这样的元件，它们具有精确的仿真模型可以配合相应的封装，为仿真真实系统和连接印制板设计软件提供了方便。在 Multisim 里为了明确区分真实零件和虚拟零件，采用了不同的缺省颜色，例如真实电阻用 ⎓ 图标，而虚拟电阻会加上墨绿色的底用 ⎓ 图标。

基本操作介绍如下：

① 取用虚拟元件只需从元件工具栏拉出所选元件，移至选中区域后，按鼠标左键放置即可。虚拟元件的标号、参数甚至故障类型都可以通过双击该元件得到的对话框进行改变，可变电阻、可变电容还可以在仿真过程中实时变更。

改变电阻值 R 的方法如下：

双击其符号，打开如图 99－2 所示的对话框。

其中：Resistance：电阻值

Key：设定键盘符号（a 减小，A 增大）

Increment：调整增减幅度

设定完成后关闭对话框，仿真过程中按键盘上的"a"或"A"即可减小或增大 R 的电阻值。

② 取用真实元件需要点击相应元件的工具栏，调出对应的对话框。例如，以取用真实元件 2.0kOhm_5% 电阻元件为例，首先点击元件工具栏的 ⎓ 钮打开一个浏览器对话框，选择 2.0kOhm_5% 电阻，单击"OK"。真实元件的参数是固定的，不能变更。

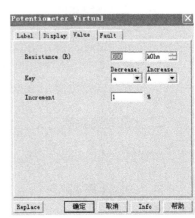

图 99－2　可变参数键盘设置对话框

(2) 移动、删除元件和设置元件属性

在 Multisim 里可方便地移动、删除元件以及设置元件属性。只要选中该元件，按住鼠标左键不放，再移动至欲放位置，松开鼠标左键，即可将零件移到新的位置。如果要删除某个元件，也只需选中该元件，再按"DEL"键即可删除。双击该元件，可参看元件属性。

(3) 给元件连线

放置好零件后，便可用连线完成各元件、仪表之间的电气连接。Multisim 提供了自动连线和手动连线。自动连线是 Multisim 所特有的功能。

① 自动连线：单击第一个元件引脚，然后将光标指向第二个元件选定引脚，再单击左键即自动完成连线。若删除某条线，选中相应线，按 Del 键或单击右键选择 Delete 命令。

② 手动连线：单击第一个元件的引脚，在拐点的相应位置单击左键控制连线的轨迹连线即通过该点；指向第二个元件的选定引脚，单击左键即可完成连线。

(4) 虚拟仪表的使用

虚拟仪表可以说是 Multisim 的重要特色，也是其最实用的功能之一。

Multisim 的虚拟仪表与实际上的仪表相似，操作方式也一样。下面以示波器为例介绍。只要从仪表工具栏中按 ▦ 即可取出一个浮动的示波器，移至目的地后，按鼠标左键即可将它放置于该处，则显示示波器符号，其中有 A、B、G、T 四个端点，其中的 A 端点为 A 通道测试端，B 端点为 B 通道测试端，G 端点为接地端，T 端点为外部触发信号的输入端。双击示波器图标，显示如图 99-3 所示。其参数设定与现实示波器类似。

(5) 电路仿真

对于绘制好的电路需对其进行仿真测试，观察仿真结果。可单击快速工具栏中的 Simulate 按钮，或选择菜单中的 Run/Stop 命令。对于所需观察的仪表双击其图标使之处于"打开"状态。Multisim 提供适时的仿真结果，即在仿真状态下可观察参数变化的电路状态。

此外，Multisim 还提供多种不同的分析类型，进行分析时，分析结果一般会在 Multisim 绘图器中以图表的形式显示。

2. 日光灯电路参数测量及功率因数提高

日光灯等效电路如图 99-4 所示。根据实际知识，30 W 的灯管点亮后等效电阻约为 220 Ω（R_2），振流器电感约为 1.4 H（L），振流器内阻约为 150 Ω（R_1），为了提高总电路的功率因数，电路上并联一个电容，电容选择 10 μF（C_1）的可变电容，电源为 220 V（有效值）50 Hz。

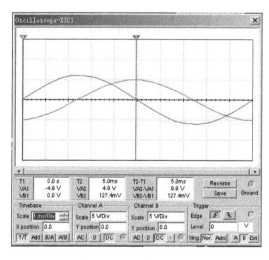

图 99-3 虚拟示波器面板

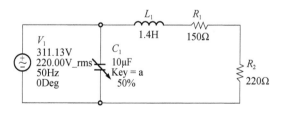

图 99-4 日光灯等效电路

(1) 测量电压电流的方法

分别用虚拟万用表的电流挡、电压挡进行测量，测量方法与真实日光灯电路实验相同，可以同时取用多块万用表，电路接好后按仿真按钮。

（2）测量功率和功率因数的方法

可以用虚拟电压表、电流表通过测量电压、电流然后计算得到功率和功率因数，也可以调用虚拟瓦特表（具有功率因数显示功能）直接测量电路的有功功率和功率因数。

（3）测量最佳电容的方法

每隔一定间隔改变电容容值，记录功率因数的读数变化，用图解法拟合曲线，功率因数最大处（谐振点）对应的电容值即为最佳电容值。

四、实验内容和要求

1. 测量电路总电压、总电流、灯管上的电压、振流器（L_1、R_1）上的电压以及电路的有功功率和功率因数。

要求：按图 99-4 连接电路，电容暂时不接，将测量结果列表，结合理论知识分析讨论实验结果。

2. 研究并联电容对电路有关参数的影响。

要求：按图 99-4 连接电路，所并电容在 0~10 μF 范围内每次增大 10%（关键段增大 1%~5%），测出对应的总电压、总电流、灯管上的电压、振流器（L_1、R_1）上的电压以及电路的有功功率和功率因数。将测量结果列表，结合理论知识分析讨论实验结果。

3. 求最佳电容值。

要求：根据上一步的测量结果，在图纸上画出功率因数（纵轴）随着电容值（横轴）变化的曲线（拟合曲线），找出最佳补偿电容值并进行分析讨论。

五、研究与思考

1. 在 RL 电路中串入电容能否达到提高功率因数的目的？用软件仿真。
2. 所并电容器是否越大越好？结合理论知识说明。

实验 100　Multisim - 放大器测量

【预习要点】

1. 预习真实放大器实验知识。
2. 预习 Multisim 软件。

利用 Multisim 软件仿真单管放大器，通过与真实实验的比较，进一步加深对 Multisim 软件的熟悉和理解，体会仿真实验的优点。

一、实验目的

1. 掌握用 Multisim 仿真软件实现电路仿真分析的主要步骤。
2. 能用 Multisim 仿真软件对电路性能做更深入的研究。

二、实验仪器

计算机、MultiSim 仿真软件。

三、实验任务及要求

1. 画出单管低频电压放大电路的电路图（如图 100-1）
2. 静态工作点的调整与确定

在图 100-1 中，R_p，Rb_1，Rb_2 组成分压式偏置电路，调节 R_p 的值可改变三极管的静态工作点。断开交流电源，使电路处在直流工作状态，调节 R_p 使其值为零。接入万用表分别测量三极管的基极电流 I_B、

集电极电流 I_C，以及集射电压 U_{CE}。运行仿真软件进行仿真，从万用表上读取并记录 I_B、I_C、U_{CE} 的值，根据经验判断电路是否工作在放大区，否则需要调整 R_p，重新测量。

改变电阻值 R_p 的方法如下：

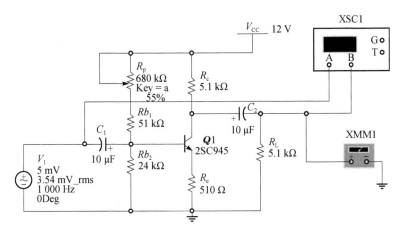

图 100-1 单管低频电压放大电路

双击其符号，打开如图 100-2 所示的对话框。

其中：Resistance：电阻值

Key：设定键盘符号（a 减小，A 增大）

Increment：调整增减幅度

设定完成后关闭对话框，仿真过程中点击键盘上的"a"或"A"即可减小或增大 R_p 的电阻值。

3. 测量电压放大倍数

在上一步测量的基础上，接通信号源，幅度为 5 mV，频率为 1 000 Hz。用示波器观察输出波形，在输出波形不失真的情况下（若波形失真，通过调整 R_p 或减小输入信号幅度消除），用万用表测量并记录输入交流电压 U_i 和输出交流电压 U_o，计算电压放大倍数。

图 100-2 可变参数键盘设置对话框

4. 研究非线性失真

对于图 100-1 电路，根据理论知识我们知道，若静态工作点过高，输出波形容易出现饱和失真；若静态工作点过低容易出现截止失真。虚拟示波器两个通道分别接信号输入端和信号输出端。按下仿真按钮，电路图 100-1 进入仿真状态。由小到大调节 R_p，会分别观察到图 100-3、图 100-4、图 100-5 所示的波形（上方波形为输入波形，下方波形为输出波形）。若饱和失真和截止失真现象不明显时，可适当增大输入电压幅度。记录波形。

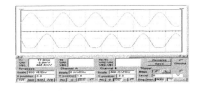

图 100-3 饱和失真波形

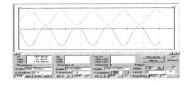

图 100-4 无失真波形

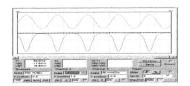

图 100-5 截止失真波形

5. 测量放大器的幅频特性

如图 100-6，在输入、输出端连接波特图仪。波特图仪幅频特性中 Vertical Y 轴为放大倍数，用分贝表示（提示：仪表面板 F 为最终值，设为 60 分贝，I 为初始值，设为 0 分贝）；Horizontal X 轴为频率，用对数坐标（log）表示（提示：F 最终值设为 1GHz，I 初始值设为 1Hz）。观察仿真结果，记录波形，求出中频段的电压放大倍数和上限、下限截止频率。

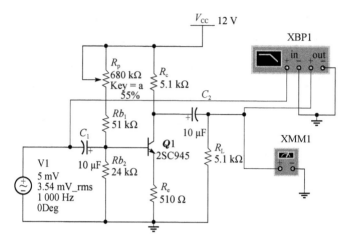

图 100-6　放大器输出端连接波特图仪

四、研究与思考

1. 仿真测量放大器的输入阻抗和输出阻抗。
2. 增加发射极旁路电容 C_E（10 μF），仿真测量幅频特性曲线的变化情况。

实验 101　Multisim - 三相交流电研究

【预习要点】

1. 复习三相交流电路有关内容，分析三相星形连接不对称负载在无中线情况下，当某相负载开路或短路时会出现什么情况？如果接上中线，情况又如何？
2. 三相负载根据什么条件作星形或三角形连接？

我国低压系统普遍使用着 380/220 V 的三相四线制电源，可向用户提供 380 V 的线电压和 220 V 的相电压，考虑到实物实验中存在一些安全隐患，所以用仿真实验代替。

一、实验目的

1. 掌握三相负载作星形连接、三角形连接的方法。
2. 验证两种接法中，相电压与线电压、相电流与线电流在不同负载时的关系。
3. 观察三相电路中某一相短路、断路或负载不平衡等故障时，各电压和电流的情况。

二、实验器材

计算机、Multisim 仿真软件。

三、实验原理

日常使用的各种电器根据其特点可分为单相负载和三相负载两大类。照明灯、电扇、电烙铁和单相电动机等都属于单相负载。三相交流电动机、三相电炉等三相用电器属于三相负载。另外分别接在各相电路上的三组单相用电器也可以组成三相负载。三相负载的阻抗相同（数值相等，性质一样）则称为三相对称负载，反之称为不对称负载。三相负载有星形（又称"Y 形"）和三角形（又称"△形"）两种连接方法，各有其特点，适用于不同的场合，应注意不要弄错，否则会酿成事故。

1. 负载星形连接电路（如图 101-1）

（1）在负载对称时，其相、线电压与相、线电流都是对称的，存在以下关系：

$$I_L = I_P; U_L = \sqrt{3}U_P; U_{N'N} = 0$$
$$I_A = I_B = I_C; \dot{I}_N = \dot{I}_A + \dot{I}_B + \dot{I}_C = 0$$

(2) 当负载不对称、有中线时，有以下关系：
$$I_L = I_P; U_L = \sqrt{3}U_P; U_{N'N} = 0$$
$$I_A = U_{A'}/|Z_A|; I_B = U_{B'}/|Z_B|;$$
$$I_C = U_{C'}/|Z_C|; \dot{I}_N = \dot{I}_A + \dot{I}_B + \dot{I}_C \neq 0$$

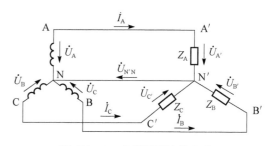

图 101-1　负载星形连接电路

(3) 若负载不对称又无中线时，则存在中性点位移电压，即

$$\dot{U}_{A'} = \dot{U}_A - \dot{U}_{N'N}; \dot{U}_{B'} = \dot{U}_B - \dot{U}_{N'N}; \dot{U}_{C'} = \dot{U}_C - \dot{U}_{N'N}$$

这势必造成负载的相电压不对称，致使负载轻的那一相的相电压过高，负载遭受损坏；负载重的那一相相电压又过低，使负载不能正常工作，所以不对称星形负载必须接中线使相电压对称。尤其是对于三相照明电路，必须用有中线的三相四线制电源供电，无条件的一律采用 Y 形接法，中线上不允许接闸刀和熔断器。

2. 负载三角形连接电路（如图 101-2）

负载三角形连接时没有零线，只能配接三相三线制电源，无论负载对称与否，均有以下关系：

$$U_L = U_P; \dot{I}_A = \dot{I}_{AB} - \dot{I}_{CA}$$
$$\dot{I}_B = \dot{I}_{BC} - \dot{I}_{AB}; \dot{I}_C = \dot{I}_{CA} - \dot{I}_{BC}$$

若负载对称，则又有：$I_L = \sqrt{3}I_P$；$I_{AB} = I_{CA} = I_{BC} = I_P$

对于不对称负载作三角形连接时，$I_L \neq \sqrt{3}I_P$，但只要电源的线电压 U_L 对称，加在三相负载上的电压仍是对称的，对各相负载工作没有影响。

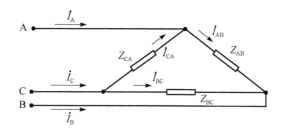

图 101-2　负载三角形连接电路

为了避免在三角环路中产生"涡流"，不对称负载一般不接成三角形式。

四、实验内容

1. 用 Multisim 软件绘制三相交流电路中负载 Y/△形连接实验电路图（可参考图 101-3、图 101-4）。

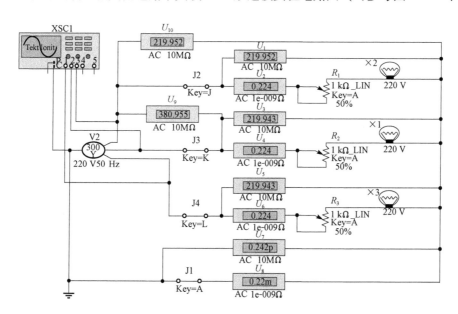

图 101-3　负载 Y 形连接电路

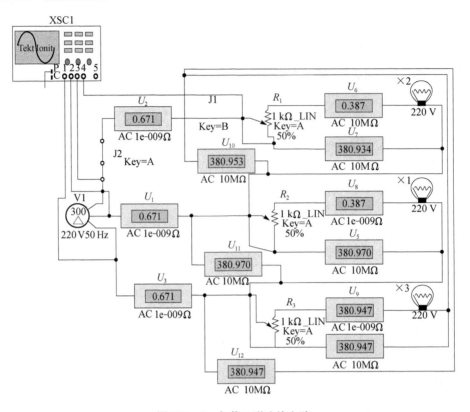

图 101-4 负载△形连接电路

在绘制过程中，需要注意以下几点：

（1）正确选择三相电源（参数设置为频率 50 Hz、有效值 220 V、相位各相差 120°），在 Y 形连接成三相四线制时只能选择三相四线制电源，在△形连接时没有零线，只能配接三相三线制电源。

（2）负载为电位器和灯泡的串联，其中电位器可以改变负载的大小，灯泡显示相位的先后。在仿真时，有时灯泡不亮，实际是亮的，只是软件在计算时为了反映状态有相位的先后之分，可在实验中看出。

（3）连线和仪表比较多，一定注意正确接入电压表和电流表，区别线电压、相电压，线电流、相电流的测量仪表位置。

2. 分别测量 Y 形连接时以下各种情况的电路参数值，将测量值填入自拟表格，用示波器观察各电压电流的相位关系。

（1）中线正常，三相负载平衡电路；
（2）中线正常，三相负载不平衡；
（3）中线正常，三相中一相短路；
（4）中线正常，三相中一相开路；
（5）没有中线，三相负载平衡；
（6）没有中线，三相负载不平衡；
（7）没有中线，三相中一相短路；
（8）没有中线，三相中一相开路。

3. 分别测量△形连接时以下各种情况的电路参数值，将测量值填入自拟表格，用示波器观察各电压电流的相位关系。

（1）负载对称；
（2）负载不对称；
（3）AB 相负载断路；
（4）A 线断路。

五、注意事项

1. 绘制电路时,电压表和电流表的连接方式和位置。
2. 注意三相电路的星形和三角形负载的连接方式。
3. 各种情况下,每个电压表和电流表的测量值意义。
4. 测量时会产生微小的误差,这主要是软件本身的原因。

六、研究与思考

1. 认真整理实验数据表格,对实验结果进行分析比较,并做出结论。
2. 负载星形连接时,中线的作用是什么?为什么中线不允许装保险丝和开关?
3. 根据不对称负载三角形连接时的相电流值作相量图,并求出线电流值,然后与实验测得的线电流作比较,分析之。

总 附 录

附录1 SI基本单位

量的名称	单位名称	单位符号	定义	量纲
长度	米	m	米是光在真空中（1/299 792 458）s时间间隔内所经路径的长度	L
质量	千克	kg	千克等于国际千克原器的质量	M
时间	秒	s	秒是铯-133原子基态的两个超精细能级之间跃迁所对应的辐射的9 192 631 770个周期的持续时间	T
电流	安培	A	安[培]是在真空中，截面积可忽略的两根相距1m的无限长平行圆直导线内通以等量恒定电流时，若导线间相互作用力在每米长度上为2×10^{-7} N，则每根导线的电流为1 A	I
热力学温度	开尔文	K	开[尔文]是水三相点热力学温度的1/273.16	Θ
物质的量	摩尔	mol	摩[尔]是一系统的物质的量，该系统中所包含的是基本单元数与0.012 kg碳12的原子数目相等。在使用摩尔时，基本单元应予指明，可以是原子、分子、离子、电子及其他粒子，或是这些粒子的特定组合	N
发光强度	坎德拉	cd	坎[德拉]是一光源在给定方向上的发光强度，该光源发出频率为540×10^{12} Hz的单色辐射，且在此方向上的辐射强度为1/688（W/sr）	J

附录2 物理常数表

附表2-1 SI单位制物理常数

量的名称	符号	数值	不确定度（10^{-6}）
真空中光速	c	$2.997\,924\,58 \times 10^8$ m/s	准确
万有引力常量	G	$6.672\,59 \times 10^{-11}$ m³/(kg·s²)	128
电子电荷，基本电荷	e, e_0	$1.602\,177\,33 \times 10^{-19}$ C	0.30
普朗克常量	h	$6.626\,075\,5 \times 10^{-34}$ J·S	0.60
约化普朗克常量	$\hbar = h/2\pi$	$1.054\,572\,66 \times 10^{-34}$ J·S	0.60
阿伏伽德罗常数	N_A	$6.022\,136\,7 \times 10^{23}$ mol^{-1}	0.59
法拉第常量	$F = N_A e_0$	$9.648\,530\,9 \times 10^4$ C/mol	0.30
电子质量	m_e	$9.109\,389\,7 \times 10^{-31}$ kg 0.510 999 06 MeV	0.59 0.30
里德伯常量	$R_\infty = m_e c \alpha^2 / 2h$	$1.097\,373\,153\,4 \times 10^7$ m^{-1}	0.001 2
精细结构常量	$\alpha = e_0^2 / 4\pi\varepsilon_0 hc$	$7.297\,353\,08 \times 10^{-3}$	0.045
电子半径	$r_e = h\alpha/m_e c$	$2.817\,940\,92 \times 10^{-15}$ m	0.13
电子康普顿波长	$\lambda_C = h/m_e c$	$2.426\,310\,58 \times 10^{-12}$ m	0.089
玻尔半径	$a_0 = r_e \alpha^{-2}$	$5.291\,772\,49 \times 10^{-11}$ m	0.045
原子质量单位	$u = \frac{1}{12}m(^{12}C)$	$1.660\,540\,2 \times 10^{-27}$ kg	0.59
质子质量	m_p	$1.672\,623\,1 \times 10^{-27}$ kg 938.272 31 MeV	0.59 0.30
中子质量	m_n	$1.674\,928\,6 \times 10^{-27}$ kg 939.565 63 MeV	0.59 0.30

续表

量的名称	符 号	数 值	不确定度 (10^{-6})
磁通量子	$\phi_0 = h/2e_0$	$2.067\,834\,61 \times 10^{-15}$ Wb	0.30
电子荷质比	$-e_0/m_e$	$-1.758\,819\,62 \times 10^{11}$ C/kg	0.30
玻尔磁子	$\mu_B = e_0\hbar/2m_e$	$9.274\,015\,4 \times 10^{-24}$ J/T	0.34
电子磁矩	μ_g	$9.284\,770\,1 \times 10^{-24}$ J/T	0.34
核磁子	$\mu_N = e_0\hbar/2m_p$	$5.050\,786\,6 \times 10^{-27}$ J/T	0.34
质子磁矩	μ_p	$1.410\,607\,61 \times 10^{-26}$ J/T	0.34
旋磁比	γ_p	$2.675\,221\,28 \times 10^{8}$ rad/sT	0.30
量子霍尔阻抗	R_H	$25\,812.805\,6$ Ω	0.045
摩尔气体常量	R	$8.314\,510$ J/(mol·K)	8.4
波尔兹曼常量	$k, k_B = R/N_A$	$1.380\,658 \times 10^{-23}$ J/K	8.5
斯特藩-波尔兹曼常量	$\sigma = \pi^2 k_B^4 / 60\,\hbar^3 c^2$	$5.670\,51 \times 10^{-8}$ W/m²K⁴	34
维恩常量	$b = \lambda_{max} T$	$2.897\,756 \times 10^{-3}$ m·K	8.4
真空磁导率	μ_0	$4\pi \times 10^{-7}$ N/A²	准确
真空介电常数	$\varepsilon_0 = (\mu_0 c^2)^{-1}$	$8.854\,187\,817\,62 \times 10^{-12}$ F/m	准确

附表 2-2 液体的黏滞系数

液 体	温度/℃	$\eta/(\text{Pa}\cdot\text{s} \times 10^{-3})$	液 体	温度/℃	$\eta/(\text{Pa}\cdot\text{s} \times 10^{-3})$
汽油	0	1.788	甘油	-20	134
汽油	18	0.530	甘油	0	12.1
乙醇	-20	2.780	甘油	20	1.499
乙醇	0	1.780	甘油	100	0.012 9
乙醇	20	1.190	蓖麻油	0	5.30
甲醇	0	0.817	蓖麻油	10	2.42
甲醇	20	0.584	蓖麻油	20	0.986
乙醚	0	0.296	蓖麻油	30	0.451
乙醚	20	0.243	蓖麻油	40	0.230
水银	-20	1.855	变压器油	20	0.019 8
水银	0	1.685	葵花子油	20	0.050 0
水银	20	1.554	蜂蜜	20	6.50
水银	100	1.240	蜂蜜	80	0.010 0

附表 2-3 20 ℃时金属的杨式模量

金 属	杨氏模量 $E/(\text{N}\cdot\text{m}^{-2} \times 10^{11})$	金 属	杨氏模量 $E/(\text{N}\cdot\text{m}^{-2} \times 10^{11})$
铝	0.69~0.70	镍	2.03
钨	4.07	铬	2.35~2.45
铁	1.86~2.06	合金钢	2.06~2.16
铜	1.03~1.27	碳钢	1.96~2.06
金	0.77	康钢	1.60
银	0.69~0.80	铸钢	1.72
锌	0.78	硬铝合金	0.71

附表 2-4 常用材料的导热系数

物 质	温度/K	导热系数/$[\text{W}/(\text{m}\cdot\text{K}) \times 10^{-2}]$	物 质	温度/K	导热系数/$[\text{W}/(\text{m}\cdot\text{K}) \times 10^{-2}]$
空气	300	2.60	甘油	273	2.9
氮气	300	2.61	乙醇	293	1.7

续表

物 质	温度/K	导热系数/[W/(m·K)×10^{-2}]	物 质	温度/K	导热系数/[W/(m·K)×10^{-2}]
氢气	300	18.2	石油	293	1.5
氧气	300	2.68	银	273	4.18
二氧化碳	300	1.66	铝	273	2.38
氦	300	15.1	铜	273	4.0
氖	300	4.90	黄铜	273	1.2
H_2O	273	5.61	不锈钢	273	0.14
H_2O	293	6.04	玻璃	273	0.010
H_2O	373	6.80	橡胶	298	1.6×10^{-3}
四氯化碳	293	1.07	木材	300	$(0.4 \sim 3.5) \times 10^{-3}$

附表 2-5 介质中的声速

介 质		速度/(m·s^{-1})	介 质		速度/(m·s^{-1})
空气（标准大气压下）		331.45+0.61t	固体	有机玻璃	1 800~2 250
液体	淡水	1 480		尼龙	1 800~2 200
	甘油	1 920		聚胺脂	1 600~1 850
	变压器油	1 425		黄铜	3 100~3 650
	蓖麻油	1 540		金	2 030
				银	2 670

附表 2-6 典型谱线

元 素	谱线波长	颜 色	元 素	谱线波长	颜 色
钠（Kr）	5 890, 5 896	黄（D 双线）	氢（H）	4 102 4 340 4 861 6 563	紫 蓝 青绿（F 线） 橙红（C 线）
汞（Hg）	4 047, 4 078 4 358 5 461（最强） 5 770, 5 791	紫 蓝 绿 黄			
镉（Cd）	6 438	红	氦氖激光器	6 328	红
氪（Kr）	6 057	橙	氩离子激光器	4 880 5 145	青 绿

注：t 为摄氏温度

附表 2-7 典型光学玻璃的色散

谱线代号	光 色	波长（Å）	冕玻璃（K$_9$）	钡冕玻璃（BaK$_7$）	重冕玻璃（ZK$_6$）	轻火石玻璃（QF$_3$）	钡火石玻璃（BaF$_1$）	重火石玻璃（ZF$_1$）
—	（紫外）	3 650	1.535 82	1.594 17	1.638 62	1.611 97	1.573 71	1.700 22
h	兰	4 047	1.529 82	1.586 20	1.630 49	1.599 68	1.565 53	1.682 29
g	青	4 358	1.526 26	1.581 54	1.625 73	1.592 80	1.560 80	1.672 45
F	青绿	4 861	1.521 95	1.575 97	1.619 99	1.584 81	1.555 18	1.661 19
e	绿	5 461	1.518 29	1.571 30	1.615 19	1.578 32	1.550 50	1.652 18
D	黄	5 893	1.516 30	1.568 80	1.612 60	1.574 90	1.548 00	1.647 50
C	橙红	6 563	1.513 89	1.565 82	1.609 49	1.570 89	1.545 02	1.642 07
A'	红	7 665	1.511 04	1.562 38	1.605 92	1.566 38	1.541 60	1.636 09
—	（红外）	8 630	1.509 18	1.560 23	1.602 68	1.563 66	1.539 46	1.632 54
—	（红外）	9 508	1.507 78	1.558 66	1.602 06	1.561 72	1.537 91	1.630 07

附表 2-8　阿贝折射仪色散表

计算按公式 $NF - NC = A + B\sigma$

所有补偿器上之读数 Z，小于 30 时在表上数值（σ）前取（+）号，大于 30 时取（-）号

ND	A	当 $\Delta N = 0.001$ 时 A 之差数 × (10^{-6})	B	当 $\Delta N = 0.001$ 时 B 之差数 × (10^{-6})	Z	σ	当 $\Delta Z = 0.1$ 时 σ 之差数 ($\times 10^{-4}$)	Z
1.300	0.023 66		0.027 42		0	0.000	1	60
1.310	0.023 63	-3	0.027 26	-16	1	0.999	4	59
1.320	0.023 59	-4	0.027 08	-18	2	0.995	7	58
1.330	0.023 56	-3	0.026 90	-18	3	0.988	10	57
1.340	0.023 53	-3	0.026 70	-20	4	0.978	12	56
1.350	0.023 50	-3	0.026 49	-21	5	0.966	15	55
1.360	0.023 47	-3	0.026 27	-22	6	0.951	17	54
1.370	0.023 45	-2	0.026 04	-23	7	0.934	20	53
1.380	0.023 42	-3	0.025 80	-24	8	0.914	23	52
1.390	0.023 40	-2	0.025 55	-25	9	0.891	25	51
1.400	0.023 38	-2	0.025 28	-27	10	0.866	27	50
1.410	0.023 36	-2	0.025 01	-27	11	0.839	30	49
1.420	0.023 34	-1	0.024 72	-29	12	0.809	32	48
1.430	0.023 33	-1	0.024 42	-30	13	0.777	34	47
1.440	0.023 32	-1	0.024 10	-32	14	0.743	36	46
1.450	0.023 31	-1	0.023 78	-32	15	0.707	38	45
1.460	0.023 30	-1	0.023 44	-34	16	0.669	40	44
1.470	0.023 29	0	0.023 09	-35	17	0.629	41	43
1.480	0.023 29	0	0.022 72	-37	18	0.588	43	42
1.490	0.023 29	0	0.022 34	-38	19	0.545	45	41
1.500	0.023 29	0	0.021 95	-39	20	0.500	46	40
1.510	0.023 29	+1	0.021 54	-41	21	0.454	47	39
1.520	0.023 30	+1	0.021 11	-43	22	0.407	49	38
1.530	0.023 31	+2	0.020 67	-44	23	0.358	49	37
1.540	0.023 33	+1	0.020 21	-46	24	0.309	50	36
1.550	0.023 34	+3	0.019 73	-48	25	0.259	51	35
1.560	0.023 37	+2	0.019 23	-50	26	0.208	52	34
1.570	0.023 39	+3	0.018 72	-51	27	0.156	52	33
1.580	0.023 42	+4	0.018 18	-54	28	0.104	52	32
1.590	0.023 46	+4	0.017 62	-56	29	0.052	52	31
1.600	0.023 50	+5	0.017 04	-58	30	0.000		31
1.610	0.023 35	+5	0.016 43	-61				
1.620	0.023 60	+6	0.015 80	-63				
1.630	0.023 66	+7	0.015 14	-66				
1.640	0.023 73	+8	0.014 44	-70				
1.650	0.023 81	+9	0.013 71	-73				
1.660	0.023 90	+11	0.012 94	-77				
1.670	0.024 01	+12	0.012 13	-81				
1.680	0.024 13	+14	0.011 26	-87				
1.690	0.024 27	+16	0.010 34	-92				
1.700	0.024 43		0.009 35	-99				

注：折射棱镜色散角 $\varphi = 58°$ 阿米西棱镜最大角色散 $2K = 145.3'$ 折射棱镜的折射率 $ND = 1.755\ 18$
折射棱镜的相对色散 $NF - NC = 0.027\ 46$

附表 2-9 t 分布在不同置信概率 P 与自由度 v 的 $t_p(v)$ 值

自由度 V	P					
	0.6827	0.90	0.95	0.9545	0.99	0.9973
1	1.84	6.31	12.71	13.97	63.66	235.80
2	1.32	2.92	4.30	4.53	9.92	19.21
3	1.20	2.35	3.18	3.31	5.84	9.22
4	1.14	2.13	2.78	2.87	4.60	6.62
5	1.11	2.02	2.57	2.65	4.03	5.51
6	1.09	1.94	2.45	2.52	3.71	4.90
7	1.08	1.89	2.36	2.43	3.50	4.53
8	1.07	1.86	2.31	2.37	3.36	4.28
9	1.06	1.83	2.26	2.32	3.25	4.09
10	1.05	1.81	2.23	2.28	3.17	3.96
11	1.05	1.80	2.20	2.25	3.11	3.85
12	1.04	1.78	2.18	2.23	3.05	3.76
13	1.04	1.77	2.16	2.21	3.01	3.69
14	1.04	1.76	2.14	2.20	2.98	3.64
15	1.03	1.75	2.13	2.18	2.95	3.59
16	1.03	1.75	2.12	2.17	2.92	3.54
17	1.03	1.74	2.11	2.16	2.90	3.51
18	10.3	1.73	2.10	2.15	2.88	3.48
19	1.03	1.73	2.09	2.14	2.86	3.45
20	1.03	1.72	2.09	2.13	2.85	3.42
25	1.02	1.71	2.06	2.11	2.79	3.33
30	1.02	1.70	2.04	2.09	2.75	3.27
35	1.01	1.70	2.03	2.07	2.72	3.23
40	1.01	1.68	2.02	2.06	2.70	3.20
45	1.01	1.68	2.01	2.06	2.69	3.18
50	1.01	1.68	2.01	2.05	2.68	3.16
100	1.005	1.660	1.984	2.025	2.626	3.077
∞	1.000	1.645	1.960	2.000	2.576	3.000

附表 2-10 不同温度下干燥空气中的声速

温度/℃	速度/(m·s^{-1})	温度/℃	速度/(m·s^{-1})	温度/℃	速度/(m·s^{-1})	温度/℃	速度/(m·s^{-1})
0	331.450	10.5	337.760	20.5	343.663	30.5	349.465
1.0	332.050	11.0	338.058	21.0	343.955	31.0	349.753
1.5	332.359	11.5	338.355	21.5	344.247	31.5	350.040
2.0	332.661	12.0	338.652	22.0	344.539	32.0	350.328
2.5	332.963	12.5	338.949	22.5	344.830	32.5	350.614
3.0	333.265	13.0	339.246	23.0	345.123	33.0	350.901
3.5	333.567	13.5	339.542	23.5	345.414	33.5	351.187
4.0	333.868	14.0	339.838	24.0	345.705	34.0	351.474
4.5	334.199	14.5	340.134	24.5	345.995	34.5	351.760
5.0	334.470	15.0	340.429	25.0	346.286	35.0	352.040
5.5	334.770	15.5	340.724	25.5	346.576	35.5	352.331
6.0	335.071	16.0	341.019	26.0	346.866	36.0	352.616
6.5	335.370	16.5	341.314	26.5	347.156	36.5	352.901
7.0	335.670	17.0	341.609	27.0	347.445	37.0	353.186
7.5	335.970	17.5	341.903	27.5	347.735	37.5	353.470

续表

温度/℃	速度/(m·s⁻¹)	温度/℃	速度/(m·s⁻¹)	温度/℃	速度/(m·s⁻¹)	温度/℃	速度/(m·s⁻¹)
8.0	336.269	18.0	342.197	28.0	348.024	38.0	353.755
8.5	336.563	18.5	342.490	28.5	348.313	38.5	354.039
9.0	336.866	19.0	342.784	29.0	348.601	39.0	354.323
9.5	337.165	19.5	343.077	29.5	348.889	39.5	354.606
10.0	337.463	20.0	343.370	30.0	349.177	40.0	354.890

附录3 百年诺贝尔物理学奖

获奖年份	获奖者	获奖成果
1901年	伦琴（德国）	发现X射线
1902年	洛伦兹（荷兰）、塞曼（荷兰）	塞曼效应的发现和研究
1903年	贝克勒尔（法国）、P·居里（法国）、M·居里（法国）	贝克勒尔发现物质的放射性，P·居里、M·居里发现并研究放射性元素钋和镭
1904年	瑞利（英国）	从事气体密度的研究并发现氩元素
1905年	雷纳尔德（德国）	从事阴极线的研究
1906年	J·J·汤姆生（英国）	对气体导电的理论和实验作出贡献
1907年	迈克尔逊（美国）	发明了光学干涉仪并且借助这些仪器进行光谱学和度量学的研究
1908年	李普曼（法国）	发明了彩色照相干涉法（即李普曼干涉定律）
1909年	马克尼（意大利）、布劳恩（德国）	发明和改进了无线电报
1910年	范德瓦尔斯（荷兰）	关于气态和液态方程的研究
1911年	维恩（德国）	发现热辐射定律
1912年	达伦（瑞典）	发明了可以和燃点航标、浮标气体蓄电池联合使用的装置
1913年	昂内斯（荷兰）	关于低温下物体性质的研究和制成液态氦
1914年	劳厄（德国）	发现晶体中的X射线衍射现象
1915年	W·H·布拉格（英国）、W·L·布拉格（英国）	借助X射线，对晶体结构进行分析
1916年	未颁奖	
1917年	巴克拉（英国）	发现标识元素的次级伦琴辐射
1918年	普朗克（德国）	对确立量子理论作出巨大贡献
1919年	斯塔克（德国）	发现极隧射线的多普勒效应以及电场作用下光谱线的分裂现象
1920年	纪尧姆（瑞士）	发现镍钢合金的反常现象及其在精密物理学中的重要性
1921年	爱因斯坦（德国）	对理论物理学的贡献，特别是光电效应定律的发现
1922年	玻尔（丹麦）	从事原子结构和原子辐射的研究
1923年	密立根（美国）	关于基本电荷的研究以及验证光电效应
1924年	西格巴恩（瑞典）	发现X射线中的光谱线
1925年	弗兰克（德国）、赫兹（德国）	发现电子撞击原子时出现的规律性
1926年	佩兰（法国）	研究物质不连续结构和发现沉积平衡
1927年	康普顿（美国）、C·T·R·威尔逊（英国）	康普顿发现康普顿效应；威尔逊发明了云雾室，能显示出电子穿过空气的径迹
1928年	理查森（英国）	从事热离子现象的研究，发现理查森定律
1929年	德布罗意（法国）	发现了电子的波动性
1930年	拉曼（印度）	从事光的散射方面的研究，发现拉曼效应
1931年	未颁奖	
1932年	海森堡（德国）	创建量子力学，并发现氢的同素异形体
1933年	薛定谔（奥地利）、狄拉克（英国）	他们发现了原子理论的新形式
1934年	未颁奖	

续表

获奖年份	获奖者	获奖成果
1935 年	查德威克（英国）	发现中子
1936 年	赫斯（奥地利）、安德森（美国）	赫斯发现宇宙射线；安德森发现正电子
1937 年	戴维森（美国）、G·P·汤姆生（英国）	戴维森发现晶体对电子的衍射作用，G·P·汤姆生发现受电子照射的晶体中的干涉现象
1938 年	费米（意大利）	发现中子轰击产生的新放射性元素并发现用慢中子实现核反应
1939 年	劳伦斯（美国）	发明回旋加速器，并获得人工放射性元素
1940 年	1940—1942 年未颁奖	
1943 年	斯特恩（美国）	开发了分子束方法以及质子磁矩的测量
1944 年	拉比（美国）	用共振方法测量原子核的磁性
1945 年	泡利（奥地利）	发现不相容原理
1946 年	布里奇曼（美国）	研制超高压装置并创立了高压物理
1947 年	阿普尔顿（英国）	从事大气层物理学的研究，特别是发现高空无线电短波电离层（阿普尔顿层）
1948 年	布莱克特（英国）	改进威尔逊云雾室方法，并由此导致了在核物理领域和宇宙射线方面的一系列发现
1949 年	汤川秀树（日本）	提出核子的介子理论，并预言介子的存在
1950 年	鲍威尔（英国）	开发了用以研究核破坏过程的照相乳胶记录法并发现 π 介子
1951 年	科克罗夫特（英国）、沃尔顿（爱尔兰）	利用人工加速的粒子进行原子核衰变的开创性工作
1952 年	布洛赫（美国）、珀塞尔（美国）	核磁精密测量的新方法及由此所作的发现
1953 年	泽尔尼克（荷兰）	发明了相衬显微镜
1954 年	玻恩（英国）、博特（德国）	玻恩对量子力学做出基础研究，特别是对波函数做出统计解释；博特提出符合法并应用这一方法做出发现
1955 年	拉姆（美国）、库什（美国）	拉姆发现了氢光谱的精细结构；库什精确地测定出电子磁矩
1956 年	布拉顿（美国）、巴丁（美国）、肖克利（美国）	从事半导体研究并发现了晶体管效应
1957 年	李政道（美国）、杨振宁（美国）	发现弱相互作用下宇称不守恒定律，使基本粒子研究获重大进展
1958 年	切伦科夫（苏联）、塔姆（苏联）、弗兰克（苏联）	发现并解释了切伦科夫效应
1959 年	塞格雷（美国）、张伯伦（美国）	发现反质子
1960 年	格拉塞（美国）	发明气泡室
1961 年	霍夫斯塔特（美国）、穆斯保尔（德国）	霍夫斯塔特对原子核中的电子散射的先驱性研究，并由此得到的关于核子结构的研究发现；穆斯保尔从事 γ 射线的共振吸收现象研究并发现了穆斯保尔效应
1962 年	朗道（苏联）	开创了凝集态物质特别是液氦理论
1963 年	威格纳（美国）、迈耶（美国）、延森（德国）	威格纳的原子核和基本粒子理论，特别是通过基本对称原理的发现和应用所做出的贡献；迈耶、延森在发现核壳层结构方面所作的贡献
1964 年	汤斯（美国）、巴索夫（苏联）、普罗霍罗夫（苏联）	量子电子学方面的基础工作，这些工作导致了基于微波激射器和激光原理制成的振荡器和放大器
1965 年	朝永振一郎（日本）、施温格（美国）、费曼（美国）	在量子电动力学方面进行对基本粒子物理学具有深刻影响的基础研究
1966 年	卡斯特勒（法国）	发现和发展用光学方法研究原子内部核磁共振现象
1967 年	贝蒂（美国）	核反应理论方面的贡献，特别是关于恒星能源的发现
1968 年	阿尔瓦雷斯（美国）	通过发展液态氢气泡和数据分析技术，从而发现许多共振态
1969 年	盖尔曼（美国）	发现基本粒子的分类和相互作用，提出"夸克"粒子理论
1970 年	内尔（法国）、阿尔文（瑞典）	从事铁磁和反铁磁方面的研究，从事磁流体力学方面的基础研究
1971 年	伽柏（英国）	发明并发展了全息摄影法
1972 年	巴丁（美国）、库柏（美国）、施里弗（美国）	提出称为 BCS 理论的超导理论
1973 年	江崎玲于奈（日本）、贾埃弗（美国）、约瑟夫森（英国）	江崎玲于奈、贾埃弗通过实验发现半导体中的"隧道效应"和超导物质，约瑟夫森发现超导电流通过隧道阻挡层的约瑟夫森效应

续表

获奖年份	获奖者	获奖成果
1974年	赖尔（英国）、赫威斯（英国）	在射电天体物理学方面的开创性研究：赖尔的发明和观测，特别是合成孔径技术；赫威斯在发现脉冲星方面的关键性角色
1975年	玻尔（丹麦）、莫特尔森（丹麦）、雷恩沃特（美国）	从事原子核内部结构方面的研究
1976年	里克特（美国）、丁肇中（美国）	发现很重的中性介子-J/φ粒子
1977年	安德林（美国）、范弗莱克（美国）、莫特（英国）	从事磁性和无序系统电子结构的基础研究
1978年	卡尔察（苏联）、彭齐亚斯（美国）、R·W·威尔逊（美国）	卡尔察从事低温学方面的研究，彭齐亚斯、R·W·威尔逊发现宇宙微波背景辐射
1979年	格拉肖（美国）、温伯格（美国）、萨拉姆（巴基斯坦）	预言存在弱电流，并对基本粒子之间的弱作用和电磁作用的统一理论作出贡献
1980年	克罗宁（美国）、菲奇（美国）	发现中性K介子衰变中的宇称（CP）不守恒
1981年	西格巴恩（瑞典）、布洛姆伯根（美国）、肖洛（美国）	西格巴恩开发高分辨率测量仪器以及对光电子和轻元素的定量分析；布洛姆伯根非线性光学和激光光谱学的开创性工作；肖洛发明高分辨率的激光光谱仪
1982年	K·G·威尔逊（美国）	提出与相变有关的临界现象理论
1983年	昌德拉塞卡（美国）、福勒（美国）	昌德拉塞卡的恒星结构和演化方面的理论研究，福勒宇宙间化学元素形成方面的核反应理论研究和实验
1984年	鲁比亚（意大利）、范德梅尔（荷兰）	对导致发现弱相互作用传递者，场粒子W和Z的大型项目的决定性贡献
1985年	冯·克里青（德国）	发现量子霍尔效应并开发了测定物理常数的技术
1986年	鲁斯卡（德国）、比尼格（德国）、罗雷尔（瑞士）	鲁斯卡设计第一台透射电子显微镜；比尼格、罗雷尔设计第一台扫描隧道电子显微镜
1987年	贝德诺尔斯（德国）、米勒（瑞士）	在陶瓷材料超导性研究方面取得重大突破
1988年	莱德曼（美国）、施瓦茨（美国）、斯坦伯格（美国）	产生第一个实验室创造的中微子束，并发现中微子，从而证明了轻子的对偶结构
1989年	保罗（德国）、德默尔特（美国）、拉姆齐（美国）	拉姆齐发明了分离振荡场方法及用之于氢微波激射器及其他原子钟；德默尔特、保罗发展发展离子陷阱技术
1990年	弗里德曼（美国）、肯德尔（美国）、R·E·泰勒（加拿大）	通过实验首次证明了夸克的存在
1991年	德热纳（法国）	从事对液晶、聚合物的理论研究
1992年	夏帕克（法国）	对粒子探测器特别是多丝正比室的发明和发展
1993年	赫尔斯（美国）、J·H·泰勒（美国）	发现脉冲双星，由此间接证实了爱因斯坦所预言的引力波的存在
1994年	布罗克豪斯（加拿大）、沙尔（美国）	在凝聚态物质的研究中发展了中子散射技术
1995年	佩尔（美国）、莱因斯（美国）	佩尔发现了τ轻子，莱因斯发现了中微子
1996年	戴维·李（美国）、奥谢罗夫（美国）、理查森（美国）	发现了氦-3中的超流动性
1997年	朱棣文（美国）、W·D·菲利普斯（美国）、科昂·塔努吉（法国）	发明了用激光冷却和俘获原子的方法
1998年	劳克林（美国）、斯特默（美国）、崔琦（美国）	发现了分数量子霍尔效应
1999年	霍夫特（荷兰）、韦尔特曼（荷兰）	阐明物理学中弱电相互作用的量子结构
2000年	阿尔费罗夫（俄罗斯）、基尔比（美国）、克罗默（德国）	阿尔费罗夫、克罗默发展了用于高速电子学和光电子学的半导体异质结构；基尔比发明集成电路
2001年	克特勒（德国）、康奈尔（美国）和维曼（美国）	在"碱性原子稀薄气体的玻色-爱因斯坦凝聚态"以及"凝聚态物质性质早期基础性研究"方面取得成就
2002年	雷蒙德·戴维斯（美国）、小柴昌俊（日本）、里卡多·贾科尼（美国）	表彰他们在天体物理学领域做出的先驱性贡献，其中包括在"探测宇宙中微子"和"发现宇宙X射线源"方面的成就

续表

获奖年份	获奖者	获奖成果
2003年	阿布里科索夫（美国、俄罗斯）、金兹布尔格（俄罗斯）、利盖特（美国、英国）	在创立解释量子论中的两大现象：超导体和超流体方面的理论方面作出突出贡献
2004年	戴维·格罗斯（美国）、戴维·普利策（美国）和弗兰克·维尔泽克（美国）	对量子场中夸克渐进自由的发现做出贡献
2005年	罗伊·格劳伯（美国）、约翰·霍尔（美国）、特奥多尔·亨施（德国）	格劳伯对光学相干的量子理论，霍尔和亨施对基于激光的精密光谱学发展做出贡献
2006年	约翰·马瑟（美国）和乔治·斯穆特（美国）	发现宇宙微波背景辐射的黑体形式和各向异性
2007年	艾尔伯·费尔（法国）、皮特·克鲁伯格（德国）	发现了巨磁电阻效应
2008年	南部阳一郎（美国）、小林诚（日本）、利川敏英（日本）	南部阳一郎发现亚原子物理的对称性自发破缺机制，小林诚和利川敏英发现对称性破坏的物理机制，并成功预言了自然界至少三类夸克的存在
2009年	高锟（英国、美国）、韦拉德·博伊尔（美国）和乔治·史密斯（美国）	高锟因在光学通信领域中光的传输的开创性成就获奖；博伊尔和史密斯因发明了成像半导体电路——电荷耦合器件图像传感器CCD获奖
2010年	安德烈·海姆（荷兰、俄罗斯）、康斯坦丁·诺沃肖洛夫（英国、俄罗斯）	二维空间材料石墨烯的突破性实验
2011年	萨尔·波尔马特（美国）、布莱恩·施密特（美国、澳大利亚）、亚当·里斯（美国）	通过观测遥远超新星发现宇宙的加速膨胀
2012年	沙吉·哈罗彻（法国）、大卫·温兰德（美国）	突破性的试验方法使得测量和操纵单个量子系统成为可能

附录4　重要化学实验年表

序　号	年　代	重大发现
1	1750年	法国V·G·弗朗索瓦用指示剂进行酸碱滴定
2	1751年	瑞典A·F·克龙斯泰德发现镍
3	1755年	英国J·布莱克发现"固定空气"（即二氧化碳）
4	1766年	英国H·卡文迪讲发现氢
5	1772年	英国D·卢瑟福发现氮
6	1773年	瑞典C·W·舍勒发现氧；法国G·F·鲁伊勒发现脲
7	1774年	瑞典C·W·舍勒发现锰，制得氯
8	1777年	法国A·L·拉瓦锡证明化学反应中的质量守恒定律，提出燃烧的氧化学说
9	1781年	瑞典C·W·舍勒发现钨
10	1782年	瑞典P·J·耶尔姆发现钼
11	1790年	英国W·格雷哥尔发现钛
12	1797年	法国N·L·沃克兰发现铬
13	1798年	法国N·L·沃克兰发现铍
14	1799年	法国C·L·贝托莱指出化学反应进行的方向与参与反应的物质的量有关；化学反应可达到平衡
15	1800年	意大利A·伏打制成电堆
16	1801年	西班牙A·M·Del里奥发现钒
17	1802年	瑞典A·G·厄克贝里发现钽
18	1803年	英国W·H·渥拉斯顿发现钯和铑
19	1807年	英国H·戴维制得金属钾和钠
20	1808年	英国H·戴维制得金属钙、镁、锶、钡

续表

序 号	年 代	重大发现
21	1811年	法国B·库图瓦发现碘
22	1812年	法国A·M·安培发现氟
23	1814年	瑞典J·J·贝采利乌斯提出化学符号和化学方程式书写规则
24	1817年	瑞典J·J·贝采利乌斯发现硒；瑞典J·A·阿弗韦聪发现锂
25	1819年	法国P·J·佩尔蒂埃和J·B·卡芳杜发现萘
26	1824年	法国A·J·巴拉尔发现溴
27	1825年	英国M·法拉第发现苯；丹麦H·C·奥斯特发现铝
28	1826年	法国J·B·A·杜马根据蒸气密度测定原子量
29	1827年	俄国Г·B·奥赞发现钌
30	1828年	德国F·维勒合成脲；瑞典J·J·贝采利乌斯发现钍
31	1834年	德国F·F·龙格从煤焦油分离出苯胺、喹啉、苯酚
32	1840年	俄国G·H·盖斯发现热总量守恒定律
33	1847年	德国H·von亥姆霍兹提出"力之守恒"，后发展为热力学第一定律
34	1850年	德国L·F·威廉密提出动态平衡概念，开创了化学动力学的定量研究
35	1857年	德国F·A·凯库勒提出碳原子的四价学说
36	1858年	德国F·A·凯库勒和英国A·S·库珀分别提出原子价键概念
37	1859年	法国G·普朗忒研制出铅酸蓄电池；德国R·W·本生和G·R·基尔霍夫发明光谱分析仪
38	1860年	德国R·W·本生和G·R·基尔霍夫发现铯
39	1861年	英国W·克鲁克斯发现铊；德国R·W·本生和G·R·基尔霍夫发现铷
40	1865年	德国F·A·凯库勒提出苯的环状结构学说
41	1867年	瑞典A·B·诺贝尔发明达纳炸药
42	1869年	俄国Д·И·门捷列夫提出元素周期律
43	1874年	荷兰J·H·范托夫和法国J·A·勒贝尔分别提出立体化学概念和碳的四面体构型学说
44	1875年	法国P·E·L·de布瓦博德朗发现镓
45	1880年	瑞士J·C·G·de马里尼亚克发现钆
46	1881年	英国J·J·汤姆孙提出阴极射线是带负电的粒子流，1897年测定了它的质荷比，并命名为电子
47	1886年	德国C·温克勒尔发现锗；荷兰J·H·范托夫建立稀溶液理论
48	1887年	瑞典S·A·阿伦尼乌斯提出电离理论；法国F·M·拉乌尔提出拉乌尔定律
49	1888年	德国A·von拜耳提出几何异构概念
50	1892年	日内瓦国际化学会议确定有机化合物系统命名法
51	1893年	瑞士A·韦尔纳提出络合物的配位理论
52	1894年	英国W·拉姆齐和瑞利发现氩
53	1895年	英国W·拉姆齐发现氦
54	1896年	法国H·贝可勒尔发现铀的放射性；法国P·萨巴蒂埃用镍为催化剂进行催化氢化反应
55	1898年	法国M·居里和英国G·C·N·施密特分别发现钍盐放射性；法国M·居里和P·居里创建放射化学方法并发现钋和镭
56	1899年	英国R·B·欧文斯和E·卢瑟福发现氡220
57	1900年	英国E·卢瑟福和法国M·居里发现镭辐射由α、β、γ射线组成
58	1902年	法国M·居里和P·居里分离出90毫克氯化镭
59	1906年	德国H·费歇尔提出蛋白质的多肽结构并合成分子量为1000的多肽
60	1909年	德国F·哈伯合成氨试验成功
61	1912年	德国M·von劳厄发现晶体对X射线的衍射
62	1913年	丹麦N·玻尔提出量子力学的氢原子结构理论
63	1919年	英国F·W·阿斯顿制成质谱仪
64	1926年	奥地利E·薛定谔提出微粒运动的波动方程
65	1929年	英国A·弗莱明发现青霉素
66	1931年	美国H·C·尤里发现氘（重氢）

续表

序 号	年 代	重大发现
67	1932年	中国化学会成立
68	1934年	法国F·约里奥·居里和I·约里奥·居里发现人工放射性；英国E·卢瑟福发现氚
69	1938年	德国O·哈恩等发现铀的核裂变现象
70	1939年	法国M·佩雷发现钫
71	1940年	美国E·M·麦克米伦和P·H·艾贝尔森人工制得镎；美国D·R·科森和E·G·塞格雷等发现砹
72	1942年	意大利E·费密等在美国建成核反应堆
73	1943年	美国S·A·瓦克斯曼从链霉菌中析离出链霉素
74	1944年	美国R·B·伍德沃德合成奎宁碱
75	1945年	瑞士G·K·施瓦岑巴赫利用乙二胺四乙酸二钠盐进行络合滴定
76	1949年	美国S·G·汤普森、A·吉奥索和G·T·西博格人工制得锫
77	1950年	美国S·G·汤普森、K·Jr·斯特里特、A·吉奥索和G·T·西博格人工制得锎
78	1952年	美国A·吉奥索等从氢弹试验后的沉降物中发现锿和镄 英国A·T·詹姆斯和A·J·P·马丁发明气相色谱法
79	1953年	美国J·D·沃森和英国F·H·C·克里克提出脱氧核糖核酸的双螺旋结构模型
80	1954年	意大利G·纳塔等用齐格勒·纳塔催化剂制成等规聚丙烯
81	1955年	澳大利亚A·沃尔什发明原子吸收光谱法
82	1958年	美国A·吉奥索等和苏联Γ·H·弗廖洛夫等分别人工制得锘
83	1961年	国际纯粹与应用化学联合会通过12C=12的原子量基准
84	1965年	中国合成结晶牛胰岛素
85	1985年	美国J·卡尔等开发了应用X射线衍射确定物质晶体结构的直接计算法
86	1988年	德国J·戴森霍弗等分析了光合作用反应中心的三维结构
87	1989年	美国S·奥尔特曼、T·R·切赫发现RNA自身具有酶的催化功能
88	1991年	瑞士R·R·恩斯特发明了傅里叶变换核磁共振分光法和二维核磁共振技术
89	1993年	美国K·B·穆利斯发明"聚合酶链式反应"法
90	1995年	荷兰P·克鲁岑阐述了对臭氧层产生影响的化学机理，证明了造化学物质对臭氧层构成破坏作用
91	1996年	美国R·F·柯尔发现了碳元素的新形式——富勒氏球（也称布基球）C_{60}
92	1997年	美国P·B·博耶发现体细胞内负责储藏转移能量的离子传输酶
93	1998年	美国科恩发展了一套量子化学方法理论，分析分子的性质和分子的化学反应过程
94	2000年	美国艾伦·黑格发现了导电聚合物
95	2001年	美国威廉·诺尔斯在"手性催化氢化反应"领域所作出重大贡献
96	2002年	美国约翰·芬恩发明对生物大分子的质谱分析法
97	2003年	美国彼得·阿格雷发现细胞膜水通道，以及对离子通道结构和机理研究作出的开创性贡献
98	2004年	以色列阿龙·切哈诺沃发现了泛素调节的蛋白质降解
99	2008年	美国华裔钱永健利用水母发出绿光的化学物来追查实验室内进行的生物反应

附录5　常用酸碱在水中解离常数

1. 弱电解质

名　称	化学式	温度	K值		pH	
硼酸	H_3BO_3	20	5.8×10^{-10}		9.24	
次溴酸	HBrO	25	2.4×10^{-9}		8.62	
次氯酸	HClO	18	3.2×10^{-8}		7.50	
氢氰酸	HCN	25	6.2×10^{-10}		9.21	
碳酸	H_2CO_3	25	4.2×10^{-7}	5.6×10^{-11}	6.38	10.25
草酸	$H_2C_2O_4$	25	5.36×10^{-2}	5.35×10^{-5}	1.271	4.272
铬酸	H_2CrO_4	25	1.1×10^{-1}	3.2×10^{-7}	0.98	6.50
氢氟酸	HF	25	6.6×10^{-4}		3.18	

续表

名称	化学式	温度	K值		pH	
次碘酸	HIO	25	2.3×10^{-11}		10.64	
碘酸	HIO_3	25	1.7×10^{-1}		0.77	
高碘酸	HIO_4	25	2.8×10^{-2}		1.55	
亚硝酸	HNO_2	15	5.1×10^{-4}		3.29	
双氧水	H_2O_2	25	2.2×10^{-12}		11.65	
磷酸	H_3PO_3	25	7.6×10^{-3}	6.3×10^{-6}	2.12	7.20
硫化氢	H_2S	18	1.3×10^{-7}	7.1×10^{-15}	6.88	14.15
亚硫酸	H_2SO_3	18	1.3×10^{-2}	6.3×10^{-8}	1.90	7.20
硫酸	H_2SO_4	25		1.2×10^{-2}		1.92
硅酸	H_2SiO_3	25	1.7×10^{-10}	1.6×10^{-12}	9.77	11.80
甲酸	HCOOH	25	1.77×10^{-4}		3.751	
乙酸	CH_3COOH	25	1.76×10^{-5}		4.756	
一氯乙酸	$CH_2ClCOOH$	25	1.4×10^{-3}		2.86	
二氯乙酸	$CHCl_2COOH$	25	5.0×10^{-2}		1.30	
三氯乙酸	CCl_3COOH	25	0.83		-0.08	
一氟乙酸	CH_2FCOOH	25	2.7×10^{-3}		2.57	
一溴乙酸	$CH_2BrCOOH$	20	1.3×10^{-3}		2.89	
一碘乙酸	CH_2ICOOH	20	6.9×10^{-4}		3.16	
酒石酸	$C_4O_6H_6$	25	9.1×10^{-4}	4.3×10^{-5}	3.04	4.37
苯甲酸	C_6H_5COOH	25	6.25×10^{-5}		4.20	
苯乙酸	$C_6H_5CH_2COOH$	25	4.9×10^{-5}		4.31	
苯酚	C_6H_5OH	25	6.2×10^{-5}		4.21	
水杨酸	$C_6H_4(OH)COOH$	25	1.0×10^{-3}	4.2×10^{-13}	3.00	12.38
抗坏血酸	$C_6O_6H_8$	25	5.0×10^{-5}	1.5×10^{-12}	4.30	11.82
氨水	$NH_3 \cdot H_2O$	25	1.79×10^{-5}		4.75	
氢氧化钙	$Ca(OH)_2$	25	3.7×10^{-3}	4.0×10^{-2}	2.43	1.40
氢氧化铅	$Pb(OH)_2$	25	9.6×10^{-4}		3.02	
氢氧化锌	$Zn(OH)_2$	25	9.6×10^{-4}		3.02	
吡啶	C_5H_5N	25	6.8×10^{-6}		5.17	
六次甲基四胺	$(CH_2)_6N_4$	25	1.4×10^{-9}		8.85	

2. 强电解质

名称	化学式	温度	K值		pH	
氢溴酸	HBr	25	1.0×10^6		-6.00	
盐酸	HCl	25	1.0×10^3		-3.00	
高氯酸	$HClO_4$	25	1.0×10^9		-9.00	
氢碘酸	HI	25	1.0×10^8		-8.00	
硝酸	HNO_3	25	20.9		-1.32	
硫酸	H_2SO_4	25	1.0×10^3	1.2×10^{-2}	-3.00	1.92
硒酸	H_2SeO_4	25	1.0×10^3	1.0×10^{-2}	-3.00	2.00

附录6 不同温度下水饱和蒸汽压

$t/℃$	0.0		0.2		0.4		0.6		0.8	
	mmHg	kPa	mmHg	kPa	mmHg	kPa	mmHg	kPa	mmHg	kPa
0	4.579	0.6105	4.647	0.6195	4.715	0.6286	4.785	0.6379	4.855	0.6473
1	4.926	0.6567	4.998	0.6663	5.070	0.6759	5.144	0.6858	5.219	0.6958

续表

$t/°C$	0.0		0.2		0.4		0.6		0.8	
	mmHg	kPa	mmHg	kPa	mmHg	kPa	mmHg	kPa	mmHg	kPa
2	5.294	0.705 8	5.370	0.715 9	5.447	0.726 2	5.525	0.736 6	5.605	0.747 3
3	5.685	0.757 9	5.766	0.768 7	5.848	0.779 7	5.931	0.790 7	6.015	0.801 9
4	6.101	0.813 4	6.187	0.824 9	6.274	0.836 5	6.363	0.848 3	6.453	0.860 3
5	6.543	0.872 3	6.635	0.884 6	6.728	0.897 0	6.822	0.909 5	6.917	0.922 2
6	7.013	0.935 0	7.111	0.948 1	7.209	0.961 1	7.309	0.974 5	7.411	0.988 0
7	7.513	1.001 7	7.617	1.015 5	7.722	1.029 5	7.828	1.043 6	7.936	1.058 0
8	8.045	1.072 6	8.155	1.087 2	8.267	1.102 2	8.830	1.117 2	8.494	1.132 4
9	8.609	1.147 8	8.727	1.163 5	8.845	1.179 2	8.965	1.195 2	9.086	1.211 4
10	9.209	1.227 8	9.333	1.244 3	9.458	1.261 0	9.585	1.277 9	9.714	1.295 1
11	9.844	1.312 4	9.976	1.330 0	10.109	1.347 8	10.244	1.365 8	10.380	1.383 9
12	10.518	1.402 3	10.658	1.421 0	10.799	1.439 7	10.941	1.452 7	11.085	1.477 9
13	11.231	1.497 3	11.379	1.517 1	11.528	1.537 0	11.680	1.557 2	11.833	1.577 6
14	11.987	1.598 1	12.144	1.619 1	12.302	1.640 1	12.462	1.661 5	12.624	1.683 1
15	12.788	1.704 9	12.953	1.726 9	13.121	1.749 3	13.290	1.771 8	13.461	1.794 6
16	13.634	1.817 7	13.809	1.841 0	13.987	1.864 8	14.166	1.888 6	14.347	1.912 8
17	14.530	1.937 2	14.715	1.961 8	14.903	1.986 9	15.092	2.012 1	15.284	2.037 7
17	15.477	2.063 4	15.673	2.089 6	15.871	2.116 0	16.071	2.142 6	16.272	2.169 4
18	16.477	2.196 7	16.685	2.224 5	16.894	2.252 3	17.105	2.280 5	17.319	2.309 0
19	17.535	2.337 8	17.753	2.366 9	17.974	2.396 3	18.197	2.426 1	18.422	2.456 1
20	19.650	2.486 5	18.880	2.517 1	19.113	2.548 2	19.349	2.579 6	19.587	2.611 4
21	13.634	1.817 7	13.809	1.841 0	13.987	1.864 8	14.166	1.888 6	14.347	1.912 8
22	19.827	2.643 4	20.070	2.675 8	20.316	2.706 8	20.565	2.741 8	20.815	2.775 1
23	21.068	2.808 8	21.342	2.843 0	21.583	2.877 5	21.845	2.912 4	22.110	2.947 8
24	22.377	2.983 3	22.648	3.019 5	22.922	3.056 0	23.198	3.092 8	23.476	3.129 9
25	23.756	3.167 2	24.039	3.204 9	24.326	3.243 2	24.617	3.282 0	24.912	3.321 3
26	25.209	3.360 9	25.509	3.400 9	25.812	3.441 3	26.117	3.482 0	26.426	3.523 2
27	26.739	3.564 9	27.055	3.607 0	27.374	3.649 6	27.696	3.692 5	28.021	3.735 8
28	28.349	3.779 5	28.680	3.823 7	29.015	3.868 3	29.354	3.913 5	29.697	3.959 3
29	30.043	4.005 4	30.392	4.051 9	30.745	4.099 0	31.102	4.146 6	31.461	4.194 4
30	31.824	4.242 8	32.191	4.291 8	32.561	4.341 1	32.934	4.390 8	33.312	4.441 2
31	33.695	4.492 3	34.082	4.543 9	34.471	4.595 7	34.864	4.648 1	35.261	4.701 1
32	35.663	4.754 7	36.068	4.808 7	36.477	4.863 2	36.891	4.918 4	37.308	4.974 0
33	37.729	5.030 1	38.155	5.086 9	38.584	5.144 1	39.018	5.202 0	39.457	5.260 5
34	39.898	5.319 3	40.344	5.378 7	40.796	5.439 0	41.251	5.499 7	41.710	5.560 9
35	42.175	5.622 9	42.644	5.685 4	43.117	5.748 4	43.595	5.812 2	44.078	5.876 6
36	44.563	5.941 2	45.054	6.008 7	45.549	6.072 7	46.050	6.139 5	46.556	6.206 9
37	47.067	6.275 1	47.582	6.343 7	48.102	6.413 0	48.627	6.483 0	49.157	6.553 7
38	49.692	6.625 0	50.231	6.696 9	50.774	6.769 3	51.323	6.842 5	51.879	6.916 6
39	52.442	6.991 7	53.009	7.067 3	53.580	7.143 4	54.156	7.220 2	54.737	7.297 6
40	55.324	7.375 9	55.91	7.451	56.51	7.534	57.11	7.614	57.72	7.695

附录7 常用物质溶度积

分子式	$K_s^\ominus$	分子式	$K_s^\ominus$
Ag_2S	6.69×10^{-50}	$Fe(OH)_3$	2.64×10^{-39}
AgI	8.51×10^{-17}	Hg_2Cl_2	1.45×10^{-18}

续表

分子式	$K_s^{\ominus}$	分子式	$K_s^{\ominus}$
Ag_2CrO_4	1.12×10^{-12}	Hg_2I_2	5.33×10^{-29}
AgCl	1.77×10^{-10}	$Hg(OH)_2$	3.13×10^{-26}
AgBr	5.35×10^{-13}	HgI_2	2.82×10^{-29}
Ag_2Br	1.20×10^{-5}	HgS（黑）	6.44×10^{-53}
$AlPO_4$	9.83×10^{-21}	Li_2CO_3	8.15×10^{-4}
$BaCO_3$	2.58×10^{-9}	$MgCO_3$	6.82×10^{-6}
$BaCrO_4$	1.17×10^{-10}	MgF_2	7.42×10^{-11}
BaF_2	1.84×10^{-7}	$Mg_3(OH)_2$	5.61×10^{-12}
$BaSO_4$	1.07×10^{-10}	$Mg_3(PO_4)_2$	9.86×10^{-25}
Bi_2S_3	1.82×10^{-99}	$MnCO_3$	2.24×10^{-11}
$CaCO_3$	4.96×10^{-9}	$Mn(OH)_2$	2.06×10^{-13}
CaF_2	1.46×10^{-10}	MnS	4.65×10^{-14}
$Ca(OH)_2$	4.68×10^{-9}	$Ni(OH)_2$	5.47×10^{-16}
$CaC_2O_4 \cdot H_2O$	2.34×10^{-9}	NiS	1.42×10^{-21}
$Ca_3(PO_4)_2$	2.07×10^{-33}	$NiCO_3$	1.42×10^{-7}
$CaSO_4$	7.10×10^{-5}	$PbCO_3$	1.46×10^{-13}
$CdCO_3$	6.18×10^{-12}	$Pb(OH)_2$	1.42×10^{-20}
$Cd(OH)_2$	5.27×10^{-15}	PbI_2	8.49×10^{-9}
$Cd(OH)_2$（粉红）	1.09×10^{-15}	$PbCl_2$	1.17×10^{-5}
$Cd(OH)_2$（蓝）	5.92×10^{-15}	$PbSO_4$	1.82×10^{-8}
CuBr	6.27×10^{-9}	PbS	9.04×10^{-29}
CuCl	1.72×10^{-7}	$SrCO_3$	5.60×10^{-10}
CuI	1.27×10^{-12}	SrF_2	4.33×10^{-10}
Cu_2S	2.26×10^{-48}	$SrSO_4$	3.44×10^{-7}
$Cu_3(PO_4)_2$	1.39×10^{-37}	$Sn(OH)_2$	5.45×10^{-27}
CuS	1.27×10^{-36}	$ZnCO_3$	1.19×10^{-10}
$FeCO_3$	3.07×10^{-11}	（γ-型）	6.86×10^{-17}
$Fe(OH)_2$	4.87×10^{-17}	ZnS	2.93×10^{-25}
FeS	1.59×10^{-19}		

附录8 标准电极电势

1. 标准电极电势在酸性溶液中（298 K）

电 对	电极反应	$E^{\ominus}/V$
Li(I)-(0)	$Li^+ + e^- \rightleftharpoons Li$	-3.040 1
K(I)-(0)	$K^+ + e^- \rightleftharpoons K$	-2.931
Ba(II)-(0)	$Ba^{2+} + 2e^- \rightleftharpoons Ba$	-2.912
Ca(II)-(0)	$Ca^{2+} + 2e^- \rightleftharpoons Ca$	-2.868
Na(I)-(0)	$Na^+ + e^- \rightleftharpoons Na$	-2.710
Mg(II)-(0)	$Mg^{2+} + 2e^- \rightleftharpoons Mg$	-2.372
H(0)-(-I)	$H_2(g) + 2e^- \rightleftharpoons 2H^-$	-2.230
Al(III)-(0)	$Al^{3+} + 3e^- \rightleftharpoons Al$	-1.662
Si(IV)-(0)	$[SiF_6]^{2-} + 4e^- \rightleftharpoons Si + 6F^-$	-1.240
Mn(II)-(0)	$Mn^{2+} + 2e^- \rightleftharpoons Mn$	-1.185
Cr(II)-(0)	$Cr^{2+} + 2e^- \rightleftharpoons Cr$	-0.913
Zn(II)-(0)	$Zn^{2+} + 2e^- \rightleftharpoons Zn$	-0.761 8

续表

电 对	电极反应	$E^{\ominus}/V$
P(I) - (0)	$H_3PO_2 + H^+ + e^- \rightleftharpoons P + 2H_2O$	-0.508
P(III) - (I)	$H_3PO_3 + 2H^+ + 2e^- \rightleftharpoons H_3PO_2 + H_2O$	-0.499
Fe(II) - (0)	$Fe^{2+} + 2e^- \rightleftharpoons Fe$	-0.447
Pb(II) - (0)	$PdI_2 + 2e^- \rightleftharpoons Pb + 2I^-$	-0.365
Co(II) - (0)	$Co^{2+} + 2e^- \rightleftharpoons Co$	-0.28
P(V) - (III)	$H_3PO_4 + 2H^+ + 2e^- \rightleftharpoons H_3PO_3 + H_2O$	-0.276
Pb(II) - (0)	$PbCl_2 + 2e^- \rightleftharpoons Pb + 2Cl^-$	-0.2675
Ni(II) - (0)	$Ni^{2+} + 2e^- \rightleftharpoons Ni$	-0.257
Ag(I) - (0)	$AgI + e^- \rightleftharpoons Ag + I^-$	-0.15224
Sn(II) - (0)	$Sn^{2+} + 2e^- \rightleftharpoons Sn$	-0.1375
Pb(II) - (0)	$Pb^{2+} + 2e^- \rightleftharpoons Pb$	-0.1262
*C(IV) - (II)	$CO_2(g) + 2H^+ + 2e^- \rightleftharpoons CO + H_2O$	-0.120
Hg(I) - (0)	$Hg_2I_2 + 2e^- \rightleftharpoons 2Hg + 2I^-$	-0.0405
Fe(III) - (0)	$Fe^{3+} + 3e^- \rightleftharpoons Fe$	-0.037
H(I) - (0)	$2H^+ + 2e^- \rightleftharpoons H_2$	0.0000
Ag(I) - (0)	$AgBr + e^- \rightleftharpoons Ag + Br^-$	0.07133
S(II, V) - (II)	$S_4O_6^{2-} + 2e^- \rightleftharpoons 2S_2O_3^{2-}$	0.08
S(0) - (-II)	$S + 2H^+ + 2e^- \rightleftharpoons H_2S$ (aq)	0.142
Sn(IV) - (II)	$Sn^{4+} + 2e^- \rightleftharpoons Sn^{2+}$	0.151
Sb(III) - (0)	$Sb_2O_3 + 6H^+ + 6e^- \rightleftharpoons 2Sb + 3H_2O$	0.152
Cu(II) - (I)	$Cu^{2+} + e^- \rightleftharpoons Cu^+$	0.153
S(VI) - (IV)	$S_4O^{2-} + 4H^+ + 2e^- \rightleftharpoons H_2SO_3 + H_2O$	0.172
Ag(I) - (0)	$AgCl + e^- \rightleftharpoons Ag + Cl^-$	0.22233
As(III) - (0)	$HAsO_2 + 3H^+ + 3e^- \rightleftharpoons As + 2H_2O$	0.248
Hg(I) - (0)	$Hg_2Cl_2 + 2e^- \rightleftharpoons 2Hg + 2Cl^-$ （饱和 KCl）	0.26808
C(IV) - (III)	$2HCNO + 2H^+ + 2e^- \rightleftharpoons (CN)_2 + 2H_2O$	0.330
Cu(II) - (0)	$Cu^{2+} + 2e^- \rightleftharpoons Cu$	0.3419
S(IV) - (0)	$H_2SO_3 + 4H^+ + 4e^- \rightleftharpoons S + 3H_2O$	0.449
Cu(I) - (0)	$Cu^+ + e^- \rightleftharpoons Cu$	0.521
I(0) - (-I)	$I_2 + 2e^- \rightleftharpoons 2I^-$	0.5355
I(0) - (-I)	$I_3^- + 2e^- \rightleftharpoons 3I^-$	0.536
Pt(IV) - (II)	$[PtCl_6]^{2-} + 2e^- \rightleftharpoons [PtCl_4]^{2-} + 2Cl^-$	0.68
O(0) - (-I)	$O_2 + 2H^+ + 2e^- \rightleftharpoons H_2O_2$	0.695
Pt(II) - (0)	$[PtCl_4]^{2-} + 2e^- \rightleftharpoons Pt + 4Cl^-$	0.755
Fe(III) - (II)	$Fe^{3+} + e^- \rightleftharpoons Fe^{2+}$	0.771
Hg(I) - (0)	$Hg_2^{2+} + 2e^- \rightleftharpoons Hg$	0.7973
Ag(I) - (0)	$Ag^+ + e^- \rightleftharpoons Ag$	0.7996
N(V) - (IV)	$2NO_3^- + 4H^+ + 2e^- \rightleftharpoons N_2O_4 + 2H_2O$	0.803
Hg(II) - (0)	$Hg^{2+} + 2e^- \rightleftharpoons Hg$	0.851
Si(IV) - (0)	(quartz) $SiO_2 + 4H^+ + 4e^- \rightleftharpoons Si + 2H_2O$	0.857
Cu(II) - (I)	$Cu^{2+} + I^- + e^- \rightleftharpoons CuI$	0.86
N(III) - (I)	$2HNO_2 + 4H^+ + 4e^- \rightleftharpoons H_2N_2O_2 + 2H_2O$	0.86
Hg(II) - (I)	$2Hg^{2+} + 2e^- \rightleftharpoons Hg_2^{2+}$	0.920
N(V) - (III)	$NO_3^- + 3H^+ + 3H^+ + 2e^- \rightleftharpoons HNO_2 + H_2O$	0.934
I(I) - (-I)	$HIO + H^+ + 2e^- \rightleftharpoons I^- + H_2O$	0.987
Au(III) - (0)	$[AuCl_4]^- + 3e^- \rightleftharpoons Au + 4Cl^-$	1.002
N(IV) - (II)	$N_2O_4 + 4H^+ + 4e^- \rightleftharpoons 2NO + 2H_2O$	1.035

续表

电 对	电极反应	$E^{\ominus}/V$
N(VI)-(III)	$N_2O_4 + 2H^+ + 2e^- \Longrightarrow 2HNO_2$	1.065
I(I)-(-I)	$IO_3^- + 6H^+ + 6e^- \Longrightarrow I^- + 3H_2O$	1.085
Cl(V)-(IV)	$ClO_3^- + 2H^+ + e^- \Longrightarrow ClO_2 + H_2O$	1.152
Pt(II)-(0)	$Pt^{2+} + 2e^- \Longrightarrow Pt$	1.18
Cl(VII)-(V)	$ClO_4^- + 2H^+ + 2e^- \Longrightarrow ClO_3^- + H_2O$	1.189
I(V)-(0)	$2IO_3^- + 12H^+ + 10e^- \Longrightarrow I_2 + 6H_2O$	1.195
Cl(V)-(III)	$ClO_3^- + 3H^+ + 2e^- \Longrightarrow HClO_2 + H_2O$	1.214
Mn(IV)-(II)	$MnO_2 + 4H^+ + 2e^- \Longrightarrow Mn^{2+} + 2H_2O$	1.224
O(0)-(-II)	$O_2 + 4H^+ + 4e^- \Longrightarrow 2H_2O$	1.229
Cl(IV)-(III)	$ClO_2 + H^+ + e^- \Longrightarrow HClO_2$	1.277
N(III)-(I)	$2HNO_2 + 4H^+ + 4e^- \Longrightarrow N_2O + 3H_2O$	1.297
Cr(VI)-(III)	$HCrO_4^- + 7H^+ + 3e^- \Longrightarrow Cr^{3+} + 4H_2O$	1.350
Cl(0)-(-I)	$Cl_2(g) + 2e^- \Longrightarrow 2Cl^-$	1.35827
Cl(VII)-(-I)	$ClO_4^- + 8H^+ + 8e^- \Longrightarrow Cl^- + 4H_2O$	1.389
Au(III)-(I)	$Au^{3+} + 2e^- \Longrightarrow Au^+$	1.401
Br(V)-(-I)	$BrO_3^- + 6H^+ + 6e^- \Longrightarrow BrO^- + 3H_2O$	1.423
I(I)-(0)	$2HIO + 2H^+ + 2e^- \Longrightarrow I_2 + 2H_2O$	1.439
Cl(V)-(-I)	$ClO_3^- + 6H^+ + 6e^- \Longrightarrow Cl^- + 3H_2O$	1.451
Pb(IV)-(II)	$PbO_2 + 4H^+ + 2e^- \Longrightarrow Pb^{2+} + 2H_2O$	1.455
Br(V)-(0)	$BrO_3^- + 6H^+ + 5e^- \Longrightarrow 1/2Br_2 + 3H_2O$	1.482
Au(III)-(0)	$Au^{3+} + 3e^- \Longrightarrow Au$	1.498
Mn(VII)-(II)	$MnO_4^- + 8H^+ + 5e^- \Longrightarrow Mn^{2+} + 4H_2O$	1.507
Cl(III)-(-I)	$HClO_2 + 3H^+ + 4e^- \Longrightarrow Cl^- + 2H_2O$	1.570
Br(I)-(0)	$HBrO + H^+ + e^- \Longrightarrow 1/2Br_2(aq) + H_2O$	1.574
N(II)-(I)	$2NO + 2H^+ + 2e^- \Longrightarrow N_2O + H_2O$	1.591
I(VII)-(V)	$H_5IO_6 + H^+ + 2e^- \Longrightarrow IO_3^- + 3H_2O$	1.601
Cl(III)-(I)	$HClO_2 + 2H^+ + 2e^- \Longrightarrow HClO + H_2O$	1.645
Ni(IV)-(II)	$NiO_2 + 4H^+ + 2e^- \Longrightarrow Ni^{2+} + 2H_2O$	1.678
Mn(VII)-(IV)	$MnO_4^- + 4H^+ + 3e^- \Longrightarrow MnO_2 + 2H_2O$	1.679
Pb(IV)-(II)	$PbO_2 + SO_4^{2-} + 4H^+ + 2e^- \Longrightarrow PbSO_4 + 2H_2O$	1.6913
Au(I)-(0)	$Au^+ + e^- \Longrightarrow Au$	1.692
N(I)-(0)	$N_2O + 2H^+ + 2e^- \Longrightarrow N_2 + H_2O$	1.766
O(-I)-(-II)	$H_2O_2 + 2H^+ + 2e^- \Longrightarrow 2H_2O$	1.776
Ag(II)-(I)	$Ag^{2+} + e^- \Longrightarrow Ag^+$	1.980
S(VII)-(VI)	$S_2O_8^{2-} + 2e^- \Longrightarrow 2SO_4^{2-}$	2.010
O(0)(-II)	$O_3 + 2H^+ + 2e^- \Longrightarrow O_2 + H_2O$	2.076
Fe(VI)-(III)	$FeO_4^{2-} + 8H^+ + 3e^- \Longrightarrow Fe^{3+} + 4H_2O$	2.20
O(0)-(-II)	$O(g) + 2H^+ + 2e^- \Longrightarrow H_2O$	2.421
F(0)-(-I)	$F_2 + 2e^- \Longrightarrow 2F^-$	2.866

2. 标准电极电势在碱性溶液中（298 K）

电 对	电极反应	$E^{\ominus}/V$
Ca(II)-(0)	$Ca(OH)_2 + 2e^- \Longrightarrow Ca + 2OH^-$	-3.02
Ba(II)-(0)	$Ba(OH)_2 + 2e^- \Longrightarrow Ba + 2OH^-$	-2.99
Mg(II)-(0)	$Mg(OH)_2 + 2e^- \Longrightarrow Mg + 2OH^-$	-2.690
Al(III)-(0)	$H_2AlO_3^- + H_2O + 3e^- \Longrightarrow Al + OH^-$	-2.33

续表

电对	电极反应	$E^\ominus/V$
P(I) - (0)	$H_2PO_2^- + e^- \rightleftharpoons P + 2OH^-$	-1.82
P(III) - (0)	$HPO_3^{2-} + 2H_2O + 3e^- \rightleftharpoons P + 5OH^-$	-1.71
Si(IV) - (0)	$SiO_3^{2-} + 3H_2O + 4e^- \rightleftharpoons Si + 6OH^-$	-1.697
P(III) - (0)	$HPO_3^{2-} + 2H_2O + 2e^- \rightleftharpoons H_2PO_2^- + 3OH^-$	-1.65
Mn(II) - (0)	$Mn(OH)_2 + 2e^- \rightleftharpoons Mn + 2OH^-$	-1.56
Cr(III) - (0)	$Cr(OH)_3 + 3e^- \rightleftharpoons Cr + 3OH^-$	-1.48
Zn(II) - (0)	$Zn(OH)_2 + 2e^- \rightleftharpoons Zn + 2OH^-$	-1.249
Cr(III) - (0)	$CrO_2^- + 2H_2O + 3e^- \rightleftharpoons Cr + 4OH^-$	-1.2
P(V) - (III)	$PO_4^{3-} + 2H_2O + 2e^- \rightleftharpoons HPO_3^{2-} + 3OH^-$	-1.05
Sn(IV) - (II)	$[Sn(OH)_6]^{2-} + 2e^- \rightleftharpoons HSnO_2^- + H_2O + 3OH^-$	-0.93
S(VI) - (IV)	$SO_4^{2-} + H_2O + 2e^- \rightleftharpoons SO_3^{2-} + 2OH^-$	-0.93
Sn(II) - (0)	$HSnO_2^- + H_2O + 2e^- \rightleftharpoons Sn + 3OH^-$	-0.909
P(0) - (-III)	$P + 3H_2O + 3e^- \rightleftharpoons PH_3(g) + 3OH^-$	-0.87
N(V) - (IV)	$2NO_3^- + 2H_2O + 2e^- \rightleftharpoons N_2O_4 + 4OH^-$	-0.85
H(I) - (0)	$2H_2O + 2e^- \rightleftharpoons H_2 + 2OH^-$	-0.8277
Ni(II) - (0)	$Ni(OH)_2 + 2e^- \rightleftharpoons Ni + 2OH^-$	-0.72
Ag(I) - (0)	$Ag_2S + 2e^- \rightleftharpoons 2Ag + S^{2-}$	-0.691
Fe(III) - (II)	$Fe(OH)_3 + e^- \rightleftharpoons Fe(OH)_2 + OH^-$	-0.56
S(0) - (-II)	$S + 2e^- \rightleftharpoons S^{2-}$	-0.47627
Bi(III) - (0)	$Bi_2O_3 + 3H_2O + 6e^- \rightleftharpoons 2Bi + 6OH^-$	-0.46
N(III) - (II)	$NO_2^- + H_2O + e^- \rightleftharpoons NO + 2OH^-$	-0.46
Cu(I) - (0)	$Cu_2O + H_2O + 2e^- \rightleftharpoons 2Cu + 2OH^-$	-0.360
Cu(II) - (0)	$Cu(OH)_2 + 2e^- \rightleftharpoons Cu + 2OH^-$	-0.222
Cr(VI) - (III)	$CrO_4^{2-} + 4H_2O + 3e^- \rightleftharpoons Cr(OH)_3 + 5OH^-$	-0.13
O(0) - (-I)	$O_2 + H_2O + 2e^- \rightleftharpoons HO_2^- + OH^-$	-0.076
Ag(I) - (0)	$AgCN + e^- \rightleftharpoons Ag + CN^-$	-0.017
N(V) - (III)	$NO_3^- + 2H_2O + 2e^- \rightleftharpoons N_2O^- + 2OH^-$	0.01
S(II,V) - (II)	$S_4O_6^{2-} + 2e^- \rightleftharpoons 2S_2O_3^-$	0.08
Hg(II) - (0)	$HgO + H_2O + 2e^- \rightleftharpoons Hg + 2OH^-$	0.0977
Co(III) - (II)	$[Co(NH_3)_6]^{3+} + e^- \rightleftharpoons [Co(NH_3)_6]^{2+}$	0.108
Pt(II) - (0)	$Pt(OH)_2 + 2e^- \rightleftharpoons Pt + 2OH^-$	0.14
Co(III) - (II)	$Co(OH)_3 + e^- \rightleftharpoons Co(OH)_2 + OH^-$	0.17
Pb(IV) - (II)	$PbO_2 + H_2O + 2e^- \rightleftharpoons PbO + 2OH^-$	0.247
I(V) - (-I)	$IO_3^- + 3H_2O + 6e^- \rightleftharpoons I^- + 6OH^-$	0.26
Cl(V) - (III)	$ClO_3^- + H_2O + 2e^- \rightleftharpoons ClO_2^- + 2OH^-$	0.33
Ag(I) - (0)	$Ag_2O + H_2O + 2e^- \rightleftharpoons 2Ag + 2OH^-$	0.342
Fe(III) - (II)	$[Fe(CN)_6]^{3-} + e^- \rightleftharpoons [Fe(CN)_6]^{4-}$	0.358
Cl(VII) - (V)	$ClO_4^- + H_2O + 2e^- \rightleftharpoons ClO_3^- + 2OH^-$	0.36
O(0) - (-II)	$O_2 + 2H_2O + 4e^- \rightleftharpoons 4OH^-$	0.401
I(I) - (-I)	$IO^- + H_2O + 2e^- \rightleftharpoons I^- + 2OH^-$	0.485
Mn(VII) - (VI)	$MnO_4^- + e^- \rightleftharpoons MnO_4^{2-}$	0.558
Ag(II) - (I)	$2AgO + H_2O + 2e^- \rightleftharpoons Ag_2O + 2OH^-$	0.607
Br(V) - (-I)	$BrO_3^- + 3H_2O + 6e^- \rightleftharpoons Br^- + 6OH^-$	0.61
Cl(V) - (-I)	$ClO_3^- + 3H_2O + 6e^- \rightleftharpoons Cl^- + 6OH^-$	0.62
Cl(III) - (I)	$ClO_2^- + H_2O + 2e^- \rightleftharpoons ClO^- + 2OH^-$	0.66

附录9 微电子学实验年表

时间	人物	发明	奖项
1823 年		发现硅	
1853 年		生长出硅晶体	
1886 年		发现锗	
1905 年		发明第一个金属–锗点接触检波器	
1935 年	英国	申请绝缘栅场效应晶体管专利	
1939 年		提炼出纯硅	
1940 年		发明第一个金属–硅点接触检波器	
1947 年 12 月 17 日	Bell 实验室的 W. Schockey、J. Bardeen 和 W. Brattain	发明了半导体晶体管	直到 1948 年 6 月 17 日才正式获得了美国的专利,获 1956 年诺贝尔物理学奖,以晶体管的发明为契机,开创了微电子时代的到来并导致信息革命的出现
1950 年	W. Schockey	制造出结型晶体管诞生	
1950 年	R. Ohl 和肖特莱	发明离子注入工艺	
1951 年	美国西方电气公司	发明场效应晶体管发明	
1952 年 5 月	G. W. A. Dummer	在美国工程师协会举办的一次座谈会上第一次提出了关于集成电路的设想	
1955 年	Bell 实验室	提出氧化物掩蔽扩散技术	
1956 年	C. S. Fuller	发明扩散结工艺	
1957 年		提出光刻技术	
1957 年	日本	发明隧道二极管	
1958 年	德克萨斯公司的 Kilby	研制出世界上第一块集成电路,开创了世界微电子学的历史	1959 年 3 月公布了该成果
1958 年		提出采用 P_n 进行期间隔离的专利	
1959 年		发明硅平面晶体	
1959 年		发明 RTL 电路	
1959 年		提出在氧化层上蒸发铝进行连线的专利	
1960 年		发明硅外延平面晶体管	
1960 年	H. H. Loor 和 E. Castellani	发明光刻工艺	
1960 年		发明 DTL 电路	
1961 年		发明 ECL 电路	
1962 年		世界上出现了第一块集成电路正式商品	虽然这块电路上只有几个晶体管和电阻,但它预示着第三代电子器件已正式登上电子学舞台
1962 年	美国 RCA 公司	研制出 MOS 场效应晶体管	
1963 年		发明 ECL 电路	
1963 年	F. M. Wanlass 和 C. T. Sah	首次提出 CMOS 技术	目前,95% 以上的集成电路芯片都是基于 CMOS 工艺
1966 年	美国 RCA 公司	研制出 CMOS 集成电路,并研制出第一块门阵列(50 门)	
1967 年		发明 STTL 电路	
1968 年	Bell 实验室	研制出硅栅 CMOS 电路	
1969 年		研制出 E/D MOS 电路	
1970 年	Bell 实验室	发明 CCD 器件	

续表

时 间	人 物	发 明	奖 项
1971 年	Intel 公司	推出 1 024 位（1K）动态随机存储器（DRAM）	标志着大规模集成电路出现
1971 年 11 月 15 日	Intel 公司	推出全球第一个微处理器 4004，采用 MOS 工艺，内含 2250 个 MOS 晶体管，采用 8 μmPMOS 工艺，字长 4 位，主频 108 kHz	
1972 年	美国 IBM、荷兰 Philips	同时提出 I^2T 电路	
1972 年 4 月 1 号	Intel 公司	研制出 8 位微处理器 8 080，内含 3 500 个晶体管，采用 8 μm 工艺，主频 108 kHz	
1973 年	TI 公司	研制出 LSTTL 电路	
1974 年	RCA 公司	推出第一个 CMOS 微处理器 1 802	
1974 年	Intel 公司	研制出 8 位微处理器 6 880，采用 6 μmNMOS 工艺，内含约 4 500 个晶体管，主频 2 MHz	
1974 年	Motorola 公司	研制出 8 位微处理器 8 080，采用 6 μmNMOS 工艺，内含约 5 400 个晶体管	
1974 年	Zilog 公司	研制出 8 位微处理器 Z80，采用 4 μmNMOS 工艺，内含约 9 000 个晶体管	
1976 年		16K DRAM 和 4K SRAM 问世	
1977 年	HARRIS 公司	推出 1K 位 CMOS 熔丝 PROM	
1978 年		64K 动态随机存储器诞生	不足 0.5 平方厘米的硅片上集成了 14 万个晶体管，标志着超大规模集成电路时代的来临
1978 年 6 月 8 日	Intel 公司	研制出 16 位微处理器 8 086，采用 3 μmNMOS 工艺，内含约 29 000 个晶体管，主频 5 MHz	
1979 年	Intel 公司	推出 5 MHz 8 088 微处理器，	
1979 年	IBM 公司	基于 8 088 推出全球第一台 PC	
1979 年	Zilog 公司	研制出 16 位微处理器 Z8000，采用 4 μmNMOS 工艺，内含约 17 500 个晶体管	
1980 年	Motorola 公司	研制出 16 位微处理器 68 000，采用 3 μmNMOS 工艺，内含约 68 000 个晶体管	
1980 年	Intel 公司	研制出 32 位微处理器 Iapx432	
1981 年		256K DRAM 和 64K CMOS SRAM 问世	
1982 年 2 月 1 日	Intel 公司	推出 80 286 CPU 芯片，主频 8~12 MHz，13.4 万个晶体管，采用 1.5 μmNMOS 工艺	
1983 年	Intel 公司	研制出 CMOS 16 位微处理器 80C86	
1983 年	Motorola 公司	研制出 32 位 68020 CPU 芯片，主频 16~32 MHz，采用 2 μmCMOS 工艺，内含 19.5 万个晶体管	
1984 年	日本	宣布推出 1M DRAM 和 256K SRAM	
1985 年 10 月 17 日	Intel 公司	推出 32 位 80 386 CPU 芯片，主频 16~33 MHz，采用 1.1 μmCMOS 工艺，内含 27.5 万个晶体管	
1987 年	Motorola 公司	推出 32 位 68030 CPU 芯片，主频 16~32 MHz，采用 2 μmCMOS 工艺，内含 30 万个晶体管	
1988 年		16M DRAM 问世，1 平方厘米大小的硅片上集成有 3 500 万个晶体管	标志着进入超大规模集成电路（VLSI）阶段
1989 年 4 月 10 日	Intel 公司	推出 32 位 80 486 CPU 芯片，主频 25~50 MHz，采用 1.0~0.6 μmCMOS 工艺，内含 120 万个晶体管	
1989 年	Motorola 公司	推出 32 位 68 040 CPU 芯片，采用 1.0~0.6 μmCMOS 工艺，内含 120 万个晶体管	
1989 年		1M 位随机存储器（RAM）问世	

续表

时 间	人 物	发 明	奖 项
1991年4月22日	Intel公司	推出80 586 CPU芯片，主频60~166 MHz，采用0.8 μm工艺，内含310万个晶体管	
1992年		64M位随机存储器（RAM）问世	
1993年	Intel公司	66 MHz奔腾处理器推出，采用0.6 μm工艺	
1995年11月1日	Intel公司	推出64位高能奔腾MMX CPU芯片，主频150~200 MHz，采用0.6 μm工艺，内含550万个晶体管	
1997年5月7日	Intel公司	推出64位高能奔腾II CPU芯片，主频233~453 MHz，采用0.35~0.25 μm工艺，内含750万个晶体管	
1999年3月	Intel公司	推出64位高能奔腾III CPU芯片，主频450~600 MHz，采用0.25 μm工艺	
2000年	Intel公司	奔腾Ⅳ问世，主频1.5 GHz，采用0.18 μm工艺	
2001年	Intel公司	宣布2001年下半年采用0.13 μm工艺	
2002年1月		Intel公司	推出奔腾ⅣCPU，高性能桌面台式电脑由此可实现每秒钟22亿个周期运算，采用英特尔0.13 μm工艺，含有5 500万个晶体管。
2003年	Intel公司	推出奔腾M（Pentium M）/赛扬M（Celeron M）处理器，同时推出英特尔迅驰移动计算技术，此技术专门设计用于便携式计算，具有内建的无线局域网能力和突破性的创新移动性能	
2005年	Intel公司	推出Pentium D处理器，内含2个处理核心，正式揭开x86处理器多核心时代。同年，推出Intel Core处理器，这是英特尔向酷睿架构迈进的第一步	
2006年	Intel公司	推出Intel Core 2（酷睿2）/赛扬Duo处理器。Core 2 Duo处理器内含2.91亿个晶体管。移动处理器核心代号Merom，是迅驰3.5和迅驰4的处理器模块	
2007年	Intel公司	推出基于Penryn构架的四核心台式机芯片，作为其双核Quad和Extreme家族的组成部分	
2007年	AMD公司	推出K10构架的芯片。采用K10架构的Barcelona为四核并有4.63亿晶体管。Barcelona是AMD第一款四处理器，原生架构基于65 nm工艺技术	
2008年	Intel公司	推出基于Nehalem微架构的处理器。第一批四核Xeon处理器被用于服务器，在云计算和虚拟化数据中心中获得了完美表现。随即发布了8核心的Nehalem处理器	
2008年	AMD公司	推出代号为"上海"的新一代45 nm四核皓龙处理器	
2009年	AMD公司	推出了市场上第一款6核心的CPU——Opteron服务器处理器"伊斯坦布尔"，不仅带来了全新的高性能微架构，还专门为低能耗和散热进行了设计	
2009年	Intel公司	推出45 nm的Nehalem-EP处理器：代号为Bloomfield的处理器和代号为Lynnfield的处理器均支持Turbo Boost动态核心频率调节技术，集成有8MB的L3高速缓存，四个处理核心，支持Hyper-Threading超线程技术。代号为Havendale的处理器支持Turbo Boost动态核心频率调节技术。集成双核心处理，同时L3高速缓存的容量也仅有4 MB	
2010年	Intel公司	连续发布了新安腾9 300、至强5 600处理器，及8核心Nehalem-EX（至强7500）处理器。英特尔"Tukwila"安腾具有20亿个晶体管，每个核心具有16K的一级指令缓存和16K的一级数据缓存、512K的二级指令缓存和512K的二级数据缓存，并具有独立的6MB三级缓存，四核Tukwila三级缓存达到了24 MB。每个核心通过超线程技术可以支持2个线程，每个处理器可支持8个线程	
未来	Intel公司	推出22 nm新工艺处理器，代号为"Ivy Bridge"	

参 考 文 献

[1] 郭奕玲，沈慧君. 物理学史［M］. 北京：清华大学出版社，2005.
[2] 朱鹤年. 新概念物理实验测量引论-数据分析与不确定度评定基础［M］. 北京：高等教育出版社，2007.
[3] 赵凯华，钟锡华. 光学［M］. 北京：北京大学出版社，2000.
[4] 姚启均. 光学教程［M］. 北京：高等教育出版社，2001.
[5] 康颖. 大学物理（第二版）［M］. 北京：科学出版社，2010.
[6] 吕斯骅，段家忯. 基础物理实验［M］. 北京：北京大学出版社，2002.
[7] 陈聪，李定国，刘照世，秦国斌. 大学物理实验［M］. 北京：国防工业出版社，2008.
[8] 孙晶华. 操纵物理仪器 获取实验方法——物理实验教程［M］. 北京：国防工业出版社，2009.
[9] 刘小廷. 大学物理实验［M］. 北京：科学出版社，2009.
[10] 陈均钧，陈红雨. 大学物理实验教程［M］. 北京：科学出版社，2009.
[11] 刘跃，张志津. 大学物理实验（第2版）［M］. 北京：北京大学出版社，2010.
[12] 李长真，杨明明，欧阳俊. 大学物理实验教程［M］. 北京：科学出版社，2009.
[13] 耿完桢，赵海发，等. 大学物理实验［M］. 哈尔滨：哈尔滨工业大学出版社，2008.
[14] 朱世坤，辛旭平，聂宜珍，冯笙琴. 设计创新型物理实验导论［M］. 北京：科学出版社，2010.
[15] ［德］斯托克. 物理手册［M］. 吴锡真，李祝霞，陈师平，译. 北京：北京大学出版社，2004.
[16] 王慧龄，汪京荣，超导应用低温技术［M］. 北京：国防工业出版社，2008.
[17] 郑家龙，王小海，章安元. 集成电子技术基础教程［M］. 北京：高等教育出版社，2002.
[18] 章毓晋. 图像处理和分析［M］. 北京：清华大学出版社，2002.
[19] 马曾，应用无机化学实验方法［M］. 北京：高等教育出版社，1990.
[20] 陈兴年，王俊礼，司晚令，等. 微型化学实验［M］. 成都：成都科技大学出版社，1996.
[21] 周其镇，等. 大学基础化学实验（Ⅰ）［M］. 北京：化学工业出版社，2000.
[22] 南京大学《无机及分析化学实验》编写组. 无机分析化学实验（第三版）［M］. 北京：高等教育出版社，2000.
[23] 朱明华，仪器分析（第三版）［M］. 北京：高等教育出版社，2000.
[24] 刘巍，大学化学实验——基础知识与仪器［M］. 南京：南京大学出版社，2006.
[25] 范星河，李国宝，综合化学实验［M］. 北京：北京大学出版社，2009.
[26] 曾跃等编，本科化学实验（二）［M］. 长沙：湖南师范大学出版社，2008.
[27] 朱湛，张强，劳捷. 新大学化学实验［M］. 北京：北京理工大学出版社，2007.
[28] 吴肇亮，俞英，等. 基础化学实验［M］. 北京：石油工业出版社，2003.
[29] 丁敬敏. 化学实验技术（Ⅰ）［M］. 北京：化学工业出版社，2002.
[30] 周旭光，宋立民. 普通化学实验与学习指导［M］. 北京：中国纺织工业出版社，2009.
[31] 曹贵平，朱中南，戴印春. 化工实验设计与数据处理，［M］. 上海：华东理工大学出版社，2009.
[32] 《化学发展简史》编写组. 化学发展简史［M］. 北京：科学出版社，1980.
[33] 中国医药公司上海化学试剂采购供应站编. 试剂手册［M］. 上海：上海科学技术出版社，1984.
[34] 夏玉宇. 化验员实用手册［M］. 北京：化学工业出版社，1999.
[35] 北京化学试剂公司. 化学试剂目录手册［M］. 北京：北京工业大学出版社，1993.
[36] 刘约权，李贵深主. 实验化学（上）［M］. 北京：高等教育出版社，2002.
[37] 秦增煌. 电工学（上下）［M］. 北京：高等教育出版社，2008.
[38] 周立功. EDA实验与实践［M］. 北京：北京航空航天大学出版社，2007.
[39] 吴祖国，等. 电子技术基础实验［M］. 北京：国防工业出版社，2008.
[40] 王久和. 电工电子实验教程［M］. 北京：电子工业出版社，2008.
[41] 陈朗滨，王延和. 现代实验室管理［M］. 北京：冶金工业出版社，1999.
[42] 黄正谨，徐坚，章小丽，熊明珍. CPLD系统设计技术入门与应用［M］. 北京：电子工业出版社，2002.
[43] 郑步生，吴渭. Multisim 2001 电路设计及仿珍入门与应用［M］. 北京：电子工业出版社，2002.
[44] 李东生，张勇，许四毛. Protel 99SE 电路设计技术入门与应用［M］. 北京：电子工业出版社，2002.

续表

时 间	人 物	发 明	奖 项
1991年4月22日	Intel公司	推出80 586 CPU芯片,主频60~166 MHz,采用0.8 μm工艺,内含310万个晶体管	
1992年		64M位随机存储器(RAM)问世	
1993年	Intel公司	66 MHz奔腾处理器推出,采用0.6 μm工艺	
1995年11月1日	Intel公司	推出64位高能奔腾MMX CPU芯片,主频150~200 MHz,采用0.6 μm工艺,内含550万个晶体管	
1997年5月7日	Intel公司	推出64位高能奔腾Ⅱ CPU芯片,主频233~453 MHz,采用0.35~0.25 μm工艺,内含750万个晶体管	
1999年3月	Intel公司	推出64位高能奔腾Ⅲ CPU芯片,主频450~600 MHz,采用0.25 μm工艺	
2000年	Intel公司	奔腾Ⅳ问世,主频1.5 GHz,采用0.18 μm工艺	
2001年	Intel公司	宣布2001年下半年采用0.13 μm工艺	
2002年1月		Intel公司	推出奔腾ⅣCPU,高性能桌面台式电脑由此可实现每秒钟22亿个周期运算,采用英特尔0.13 μm工艺,含有5 500万个晶体管。
2003年	Intel公司	推出奔腾M(Pentium M)/赛扬M(Celeron M)处理器,同时推出英特尔迅驰移动计算技术,此技术专门设计用于便携式计算,具有内建的无线局域网能力和突破性的创新移动性能	
2005年	Intel公司	推出Pentium D处理器,内含2个处理核心,正式揭开x86处理器多核心时代。同年,推出Intel Core处理器,这是英特尔向酷睿架构迈进的第一步	
2006年	Intel公司	推出Intel Core 2(酷睿2)/赛扬Duo处理器。Core 2 Duo处理器内含2.91亿个晶体管。移动处理器核心代号Merom,是迅驰3.5和迅驰4的处理器模块	
2007年	Intel公司	推出基于Penryn构架的四核心台式机芯片,作为其双核Quad和Extreme家族的组成部分	
2007年	AMD公司	推出K10构架的芯片。采用K10架构的Barcelona为四核并有4.63亿晶体管。Barcelona是AMD第一款四核处理器,原生架构基于65 nm工艺技术	
2008年	Intel公司	推出基于Nehalem微架构的处理器。第一批四核Xeon处理器被用于服务器,在云计算和虚拟化数据中心中获得了完美表现。随即发布了8核心的Nehalem处理器	
2008年	AMD公司	推出代号为"上海"的新一代45 nm四核皓龙处理器	
2009年	AMD公司	推出了市场上第一款6核心的CPU——Opteron服务器处理器"伊斯坦布尔",不仅带来了全新的高性能微构,还专门为低能耗和散热进行了设计	
2009年	Intel公司	推出45 nm的Nehalem-EP处理器:代号为Bloomfield的处理器和代号为Lynnfield的处理器均支持Turbo Boost动态核心频率调节技术,集成有8MB的L3高速缓存,四个处理核心,支持Hyper-Threading超线程技术。代号为Havendale的处理器支持Turbo Boost动态核心频率调节技术。集成双核心处理,同时L3高速缓存的容量也仅有4 MB	
2010年	Intel公司	连续发布了新安腾9 300、至强5 600处理器,及8核心Nehalem-EX(至强7500)处理器。英特尔"Tukwila"安腾具有20亿个晶体管,每个核心具有16K的一级指令缓存和16K的一级数据缓存、512K的二级指令缓存和512K的二级数据缓存,并具有独立的6MB三级缓存,四核Tukwila三级缓存达到了24 MB。每个核心通过超线程技术可以支持2个线程,每个处理器可支持8个线程	
未来	Intel公司	推出22 nm新工艺处理器,代号为"Ivy Bridge"	

参 考 文 献

[1] 郭奕玲,沈慧君. 物理学史 [M]. 北京：清华大学出版社,2005.
[2] 朱鹤年. 新概念物理实验测量引论－数据分析与不确定度评定基础 [M]. 北京：高等教育出版社,2007.
[3] 赵凯华,钟锡华. 光学 [M]. 北京：北京大学出版社,2000.
[4] 姚启均. 光学教程 [M]. 北京：高等教育出版社,2001.
[5] 康颖. 大学物理（第二版）[M]. 北京：科学出版社,2010.
[6] 吕斯骅,段家忯. 基础物理实验 [M]. 北京：北京大学出版社,2002.
[7] 陈聪,李定国,刘照世,秦国斌. 大学物理实验 [M]. 北京：国防工业出版社,2008.
[8] 孙晶华. 操纵物理仪器 获取实验方法——物理实验教程 [M]. 北京：国防工业出版社,2009.
[9] 刘小廷. 大学物理实验 [M]. 北京：科学出版社,2009.
[10] 陈均钧,陈红雨. 大学物理实验教程 [M]. 北京：科学出版社,2009.
[11] 刘跃,张志津. 大学物理实验（第2版）[M]. 北京：北京大学出版社,2010.
[12] 李长真,杨明明,欧阳俊. 大学物理实验教程 [M]. 北京：科学出版社,2009.
[13] 耿完桢,赵海发,等. 大学物理实验 [M]. 哈尔滨：哈尔滨工业大学出版社,2008.
[14] 朱世坤,辛旭平,聂宜珍,冯笙琴. 设计创新型物理实验导论 [M]. 北京：科学出版社,2010.
[15] [德] 斯托克. 物理手册 [M]. 吴锡真,李祝霞,陈师平,译. 北京：北京大学出版社,2004.
[16] 王慧龄,汪京荣,超导应用低温技术 [M]. 北京：国防工业出版社,2008.
[17] 郑家龙,王小海,章安元. 集成电子技术基础教程 [M]. 北京：高等教育出版社,2002.
[18] 章毓晋. 图像处理和分析 [M]. 北京：清华大学出版社,2002.
[19] 马曾,应用无机化学实验方法 [M]. 北京：高等教育出版社,1990.
[20] 陈兴年,王俊礼,司晚令,等. 微型化学实验 [M]. 成都：成都科技大学出版社,1996.
[21] 周其镇,等. 大学基础化学实验（Ⅰ）[M]. 北京：化学工业出版社,2000.
[22] 南京大学《无机及分析化学实验》编写组. 无机分析化学实验（第三版）[M]. 北京：高等教育出版社,2000.
[23] 朱明华,仪器分析（第三版）[M]. 北京：高等教育出版社,2000.
[24] 刘巍,大学化学实验——基础知识与仪器 [M]. 南京：南京大学出版社,2006.
[25] 范星河,李国宝,综合化学实验 [M]. 北京：北京大学出版社,2009.
[26] 曾跃等编,本科化学实验（二）[M]. 长沙：湖南师范大学出版社,2008.
[27] 朱湛,张强,劳捷. 新大学化学实验 [M]. 北京：北京理工大学出版社,2007.
[28] 吴肇亮,俞英,等. 基础化学实验 [M]. 北京：石油工业出版社,2003.
[29] 丁敬敏. 化学实验技术（Ⅰ）[M]. 北京：化学工业出版社,2002.
[30] 周旭光,宋立民. 普通化学实验与学习指导 [M]. 北京：中国纺织工业出版社,2009.
[31] 曹贵平,朱中南,戴印春. 化工实验设计与数据处理,[M]. 上海：华东理工大学出版社,2009.
[32] 《化学发展简史》编写组. 化学发展简史 [M]. 北京：科学出版社,1980.
[33] 中国医药公司上海化学试剂采购供应站编. 试剂手册 [M]. 上海：上海科学技术出版社,1984.
[34] 夏玉宇. 化验员实用手册 [M]. 北京：化学工业出版社,1999.
[35] 北京化学试剂公司. 化学试剂目录手册 [M]. 北京：北京工业大学出版社,1993.
[36] 刘约权,李贵深主. 实验化学（上）[M]. 北京：高等教育出版社,2002.
[37] 秦增煌. 电工学（上下）[M]. 北京：高等教育出版社,2008.
[38] 周立功. EDA 实验与实践 [M]. 北京：北京航空航天大学出版社,2007.
[39] 吴祖国,等. 电子技术基础实验 [M]. 北京：国防工业出版社,2008.
[40] 王久和. 电工电子实验教程 [M]. 北京：电子工业出版社,2008.
[41] 陈朗滨,王延和. 现代实验室管理 [M]. 北京：冶金工业出版社,1999.
[42] 黄正谨,徐坚,章小丽,熊明珍. CPLD 系统设计技术入门与应用 [M]. 北京：电子工业出版社,2002.
[43] 郑步生,吴渭. Multisim 2001 电路设计及仿珍入门与应用 [M]. 北京：电子工业出版社,2002.
[44] 李东生,张勇,许四毛. Protel 99SE 电路设计技术入门与应用 [M]. 北京：电子工业出版社,2002.

[45] 杨乐平,李海涛,肖凯,杨磊. 虚拟仪器技术概论 [M]. 北京：电子工业出版社, 2003.
[46] 刘桂国, 检测技术及应用 [M]. 北京：电子工业出版社, 2003.
[47] 张兴, 黄如, 刘晓彦. 微电子学概论 [M]. 北京：北京大学出版社, 2000.
[48] 路而红, 高献伟, 冼立勤. 电子设计自动化应用技术 [M]. 北京：北京希望电子出版社, 2000.
[49] 王书鹤. 电路基础实验教程 [M]. 济南：山东大学出版社, 2003.
[50] 李玲远, 刘时进, 李忠明, 田原. 电子技术基础教程 [M]. 武汉：湖北科学技术出版社, 2000.
[51] 何希才. 传感器及其应用 [M]. 北京：国防工业出版社, 2001.
[52] 彭利标. 可编程控制器原理及应用 [M]. 西安：西安电子科技大学出版社, 2000.
[53] 路林吉. 可编程控制器原理及应用 [M]. 北京：清华大学出版社, 2002.
[54] 耿文学. 微机可编程控制器原理、使用及应用实例 [M]. 北京：电子工业出版社, 1993.
[55] OMRON 可编程控制器 CP1E 操作手册. 上海：上海欧姆龙自动化系统有限公司.
[56] 韦思健. 电脑辅助电路设计 – MultiSIM2001 电路实验与分析测量 [M]. 北京：中国铁道出版社, 2002.
[57] 李振声. 实验电子技术 [M]. 北京：国防工业出版社, 2001.
[58] 冼凯仪. 电子技术基础实验指导书 [M]. 广州：华南理工大学出版社, 2001.
[59] 清华大学电机系电工学教研组. 电工技术与电子技术实验指导 [M]. 北京：清华大学出版社, 2004.
[60] 李东生. 常用 EDA 软件教程及操作指导 [M]. 合肥：中国人民解放军电子工程学院, 2002.
[61] 计欣华, 邓宗白, 鲁阳, 等. 工程实验力学 [M]. 北京：机械工业出版社, 2007.
[62] 长安大学力学实验教学中心编. 实验力学（第 2 版）[M]. 西安：西北工业大学出版社, 2007.
[63] 王杏根, 胡鹏, 李誉. 工程力学实验（理论力学与材料力学实验）[M]. 武汉：华中科技大学出版社, 2008.
[64] 天津大学材料力学教研室光弹组. 光弹性原理及测试技术 [M]. 北京：科学出版社, 1980.
[65] 曾海燕, 材料力学实验（第 2 版）[M]. 武汉：武汉理工大学出版社, 2007.
[66] 王清远, 陈孟诗, 材料力学实验 [M]. 成都：四川大学出版社, 2007.
[67] 缪正华, 于月民, 杨德生, 赵兵, 材料力学实验 [M]. 哈尔滨：黑龙江科学技术出版社, 2007.
[68] 马杭. 工程力学实验 [M]. 上海：上海大学出版社, 2006.
[69] 刘礼华, 欧珠光, 动力学实验 [M]. 武汉：武汉大学出版社, 2006.
[70] 朱鋐庆, 彭华, 林树, 乐运国, 曹定胜, 陈士纯. 材料力学实验 [M]. 武汉：武汉大学出版社, 2006.
[71] 邓小青. 工程力学实验 [M]. 上海：上海交通大学出版社, 2006.
[72] 王绍铭, 熊莉, 葛玉梅, 陈时通. 材料力学实验指导（第二版）[M]. 北京：中国铁道出版社, 2003.
[73] 刘鸿文. 材料力学（第 4 版）[M]. 北京：高等教育出版社, 2008.
[74] 宋逸先. 实验力学基础 [M]. 北京：水利电力出版社.
[75] 沈观林, 等. 电阻应变计及其应用 [M]. 北京：清华大学出版社, 1983.
[76] 范茂军. 传感器技术 [M]. 北京：国防工业出版社, 2008.
[77] 倪育才. 实用测量不确定度评定 [M]. 北京：中国计量出版社. 2009
[78] 孙秀平. 大学物理实验教程 [M]. 北京：北京理工大学出版社. 2010.